Stahlbau-Praxis nach Eurocode 3

AF727150

Jetzt diesen Titel zusätzlich als E-Book downloaden und 70 % sparen!

Als Käufer dieses Buchtitels haben Sie Anspruch auf ein besonderes Kombi-Angebot: Sie können den Titel zusätzlich zum Ihnen vorliegenden gedruckten Exemplar für nur 30 % des Normalpreises als E-Book beziehen.

Der BESONDERE VORTEIL: Im E-Book recherchieren Sie in Sekundenschnelle die gewünschten Themen und Textpassagen. Denn die E-Book-Variante ist mit einer komfortablen Volltextsuche ausgestattet!

Deshalb: Zögern Sie nicht. Laden Sie sich am besten gleich Ihre persönliche E-Book-Ausgabe dieses Titels herunter.

In 3 einfachen Schritten zum E-Book:

❶ Rufen Sie die Website **www.beuth.de/e-book** auf.

❷ Geben Sie hier Ihren persönlichen, nur einmal verwendbaren E-Book-Code ein:

2738566BD6BFK6F

❸ Klicken Sie das „Download-Feld“ an und gehen dann weiter zum Warenkorb. Führen Sie den normalen Bestellprozess aus.

Hinweis: Der E-Book-Code wurde individuell für Sie als Erwerber dieses Buches erzeugt und darf nicht an Dritte weitergegeben werden. Mit Zurückziehung dieses Buches wird auch der damit verbundene E-Book-Code für den Download ungültig.

Stahlbau-Praxis nach Eurocode 3

Mehr zu diesem Titel

... finden Sie in der Beuth-Mediathek

Zu vielen neuen Publikationen bietet der Beuth Verlag nützliches Zusatzmaterial im Internet an, das Ihnen kostenlos bereitgestellt wird.
Art und Umfang des Zusatzmaterials – seien es Checklisten, Excel-Hilfen, Audiodateien etc. – sind jeweils abgestimmt auf die individuellen Besonderheiten der Primär-Publikationen.

Für den erstmaligen Zugriff auf die Beuth-Mediathek müssen Sie sich einmalig kostenlos registrieren. Zum Freischalten des Zusatzmaterials für diese Publikation gehen Sie bitte ins Internet unter

www.beuth-mediathek.de

und geben Sie den folgenden **Media-Code** in das Feld „Media-Code eingeben und registrieren" ein:

M273854608

Sie erhalten Ihren Nutzernamen und das Passwort per E-Mail und können damit nach dem Log-in über „Meine Inhalte" auf alle für Sie freigeschalteten Zusatzmaterialien zugreifen.

Der Media-Code muss nur bei der ersten Freischaltung der Publikation eingegeben werden. Jeder weitere Zugriff erfolgt über das Log-In.

Wir freuen uns auf Ihren Besuch in der Beuth-Mediathek.

Ihr Beuth Verlag

Hinweis: Der Media-Code wurde individuell für Sie als Erwerber dieser Publikation erzeugt und darf nicht an Dritte weitergegeben werden. Mit Zurückziehung dieses Buches wird auch der damit verbundene Media-Code ungültig.

Stahlbau-Praxis nach Eurocode 3 – Band 3

Prof. Dr.-Ing. Gerd Wagenknecht

Stahlbau-Praxis nach Eurocode 3

Band 3
Komponentenmethode

2., aktualisierte und erweiterte Auflage

Beuth Verlag GmbH · Berlin · Wien · Zürich

Bauwerk

Berlin · Wien · Zürich
Am DIN-Platz
Burggrafenstraße 6
10787 Berlin

Telefon: +49 30 2601-0
Telefax: +49 30 2601-1260
Internet: www.beuth.de
E-Mail: kundenservice@beuth.de

Druck und Bindung:
Plump Druck und Medien GmbH, Rheinbreitbach

Gedruckt auf säurefreiem, alterungsbeständigem Papier nach DIN EN ISO 9706.

ISBN 978-3-410-27385-1

Vorwort zur 2. Auflage

Die 2. Auflage des dritten Bandes wurde überarbeitet, verbessert und erheblich erweitert. Für die Berechnung von biegesteifen Stirnplattenverbindungen mit 4 Schrauben in einer Reihe wird jetzt für Normalkraft und zweiachsige Biegung neben dem Grenzspannungsmodell die Berechnung nach der Komponentenmethode angegeben. Weiterhin wird für Biegung um die schwache Achse die Anfangsrotationssteifigkeit ermittelt. Insbesondere werden die im Kommentar zum Eurocode 3: Bemessung und Konstruktion von Stahlbauten, Band 2: Anschlüsse, angegebenen Entwurfskriterien für gelenkige Riegelanschlüsse, wie Stirnplattenanschluss, Fahnenblechanschluss und Doppelwinkelanschluss, erläutert. Weiterhin werden Stirnplattenanschlüsse mit dünnen Stirnplatten und Kontakt am unteren Flansch berücksichtigt. Beispiele erläutern die Anwendung in der Praxis.
Die neuen Bemessungstabellen für biegesteife Stirnplattenanschlüsse der "Typisierten Verbindungen im Stahlhochbau" des DSTV(1979), die auf das neue Bemessungskonzept nach EC 3 umgestellt wurden, sind jetzt in der Beuth-Mediathek bereitgestellt.

Gießen, im März 2017 Gerd Wagenknecht

Dank

Herrn Dipl.-Ing. Gerhard Gröger möchte ich für die langjährige Weiterentwicklung des Programms GWSTATIK meinen Dank sagen.

Herrn Prof. Dr.-Ing. Otto Oberegge danke ich sehr für die Unterstützung bei der Erstellung der Tragfähigkeiten der biegesteifen Stirnplattenstöße.

Herrn Christian Gatzke von EC3-STOSS Stahlbau Software möchte ich danken, dass er das in diesem Buch angegebene Berechnungsverfahren programmiert hat. Mit diesem Programm kann man die Beispiele nachrechnen. Für den Inhalt des Programms und die Korrektheit der Ergebnisse trage ich keine Verantwortung.

Meinem Sohn, dem Architekten Frank Wagenknecht, möchte ich besonders danken. Er hat alle Zeichnungen dieses Buches angefertigt und das Layout gestaltet. Ohne seine ständige Mitarbeit und seine Geduld bei den vielen Änderungen wäre dieses Buch nicht zustande gekommen.

Dem Beuth Verlag möchte ich für die gute Zusammenarbeit bei der Herausgabe dieses Buches meinen Dank aussprechen.

Frank und Judith,
Erik und Jonas gewidmet

Inhaltsverzeichnis

1 Grundlagen der Komponentenmethode

1.1 Grundlagen

Die Bezeichnung "Komponentenmethode" hat sich in der Fachliteratur für die Berechnung von Stabtragwerken aus Baustahl durchgesetzt, bei der die Auswirkungen der Verformungen des Anschlusses, der aus einzelnen Komponenten besteht, berücksichtigt werden.

Die Auswirkungen der Verformungen des Anschlusses werden in der bisherigen Stahlbaupraxis i. Allg. nicht beachtet. Die Anschlüsse werden so ausgebildet, dass sie für die Berechnung des Tragwerkes als starr oder gelenkig angenommen werden können. Der Eurocode 3 [C1 bis C4], kurz EC 3 genannt, ermöglicht es, nach umfangreicher Forschungstätigkeit in den letzten Jahrzehnten das Verformungsverhalten des Anschlusses in der Tragwerksplanung zu berücksichtigen. Dabei sind geschraubte Anschlüsse als auch geschweißte Anschlüsse nach EC 3 zu untersuchen.
In Abb. 1.1 sind exemplarisch die verschiedenen Anschlusskonfigurationen dargestellt. Darin bedeuten:

1 Einseitiger Träger-Stützenanschluss
2 Zweiseitiger Träger-Stützenanschluss
3 Trägerstoß
4 Stützenstoß
5 Stützenfuß

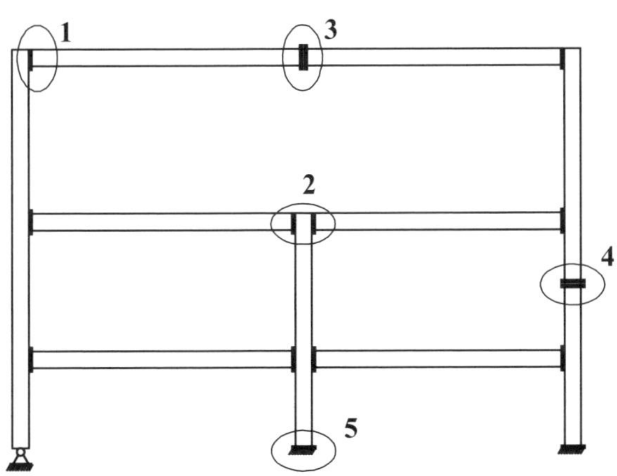

Abb. 1.1 Anschlusskonfigurationen des Tragwerkes

Die Auswirkungen der Verformungen des Anschlusses sind:
- die Zunahme der Verformungen des Tragwerkes,
- die Änderung der Schnittgrößenverteilung (Momentenverteilung).

Für den in Abb. 1.2 dargestellten verformbaren Träger-Stützenanschluss gilt, dass der rechte Winkel zwischen der Systemlinie des Trägers und der Stütze nicht mehr erhalten bleibt. Es tritt eine Rotation ϕ im Anschluss auf. Das Verformungsverhalten des Anschlusses kann durch eine nichtlineare Rotationsfeder S_j zwischen dem Träger und der Stütze dargestellt werden. S_j ist dabei die Sekantensteifigkeit des Anschlusses.

$$M_j = S_j \cdot \phi \tag{1.1}$$

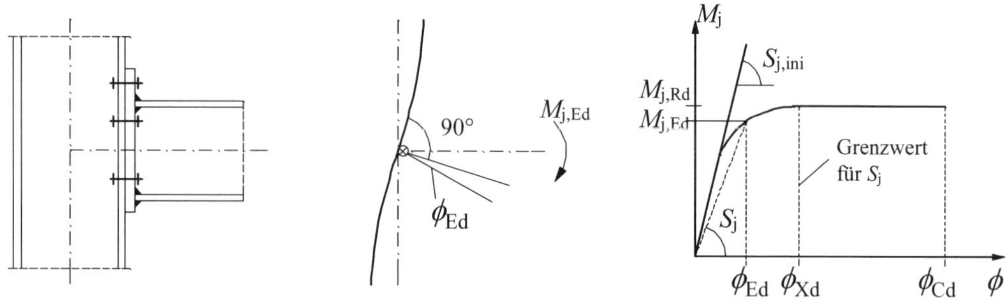

Abb. 1.2 Momenten-Rotations-Charakteristik für einen Anschluss

Die drei wesentlichen Kenngrößen des verformbaren Anschlusses, die in der Momenten-Rotations-Charakteristik nach Abb. 1.2 zusammengefasst werden, sind:
- die Momententragfähigkeit $M_{j,Rd}$
- die Rotationssteifigkeit S_j
- die Rotationskapazität ϕ_{Cd}

Um ein gegebenes Tragwerk zu berechnen und nachzuweisen, müssen die Momententragfähigkeiten $M_{j,Rd}$ und die zugehörigen Rotationssteifigkeiten S_j der verschiedenen Anschlusskonfigurationen nach EC 3 berechnet werden, was in den folgenden Abschnitten erfolgt.

Abb. 1.2 stellt die Momenten-Rotations-Charakteristik eines verformbaren Anschlusses dar. Dabei wird ein elastischer, ein elastisch-plastischer und starrplastischer Bereich unterschieden. Die Kurve wird im elastischen Bereich für $M_{j,Ed} \leq 2/3\ M_{j,Rd}$ durch die Anfangsrotationssteifigkeit $S_{j,ini}$ beschrieben. Für die Beanspruchung $M_{j,Ed} > 2/3\ M_{j,Rd}$ benutzt man die Sekantensteifigkeit S_j.

$$S_j = \frac{S_{j,ini}}{\mu} \tag{1.2}$$

$\mu = 1{,}0$ wenn $M_{j,Ed} \leq 2/3\ M_{j,Rd}$ (1-8, Gleichung (6.28a))
Dies bedeutet: Es gilt die Anfangsrotationssteifigkeit $S_{j,ini}$.

$$\mu = \left(\frac{1{,}5 \cdot M_{j,Ed}}{M_{j,Rd}} \right)^{\psi}$$ wenn $2/3\ M_{j,Rd} < M_{j,Ed} \leq M_{j,Rd}$ (1-8, Gleichung (6.28b))

ψ nach Tabelle 1.1 (1-8, Tabelle 6.8)

Tabelle 1.1 Werte für den Beiwert ψ

Typ der Verbindung	ψ
Geschweißt	2,7
Geschraubtes Stirnblech	2,7
Geschraubte Flanschwinkel	3,1
Fußplattenverbindungen	2,7

Die Momenten-Rotations-Charakteristik darf in der Regel zu keinem Widerspruch mit den Annahmen für das Gesamttragwerk und für die Bemessung der einzelnen Bauteile führen (1-8, 6.1.2.1(3)). Wird die Momenten-Rotations-Charakteristik von Anschlüssen und Stützenfüßen von I- und H-Querschnitten nach den Vorgaben des EC 3 berechnet, dürfen vereinfachte Kurvenverläufe wie bilineare oder trilineare Näherungen verwendet werden, wenn diese vollständig unterhalb der wirklichen Momenten-Rotations-Charakteristik liegen (1-8, 5.1.1(4)).
Im EC 3 wird für die elastische und elastisch-plastische Berechnung eines Tragwerkes mit verformbaren Anschlüssen eine Vereinfachung für die Berechnung der Rotationsfeder S_j angegeben. Für diese Vereinfachung wird ein Anpassungswert η eingeführt.

$$S_j = \frac{S_{j,ini}}{\eta} \tag{1.3}$$

η nach Tabelle 1.2 (1-8, Tabelle 5.2)

Tabelle 1.2 Anpassungsbeiwert η

Anschlussausbildung	Träger-Stützenanschluss	Andere Anschlüsse: Träger-Trägeranschluss, Trägerstoß, Stützenstoß, Stützenfuß
Geschweißt	2	3
Geschraubtes Stirnblech	2	3
Geschraubte Flanschwinkel	2	3,5
Fußplattenverbindungen	-	3

In (1-8, 5.2.2.5) sind Grenzkriterien abhängig von den Steifigkeiten der anschließenden Bauteile definiert, ab wann die Verformungen der Anschlüsse zu berücksichtigen sind, siehe Abschnitt 1.3.

1.2 Tragwerksberechnung

Anschlussmodell
Für die Berechnung des Tragwerkes sind die Anschlüsse zu klassifizieren, um ein Anschlussmodell festzulegen. Es werden im EC 3 folgende Anschlussmodelle unterschieden:
- gelenkiger Anschluss
- starrer Anschluss
- verformbarer Anschluss

Bei einem gelenkigen Anschluss wird angenommen, dass keine Biegemomente übertragen werden können. Die Verdrehungen im Gelenk müssen möglich sein, um den Anschluss als ideales Gelenk einzustufen. Bei einem starren Anschluss ist die Rotationssteifigkeit so groß und damit die Rotation so gering, dass diese bei der Tragwerksberechnung vernachlässigt werden können. Ein verformbarer Anschluss liegt vor, wenn er nach den Grenzkriterien weder als gelenkig noch als starr eingestuft werden kann. Dann ist der Anschluss mit einer Rotationsfeder bei der Tragwerksberechnung zu berücksichtigen.

Tragfähigkeit
In (1-8, 5.2.3) werden die Anschlüsse auch nach der Tragfähigkeit klassifiziert. Es werden im EC 3 folgende Tragfähigkeiten der Anschlüsse unterschieden:
- gelenkiger Anschluss
- voll tragfähiger Anschluss
- teiltragfähiger Anschluss

Wenn die Momententragfähigkeit des Anschlusses nicht größer ist als 1/4 der Momententragfähigkeit des voll tragfähigen Anschlusses, darf der Anschluss als gelenkig betrachtet werden. Ein voll tragfähiger Anschluss liegt vor, wenn die Momententragfähigkeit $M_{j,Rd}$ des Anschlusses größer ist als die Tragfähigkeit der angeschlossenen Bauteile. In diesem Fall wird für den Nachweis nicht der Anschluss, sondern die Tragfähigkeit des Bauteils maßgebend.
Ein teiltragfähiger Anschluss liegt vor, wenn er weder als gelenkig noch als voll tragfähig eingestuft werden kann. In diesem Fall wird für den Nachweis der Anschluss maßgebend.

Rotationskapazität
Für die Tragwerksberechnung ist es ebenfalls wichtig, welche Rotationskapazität der Anschluss besitzt.

In (1-8, 6.4) ist für einzelne Anschlusskonfigurationen geregelt, wann eine plastisch-plastische Berechnung des Tragwerkes erlaubt ist. Die Anschlüsse müssen an den Stellen, wo plastische Gelenke entstehen können, über eine ausreichende Rotationskapazität verfügen. Die Regelungen im EC 3 gelten nur für die Stahlgüten S235, S275 und S355. Weiterhin darf die Normalkraft N_{Ed} im angeschlossenen Bauteil 5 % der plastischen Tragfähigkeit $N_{pl,Rd}$ nicht überschreiten.
Auf den Nachweis der erforderlichen Rotationskapazität darf verzichtet werden, wenn die Momententragfähigkeit $M_{j,Rd}$ des Anschlusses mindestens das 1,2fache der plastischen Momententragfähigkeit $M_{pl,Rd}$ des Querschnittes des angeschlossenen Bauteils beträgt. Die Rotationskapazität ist sehr gering, wenn die Momententragfähigkeit $M_{j,Rd}$ durch verformungsarme Komponenten wie Schrauben und Schweißnähte bestimmt wird.
Bisher liegen kaum Erfahrungen mit der plastisch-plastischen Berechnung vor. Für verschiebliche Tragwerke ist die Fließgelenktheorie mit plastischen Gelenken in den Anschlüssen nicht geeignet. Sie wird in der Praxis auch für starre Anschlüsse kaum angewendet. Im Folgenden werden die Regelungen des EC 3 angegeben.

Geschraubter Träger-Stützenanschluss
Ausreichende Rotationssteifigkeit liegt für einen geschraubten Träger-Stützenanschluss nach Abb. 1.3 vor, wenn die Momententragfähigkeit $M_{j,Rd}$ durch die Schubtragfähigkeit des Stützenstegfeldes bestimmt wird. Es ist zu beachten, dass die Schubtragfähigkeit aber nur aktiviert wird, wenn ein einseitiger Träger-Stützenanschluss vorliegt. s. Tabelle 1.5. Die Rotationskapazität ϕ_{Cd} ist nicht begrenzt. Das Stegbeulen des Stützenstegfeldes muss verhindert sein.

$$d_{wc} / t_{wc} \leq 69 \cdot \varepsilon \tag{1.4}$$

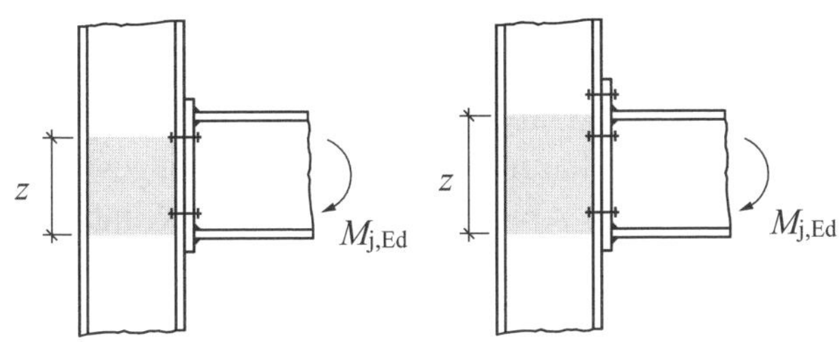

Abb. 1.3 Geschraubter Träger-Stützenanschluss

Wird die Momententragfähigkeit $M_{j,Rd}$ nicht durch die Schubtragfähigkeit des Stützenstegfeldes bestimmt, liegt ausreichende Rotationssteifigkeit vor, wenn bei einem Anschluss mit Stirnblech die folgenden 2 Bedingungen erfüllt sind:

- Die Momententragfähigkeit $M_{j,Rd}$ des Anschlusses wird durch den Stützenflansch mit Biegebeanspruchung oder dem Stirnblech auf der Trägerzugseite mit Biegebeanspruchung bestimmt, Modus 1.
- Die Dicke t des Stützenflansches oder des Stirnbleches auf der Trägerzugseite erfüllt die folgende Bedingung:

$$t \leq 0{,}36 \cdot d \cdot \sqrt{f_{ub} / f_y} \quad (1.5)$$

Dabei ist

d Nenndurchmesser der Schraube

f_{ub} Zugfestigkeit des Schraubenwerkstoffes

f_y Streckgrenze der maßgebenden Komponente

Geschweißter Träger-Stützenanschluss

Ausreichende Rotationssteifigkeit liegt für einen geschweißten Träger-Stützenanschluss nach Abb. 1.4 vor, wenn die Momententragfähigkeit $M_{j,Rd}$ durch die Schubtragfähigkeit des Stützenstegfeldes bestimmt wird. Es ist zu beachten, dass die Schubtragfähigkeit aber nur aktiviert wird, wenn ein einseitiger Träger-Stützenanschluss vorliegt. s. Tabelle 1.5. Die Rotationskapazität ϕ_{Cd} ist nicht begrenzt. Das Stegbeulen des Stützenstegfeldes (Index c) muss verhindert sein.

$$d_{wc} / t_{wc} \leq 69 \cdot \varepsilon \quad (1.6)$$

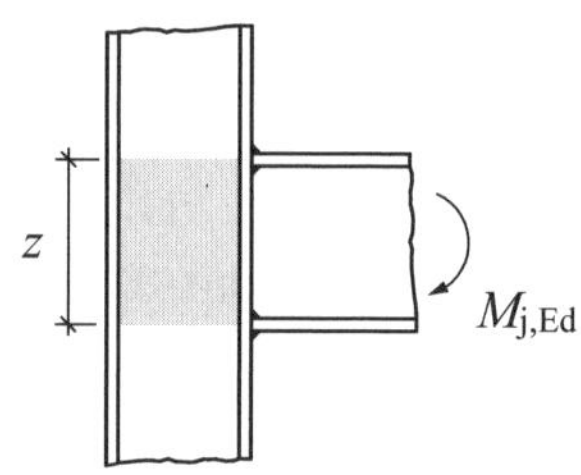

Abb. 1.4 Geschweißter Träger-Stützenanschluss

Wird die Momententragfähigkeit $M_{j,Rd}$ nicht durch die Schubtragfähigkeit des Stützenstegfeldes bestimmt, kann bei einem nicht ausgesteiften, geschweißten Träger-Stützenanschluss nach Abb. 1.4 die begrenzte Rotationskapazität ϕ_{Cd} wie folgt bestimmt werden:

$$\phi_{Cd} = 0{,}015 \quad (1.7)$$

Wird die Momententragfähigkeit $M_{j,Rd}$ nicht durch die Schubtragfähigkeit des Stützenstegfeldes bestimmt, kann bei einem geschweißten Träger-Stützenanschluss nach Abb. 1.5, bei dem der Stützensteg nur in der Druckzone ausgesteift ist, die begrenzte Rotationskapazität ϕ_{Cd} wie folgt bestimmt werden:

$$\phi_{Cd} = 0{,}025 \cdot h_c / h_b \tag{1.8}$$

Dabei ist

h_b Profilhöhe des Trägers

h_c Profilhöhe der Stütze

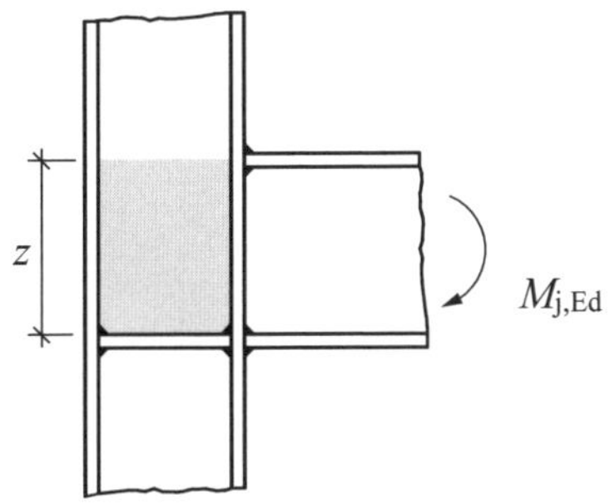

Abb. 1.5 Geschweißter Träger-Stützenanschluss mit Steife in der Druckzone

Elastische Tragwerksberechnung

Bei linear-elastischer Tragwerksberechnung sind die Anschlüsse nach der Rotationssteifigkeit zu klassifizieren. Die Berechnung erfolgt mit den Rotationssteifigkeiten nach Abb. 1.6. Der Anpassungswert η ist in Tabelle 1.2 angegeben.

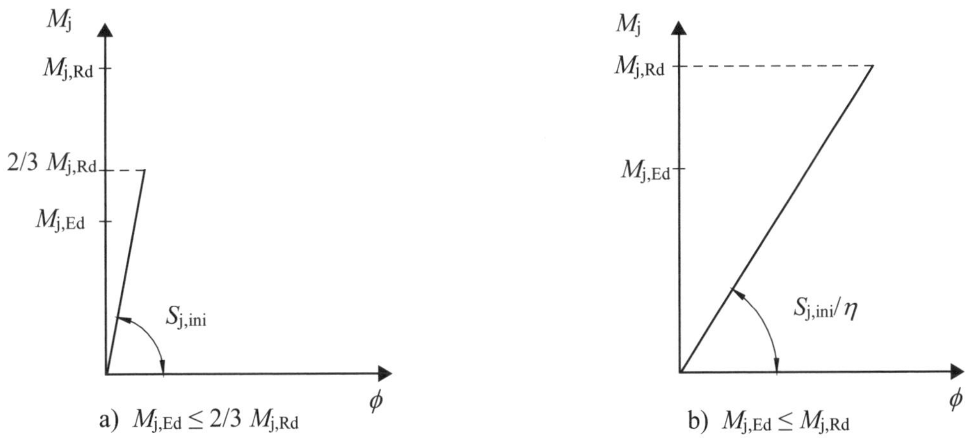

Abb. 1.6 Rotationssteifigkeit bei linear-elastischer Berechnung

Starr-plastische Tragwerksberechnung

Bei starr-plastischer Tragwerksberechnung sind die Anschlüsse nach ihrer Tragfähigkeit zu klassifizieren. Die Anschlüsse müssen eine ausreichende Rotationskapazität für die plastisch-plastische Berechnung besitzen.

Elastisch-plastische Tragwerksberechnung
Bei elastisch-plastischer Tragwerksberechnung sind die Anschlüsse nach der Rotationssteifigkeit und der Tragfähigkeit zu klassifizieren. Bei der Berechnung des Tragwerkes ist die Momenten-Rotations-Charakteristik der Anschlüsse zu berücksichtigen. Vereinfacht darf die bilineare Momenten-Rotations-Charakteristik nach Abb. 1.7 angewendet werden.

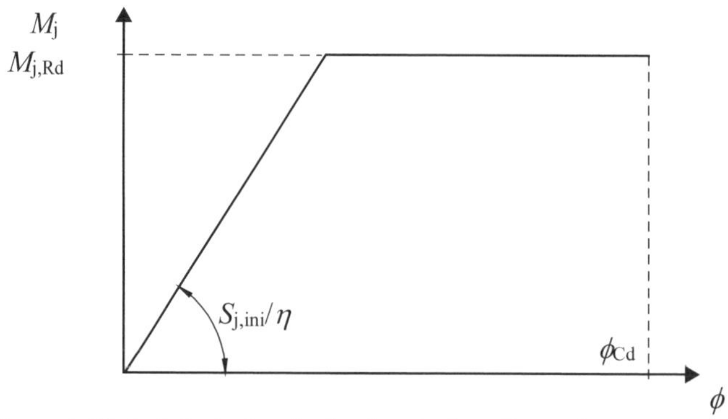

Abb. 1.7 Rotationssteifigkeit bei elastisch-plastischer Berechnung

1.3 Klassifizierung der Anschlüsse

Die Anschlüsse werden nach ihrer Steifigkeit klassifiziert. Für die Klassifizierung des Anschlusses wird die Anfangsrotationssteifigkeit $S_{j,ini}$ verwendet, s. Abb. 1.8.

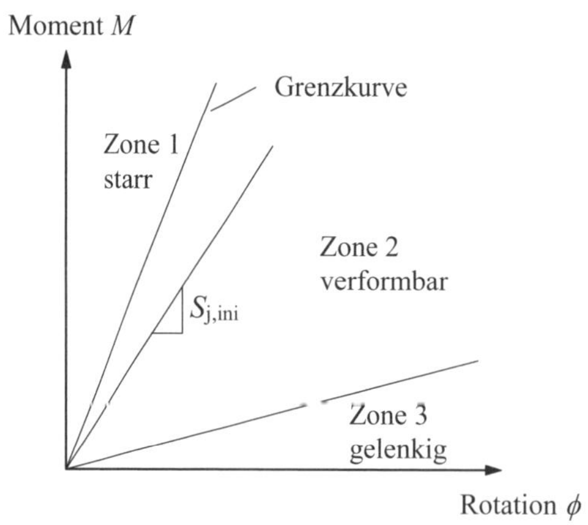

Abb. 1.8 Klassifizierung von Anschlüssen nach der Anfangsrotationssteifigkeit $S_{j,ini}$

Zone 1: Für einen verschieblichen Rahmen kann der Anschluss als starr angenommen werden für:

$$S_{j,ini} \geq 25 \cdot \frac{E \cdot I_b}{L_b} \tag{1.9}$$

Voraussetzung ist, dass in jedem Geschoss das Verhältnis $K_b/K_c \geq 0{,}1$ ist. Dabei ist K_b der Mittelwert aller I_b/L_b für alle Deckenträger und K_c der Mittelwert aller I_c/L_c für alle Stützen eines Geschosses. Bei Rahmentragwerken mit $K_b/K_c < 0{,}1$ sollten die Anschlüsse als verformbar angesehen werden.
Für einen unverschieblichen Rahmen gilt:

$$S_{j,ini} \geq 8 \cdot \frac{E \cdot I_b}{L_b} \tag{1.10}$$

Ein Rahmentragwerk kann als unverschieblich angesehen werden, wenn zusätzliche Aussteifungen die Horizontalverschiebungen um mindestens 80 % verringern.

Zone 3: Der Anschluss kann als gelenkig angenommen werden für:

$$S_{j,ini} \leq 0{,}5 \cdot \frac{E \cdot I_b}{L_b} \tag{1.11}$$

Zone 2: In Zone 2 sind alle Anschlüsse als verformbar anzusehen.

Die Anschlüsse in der Zone 1 und der Zone 3 können auch als verformbar berechnet werden.

Der Einfluss eines verformbaren Anschlusses wird an einem Zweigelenkrahmen nach Abb. 1.9 untersucht. Viele Programme berücksichtigen Federn am Knoten. Die Berechnung erfolgt hier mit dem Programm GWSTATIK.

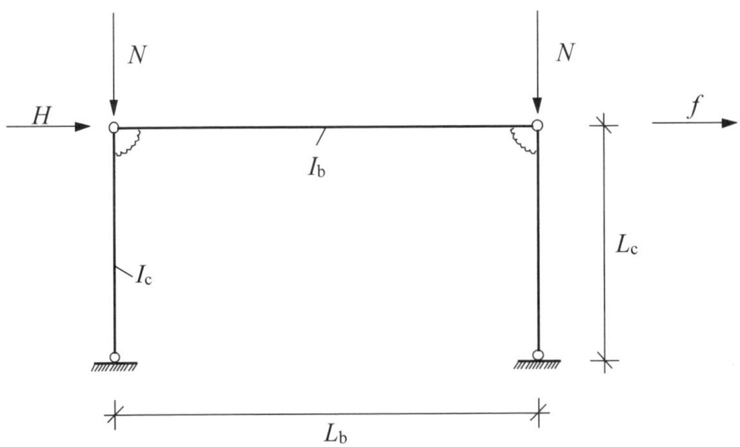

Abb. 1.9 Verschieblicher Zweigelenkrahmen mit verformbaren Anschlüssen

Profil Riegel: IPE 300
Profil Stütze: IPE 300
$L_b = 10$ m, $L_c = 5$ m
Folgende Auswirkungen werden untersucht:
1. Die Abnahme der maximalen horizontalen Verformung mit zunehmender Rotationssteifigkeit des Knotens für die Einheitslast $H = 10$ kN.
2. Die Verzweigungslast N_{cr}, die ein Maß für die Empfindlichkeit des Systems nach Theorie II. Ordnung ist.
Dieser verschiebliche Rahmen kann nach EC 3 als starr angenommen werden für:

$$S_{j,ini} \geq 25 \cdot \frac{E \cdot I_b}{L_b} = 25 \cdot \frac{21\ 000 \cdot 8360}{1000} = 4\ 390\ 000 \text{ kNcm} = 43{,}9 \text{ MNm}$$

Die Ergebnisse sind in Tabelle 1.3 dargestellt.

Tabelle 1.3 Verformbare Anschlüsse eines verschieblichen Zweigelenkrahmens

$S_{j,ini}$	f	f/f_∞	M	M/M_∞	N_{cr}	$N_{cr}/N_{cr,\infty}$
MNm/rad	cm	–	kNm	–	kN	–
10	3,63	1,53	25,0	1,00	674	0,675
20	3,00	1,27	25,0	1,00	806	0,808
30	2,79	1,18	25,0	1,00	862	0,864
40	2,69	1,14	25,0	1,00	892	0,894
43,9	2,66	1,12	25,0	1,00	901	0,903
50	2,62	1,11	25,0	1,00	912	0,914
100	2,50	1,05	25,0	1,00	953	0,955
200	2,44	1,03	25,0	1,00	975	0,977
∞	2,37	1,00	25,0	1,00	998	1,000

Aus Tabelle 1.3 wird deutlich, dass die Grenzwerte für den starren Anschluss der im Stahlbau oft angewendeten 10%-Regel sehr nahe kommen. Die Verhältnisse sind ähnlich bei anderen Abmessungen und Steifigkeiten. Besonders erwähnenswert ist, dass mit zunehmender Länge des Riegels die erforderliche Rotationssteifigkeit entsprechend abnimmt.
Der Einfluss eines verformbaren Anschlusses wird ebenfalls für den unverschieblichen Zweigelenkrahmen untersucht. Dieser unverschiebliche Rahmen kann nach EC 3 als starr angenommen werden für:

$$S_{j,ini} \geq 8 \cdot \frac{E \cdot I_b}{L_b} = 8 \cdot \frac{21\ 000 \cdot 8360}{1000} = 1\ 400\ 000 \text{ kNcm} = 14{,}0 \text{ MNm}$$

Folgende Auswirkungen werden untersucht:
1. Die Abnahme der maximalen vertikalen Verformung mit zunehmender Rotationssteifigkeit des Knotens für die Einheitslast $q = 10$ kN/m.

2. Die Änderung des Stütz- und Feldmomentes des Riegels unter der Einheitslast q = 10 kN/m. Das Stützmoment wird mit zunehmender Rotationssteifigkeit des Knotens größer und das Feldmoment entsprechend kleiner.
3. Die Verzweigungslast N_{cr}, die ein Maß für die Empfindlichkeit des Systems nach Theorie II. Ordnung ist. Die Ergebnisse sind in Tabelle 1.4 dargestellt.

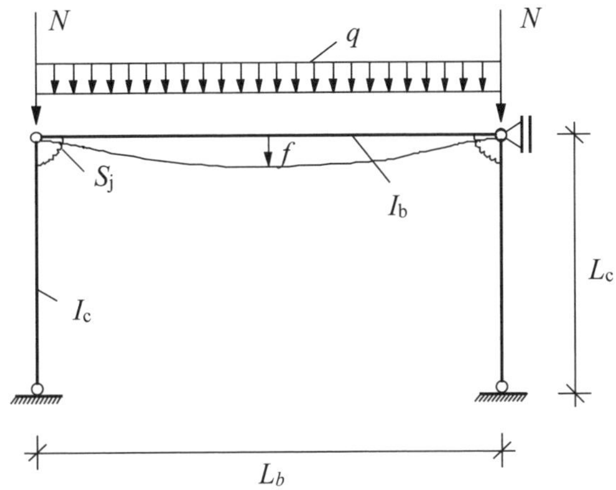

Abb.1.10 Unverschieblicher Zweigelenkrahmen mit verformbaren Anschlüssen

Tabelle 1.4 Verformbare Anschlüsse eines unverschieblichen Zweigelenkrahmens

$S_{j,ini}$	f	f/f_∞	M	M/M_∞	N_{cr}	$N_{cr}/N_{cr,\infty}$
MNm/rad	cm	–	kNm	–	kN	–
10	3,92	1,31	49,2	0,787	7863	0,965
14,0	3,69	1,23	52,6	0,842	7929	0,973
20	3,51	1,17	55,3	0,885	7985	0,980
30	3,35	1,12	57,5	0,92	8034	0,986
40	3,27	1,09	58,7	0,939	8059	0,989
50	3,21	1,07	59,4	0,950	8075	0,991
100	3,11	1,04	60,9	0,974	8109	0,996
200	3,05	1,02	61,7	0,987	8134	0,999
∞	2,99	1,00	62,5	1,000	8145	1,000

Die Verformungen nehmen bei dieser Annahme um über 20 % zu und die Momentenumlagerung beträgt 15 %. Nach Meinung des Verfassers wäre eine Regelung wünschenswert, die sich auf die Verformungen bezieht:
Der Einfluss verformbarer Anschlüsse ist zu berücksichtigen, wenn die horizontalen oder vertikalen Verformungen des Rahmentragwerkes um mehr als 10 % gegenüber dem starren Anschluss zunehmen.

Da neben dem Tragsicherheitsnachweis auch stets der Gebrauchstauglichkeitsnachweis für die Verformungen zu führen ist, sind gegebenenfalls größere Querschnitte als bei starren Verbindungen erforderlich. Der Gebrauchstauglichkeitsnachweis gewinnt bei verformbaren Anschlüssen eine größere Bedeutung und bedarf einer genaueren Untersuchung [20].

Die Bemessung von Stirnplattenstößen erfolgt im EC 3 mit dem äquivalenten T-Stummel. Bei der Berechnung der Rotationssteifigkeit wird im EC 3 nicht zwischen vorgespannten und nicht vorgespannten Schrauben unterschieden, [25] und [26].

$$k_{10} = \frac{1{,}6 \cdot A_{\mathrm{s}}}{L_{\mathrm{b}}} \tag{1.12}$$

Im Folgenden werden Vorschläge des Verfassers, die besonders hervorgehoben werden sollen, kursiv gedruckt.

Der Verfasser ist der Meinung, dass man Stirnplattenverbindungen mit planmäßig vorgespannten Schrauben mit einer höheren Steifigkeit berechnen darf, siehe auch Kapitel 2.

Die planmäßig vorgespannte Schraube auf Zug sollte vereinfacht mit dem folgenden Wert berechnet werden [13]:

$$k_{10,\mathrm{p}} = \frac{10 \cdot A_{\mathrm{s}}}{L_{\mathrm{b}}} \tag{1.13}$$

1.4 Statisches Modell für Träger-Stützenanschlüsse

Die Schubverformung des Stützenstegfeldes und die Rotationsverformung der Verbindung sind bei Träger-Stützenanschlüssen als Rotationfeder S_{j} bei der Modellierung des Tragwerkes zu berücksichtigen.

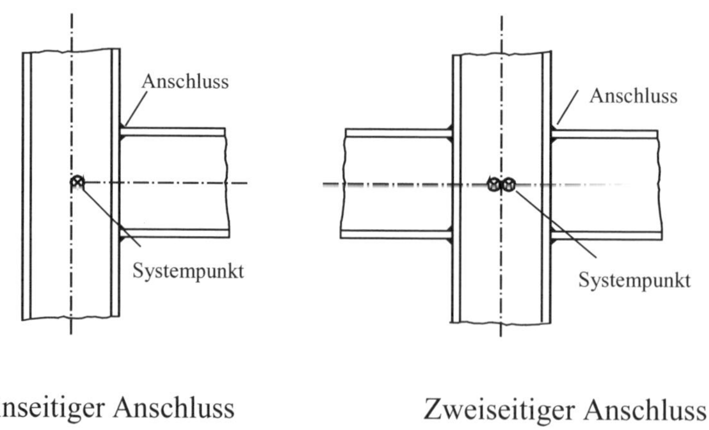

Abb.1.11 Vereinfachte statische Modelle

Die Anschlüsse können vereinfacht als punktförmige Rotationsfedern am Schnittpunkt der Systemlinien modelliert werden. Bei zweiseitigen Anschlüssen ist jeder Anschluss getrennt durch eine Rotationsfeder darzustellen, wobei in jeder Feder die Schubverformung des Stützenstegfeldes und die Rotationsverformung der Verbindung zu berücksichtigen sind.
Bei dem Nachweis des Träger-Stützenanschlusses sind die Schnittgrößen am Anschnitt zu beachten.

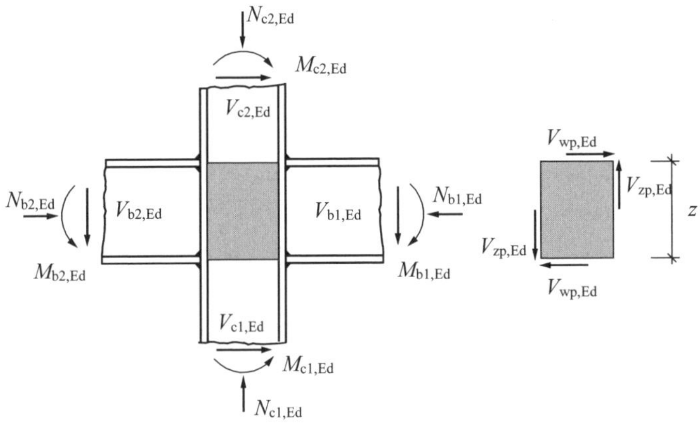

Abb.1.12 Positive Schnittgrößen am Anschnitt

Die resultierende Schubkraft $V_{wp,Ed}$ in dem Schubfeld folgt aus Gleichgewichtsbedingungen:

$$V_{wp,Ed} = \left(M_{b1,Ed} - M_{b2,Ed}\right) / z - \left(V_{c1,Ed} - V_{c2,Ed}\right) / 2 \tag{1.14}$$

Dabei ist

z der Hebelarm

Der Einfluss des Stützenstegfeldes ist bei der Berechnung der Momententragfähigkeit und der Rotationssteifigkeit jedes Anschlusses zu berücksichtigen. Dies geschieht durch den Übergangsparameter β.

Dabei ist

β_1 der Übergangsparameter β für den rechten Anschluss

β_2 der Übergangsparameter β für den linken Anschluss

Näherungswerte für den Übergangsparameter β sind mit den Momenten $M_{b1,Ed}$ und $M_{b2,Ed}$ am Anschnitt in Tabelle 1.5 angegeben.
Genauere Werte können mit den Momenten $M_{j,b1,Ed}$ und $M_{j,b2,Ed}$ am Schnittpunkt der Systemlinien ermittelt werden.

$$\beta_1 = \left|1 - M_{j,b2,Ed} / M_{j,b1,Ed}\right| \le 2 \tag{1.15}$$

$$\beta_2 = \left|1 - M_{j,b1,Ed} / M_{j,b2,Ed}\right| \le 2 \tag{1.16}$$

Dabei ist

$M_{j,b1,Ed}$ das Moment am Schnittpunkt des rechten Trägers

$M_{j,b2,Ed}$ das Moment am Schnittpunkt des linken Trägers

Tabelle 1.5 Näherungswerte für den Übergangsparameter *β*

<table>
<tr><th>Ausführung der Anschlüsse</th><th>Einwirkung</th><th>Wert β</th></tr>
<tr><td>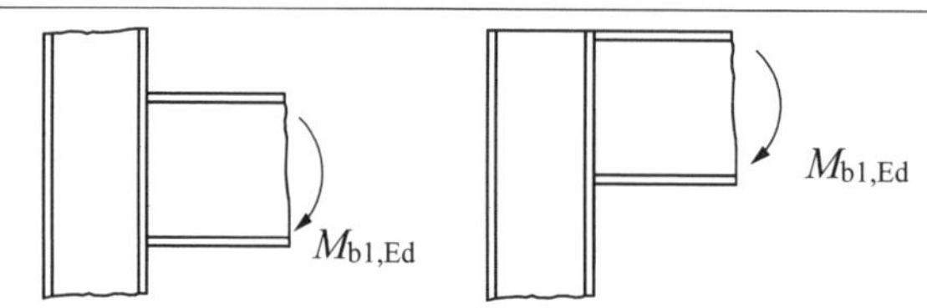</td><td>$M_{b1,Ed}$</td><td>$\beta \approx 1$</td></tr>
<tr><td rowspan="4">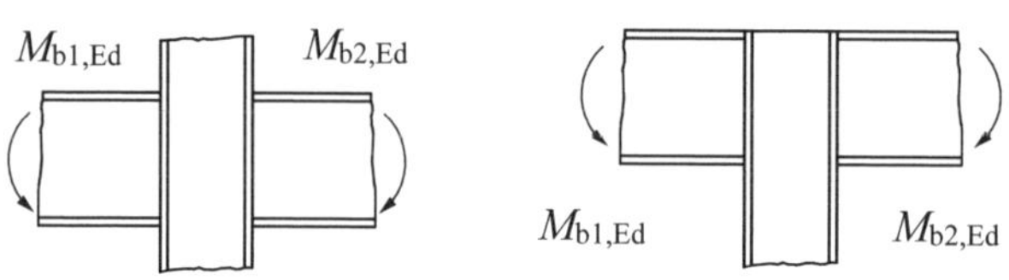</td><td>$M_{b1,Ed} = M_{b2,Ed}$</td><td>$\beta = 0$</td></tr>
<tr><td>$M_{b1,Ed} / M_{b2,Ed} > 0$</td><td>$\beta \approx 1$</td></tr>
<tr><td>$M_{b1,Ed} / M_{b2,Ed} < 0$</td><td>$\beta \approx 2$</td></tr>
<tr><td>$M_{b1,Ed} + M_{b2,Ed} = 0$</td><td>$\beta \approx 2$</td></tr>
</table>

1.5 Konstruktion

Die Schweißnahtdicken in allen Anschlüssen sollten so gewählt werden, dass die Momententragfähigkeit $M_{j,Rd}$ nicht durch die Tragfähigkeit der Schweißnähte, sondern die der anderen Grundkomponenten bestimmt wird (1-8, 6.2.3(4)).

Ist für die Berechnung ein plastisches Gelenk im Anschluss erforderlich, dann sind die Schweißnähte für das Minimum der folgenden Werte zu bemessen:

- die plastische Momententragfähigkeit des angeschlossenen Bauteils $M_{pl,Rd}$
- die α-fache Momententragfähigkeit des Anschlusses $M_{j,Rd}$

Dabei ist

$\alpha = 1{,}4$ für Rahmen, für die die Berechnung nach Theorie I. Ordnung zulässig ist (1-1, Gleichung (5.1))

$\alpha = 1{,}7$ für alle anderen Tragwerke

2 Zugbeanspruchte Schraube

2.1 Kategorien

Zugbeanspruchte Schraubenverbindungen, die bei der Komponentenmethode eine besonders wichtige Rolle spielen, werden für den Nachweis nach EC 3 in folgende Kategorien eingeteilt:

Kategorie D: Nicht vorgespannt
Zu dieser Kategorie gehören Schrauben der Festigkeitsklasse 4.6 bis 10.9. Es ist keine Vorspannung erforderlich. Die Kategorie D von zugbeanspruchten Schrauben darf nicht verwendet werden, wenn ein Nachweis der Ermüdungsfestigkeit erforderlich ist.

$$F_{t,Rd} = 0,9 \cdot f_{ub} \cdot A_s / \gamma_{M2} \tag{2.1}$$

$$\gamma_{M2} = 1,25$$

Kategorie E: Vorgespannt
Zu dieser Kategorie gehören Schrauben der Festigkeitsklasse 8.8 und 10.9. Es ist eine kontrollierte Vorspannung erforderlich. Die Kategorie E von zugbeanspruchten Schrauben darf verwendet werden, wenn ein Nachweis der Ermüdungsfestigkeit erforderlich ist.

$$F_{t,Rd} = 0,9 \cdot f_{ub} \cdot A_s / \gamma_{M2} \tag{2.2}$$

$$\gamma_{M2} = 1,25$$

Weiterhin ist gegebenenfalls zu beachten, dass unter der äußeren Zugkraft noch eine ausreichende Druckvorspannkraft im Bauteil verbleibt. Die Schraubenzugkraft darf dann die Vorspannkraft $F_{p,C}$ nicht überschreiten, wobei der Teilsicherheitsbeiwert γ_{M7} nach (1-8, Tabelle 2.1) zu berücksichtigen ist.
Für diese Fälle ist der Bemessungswert der Vorspannkraft $F_{p,Cd}$ nach (1-8, Gleichung (3.1)) zu beachten:

$$F_{p,Cd} = 0,7 \cdot f_{ub} \cdot A_s / \gamma_{M7} \tag{2.3}$$

$$\gamma_{M7} = 1,10$$

Diese reduzierte Grenztragfähigkeit nach (1-8, Gleichung (3.1)) der Schraube sollte angewendet werden, wenn sichergestellt werden muss, dass stets eine ausreichende Restklemmkraft in der vorgespannten Schraube vorhanden ist. Dies ist nach Meinung des Verfassers der Fall, wenn die größere Steifigkeit der vorgespannten Schraube bei der Berechnung der Anfangsrotationssteifigkeit eines Anschlusses berücksichtigt wird. Es gilt auch für die Tragfähigkeit des Anschlusses, wenn sich nur bei einem vorgespannten Anschluss Abstützkräfte einstellen und diese für den Nachweis berücksichtigt werden.

Art der Vorspannung
Bei der Vorspannung von Schrauben unterscheidet man zwischen
– kontrolliert voll vorgespannten Verbindungen und
– nicht voll vorgespannten Verbindungen.
Als nicht voll vorgespannt gelten Schrauben bzw. Verbindungen, wenn die Schrauben entsprechend der gängigen Montagepraxis ohne Kontrolle des Anziehmomentes angezogen werden.

Tabelle 2.1 Querschnittswerte der Schrauben

Schraubengröße	M12	M16	M20	M22	M24	M27	M30	M36
Schaftquerschnitt A in cm^2	1,13	2,01	3,14	3,80	4,52	5,73	7,07	10,18
Schaftquerschnitt A in cm^2 für Passschrauben	1,33	2,27	3,46	4,15	4,91	6,16	7,55	10,75
Spannungsquerschnitt A_s in cm^2	0,843	1,57	2,45	3,03	3,53	4,59	5,61	8,17
Scheibendurchmesser D in mm für alle Festigkeitsklassen	24	30	37	39	44	50	56	66
Scheibendicke t in mm für Festigkeitsklasse 4.6 und 5.6	8	8	8	8	8	8	8	8
Scheibendicke t in mm für Festigkeitsklasse 10.9	3	4	4	4	4	5	5	6
Kopfhöhe k in mm für Festigkeitsklasse 10.9	8	10	13	14	15	17	19	23
Mutterhöhe m in mm für Festigkeitsklasse 10.9	10	13	16	18	19	22	24	29
Schlüsselweite s in mm für Festigkeitsklasse 10.9	22	27	32	36	41	46	50	60
Schlüsselweite s in mm für Festigkeitsklasse 4.6 und 5.6	18	24	30	34	36	41	46	55
Eckenmaß min e in mm für Festigkeitsklasse 10.9	23,9	29,6	35,0	39,6	45,2	50,9	55,4	66,4
Eckenmaß min e in mm für Festigkeitsklasse 4.6 und 5.6	19,9	26,2	33,0	37,3	39,6	45,2	50,9	60,8
Volle Vorspannkraft $F_{p,C}$ in kN für Festigkeitsklasse 10.9	59	110	172	212	247	321	393	572
Regelvorspannkraft $F_{p,C*}$ in kN für Festigkeitsklasse 10.9	50	100	160	190	220	290	350	510
Grenzzugkraft $F_{t,Rd}$ in kN für Festigkeitsklasse 10.9	60,7	113	176	218	254	331	404	588

Kontrolliert voll vorgespannte Verbindungen
Zugbeanspruchte Verbindungen der Kategorie E mit voller Vorspannkraft und gleitfeste Verbindungen der Kategorie B und C sind kontrolliert voll vorzuspannen.
Für kontrolliert voll vorgespannte Verbindungen sind Schrauben der Festigkeitsklasse 8.8 oder 10.9 zu verwenden.
Für kontrolliert voll vorgespannte Verbindungen ist das kombinierte Vorspannverfahren nach DIN EN 1090-2 anzuwenden.
Für die Berechnung der Vorspannkraft gilt die Formel:

$$F_{p,C} = 0{,}7 \cdot f_{ub} \cdot A_s \qquad (2.4)$$

Die gerundeten Werte sind für die Festigkeitsklasse 10.9 in Tabelle 2.1 angegeben.

Nicht voll vorgespannte Verbindungen (1-8/NA,NDP zu 3.4.2(1))
Für die Vorspannung als Qualitätssicherungsmaßnahme und für nicht voll vorgespannte Verbindungen darf eine Vorspannkraft von bis zu

$$F_{p,C*} = 0{,}7 \cdot f_{yb} \cdot A_s \qquad (2.5)$$

angesetzt werden. Diese soll wie auch in [22] als Regelvorspannkraft bezeichnet werden.
Für die Sicherung der Garnitur gegenüber Lockern reicht eine Vorspannung von 50 % der Regelvorspannkraft $F_{p,C*}$.
Um ein Klaffen der Fuge in einem Anschluss im Gebrauchszustand zu vermeiden, ist der Anschluss mit der Regelvorspannung $F_{p,C*}$ *vorzuspannen, die nach Meinung des Verfassers kontrolliert werden sollte.*
Diese kann mit den Vorspannverfahren nach (1-8/NA, Anhang A) aufgebracht werden. Die gerundeten Werte sind in Tabelle 2.1 angegeben.

2.2 Kontrolliert vorgespannte Schraubenverbindung

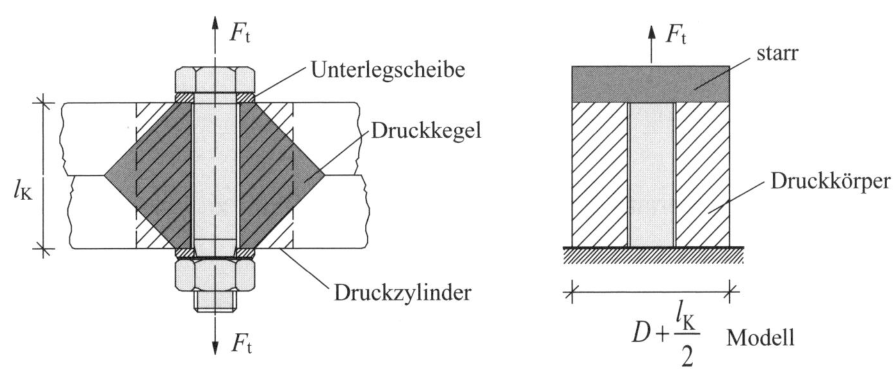

Abb. 2.1 Planmäßig vorgespannte Schraubenverbindung

Die hochfeste Schraubenverbindung kann große Zugkräfte F_t in Richtung der Schraubenachse aufnehmen, wenn sie voll vorgespannt ist. Das statische System dieser Verbindung entspricht einem System parallel geschalteter Federn.

F_1	Zugkraft in der Schraube
F_2	Druckkraft in dem Druckkörper
A_1	Fläche des Schaftquerschnittes
$A_{2,1}$	Fläche des Druckzylinders
$A_{2,2}$	Fläche der Unterlegscheibe
h	Dehnlänge der Unterlegscheibe
l_K	Dehnlänge des Druckzylinders

$l_1 = l_K + 2 \cdot h + 0{,}5 \cdot (k + m)$
Dehnlänge der Schraube

k_1	Federsteifigkeit der Schraube
k_2	Federsteifigkeit des Druckkörpers

Die Federsteifigkeit k_1 der Schraube ergibt sich mit dem Elastizitätsmodul E:

$$k_1 = \frac{E \cdot A_1}{l_1} \tag{2.6}$$

Der Druckkörper besteht aus dem Druckzylinder in den verschraubten Bauteilen und den beiden Unterlegscheiben. Diese drei Teile verhalten sich wie hintereinander geschaltete Federn.

$$k_{2,1} = \frac{E \cdot A_{2,1}}{l_K} \qquad k_{2,2} = k_{2,3} = \frac{E \cdot A_{2,2}}{h} \tag{2.7}$$

Die Federsteifigkeit k_2 des Druckkörpers folgt aus:

$$\frac{1}{k_2} = \frac{1}{k_{2,1}} + \frac{1}{k_{2,2}} + \frac{1}{k_{2,3}} \tag{2.8}$$

Federsteifigkeit k_1 der nicht vorgespannten Schraube:

$$k_1 = \frac{E \cdot A_1}{l_1} \tag{2.9}$$

Federsteifigkeit k_p der vorgespannten Schraube:

$$k_p = k_1 + k_2 \tag{2.10}$$

Für die vorgespannte Schraubenverbindung sind 2 Lastfälle zu berechnen und dann zu überlagern.

Lastfall Vorspannung: Die Schraubenverbindung wird mit der Vorspannkraft $F_{p,C}$ voll vorgespannt.

$$F_{1,\mathrm{p,C}} = +F_{\mathrm{p,C}} \qquad F_{2,\mathrm{p,C}} = -F_{\mathrm{p,C}} \tag{2.11}$$

In der Schraube entsteht eine Zugkraft und in dem Druckkörper eine Druckkraft gleicher Größe.

Lastfall Zugkraft: Die Schraubenverbindung wird mit der Zugkraft F_t belastet. Für die Berechnung der Schnittgrößen vergisst man die Vorspannung und berechnet dieses System parallel geschalteter Federn. Die Schnittgrößen verteilen sich im Verhältnis der Federsteifigkeiten der Schraube und des Druckkörpers.

$$F_{1,\mathrm{t}} = +F_\mathrm{t} \cdot \frac{k_1}{k_1 + k_2} \qquad F_{2,\mathrm{t}} = +F_\mathrm{t} \cdot \frac{k_2}{k_1 + k_2} \tag{2.12}$$

Die beiden Lastfälle werden überlagert.

$$F_1 = +F_{\mathrm{p,C}} + F_\mathrm{t} \cdot \frac{k_1}{k_1 + k_2} \qquad F_2 = -F_{\mathrm{p,C}} + F_\mathrm{t} \cdot \frac{k_2}{k_1 + k_2} \tag{2.13}$$

Die äußere Zugkraft F_t wird also durch eine Erhöhung der Schraubenkraft F_1 über die Zugvorspannung $+F_{\mathrm{p,C}}$ hinaus und einer Abnahme der Druckvorspannung $-F_{\mathrm{p,C}}$ im verschraubten Bauteil aufgenommen. Da in einer vorgespannten Schraubenverbindung im Stahlbau die Federsteifigkeit der Schraube wesentlich kleiner ist als die des Druckkörpers, wird die Zugkraft F_t zu ca. 90 % durch die Abnahme der Druckvorspannkraft im Bauteil aufgenommen. Nur ca. 10 % der Zugkraft F_t beanspruchen zusätzlich die Schraube. Die Vorspannkraft $F_{\mathrm{p,C}}$ ist so gewählt, dass durch diese Erhöhung der Schraubenkraft die Tragfähigkeit der Schraube nicht überschritten wird. Deshalb wird auch beim Nachweis auf Zug die anteilige Vorspannkraft bei der Berechnung von F_t nicht berücksichtigt. Die geringe Änderung der Schraubenkraft wirkt sich besonders günstig auf die Ermüdungsfestigkeit der Schrauben bei nicht vorwiegend ruhender Belastung aus.

Weiterhin ist gegebenenfalls zu beachten, dass unter der äußeren Zugkraft F_t noch eine Druckvorspannkraft im Bauteil verbleibt. Dies wird im Nachweis der Tragfähigkeit berücksichtigt, wobei Teilsicherheitsfaktoren zu beachten sind. Die Grenzbedingung lautet mit der Gleichung (2.14):

$$F_2 = -F_{\mathrm{p,C}} + F_\mathrm{t} \cdot \frac{k_2}{k_1 + k_2} \le 0$$

Daraus folgt die Bedingung:

$$F_\mathrm{t} \le \frac{k_1 + k_2}{k_2} \cdot F_{\mathrm{p,C}} \approx F_{\mathrm{p,C}} \tag{2.14}$$

Für diese Fälle ist in (1-8, Gleichung (3.1)) ein Bemessungswert der Vorspannkraft $F_{\mathrm{p,Cd}}$ angegeben:

$$F_{\text{p,Cd}} = 0,7 \cdot f_{\text{ub}} \cdot A_{\text{s}} / \gamma_{\text{M7}} \tag{2.15}$$

$$\gamma_{\text{M7}} = 1,10$$

Beispiel:
Berechnung einer vorgespannten Schraubenverbindung
Schraube: M20-10.9

$$l_{\text{K}} = 2 \cdot 2,0 = 4,0 \text{ cm}$$

$$d_{\text{L}} = 2,1 \text{ cm} \qquad h = 0,4 \text{ cm} \qquad D = 3,7 \text{ cm} \qquad d_{\text{Sch}} = 2,0 \text{ cm}$$

$$A = A_1 = 3,14 \text{ cm}^2$$

Federsteifigkeit k_1 der Schraube:

$$l_1 = l_{\text{K}} + 2 \cdot h + 0,5 \cdot (k + m) = 4,0 + 2 \cdot 0,4 + 0,5 \cdot (1,3 + 1,6) = 6,25 \text{ cm}$$

$$k_1 = \frac{E \cdot A_1}{l_1} = \frac{21\,000 \cdot 3,14}{6,25} = 10\,550 \text{ kN/cm}$$

Federsteifigkeit $k_{2,1}$ des Druckzylinders:

$$A_{2,1} = \frac{\pi}{4} \cdot \left(\left(D + \frac{l_{\text{K}}}{2} \right)^2 - d_{\text{L}}^2 \right) = \frac{\pi}{4} \cdot \left(\left(3,7 + \frac{4,0}{2} \right)^2 - 2,1^2 \right) = 22,1 \text{ cm}^2$$

$$k_{2,1} = \frac{E \cdot A_{2,1}}{l_{\text{K}}} = \frac{21\,000 \cdot 22,1}{4,0} = 116\,025 \text{ kN/cm}$$

Federsteifigkeit $k_{2,2}$ der Unterlegscheibe:

$$A_{2,2} = \frac{\pi}{4} \cdot \left(D^2 - d_{\text{L}}^2 \right) = \frac{\pi}{4} \cdot \left(3,7^2 - 2,1^2 \right) = 7,29 \text{ cm}^2$$

$$k_{2,2} = \frac{E \cdot A_{2,2}}{h} = \frac{21\,000 \cdot 7,29}{0,4} = 382\,725 \text{ kN/cm}$$

$$k_{2,2} = k_{2,3}$$

Die Federsteifigkeit k_2 des Druckkörpers folgt aus:

$$\frac{1}{k_2} = \frac{1}{k_{2,1}} + \frac{1}{k_{2,2}} + \frac{1}{k_{2,3}} = \frac{1}{382725} + \frac{1}{116025} + \frac{1}{382725}$$

$$k_2 = 72\,231 \text{ kN/cm}$$

Fall 1: Volle Vorspannkraft:
Die volle Vorspannkraft beträgt: $F_{\text{p,C}} = 172$ kN
Grenzzugkraft der Schraube: $F_{\text{t,Rd}} = 176$ kN

$$F_1 = +F_{\text{p,C}} + F_{\text{t}} \cdot \frac{k_1}{k_1 + k_2} = 172 + 176 \cdot \frac{10\,550}{10\,550 + 72\,231} = 172 + 22,4 = 194 \text{ kN}$$

$$F_2 = -F_{p,C} + F_t \cdot \frac{k_2}{k_1 + k_2} = -172 + 176 \cdot \frac{72\,231}{10\,550 + 72\,231} = -172 + 153{,}6 = -18{,}4 \text{ kN}$$

Die Zugkraft F_1 in der Schraube liegt 10 % über der Grenzzugkraft der Schraube, überschreitet aber nicht die Zugtragfähigkeit der Schraube:

$$F_{t,R,k} = 176{,}4 \cdot 1{,}25 = 221 \text{ kN}$$

Die Druckkraft F_2 im Druckkörper ist noch vorhanden.

Fall 1 ist die voll vorgespannte Schraube der Kategorie E nach EC 3.

Fall 2: Regelvorspannkraft und Gebrauchstauglichkeit:

Die Regelvorspannkraft beträgt: $F_{p,C*} = 160$ kN

Zugkraft der Schraube im Gebrauchszustand: $F_{t,1} = \frac{F_{t,Rd}}{\gamma} \approx \frac{176}{1{,}40} = 126$ kN

$$F_1 = +F_{p,C*} + F_{t,1} \cdot \frac{k_1}{k_1 + k_2} = 160 + 126 \cdot \frac{10\,550}{10\,550 + 72\,231} = 160 + 16{,}1 = 176 \text{ kN}$$

$$F_2 = -F_{p,C*} + F_{t,1} \cdot \frac{k_2}{k_1 + k_2} = -160 + 126 \cdot \frac{72\,231}{10\,550 + 72\,231} = -160 + 109{,}9 = -50{,}1 \text{ kN}$$

Dieser Fall ist nach dem deutschen NA als Qualitätssicherungsmaßnahme erlaubt. Auch bei einem Abfall der Regelvorspannkraft um 10 % ist noch eine Druckvorspannkraft im Bauteil vorhanden.

Fall 3: Volle Vorspannkraft und reduzierte Tragfähigkeit der Schraube

Die volle Vorspannkraft beträgt: $F_{p,C} = 172$ kN

Reduzierte Grenzzugkraft der Schraube nach (1-8, Gleichung (3.1)): $F_{p,Cd} = 157$ kN

$$F_1 = +F_{p,C} + F_t \cdot \frac{k_1}{k_1 + k_2} = 172 + 157 \cdot \frac{10\,550}{10\,550 + 72\,231} = 172 + 20{,}0 = 192 \text{ kN}$$

$$F_2 = -F_{p,C} + F_t \cdot \frac{k_2}{k_1 + k_2} = -172 + 157 \cdot \frac{72\,231}{10\,550 + 72\,231} = -172 + 137 = -35{,}0 \text{ kN}$$

Die Zugkraft F_1 in der Schraube liegt 10 % über der Grenzzugkraft der Schraube, überschreitet aber nicht die Zugtragfähigkeit der Schraube:

$$F_{t,Rk} = 176{,}4 \cdot 1{,}25 = 221 \text{ kN}$$

Eine größere Druckkraft F_2 im Druckkörper ist vorhanden. Dieser Fall ist nach EC 3 (1-8, Gleichung (3.1)) erlaubt.

Federsteifigkeit

Federsteifigkeit k_1 der nicht vorgespannten Schraube:

$$k_1 = \frac{E \cdot A_1}{l_1} = \frac{21\,000 \cdot 3{,}14}{6{,}25} = 10\,550 \text{ kN/cm}$$

Federsteifigkeit k_p der vorgespannten Schraube:

$$k_p = k_1 + k_2 = 10\,550 + 72\,231 = 82\,781 \text{ kN/cm}$$

Die Federsteifigkeit k_p der vorgespannten Schraube ist in diesem Beispiel 7,8-mal größer als die Federsteifigkeit k_1 der nicht vorgespannten Schraube. *Deshalb sollte im EC 3 (1-8, Tabelle 6.11)) bei der Berechnung der Steifigkeitskoeffizienten k_i zwischen vorgespannten und nicht vorgespannten Schrauben unterschieden werden.*

Zusammenfassung

Schrauben der Kategorie E mit reduzierter Grenztragfähigkeit sind **nur** erforderlich, wenn die größere Steifigkeit der vorgespannten Schraube bei der Berechnung der Anfangsrotationssteifigkeit berücksichtigt wird.
Schrauben der Kategorie E mit reduzierter Grenztragfähigkeit sind erforderlich, wenn sich **nur** bei dem vorgespannten Anschluss Abstützkräfte einstellen und diese für den Nachweis berücksichtigt werden.
Um ein Klaffen der Fuge in einem Anschluss im Gebrauchszustand zu vermeiden, ist für Schrauben der Kategorie D der Anschluss mit der Regelvorspannung $F_{p,C*}$ vorzuspannen, die nach Meinung des Verfassers kontrolliert werden sollte.

2.3 Interaktion von Zug und Abscheren

Die Beanspruchung von Zug und Abscheren von Schrauben in gestützten Verbindungen ist in (1-8, Tabelle 3.4) geregelt. Die Interaktion zwischen Zug und Abscheren ist nach Gleichung (2.16) zu berechnen.

$$\frac{F_{v,Ed}}{F_{v,Rd}} + \frac{F_{t,Ed}}{1{,}4 \cdot F_{t,Rd}} \leq 1 \tag{2.16}$$

Die reduzierte Zugkraft $F_{t,v,Ed}$ infolge einer vorhandenen Abscherkraft $F_{,v,Ed}$ lautet damit:

$$F_{t,v,Rd} = 1{,}4 \cdot F_{t,Rd} \cdot \left(1 - \frac{F_{v,Ed}}{F_{v,Rd}}\right) \leq F_{t,Rd} \tag{2.17}$$

Dies bedeutet, dass eine Reduktion der zugbeanspruchte Schraube erst erforderlich ist, wenn

$$F_{v,Ed} > 0,286 \cdot F_{v,Rd} \tag{2.18}$$

ist.

Bei einer Stirnplattenverbindung werden die Schrauben im Druckbereich für die Abtragung der Querkraft herangezogen. Ist dies nicht ausreichend, kann für jede zugbeanspruchte Schraube noch eine Querkraftbeanspruchbarkeit von $0,286 \cdot F_{v,Rd}$ berücksichtigt werden. Erst wenn dies für den Nachweis nicht ausreicht, ist eine Reduktion erforderlich oder es sind zusätzliche Schrauben im Druckbereich anzuordnen.

Die Gleichung (2.18) gilt auch, wenn der Bemessungswert der Vorspannkraft $F_{p,Cd}$ als maximale Zugbeanspruchung zu berücksichtigen ist.

$$F_{t,v,Rd} = 1,4 \cdot F_{p,Cd} \cdot \left(1 - \frac{F_{v,Ed}}{F_{v,Rd}}\right) \leq F_{p,Cd} \tag{2.19}$$

Die Berechnung der Abscherkraft $F_{v,Ed}$ erfolgt nach Band 2, Kapitel Schraubenverbindungen. Es handelt sich dabei um die Berechnung eines Punktequerschnittes. Bei den typisierten Verbindungen von Trägerstößen ist zu unterscheiden, ob der Punktequerschnitt symmetrisch oder einfachsymmetrisch ist.

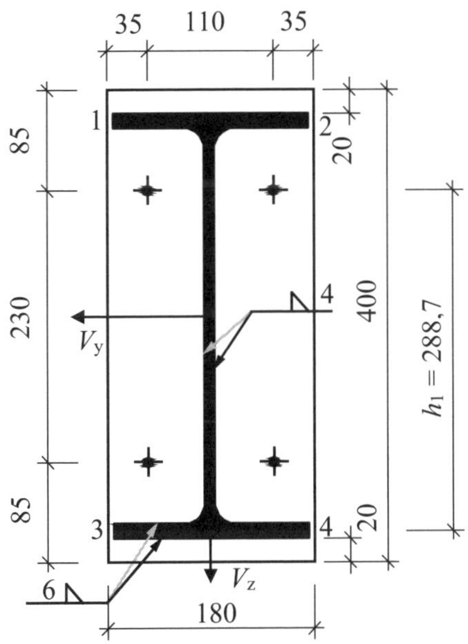

Abb. 2.2 Symmetrischer Punktequerschnitt

Bei einem symmetrischen Punktequerschnitt fallen der Schwerpunkt des Stahlquerschnittes und der Schwerpunkt des Punktequerschnittes zusammen. Es wird aus den Querkräften $V_{y,Ed}$ und $V_{z,Ed}$ die Resultierende V_{Ed} gebildet und durch die Anzahl n der Schrauben dividiert.

$$V_{Ed} = \sqrt{V_{y,Ed}^{\ 2} + V_{z,Ed}^{\ 2}} \tag{2.20}$$

$$F_{v,Ed} = \frac{V_{Ed}}{n} \tag{2.21}$$

Bei einem einfachsymmetrischen Punktequerschnitt fallen der Schwerpunkt des Stahlquerschnittes und der Schwerpunkt des Punktequerschnittes nicht zusammen. Es wird aus den Querkräften $V_{y,Ed}$ und $V_{z,Ed}$ die Abscherkraft $F_{v,Ed}$ im Punkt 1 und 2 berechnet.

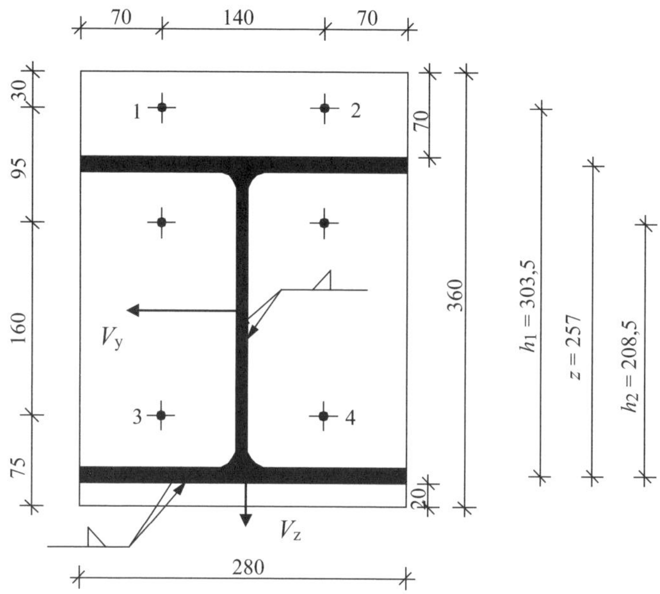

Abb. 2.3 Einfachsymmetrischer Punktequerschnitt

Der Punkt 1 und 2 gilt für das Anschlussmoment $M_{1j,Rd}$ und der Punkt 3 und 4 für das Anschlussmoment $M_{2j,Rd}$. Bei allgemeiner Beanspruchung nach Abschnitt 3.7 gilt der Punkt 1und 2 für den überstehenden Flansch und Punkt 2 und 4 für den bündigen Flansch. Ein Erläuterungsbeispiel ist auf Seite 54 angegeben.

Da im Allgemeinen Schrauben der Stahlgüte 10.9 verwendet werden, sind die Abscherkräfte der Schrauben sehr groß und eine Abminderung meist nicht erforderlich.

Weiterhin sind die Nachweise für die Grenzlochleibungskraft und die Grenzdurchstanzkraft der Schrauben zu führen.

3 Stirnplattenstoß nach EC 3

3.1 Konstruktion

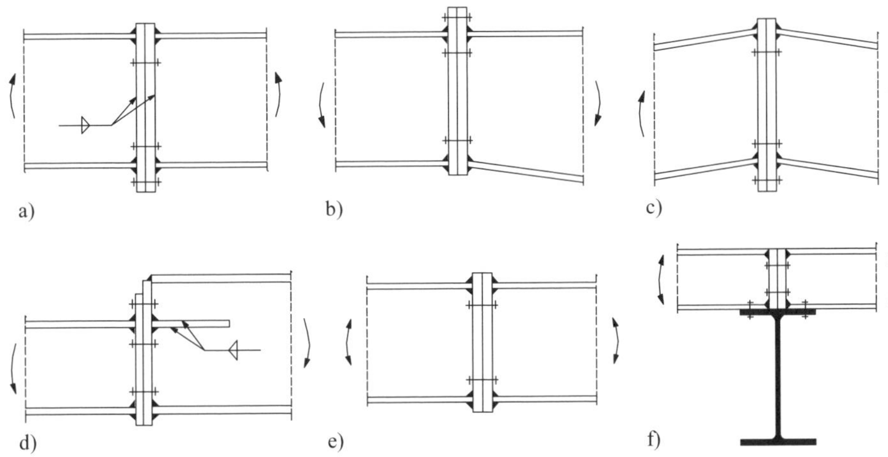

Abb. 3.1 Stirnplattenstöße

Einige konstruktive Lösungen sind in Abb. 3.1 dargestellt. Bei den Stirnplattenstößen unterscheidet man zwischen einem Stoß mit überstehenden und bündigen Platten. Bei überstehenden Platten werden Schrauben auch im Zugbereich außen angeordnet. Stirnplattenstöße können sehr vielseitig, z. B. als Firststoß (Abb. 3.1c)), Pfettenstoß (Abb. 3.1f)), Deckenträgerstoß, aber auch als Stützenstoß und bei Rahmenecken eingesetzt werden. Bei Stirnplattenstößen sind auch die Schweißnähte nachzuweisen. Zugbeanspruchte Verbindungen mit Schrauben können nach Kategorie D oder nach Kategorie E ausgeführt werden.

3.2 Biegetragfähigkeit

3.2.1 Allgemeines

Bei den Stirnplattenstößen sind dabei die folgenden Komponenten zu beachten:

- äquivalenter T-Stummel mit Zugbeanspruchung (1-8, 6.2.4)
- Stirnblech mit Biegung (1-8, 6.2.6.5)
- Trägerflansch und -steg mit Druck (1-8, 6.2.6.6)
- Trägersteg mit Zug (1-8, 6.2.6.8)

In diesem Abschnitt werden die Tragfähigkeiten dieser Grundkomponenten angegeben.

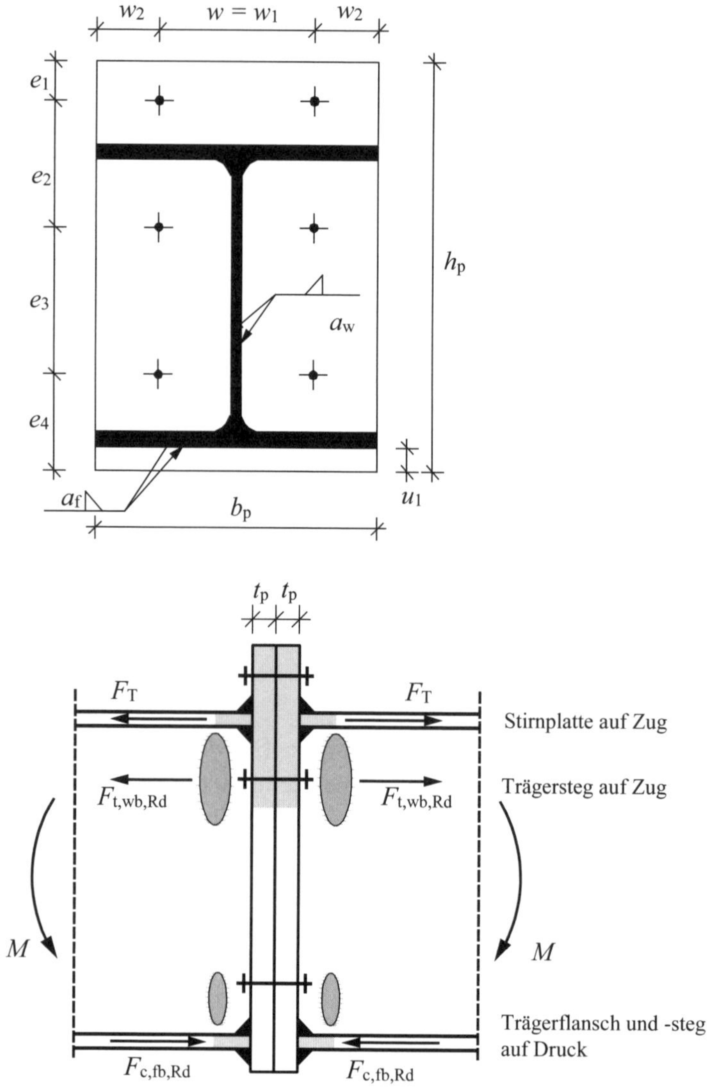

Abb. 3.2 Komponenten des Stirnplattenstoßes

Im Eurocode 3 werden für die Indizes und Bezeichnungen folgende Buchstaben verwendet:

Stütze – column	c	Träger – beam	b	Flansch – flange	f
Steg – web	w	Platte – plate	p	Reihe – row	r
Dicke – thickness	t	Radius – radius	r	Schraube – bolt	b
Druck – compression	c	Zug – tension	t		

In Abb. 3.2 ist ein typischer Stirnplattenstoß mit überstehenden Platten dargestellt. Es sind 3 Komponenten des Trägerstoßes, Stirnplatte auf Zug, Trägersteg auf Zug und Trägerflansch auf Druck nachzuweisen. Das Biegemoment erzeugt in dem oberen Flansch eine Zugkraft. Diese Zugkraft wird durch den grau angelegten T-Stummel über den Stoß übertragen. Die Grenzzugkraft F_T wird berechnet. Mit der wirksamen Länge l_{eff} der einzelnen äquivalenten T-Stummel nach Abb. 3.3, die eine Ersatzlänge darstellt, wird die Tragfähigkeit des Anschlusses wirklichkeitsnah erfasst. Durch den äquivalenten T-Stummel wird auch der Anteil der Zugkraft, den der Steg des Trägers übernimmt, berücksichtigt. Weiterhin bewirkt das Biegemoment im unteren Flansch eine Druckkraft.

Für den Nachweis mit dem einwirkenden Biegemoment $M_{j,Ed}$ gilt:

$$\frac{M_{j,Ed}}{M_{j,Rd}} \leq 1{,}0 \tag{3.1}$$

Bei der Berechnung der Momententragfähigkeit $M_{j,Ed}$ nach EC 3 ist eine gleichzeitig wirkende Normalkraft N_{Ed} im Anschluss nicht berücksichtigt. Daher darf der Nachweis nach Gleichung (3.1) nur geführt werden, wenn die einwirkende Normalkraft N_{Ed} des angeschlossenen Bauteils nicht größer als 5 % der plastischen Normalkraft $N_{pl,Rd}$ des Bauteilquerschnittes ist.

Als konservative Näherung darf bei Biegung und Normalkraft nach (1-8, Gleichung (6.24)) die lineare Interaktion benutzt werden:

$$\frac{M_{j,Ed}}{M_{j,Rd}} + \frac{N_{j,Ed}}{N_{j,Rd}} \leq 1{,}0 \tag{3.2}$$

Dabei ist

$M_{j,Rd}$ Momententragfähigkeit des Anschlusses

$N_{j,Rd}$ Normalkrafttragfähigkeit des Anschlusses

Bei größeren Normalkräften und reiner Normalkraftbeanspruchung im Anschluss sollten nach Meinung des Verfassers die Schrauben kontrolliert vorgespannt werden.

Auf die allgemeine Beanspruchung mit Biegung und Normalkraft wird im Abschnitt 3.7 eingegangen.

3.2.2 Äquivalenter T-Stummel mit Zug

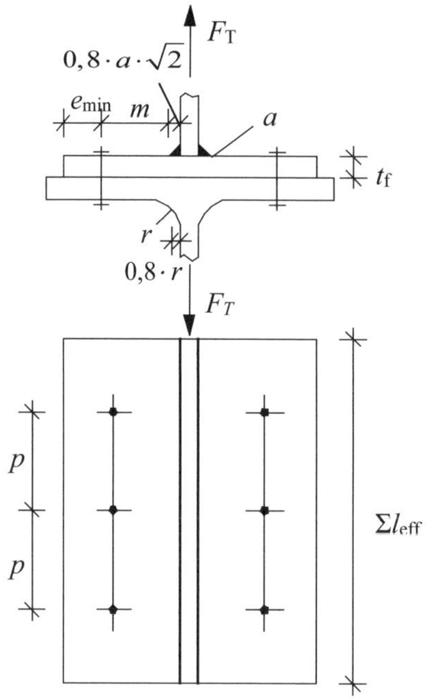

$n = e_{min} \leq 1,25 \cdot m$

Abb. 3.3 Träger-Stützenanschluss

In Abb. 3.3 ist ein Träger-Stützenanschluss dargestellt. Als Randabstand e ist der kleinere Wert zu wählen, da eine gegenseitige Abstützung nur bis dahin möglich ist. Bei Trägerstößen ist der Randabstand e im Allgemeinen gleich.
Zunächst soll die Grenztragfähigkeit des T-Stummels erläutert werden. Für die Berechnung der Grenztragfähigkeit des T-Stummels wird die Fließgelenktheorie angewendet. Dabei sind 4 unterschiedliche Systeme zu beachten, die von der Tragfähigkeit der Platte und der Schraube abhängen. Hat sich eine kinematische Kette gebildet, kann die zugehörige Grenztragfähigkeit des T-Stummels aus Gleichgewichtsbedingungen F_T ermittelt werden.

Modus 1: Vollständiges Fließen des Flansches – Abstützkräfte

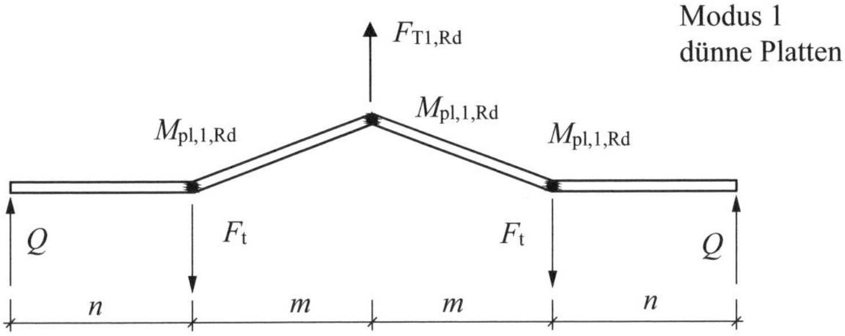

Dieses Versagen tritt bei dünnen Platten, dünn im Verhältnis zum Schraubendurchmesser, auf. Für Schrauben der Festigkeitsklasse 10.9 liegt das Verhältnis der Plattendicke zu dem Schraubendurchmesser näherungsweise bei $t/d < 0{,}75$. Das System ist symmetrisch und damit einfach statisch unbestimmt. Wenn sich 2 Fließgelenke bilden, entsteht eine kinematische Kette. In der Mitte und am Angriffspunkt der Schraube bildet sich ein Momentenfließgelenk. Es treten Abstützkräfte Q auf.

Modus 2: Versagen der Schrauben und ein Fließgelenk – Abstützkräfte

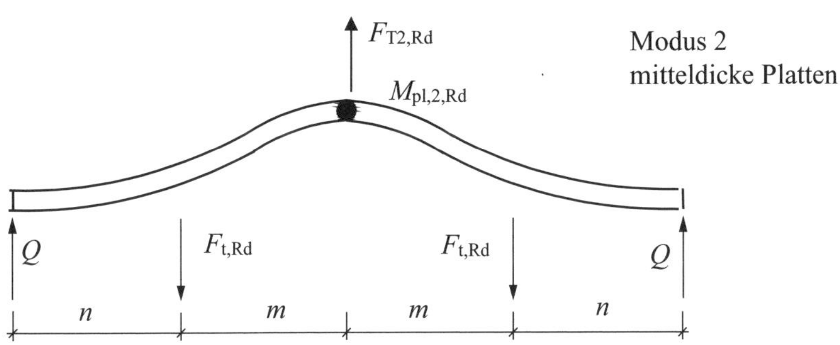

Dieses Versagen tritt bei mitteldicken Platten auf. Für Schrauben der Festigkeitsklasse 10.9 liegt das Verhältnis der Plattendicke zu dem Schraubendurchmesser näherungsweise bei $0{,}75 < t/d < 1{,}25$. Das System ist symmetrisch und damit einfach statisch unbestimmt. Wenn sich 2 Fließgelenke bilden, entsteht eine kinematische Kette. In der Mitte bildet sich ein Momentenfließgelenk und die Schrauben sind das Normalkraftfließgelenk. Es treten Abstützkräfte Q auf.

Modus 3: Versagen der Schrauben – keine Abstützkräfte

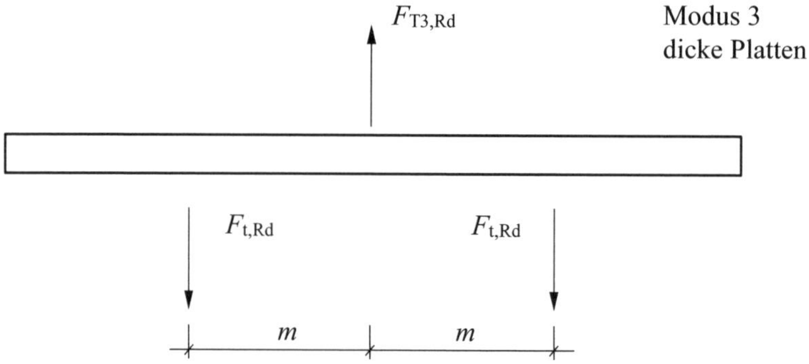

Dieses Versagen tritt bei dicken Platten auf. Für Schrauben der Festigkeitsklasse 10.9 liegt das Verhältnis der Plattendicke zu dem Schraubendurchmesser näherungsweise bei $t/d > 1{,}25$. Das System ist symmetrisch und statisch bestimmt. Wenn sich 1 Fließgelenk bildet, entsteht eine kinematische Kette. Die Schrauben sind das Normalkraftfließgelenk. Es treten keine Abstützkräfte auf.

Modus 4: Versagen der Platte – keine Abstützkräfte

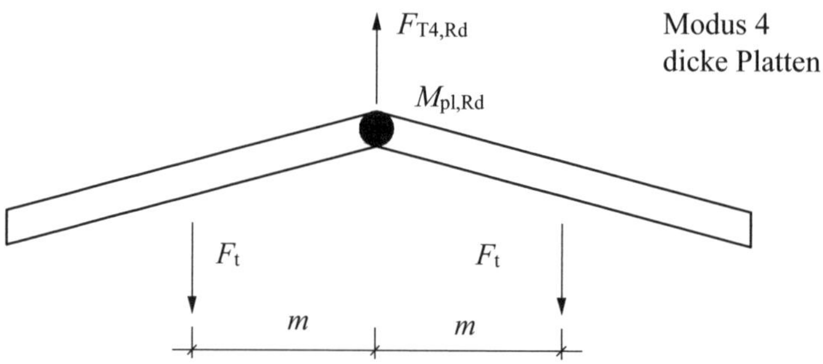

Es kann dann die Platte schon versagen, wenn die Grenztragfähigkeit der Schraube noch nicht erreicht ist. In der Mitte bildet sich dann ein Momentenfließgelenk. Es treten keine Abstützkräfte auf. Dabei ist Folgendes zu beachten. Durch die zusätzlichen plastischen Verformungen des Fließgelenkes tritt ein **Klappeffekt** auf, sodass sich die Platte an den Enden wieder abstützen kann. Dies ist nach EC 3 bei geschraubten Träger-Stützenanschlüssen oder Trägerstößen der Fall.

Berechnungsverfahren nach EC 3

Die Anmerkung 1 in (1-8, Tabelle 6.2) besagt, dass man annehmen darf, dass bei geschraubten Träger-Stützenanschlüssen oder Trägerstößen Abstützkräfte auftreten.

Ob Abstützkräfte auftreten, wird bei der Berechnung der Grenztragfähigkeiten berücksichtigt, s. auch [24] auf Seite III-89. Es sind die Grenztragfähigkeiten von Modus 1, 2 und 3 zu berechnen. Maßgebend ist der kleinste Wert.

Berechnung der Grenztragfähigkeiten

Das System ist symmetrisch und einfach statisch unbestimmt. Aus Symmetriegründen ist die Querkraft in der Mitte gleich null. Es wird die Fließgelenktheorie angewendet, um die plastischen Reserven des Systems auszunutzen.

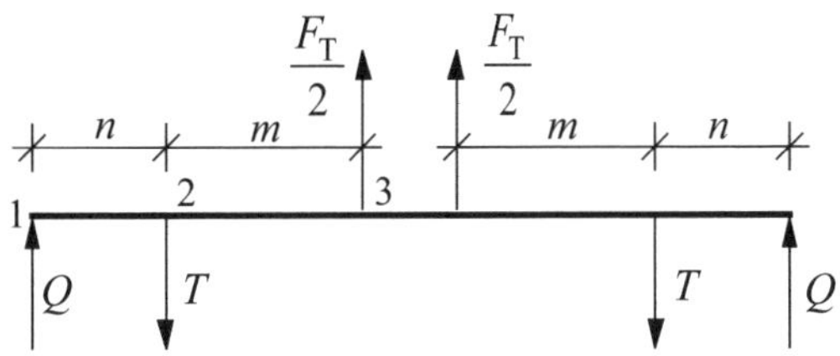

Abb. 3.4 Statisches System des T-Stummels

Dann sind alle möglichen Fließgelenkketten zu untersuchen. Die Zugkraft F wird über die Schweißnaht bzw. die Ausrundung je zur Hälfte in die Platte eingeleitet. Für die Kraft T in den Schrauben und das Biegemoment M in der Platte gelten:

$$T \leq \frac{1}{2} \cdot \sum F_{\mathrm{t,Rd}} \qquad\qquad M \leq M_{\mathrm{pl,Rd}} \tag{3.3}$$

$F_{\mathrm{t,Rd}}$ Bemessungswert der Zugtragfähigkeit der Schraube, s. Tabelle 2.1

$M_{\mathrm{pl,Rd}}$ Bemessungswert der Momententragfähigkeit der Platte

$$M_{\mathrm{pl,Rd}} = 0{,}25 \cdot \sum l_{\mathrm{eff}} \cdot t_{\mathrm{f}}^2 \cdot f_{\mathrm{y}} / \gamma_{\mathrm{M0}} \tag{3.4}$$

Es gibt 4 Versagensarten für den T-Stummel. Das Versagen hängt von dem Verhältnis der Grenztragfähigkeiten von Schraube und Platte ab. Dabei ist zu berücksichtigen, dass zusätzlich die wirksame Länge Σl_{eff} von der Versagensart abhängt. Weiterhin ist zu beachten, ob Abstützkräfte auftreten. Abstützkräfte treten nur dann auf, wenn $Q > 0$ ist.

Modus 1: Vollständiges Fließen des Flansches mit Abstützkräften

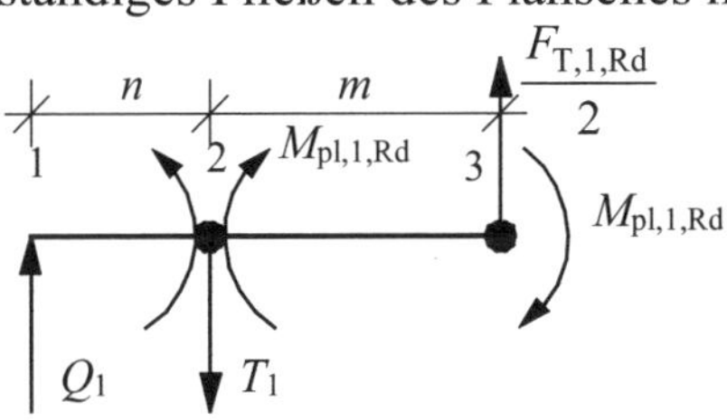

Dieses Versagen tritt bei dünnen Platten auf. In den Punkten 2 und 3 des Systems bildet sich ein Fließgelenk. Es treten Abstützkräfte auf. Die Summe der Momente am rechten Teil um den Punkt 2 ergibt:

$$M_{\text{pl,1,Rd}} + M_{\text{pl,1,Rd}} - \frac{F_{\text{T,1,Rd}}}{2} \cdot m = 0$$

$$F_{\text{T,1,Rd}} = \frac{4 \cdot M_{\text{pl,1,Rd}}}{m} \tag{3.5}$$

Es gelten die folgenden Nebenbedingungen:

$$Q_1 = \frac{M_{\text{pl,1,Rd}}}{n} > 0 \tag{3.6}$$

$$T_1 = Q_1 + 0{,}5 \cdot F_{\text{T,1,Rd}} \leq \frac{1}{2} \cdot \sum F_{\text{t,Rd}} \tag{3.7}$$

Modus 2: Versagen der Schrauben und Fließgelenk am Punkt 3.
Es treten Abstützkräfte auf. Die Summe der Momente um Punkt 1 ergibt:

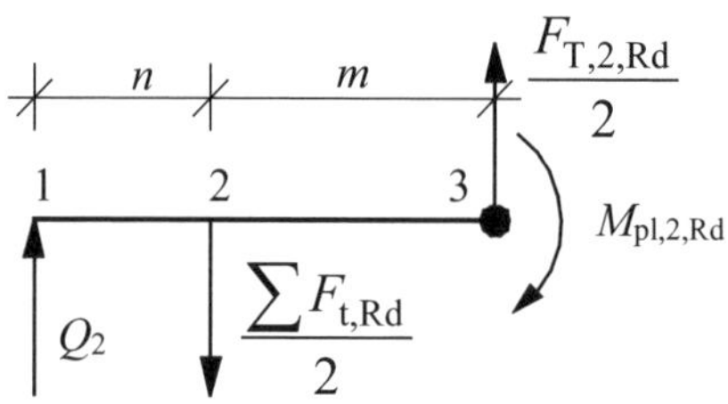

$$M_{\text{pl,2,Rd}} + n \cdot \frac{1}{2} \cdot \sum F_{\text{t,Rd}} - \frac{F_{\text{T,2,Rd}}}{2} \cdot (m + n) = 0$$

$$F_{\text{T,2,Rd}} = \frac{2 \cdot M_{\text{pl,2,Rd}} + n \cdot \sum F_{\text{t,Rd}}}{m + n} \tag{3.8}$$

Es gelten die folgenden Nebenbedingungen:

$$Q_2 = 0{,}5 \cdot F_{\text{T,2,Rd}} \cdot \frac{m}{n} - \frac{M_{\text{pl,2,Rd}}}{n} > 0 \tag{3.9}$$

$$M_2 = Q_2 \cdot n \leq M_{\text{pl,1,Rd}} \tag{3.10}$$

Diese Berechnung von $F_{\text{T,2,Rd}}$ ist nur gültig, wenn die Abstützkraft Q eine Druckkraft ist. Dies führt zu der folgenden Bedingung:

$$F_{\text{T,2,Rd}} \leq \sum F_{\text{t,Rd}} \tag{3.11}$$

Modus 3: Versagen der Schrauben – keine Abstützkräfte

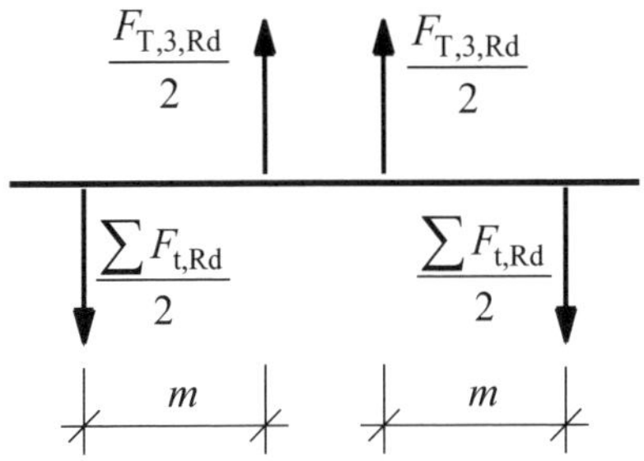

Dieses Versagen tritt bei dicken Platten auf. Die Abstützkräfte Q werden zu null.

Die Summe der vertikalen Kräfte ergibt:

$$F_{T,3,Rd} = \sum F_{t,Rd} \tag{3.12}$$

Es gilt die folgende Nebenbedingung:

$$F_{T,3,Rd} < \frac{2 \cdot M_{pl,1,Rd}}{m} \tag{3.13}$$

Modus 4: Versagen der Platte – keine Abstützkräfte

Es kann dann aber die Platte schon versagen, wenn die Grenztragfähigkeit der Schraube noch nicht erreicht ist.

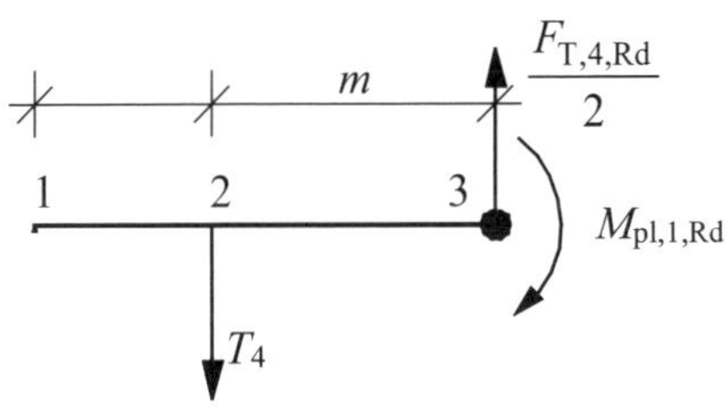

$$F_{T,4,Rd} = \frac{2 \cdot M_{pl,1,Rd}}{m} \tag{3.14}$$

Es gilt die folgende Nebenbedingung:

$$T_4 \le \frac{1}{2} \cdot \sum F_{t,Rd} \tag{3.15}$$

Bedingung für die Abstützkräfte $L_b \le L_b^*$

Die Bedingung für die Abstützkräfte $L_b \le L_b^*$ nach (1-8, Tabelle 6.2), die auf einer elastischen Berechnung beruht, soll hier zum Verständnis hergeleitet werden. Abstützkräfte treten auf, solange im Punkt a zwischen den beiden Stirnplatten des T-Stummels Kontakt herrscht, siehe Abb. 3.5. Ob in diesem System Abstützkräfte auftreten, hängt von der Dehnsteifigkeit der Schraube und der Biegesteifigkeit der Stirnplatte ab.

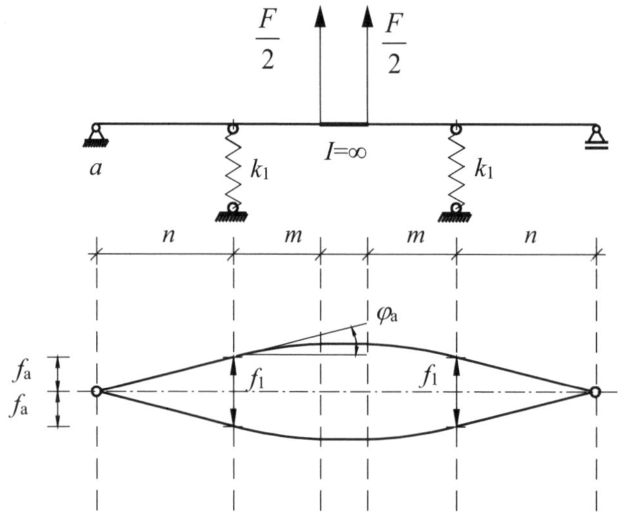

System und Belastung

Verformung des Systems

Abb. 3.5 Ableitung der Bedingung für die Abstützkräfte Q

Der Kontakt im Punkt a ist aufgehoben, wenn die Verformung f_1 der Schraube gleich der Biegeverformung $2{\cdot}f_a$ ist. Es gilt:

$$f_1 = \frac{F}{2} \cdot \frac{L_b}{E \cdot A_s} \qquad \varphi_a = \frac{1}{4} \cdot \frac{F \cdot m^2}{E \cdot I} \qquad f_a = \varphi_a \cdot n$$

Kontakt ist gegeben, wenn

$$f_a \le 2 \cdot f_a$$

$$\frac{F}{2} \cdot \frac{L_b}{E \cdot A_s} \le 2 \cdot \frac{1}{4} \cdot \frac{F \cdot m^2}{E \cdot I} \cdot n$$

$$L_b \le \frac{m^2 \cdot A_s}{I} \cdot n \qquad I = \frac{1}{12} \cdot \sum l_{\text{eff,ini}} \cdot t_f^3$$

$$L_b \le L_b^* = \frac{12 \cdot m^2 \cdot n \cdot A_s \cdot n_b}{\sum l_{\text{eff,ini}} \cdot t_f^3}$$

n_b Anzahl der Schraubenreihen

Nach (1-8, Tabelle 6.2) gilt mit den Bezeichnungen des EC 3:

$$n = 1{,}25 \cdot m \qquad l_{\text{eff,ini}} = 0{,}85 \cdot l_{\text{eff,1}} \tag{3.16}$$

$$L_{\text{b}} \leq L_{\text{b}}^{*} = \frac{17{,}6 \cdot m^{3} \cdot A_{\text{s}} \cdot n_{\text{b}}}{\sum l_{\text{eff,1}} \cdot t_{\text{f}}^{3}} \tag{3.17}$$

Dieser Wert ist doppelt so groß wie nach der Norm in (1-8, Tabelle 6.2). Dies liegt daran, dass die gegenseitige Stützung bei Stirnplattenstößen im EC 3 nicht berücksichtigt wurde.

Die Bedingung $L_{\text{b}} \leq L_{\text{b}}^{*}$ gilt für den Beginn des Modus 4 mit Versagen der Schrauben. Die Abstützkräfte Q werden zu null. Für Modus 4 liegt daher ein elastisches System des T-Stummels vor. Deshalb gilt:

$$l_{\text{eff,ini}} = l_{\text{eff,1}} \tag{3.18}$$

Es gilt damit die Bedingung:

$$n \leq 1{,}25 \cdot m$$

$$L_{\text{b}} \leq L_{\text{b}}^{*} = \frac{12 \cdot m^{2} \cdot n \cdot A_{\text{s}} \cdot n_{\text{b}}}{\sum l_{\text{eff,1}} \cdot t_{\text{f}}^{3}} \tag{3.19}$$

Sind die geometrischen Abmessungen m, n und $l_{\text{eff,1}}$ gleich, aber die Plattendicken unterschiedlich, erhält man entsprechend:

$$L_{\text{b}} \leq L_{\text{b}}^{*} = \frac{6 \cdot m^{2} \cdot n \cdot A_{\text{s}} \cdot n_{\text{b}}}{\sum l_{\text{eff,1}}} \cdot \left(\frac{1}{t_{1}^{3}} + \frac{1}{t_{2}^{3}} \right) \tag{3.20}$$

Da es sich bei dem T-Stummel um einen kurzen Träger handelt, sind auch die Schubverformungen zu berücksichtigen. Für dieses System gilt für den Schubwinkel γ:

$$\gamma = \frac{V}{G \cdot A_{\text{v}}} = \frac{F}{2 \cdot G \cdot A_{\text{v}}}$$

$$\varphi_{\text{a}} = \frac{1}{4} \cdot \frac{F \cdot m^{2}}{E \cdot I} + \frac{F}{2 \cdot G \cdot A_{\text{v}}} = \frac{F}{2} \cdot \left(\frac{m^{2}}{2 \cdot E \cdot I} + \frac{1}{G \cdot A_{\text{v}}} \right) = \frac{F}{2 \cdot E} \cdot \left(\frac{m^{2}}{2 \cdot I} + \frac{E}{G \cdot A_{\text{v}}} \right)$$

$$\frac{F}{2} \cdot \frac{L_{\text{b}}}{E \cdot A_{\text{s}}} \leq \frac{F}{E} \cdot \left(\frac{m^{2}}{2 \cdot I} + \frac{E}{G \cdot A_{\text{v}}} \right) \cdot n$$

$$L_{\text{b}} \leq A_{\text{s}} \cdot n \cdot \left(\frac{m^{2}}{I} + \frac{2 \cdot E}{G \cdot A_{\text{v}}} \right) = A_{\text{s}} \cdot n \cdot \left(\frac{m^{2}}{I} + \frac{5{,}2}{A_{\text{v}}} \right)$$

$$L_{\text{b}} \leq A_{\text{s}} \cdot n \cdot \left(\frac{m^{2}}{I} + \frac{2 \cdot E}{G \cdot A_{\text{v}}} \right) = A_{\text{s}} \cdot n_{\text{b}} \cdot n \cdot \left(\frac{12 \cdot m^{2}}{\sum l_{\text{eff,1}} \cdot t^{3}} + \frac{5{,}2}{A_{\text{v}}} \right)$$

Mit $A_\mathrm{v} = \sum l_{\mathrm{eff},1} \cdot t$ erhält man dann:

$$L_\mathrm{b} \le L_\mathrm{b}^* = \frac{A_\mathrm{s} \cdot n_\mathrm{b} \cdot n}{\sum l_{\mathrm{eff},1}} \cdot \left(\frac{12 \cdot m^2}{t^3} + \frac{5{,}2}{t} \right) \tag{3.21}$$

Sind die geometrischen Abmessungen m, n und $l_{\mathrm{eff},1}$ gleich, aber die Plattendicken unterschiedlich, erhält man entsprechend:

$$L_\mathrm{b} \le L_\mathrm{b}^* = \frac{A_\mathrm{s} \cdot n_\mathrm{b} \cdot n}{\sum l_{\mathrm{eff},1}} \cdot \left(\frac{6 \cdot m^2}{t_1^3} + \frac{2{,}6}{t_1} + \frac{6 \cdot m^2}{t_2^3} + \frac{2{,}6}{t_2} \right) \tag{3.22}$$

Sind auch die geometrischen Abmessungen m, n und $l_{\mathrm{eff},1}$ verschieden, erhält man:

$$L_\mathrm{b} \le L_\mathrm{b}^* = \frac{A_\mathrm{s} \cdot n_\mathrm{b} \cdot n_1}{\sum l_{\mathrm{eff},1,1}} \cdot \left(\frac{6 \cdot m_1^2}{t_1^3} + \frac{2{,}6}{t_1} \right) + \frac{A_\mathrm{s} \cdot n_\mathrm{b} \cdot n_2}{\sum l_{\mathrm{eff},1,2}} \cdot \left(\frac{6 \cdot m_2^2}{t_2^3} + \frac{2{,}6}{t_2} \right) \tag{3.23}$$

L_b^* ist im Verhältnis der Steifigkeiten der Schrauben mit 10/1,6 = 6,25 zu erhöhen, wenn die Schrauben kontrolliert vorgespannt werden (Kategorie E).

Tritt der Klappeffekt im Modus 4 nicht auf oder soll dieser nicht berücksichtigt werden, dann wird für jeden T-Stummel mit der Bedingung $L_\mathrm{b} \le L_\mathrm{b}^*$ untersucht, ob Abstützkräfte auftreten, siehe Beispiel 4.6.1.

$$L_\mathrm{b} \le L_\mathrm{b}^*$$

Maßgebend ist die kleinste Grenztragfähigkeit von Modus 1, 2 und 3.

$$L_\mathrm{b} > L_\mathrm{b}^*$$

Maßgebend ist die kleinste Grenztragfähigkeit von Modus 1, 2, 3 und 4.

Verstärkungsbleche dürfen nach EC 3 als zusätzliches Blech bei dem Nachweis berücksichtigt werden.

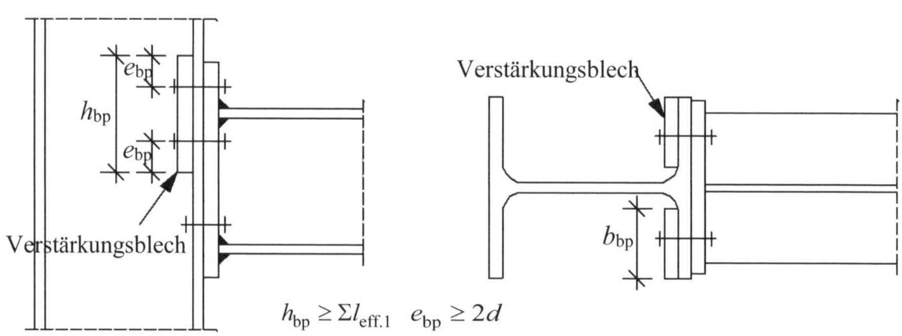

Abb. 3.6 Stützenflansch mit Verstärkungsblechen

Für die Berechnung von $M_{\mathrm{pl,Rd}}$ ist die wirksame Länge Σl_eff des äquivalenten T-Stummels erforderlich. Sie wird mithilfe der Tabelle 3.1 und dem Diagramm in Abb. 3.9 ermittelt.

Stützen mit dünnen Flanschen können, damit der Modus 1 nicht maßgebend wird, mithilfe von Verstärkungsblechen nach Abb. 3.6 verstärkt werden. Die Breite sollte mindestens dem Abstand zwischen dem Rand des Stützenflansches und dem Beginn der Eckausrundung oder der Naht entsprechen abzüglich 3 mm. Die Länge sollte über die äußerste Schraubenreihe hinausgehen, die an der Zugübertragung beteiligt ist (1-8, 6.2.4.3). Für Modus 1 gilt dann mit dem vollplastischen Moment $M_{bp,Rd}$ der Futterplatte:

$$F_{T,1,Rd} = \frac{4 \cdot M_{pl,1,Rd} + 2 \cdot M_{bp,Rd}}{m} \tag{3.24}$$

Verstärkungsbleche sollten nach Meinung des Verfassers kontrolliert vorgespannt werden, damit sie wirksam sind.

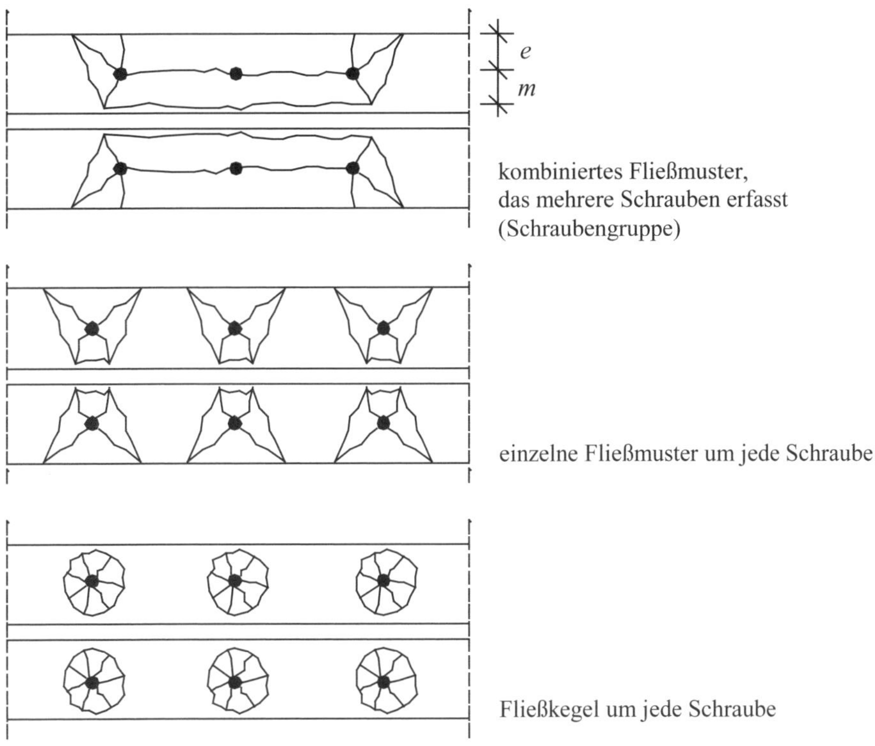

Abb. 3.7 Fließmuster für einen unausgesteiften T-Stummel

In Abb. 3.7 ist exemplarisch dargestellt, wie unterschiedlich die Platte neben einem Steg oder Flansch versagen kann. Um jede Schraube kann sich ein Fließkegel ausbilden. Die wirksame Länge ist dann der Umfang des Kegels. Es kann sich aber auch um jede Schraube ein einzelnes Fließmuster mit Fließlinien bilden. Weiterhin ist zu beachten, ob sich die Schraube am freien Rand, z. B. am Stützenende befindet. Für eine Schraube als Teil einer Gruppe entsteht ein kombiniertes Fließmuster, das mehrere Schrauben umfasst. Die wirksamen Längen sind für die wichtigsten Anordnungen von Schrauben in Tabelle 3.1 angegeben. Dabei ist die Schraubenanordnung nach Abb. 3.8 zu beachten.

Tabelle 3.1 Wirksame Längen von T-Stummel

Nr.	Lage der Schraubenreihe	Schraubenreihe einzeln betrachtet		Schraubenreihe als Teil einer Gruppe von Schraubenreihen	
		Kreisförmiges Muster $l_{\text{eff,cp}}$	Nicht kreisförmiges Muster $l_{\text{eff,nc}}$	Kreisförmiges Muster $l_{\text{eff,cp}}$	Nicht kreisförmiges Muster $l_{\text{eff,nc}}$
1	Innere Schraubenreihe	$2\pi m$	$4m+1,25e$	$2p$	p
2	Schraubenreihe am Ende	$2\pi m$	$4m+1,25e$	$\pi m+p$	$2m+0,625e+0,5p$
3.1 3.2	Schraubenreihe am Ende mit Rand	kleinster Wert: $2\pi m$ $\pi m+2e_1$	kleinster Wert: $4m+1,25e$ $2m+0,625e+e_1$	kleinster Wert: $\pi m+p$ $2e_1+p$	kleinster Wert: $2m+0,625e+0,5p$ $e_1+0,5p$
4	Schraubenreihe neben einer Steife	$2\pi m$	αm	$\pi m+p$	$0,5p+\alpha m$ $-(2m+0,625e)$
5.1 5.2	Schraubenreihe am Rand neben einer Steife	kleinster Wert: $2\pi m$ $\pi m+2e_1$	$e_1+\alpha m$ $-(2m+0,625e)$	nicht relevant	nicht relevant
6.1 6.2 6.3 6.4	Schraubenreihe oberhalb des Trägerzugflansches	kleinster Wert: $2\pi m_x$ πm_x+w πm_x+2e --	kleinster Wert: $4m_x+1,25e_x$ $e+2m_x+0,625e_x$ $0,5\cdot b_p$ $0,5w+2m_x+0,625e_x$	--	--
Modus 1		$l_{\text{eff,1}}=l_{\text{eff,nc}}$ jedoch $l_{\text{eff,1}}\leq l_{\text{eff,cp}}$		$\Sigma l_{\text{eff,1}}=\Sigma l_{\text{eff,nc}}$ jedoch $\Sigma l_{\text{eff,1}}\leq\Sigma l_{\text{eff,cp}}$	
Modus 2		$l_{\text{eff,2}}=l_{\text{eff,nc}}$		$\Sigma l_{\text{eff,2}}=\Sigma l_{\text{eff,nc}}$	
α-Werte nach Abb. 3.9.					

Die Schraubenreihen sind nummeriert. Nr. 1 ist eine innen liegende Schraubenreihe in einem nicht ausgesteiften Stützen- oder Trägerbereich. Nr. 2 ist eine Schraubenreihe am Ende einer Stütze oder Stirnplatte. Nr. 3 ist eine Schraubenreihe am Ende einer Stütze im Randbereich.

Dabei ist der Randabstand e_1 zu berücksichtigen. Nr. 4 und Nr. 5 sind Schraubenreihen, die direkt neben einer Steife liegen. Bei Nr. 5 ist zusätzlich der Randabstand e_1 zu beachten.
Es entsteht ein ausgesteifter T-Stummel. Nr. 6 ist eine besondere Schraubenreihe, die bei Stirnplatten oberhalb bzw. unterhalb des Zugflansches liegt.

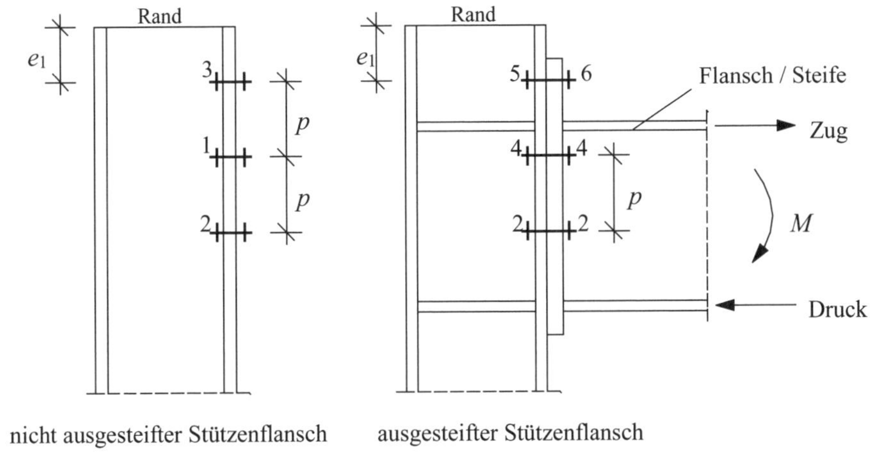

Abb. 3.8 Anordnung von Schraubenreihen

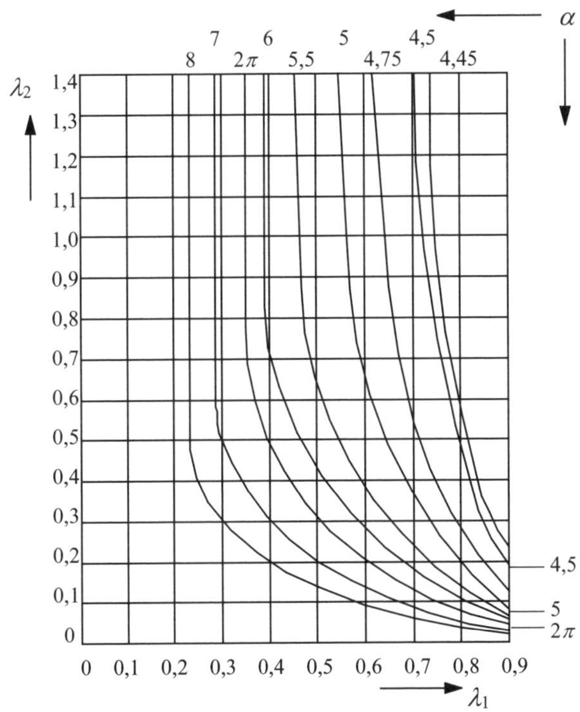

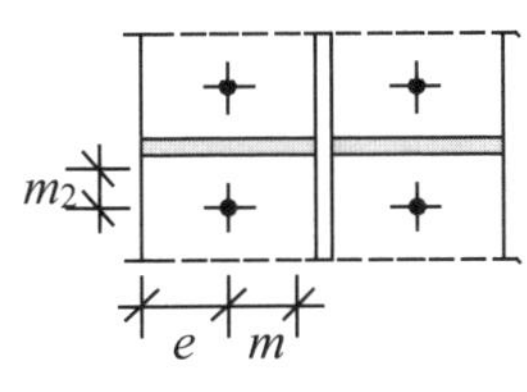

$$\lambda_1 = \frac{m}{m+e}$$

$$\lambda_2 = \frac{m_2}{m+e}$$

Abb. 3.9 α-Werte für ausgesteifte T-Stummel

Die Schraubenreihe Nr. 4 und Nr. 5 tragen die Zugkräfte in zwei Richtungen ab, was die Grenztragfähigkeit dieser Schraubenreihe erhöht. Die Erhöhung kann durch die α-Werte nach dem EC 3 berechnet werden, Abb. 3.9.
Die Kurven der Abb. 3.9 können nach [18] für einen konstanten Wert α durch die folgenden Gleichungen beschrieben werden:

$$\lambda_2^* = \frac{\alpha \cdot \lambda_1^*}{2} \tag{3.25}$$

$$\lambda_2 < \lambda_2^* \qquad \lambda_1 = \lambda_1^* + \left(1 - \lambda_1^*\right) \cdot \left(\frac{\lambda_2^* - \lambda_2}{\lambda_2^*}\right)^{\frac{\alpha}{\sqrt{2}}}$$

$$\lambda_2 \geq \lambda_2^* \qquad \lambda_1 = \lambda_1^*$$

Bei der wirksamen Länge l_{eff} des ausgesteiften T-Stummels ist zu beachten, dass diese die Summe der Grenztragfähigkeiten in Richtung der Steife/des Flansches und des Steges enthält.
Bei der Schraubenreihe Nr. 6 fehlt der mittlere Steg. Die beiden Schrauben werden wie in Abb. 3.10 dargestellt symmetrisch zum Zugflansch zu einem T-Stummel angeordnet. Die wirksame Länge l_{eff} kann nicht größer sein als die halbe Breite der Stirnplatte. Vernachlässigt man die Abtragung der 1. Reihe unterhalb des Trägerzugflansches in Richtung des Steges, erhält man ein vereinfachtes Modell für die Berechnung der Stirnplatte mit zwei Schraubenreihen.

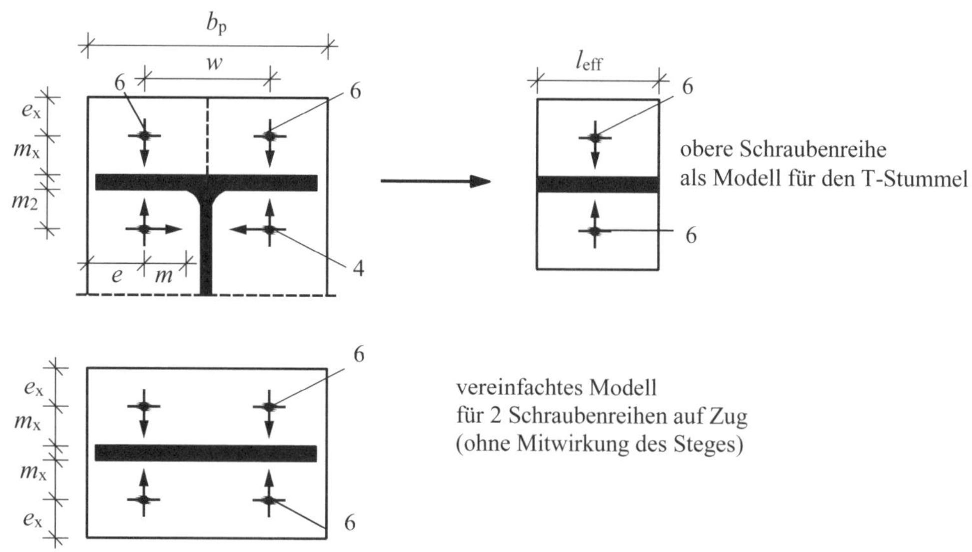

Abb. 3.10 Nicht ausgesteifter T-Stummel oberhalb des Trägerzugflansches

3.2.3 Wirksame Längen der Stirnplatte

In diesem Abschnitt sollen die wirksamen Längen zeichnerisch erläutert werden. Die Fließlinien sind ausführlich in [12] dargestellt. Es gelten die Fließmuster bis zur Mittellinie. Die wirksamen Längen nach Tabelle 3.1 gelten nach EC 3 für ein Biegemoment M_y. Die zugehörigen Fließmuster können aber auch für die Normalkraft N und das Biegemoment M_z verwendet werden. Sie müssen aber noch durch zusätzliche Fließmuster ergänzt werden. Da bei dem Biegemoment M_z bei den Fließmustern für die außen liegende Schraubenreihe nur ein Flansch im Zugbereich liegt, können keine Fließmuster auftreten, die über die Mittellinie durchgehen. Bei allen Fließmustern ist angegeben, für welche Beanspruchungen diese Fließmuster gelten. Das Maß e geht bis zum Rand der Stirnplatte, wenn die Stirnplatte breiter ist als das Profil.

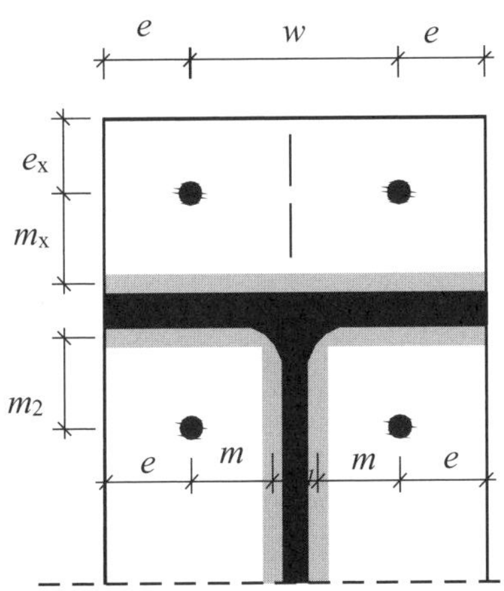

Abb. 3.11 Definition der Bezeichnungen für die Stirnplatte

Kreisförmige Fließmuster für die außen liegende Schraubenreihe

Bei der außen liegenden Schraubenreihe fehlt der mittlere Steg. Die beiden Schrauben werden wie in Abb. 3.10 dargestellt symmetrisch zum Zugflansch zu einem T-Stummel angeordnet. Die wirksame Länge l_{eff} kann nicht größer sein als die halbe Breite der Stirnplatte.

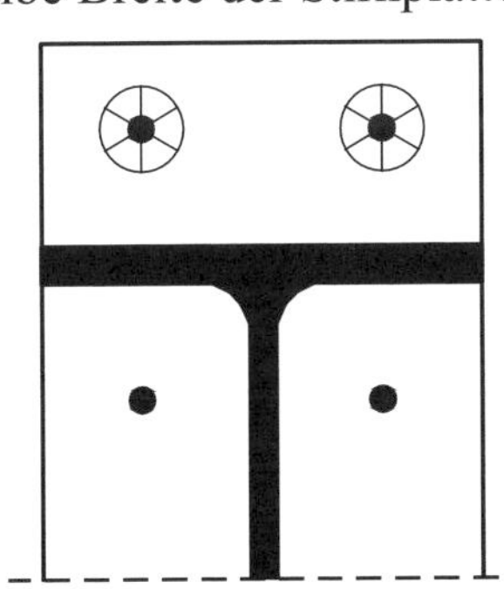

$$l_{6.1,cp} = 2 \cdot \pi \cdot m_x$$

ein Kreis,
M_y, N und M_z

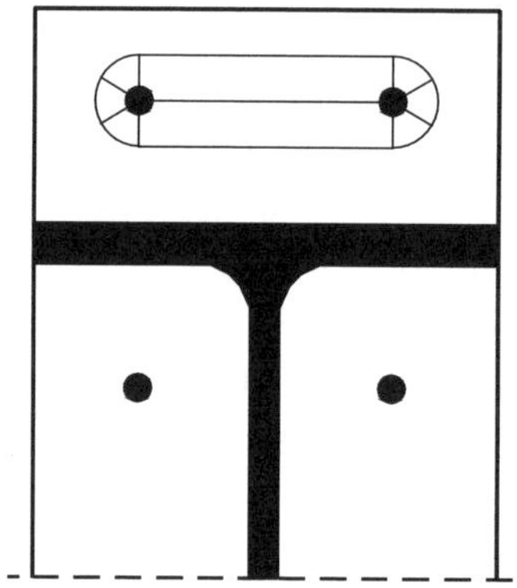

$l_{6.2,\text{cp}} = \pi \cdot m_\text{x} + w$

ein Halbkreis und
$w/2$ oben und unten
M_y und N

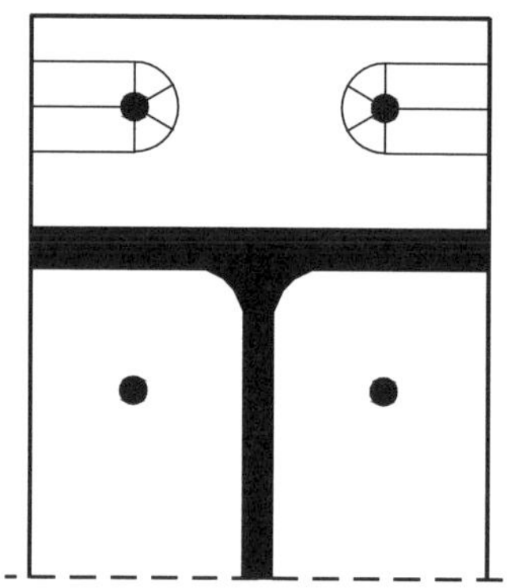

$l_{6.3,\text{cp}} = \pi \cdot m_\text{x} + 2 \cdot e$

ein Ilalbkreis und
e oben und unten
M_y, N und M_z

Abb. 3.12 Kreisförmige Fließmuster für die außen liegende Schraubenreihe

Die effektive Länge $l_{\text{eff,cp}}$ für M_y und N ist der kleinste Wert von $l_{6.1,\text{cp}}$, $l_{6.2,\text{cp}}$, $l_{6.3,\text{np}}$. Die effektive Länge $l_{\text{eff,cp}}$ für M_z ist der kleinste Wert von $l_{6.1,\text{cp}}$, $l_{6.3,\text{cp}}$.

Trapezförmige Fließmuster für die außen liegende Schraubenreihe

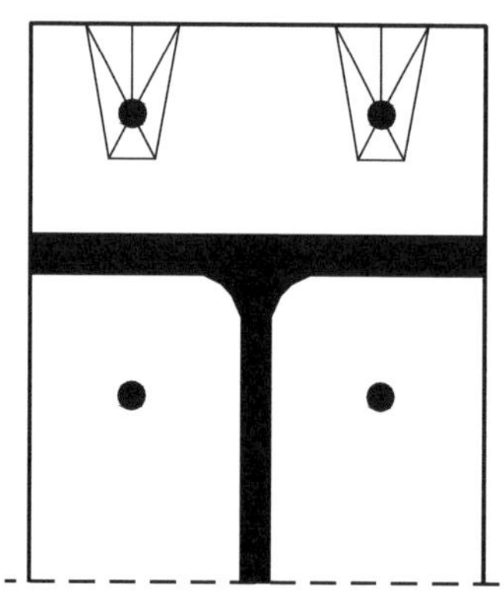

$l_{6.1,\text{nc}} = 4 \cdot m_\text{x} + 1{,}25 \cdot e_\text{x}$

Fließmuster eines Trapezes
M_y, N und M_z

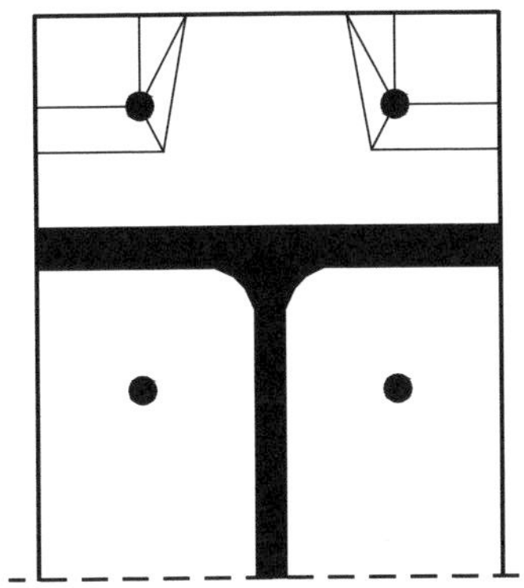

$$l_{6.2,nc} = e + 2 \cdot m_x + 0{,}625 \cdot e_x$$

ein halbes Trapez und *e*

M_y, N und M_z

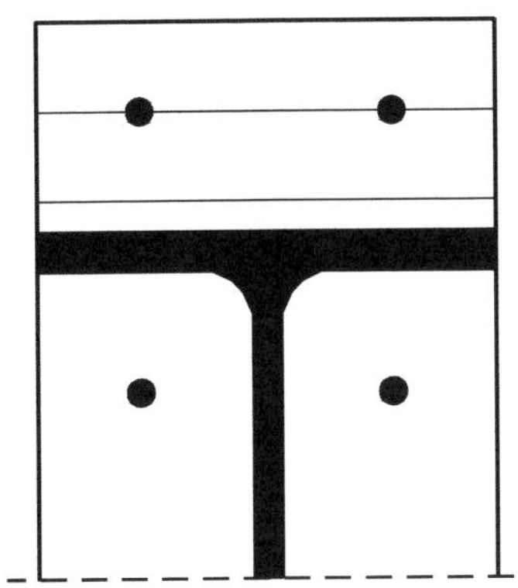

$$l_{6.3,nc} = b_p / 2$$

halbe Breite der Platte

M_y und N

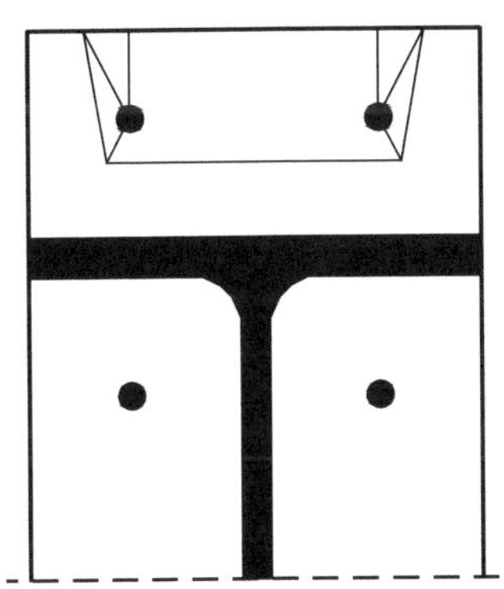

$$l_{6.4,nc} = 0{,}5 \cdot w + 2 \cdot m_x + 0{,}625 \cdot e_x$$

ein halbes Trapez und $w/2$

M_y und N

Abb. 3.13 Trapezförmige Fließmuster für die außen liegende Schraubenreihe

Die effektive Länge $l_{eff,nc}$ für M_y und N ist der kleinste Wert von $l_{6.1,nc}$, $l_{6.2,nc}$, $l_{6.3,nc}$, $l_{6.3,nc}$. Die effektive Länge $l_{eff,nc}$ für M_z ist der kleinste Wert von $l_{6.1,nc}$, $l_{6.2,nc}$.

Kreisförmige Fließmuster für die innen liegende Schraubenreihe

Es gelten die Fließmuster bis zur Mittellinie.

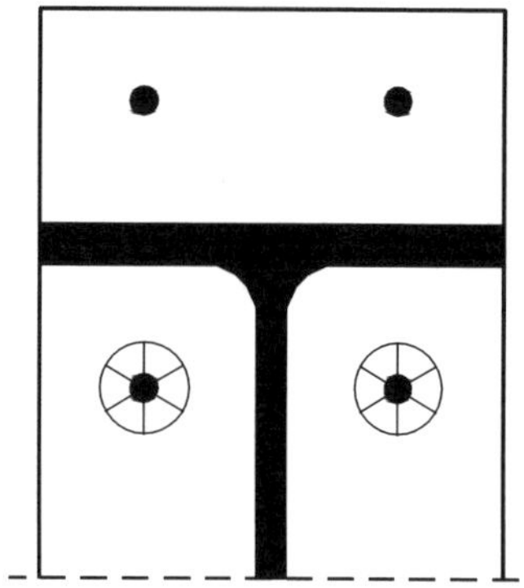

$$l_{1,\mathrm{cp}} = 2 \cdot \pi \cdot m$$

$$l_{4,\mathrm{cp}} = 2 \cdot \pi \cdot m$$

ein Kreis

M_y, N und M_z

Abb. 3.14 Kreisförmiges Fließmuster für die innen liegende Schraubenreihe

Trapezförmige Fließmuster für die innen liegende Schraubenreihe

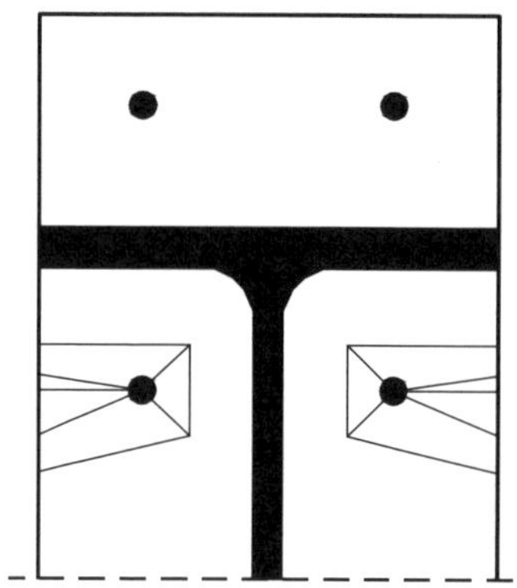

$$l_{4,\mathrm{nc}} = \alpha \cdot m$$

inneres Trapez

M_y, N und M_z

Abb. 3.15 Trapezförmiges Fließmuster für die innen liegende Schraubenreihe

Schraubenreihen als Teil einer Gruppe von 2 Schraubenreihen

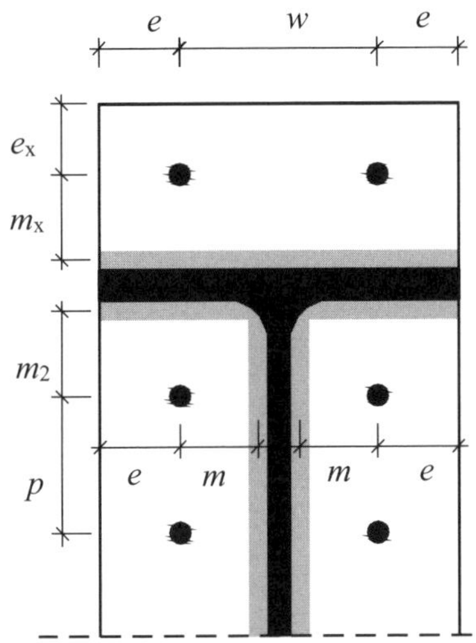

Abb. 3.16 Definition der Bezeichnungen für die Gruppe von 2 Schraubenreihen

Kreisförmige Fließmuster für die innen liegende Schraubengruppe neben einer Steife

Die in Abb. 3.17 dargestellte Schraubengruppe setzt sich aus einer Schraubenreihe neben einer Steife (Nr.4 nach Tabelle 3.1) und einer Schraubenreihe am Ende (Nr.2 nach Tabelle 3.1) zusammen.

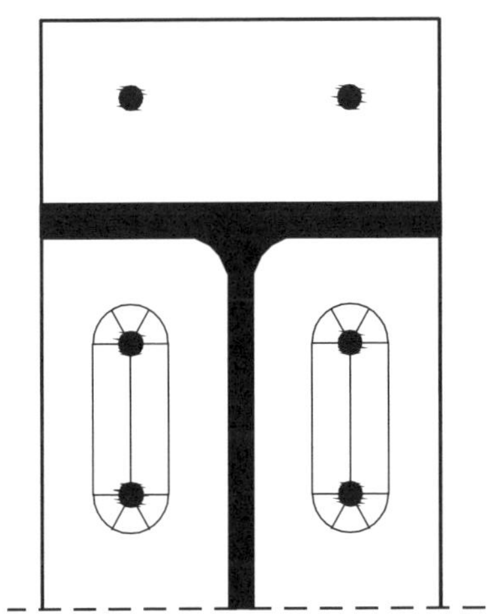

$$l_{4+2,cp} = 2 \cdot \pi \cdot m + 2 \cdot p$$
$$l_{4+4,cp} = 2 \cdot \pi \cdot m + 2 \cdot p$$

2 Halbkreise und
p links und rechts
M_y, N und M_z

Abb. 3.17 Kreisförmiges Fließmuster für die innen liegende Schraubengruppe

Die in Abb. 3.18 dargestellte Schraubengruppe ist eine Ergänzung, die für die Beanspruchungen aus N und M_z zwischen den Steifen erforderlich ist.

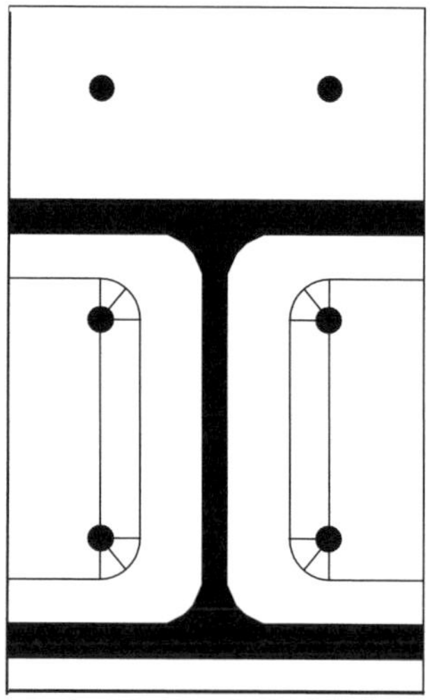

$$l_{7,cp} = \pi \cdot m + 2 \cdot e + p$$

N und M_z

Abb. 3.18 Kreisförmiges Fließmuster für N und M_z

Trapezförmiges Fließmuster für die innen liegende Schraubengruppe neben einer Steife

Die in Abb. 3.19 dargestellte Schraubengruppe setzt sich aus einer Schraubenreihe neben einer Steife (Nr. 4 nach Tabelle 3.1) und einer Schraubenreihe am Ende (Nr. 2 nach Tabelle 3.1) zusammen.

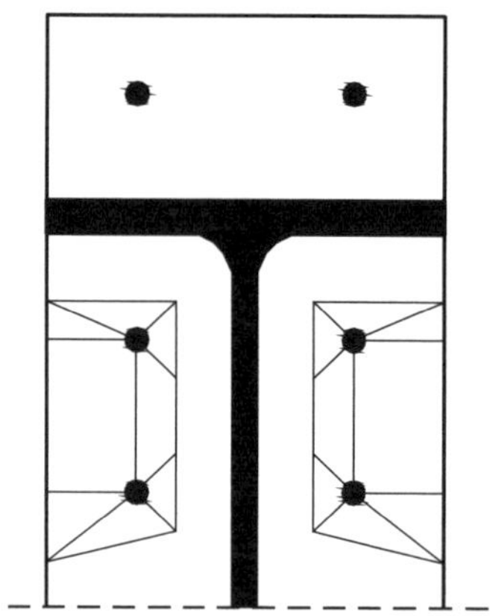

$$l_{4+2,nc} = \alpha \cdot m + p$$

ein inneres Trapez (oben und unten) und p

M_y, N und M_z

Abb. 3.19 Trapezförmiges Fließmuster für die innen liegende Schraubengruppe

Die in Abb. 3.20 dargestellte Schraubengruppe ist eine Ergänzung, die für die Beanspruchungen aus N und M_z zwischen den Steifen erforderlich ist.

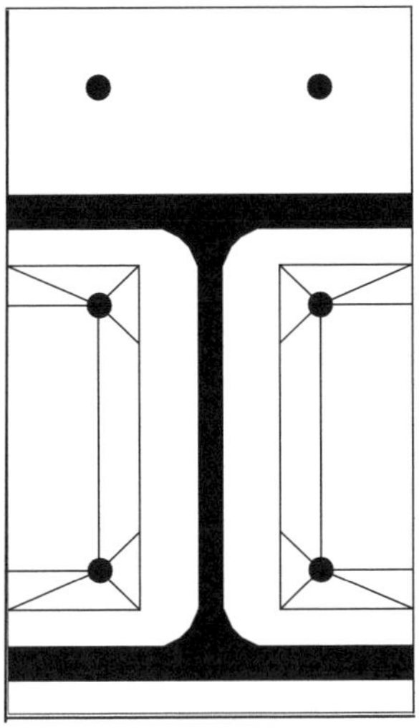

$$l_{4+4,\text{nc}} = 2 \cdot \alpha \cdot m - (4 \cdot m + 1{,}25 \cdot e) + p$$

N und M_z

Abb. 3.20 Trapezförmiges Fließmuster für N und M_z

Schraubengruppen am Ende mit Rand

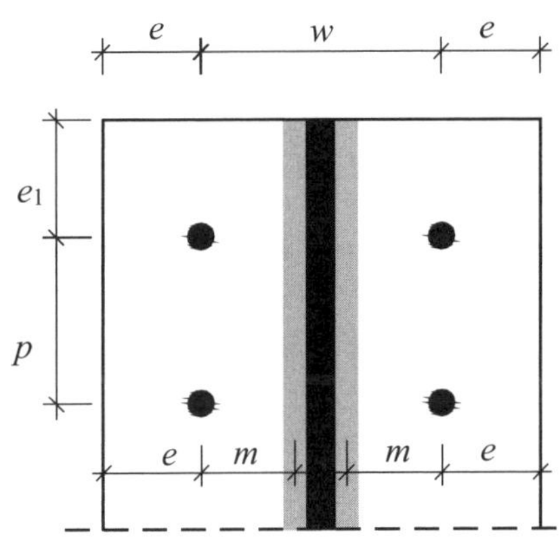

Abb. 3.21 Definition der Bezeichnungen von Schraubengruppen am Ende mit Rand

Kreisförmige Fließmuster für Schraubengruppen am Ende mit Rand

Die in Abb. 3.22 dargestellte Schraubengruppe setzt sich aus einer Schraubenreihe am Ende mit Rand (Nr. 3 nach Tabelle 3.1) und einer Schraubenreihe am Ende (Nr. 2 nach Tabelle 3.1) zusammen. Der kleinere Wert ist maßgebend.

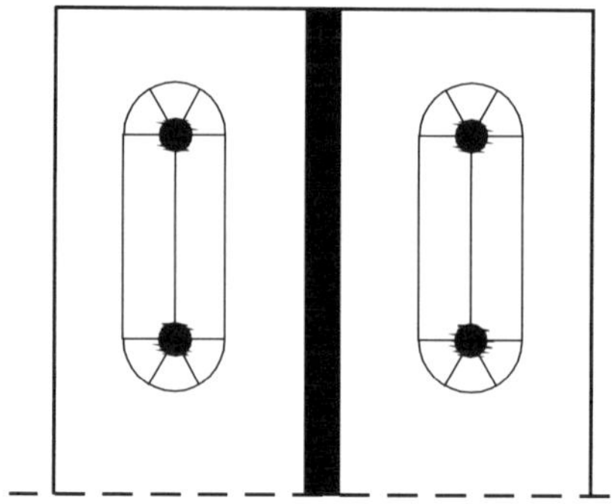

$$l_{3.1} = 2 \cdot \pi \cdot m$$

$$l_{3.1+2,cp} = 2 \cdot \pi \cdot m + 2 \cdot p$$

2 Halbkreise und
p links und rechts

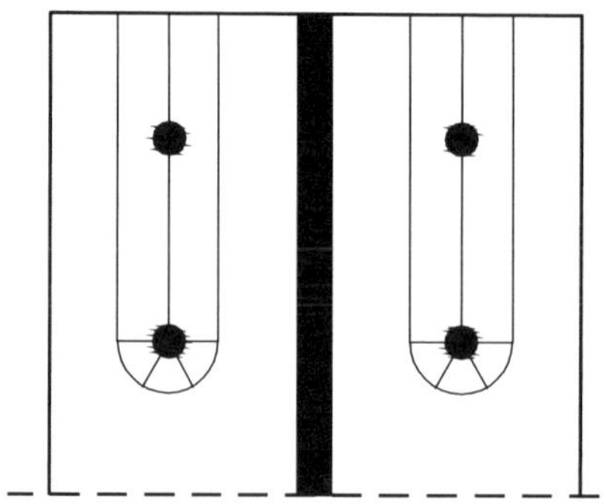

$$l_{3.2+2,cp} = \pi \cdot m + 2 \cdot p + 2 \cdot e_1$$

1 Halbkreis und
(p +e_1) links und rechts

Abb. 3.22 Kreisförmiges Fließmuster für Schraubengruppen am Ende mit Rand

Trapezförmiges Fließmuster für Schraubengruppen am Ende mit Rand
Die in Abb. 3.23 dargestellte Schraubengruppe setzt sich aus einer Schraubenreihe am Ende (Nr. 2 nach Tabelle 3.1) und einer Schraubenreihe am Ende mit Rand (Nr. 3 nach Tabelle 3.1) zusammen.

Einzelne Schraubenreihen:

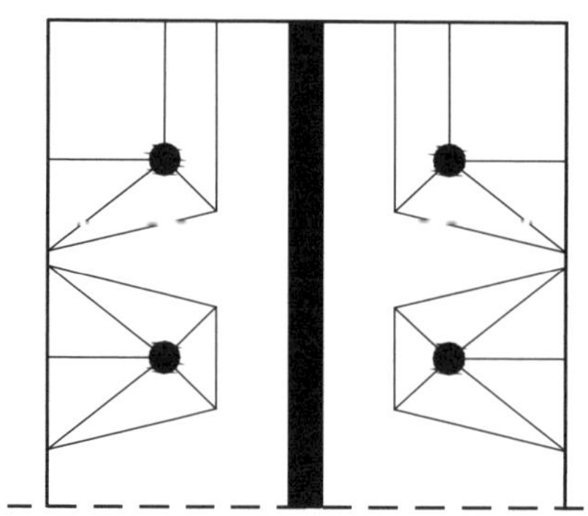

$$l_{3.2,nc} = 2 \cdot m + 0,625 \cdot e + e_1$$

halbes Trapez und e_1

$$l_{1,nc} = 4 \cdot m + 1,25 \cdot e$$

Trapez

Abb. 3.23 Trapezförmiges Fließmuster für Schraubenreihen am Ende mit Rand

Schraubengruppen:

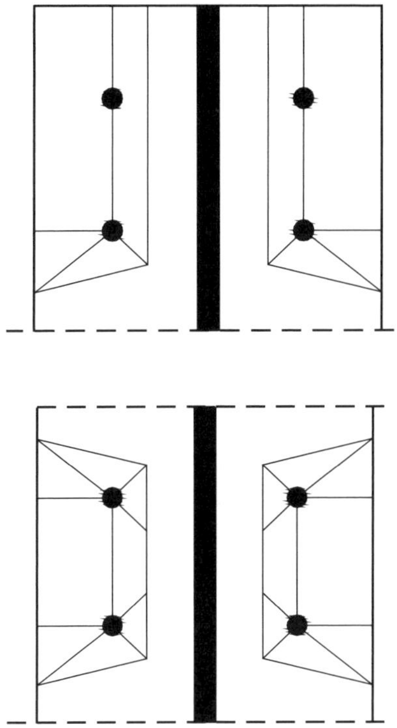

$$l_{2+3.2,\mathrm{nc}} = 2 \cdot m + 0{,}625 \cdot e + p + e_1$$

halbes Trapez und ($p + e_1$)

$$l_{2+3.1,\mathrm{nc}} = 4 \cdot m + 1{,}25 \cdot e + p$$

Trapez (oben und unten) und p

Abb. 3.24 Trapezförmiges Fließmuster für Schraubengruppen am Ende mit Rand

3.2.4 Trägerflansch auf Druck

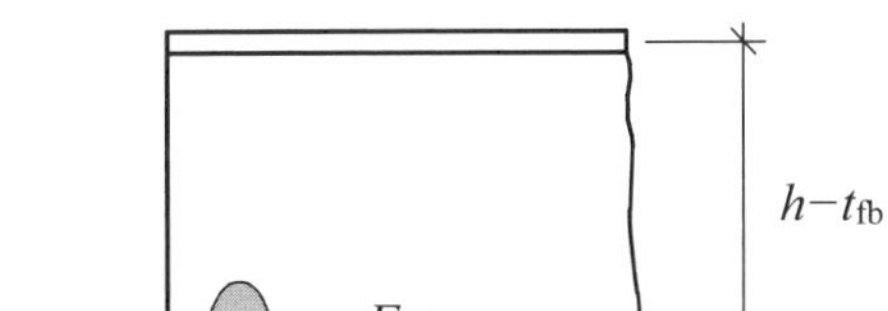

Für die Grenztragfähigkeit des Trägerflansches und der angrenzenden Druckzone im Trägersteg kann als Angriffspunkt die Mitte des gedrückten Flansches angenommen werden. Es gilt dann:

$$F_{\mathrm{c,fb,Rd}} = M_{\mathrm{c,Rd}} / \left(h - t_{\mathrm{fb}}\right) \tag{3.26}$$

h Höhe des angeschlossenen Trägers

$M_{c,Rd}$ Momententragfähigkeit des Trägerquerschnittes mit Abminderung infolge Querkraft

t_{fb} Flanschdicke des angeschlossenen Trägers

Für die Abminderung infolge der Querkraftbeanspruchung gilt (1-1, (6.30)).

$$M_{y,V,Rd} = \left[W_{pl,y} - \rho \cdot \frac{t_w \cdot h_w^2}{4} \right] \cdot \sigma_{Rd} \tag{3.27}$$

mit $\rho = \left(\frac{2 \cdot V_{Ed}}{V_{pl,Rd}} - 1 \right)^2$ Für $V_{Ed} \leq 0{,}5 \cdot V_{pl,Rd}$ gilt $\rho = 0$

Es ist Folgendes zu beachten:
Beträgt die Höhe des Trägers einschließlich Voute mehr als 600 mm, so ist in der Regel der Beitrag des Trägersteges zu der Tragfähigkeit bei Druckbeanspruchung auf 20 % zu begrenzen. Dann gilt:

$$M_{c,Rd} = M_{y,V,Rd} - 0{,}8 \cdot \frac{1}{4} \cdot t_w \cdot (h - 2 \cdot t_{fb})^2 \cdot (1 - \rho)\sigma_{Rd} \tag{3.28}$$

3.2.5 Trägersteg auf Zug

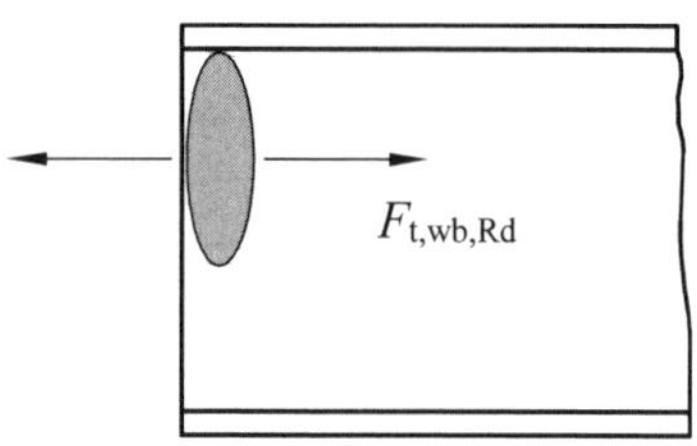

Die Zugtragfähigkeit des Trägersteges wird folgendermaßen ermittelt:

$$F_{t,wb,Rd} = b_{eff,t,wb} \cdot t_{wb} \cdot f_{y,wb} / \gamma_{M0} \tag{3.29}$$

Die effektive Breite $b_{eff,t,wb}$ des Trägerstegs auf Zug ist gleich der wirksamen Länge l_{eff} des äquivalenten T-Stummels für die Komponente Stirnplatte auf Biegung. Dabei ist der zugehörige Modus zu beachten. Die Zugtragfähigkeit der zugehörigen Schweißnaht ist entsprechend zu berechnen.

3.3 Momententragfähigkeit

Die Momententragfähigkeit $M_{j,Rd}$ eines Stirnplattenstoßes kann wie folgt nach Abb. 3.25 bestimmt werden:

$$M_{j,Rd} = \sum_r h_r \cdot F_{tr,Rd} \qquad (3.30)$$

h_r Abstand der Schraubenreihe r vom Druckpunkt

$F_{tr,Rd}$ wirksame Grenzzugkraft der Schraubenreihe r auf Zug

r Nummer der Schraubenreihe

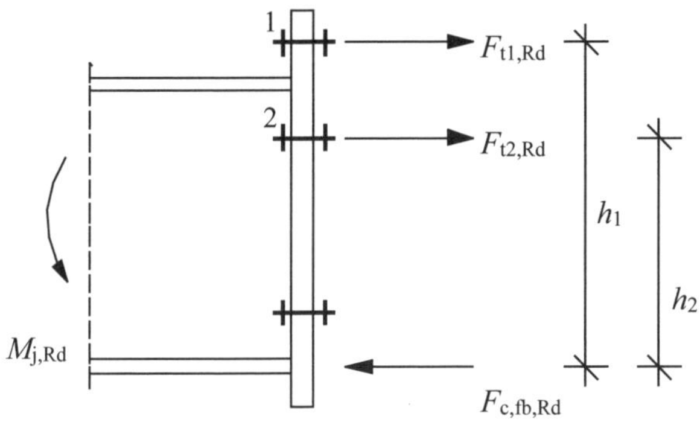

Abb. 3.25 Berechnung der Momententragfähigkeit

Für den Druckpunkt kann die Mitte des gedrückten Flansches angenommen werden. Die Nummerierung der Schraubenreihen beginnt mit der äußersten Schraubenreihe. Die wirksame Grenzzugkraft $F_{tr,Rd}$ der Schraubenreihe r ist die kleinste Grenzzugkraft der Komponenten für die einzelne Schraubenreihe, wenn keine Schraubengruppe vorhanden ist. Für den Trägerstoß mit überstehender Platte mit nur zwei Schraubenreihen auf Zug trifft dies zu. Sonst ist die Grenzkraft der Schraubengruppe als Ganzes zu berücksichtigen. Die untere Schraubenreihe in der Nähe des Druckflansches wird nicht für die Momententragfähigkeit berücksichtigt, da der Anteil sehr gering ist. Diese Schrauben werden voll für die Übertragung der Querkraft angesetzt.

Um eine ausreichende Verformbarkeit des Anschlusses für die Umlagerung der inneren Kräfte zu ermöglichen, ist für die Grenzzugkraft der Schraubenreihe (2 Schrauben) $r > 1$ die folgende Reduktion erforderlich, wenn $F_{t1,Rd} \geq 1{,}9 \cdot F_{tr,Rd}$ ist.

$$F_{tr,Rd} \leq F_{t1,Rd} \cdot \frac{h_r}{h_1} \qquad (3.31)$$

Ist dagegen nicht die erste, sondern die 2. Schraubenreihe mit $F_{t2,Rd} \geq 1{,}9 \cdot F_{tr,Rd}$ beansprucht, gilt für die darunterliegenden Schrauben entsprechend, usw.:

$$F_{\mathrm{tr,Rd}} \le F_{\mathrm{t2,Rd}} \cdot \frac{h_{\mathrm{r}}}{h_2} \qquad (3.32)$$

Für die gesamte Tragfähigkeit ist noch folgende Bedingung, z. B. für 2 Schraubenreihen, einzuhalten:

$$F_{\mathrm{t1,Rd}} + F_{\mathrm{t2,Rd}} \le 1{,}9 \cdot F_{\mathrm{c,fb,Rd}} \qquad (3.33)$$

Ist diese Bedingung nicht eingehalten, ist die Tragfähigkeit der letzten Schraubenreihe zu reduzieren.

$$F_{\mathrm{t2,Rd}} = F_{\mathrm{c,fb,Rd}} - F_{\mathrm{t1,Rd}} \qquad (3.34)$$

3.4 Schweißnahtdicken

Die Schweißnähte am Träger sind für das Biegemoment und die Querkraft nachzuweisen. Die Querkraft wird i. Allg. den zusätzlichen nicht auf Zug beanspruchten Schrauben zugewiesen. Es ist der Nachweis für die Schraubenverbindung zu führen.
Die Verbindung Träger-Stirnplatte erfolgt bei den ausgeführten Anschlusstypen durch Kehlnähte, s. Abb. 3.26 Als Mindestkehlnahtdicke wird 3 mm angenommen.

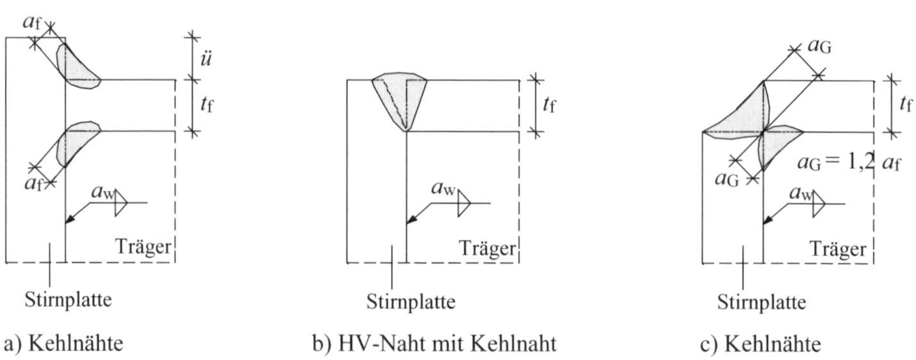

Abb. 3.26 Schweißnahtanschluss für bündige Stirnplatten

In allen Anschlüssen sollten die Schweißnahtdicken so gewählt werden, dass die Biegetragfähigkeit des Anschlusses $M_{\mathrm{j,Rd}}$ nicht durch die Tragfähigkeit der Schweißnähte, sondern durch die Tragfähigkeit der Grundkomponenten begrenzt wird (1-8, 6.2.3(4)). *Deshalb wird hier zusätzlich der Nachweis der Kehlnähte am Steg und Flansch geführt.* Sind in der Anschlussebene nur Spannungen σ_{w} vorhanden, dann gilt für die Beanspruchbarkeit der Schweißnaht das richtungsbezogene Verfahren:

$$\sigma_{\mathrm{w,Ed}} \le \sigma_{\mathrm{w,Rd}} = \frac{f_{\mathrm{u}}}{\sqrt{2} \cdot \beta_{\mathrm{w}} \cdot \gamma_{\mathrm{M2}}} \qquad (3.35)$$

Für die Zugtragfähigkeit der Schweißnaht oberhalb des Zugflansches der überstehenden Platte gilt nach Abb. 3.23:

$$F_{w,Rd} = 0{,}5 \cdot b \cdot \Sigma a_f \cdot \sigma_{w,Rd} \geq F_{t1,Rd} \tag{3.36}$$

Für die Zugtragfähigkeit der Kehlnaht des Trägersteges der überstehenden Platte gilt:

$$F_{w,Rd} = b_{eff,t,wb} \cdot \Sigma a_w \cdot \sigma_{w,Rd} \geq F_{t2,Rd} \tag{3.37}$$

Für die bündige Platte existiert nur $F_{t2,Rd}$.

Für die Zugtragfähigkeit der Schweißnaht im Zugflansch der bündigen Platte gilt näherungsweise:

$$F_{w,Rd} = b \cdot \Sigma a_f \cdot \sigma_{w,Rd} \geq F_{t2,Rd} \tag{3.38}$$

Für die Zugtragfähigkeit der Kehlnaht des Trägersteges der bündigen Platte gilt:

$$F_{w,Rd} = b_{eff,t,wb} \cdot \Sigma a_w \cdot \sigma_{w,Rd} \geq F_{t2,Rd} \tag{3.39}$$

3.5 Trägerstoß mit überstehender Stirnplatte

1. Beispiel: HEA 280 mit t_p = 20 mm und M 20-10.9, Kategorie D

In diesem Beispiel wird der Berechnungsgang ausführlich dargestellt. Für die Vorbemessung kann man sich an den Abmessungen der typisierten Verbindungen im Abschnitt Tabellen oder [23] orientieren. Die folgende Berechnung gilt auch für kontrolliert vorgespannte Schrauben der Kategorie E, wenn die zugehörige Anfangsrotationssteifigkeit für die Berechnung des zugehörigen statischen Systems **nicht sicherheitsrelevant** ist.

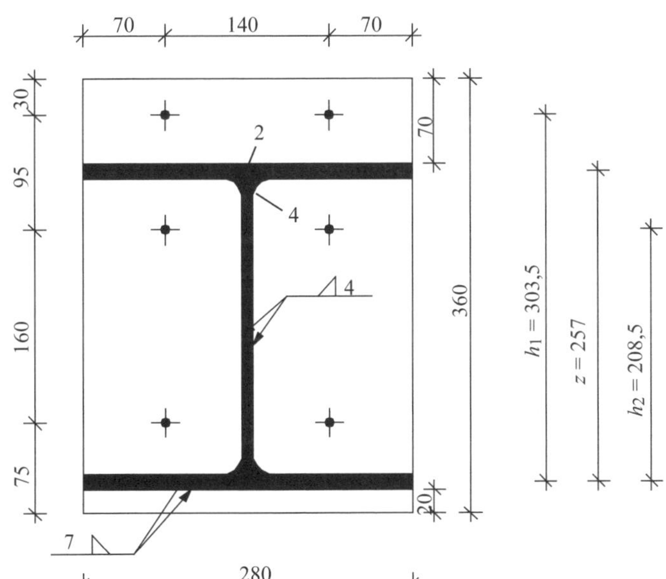

Abb. 3.27 Stirnplattenstoß für HEA 280 mit überstehender Platte

Stahlgüte der Stirnplatte: S 235 $f_y = 23{,}5$ kN/cm^2

Stahlgüte des Trägers: S 235 $f_y = 23{,}5$ kN/cm^2

Teilsicherheitsbeiwert: $\gamma_{M0} = 1{,}00$

Dicke der Stirnplatte: $t_p = 20$ mm

Schrauben Kategorie D: M20–10.9 $d_0 = 22$ mm $F_{t,Rd} = 176$ kN $A_s = 2{,}45$ cm^2

Profil: HEA 280 $h = 270$ mm $t_f = 13$ mm $t_w = 8$ mm

$$M_{pl,y,Rd} = W_{pl,y} \cdot \sigma_{Rd} = 1112 \cdot 23{,}5/100 = 261 \text{ kNm}$$

Beanspruchung des Profils: $M_{y,Ed} = -145$ kNm ; $V_{z,Ed} = 120$ kN

$$L_b = l_k + 2 \cdot h + 0{,}5 \cdot (k+m) = 2 \cdot 2{,}0 + 2 \cdot 0{,}4 + 0{,}5 \cdot (1{,}3 + 1{,}6) = 6{,}25 \text{ cm}$$

Beanspruchbarkeit der Schweißnaht nach dem richtungsbezogenen Verfahren:

$$\sigma_{1,w,Ed} = \sqrt{2 \cdot \sigma_w^2 + 3 \cdot \tau_{||}^2} \le f_{1,w,Rd} = \frac{f_u}{\beta_w \cdot \gamma_{M2}} = \frac{36}{0{,}8 \cdot 1{,}25} = 36{,}0 \text{ kN/cm}^2$$

$$\sigma_{w,Rd} \le \frac{f_u}{\sqrt{2} \cdot \beta_w \cdot \gamma_{M2}} = \frac{36}{\sqrt{2} \cdot 0{,}8 \cdot 1{,}25} = 25{,}5 \text{ kN/cm}^2$$

Beanspruchbarkeit der Schweißnaht nach dem vereinfachten Verfahren:

$$f_{vw,d} = 20{,}8 \text{ kN/cm}^2$$

Berechnung der Momententragfähigkeit
a) Tragfähigkeit in der Zugzone
1. Schraubenreihe in der Zugzone für M_y

1.1 Stirnblech mit Biegung

Schraubenreihe oberhalb des Zugflansches. Wirksame Länge des T-Stummels Nr. 6 nach Tabelle 3.1.

$$m_x = 40 - 0{,}8 \cdot 7 \cdot \sqrt{2} = 32{,}1 \text{ mm}$$

$$e_x = 30 \text{ mm} \quad e = 70 \text{ mm} \quad w = 140 \text{ mm} \quad b_p = 280 \text{ mm}$$

$$l_{6.1,cp} = 2 \cdot \pi \cdot m_x = 2 \cdot \pi \cdot 32{,}1 = 202 \text{ mm}$$

$$l_{6.2,cp} = \pi \cdot m_x + w = \pi \cdot 32{,}1 + 140 = 241 \text{ mm}$$

$$l_{6.3,cp} = \pi \cdot m_x + 2 \cdot e = \pi \cdot 32{,}1 + 2 \cdot 70 = 241 \text{ mm}$$

Maßgebend: $l_{eff,cp} = 202$ mm

$$l_{6.1,nc} = 4 \cdot m_x + 1{,}25 \cdot e_x = 4 \cdot 32{,}1 + 1{,}25 \cdot 30 = 166 \text{ mm}$$

$$l_{6.2,nc} = e + 2 \cdot m_x + 0{,}625 \cdot e_x = 70 + 2 \cdot 32{,}1 + 0{,}625 \cdot 30 = 153 \text{ mm}$$

$$l_{6.3,nc} = 0{,}5 \cdot b_p = 0{,}5 \cdot 280 = 140 \text{ mm}$$

$$l_{6.4,nc} = 0{,}5 \cdot w + 2 \cdot m_x + 0{,}625 \cdot e_x = 0{,}5 \cdot 140 + 2 \cdot 32{,}1 + 0{,}625 \cdot 30 = 153 \text{ mm}$$

Maßgebend: $l_{eff,nc} = 140$ mm

Modus 1: $l_{eff,1} = l_{eff,nc} = 140 \text{ mm} \le l_{eff,cp} = 202$ mm

Modus 2: $l_{eff,2} = l_{eff,nc} = 140$ mm

Grenzzugkraft des T-Stummels:

$$m = m_x = 32{,}1 \text{ mm}$$

$$n = e_x = 30 \text{ mm} \le 1{,}25 \cdot m = 1{,}25 \cdot 32{,}1 = 40{,}1 \text{ mm}$$

$$M_{\text{pl,1,Rd}} = \frac{1}{4} \cdot l_{\text{eff,1}} \cdot t_p^2 \cdot f_y / \gamma_{M0} = \frac{1}{4} \cdot 14{,}0 \cdot 2{,}0^2 \cdot 23{,}5 / 1{,}0 = 329 \text{ kNcm}$$

$$M_{\text{pl,2,Rd}} = \frac{1}{4} \cdot l_{\text{eff,2}} \cdot t_p^2 \cdot f_y / \gamma_{M0} = \frac{1}{4} \cdot 14{,}0 \cdot 2{,}0^2 \cdot 23{,}5 / 1{,}0 = 329 \text{ kNcm}$$

$$F_{\text{T,1,Rd}} = \frac{4 \cdot M_{\text{pl,1,Rd}}}{m} = \frac{4 \cdot 329}{3{,}21} = 410 \text{ kN}$$

$$F_{\text{T,2,Rd}} = \frac{2 \cdot M_{\text{pl,2,Rd}} + n \cdot \sum F_{\text{t,Rd}}}{m+n} = \frac{2 \cdot 329 + 3{,}0 \cdot 2 \cdot 176}{3{,}21 + 3{,}0} = 276 \text{ kN}$$

$$F_{\text{T,3,Rd}} = \Sigma F_{\text{t,Rd}} = 2 \cdot 176 = 352 \text{ kN}$$

Kleinste Tragfähigkeit des Stirnblechs auf Biegung:

$$F_{\text{T,2,Rd}} = 276 \text{ kN}$$

1.2 Kleinste Tragfähigkeit der 1. Schraubenreihe

$F_{1,\text{Rd}} = 276$ kN für M_y und N

1.3 Abfrage der Tragfähigkeit der Schweißnaht am Flansch:

$$F_{\text{w,Rd}} = 0{,}5 \cdot b \cdot \Sigma a_f \cdot 25{,}5 = 0{,}5 \cdot 28{,}0 \cdot 1{,}4 \cdot 25{,}5 = 500 \text{ kN} \ge F_{1,\text{Rd}} = 276 \text{ kN}$$

2. Schraubenreihe in der Zugzone für M_y

2.1 Stirnblech mit Biegung

Schraubenreihe neben einer Steife. Wirksame Länge des T-Stummels Nr. 4 nach Tabelle 3.1:

$$m = \frac{140}{2} - \frac{8}{2} - 0{,}8 \cdot 4 \cdot \sqrt{2} = 61{,}5 \text{ mm}$$

$$e = 70 \text{ mm} \qquad n = e_{\min} = 70 \text{ mm}$$

$$m_2 = 95 - 40 - 13 - 0{,}8 \cdot 7 \cdot \sqrt{2} = 34{,}1 \text{ mm}$$

$$\lambda_1 = \frac{m}{m+e} = \frac{61{,}5}{61{,}5+70} = 0{,}47 \qquad \lambda_2 = \frac{m_2}{m+e} = \frac{34{,}1}{61{,}5+70} = 0{,}26$$

$\alpha = 6{,}95$ nach Gleichung (3.25)

$$l_{\text{eff,cp}} = l_{4,\text{cp}} = 2 \cdot \pi \cdot m = 2 \cdot \pi \cdot 61{,}5 = 386 \text{ mm}$$

$$l_{\text{eff,nc}} = l_{4,\text{nc}} = \alpha \cdot m = 6{,}95 \cdot 61{,}5 = 427 \text{ mm}$$

Modus 1: $l_{\text{eff,1}} = l_{\text{eff,nc}} \le l_{\text{eff,cp}} = 386$ mm

Modus 2: $l_{\text{eff,2}} = l_{\text{eff,nc}} = 427$ mm

Grenzzugkraft des T-Stummels:

$$m = 61{,}5 \text{ mm} \qquad n = e = 70 \text{ mm} \le 1{,}25 \cdot m = 1{,}25 \cdot 61{,}5 = 76{,}9 \text{ mm}$$

$$M_{\text{pl,1,Rd}} = \frac{1}{4} \cdot l_{\text{eff,1}} \cdot t_p^2 \cdot f_y / \gamma_{M0} = \frac{1}{4} \cdot 38{,}6 \cdot 2{,}0^2 \cdot 23{,}5 / 1{,}0 = 907 \text{ kNcm}$$

$$M_{\text{pl,2,Rd}} = \frac{1}{4} \cdot l_{\text{eff,2}} \cdot t_p^2 \cdot f_y / \gamma_{M0} = \frac{1}{4} \cdot 42{,}7 \cdot 2{,}0^2 \cdot 23{,}5 / 1{,}0 = 1003 \text{ kNcm}$$

$$F_{\text{T,1,Rd}} = \frac{4 \cdot M_{\text{pl,1,Rd}}}{m} = \frac{4 \cdot 907}{6{,}15} = 590 \text{ kN}$$

$$F_{\text{T,2,Rd}} = \frac{2 \cdot M_{\text{pl,2,Rd}} + n \cdot \sum F_{\text{t,Rd}}}{m+n} = \frac{2 \cdot 1003 + 7{,}0 \cdot 2 \cdot 176}{6{,}15 + 7{,}0} = 340 \text{ kN}$$

$$F_{T,3,Rd} = \Sigma F_{t,Rd} = 2 \cdot 176 = 352 \text{ kN}$$

Kleinste Tragfähigkeit des Stirnblechs auf Biegung:

$$F_{T,2,Rd} = 340 \text{ kN}$$

2.2 Trägersteg auf Zug

$$b_{eff,t,wb} = l_{eff,2} = 427 \text{ mm (Modus 2 ist maßgebend)}$$

$$F_{t,wb,Rd} = b_{eff,t,wb} \cdot t_{wb} \cdot f_{y,wb} / \gamma_{M0} = 42{,}7 \cdot 0{,}8 \cdot 23{,}5 / 1{,}0 = 803 \text{ kN}$$

2.3 Kleinste Tragfähigkeit der 2. Schraubenreihe

$$F_{2,Rd} = 340 \text{ kN}$$

$$F_{1,Rd} = 276 \text{ kN} \leq 1{,}9 \cdot F_{t,Rd} = 1{,}9 \cdot 176 = 334 \text{ kN}$$

keine Abminderung.

2.4 Abfrage der Tragfähigkeit der Schweißnaht am Steg

$$F_{w,Rd} = b_{eff,t,wb} \cdot \Sigma a_w \cdot 25{,}5 = 42{,}7 \cdot 0{,}8 \cdot 25{,}5 = 871 \text{ kN} \geq F_{2,Rd} = 340 \text{ kN}$$

Wenn keine Schraubengruppen vorhanden sind, sind dies die endgültigen Werte.

b) Tragfähigkeit in der Druckzone

Trägerflansch auf Druck

$$F_{c,fb,Rd} = M_{c,Rd} / \left(h - t_{fb}\right) = 26100 / \left(27{,}0 - 1{,}3\right) = 1016 \text{ kN}$$

$$F_{1,Rd} + F_{2,Rd} = 276 + 337 = 613 \text{ kN} \leq F_{c,fb,Rd} = 1016 \text{ kN}$$

keine Reduktion.

c) Momententragfähigkeit $M_{j,Rd}$ um den Druckpunkt für M_y

$$M_{j,Rd} = \sum_r h_r \cdot F_{tr,Rd} = h_1 \cdot F_{t1,Rd} + h_2 \cdot F_{t2,Rd} = 30{,}35 \cdot 276 + 20{,}85 \cdot 340 = 15\,466 \text{ kNcm}$$

$$M_{j,Rd} = 155 \text{ kNm}$$

Nachweis des Stirnplattenanschlusses:

$$\frac{M_{y,Ed}}{M_{j,Rd}} = \frac{145}{155} = 0{,}94 \leq 1{,}0$$

d) Nachweis des Schweißnahtanschlusses

$$a_f = 7 \text{ mm}; \; a_w = 4 \text{ mm}$$

$$A_z = 2 \cdot a_w \cdot d = 2 \cdot 0{,}4 \cdot 19{,}6 = 15{,}7 \text{ cm}^2$$

$$I_y = \frac{1}{2} \cdot a_f \cdot b \cdot h^2 + \frac{1}{2} \cdot a_f \cdot \left(b - 2 \cdot r - t_w\right) \cdot \left(h - 2 \cdot t_f\right)^2 + \frac{1}{6} \cdot a_w \cdot d^3$$

$$I_y = \frac{1}{2} \cdot 0{,}7 \cdot 28 \cdot 27^2 + \frac{1}{2} \cdot 0{,}7 \cdot \left(28 - 2 \cdot 2{,}4 - 0{,}8\right) \cdot \left(27 - 2 \cdot 1{,}3\right)^2 + \frac{1}{6} \cdot 0{,}4 \cdot 19{,}6^3$$

$$I_y = 12\,314 \text{ cm}^4$$

Nachweis im Querschnittspunkt 2:

$$\sigma = \frac{M_y}{I_y} \cdot z = \frac{14\,500}{12\,314} \cdot \frac{27}{2} = 15{,}9 \text{ kN/cm}^2 \leq \sigma_{w,R,d} = 20{,}7 \text{ kN/cm}^2$$

Nachweis im Querschnittspunkt 4:

$$\sigma_w = \frac{M_y}{I_y} \cdot z = \frac{14\,500}{12\,314} \cdot \frac{19{,}6}{2} = 11{,}5 \text{ kN/cm}^2$$

$$\tau_{w,z} = \frac{V_z}{A_z} = \frac{120}{15,7} = 7,64 \text{ kN/cm}^2$$

$$\sigma_{w,Ed} = \sqrt{\sigma_w^2 + \tau_{w,y}^2 + \tau_{w,z}^2} = \sqrt{11,5^2 + 7,64^2} = 13,8 \text{ kN/cm}^2 \le f_{vw,d} = 20,8 \text{ kN/cm}^2$$

e) Nachweis der Schraubenkräfte

$$T = \frac{V_z}{A} = \frac{120}{2} = 60 \text{ kN}$$

Nachweis des Abscherens:

$$m \cdot F_{v,Rd} = 1 \cdot 151 = 151 \text{ kN} \qquad \text{Band 2, Tabelle 12.1}$$

$$\frac{T}{m \cdot F_{v,Rd}} = \frac{60}{151} = 0,40 \le 1$$

Nachweis der Lochleibung mit zugehörigen Grenzlochleibungskräften:

$$t = 20 \text{ mm}$$

$$F_{z,b,Rd} = 2,0 \cdot 144 = 288 \text{ kN} \qquad p_1 = 100 \text{ mm} \qquad \text{Band 2, Tabelle 12.4}$$

$$\frac{T_z}{F_{z,b,Rd}} = \frac{60}{288} = 0,21 \le 1$$

f) Vereinfachtes Berechnungsverfahren

Für die überstehende Platte kann auch vereinfacht gerechnet werden, wenn die Abstände der Schraubenreihen vom Zugflansch ungefähr gleich sind. Dabei wird der Traganteil des Steges vernachlässigt. Dadurch entsteht ein T-Stummel mit dem Zugflansch und der Breite $2 \cdot b_p/2$. Die resultierende Zugkraft greift in Zugflanschmitte an.

$$F_{1,Rd} = F_{2,Rd} = F_{Rd} = 276 \text{ kN}$$

$$M_{j,Rd} = 2 \cdot z \cdot F_{Rd} = 2 \cdot 25,7 \cdot 276 / 100 = 142 \text{ kNm}$$

g) Bündige Platte

Für das positive Moment $M_{j,Rd}$ wird der untere Flansch auf Zug beansprucht. Es liegt für diese Beanspruchung eine bündige Platte vor. Die Schraubenreihe 3 entspricht bei gleichen Abständen zum Trägerflansch der Schraubenreihe 2.

$$F_{2,Rd} = 340 \text{ kN}$$

$$M_{j,Rd} = h_2 \cdot F_{2,Rd} = 20,85 \cdot 340 / 100 = 70,9 \text{ kNm}$$

2. Beispiel: HEA 280 mit t_p = 20 mm und M 20-10.9, Kategorie E

Die folgende Berechnung gilt für kontrolliert vorgespannte Schrauben der Kategorie E, wenn die zugehörige Anfangsrotationssteifigkeit für die Berechnung des zugehörigen statischen Systems **sicherheitsrelevant** ist. Es wird $F_{p,Cd} = 156$ kN berücksichtigt.

Stahlgüte der Stirnplatte: S 235	$f_y = 23,5 \text{ kN/cm}^2$		
Stahlgüte des Trägers: S 235	$f_y = 23,5 \text{ kN/cm}^2$		
Teilsicherheitsbeiwert:	$\gamma_{M0} = 1,00$		
Dicke der Stirnplatte:	$t_p = 20 \text{ mm}$		
Schrauben Kategorie E: M20–10.9	$d_0 = 22 \text{ mm}$	$F_{p,Cd} = 156 \text{ kN}$	$A_s = 2,45 \text{ cm}^2$
Profil: HEA 280	$h = 270 \text{ mm}$	$t_f = 13 \text{ mm}$	$t_w = 8 \text{ mm}$
	$M_{pl,y,Rd} = W_{pl,y} \cdot \sigma_{Rd} = 1112 \cdot 23,5 / 100 = 261 \text{ kNm}$		

Beanspruchung des Profils: $M_{y,Ed} = -145 \text{ kNm}; V_{z,Ed} = 120 \text{ kN}$

$$L_b = l_k + 2 \cdot h + 0,5 \cdot (k + m) = 2 \cdot 2,0 + 2 \cdot 0,4 + 0,5 \cdot (1,3 + 1,6) = 6,25 \text{ cm}$$

Beanspruchbarkeit der Schweißnaht nach dem richtungsbezogenen Verfahren:

$$\sigma_{1,w,Ed} = \sqrt{2 \cdot \sigma_w^2 + 3 \cdot \tau_{||}^2} \le f_{1,w,Rd} = \frac{f_u}{\beta_w \cdot \gamma_{M2}} = \frac{36}{0,8 \cdot 1,25} = 36,0 \text{ kN/cm}^2$$

$$\sigma_{w,Ed} \le \frac{f_u}{\sqrt{2} \cdot \beta_w \cdot \gamma_{M2}} = \frac{36}{\sqrt{2} \cdot 0,8 \cdot 1,25} = 25,5 \text{ kN/cm}^2$$

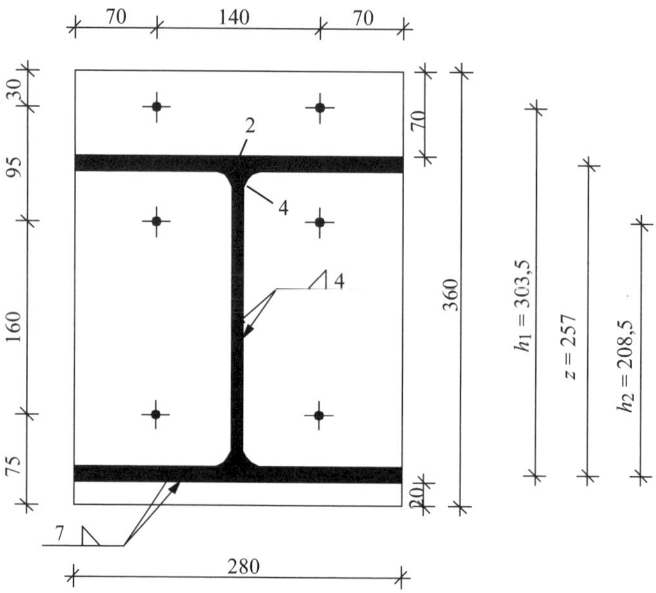

Abb. 3.28 Stirnplattenstoß für HEA 280 mit überstehender Platte

Berechnung der Momententragfähigkeit
a) Tragfähigkeit in der Zugzone
1. Schraubenreihe in der Zugzone für M_y

1.1 Stirnblech mit Biegung

Schraubenreihe oberhalb des Zugflansches. Wirksame Länge des T-Stummels Nr. 6 nach Tabelle 3.1.

$$m_x = 40 - 0,8 \cdot 7 \cdot \sqrt{2} = 32,1 \text{ mm}$$

$$e_x = 30 \text{ mm} \qquad e = 70 \text{ mm} \qquad w = 140 \text{ mm} \qquad b_p = 280 \text{ mm}$$

$$l_{6.1,cp} = 2 \cdot \pi \cdot m_x = 2 \cdot \pi \cdot 32,1 = 202 \text{ mm}$$

$$l_{6.2,cp} = \pi \cdot m_x + w = \pi \cdot 32,1 + 140 = 241 \text{ mm}$$

$$l_{6.3,cp} = \pi \cdot m_x + 2 \cdot e = \pi \cdot 32,1 + 2 \cdot 70 = 241 \text{ mm}$$

Maßgebend: $l_{eff,cp} = 202$ mm

$$l_{6.1,nc} = 4 \cdot m_x + 1,25 \cdot e_x = 4 \cdot 32,1 + 1,25 \cdot 30 = 166 \text{ mm}$$

$$l_{6.2,nc} = e + 2 \cdot m_x + 0,625 \cdot e_x = 70 + 2 \cdot 32,1 + 0,625 \cdot 30 = 153 \text{ mm}$$

$$l_{6.3,\text{nc}} = 0,5 \cdot b_\text{p} = 0,5 \cdot 280 = 140 \text{ mm}$$

$$l_{6.4,\text{nc}} = 0,5 \cdot w + 2 \cdot m_\text{x} + 0,625 \cdot e_\text{x} = 0,5 \cdot 140 + 2 \cdot 32,1 + 0,625 \cdot 30 = 153 \text{ mm}$$

Maßgebend: $l_{\text{eff,nc}} = 140 \text{ mm}$

Modus 1: $l_{\text{eff},1} = l_{\text{eff,nc}} \leq l_{\text{eff,cp}} = 140 \text{ mm}$

Modus 2: $l_{\text{eff},2} = l_{\text{eff,nc}} = 140 \text{ mm}$

Grenzzugkraft des T-Stummels:

$$m = m_\text{x} = 32,1 \text{ mm}$$

$$n = e_\text{x} = 30 \text{ mm} \leq 1,25 \cdot m = 1,25 \cdot 32,1 = 40,1 \text{ mm}$$

$$M_{\text{pl,1,Rd}} = \frac{1}{4} \cdot l_{\text{eff},1} \cdot t_\text{p}^2 \cdot f_\text{y} / \gamma_{\text{M0}} = \frac{1}{4} \cdot 14,0 \cdot 2,0^2 \cdot 23,5 / 1,0 = 329 \text{ kNcm}$$

$$M_{\text{pl,2,Rd}} = \frac{1}{4} \cdot l_{\text{eff},2} \cdot t_\text{p}^2 \cdot f_\text{y} / \gamma_{\text{M0}} = \frac{1}{4} \cdot 14,0 \cdot 2,0^2 \cdot 23,5 / 1,0 = 329 \text{ kNcm}$$

$$F_{\text{T,1,Rd}} = \frac{4 \cdot M_{\text{pl,1,Rd}}}{m} = \frac{4 \cdot 329}{3,21} = 410 \text{ kN}$$

$$F_{\text{T,2,Rd}} = \frac{2 \cdot M_{\text{pl,2,Rd}} + n \cdot \sum F_{\text{p,Cd}}}{m+n} = \frac{2 \cdot 329 + 3,0 \cdot 2 \cdot 156}{3,21 + 3,0} = 257 \text{ kN}$$

$$F_{\text{T,3,Rd}} = \sum F_{\text{p,Cd}} = 2 \cdot 156 = 312 \text{ kN}$$

Kleinste Tragfähigkeit des Stirnblechs auf Biegung:

$$F_{\text{T,2,Rd}} = 257 \text{ kN}$$

1.2 Kleinste Tragfähigkeit der 1. Schraubenreihe

$F_{1,\text{Rd}} = 257$ kN für M_y und N

1.3 Abfrage der Tragfähigkeit der Schweißnaht am Flansch

$$F_{\text{w,Rd}} = 0,5 \cdot b \cdot \Sigma a_\text{f} \cdot 25,5 = 0,5 \cdot 28,0 \cdot 1,4 \cdot 25,5 = 500 \text{ kN} \geq F_{1,\text{Rd}} = 257 \text{ kN}$$

2. Schraubenreihe in der Zugzone für M_y

2.1 Stirnblech mit Biegung

Schraubenreihe neben einer Steife. Wirksame Länge des T-Stummels Nr. 4 nach Tabelle 3.1:

$$m = \frac{140}{2} - \frac{8}{2} - 0,8 \cdot 4 \cdot \sqrt{2} = 61,5 \text{ mm}$$

$e = 70$ mm $\quad n = e_{\min} = 70$ mm

$$m_2 = 95 - 40 - 13 - 0,8 \cdot 7 \cdot \sqrt{2} = 34,1 \text{ mm}$$

$$\lambda_1 = \frac{m}{m+e} = \frac{61,5}{61,5+70} = 0,47 \qquad \lambda_2 = \frac{m_2}{m+e} = \frac{34,1}{61,5+70} = 0,26$$

$\alpha = 6,95$ nach Gleichung (3.25)

$$l_{\text{eff,cp}} = l_{4,\text{cp}} = 2 \cdot \pi \cdot m = 2 \cdot \pi \cdot 61,5 = 386 \text{ mm}$$

$$l_{\text{eff,nc}} = l_{4,\text{nc}} = \alpha \cdot m = 6,95 \cdot 61,5 = 427 \text{ mm}$$

Modus 1: $l_{\text{eff},1} = l_{\text{eff,nc}} \leq l_{\text{eff,cp}} = 386 \text{ mm}$

Modus 2: $l_{\text{eff},2} = l_{\text{eff,nc}} = 427 \text{ mm}$

Grenzzugkraft des T-Stummels:

$m = 61,5$ mm $\qquad n = e = 70 \text{ mm} \leq 1,25 \cdot m = 1,25 \cdot 61,5 = 76,9 \text{ mm}$

$$M_{pl,1,Rd} = \frac{1}{4} \cdot l_{eff,1} \cdot t_p^2 \cdot f_y / \gamma_{M0} = \frac{1}{4} \cdot 38,6 \cdot 2,0^2 \cdot 23,5 / 1,0 = 907 \text{ kNcm}$$

$$M_{pl,2,Rd} = \frac{1}{4} \cdot l_{eff,2} \cdot t_p^2 \cdot f_y / \gamma_{M0} = \frac{1}{4} \cdot 42,7 \cdot 2,0^2 \cdot 23,5 / 1,0 = 1003 \text{ kNcm}$$

$$F_{T,1,Rd} = \frac{4 \cdot M_{pl,1,Rd}}{m} = \frac{4 \cdot 907}{6,15} = 590 \text{ kN}$$

$$F_{T,2,Rd} = \frac{2 \cdot M_{pl,2,Rd} + n \cdot \sum F_{p,Cd}}{m+n} = \frac{2 \cdot 1003 + 7,0 \cdot 2 \cdot 156}{6,15 + 7,0} = 319 \text{ kN}$$

$$F_{T,3,Rd} = \sum F_{p,Cd} = 2 \cdot 156 = 312 \text{ kN}$$

Kleinste Tragfähigkeit des Stirnblechs auf Biegung:

$$F_{T,2,Rd} = 312 \text{ kN}$$

2.2 Trägersteg auf Zug

$$b_{eff,t,wb} = l_{eff,2} = 427 \text{ mm (Modus 2 angenommen)}$$

$$F_{t,wb,Rd} = b_{eff,t,wb} \cdot t_{wb} \cdot f_{y,wb} / \gamma_{M0} = 42,7 \cdot 0,8 \cdot 23,5 / 1,0 = 803 \text{ kN}$$

2.3 Kleinste Tragfähigkeit der 2. Schraubenreihe

$$F_{2,Rd} = 312 \text{ kN}$$

$$F_{1,Rd} = 257 \text{ kN} \le 1,9 \cdot F_{p,C,Rd} = 1,9 \cdot 156 = 296 \text{ kN}$$

keine Abminderung.

2.4 Abfrage der Tragfähigkeit der Schweißnaht am Steg

$$F_{w,Rd} = b_{eff,t,wb} \cdot \Sigma a_w \cdot 25,5 = 38,6 \cdot 0,8 \cdot 25,5 = 787 \text{ kN} \ge F_{2,Rd} = 312 \text{ kN}$$

Da keine Schraubengruppen vorhanden sind, sind dies die endgültigen Werte.

b) Tragfähigkeit in der Druckzone

Trägerflansch auf Druck

$$F_{c,fb,Rd} = M_{c,Rd} / (h - t_{fb}) = 26100 / (27,0 - 1,3) = 1016 \text{ kN}$$

$$F_{1,Rd} + F_{2,Rd} = 257 + 295 = 552 \text{ kN} \le F_{c,fb,Rd} = 1016 \text{ kN}$$

keine Reduktion.

c) Momententragfähigkeit $M_{j,Rd}$ um den Druckpunkt für M_y:

$$M_{j,Rd} = \sum_r h_r \cdot F_{tr,Rd} = h_1 \cdot F_{t1,Rd} + h_2 \cdot F_{t2,Rd} = 30,35 \cdot 257 + 20,85 \cdot 312 = 14\,305 \text{ kNcm}$$

$$M_{j,Rd} = 143 \text{ kNm}$$

Nachweis des Stirnplattenanschlusses:

$$\frac{M_{y,Ed}}{M_{j,Rd}} = \frac{145}{143} = 1,01 \approx 1,0$$

d) Vereinfachtes Berechnungsverfahren

Für die überstehende Platte kann auch vereinfacht gerechnet werden, wenn die Abstände der Schraubenreihen vom Zugflansch ungefähr gleich sind. Dabei wird der Traganteil des Steges vernachlässigt. Dadurch entsteht ein T-Stummel mit dem Zugflansch und der Breite $2 \cdot b_p/2$. Die resultierende Zugkraft greift in Zugflanschmitte an.

$$F_{1,Rd} = F_{2,Rd} = F_{Rd} = 257 \text{ kN}$$

$$M_{j,Rd} = 2 \cdot z \cdot F_{Rd} = 2 \cdot 25,7 \cdot 257 / 100 = 132 \text{ kNm}$$

e) Bündige Platte

Für das positive Moment $M_{j,Rd}$ wird der untere Flansch auf Zug beansprucht. Es liegt für diese Beanspruchung eine bündige Platte vor. Die Schraubenreihe 3 entspricht bei gleichen Abständen zum Trägerflansch der Schraubenreihe 2.

$$F_{2,Rd} = 312 \text{ kN}$$

$$M_{j,Rd} = h_2 \cdot F_{2,Rd} = 20{,}85 \cdot 312 / 100 = 65{,}1 \text{ kNm}$$

3. Beispiel: HEA 280 mit t_p = 20 mm und M 20-10.9, Kategorie E

Die folgende Berechnung gilt für kontrolliert vorgespannte Schrauben der Kategorie E, wenn die zugehörige Anfangsrotationssteifigkeit für die Berechnung des zugehörigen statischen Systems sicherheitsrelevant ist. Es wird $F_{p,Cd} = 156$ kN berücksichtigt. Es soll in diesem Beispiel gezeigt werden, wie große Querkräfte berücksichtigt werden können.

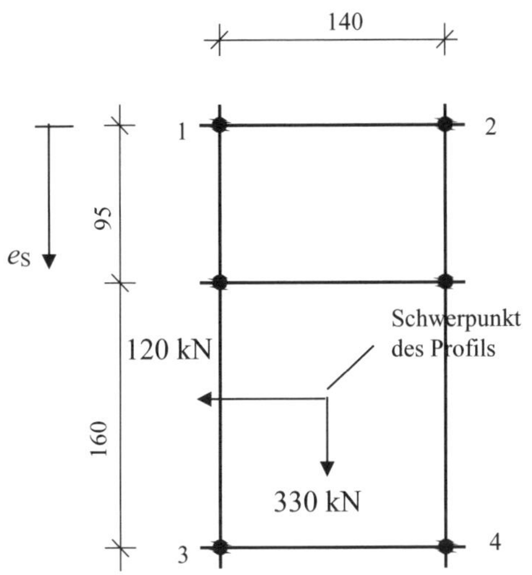

Abb. 3.29 Einfachsymmetrischer Punktequerschnitt

Stahlgüte der Stirnplatte: S 235	$f_y = 23{,}5$ kN/cm^2
Stahlgüte des Trägers: S 235	$f_y = 23{,}5$ kN/cm^2
Teilsicherheitsbeiwert:	$\gamma_{M0} = 1{,}00$
Dicke der Stirnplatte:	$t_p = 20$ mm
Schrauben Kategorie E: M20–10.9	$d_0 = 22$ mm $\quad F_{p,Cd} = 156$ kN $\quad A_s = 2{,}45$ cm^2
Profil: HEA 280	$h = 270$ mm $\quad t_f = 13$ mm $\quad t_w = 8$ mm
	$M_{pl,y,Rd} = W_{pl,y} \cdot \sigma_{Rd} = 1112 \cdot 23{,}5 / 100 = 261$ kNm

Beanspruchung des Profils: $M_{y,Ed} = -145$ kNm; $V_{y,Ed} = 120$ kN; $V_{z,Ed} = 330$ kN

Beanspruchung des Punktequerschnittes: Moment M_x und Querkräfte V_y und V_z

Beanspruchbarkeit: $F_{\mathrm{v,Rd}} = 151\ \mathrm{kN} \quad F_{\mathrm{p,Cd}} = 156\ \mathrm{kN}$

Für die Berechnung des Schwerpunktes wird als Bezugsachse die Achse 1-2 gewählt.

$A = 6$

$$e_{\mathrm{S}} = \frac{\sum A_{\mathrm{i}} \cdot e_{\mathrm{i}}}{A} = \frac{2 \cdot 9{,}5 + 2 \cdot 25{,}5}{6} = \frac{70}{6} = 11{,}7\ \mathrm{cm}$$

Die Koordinaten der Punkte sind in Tabelle 3.2 angegeben.

Querschnittswerte:

$$I_{\mathrm{y}} = \sum z_{\mathrm{i}}^2 = 2 \cdot 11{,}7^2 + 2 \cdot 2{,}20^2 + 2 \cdot 13{,}8^2 = 664\ \mathrm{cm}^2$$

$$I_{\mathrm{z}} = \sum y_{\mathrm{i}}^2 = 6 \cdot 7{,}00^2 = 294\ \mathrm{cm}^2$$

$$I_{\mathrm{p}} = I_{\mathrm{y}} + I_{\mathrm{z}} = 664 + 294 = 958\ \mathrm{cm}^2$$

Beanspruchungen:

$$V_{\mathrm{y}} = 120\ \mathrm{kN} \qquad V_{\mathrm{z}} = 330\ \mathrm{kN} \qquad M_{\mathrm{x}} = -120 \cdot (17{,}5 - 11{,}7) = -696\ \mathrm{kNcm}$$

Tabellarische Berechnung der Kräfte mit folgenden Gleichungen:

$$T_{\mathrm{y}} = \frac{V_{\mathrm{y}}}{A} - \frac{M_{\mathrm{x}}}{I_{\mathrm{p}}} \cdot z = T_{\mathrm{y,V}} + T_{\mathrm{y,M}} \qquad T_{\mathrm{z}} = \frac{V_{\mathrm{z}}}{A} + \frac{M_{\mathrm{x}}}{I_{\mathrm{p}}} \cdot y = T_{\mathrm{z,V}} + T_{\mathrm{z,M}}$$

$$T = \sqrt{T_{\mathrm{y}}^2 + T_{\mathrm{z}}^2}$$

Tabelle 3.2 Kräfte für die elastische Berechnung der Schrauben

Nr.	y_i cm	z_i cm	$T_{y,V}$ kN	$T_{y,M}$ kN	T_y kN	$T_{z,V}$ kN	$T_{z,M}$ kN	T_z kN	T kN
1	7,00	−11,7	20,0	-8,50	11,5	55,0	-5,09	49,9	51,2
2	−7,00	−11,7	20,0	-8,50	11,5	55,0	5,09	60,1	**61,2**
3	7,00	13,8	20,0	10,0	30,0	55,0	-5,09	49,9	58,2
4	−7,00	13,8	20,0	10,0	30,0	55,0	5,09	60,1	**67,2**

Für das Anschlussmoment $M_{1j,\mathrm{Rd}}$ der überstehenden Platte gilt:

$$F_{\mathrm{t,v,Rd}} = 1{,}4 \cdot F_{\mathrm{p,Cd}} \cdot \left(1 - \frac{F_{\mathrm{v,Ed}}}{F_{\mathrm{v,Rd}}}\right) \le F_{\mathrm{p,Cd}}$$

$$F_{\mathrm{t,v,Rd}} = 1{,}4 \cdot 156 \cdot \left(1 - \frac{61{,}2}{151}\right) = 130\ \mathrm{kN} \le F_{\mathrm{p,Cd}} = 156\ \mathrm{kN}$$

Für das Anschlussmoment $M_{2j,\mathrm{Rd}}$ der bündigen Platte gilt:

$$F_{\mathrm{t,v,Rd}} = 1{,}4 \cdot F_{\mathrm{p,Cd}} \cdot \left(1 - \frac{F_{\mathrm{v,Ed}}}{F_{\mathrm{v,Rd}}}\right) \le F_{\mathrm{p,Cd}}$$

$$F_{\mathrm{t,v,Rd}} = 1{,}4 \cdot 156 \cdot \left(1 - \frac{67{,}2}{151}\right) = 121\ \mathrm{kN} \le F_{\mathrm{p,Cd}} = 156\ \mathrm{kN}$$

3.6 Rotationssteifigkeit

3.6.1 T-Stummel

Die Rotationssteifigkeit wird am Beispiel des T-Stummels eines Stirnplattenstoßes mit überstehender Platte erläutert, der durch ein Biegemoment M beansprucht wird, s. Abb. 3.30. Dabei wird zunächst nicht berücksichtigt, dass es sich hier um zwei unterschiedliche Schraubenreihen handelt. Der T-Stummel verformt sich unter der Zugkraft F im Flansch um den Wert f.

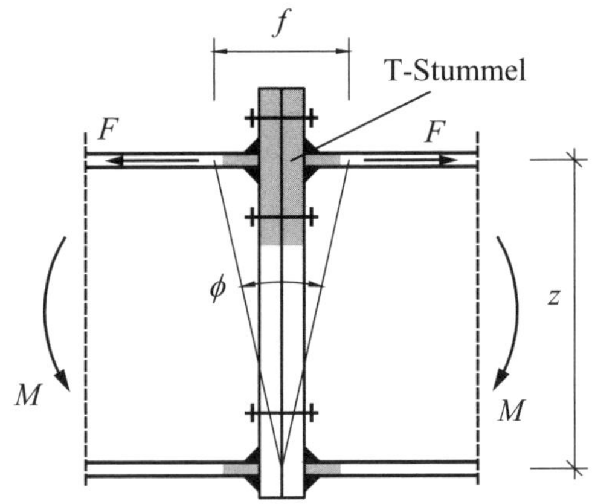

Abb. 3.30 T-Stummel des Stirnplattenstoßes

Das System des T-Stummels kann durch eine Feder dargestellt werden. Die Gleichung der Feder lautet:

$$F = k_{\mathrm{j,ini}} \cdot f \tag{3.40}$$

Diese Verformung f des T-Stummels erzeugt im Stirnplattenanschluss eine Rotation ϕ um den Druckpunkt des Anschlusses. Es gilt die Beziehung:

$$M = S_{\mathrm{j,ini}} \cdot \phi \tag{3.41}$$

Die Anfangsrotationssteifigkeit $S_{\mathrm{j,ini}}$ kann mit der Federsteifigkeit $k_{\mathrm{j,ini}}$ berechnet werden. Es gilt

$$M = F \cdot z = k_{\mathrm{j,ini}} \cdot f \cdot z = k_{\mathrm{j,ini}} \cdot \phi \cdot z \cdot z = k_{\mathrm{j,ini}} \cdot z^2 \cdot \phi$$

$$S_{\mathrm{j,ini}} = k_{\mathrm{j,ini}} \cdot z^2 \tag{3.42}$$

Die genaue Berechnung der Federsteifigkeit $k_{\mathrm{j,ini}}$ kann nur an dem System nach Abb. 3.31 erfolgen. Die Federsteifigkeit $k_{\mathrm{j,ini}}$ folgt aus den Verformungen f_{p} der beiden Platten und f_{s} der beiden Schrauben. Die Verformung f setzt sich zusammen aus:

$$f = f_{\mathrm{p}} + f_{\mathrm{s}} + f_{\mathrm{p}} \tag{3.43}$$

Das System verhält sich damit wie 3 hintereinander geschaltete Federn.

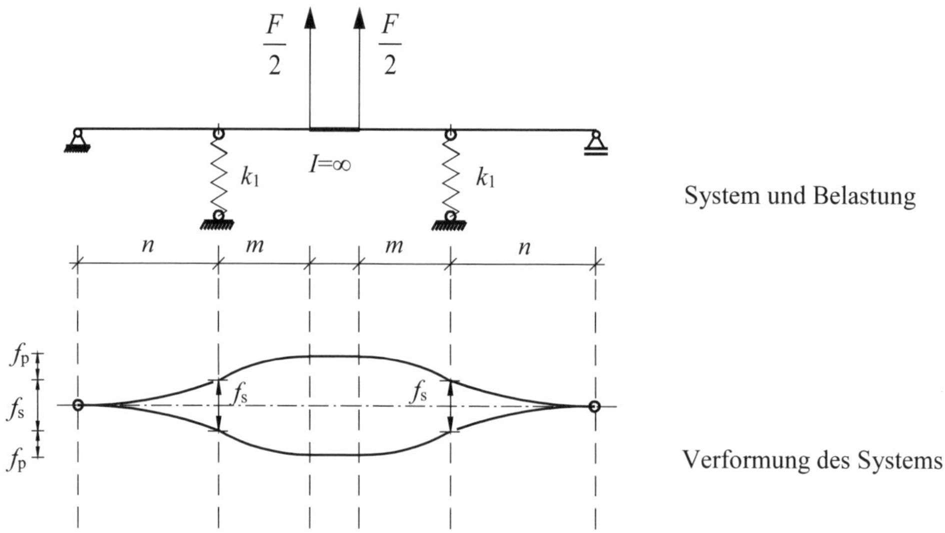

Abb. 3.31 Berechnung der Federsteifigkeit des T-Stummels

Im EC 3 ist man den Weg gegangen, die Federsteifigkeit $k_{j,ini}$ nicht am Gesamtsystem des T-Stummels zu berechnen, sondern näherungsweise getrennt aus den einzelnen Komponenten, der Stirnplatte und der Schraube, zu ermitteln. Dies führt zu folgender Gleichung für die hintereinander geschalteten Federn:

$$\frac{1}{k_{j,ini}} = \frac{1}{k_p} + \frac{1}{k_s} + \frac{1}{k_p} \tag{3.44}$$

3.6.2 Stirnblech auf Biegung

Die Federsteifigkeit k_p der Stirnplatte wird an einem Durchlaufträger nach Abb. 3.32 berechnet, wobei zunächst $k_s = \infty$ und $n = 1{,}25 \cdot m$ gesetzt wird, s. auch [12].

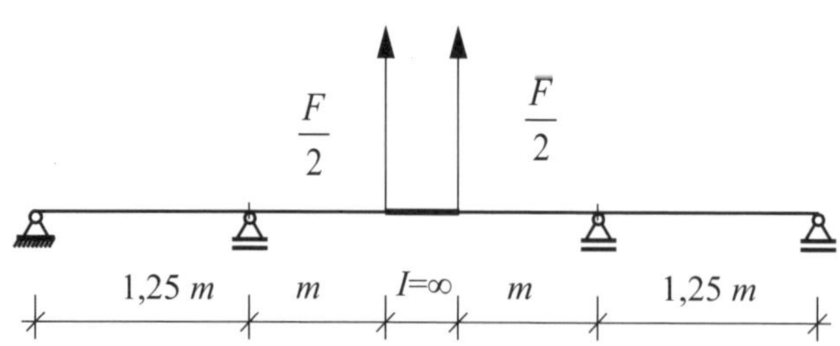

Abb. 3.32 System für die Berechnung der Federsteifigkeit k_p

Das System ist symmetrisch und die Querkraft ist in der Mitte gleich null. Deshalb kann die Symmetrie für die allgemeine Herleitung ausgenutzt werden.

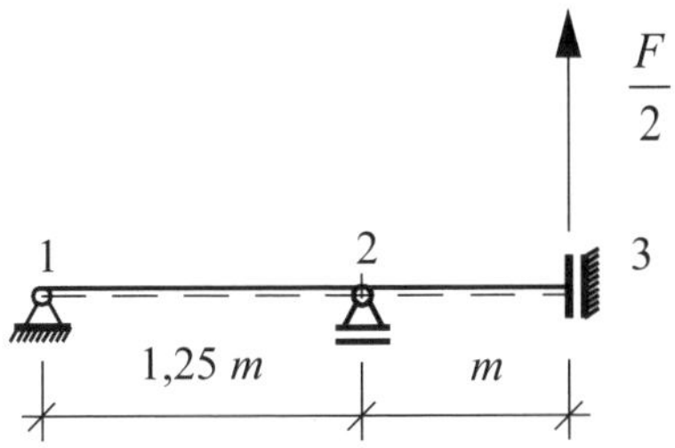

Als statisch Unbestimmte wird das Moment M_3 gewählt.

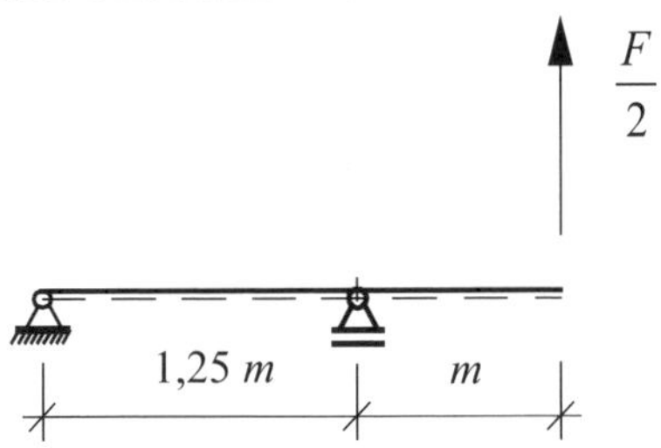

$M_3 = 0$

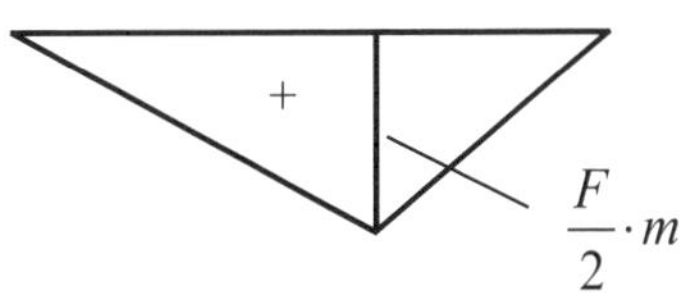

M_0-Fläche

$M_3 = 1$

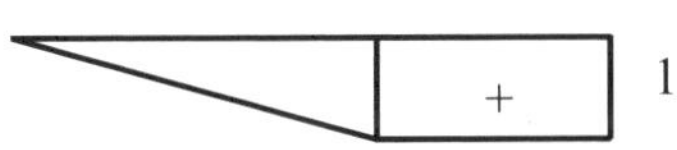

M_1-Fläche

$$EI \cdot \delta_{10} = \frac{1}{3} \cdot \frac{F}{2} \cdot m \cdot 1 \cdot 1{,}25 \cdot m + \frac{1}{2} \cdot \frac{F}{2} \cdot m \cdot 1 \cdot m = 0{,}4583 \cdot F \cdot m^2$$

$$EI \cdot \delta_{11} = \frac{1}{3} \cdot 1 \cdot 1 \cdot 1{,}25 \cdot m + 1 \cdot 1 \cdot 1 \cdot m = 1{,}4167 \cdot m$$

$$M_3 = -\frac{\delta_{10}}{\delta_{11}} = -\frac{0{,}4583}{1{,}4167} \cdot F \cdot m = -0{,}3235 \cdot F \cdot m$$

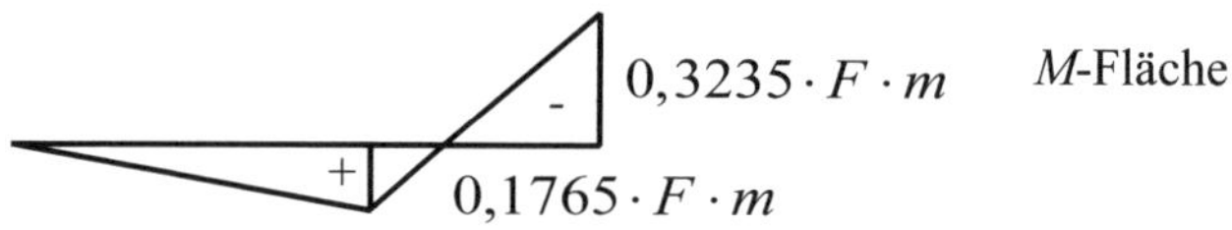

Für die Berechnung der zugehörigen Verformung kann der Reduktionssatz angewendet werden.

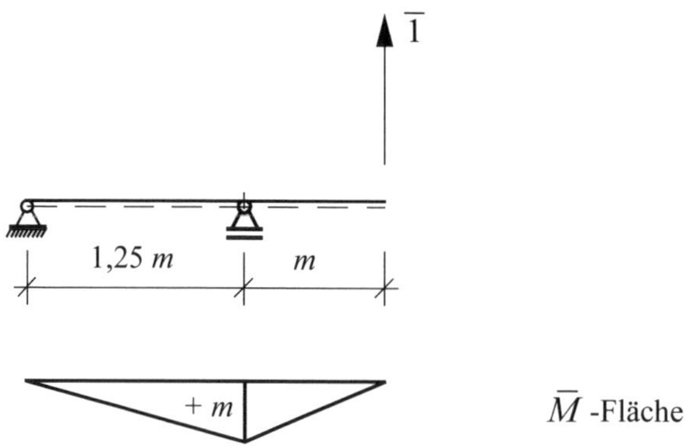

$$EI \cdot f_{\text{p}} = \frac{1}{3} \cdot 0{,}1765 \cdot F \cdot m \cdot m \cdot 1{,}25 \cdot m + \frac{1}{6} \cdot \left(2 \cdot 0{,}1765 - 0{,}3235\right) \cdot F \cdot m \cdot m \cdot m$$

$$EI \cdot f_{\text{p}} = 0{,}07846 \cdot F \cdot m^3$$

$$F = \frac{EI}{0{,}07846 \cdot m^3} \cdot f_{\text{p}}$$

Für das Flächenmoment 2. Grades der Platte gilt:

$$I = \frac{1}{12} \cdot l_{\text{eff,ini}} \cdot t_{\text{p}}^3$$

$$F = \frac{E \cdot 1{,}062 \cdot l_{\text{eff,ini}} \cdot t_{\text{p}}^3}{m^3} \cdot f_{\text{p}}$$

Die Federsteifigkeit k_{p} der Platte lautet damit:

$$k_{\text{p}} = \frac{E \cdot 1{,}062 \cdot l_{\text{eff,ini}} \cdot t_{\text{p}}^3}{m^3} \tag{3.45}$$

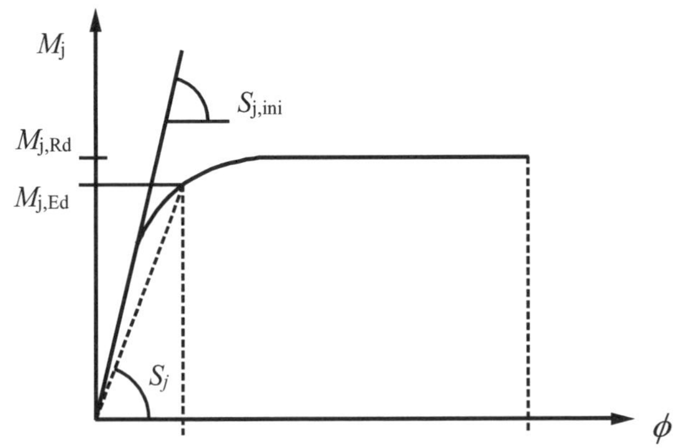

Abb. 3.33 Momenten-Rotations-Charakteristik für einen Anschluss

Die wirksame Länge $l_{eff,ini}$ gehört zu dem T-Stummel, der mit der Rotationssteifigkeit $S_{j,ini}$ des Anschlusses verknüpft ist. Der T-Stummel verhält sich näherungsweise elastisch, bis sich das erste Fließgelenk der Platte gebildet hat. Das erste Fließgelenk bildet sich an der Stelle 3.

$$M_3 = 0{,}3235 \cdot F_{el} \cdot m = \frac{1}{4} \cdot l_{eff,ini} \cdot t_p^3 \cdot f_y$$

$$F_{el} = 0{,}7728 \cdot \frac{l_{eff,ini} \cdot t_p^3 \cdot f_y}{m}$$

Die Kurve der Momenten-Rotations-Charakteristik des Anschlusses nach Abb. 3.33 wird im elastischen Bereich für $M_{j,Ed} \leq 2/3\ M_{j,Rd}$ durch die Anfangsrotationssteifigkeit $S_{j,ini}$ beschrieben. Für den Modus 1, der dieser Betrachtung nach [12] zugrunde gelegt wird, kann diese Kraft noch um den Faktor 1,5 erhöht werden, bis das vollständige Fließen der Platte eintritt.

$$F_{pl} = 1{,}159 \cdot \frac{l_{eff,ini} \cdot t_p^3 \cdot f_y}{m}$$

Nach Gleichung (3.5) und (3.4) erhält man die zugehörige Tragfähigkeit des T-Stummels.

$$F_{T,1,Rd} = \frac{4 \cdot M_{pl,1,Rd}}{m} = 4 \cdot \frac{1}{4} \cdot \frac{l_{eff,1} \cdot t_p^3 \cdot f_y}{m} = \frac{l_{eff,1} \cdot t_p^3 \cdot f_y}{m}$$

Aus dem Vergleich von F_{pl} mit $F_{T,1,Rd}$ folgt:

$$1{,}159 \cdot \frac{l_{eff,ini} \cdot t_p^3 \cdot f_y}{m} = \frac{l_{eff,1} \cdot t_p^3 \cdot f_y}{m}$$

$$l_{eff,ini} = 0{,}863 \cdot l_{eff,1} \qquad (3.46)$$

Die Federsteifigkeit k_p der Platte lautet damit:

$$k_p = \frac{E \cdot 1{,}062 \cdot l_{eff,ini} \cdot t_p^3}{m^3} = \frac{E \cdot 1{,}062 \cdot 0{,}863 \cdot l_{eff,1} \cdot t_p^3}{m^3}$$

$$k_p = \frac{E \cdot 0{,}916 \cdot l_{eff,1} \cdot t_p^3}{m^3} \tag{3.47}$$

Im EC 3 wird der Faktor vereinfacht in (1-8, Tabelle 6.11) mit 0,9 berücksichtigt. Im EC 3 ist eine andere Darstellung gewählt worden. Es werden die Bezeichnungen von (1-8, Tabelle 6.11) übernommen und die Steifigkeitskoeffizienten k_i der Grundkomponenten definiert, die den Elastizitätsmodul E nicht enthalten.

$$k_5 = \frac{0{,}9 \cdot l_{eff} \cdot t_p^3}{m^3} \tag{3.48}$$

Dabei ist:

l_{eff}	kleinste der wirksamen Längen (einzeln oder als Teil einer Schraubengruppe)
t_p	Dicke des Stirnbleches
m	s. Abb. 3.3 und Abb. 3.10

Ist der Modus 3 maßgebend, sind keine Abstützkräfte vorhanden. Es gilt dann das folgende System:

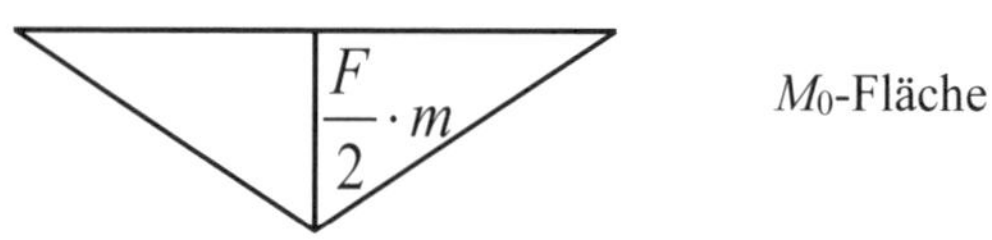

$$f_p = \frac{1}{48} \cdot \frac{F \cdot (2 \cdot m)^3}{EI} = \frac{1}{48} \cdot \frac{F \cdot (2 \cdot m)^3}{EI} = \frac{1}{6} \cdot \frac{F \cdot m^3}{EI} = 2 \cdot \frac{F \cdot m^3}{E \cdot l_{eff,ini} \cdot t_p^3}$$

$$F = \frac{E \cdot 0{,}5 \cdot l_{eff,ini} \cdot t_p^3}{m^3} \cdot f_p$$

Mit $l_{eff,ini} = l_{eff}$ erhält man:

$$k_5 = \frac{0{,}5 \cdot l_{eff} \cdot t_p^3}{m^3} \tag{3.49}$$

3.6.3 Schrauben auf Zug

Die Schraube ist ein Zugstab mit der Länge L_b. Es gilt die Beziehung:

$$N = \frac{E \cdot A_s}{L_b} \cdot f_s$$

Aus der Summe der Momente um den Koten 1 folgt die Normalkraft N in der Schraube:

$$N \cdot 1{,}25 \cdot m - \frac{F}{2} \cdot 2{,}25 \cdot m + 0{,}3235 \cdot F \cdot m = 0$$

$$N = 0{,}64 \cdot F$$

$$0{,}64 \cdot F = \frac{E \cdot A_s}{L_b} \cdot f_s$$

Es gilt:

$$F = 1{,}56 \cdot \frac{E \cdot A_s}{L_b} \cdot f_s = k_s \cdot f_s$$

Die Federsteifigkeit k_s der Schrauben des T-Stummels lautet damit:

$$k_s = 1{,}56 \cdot \frac{E \cdot A_s}{L_b} \tag{3.50}$$

Im EC 3 wird der Faktor vereinfacht in (1-8, Tabelle 6.11) mit 1,6 berücksichtigt. Liegt ein System ohne Abstützkräfte vor, erhält man:

$$k_s = 2{,}0 \cdot \frac{E \cdot A_s}{L_b} \tag{3.51}$$

Nach EC 3 gilt für vorgespannte oder nicht vorgespannte Schrauben:

$$k_{10} = 1{,}6 \cdot \frac{A_s}{L_b} \tag{3.52}$$

mit $L_b = l_k + 2 \cdot h + 0{,}5 \cdot (k + m)$ (3.53)

Dabei ist:

A_s	Spannungsquerschnitt der Schraube
l_k	Paketlänge der Bleche
h	Höhe der Unterlegscheibe
k	halbe Kopfhöhe der Schraube
m	halbe Mutternhöhe der Schraube

Vorschlag für vorgespannte Schraube, s. auch Abschnitt 1.3:

$$k_{10,p} = 10 \cdot \frac{A_s}{L_b} \tag{3.54}$$

3.6.4 Rotationsfeder

Die Rotationssteifigkeit $S_{j,ini}$ wird mit der Federsteifigkeit $k_{j,ini}$ nach Gleichung (3.44) und Gleichung (3.42) berechnet.

$$\frac{1}{k_{j,ini}} = \frac{1}{k_p} + \frac{1}{k_s} + \frac{1}{k_p}$$

$$S_{j,ini} = k_{j,ini} \cdot z^2$$

Im EC 3 ist eine andere Darstellung gewählt worden. Es werden die Bezeichnungen von (1-8, Tabelle 6.11) übernommen und die Steifigkeitskoeffizienten k_i der Grundkomponenten definiert, die den Elastizitätsmodul E nicht enthalten.

Stirnblech mit Biegebeanspruchung:

$$k_5 = \frac{0{,}9 \cdot l_{eff} \cdot t_p^3}{m^3} \tag{3.55}$$

$$k_p = E \cdot \frac{0{,}9 \cdot l_{eff} \cdot t_p^3}{m^3} = E \cdot k_5$$

Schrauben mit Zugbeanspruchung:

$$k_{10} = \frac{1{,}6 \cdot A_s}{L_b} \tag{3.56}$$

$$k_s = E \cdot \frac{1{,}6 \cdot A_s}{L_b} = E \cdot k_{10}$$

Anfangsrotationssteifigkeit $S_{j,ini}$:

$$S_{j,ini} = k_{j,ini} \cdot z^2 = \frac{z^2}{\frac{1}{k_{j,ini}}} = \frac{z^2}{\frac{1}{k_p} + \frac{1}{k_s} + \frac{1}{k_p}} = \frac{z^2}{\frac{1}{E \cdot k_5} + \frac{1}{E \cdot k_{10}} + \frac{1}{E \cdot k_5}} = \frac{E \cdot z^2}{\frac{1}{k_5} + \frac{1}{k_{10}} + \frac{1}{k_5}}$$

Allgemein gilt für die Anfangsrotationssteifigkeit $S_{j,ini}$ mit den Steifigkeitskoeffizienten k_i:

$$S_{j,ini} = \frac{E \cdot z^2}{\sum \frac{1}{k_i}} \tag{3.57}$$

Die Berechnung der Anfangsrotationssteifigkeit $S_{j,ini}$ erfolgt im Folgenden mit Gleichung (3.57).

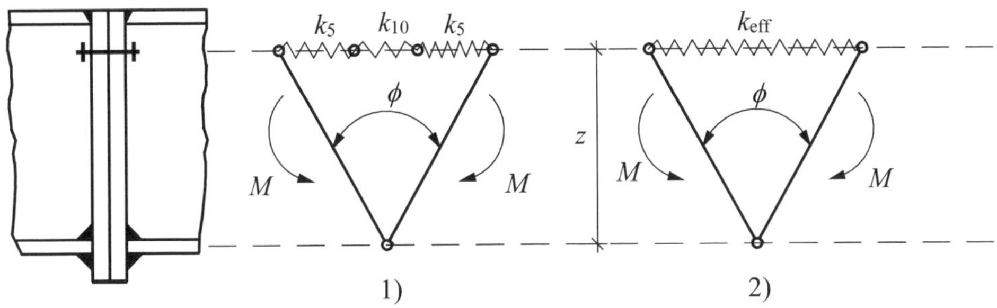

Abb. 3.34 Federmodell für einen Stirnplattenstoß mit einer Schraubenreihe

Berechnungsablauf für eine Schraubenreihe, s. Abb. 3.34:

1. $$k_5 = \frac{0{,}9 \cdot l_{\text{eff}} \cdot t_{\text{p}}^3}{m^3}$$

2. $$k_{10} = \frac{1{,}6 \cdot A_{\text{s}}}{L_{\text{b}}}$$

3. $$\sum \frac{1}{k_{\text{i}}} = \frac{1}{k_{\text{eff}}} = \frac{1}{k_5} + \frac{1}{k_{10}} + \frac{1}{k_5}$$

4. $$S_{\text{j,ini}} = \frac{E \cdot z^2}{\frac{1}{k_{\text{eff}}}} = E \cdot k_{\text{eff}} \cdot z^2$$

k_{eff} effektiver Steifigkeitskoeffizient

Bei dem Stirnplattenstoß mit überstehender Platte sind zwei unterschiedliche T-Stummel für die Schraubenreihe oberhalb und unterhalb des T-Stummels zu beachten. Diesen beiden Schraubenreihen sind zwei unterschiedliche Federn bzw. effektive Steifigkeitskoeffizienten k_{eff} zugeordnet. Da sich diese beiden Federn wie parallel geschaltete Federn verhalten, können diese zu einer äquivalenten Federkraft F_{eq} mit dem zugehörigen Hebelarm z_{eq} und Steifigkeitskoeffizienten k_{eq} zusammengefasst werden.

$$F_{\text{eq}} = k_{\text{eq}} \cdot f_{\text{eq}}$$

Die Anfangsrotationssteifigkeit $S_{\text{j,ini}}$ eines Stirnplattenstoßes mit überstehender Stirnplatte kann wie folgt nach Abb. 3.35 bestimmt werden:

h_{r} Abstand der Schraubenreihe r vom Druckpunkt

r Nummer der Schraubenreihe

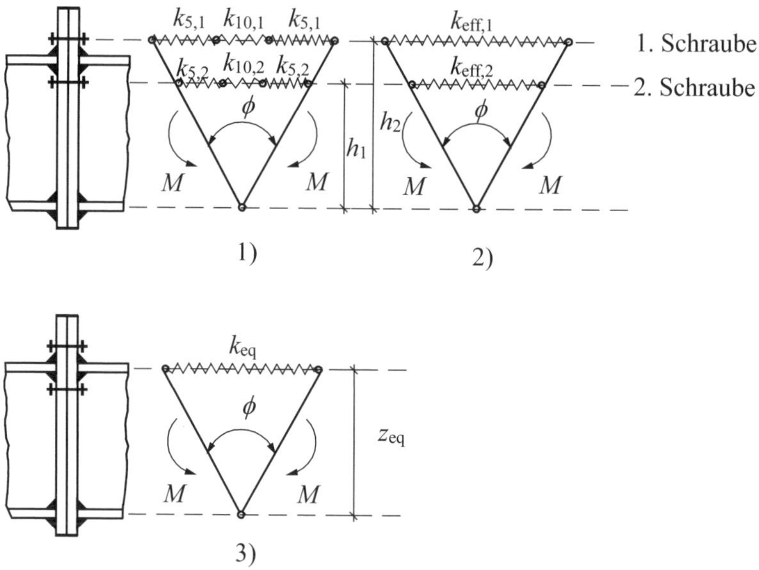

Abb. 3.35 Federmodell für einen Stirnplattenstoß mit zwei Schraubenreihen

1. Effektiver Steifigkeitskoeffizient $k_{eff,r}$ der Schraubenreihen r (1-8, (6.30))
Bei den Steifigkeitskoeffizienten k_5 und k_{10} handelt es sich um hintereinander geschaltete Federn.

$$\frac{1}{k_{eff,r}} = \frac{1}{\sum_r k_{eff,r}} \tag{3.58}$$

$$\frac{1}{k_{eff,1}} = \frac{1}{k_{5,1}} + \frac{1}{k_{5,1}} + \frac{1}{k_{10,1}} \tag{3.59}$$

$$\frac{1}{k_{eff,2}} = \frac{1}{k_{5,2}} + \frac{1}{k_{5,2}} + \frac{1}{k_{10,2}} \tag{3.60}$$

2. Äquivalenter Steifigkeitskoeffizient k_{eq} der Schraubenreihen r (1-8, (6.29) und (6.31))
Bei den Steifigkeitskoeffizienten $k_{eff,1}$ und $k_{eff,2}$ handelt es sich um die Steifigkeitskoeffizienten parallel geschalteter Federn.
Der äquivalente Hebelarm z_{eq} für die Rotationssteifigkeit lautet:

$$z_{eq} = \frac{k_{eff,1} \cdot h_1^2 + k_{eff,2} \cdot h_2^2}{k_{eff,1} \cdot h_1 + k_{eff,2} \cdot h_2} = \frac{\sum_r k_{eff,r} \cdot h_r^2}{\sum_r k_{eff,r} \cdot h_r} \tag{3.61}$$

$$k_{\mathrm{eq}} = \frac{k_{\mathrm{eff},1} \cdot h_1 + k_{\mathrm{eff},2} \cdot h_2}{z_{\mathrm{eq}}} = \frac{\sum_{\mathrm{r}} k_{\mathrm{eff,r}} \cdot h_{\mathrm{r}}}{z_{\mathrm{eq}}} \tag{3.62}$$

3. Anfangsrotationssteifigkeitskoeffizient $S_{\mathrm{j,ini}}$ (1-8,(6.27))

$$S_{\mathrm{j,ini}} = \frac{E \cdot z_{\mathrm{eq}}^2}{\dfrac{1}{k_{\mathrm{eq}}}} \tag{3.63}$$

In dieser Formulierung ist die Anfangsrotationssteifigkeit $S_{\mathrm{j,ini}}$ insbesondere für Rahmenecken erforderlich. Für Stirnplattenstöße kann man folgende Vereinfachung vornehmen:

$$S_{\mathrm{j,ini}} = E \cdot \left(k_{\mathrm{eff},1} \cdot h_1^2 + k_{\mathrm{eff},2} \cdot h_2^2 \right) = E \cdot \sum_{\mathrm{r}} k_{\mathrm{eff,r}} \cdot h_{\mathrm{r}}^2 \tag{3.64}$$

Die Gleichungen (3.61) und (3.62) folgen aus den Gleichgewichtsbedingungen. Aus der Summe der Kräfte nach Abb. 3.23 folgt:

$$F_{\mathrm{eq}} = F_1 + F_2$$
$$k_{\mathrm{eq}} \cdot z_{\mathrm{eq}} \cdot \phi = k_{\mathrm{eff},1} \cdot h_1 \cdot \phi + k_{\mathrm{eff},2} \cdot h_2 \cdot \phi$$
$$k_{\mathrm{eq}} \cdot z_{\mathrm{eq}} \cdot \phi = k_{\mathrm{eff},1} \cdot h_1 \cdot \phi + k_{\mathrm{eff},2} \cdot h_2 \cdot \phi$$
$$k_{\mathrm{eq}} = \frac{k_{\mathrm{eff},1} \cdot h_1 + k_{\mathrm{eff},2} \cdot h_2}{z_{\mathrm{eq}}}$$

Aus der Summe der Momente nach Abb. 3.23 folgt:

$$M = F_{\mathrm{eq}} \cdot z_{\mathrm{eq}} = F_1 \cdot h_1 + F_2 \cdot h_2$$
$$F_{\mathrm{eq}} \cdot z_{\mathrm{eq}} = k_{\mathrm{eff},1} \cdot h_1 \cdot \phi \cdot h_1 + k_{\mathrm{eff},2} \cdot h_2 \cdot \phi \cdot h_2$$
$$\left(k_{\mathrm{eff},1} \cdot h_1 \cdot \phi + k_{\mathrm{eff},2} \cdot h_2 \cdot \phi \right) \cdot z_{\mathrm{eq}} = k_{\mathrm{eff},1} \cdot h_1 \cdot \phi \cdot h_1 + k_{\mathrm{eff},2} \cdot h_2 \cdot \phi \cdot h_2$$
$$z_{\mathrm{eq}} = \frac{k_{\mathrm{eff},1} \cdot h_1^2 + k_{\mathrm{eff},2} \cdot h_2^2}{k_{\mathrm{eff},1} \cdot h_1 + k_{\mathrm{eff},2} \cdot h_2}$$

Die Anfangsrotationssteifigkeit $S_{\mathrm{j,ini}}$ für Biegung um die schwache Achse kann in analoger Weise erfolgen, siehe Beispiel 3.8.5 und 7.7.2.

3.6.5 Trägerstoß mit überstehender Stirnplatte

HEA 280 mit t_p = 20 mm und M 20-10.9, Kategorie D
Das Beispiel wird fortgesetzt und der Berechnungsgang der Anfangsrotationssteifigkeit $S_{j,ini}$ ausführlich dargestellt. Die untere Schraubenreihe in der Nähe des Druckflansches unberücksichtigt, da der Anteil gering. ist Es ist deshalb auch keine Schraubengruppe vorhanden.

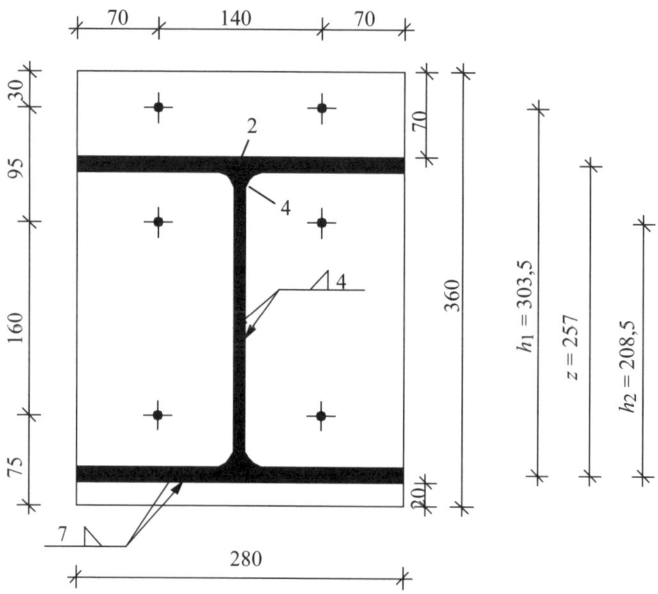

Abb. 3.36 Stirnplattenstoß für HEA 280 mit überstehender Platte

Berechnung der Anfangsrotationssteifigkeit ohne Vorspannung
Die Berechnung der Anfangsrotationssteifigkeit erfolgt hier für positive Biegemomente.

Steifigkeitskoeffizienten für Grundkomponenten (1-8, Tabelle 6.11)

1. Stirnplatte mit Biegebeanspruchung
Der Steifigkeitskoeffizient ist zu berücksichtigen, wenn in einer Verbindung eine Schraubenreihe mit Zug auftritt.

$$k_5 = \frac{0{,}9 \cdot l_{eff} \cdot t_p^3}{m^3}$$

l_{eff} kleinste der wirksamen Längen (einzeln oder als Teil einer Schraubengruppe)

1. Schraubenreihe $l_{eff} = l_{eff,1} = 140$ mm $m = m_x = 32{,}1$ mm

$$k_{5,1} = \frac{0{,}9 \cdot l_{eff} \cdot t_p^3}{m^3} = \frac{0{,}9 \cdot 14{,}0 \cdot 2{,}0^3}{3{,}21^3} = 3{,}05 \text{ cm}$$

2. Schraubenreihe $l_{eff} = l_{eff,1} = 386$ mm $m = 61{,}5$ mm

$$k_{5,2} = \frac{0{,}9 \cdot l_{\text{eff}} \cdot t_{\text{p}}^3}{m^3} = \frac{0{,}9 \cdot 38{,}6 \cdot 2{,}0^3}{6{,}15^3} = 1{,}19 \text{ cm}$$

2. Schraube mit Zugbeanspruchung

Der Steifigkeitskoeffizient ist zu berücksichtigen, wenn in einer Verbindung eine Schraubenreihe mit Zug auftritt.

$$k_{10} = 1{,}6 \cdot \frac{A_{\text{s}}}{L_{\text{b}}}$$

1. Schraubenreihe $L_{\text{b}} = 6{,}25$ cm $A_{\text{s}} = 2{,}45$ cm²

$$k_{10,1} = 1{,}6 \cdot \frac{A_{\text{s}}}{L_{\text{b}}} = 1{,}6 \cdot \frac{2{,}45}{6{,}25} = 0{,}627 \text{ cm}$$

2. Schraubenreihe $L_{\text{b}} = 6{,}25$ cm $A_{\text{s}} = 2{,}45$ cm²

$$k_{10,2} = 1{,}6 \cdot \frac{A_{\text{s}}}{L_{\text{b}}} = 1{,}6 \cdot \frac{2{,}45}{6{,}25} = 0{,}627 \text{ cm}$$

3. Effektiver Steifigkeitskoeffizient $k_{\text{eff,r}}$ der Schraubenreihen r (1-8, (6.30))

Bei den Steifigkeitskoeffizienten k_5 und k_{10} handelt es sich um hintereinander geschaltete Federn.

$$\frac{1}{k_{\text{eff,1}}} = \frac{1}{k_{5,1}} + \frac{1}{k_{5,1}} + \frac{1}{k_{10,1}}$$

$$\frac{1}{k_{\text{eff,1}}} = \frac{1}{3{,}05} + \frac{1}{3{,}05} + \frac{1}{0{,}627} \rightarrow k_{\text{eff,1}} = 0{,}444 \text{ cm}$$

$$\frac{1}{k_{\text{eff,2}}} = \frac{1}{k_{5,2}} + \frac{1}{k_{5,2}} + \frac{1}{k_{10,2}}$$

$$\frac{1}{k_{\text{eff,2}}} = \frac{1}{1{,}19} + \frac{1}{1{,}19} + \frac{1}{0{,}627} \rightarrow k_{\text{eff,2}} = 0{,}305 \text{ cm}$$

4. Äquivalenter Steifigkeitskoeffizient k_{eq} der Schraubenreihen r (1-8, (6.29) und (6.31))

Bei den Steifigkeitskoeffizienten $k_{\text{eff,1}}$ und $k_{\text{eff,2}}$ handelt es sich um parallel geschaltete Federn.

Der äquivalente Hebelarm z_{eq} für die Rotationssteifigkeit lautet:

$$z_{\text{eq}} = \frac{k_{\text{eff,1}} \cdot h_1^2 + k_{\text{eff,2}} \cdot h_2^2}{k_{\text{eff,1}} \cdot h_1 + k_{\text{eff,2}} \cdot h_2} = \frac{0{,}444 \cdot 30{,}35^2 + 0{,}305 \cdot 20{,}85^2}{0{,}444 \cdot 30{,}35 + 0{,}305 \cdot 20{,}85} = 27{,}3 \text{ cm}$$

$$k_{\text{eq}} = \frac{k_{\text{eff,1}} \cdot h_1 + k_{\text{eff,2}} \cdot h_2}{z_{\text{eq}}} = \frac{0{,}444 \cdot 30{,}35 + 0{,}305 \cdot 20{,}85}{27{,}3} = 0{,}727 \text{ cm}$$

5. Anfangsrotationssteifigkeit $S_{\text{j,ini}}$ (1-8,(6.27))

$$S_{\text{j,ini}} = \frac{E \cdot z_{\text{eq}}^2}{\frac{1}{k_{\text{eq}}}} = \frac{21000 \cdot 27{,}3^2 \cdot 10^{-2}}{\frac{1}{0{,}727}} = 113\ 780 \text{ kNm/rad}$$

Vereinfachte Berechnung:

$$S_{\text{j,ini}} = E \cdot \left(k_{\text{eff,1}} \cdot h_1^2 + k_{\text{eff,2}} \cdot h_2^2\right) = 21000 \cdot \left(0{,}444 \cdot 30{,}35^2 + 0{,}305 \cdot 20{,}85^2\right) \cdot 10^{-2}$$

$$S_{\text{j,ini}} = 113\ 730 \text{ kNm/rad}$$

3.7 Allgemeine Beanspruchung

3.7.1 Allgemeines

Wird der Anschluss kontrolliert vorgespannt (Kategorie E), kann damit gerechnet werden, dass Abstützkräfte auftreten. Die Berechnung erfolgt mit der Grenzvorspannung $F_{p,C,Rd}$, wenn die kontrollierte Vorspannung sicherheitsrelevant ist.
Treten keine Abstützkräfte auf, ist die Zugtragfähigkeit $F_{T,Rd}$ eines T-Stummelflansches als der kleinste Wert der 4 möglichen Versagensarten festzulegen.
Es kann auch auf der sicheren Seite angenommen werden, dass keine Abstützkräfte auftreten.

3.7.2 Normalkraft

Bei der Normalkraft ist zu unterscheiden, ob es sich in dem Stirnplattenstoß um eine Druckkraft oder eine Zugkraft handelt. Bei reinen Zugkräften ist die Normalkrafttragfähigkeit $N_{j,Rd}$ des Anschlusses zu ermitteln.
Die Berechnung erfolgt wie bei der Biegebeanspruchung mit dem äquivalenten T-Stummel mit 2 Schrauben nach Abschnitt 3.2.2. Neben dem Nachweis der Schweißnähte ist nachzuweisen, dass die Schrauben des Querschnittes nicht versagen. Für eine Schraube gilt:

$$T_{Ed} = \frac{N_{Ed}}{n} \tag{3.65}$$

$$\frac{T_{Ed}}{F_{t,Rd}} \leq 1 \tag{3.66}$$

N_{Ed} einwirkende Normalkraft
n Anzahl der Schrauben
$F_{t,Rd}$ Grenzzugkraft
Für jede Schraubenreihe ist nachzuweisen, dass die Grenztragfähigkeit $F_{tr,Rd}$ der Schraubenreihe größer ist als die zugehörigen einwirkenden Schraubenkräfte.
Für den T-Stummel gilt mit 2 Schrauben in einer Reihe:

$$\frac{2 \cdot T_{Ed}}{F_{tr,Rd}} \leq 1 \tag{3.67}$$

Ein entsprechender Nachweis ist auch für eine vorhandene Schraubengruppe zu führen, siehe Beispiel 3.7.3. Der Nachweis kann auch mit der Normalkrafttragfähigkeit $N_{j,Rd}$ des Anschlusses geführt werden:

$$\frac{N_{\mathrm{Ed}}}{N_{\mathrm{j,Rd}}} \leq 1 \text{ mit } N_{\mathrm{j,Rd}} = \sum_{r} F_{\mathrm{tr,Rd}} \quad (3.68)$$

Bei einfachsymmetrischen Querschnitten ist darauf zu achten, dass der Schwerpunkt des Bauteilquerschnittes mit dem Schwerpunkt des Punktequerschnittes der Schrauben nahezu übereinstimmt.

3.7.3 Biegung und Normalkraft

Es werden hier I- und H-Querschnitte nach Abb. 3.37 mit Stirnplattenstößen mit 2 Schrauben in einer Reihe besprochen. Zunächst wird die Normalkraft und Biegung um die starke Achse behandelt.

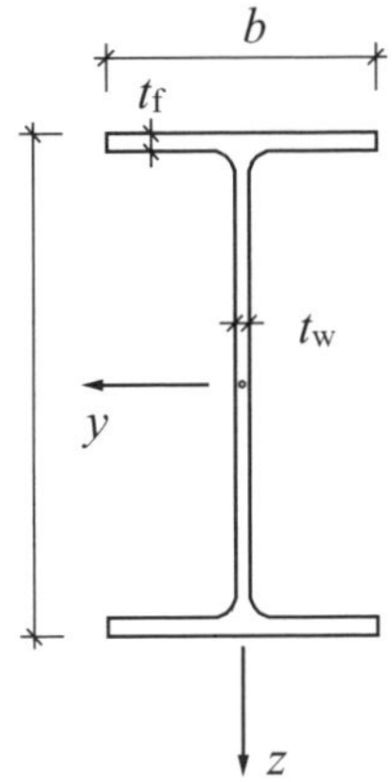

Abb. 3.37 I- und H-Querschnitte

Als konservative Näherung darf bei Biegung und Normalkraft nach (1-8, Gleichung (6.24)) die lineare Interaktion benutzt werden:

$$\frac{M_{\mathrm{y,Ed}}}{M_{\mathrm{y,j,Rd}}} + \frac{N_{\mathrm{Ed}}}{N_{\mathrm{j,Rd}}} \leq 1{,}0 \quad (3.69)$$

Dabei ist

$M_{y,j,Rd}$ Momententragfähigkeit des Anschlusses nach 3.2

$N_{j,Rd}$ Normalkrafttragfähigkeit des Anschlusses nach 3.6.1

Ist die Normalkraft eine Druckkraft, ist für die Normalkrafttragfähigkeit die Grenznormalkraft $N_{pl,Rd}$ zu berücksichtigen. Dieser Nachweis gilt nur für symmetrisch ausgeführte Stirnplattenstöße.

Für den allgemeinen Nachweis ist die einwirkende Zugkraft $F_{t,Ed}$ aus Biegung und Normalkraft im Zugpunkt und die einwirkende Druckkraft $F_{c,Ed}$ im Druckpunkt zu berechnen. Das Gleichgewicht lautet, s. Abb. 3.38:

$$M_{\mathrm{y,Ed}} + N_{\mathrm{Ed}} \cdot z_{\mathrm{N}} - F_{\mathrm{t,Ed}} \cdot z_{\mathrm{eq}} = 0$$

$$F_{t,Ed} = \frac{M_{y,Ed}}{z_{eq}} + N_{Ed} \cdot \frac{z_N}{z_{eq}} \tag{3.70}$$

$$F_{c,Ed} = F_{t,Ed} - N_{Ed} \tag{3.71}$$

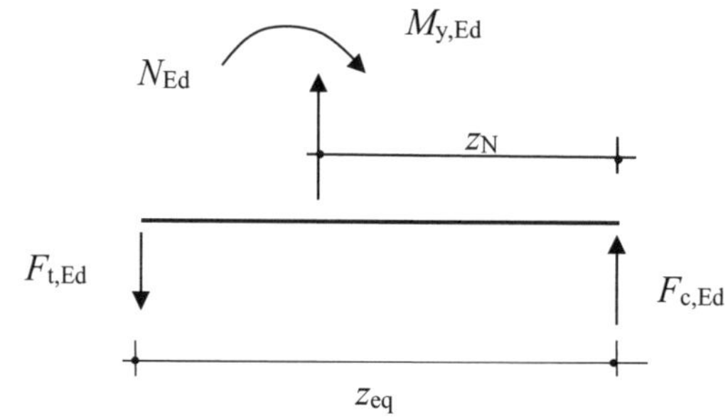

Abb. 3.38 Genauerer Nachweis bei Biegung und Normalkraft

Der Nachweis am Zugpunkt und dem Druckgurt lautet dann:

$$\frac{F_{t,Ed}}{\sum_r F_{tr,Rd}} \le 1 \tag{3.72}$$

$$\frac{F_{c,Ed}}{F_{c,Rd}} \le 1 \quad \text{mit } F_{c,Rd} = A_f \cdot \sigma_{Rd} \tag{3.73}$$

3.7.4 Zweiachsige Biegung und Normalkraft

Es werden hier I- und H-Querschnitte mit Stirnplattenstößen mit 2 Schrauben in einer Reihe besprochen. Zunächst werden doppeltsymmetrische Punktequerschnitte behandelt. Die lineare Interaktion für einachsige Biegung und Normalkraft nach (1-8, Gleichung (6.24)) wird um das Biegemoment $M_{z,Ed}$ erweitert. Dieser Nachweis gilt nur für symmetrisch ausgeführte Stirnplattenstöße, s. Abb. 3.39.

$$\frac{M_{y,Ed}}{M_{y,j,Rd}} + \frac{N_{Ed}}{N_{j,Rd}} + \frac{M_{z,Ed}}{M_{z,j,Rd}} \le 1,0 \tag{3.74}$$

Dabei ist

$$M_{y,j,Rd} = \sum_r h_r \cdot F_{tr,Rd} \le M_{y,pl,Rd} \tag{3.75}$$

$$N_{j,Rd} = \sum_r F_{tr,Rd} \le N_{pl,Rd} \tag{3.76}$$

$$M_{z,j,Rd} = \sum_r y \cdot \frac{F_{tr,Rd}}{2} \le M_{z,pl,Rd} \tag{3.77}$$

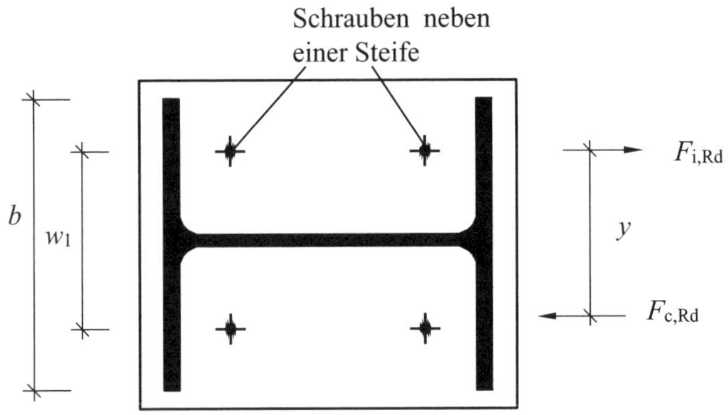

Abb. 3.39 Doppeltsymmetrischer Punktequerschnitt des Stirnplattenanschlusses

Es sind die wirksamen Längen nach Abschnitt 3.2.3 zu beachten. Da für den T-Stummel bei dem Biegemoment M_z die Gegenseite fehlt, darf nur $0{,}5 \cdot F_{tr,Rd}$ angesetzt werden. Man kann hier zum Verständnis auch das Modell nach Abb. 3.10 anwenden.
Die Momententragfähigkeit $M_{z,j,Rd}$ des Anschlusses ist im EC 3 nicht definiert.

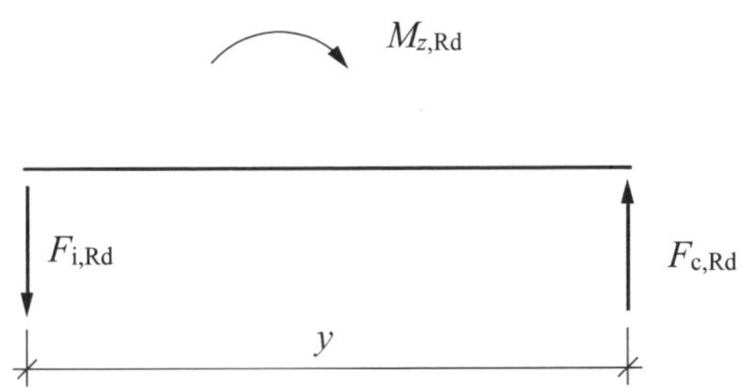

Deshalb wird vorgeschlagen, als Hebelarm für den Druckpunkt den Abstand zwischen der Schraube und der Mitte der Flanschhälfte zu wählen.

$$y = \frac{w_1}{2} + \frac{b}{4} \tag{3.78}$$

Für die Momententragfähigkeit $M_{z,j,Rd}$ des Anschlusses ist zu beachten, dass die zugehörige Grenztragfähigkeit nicht überschritten wird.
Für die bündige Platte gilt:

$$M_{z,j,Rd} = \sum_r y \cdot \frac{F_{i,Rd}}{2} = 2 \cdot y \cdot \frac{F_{i,Rd}}{2} = y \cdot F_{i,Rd} \le M_{z,pl,Rd} \tag{3.79}$$

Der Nachweis nach Gleichung (3.74) ist für die maximale Zugbeanspruchung bzw. Druckbeanspruchung des Flansches der bündigen Platte zu führen, s. Beispiel 3.8.5.

Nachweis mit Teilschnittgrößen der Flansche

Bei einfachsymmetrischen Punktequerschnitten von Stirnplattenstößen mit überstehenden Platten nach Abb. 3.40 wird vorgeschlagen, aus den Schnittgrößen N_{Ed}, $M_{y,Ed}$ und $M_{z,Ed}$ die Teilschnittgrößen $N_{f,Ed}$ und $M_{f,Ed}$ der beiden Flansche zu berechnen und jeden Flansch getrennt nachzuweisen. Für N_{Ed} und $M_{y,Ed}$ sind im Zugbereich unterschiedliche Grenztragfähigkeiten der Schraubenreihen zu berücksichtigen. Die Berechnung ist in den Beispielen erläutert. Die Berechnung mit Teilschnittgrößen kann selbstverständlich auch für die bündige Platte angewendet werden. Insbesondere ist der Nachweis mit Teilschnittgrößen allgemeingültig und für eine Programmierung besonders geeignet, s. [25]. Der Nachweis mit Teilschnittgrößen wird bevorzugt in den Beispielen behandelt.

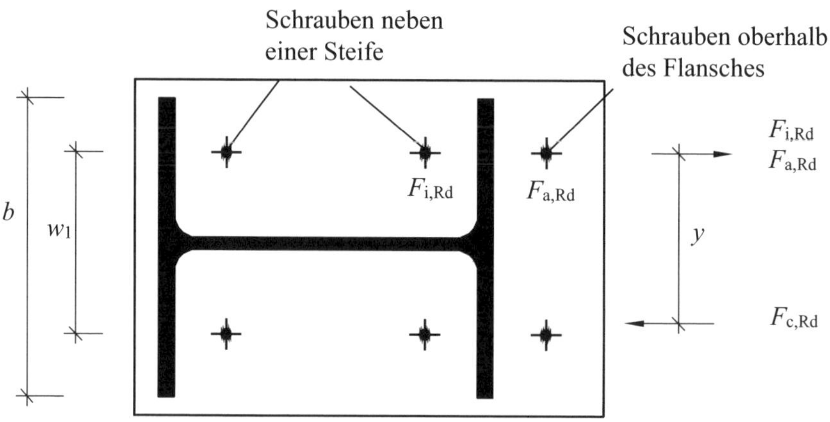

Abb. 3.40 Einfachsymmetrischer Punktequerschnitt des Stirnplattenanschlusses

$$N_{f,N,Ed} = \frac{N_{Ed}}{2} \tag{3.80}$$

$$N_{f,My,Ed} = \pm \frac{M_{y,Ed}}{h_f} \tag{3.81}$$

$$M_{f,Mz,Ed} = \frac{M_{z,Ed}}{2} \tag{3.82}$$

$$\frac{N_{f,My,Ed}}{N_{f,1+2,My,j,Rd}} + \frac{N_{f,N,Ed}}{N_{f,1+2,N,j,Rd}} + \frac{M_{f,Mz,Ed}}{M_{f,a+i,Mz,j,Rd}} \leq 1{,}0 \tag{3.83}$$

Für die Tragfähigkeit des Anschlusses ist auch zu beachten, dass die zugehörige Druckkraft nicht überschritten wird. Bei dem Nachweis nach Gleichung (3.83) ist das Vorzeichen zu beachten, s. Beispiel 3.8.5. Es ist stets zu prüfen, ob der Flansch im Zugbereich oder im Druckbereich liegt. Deshalb ist es notwendig, die Spannungen in den Eckpunkten des I- und H-Querschnittes zu berechnen.

Flansch mit im Zugbereich:
Für $M_{y,Ed}$ gilt:

$$N_{f,pl,Rd} = A_f \cdot \sigma_{Rd} \tag{3.84}$$

$$N_{f,My,j,Rd} = N_{f,1+2,My,j,Rd} = \frac{M_{y,j,Rd}}{h_f} \tag{3.85}$$

$$N_{f,1+2,My,j,Rd} \leq N_{f,pl,Rd} = A_f \cdot \sigma_{Rd} \tag{3.86}$$

Für N_{Ed} gilt:

$$N_{f,1+2,N,j,Rd} = F_{1,Rd} + F_{2,Rd} \tag{3.87}$$

$$N_{f,1+2,N,j,Rd} \leq N_{f,pl,Rd} = A_f \cdot \sigma_{Rd} \tag{3.88}$$

Für $M_{z,Ed}$ gilt:

$$M_{f,Mz,j,Rd} = \frac{1}{4} \cdot t_f \cdot b^2 \cdot \sigma_{Rd}$$

$$M_{f,a+i,Mz,j,Rd} == \frac{1}{2} \cdot y \cdot \left(F_{a,Rd} + F_{i,Rd}\right) \leq M_{f,Mz,j,Rd} \tag{3.89}$$

Flansch im Druckbereich:
Für $M_{y,Ed}$ gilt:

$$N_{f,pl,Rd} = A_f \cdot \sigma_{Rd} \tag{3.90}$$

Für N_{Ed} gilt:

$$N_{f,pl,Rd} = A_f \cdot \sigma_{Rd} \tag{3.91}$$

Für $M_{z,Ed}$ gilt:

$$M_{f,Mz,j,Rd} = \frac{1}{4} \cdot t_f \cdot b^2 \cdot \sigma_{Rd} \tag{3.92}$$

Die Schrauben neben einer Steife sind als Schraubengruppe nicht zu berücksichtigen, wenn ein Flansch des Querschnittes im Druckbereich ist.

3.7.5 Grenzspannungsmodell des Anschlusses

Das folgende Berechnungsmodell gilt für ein Biegemoment M_y, wobei zusätzliche Beanspruchungen N und M_z zu berücksichtigen sind. Voraussetzung ist, dass durch diese Beanspruchungen in einem Flansch nur Druckspannungen auftreten. Es kann insbesondere angewendet werden, wenn die Momententragfähigkeit $M_{j,Rd}$ des Anschlusses für das Biegemoment M_y, z. B. aus Tabellen-werken, bekannt ist. Das Grenzspannungsmodell geht von einer maximalen Tragfähigkeit der einzelnen Flansche des Querschnittes aus. Die Tragfähigkeit des Steges soll nicht berücksichtigt werden. Der Biegestab selbst überschreitet an keiner Stelle die Grenzspannung σ_{Rd}. Der Bemessungswert der Momententragfähigkeit des Anschlusses wird folgendermaßen bezeichnet, s. Abb. 3.41:

$M_{j,1,Rd}$ Momententragfähigkeit der überstehenden Platte
$M_{j,2,Rd}$ Momententragfähigkeit der bündigen Platte

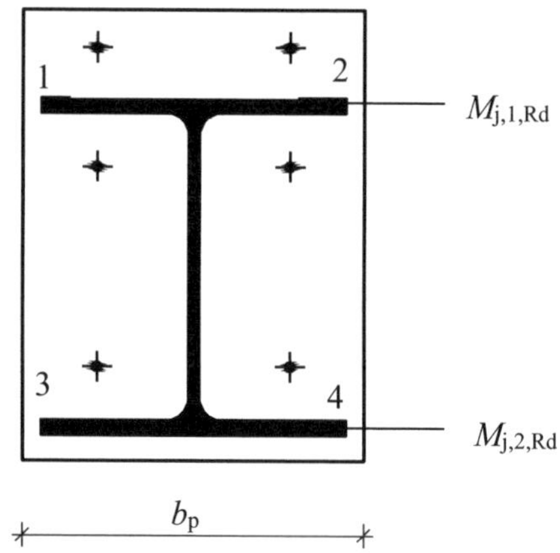

Abb. 3.41 Sandwichquerschnitt für Normalkraft und zweiachsige Biegung

Aus diesen Bemessungswerten der Momententragfähigkeit des Anschlusses, die aus Tragfähigkeitstabellen entnommen werden können, kann eine zugehörige Grenzzugspannung $\sigma_{j,1,Rd}$ bzw. $\sigma_{j,2,Rd}$ des Anschlusses im Zugbereich für den Flansch des Querschnittes berechnet werden. Diese ist auf die Flanschmitte des Querschnittes zu beziehen. Die Berechnung der Grenzzugspannung ergibt:

$$\sigma_{j,1,Rd} = \frac{M_{j,1,Rd}}{A_f \cdot h_f} \leq \sigma_{Rd} \quad \text{für die überstehende Platte} \qquad (3.93)$$

$$\sigma_{j,2,Rd} = \frac{M_{j,2,Rd}}{A_f \cdot h_f} \leq \sigma_{Rd} \quad \text{für die bündige Platte} \qquad (3.94)$$

mit $A_f = t_f \cdot b \qquad h_f = h - t_f$

Die Beanspruchungen aus Normalkraft und zweiachsiger Biegung sind in diesem Fall auf den Sandwichquerschnitt zu beziehen. Es ist stets das Vorzeichen zu berücksichtigen.

Sandwichquerschnitt:

$$\sigma_{j,i,Ed} = \frac{N}{A} + \frac{M_{y,Ed}}{I_y} \cdot z - \frac{M_{z,Ed}}{I_z} \cdot y \qquad (3.95)$$

Es gilt:

$$A = 2 \cdot A_f \qquad I_y = \frac{1}{2} \cdot A_f \cdot h_f^2 \qquad I_z = \frac{1}{6} \cdot t_f \cdot b^3 \qquad y = \pm\frac{b}{2} \qquad z = \pm\frac{h_f}{2}$$

Der Nachweis ist für den bündigen und überstehenden Teil des Querschnittes im Zugbereich zu führen.

$$\frac{\sigma_{j,i,Ed}}{\sigma_{j,1,Rd}} \leq 1 \text{ bzw. } \frac{\sigma_{j,i,Ed}}{\sigma_{j,2,Rd}} \leq 1 \tag{3.96}$$

Der Nachweis im Druckbereich ist erfüllt, wenn der Biegestab an keiner Stelle die Grenzdruckspannung σ_{Rd} überschreitet.
Treten in beiden Flanschen Zugspannungen auf, was bei kleinen Biegemomenten M_y oder Beanspruchungen allein aus der Normalkraft N und dem Biegemoment M_z der Fall ist, dann sind die Grenzspannungen $\sigma_{j,1,Rd}$ und $\sigma_{j,2,Rd}$ mit dem Faktor 0,9 abzumindern. Damit wird näherungsweise die Schraubengruppe in Abb. 3.18 und Abb. 3.20 berücksichtigt, die für die Beanspruchungen aus N und M_z zwischen den Steifen erforderlich ist.

3.8 Beispiele mit 2 Schrauben in einer Reihe

3.8.1 Bündige Platte mit Biegung

IPE 360 mit t_p = 35 mm und M 24-10.9, Kategorie D

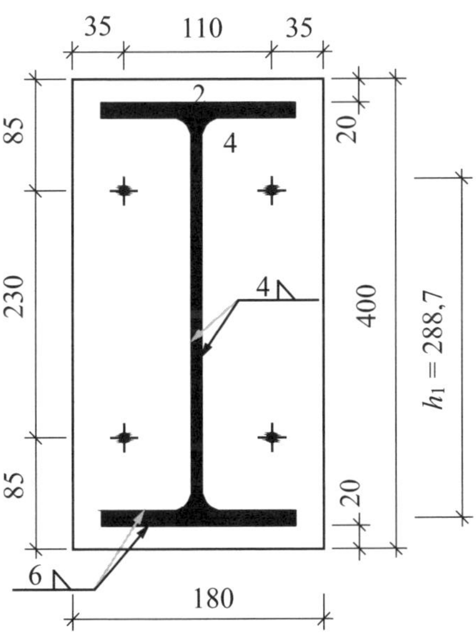

Abb. 3.42 Stirnplattenstoß für IPE 360 mit bündiger Platte

Stahlgüte der Stirnplatte: S 235 $f_{y,p} = 23,5$ kN/cm^2

Stahlgüte des Trägers: S 235 $f_{y,b} = 23,5$ kN/cm^2

Teilsicherheitsbeiwert: $\gamma_{M0} = 1,00$

Dicke der Stirnplatte: $t_{\mathrm{p}} = 35$ mm

Schrauben: M 24-10.9-D $d_0 = 26$ mm $F_{\mathrm{t,Rd}} = 254$ kN $A_{\mathrm{s}} = 3{,}53$ cm^2

Schrauben: M 24-10.9-E $F_{\mathrm{p,Cd}} = 225$ kN

Profil: IPE 360 $h = 360$ mm $t_{\mathrm{f}} = 12{,}7$ mm $t_{\mathrm{w}} = 8$ mm $b = 170$ mm

$$M_{\mathrm{pl,y,Rd}} = W_{\mathrm{pl,y}} \cdot \sigma_{\mathrm{Rd}} = 1019 \cdot 23{,}5 / 100 = 239 \text{ kNm}$$

$$L_{\mathrm{b}} = l_{\mathrm{k}} + 2 \cdot h + 0{,}5 \cdot (k + m) = 2 \cdot 3{,}5 + 2 \cdot 0{,}4 + 0{,}5 \cdot (1{,}5 + 1{,}9) = 9{,}50 \text{ cm}$$

Schweißnahtdicke: $a_{\mathrm{f}} = 6$ mm; $a_{\mathrm{w}} = 4$ mm

Beanspruchbarkeit der Schweißnaht nach dem richtungsbezogenen Verfahren:

$$\sigma_{1,\mathrm{w,Ed}} = \sqrt{2 \cdot \sigma_{\mathrm{w}}^2 + 3 \cdot \tau_{\|}^2} \le f_{1,\mathrm{w,Rd}} = \frac{f_{\mathrm{u}}}{\beta_{\mathrm{w}} \cdot \gamma_{\mathrm{M2}}} = \frac{36}{0{,}8 \cdot 1{,}25} = 36{,}0 \text{ kN/cm}^2$$

$$\sigma_{\mathrm{w,Ed}} \le \frac{f_{\mathrm{u}}}{\sqrt{2} \cdot \beta_{\mathrm{w}} \cdot \gamma_{\mathrm{M2}}} = \frac{36}{\sqrt{2} \cdot 0{,}8 \cdot 1{,}25} = 25{,}5 \text{ kN/cm}^2$$

Berechnung der Momententragfähigkeit–Kategorie D

a) Tragfähigkeit in der Zugzone

1. Schraubenreihe in der Zugzone für M_{y}

1.1 Stirnblech mit Biegung

Schraubenreihe neben einer Steife. Wirksame Länge des T-Stummels Nr.4 nach Tabelle 3.1:

$$m = \frac{110}{2} - \frac{8}{2} - 0{,}8 \cdot 4 \cdot \sqrt{2} = 46{,}5 \text{ mm}$$

$$e = 35 \text{ mm} \qquad n = e_{\min} = 35 \text{ mm}$$

$$m_2 = 85 - 20 - 12{,}7 - 0{,}8 \cdot 6 \cdot \sqrt{2} = 45{,}5 \text{ mm}$$

$$\lambda_1 = \frac{m}{m+e} = \frac{46{,}5}{46{,}5+35} = 0{,}57 \qquad \lambda_2 = \frac{m_2}{m+e} = \frac{45{,}5}{46{,}5+35} = 0{,}56$$

$\alpha = 5{,}22$ nach Gleichung (3.25)

$$l_{\mathrm{eff,cp}} = l_{4,\mathrm{cp}} = 2 \cdot \pi \cdot m = 2 \cdot \pi \cdot 46{,}5 = 292 \text{ mm}$$

$$l_{\mathrm{eff,nc}} = l_{4,\mathrm{nc}} = \alpha \cdot m = 5{,}22 \cdot 46{,}5 = 243 \text{ mm}$$

Modus 1: $l_{\mathrm{eff,1}} = l_{\mathrm{eff,nc}} \le l_{\mathrm{eff,cp}} = 243$ mm

Modus 2: $l_{\mathrm{eff,2}} = l_{\mathrm{eff,nc}} = 243$ mm

Grenzzugkraft des T-Stummels:

$$m = 46{,}5 \text{ mm}$$

$$n = e = 35 \text{ mm} \le 1{,}25 \cdot m = 1{,}25 \cdot 46{,}5 = 58{,}1 \text{ mm}$$

$$M_{\mathrm{pl,1,Rd}} = \frac{1}{4} \cdot l_{\mathrm{eff,1}} \cdot t_{\mathrm{p}}^2 \cdot f_{\mathrm{y,p}} / \gamma_{\mathrm{M0}} = \frac{1}{4} \cdot 24{,}3 \cdot 3{,}5^2 \cdot 23{,}5 / 1{,}0 = 1749 \text{ kNcm}$$

$$M_{\mathrm{pl,2,Rd}} = \frac{1}{4} \cdot l_{\mathrm{eff,2}} \cdot t_{\mathrm{p}}^2 \cdot f_{\mathrm{y,p}} / \gamma_{\mathrm{M0}} = \frac{1}{4} \cdot 24{,}3 \cdot 3{,}5^2 \cdot 23{,}5 / 1{,}0 = 1749 \text{ kNcm}$$

$$F_{\mathrm{T,1,Rd}} = \frac{4 \cdot M_{\mathrm{pl,1,Rd}}}{m} = \frac{4 \cdot 1749}{4{,}65} = 1505 \text{ kN}$$

$$F_{T,2,Rd} = \frac{2 \cdot M_{pl,2,Rd} + n \cdot \Sigma F_{t,Rd}}{m+n} = \frac{2 \cdot 1749 + 3,5 \cdot 2 \cdot 254}{4,65+3,5} = 647 \text{ kN}$$

$$F_{T,3,Rd} = \Sigma F_{t,Rd} = 2 \cdot 254 = 508 \text{ kN}$$

Wirksame Tragfähigkeit des Stirnblechs mit Biegung:

$$F_{T,3,Rd} = 508 \text{ kN}$$

1.2 Trägersteg auf Zug

$$b_{eff,t,wb} = l_{eff,2} = 243 \text{ mm}$$

$$F_{t,wb,Rd} = b_{eff,t,wb} \cdot t_{wb} \cdot f_{y,wb} / \gamma_{M0} = 24,3 \cdot 0,8 \cdot 23,5 / 1,0 = 457 \text{ kN}$$

Wirksame Tragfähigkeit des Trägersteges auf Zug:

$$F_{t,wb,Rd} = 457 \text{ kN}$$

1.3 Kleinste Tragfähigkeit der 1. Schraubenreihe

$$F_{1,Rd} = 457 \text{ kN}$$

1.4 Abfrage der Tragfähigkeit der Schweißnaht am Steg

$$F_{w,Rd} = b_{eff,t,wb} \cdot \Sigma a_w \cdot 25,5 = 24,3 \cdot 0,8 \cdot 25,5 = 496 \text{ kN} \geq F_{1,Rd} = 457 \text{ kN}$$

1.5 Abfrage der Tragfähigkeit der Schweißnaht am Flansch

$$F_{w,Rd} = b \cdot \Sigma a_f \cdot 25,5 = 17,0 \cdot 1,2 \cdot 25,5 = 520 \text{ kN} \geq F_{1,Rd} = 457 \text{ kN}$$

Da keine Schraubengruppen vorhanden sind, ist dies der endgültige Wert.

b) Tragfähigkeit in der Druckzone

Trägerflansch auf Druck:

$$F_{c,fb,Rd} = M_{c,Rd} / \left(h - t_{fb}\right) = 23900 / \left(36,0 - 1,27\right) = 688 \text{ kN}$$

$$F_{1,Rd} = 462 \text{ kN} \leq F_{c,fb,Rd} = 688 \text{ kN}$$

keine Reduktion.

c) Momententragfähigkeit $M_{j,Rd}$ um den Druckpunkt

$$M_{j,Rd} = \sum_r h_r \cdot F_{tr,Rd} = h_1 \cdot F_{1,tr,Rd} = 28,87 \cdot 457 = 13\ 193 \text{ kNcm} = 132 \text{ kNm}$$

$$M_{j,Rd} = 132 \text{ kNm} \leq M_{pl,y,Rd} = 239 \text{ kNm}$$

Berechnung der Momententragfähigkeit–Kategorie E

Die folgende Berechnung gilt für kontrolliert vorgespannte Schrauben der Kategorie E, wenn die zugehörige Anfangsrotationssteifigkeit für die Berechnung des zugehörigen statischen Systems sicherheitsrelevant ist. Es wird $F_{p,Cd} = 225 \text{ kN}$ berücksichtigt. Die untere Schraubenreihe wird wegen des geringen Anteils nicht berücksichtigt.

Nachweismöglichkeit 3

$$F_{T,1,Rd} = \frac{4 \cdot M_{pl,1,Rd}}{m} = \frac{4 \cdot 1749}{4,65} = 1505 \text{ kN}$$

$$F_{T,2,Rd} = \frac{2 \cdot M_{pl,2,Rd} + n \cdot \Sigma F_{p,Cd}}{m+n} = \frac{2 \cdot 1749 + 3,5 \cdot 2 \cdot 225}{4,65+3,5} = 622 \text{ kN}$$

$$F_{T,3,Rd} = \Sigma F_{p,Cd} = 2 \cdot 225 = 450 \text{ kN}$$

Kleinste Tragfähigkeit des Stirnblechs auf Biegung:

$$F_{T,3,Rd} = 450 \text{ kN}$$

1.3 Kleinste Tragfähigkeit der 1. Schraubenreihe

$$F_{1,\text{Rd}} = 450 \text{ kN}$$

Da keine Schraubengruppen vorhanden sind, ist dies der endgültige Wert.
Trägerflansch auf Druck:

$$F_{\text{c,fb,Rd}} = M_{\text{c,Rd}} / (h - t_{\text{fb}}) = 23900 / (36,0 - 1,27) = 688 \text{ kN}$$

$$F_{1,\text{Rd}} = 450 \text{ kN} \leq F_{\text{c,fb,Rd}} = 688 \text{ kN}$$

keine Reduktion.

c) Momententragfähigkeit $M_{j,Rd}$ um den Druckpunkt

$$M_{\text{j,Rd}} = \sum_{\text{r}} h_{\text{r}} \cdot F_{\text{tr,Rd}} = h_1 \cdot F_{1,\text{tr,Rd}} = 28,87 \cdot 450 = 12\ 992 \text{ kNcm} = 130 \text{ kNm}$$

$$M_{\text{j,Rd}} = 130 \text{ kNm} \leq M_{\text{pl,y,Rd}} = 239 \text{ kNm}$$

Berechnung der Anfangsrotationssteifigkeit ohne Vorspannung–Kategorie D

Bei Trägerstößen sind hier die Steifigkeitskoeffizienten der folgenden Komponenten zu berücksichtigen. Es treten hier keine Abstützkräfte auf (Modus 3).

1. Stützenblech mit Biegung

$$l_{\text{eff}} = _{\text{eff},1} = 243 \text{ mm}$$

$$k_5 = \frac{0,5 \cdot l_{\text{eff},1} \cdot t_{\text{p}}^3}{m^3} = \frac{0,5 \cdot 24,3 \cdot 3,5^3}{4,65^3} = 5,18 \text{ cm}$$

2. Schrauben auf Zug

$$k_{10} = 2,0 \cdot \frac{A_{\text{s}}}{L_{\text{b}}} = 2,0 \cdot \frac{3,53}{9,5} = 0,743 \text{ cm}$$

3. Effektiver Steifigkeitskoeffizient

$$\frac{1}{k_{\text{eff}}} = \frac{1}{k_5} + \frac{1}{k_5} + \frac{1}{k_{10}} = \frac{1}{5,18} + \frac{1}{5,18} + \frac{1}{0,743}$$

$$k_{\text{eff}} = 0,577 \text{ cm}$$

4. Anfangsrotationssteifigkeit

$$S_{\text{j,ini}} = \frac{E \cdot z^2}{\sum_{\text{i}} \frac{1}{k_{\text{i}}}} = \frac{21\ 000 \cdot 28,87^2}{\frac{1}{0,577}} = 10\ 099\ 000 \text{ kNcm/rad} = 101 \text{ MNm/rad}$$

Berechnung der Anfangsrotationssteifigkeit mit Vorspannung–Kategorie E

Bei Trägerstößen sind hier die Steifigkeitskoeffizienten der folgenden Komponenten zu berücksichtigen. Es treten Abstützkräfte auf.

1. Stützenblech mit Biegung

$$k_5 = \frac{0,9 \cdot l_{\text{eff},1} \cdot t_{\text{p}}^3}{m^3} = \frac{0,9 \cdot 24,3 \cdot 3,5^3}{4,65^3} = 9,33 \text{ cm}$$

2. Schrauben auf Zug

$$k_{10,\text{p}} = 10 \cdot \frac{A_{\text{s}}}{L_{\text{b}}} = 10 \cdot \frac{3,53}{9,5} = 3,72 \text{ cm}$$

3. Effektiver Steifigkeitskoeffizient

$$\frac{1}{k_{\text{eff}}} = \frac{1}{k_5} + \frac{1}{k_5} + \frac{1}{k_{10}} = \frac{1}{9,33} + \frac{1}{9,33} + \frac{1}{3,72}$$

$$k_{\text{eff}} = 2,07 \text{ cm}$$

4. Anfangsrotationssteifigkeit

$$S_{\text{j,ini}} = \frac{E \cdot z^2}{\sum\limits_{\text{i}} \frac{1}{k_{\text{i}}}} = \frac{21\,000 \cdot 28{,}87^2}{\frac{1}{2{,}07}} = 36\,231\,000 \text{ kNcm/rad} = 362 \text{ MNm/rad}$$

Die Anfangsrotationssteifigkeit $S_{\text{j,ini}}$ für vorgespannte Schrauben ist in diesem Fall 4-mal so groß wie für nicht vorgespannte Schrauben. Die kleinste Feder bestimmt bei hintereinander geschalteten Federn die Steifigkeit der Gesamtfeder. Da die Federsteifigkeit der Stirnplatten sehr groß ist, wirkt sich so die Steifigkeit der Schraube bei Stirnplattenstößen stark aus.

3.8.2 Überstehende Platte mit Biegung

IPE 450 mit t_p = 20 mm und M 20-10.9, Kategorie E

Die folgende Berechnung gilt für kontrolliert vorgespannte Schrauben der Kategorie E, wenn die zugehörige Anfangsrotationssteifigkeit für die Berechnung des zugehörigen statischen Systems sicherheitsrelevant ist. Es wird $F_{\text{p,Cd}} = 156$ kN berücksichtigt.

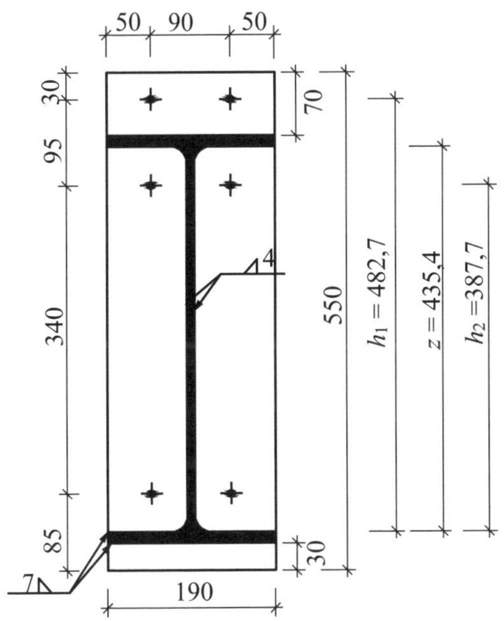

Abb. 3.43 Stirnplattenstoß für IPE 450 mit überstehender Platte

Stahlgüte der Stirnplatte: S 235	$f_y = 23{,}5$ kN/cm²
Stahlgüte des Trägers: S 235	$f_y = 23{,}5$ kN/cm²
Teilsicherheitsbeiwert:	$\gamma_{M0} = 1{,}00$
Dicke der Stirnplatte:	$t_p = 20$ mm

Schrauben: M 20-10.9-D $\quad d_0 = 22$ mm $\quad F_{t,Rd} = 176$ kN $\quad A_s = 2{,}45$ cm²

Schrauben: M 20-10.9-E $\quad F_{p,C,Rd} = 156$ kN

Profil: IPE 450 $\quad h = 450$ mm $\quad t_f = 14{,}6$ mm $\quad t_w = 9{,}4$ mm

$$M_{pl,y,Rd} = W_{pl,y} \cdot \sigma_{Rd} = 1702 \cdot 23{,}5 / 100 = 400 \text{ kNm}$$

$$L_b = l_k + 2 \cdot h + 0{,}5 \cdot (k + m) = 2 \cdot 2{,}0 + 2 \cdot 0{,}4 + 0{,}5 \cdot (1{,}3 + 1{,}6) = 6{,}25 \text{ cm}$$

Beanspruchbarkeit der Schweißnaht nach dem richtungsbezogenen Verfahren:

$$\sigma_{1,w,Ed} = \sqrt{2 \cdot \sigma_w^2 + 3 \cdot \tau_{\|}^2} \le f_{1,w,Rd} = \frac{f_u}{\beta_w \cdot \gamma_{M2}} = \frac{36}{0{,}8 \cdot 1{,}25} = 36{,}0 \text{ kN/cm}^2$$

$$\sigma_{w,Ed} \le \frac{f_u}{\sqrt{2} \cdot \beta_w \cdot \gamma_{M2}} = \frac{36}{\sqrt{2} \cdot 0{,}8 \cdot 1{,}25} = 25{,}5 \text{ kN/cm}^2$$

a) Tragfähigkeit in der Zugzone

1. Schraubenreihe in der Zugzone für M_y

1.1 Stirnblech mit Biegung

Schraubenreihe oberhalb des Zugflansches. Wirksame Länge des T-Stummels Nr. 6 nach Tabelle 3.1:

$$m_x = 40 - 0{,}8 \cdot 7 \cdot \sqrt{2} = 32{,}1 \text{ mm}$$

$$e_x = 30 \text{ mm} \quad e = 50 \text{ mm} \quad w = 90 \text{ mm} \quad b_p = 190 \text{ mm}$$

$$l_{6.1,cp} = 2 \cdot \pi \cdot m_x = 2 \cdot \pi \cdot 32{,}1 = 202 \text{ mm}$$

$$l_{6.2,cp} = \pi \cdot m_x + w = \pi \cdot 32{,}1 + 90 = 191 \text{ mm}$$

$$l_{6.3,cp} = \pi \cdot m_x + 2 \cdot e = \pi \cdot 32{,}1 + 2 \cdot 45 = 191 \text{ mm}$$

Maßgebend: $l_{eff,cp} = 191$ mm

$$l_{6.1,nc} = 4 \cdot m_x + 1{,}25 \cdot e_x = 4 \cdot 32{,}1 + 1{,}25 \cdot 30 = 166 \text{ mm}$$

$$l_{6.2,nc} = e + 2 \cdot m_x + 0{,}625 \cdot e_x = 45 + 2 \cdot 32{,}1 + 0{,}625 \cdot 30 = 128 \text{ mm}$$

$$l_{6.3,nc} = 0{,}5 \cdot b_p = 0{,}5 \cdot 190 = 95 \text{ mm}$$

$$l_{6.4,nc} = 0{,}5 \cdot w + 2 \cdot m_x + 0{,}625 \cdot e_x = 0{,}5 \cdot 90 + 2 \cdot 32{,}1 + 0{,}625 \cdot 30 = 128 \text{ mm}$$

Maßgebend: $l_{eff,nc} = 95$ mm

Modus 1: $l_{eff,1} = l_{eff,nc} \le l_{eff,cp} = 95$ mm

Modus 2: $l_{eff,2} = l_{eff,nc} = 95$ mm

Grenzzugkraft des T-Stummels:

$$m = m_x = 32{,}1 \text{ mm}$$

$$n = e_x = 30 \text{ mm} \le 1{,}25 \cdot m = 1{,}25 \cdot 42{,}1 = 52{,}6 \text{ mm}$$

$$M_{pl,1,Rd} = \frac{1}{4} \cdot l_{eff,1} \cdot t_p^2 \cdot f_y / \gamma_{M0} = \frac{1}{4} \cdot 9{,}5 \cdot 2{,}0^2 \cdot 23{,}5 / 1{,}0 = 223 \text{ kNcm}$$

$$M_{pl,2,Rd} = \frac{1}{4} \cdot l_{eff,2} \cdot t_p^2 \cdot f_y / \gamma_{M0} = \frac{1}{4} \cdot 9{,}5 \cdot 2{,}0^2 \cdot 23{,}5 / 1{,}0 = 223 \text{ kNcm}$$

$$F_{T,1,Rd} = \frac{4 \cdot M_{pl,1,Rd}}{m} = \frac{4 \cdot 223}{3{,}21} = 278 \text{ kN}$$

$$F_{T,2,Rd} = \frac{2 \cdot M_{pl,2,Rd} + n \cdot \sum F_{p,Cd}}{m + n} = \frac{2 \cdot 223 + 3{,}0 \cdot 2 \cdot 156}{3{,}21 + 3{,}0} = 223 \text{ kN}$$

$$F_{\mathrm{T,3,Rd}} = \sum F_{\mathrm{p,Cd}} = 2 \cdot 156 = 312 \text{ kN}$$

Kleinste Tragfähigkeit des Stirnblechs auf Biegung:

$$F_{\mathrm{T,2,Rd}} = 223 \text{ kN}$$

1.2 Kleinste Tragfähigkeit der 1. Schraubenreihe

$$F_{\mathrm{t1,Rd}} = 223 \text{ kN}$$

1.3 Abfrage der Tragfähigkeit der Schweißnaht am Flansch

$$F_{\mathrm{w,Rd}} = 0,5 \cdot b \cdot \Sigma a_{\mathrm{f}} \cdot 25,5 = 0,5 \cdot 19,0 \cdot 1,4 \cdot 25,5 = 339 \text{ kN} \geq F_{\mathrm{1,Rd}} = 223 \text{ kN}$$

2. Schraubenreihe in der Zugzone für M_{y}

2.1 Stirnblech mit Biegung

Schraubenreihe neben einer Steife. Wirksame Länge des T-Stummels Nr. 4 nach Tabelle 3.1:

$$m = \frac{90}{2} - \frac{9,4}{2} - 0,8 \cdot 4 \cdot \sqrt{2} = 35,8 \text{ mm}$$

$$e = 50 \text{ mm} \qquad n = e_{\min} = 50 \text{ mm}$$

$$m_2 = 95 - 40 - 14,6 - 0,8 \cdot 7 \cdot \sqrt{2} = 32,5 \text{ mm}$$

$$\lambda_1 = \frac{m}{m+e} = \frac{35,8}{35,8+50} = 0,42 \qquad \lambda_2 = \frac{m_2}{m+e} = \frac{32,5}{35,8+50} = 0,38$$

$\alpha = 6,56$ nach Gleichung (3.25)

$$l_{\mathrm{eff,cp}} = l_{\mathrm{4,cp}} = 2 \cdot \pi \cdot m = 2 \cdot \pi \cdot 35,8 = 225 \text{ mm}$$

$$l_{\mathrm{eff,nc}} = l_{\mathrm{4,nc}} = \alpha \cdot m = 6,56 \cdot 35,8 = 235 \text{ mm}$$

Modus 1: $l_{\mathrm{eff,1}} = l_{\mathrm{eff,nc}} \leq l_{\mathrm{eff,cp}} = 225 \text{ mm}$

Modus 2: $l_{\mathrm{eff,2}} = l_{\mathrm{eff,nc}} = 235 \text{ mm}$

Grenzzugkraft des T-Stummels:

$$m = 35,8 \text{ mm}$$

$$n = e = 50 \text{ mm} \leq 1,25 \cdot m = 1,25 \cdot 35,8 = 44,8 \text{ mm}$$

$$n = 44,8 \text{ mm}$$

$$M_{\mathrm{pl,1,Rd}} = \frac{1}{4} \cdot l_{\mathrm{eff,1}} \cdot t_{\mathrm{p}}^2 \cdot f_{\mathrm{y}} / \gamma_{\mathrm{M0}} = \frac{1}{4} \cdot 22,5 \cdot 2,0^2 \cdot 23,5 / 1,0 = 529 \text{ kNcm}$$

$$M_{\mathrm{pl,2,Rd}} = \frac{1}{4} \cdot l_{\mathrm{eff,2}} \cdot t_{\mathrm{p}}^2 \cdot f_{\mathrm{y}} / \gamma_{\mathrm{M0}} = \frac{1}{4} \cdot 23,5 \cdot 2,0^2 \cdot 23,5 / 1,0 = 552 \text{ kNcm}$$

$$F_{\mathrm{T,1,Rd}} = \frac{4 \cdot M_{\mathrm{pl,1,Rd}}}{m} = \frac{4 \cdot 529}{3,58} = 591 \text{ kN}$$

$$F_{\mathrm{T,2,Rd}} = \frac{2 \cdot M_{\mathrm{pl,2,Rd}} + n \cdot \sum F_{\mathrm{p,Cd}}}{m+n} = \frac{2 \cdot 552 + 4,48 \cdot 2 \cdot 156}{3,58 + 4,48} = 310 \text{ kN}$$

$$F_{\mathrm{T,3,Rd}} = \sum F_{\mathrm{p,Cd}} = 2 \cdot 156 = 312 \text{ kN}$$

Kleinste Tragfähigkeit des Stirnblechs auf Biegung:

$$F_{\mathrm{T,2,Rd}} = 310 \text{ kN}$$

2.2 Trägersteg auf Zug

$$b_{\mathrm{eff,t,wb}} = l_{\mathrm{eff,2}} = 235 \text{ mm}$$

$$F_{\mathrm{t,wb,Rd}} = b_{\mathrm{eff,t,wb}} \cdot t_{\mathrm{wb}} \cdot f_{\mathrm{y,wb}} / \gamma_{\mathrm{M0}} = 23,5 \cdot 0,94 \cdot 23,5 / 1,0 = 519 \text{ kN}$$

2.3 Kleinste Tragfähigkeit der 2. Schraubenreihe

$$F_{2,\text{Rd}} = 310 \text{ kN}$$

$$F_{1,\text{Rd}} = 223 \text{ kN} \le 1{,}9 \cdot F_{\text{p,C,Rd}} = 1{,}9 \cdot 156 = 296 \text{ kN}$$

keine Abminderung.

2.4 Abfrage der Tragfähigkeit der Schweißnaht am Steg

$$F_{\text{w,Rd}} = b_{\text{eff,t,wb}} \cdot \Sigma a_{\text{w}} \cdot 25{,}5 = 22{,}5 \cdot 0{,}8 \cdot 25{,}5 = 459 \text{ kN} \ge F_{1,\text{Rd}} = 310 \text{ kN}$$

Da keine Schraubengruppen vorhanden sind, sind dies die endgültigen Werte.

b) Tragfähigkeit in der Druckzone

Trägerflansch auf Druck

$$F_{\text{c,fb,Rd}} = M_{\text{c,Rd}} / (h - t_{\text{fb}}) = 40000 / (45{,}0 - 1{,}46) = 919 \text{ kN}$$

$$F_{\text{t1,Rd}} + F_{\text{t2,Rd}} = 223 + 309 = 532 \text{ kN} \le F_{\text{c,fb,Rd}} = 919 \text{ kN}$$

keine Reduktion.

c) Momententragfähigkeit $M_{\text{j,Rd}}$ um den Druckpunkt

$$M_{\text{j,Rd}} = \sum_{\text{r}} h_{\text{r}} \cdot F_{\text{tr,Rd}} = h_1 \cdot F_{\text{t1,Rd}} + h_2 \cdot F_{\text{t2,Rd}} = 48{,}3 \cdot 223 + 38{,}8 \cdot 310 = 228 \text{ kNm}$$

$$M_{\text{j,Rd}} = 228 \text{ kNm} \le M_{\text{pl,y,Rd}} = 400 \text{ kNm}$$

Berechnung der Anfangsrotationssteifigkeit mit Vorspannung

Die Berechnung der Anfangsrotationssteifigkeit erfolgt hier für Biegemomente, die in der überstehenden Platte Zug erzeugen. Bei Trägerstößen sind hier die Steifigkeitskoeffizienten der folgenden Komponenten zu berücksichtigen.

1. Stirnplatte mit Biegebeanspruchung

1. Schraubenreihe

$$l_{\text{eff}} = l_{\text{eff,1}} = 95 \text{ mm} \qquad m_{\text{x}} = 32{,}1 \text{ mm}$$

$$k_{5,1} = \frac{0{,}9 \cdot l_{\text{eff}} \cdot t_{\text{p}}^3}{m_{\text{x}}^3} = \frac{0{,}9 \cdot 9{,}5 \cdot 2{,}0^3}{3{,}21^3} = 2{,}07 \text{ cm}$$

2. Schraubenreihe

$$l_{\text{eff}} = l_{\text{eff,1}} = 225 \text{ mm} \quad m_{\text{b}} = 35{,}8 \text{ mm}$$

$$k_{5,2} = \frac{0{,}9 \cdot l_{\text{eff}} \cdot t_{\text{p}}^3}{m_{\text{b}}^3} = \frac{0{,}9 \cdot 22{,}5 \cdot 2{,}0^3}{3{,}58^3} = 3{,}53 \text{ cm}$$

2. Schraube mit Zugbeanspruchung

$$k_{\text{10p,1}} = 10 \cdot \frac{A_{\text{s}}}{L_{\text{b}}} = 10 \cdot \frac{2{,}45}{6{,}25} = 3{,}92 \text{ cm}$$

$$k_{\text{10p,2}} = 10 \cdot \frac{A_{\text{s}}}{L_{\text{b}}} = 10 \cdot \frac{2{,}45}{6{,}25} = 3{,}92 \text{ cm}$$

3. Effektiver Steifigkeitskoeffizient

$$\frac{1}{k_{\text{eff,1}}} = \frac{1}{k_{5,1}} + \frac{1}{k_{5,1}} + \frac{1}{k_{\text{10p,1}}} = \frac{1}{2{,}07} + \frac{1}{2{,}07} + \frac{1}{3{,}92}$$

$$k_{\text{eff,1}} = 0{,}812 \text{ cm}$$

$$\frac{1}{k_{\text{eff},2}} = \frac{1}{k_{5,2}} + \frac{1}{k_{5,2}} + \frac{1}{k_{10,2}} = \frac{1}{3,53} + \frac{1}{3,53} + \frac{1}{3,92}$$

$$k_{\text{eff},2} = 1,22 \text{ cm}$$

4. Äquivalenter Steifigkeitskoeffizient und äquivalenter Hebelarm

$$z_{\text{eq}} = \frac{k_{\text{eff},1} \cdot h_1^2 + k_{\text{eff},2} \cdot h_2^2}{k_{\text{eff},1} \cdot h_1 + k_{\text{eff},2} \cdot h_2} = \frac{0,812 \cdot 48,3^2 + 1,22 \cdot 38,8^2}{0,812 \cdot 48,3 + 1,22 \cdot 38,8} = 43,1 \text{ cm}$$

$$k_{\text{eq}} = \frac{k_{\text{eff},1} \cdot h_1 + k_{\text{eff},2} \cdot h_2}{z_{\text{eq}}} = \frac{0,812 \cdot 48,3 + 1,22 \cdot 38,8}{43,1} = 2,01 \text{ cm}$$

5. Anfangsrotationssteifigkeit

$$S_{\text{j,ini}} = \frac{E \cdot z_{\text{eq}}^2}{\frac{1}{k_{\text{eq}}}} = \frac{21000 \cdot 43,1^2 \cdot 10^{-2}}{\frac{1}{2,01}} = 784\ 100 \text{ kNm/rad}$$

6. Vereinfachte Berechnung

$$S_{\text{j,ini}} = E \cdot \left(k_{\text{eff},1} \cdot h_1^2 + k_{\text{eff},2} \cdot h_2^2\right) = 21000 \cdot \left(0,812 \cdot 48,3^2 + 1,22 \cdot 38,8^2\right) \cdot 10^{-2}$$

$$S_{\text{j,ini}} = 783\ 500 \text{ kNm/rad}$$

3.8.3 Stirnplattenstoß mit Normalkraft

1. Beispiel: Siehe Beispiel 3.8.1

IPE 360 mit t_p = 35 mm und M 24-10.9, Kategorie E

Die folgende Berechnung gilt für kontrolliert vorgespannte Schrauben der Kategorie E.

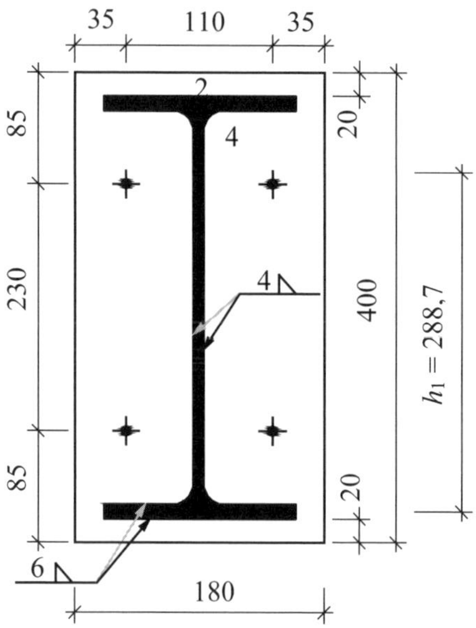

Abb. 3.44 Stirnplattenstoß für IPE 360 mit bündiger Platte

$$N_{\text{pl,Rd}} = A \cdot \sigma_{\text{Rd}} = 72{,}7 \cdot 23{,}5 = 1709 \text{ kN}$$

Schraubenreihe neben einer Steife. Wirksame Länge des T-Stummels nach Tabelle 3.1:
Normalkrafttragfähigkeit $N_{\text{j,Rd}}$ auf Zug – Schraubenreihe einzeln betrachtet, s. Beispiel 3.8.1:

$$N_{\text{j,Rd}} = \sum_{r} F_{\text{tr,Rd}} = 2 \cdot F_{1,\text{Rd}} = 2 \cdot 450 = 900 \text{ kN}$$

Normalkrafttragfähigkeit $N_{\text{j,Rd}}$ auf Zug
Schraubenreihen als Teil einer Gruppe betrachtet:
1.1 Stirnblech mit Biegung

$$m = \frac{110}{2} - \frac{8}{2} - 0{,}8 \cdot 4 \cdot \sqrt{2} = 46{,}5 \text{ mm}$$

$$e = 35 \text{ mm} \qquad n = e_{\min} = 35 \text{ mm} \qquad p = 230 \text{ mm}$$

$$m_2 = 85 - 20 - 12{,}7 - 0{,}8 \cdot 6 \cdot \sqrt{2} = 45{,}5 \text{ mm}$$

$$\lambda_1 = \frac{m}{m+e} = \frac{46{,}5}{46{,}5+35} = 0{,}57 \qquad \lambda_2 = \frac{m_2}{m+e} = \frac{45{,}5}{46{,}5+35} = 0{,}56$$

$\alpha = 5{,}22$ nach Gleichung (3.25)

$$l_{4+4,\text{cp}} = 2 \cdot \pi \cdot m + 2 \cdot p = 2 \cdot \pi \cdot 46{,}5 + 2 \cdot 230 = 752 \text{ mm}$$

$$l_{7,cp} = \pi \cdot m + 2 \cdot e + p = \pi \cdot 46,5 + 2 \cdot 35 + 230 = 446 \text{ mm}$$

$$l_{eff,cp} = 446 \text{ mm}$$

$$l_{eff,nc} = l_{4+4,nc} = 2 \cdot \alpha \cdot m + p - (4 \cdot m + 1,25 \cdot e)$$

$$l_{eff,nc} = l_{4+4,nc} = 2 \cdot 5,22 \cdot 46,5 + 230 - (4 \cdot 46,5 + 1,25 \cdot 35,0) = 486 \text{ mm}$$

Modus 1: $l_{eff,1} = l_{eff,nc} \leq l_{eff,cp} = 446$ mm

Modus 2: $l_{eff,2} = l_{eff,nc} = 486$ mm

Grenzzugkraft des T-Stummels:

$$m = 46,5 \text{ mm}$$

$$n = e = 35 \text{ mm} \leq 1,25 \cdot m = 1,25 \cdot 46,5 = 58,1 \text{ mm}$$

$$M_{pl,1,Rd} = \frac{1}{4} \cdot l_{eff,1} \cdot t_p^2 \cdot f_{y,p} / \gamma_{M0} = \frac{1}{4} \cdot 44,6 \cdot 3,5^2 \cdot 23,5 / 1,0 = 3210 \text{ kNcm}$$

$$M_{pl,2,Rd} = \frac{1}{4} \cdot l_{eff,2} \cdot t_p^2 \cdot f_{y,p} / \gamma_{M0} = \frac{1}{4} \cdot 48,6 \cdot 3,5^2 \cdot 23,5 / 1,0 = 3498 \text{ kNcm}$$

$$F_{T,1,Rd} = \frac{4 \cdot M_{pl,1,Rd}}{m} = \frac{4 \cdot 3210}{4,65} = 2761 \text{ kN}$$

$$F_{T,2,Rd} = \frac{2 \cdot M_{pl,2,Rd} + n \cdot \sum F_{p,Cd}}{m + n} = \frac{2 \cdot 3498 + 3,5 \cdot 4 \cdot 225}{4,65 + 3,5} = 1245 \text{ kN}$$

$$F_{T,3,Rd} = \sum F_{p,Cd} = 4 \cdot 225 = 900 \text{ kN}$$

Kleinste Tragfähigkeit des Stirnblechs mit Biegung als Schraubengruppe:

$$F_{T,3,Rd} = 900 \text{ kN}$$

Die Tragfähigkeit der Schraubengruppe entspricht hier der einzelnen Schraubenreihe. Die Normalkrafttragfähigkeit gilt auch als Basis für die Berechnung der Momententragfähigkeit $M_{z,Rd}$, wobei aber nur 2 Schrauben zu berücksichtigen sind.

1.2 Trägersteg auf Zug

$$b_{eff,t,wb} = l_{eff,1} = 446 \text{ mm}$$

$$F_{t,wb,Rd} = b_{eff,t,wb} \cdot t_{wb} \cdot f_{y,wb} / \gamma_{M0} = 44,6 \cdot 0,8 \cdot 23,5 / 1,0 = 838 \text{ kN}$$

1.3 Abfrage der Tragfähigkeit der Schweißnaht am Steg

$$F_{w,Rd} = b_{eff,t,wb} \cdot \Sigma a_w \cdot 25,5 = 44,6 \cdot 0,8 \cdot 25,5 = 910 \text{ kN}$$

1.4 Abfrage der Tragfähigkeit der Schweißnaht am Flansch:

$$F_{w,Rd} = b \cdot \Sigma a_f \cdot 25,5 = 17,0 \cdot 2 \cdot 1,2 \cdot 25,5 = 1040 \text{ kN}$$

Wirksame Tragfähigkeit des Trägersteges auf Zug ist maßgebend.

$$N_{j,Rd} = F_{t,wb,Rd} = 838 \text{ kN}$$

Normalkrafttragfähigkeit $N_{j,Rd}$ auf Druck

$$N_{pl,Rd} = 1709 \text{ kN}$$

2. Beispiel: Stirnplattenstoß des Untergurtes eines Fachwerkbinders

Dieses Beispiel schließt an das Beispiel 1.7.3 im Band 2 an. Hier soll der Stoß des Zugstabes als Stirnplattenstoß nachgewiesen werden. Die Schraubenabstände werden so gewählt, dass der Anschluss ungefähr zentrisch beansprucht wird. Die Rand- und Lochabstände sind einzuhalten. Bei kontrollierter Vorspannung biegesteifer Stirnplattenverbindungen dürfen diese jedoch vergrößert werden. Die Abmessungen orientieren sich an den typisierten Verbindungen.

1/2 IPE 450 mit $t_p = 30$ mm und M 20-10.9, Kategorie E

Kategorie E: Abstützkräfte vorhanden

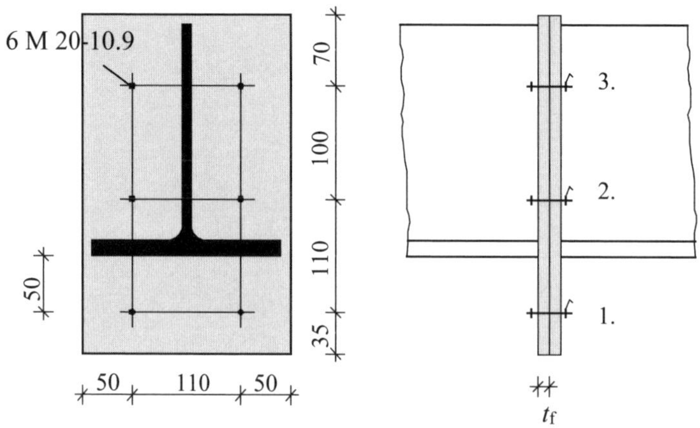

Abb. 3.45 Stirnplattenstoß eines Fachwerkbinders

Stahlgüte der Stirnplatte: S 235	$f_y = 23,5 \text{ kN/cm}^2$
Stahlgüte des Trägers: S 235	$f_y = 23,5 \text{ kN/cm}^2$
Teilsicherheitsbeiwert:	$\gamma_{M0} = 1,00$
Dicke der Stirnplatte:	$t_p = 30$ mm
Schrauben: M 20-10.9-E	$d_0 = 22$ mm $F_{t,Rd} = 176$ kN $A_s = 2,45 \text{ cm}^2$
	$F_{p,Cd} = 156$ kN
Profil: ½ IPE 450	$h = 190$ mm $t_f = 14,6$ mm $t_w = 9,4$ mm $r = 21$ mm
Beanspruchung des Profils:	$N_{Ed} = +795$ kN
Schweißnahtdicke:	$a_f = 8$ mm; $a_w = 5$ mm

$$L_b = l_k + 2 \cdot h + 0,5 \cdot (k+m) = 2 \cdot 3,0 + 2 \cdot 0,4 + 0,5 \cdot (1,3 + 1,6) = 8,25 \text{ cm}$$

Beanspruchbarkeit der Schweißnaht nach dem richtungsbezogenen Verfahren:

$$\sigma_{1,w,Ed} = \sqrt{2 \cdot \sigma_w^2 + 3 \cdot \tau_{||}^2} \le f_{1,w,Rd} = \frac{f_u}{\beta_w \cdot \gamma_{M2}} = \frac{36}{0,8 \cdot 1,25} = 36,0 \text{ kN/cm}^2$$

$$\sigma_{\mathrm{w,Ed}} \le \frac{f_{\mathrm{u}}}{\sqrt{2} \cdot \beta_{\mathrm{w}} \cdot \gamma_{\mathrm{M2}}} = \frac{36}{\sqrt{2} \cdot 0{,}8 \cdot 1{,}25} = 25{,}5 \text{ kN/cm}^2$$

a) Tragsicherheitsnachweis des gewalzten T-Querschnittes

Querschnittswerte:

$$A = 0{,}5 \cdot 98{,}8 = 49{,}4 \text{ cm}^2$$

$$N_{\mathrm{t,Rd}} = N_{\mathrm{pl,Rd}} = \frac{A \cdot f_{\mathrm{y}}}{\gamma_{\mathrm{M0}}} = \frac{49{,}4 \cdot 23{,}5}{1{,}00} = 1161 \text{ kN}$$

$$\frac{N_{\mathrm{Ed}}}{N_{\mathrm{t,Rd}}} = \frac{795}{1161} = 0{,}68 \le 1$$

Beanspruchung einer Schraube:

$$T = \frac{795}{6} = 133 \text{ kN}$$

$$\frac{T}{F_{\mathrm{t,Rd}}} = \frac{133}{176} = 0{,}76 \le 1$$

Nachweis der Schweißnaht:

Konstruktive Grenzwerte:

$a_{\mathrm{f}} = 8$ mm $\quad t \ge 3$ mm $\quad \min a = 3$ mm bzw. $\min a = \sqrt{\max t} - 0{,}5 = \sqrt{25} - 0{,}5 = 4{,}50$ mm

$a_{\mathrm{w}} = 5$ mm $\quad t \ge 3$ mm $\quad \min a = 3$ mm bzw. $\min a = \sqrt{\max t} - 0{,}5 = \sqrt{25} - 0{,}5 = 4{,}50$ mm

Die Grenzwerte sind eingehalten.

$$d = h - 2 \cdot t_{\mathrm{f}} - 2 \cdot r = 45{,}0 - 2 \cdot 1{,}46 - 2 \cdot 2{,}1 = 37{,}9 \text{ cm}$$

$$A_{\mathrm{f}} = a_{\mathrm{f}} \cdot \left(2 \cdot b + 2 \cdot t_{\mathrm{f}} - 2 \cdot r - t_{\mathrm{w}}\right) = 0{,}8 \cdot \left(2 \cdot 19{,}0 + 2 \cdot 1{,}46 - 2 \cdot 2{,}1 - 0{,}94\right) = 28{,}6 \text{ cm}^2$$

$$A_{\mathrm{d}} = 2 \cdot a_{\mathrm{w}} \cdot d / 2 = 2 \cdot 0{,}5 \cdot 37{,}9 / 2 = 19{,}0 \text{ cm}^2$$

$$A = A_{\mathrm{b}} + A_{\mathrm{d}} = 28{,}6 + 19{,}0 = 47{,}6 \text{ cm}^2$$

$$\sigma_{\mathrm{w}} = \frac{N}{A} = \frac{795}{47{,}6} = 16{,}7 \text{ kN/cm}^2 \le 25{,}5 \text{ kN/cm}^2$$

b) Nachweis der Stirnplatte

1. Schraubenreihe unterhalb des Zugflansches

Wirksame Länge des T-Stummels Nr. 6 nach Tabelle 3.1:

$$m_{\mathrm{x}} = 50 - 0{,}8 \cdot 8 \cdot \sqrt{2} = 40{,}9 \text{ mm}$$

$$e_{\mathrm{x}} = 35 \text{ mm} \quad e = 50 \text{ mm} \quad w = 110 \text{ mm} \quad b_{\mathrm{p}} = 210 \text{ mm}$$

$$l_{6.1,\mathrm{cp}} = 2 \cdot \pi \cdot m_{\mathrm{x}} = 2 \cdot \pi \cdot 40{,}9 = 257 \text{ mm}$$

$$l_{6.2,\mathrm{cp}} = \pi \cdot m_{\mathrm{x}} + w = \pi \cdot 40{,}9 + 110 = 238 \text{ mm}$$

$$l_{6.3,\mathrm{cp}} = \pi \cdot m_{\mathrm{x}} + 2 \cdot e = \pi \cdot 40{,}9 + 2 \cdot 50 = 228 \text{ mm}$$

$$l_{6.1,\mathrm{nc}} = 4 \cdot m_{\mathrm{x}} + 1{,}25 \cdot e_{\mathrm{x}} = 4 \cdot 40{,}9 + 1{,}25 \cdot 35 = 207 \text{ mm}$$

$$l_{6.2,\mathrm{nc}} = e + 2 \cdot m_{\mathrm{x}} + 0{,}625 \cdot e_{\mathrm{x}} = 50 + 2 \cdot 40{,}9 + 0{,}625 \cdot 35 = 154 \text{ mm}$$

$$l_{6.3,\mathrm{nc}} = 0{,}5 \cdot b_{\mathrm{p}} = 0{,}5 \cdot 210 = 105 \text{ mm}$$

$$l_{6.4,\mathrm{nc}} = 0,5 \cdot w + 2 \cdot m_x + 0,625 \cdot e_x = 0,5 \cdot 110 + 2 \cdot 40,9 + 0,625 \cdot 35 = 159 \text{ mm}$$

Modus 1: $l_{\mathrm{eff},1} = l_{\mathrm{eff,nc}} = 105 \text{ mm} \leq l_{\mathrm{eff,cp}} = 228 \text{ mm}$

Modus 2: $l_{\mathrm{eff},1} = l_{\mathrm{eff,nc}} = 105 \text{ mm}$

Grenzzugkraft des T-Stummels

$$m = m_x = 40,9 \text{ mm}$$

$$n = e_x = 35 \text{ mm} \leq 1,5 \cdot m = 1,25 \cdot 40,9 = 51,1 \text{ mm}$$

$$M_{\mathrm{pl,1,Rd}} = \frac{1}{4} \cdot l_{\mathrm{eff},1} \cdot t_p^2 \cdot f_y / \gamma_{M0} = \frac{1}{4} \cdot 10,5 \cdot 3,0^2 \cdot 23,5 / 1,0 = 555 \text{ kNcm}$$

$$M_{\mathrm{pl,2,Rd}} = \frac{1}{4} \cdot l_{\mathrm{eff},1} \cdot t_p^2 \cdot f_y / \gamma_{M0} = \frac{1}{4} \cdot 10,5 \cdot 3,0^2 \cdot 23,5 / 1,0 = 555 \text{ kNcm}$$

$$F_{\mathrm{T,1,Rd}} = \frac{4 \cdot M_{\mathrm{pl,1,Rd}}}{m} = \frac{4 \cdot 555}{4,09} = 543 \text{ kN}$$

$$F_{\mathrm{T,2,Rd}} = \frac{2 \cdot M_{\mathrm{pl,2,Rd}} + n \cdot \sum F_{\mathrm{p,Cd}}}{m + n} = \frac{2 \cdot 555 + 3,5 \cdot 2 \cdot 156}{4,09 + 3,5} = 290 \text{ kN}$$

$$F_{\mathrm{T,3,Rd}} = \sum F_{\mathrm{p,Cd}} = 2 \cdot 152 = 304 \text{ kN}$$

Kleinste Tragfähigkeit der 1. Schraubenreihe auf Zug:

$$F_{1,\mathrm{Rd}} = 290 \text{ kN}$$

Abfrage der Tragfähigkeit der Schweißnaht am Flansch:

$$F_{\mathrm{w,Rd}} = 0,5 \cdot b \cdot \Sigma a_f \cdot 25,5 = 0,5 \cdot 19,0 \cdot 1,6 \cdot 25,5 = 388 \text{ kN} \geq F_{1,\mathrm{Rd}} = 290 \text{ kN}$$

Nachweis der 1. Schraubenreihe:

$$\frac{2 \cdot T}{F_{1,\mathrm{Rd}}} = \frac{2 \cdot 133}{290} = 0,92 \leq 1$$

2. Schraubenreihe neben einer Steife

Wirksame Länge des T-Stummels Nr. 4 nach Tabelle 3.1:

$$m = \frac{110}{2} - \frac{9,4}{2} - 0,8 \cdot 5 \cdot \sqrt{2} = 44,6 \text{ mm}$$

$$e = 50 \text{ mm} \qquad n = e_{\min} = 50 \text{ mm}$$

$$m_2 = 110 - 50 - 14,6 - 0,8 \cdot 8 \cdot \sqrt{2} = 36,3 \text{ mm}$$

$$\lambda_1 = \frac{m}{m + e} = \frac{44,6}{44,6 + 50} = 0,47 \qquad \lambda_2 = \frac{m_2}{m + e} = \frac{36,3}{44,6 + 50} = 0,38$$

$\alpha = 6,2$ nach Abb. 3.9

$$l_{\mathrm{eff,cp}} = l_{4,\mathrm{cp}} = 2 \cdot \pi \cdot m = 2 \cdot \pi \cdot 44,6 = 280 \text{ mm}$$

$$l_{\mathrm{eff,nc}} = l_{4,\mathrm{nc}} = \alpha \cdot m = 6,2 \cdot 44,6 = 277 \text{ mm}$$

Modus 1: $l_{\mathrm{eff},1} = l_{\mathrm{eff,nc}} \leq l_{\mathrm{eff,cp}} = 277 \text{ mm}$

Modus 2: $l_{\mathrm{eff},2} = l_{\mathrm{eff,nc}} = 277 \text{ mm}$

Grenzzugkraft des T-Stummels:

$$m = 44,6 \text{ mm}$$

$$n = e = 50 \text{ mm} \leq 1,25 \cdot m = 1,25 \cdot 44,6 = 55,8 \text{ mm}$$

$$M_{\mathrm{pl,1,Rd}} = \frac{1}{4} \cdot l_{\mathrm{eff,1}} \cdot t_{\mathrm{p}}^2 \cdot f_{\mathrm{y}} / \gamma_{\mathrm{M0}} = \frac{1}{4} \cdot 27,7 \cdot 3,0^2 \cdot 23,5 / 1,0 = 1465 \text{ kNcm}$$

$$M_{\mathrm{pl,2,Rd}} = \frac{1}{4} \cdot l_{\mathrm{eff,2}} \cdot t_{\mathrm{p}}^2 \cdot f_{\mathrm{y}} / \gamma_{\mathrm{M0}} = \frac{1}{4} \cdot 27,7 \cdot 3,0^2 \cdot 23,5 / 1,0 = 1465 \text{ kNcm}$$

$$F_{\mathrm{T,1,Rd}} = \frac{4 \cdot M_{\mathrm{pl,1,Rd}}}{m} = \frac{4 \cdot 1465}{4,46} = 1314 \text{ kN}$$

$$F_{\mathrm{T,2,Rd}} = \frac{2 \cdot M_{\mathrm{pl,2,Rd}} + n \cdot \sum F_{\mathrm{p,Cd}}}{m+n} = \frac{2 \cdot 1465 + 5,00 \cdot 2 \cdot 152}{4,46 + 5,00} = 470 \text{ kN}$$

$$F_{\mathrm{T,3,Rd}} = \sum F_{\mathrm{p,Cd}} = 2 \cdot 152 = 304 \text{ kN}$$

Trägersteg auf Zug:

$$b_{\mathrm{eff,t,wb}} = l_{\mathrm{eff,1}} = 277 \text{ mm}$$

$$F_{\mathrm{t,wb,Rd}} = b_{\mathrm{eff,t,wb}} \cdot t_{\mathrm{wb}} \cdot f_{\mathrm{y,wb}} / \gamma_{\mathrm{M0}} = 27,7 \cdot 0,94 \cdot 23,5 / 1,0 = 612 \text{ kN}$$

Wirksame Tragfähigkeit der 2. Schraubenreihe auf Zug:

$$F_{\mathrm{2,Rd}} = 304 \text{ kN}$$

Abfrage der Tragfähigkeit der Schweißnaht am Steg:

$$F_{\mathrm{w,Rd}} = b_{\mathrm{eff,t,wb}} \cdot \Sigma a_{\mathrm{w}} \cdot 25,5 = 27,7 \cdot 1,0 \cdot 25,5 = 706 \text{ kN} \geq F_{\mathrm{2,Rd}} = 304 \text{ kN}$$

Nachweis der 2. Schraubenreihe:

$$\frac{2 \cdot T}{F_{\mathrm{2,Rd}}} = \frac{2 \cdot 133}{304} = 0,88 \leq 1$$

3. Schraubenreihe am Ende mit Rand

Wirksame Länge des T-Stummels Nr. 3 nach Tabelle 3.1:

$$m = 44,6 \text{ mm} \qquad e = 50 \text{ mm} \qquad e_1 = 70 \text{ mm} \qquad n = e_{\mathrm{min}} = 50 \text{ mm}$$

$$l_{\mathrm{3.1,cp}} = 2 \cdot \pi \cdot m = 2 \cdot \pi \cdot 44,6 = 280 \text{ mm}$$

$$l_{\mathrm{3.2,cp}} = \pi \cdot m + 2 \cdot e_1 = \pi \cdot 44,6 + 2 \cdot 70 = 280 \text{ mm}$$

$$l_{\mathrm{3.1,nc}} = 4 \cdot m + 1,25 \cdot e = 4 \cdot 44,6 + 1,25 \cdot 50 = 241 \text{ mm}$$

$$l_{\mathrm{3.2,nc}} = 2 \cdot m + 0,625 \cdot e + e_1 = 2 \cdot 44,6 + 0,625 \cdot 50 + 70 = 190 \text{ mm}$$

Modus 1: $l_{\mathrm{eff,1}} = l_{\mathrm{eff,nc}} \leq l_{\mathrm{eff,cp}} = 190 \text{ mm}$

Modus 2: $l_{\mathrm{eff,2}} = l_{\mathrm{eff,nc}} = 190 \text{ mm}$

Grenzzugkraft des T-Stummels:

$$m = 44,6 \text{ mm}$$

$$n = e = 50 \text{ mm} \leq 1,25 \cdot m = 1,25 \cdot 44,6 = 55,8 \text{ mm}$$

$$M_{\mathrm{pl,1,Rd}} = \frac{1}{4} \cdot l_{\mathrm{eff,1}} \cdot t_{\mathrm{p}}^2 \cdot f_{\mathrm{y}} / \gamma_{\mathrm{M0}} = \frac{1}{4} \cdot 19,0 \cdot 3,0^2 \cdot 23,5 / 1,0 = 1005 \text{ kNcm}$$

$$M_{\mathrm{pl,2,Rd}} = \frac{1}{4} \cdot l_{\mathrm{eff,2}} \cdot t_{\mathrm{p}}^2 \cdot f_{\mathrm{y}} / \gamma_{\mathrm{M0}} = \frac{1}{4} \cdot 19,0 \cdot 3,0^2 \cdot 23,5 / 1,0 = 1005 \text{ kNcm}$$

$$F_{\mathrm{T,1,Rd}} = \frac{4 \cdot M_{\mathrm{pl,1,Rd}}}{m} = \frac{4 \cdot 1005}{4,46} = 901 \text{ kN}$$

$$F_{\mathrm{T,2,Rd}} = \frac{2 \cdot M_{\mathrm{pl,2,Rd}} + n \cdot \sum F_{\mathrm{p,Cd}}}{m+n} = \frac{2 \cdot 1005 + 5,00 \cdot 2 \cdot 152}{4,46 + 5,00} = 373 \text{ kN}$$

$$F_{T,3,Rd} = \sum F_{p,Cd} = 2 \cdot 152 = 304 \text{ kN}$$

Trägersteg auf Zug:

$$b_{eff,t,wb} = l_{eff,1} = 190 \text{ mm}$$

$$F_{t,wb,Rd} = b_{eff,t,wb} \cdot t_{wb} \cdot f_{y,wb} / \gamma_{M0} = 19{,}0 \cdot 0{,}94 \cdot 23{,}5 / 1{,}0 = 420 \text{ kN}$$

Wirksame Tragfähigkeit der 3. Schraubenreihe auf Zug:

$$F_{t3,Rd} = 304 \text{ kN}$$

Abfrage der Tragfähigkeit der Schweißnaht am Steg:

$$F_{w,Rd} = b_{eff,t,wb} \cdot \Sigma a_w \cdot 25{,}5 = 19{,}0 \cdot 1{,}0 \cdot 25{,}5 = 485 \text{ kN} \geq F_{2,Rd} = 304 \text{ kN}$$

Nachweis der 3. Schraubenreihe:

$$\frac{2 \cdot T}{F_{t3,Rd}} = \frac{2 \cdot 133}{304} = 0{,}88 \leq 1$$

Schraubengruppe aus 2. und 3. Schraubenreihe

Die 2. und 3. Schraubenreihe bilden hier eine Schraubengruppe. Die Schraubengruppe hat ein eigenes Fließlinienmuster für das Versagen dieser Schraubengruppe. Deshalb ist zu überprüfen, dass die Summe der Zugkräfte der 2. und 3. Schraubenreihe nicht größer ist als die Zugkraft der Schraubengruppe.

2. Schraubenreihe

Wirksame Länge des T-Stummels Nr. 4 nach Tabelle 3.1:

$$m = 44{,}6 \text{ mm} \qquad e = 50 \text{ mm} \qquad p = 100 \text{ mm}$$

$$l_{eff,cp} = \pi \cdot m + p = \pi \cdot 44{,}6 + 100 = 240 \text{ mm}$$

$$l_{eff,nc} = 0{,}5 \cdot p + \alpha \cdot m - (2 \cdot m + 0{,}625 \cdot e)$$

$$l_{eff,nc} = 0{,}5 \cdot 100 + 6{,}2 \cdot 44{,}6 - (2 \cdot 44{,}6 + 0{,}625 \cdot 50) = 206 \text{ mm}$$

3. Schraubenreihe

Wirksame Länge des T-Stummels Nr. 3 nach Tabelle 3.1:

$$m = 44{,}6 \text{ mm} \quad e = 50 \text{ mm} \qquad e_1 = 70 \text{ mm} \qquad p = 100 \text{ mm}$$

$$l_{3.1,cp} = \pi \cdot m + p = \pi \cdot 44{,}6 + 100 = 240 \text{ mm}$$

$$l_{3.2,cp} = 2 \cdot e_1 + p = 2 \cdot 70 + 100 = 240 \text{ mm}$$

$$l_{3.1,nc} = 2 \cdot m + 0{,}625 \cdot e + 0{,}5 \cdot p = 2 \cdot 44{,}6 + 0{,}625 \cdot 50 + 0{,}5 \cdot 100 = 170 \text{ mm}$$

$$l_{3.2,nc} = e_1 + 0{,}5 \cdot p = 70 + 0{,}5 \cdot 100 = 120 \text{ mm}$$

Wirksame Länge der Schraubengruppe 2+3

$$\sum l_{eff,cp} = 240 + 240 = 480 \text{ mm}$$

$$\sum l_{eff,nc} = 206 + 120 = 326 \text{ mm}$$

Modus 1: $\sum l_{eff,1} = \sum l_{eff,nc} = 326 \text{ mm} \leq \sum l_{eff,cp} = 480 \text{ mm}$

Modus 2: $\sum l_{eff,2} = \sum l_{eff,2} = 326 \text{ mm}$

Grenzzugkraft des T-Stummels:

$$m = 44{,}6 \text{ mm}$$

$$n = e = 50 \text{ mm} \leq 1{,}25 \cdot m = 1{,}25 \cdot 44{,}6 = 55{,}8 \text{ mm}$$

$$M_{\text{pl,1,Rd}} = \frac{1}{4} \cdot l_{\text{eff,1}} \cdot t_{\text{p}}^2 \cdot f_{\text{y}} / \gamma_{\text{M0}} = \frac{1}{4} \cdot 32{,}6 \cdot 3{,}0^2 \cdot 23{,}5 / 1{,}0 = 1724 \text{ kNcm}$$

$$M_{\text{pl,2,Rd}} = \frac{1}{4} \cdot l_{\text{eff,2}} \cdot t_{\text{p}}^2 \cdot f_{\text{y}} / \gamma_{\text{M0}} = \frac{1}{4} \cdot 32{,}6 \cdot 3{,}0^2 \cdot 23{,}5 / 1{,}0 = 1724 \text{ kNcm}$$

$$F_{\text{T,1,Rd}} = \frac{4 \cdot M_{\text{pl,1,Rd}}}{m} = \frac{4 \cdot 1724}{4{,}46} = 1546 \text{ kN}$$

$$F_{\text{T,2,Rd}} = \frac{2 \cdot M_{\text{pl,2,Rd}} + n \cdot \sum F_{\text{p,Cd}}}{m+n} = \frac{2 \cdot 1724 + 5{,}00 \cdot 4 \cdot 152}{4{,}46 + 5{,}00} = 686 \text{ kN}$$

$$F_{\text{T,3,Rd}} = \sum F_{\text{p,Cd}} = 4 \cdot 152 = 608 \text{ kN}$$

Trägersteg auf Zug:

$$b_{\text{eff,t,wb}} = l_{\text{eff,min}} = 326 \text{ mm}$$

$$F_{\text{t,wb,Rd}} = b_{\text{eff,t,wb}} \cdot t_{\text{wb}} \cdot f_{\text{y,wb}} / \gamma_{\text{M0}} = 32{,}6 \cdot 0{,}94 \cdot 23{,}5 / 1{,}0 = 720 \text{ kN}$$

Wirksame Tragfähigkeit der Schraubengruppe auf Zug:

$$F_{2+3,\text{Rd}} = 608 \text{ kN}$$

Abfrage der Tragfähigkeit der Schweißnaht am Steg:

$$F_{\text{w,Rd}} = b_{\text{eff,t,wb}} \cdot \Sigma a_{\text{w}} \cdot 25{,}5 = 32{,}6 \cdot 1{,}0 \cdot 25{,}5 = 831 \text{ kN} \geq F_{2+3,\text{Rd}} = 608 \text{ kN}$$

Nachweis der Schraubengruppe:

$$\frac{4 \cdot T}{F_{2+3,\text{Rd}}} = \frac{4 \cdot 133}{608} = 0{,}88 \leq 1$$

3.8.4 Stirnplattenstoß mit Biegung und Normalkraft

1. Beispiel: Stirnplattenstoß mit bündiger Platte

IPE 360 mit t_p = 35 mm und M 24-10.9, Kategorie E

Siehe Beispiel 3.8.1 und 3.8.3.
Die folgende Berechnung gilt für kontrolliert vorgespannte Schrauben der Kategorie E, wenn die zugehörige Anfangsrotationssteifigkeit für die Berechnung des zugehörigen statischen Systems sicherheitsrelevant ist. Es wird $F_{p,Cd} = 225$ kN berücksichtigt.

Kategorie E: Abstützkräfte vorhanden

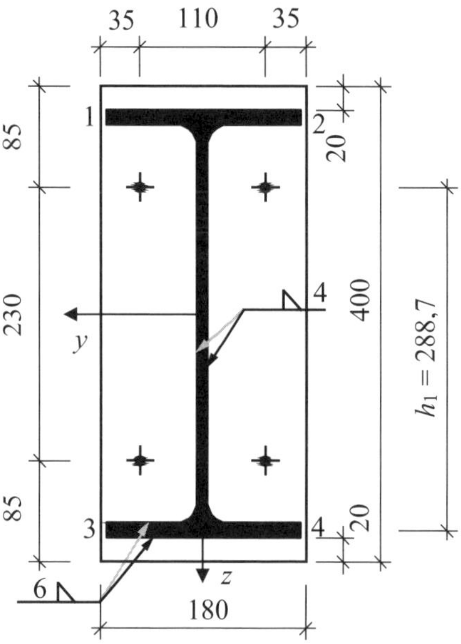

Abb. 3.46 Stirnplattenstoß für IPE 360 mit bündiger Platte

Plastisches Berechnungsmodell mit Schraubenachse als Bezugspunkt:
Momententragfähigkeit $M_{y,j,Rd}$ um den Druckpunkt:

$$M_{j,Rd} = 130 \text{ kNm} \leq M_{pl,y,Rd} = 239 \text{ kNm}$$

Normalkrafttragfähigkeit $N_{j,Rd}$ auf Zug:

$$N_{j,Rd} = 838 \text{ kN} \leq N_{pl,Rd} = 1709 \text{ kN}$$

Normalkrafttragfähigkeit $N_{j,Rd}$ auf Druck:

$$N_{pl,Rd} = 1709 \text{ kN}$$

Fall 1: Biegung und Zugkraft:

$$M_{y,Ed} = -100 \text{ kNm} \qquad N_{Ed} = +208 \text{ kNm}$$

Konservative Näherung:

$$\frac{M_{y,Ed}}{M_{y,j,Rd}} + \frac{N_{Ed}}{N_{j,Rd}} = \frac{100}{130} + \frac{208}{838} = 1,02 \approx 1,0$$

Genauerer Nachweis:

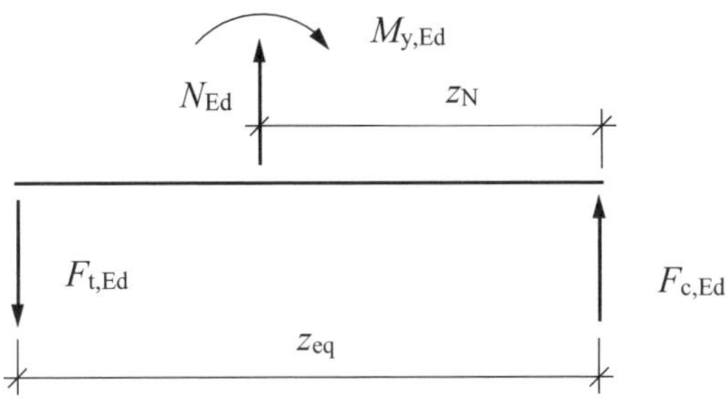

$$F_{t,Ed} = \frac{M_{y,Ed}}{z_{eq}} + N_{Ed} \cdot \frac{z_N}{z_{eq}} = \frac{10000}{28,87} + 208 \cdot \frac{17,4}{28,87} = 472 \text{ kN}$$

$$F_{c,Ed} = F_{t,Ed} - N_{Ed} = 472 - 208 = 264 \text{ kN}$$

Der Nachweis am Zugpunkt und dem Druckgurt lautet dann:

$$F_{c,Rd} = A_f \cdot \sigma_{Rd} = 17,0 \cdot 1,27 \cdot 23,5 = 507 \text{ kN}$$

$$\frac{F_{t,Ed}}{F_{Rd}} = \frac{472}{450} = 1,05 > 1,0$$

Die Schraubengruppe für die Normalkraft ist hier nicht maßgebend.

$$\frac{F_{c,Ed}}{F_{c,Rd}} = \frac{264}{507} = 0,52 \leq 1$$

Die lineare Interaktion nach EC 3 liegt hier nicht auf der sicheren Seite!

Nachweis mit Teilschnittgrößen der Flansche
Berechnung der Tragfähigkeiten

Berechnung der Eckspannungen:

$$\sigma_{j,Ed} = \frac{N_{Ed}}{A} + \frac{M_{y,Ed}}{I_y} \cdot z$$

$$\sigma_{1,Ed} = \sigma_{2,Ed} = \frac{208}{72,7} + \frac{-10000}{16\ 270} \cdot (-18,0) = +13,9 \text{ kN/cm}^2 \quad \text{Zugbereich}$$

$$\sigma_{3,Ed} = \sigma_{4,Ed} = \frac{208}{72,7} - \frac{-10000}{16\ 270} \cdot (-18,0) = -8,20 \text{ kN/cm}^2 \quad \text{Druckbereich}$$

Druckflansch vorhanden.
Wirksame Tragfähigkeit der Schraubenreihe auf Zug:

$F_{Rd} = 450$ kN — gilt für $M_{y,Ed}$

$F_{E,Rd} = 450$ kN $F_{G,Rd} = 419$ kN — gilt für N_{Ed}

Für $M_{y,Ed}$ gilt:
Es ist eine Umrechnung für den Flansch erforderlich:

$$F_{My,Rd} = \frac{M_{y,j,Rd}}{h_f} = \frac{F_{Rd} \cdot h_1}{h_f} = \frac{450 \cdot 28,9}{34,7} = 375 \text{ kN}$$

$$N_{f,pl,Rd} = A_f \cdot \sigma_{Rd} = 17,0 \cdot 1,27 \cdot 23,5 = 507 \text{ kN} \quad \text{Druckbereich}$$

$$N_{f,My,j,Rd} = F_{My,Rd} = 375 \text{ kN} \leq N_{f,pl,Rd} = 507 \text{ kN} \quad \text{Zugbereich}$$

Da im unteren Flansch kein Zug auftritt, gilt $F_{E,Rd} = 450$ kN

Für N_{Ed} gilt:

$$N_{f,N,j,Rd} = F_{N,Rd} = 450 \text{ kN} \leq N_{f,pl,Rd} = 507 \text{ kN} \qquad \text{Zugbereich mit Druckpunkt}$$

Es sind die Teilschnittgrößen für die Flansche zu bestimmen.

$$M_{y,Ed} = 100 \text{ kNm} \qquad N_{Ed} = +208 \text{ kNm}$$

$$N_{f,My,Ed} = \pm\frac{M_{y,Ed}}{h_f} = \frac{10000}{34,7} = \pm 288 \text{ kN}$$

$$N_{f,N,Ed} = \frac{N_{Ed}}{2} = +\frac{208}{2} = +104 \text{ kN}$$

Maximale Zugbeanspruchung im Flansch der bündigen Platte:

$$\frac{N_{f,My,Ed}}{N_{f,My,j,Rd}} + \frac{N_{f,N,Ed}}{N_{f,N,j,Rd}} = \frac{288}{375} + \frac{104}{450} = 1,00 \leq 1$$

Maximale Druckbeanspruchung im Flansch der bündigen Platte:

$$\frac{N_{f,My,Ed}}{N_{f,pl,Rd}} + \frac{N_{f,N,Ed}}{N_{f,pl,Rd}} = -\frac{288}{507} + \frac{104}{507} = -0,36 \leq 1$$

Fall 2: Biegung und Druckkraft:

$$M_{y,Ed} = -100 \text{ kNm} \qquad N_{Ed} = -394 \text{ kNm}$$

Berechnung der Eckspannungen:

$$\sigma_{1,Ed} = \sigma_{2,Ed} = -\frac{394}{72,7} + \frac{-10000}{16\,270} \cdot (-18,0) = +5,64 \text{ kN/cm}^2 \text{ Zugbereich}$$

$$\sigma_{3,Ed} = \sigma_{4,Ed} = -\frac{394}{72,7} - \frac{-10000}{16\,270} \cdot (-18,0) = -16,5 \text{ kN/cm}^2 \text{ Druckbereich}$$

Druckflansch vorhanden.

Konservative Näherung:

$$\frac{M_{y,Ed}}{M_{y,j,Rd}} + \frac{N_{Ed}}{N_{j,Rd}} = \frac{100}{130} + \frac{394}{1709} = 1,00 \leq 1,0$$

Genauerer Nachweis:

$$F_{t,Ed} = \frac{M_{y,Ed}}{z_{eq}} + N_{Ed} \cdot \frac{z_N}{z_{eq}} = \frac{10000}{28,87} - 394 \cdot \frac{17,4}{28,87} = 109 \text{ kN}$$

$$F_{c,Ed} = F_{t,Ed} - N_{Ed} = 108 + 394 = 503 \text{ kN}$$

Der Nachweis am Zugpunkt und dem Druckgurt lautet dann:

$$F_{c,Rd} = A_f \cdot \sigma_{Rd} = 17,0 \cdot 1,27 \cdot 23,5 = 507 \text{ kN}$$

$$\frac{F_{t,Ed}}{F_{Rd}} = \frac{108}{450} = 0,24 \leq 1,0 \qquad \frac{F_{c,Ed}}{F_{c,Rd}} = \frac{503}{507} = 0,99 \leq 1$$

Nachweis mit Teilschnittgrößen der Flansche

Berechnung der Tragfähigkeiten

Es sind die Teilschnittgrößen für die Flansche zu bestimmen.

$$M_{y,Ed} = -100 \text{ kNm} \qquad N_{Ed} = -394 \text{ kNm}$$

$$N_{f,My,Ed} = \pm\frac{M_{y,Ed}}{h_f} = \frac{10000}{34,7} = \pm 288 \text{ kN}$$

$$N_{\text{f,N,Ed}} = \frac{N_{\text{Ed}}}{2} = -\frac{394}{2} = -197 \text{ kN}$$

Maximale Zugbeanspruchung im Flansch der bündigen Platte:

$$\frac{N_{\text{f,My,Ed}}}{N_{\text{f,My,j,Rd}}} + \frac{N_{\text{f,N,Ed}}}{N_{\text{f,N,j,Rd}}} = \frac{288}{375} - \frac{197}{450} = 0,33 \leq 1$$

Maximale Druckbeanspruchung im Flansch der bündigen Platte:

$$\frac{N_{\text{f,My,Ed}}}{N_{\text{f,pl,Rd}}} + \frac{N_{\text{f,N,Ed}}}{N_{\text{f,pl,Rd}}} = -\frac{288}{507} - \frac{197}{507} = -0,96 \leq 1$$

Grenzspannungsmodell für den Anschluss als Beispiel:

Momententragfähigkeit $M_{\text{y,j,Rd}}$ um den Druckpunkt:

$$M_{\text{j,Rd}} = M_{\text{j,1,Rd}} = M_{\text{j,2,Rd}} = 130 \text{ kNm}$$

Grenzspannung des Anschlusses $\sigma_{\text{j,Rd}}$:

$$\sigma_{\text{j,Rd}} = \frac{M_{\text{j,Rd}}}{A_{\text{f}} \cdot (h - t_{\text{f}})} = \frac{13000}{17,0 \cdot 1,27 \cdot (36 - 1,27)} = 17,3 \text{ kN/cm}^2 \leq 23,5 \text{ kN/cm}^2$$

Querschnittswerte:

$$A = 2 \cdot A_{\text{f}} = 2 \cdot 17,0 \cdot 1,27 = 43,2 \text{ cm}^2$$

$$I_{\text{y}} = \frac{1}{2} \cdot A_{\text{f}} \cdot (h - t_{\text{f}})^2 = \frac{1}{2} \cdot 17,0 \cdot 1,27 \cdot (36 - 1,27)^2 = 13020 \text{ cm}^4$$

Fall 1: Biegung und Zugkraft:

$$M_{\text{y,Ed}} = -100 \text{ kNm} \qquad N_{\text{Ed}} = +208 \text{ kNm}$$

$$\sigma_{\text{j,Ed}} = \frac{N_{\text{Ed}}}{A} + \frac{M_{\text{y,Ed}}}{I_{\text{y}}} \cdot z$$

Tabelle 3.3 Tragsicherheitsnachweis – elastische Berechnung

Nr.	y_i cm	z_i cm	σ_N kN/cm²	σ_{My} kN/cm²	$\sigma_{j,Ed}$ kN/cm²	$\sigma_{j,Rd}$ kN/cm²	$\frac{\sigma_{j,Ed}}{\sigma_{j,Rd}}$
1	+8,5	–17,4	+4,81	+13,4	+18,2	+17,3	1,05
2	–8,5	–17,4	+4,81	+13,4	+18,2	+17,3	1,05
3	+8,5	+17,4	+4,81	–13,4	–8,59	–23,5	0,37
4	–8,5	+17,4	+4,81	–13,4	–8,59	–23,5	0,37

Fall 2: Biegung und Druckkraft:

$$M_{\text{y,Ed}} = -100 \text{ kNm} \qquad N_{\text{Ed}} = -394 \text{ kNm}$$

Tabelle 3.4 Tragsicherheitsnachweis – elastische Berechnung

Nr.	y_i cm	z_i cm	σ_N kN/cm²	σ_{My} kN/cm²	$\sigma_{j,Ed}$ kN/cm²	$\sigma_{j,Rd}$ kN/cm²	$\frac{\sigma_{j,Ed}}{\sigma_{j,Rd}}$
1	+8,5	–17,4	–9,12	+13,4	+4,28	+17,3	0,25
2	–8,5	–17,4	–9,12	+13,4	+4,28	+17,3	0,25
3	+8,5	+17,4	–9,12	–13,4	–22,5	–23,5	0,96
4	–8,5	+17,4	–9,12	–13,4	–22,5	–23,5	0,96

2. Beispiel: Stirnplattenstoß mit überstehender Platte

Siehe Beispiel 3.8.2.
Die folgende Berechnung gilt für kontrolliert vorgespannte Schrauben der Kategorie E, wenn die zugehörige Anfangsrotationssteifigkeit für die Berechnung des zugehörigen statischen Systems sicherheitsrelevant ist. Es wird $F_{p,Cd} = 156$ kN berücksichtigt.

IPE 450 mit t_p = 20 mm und M 20-10.9, Kategorie E

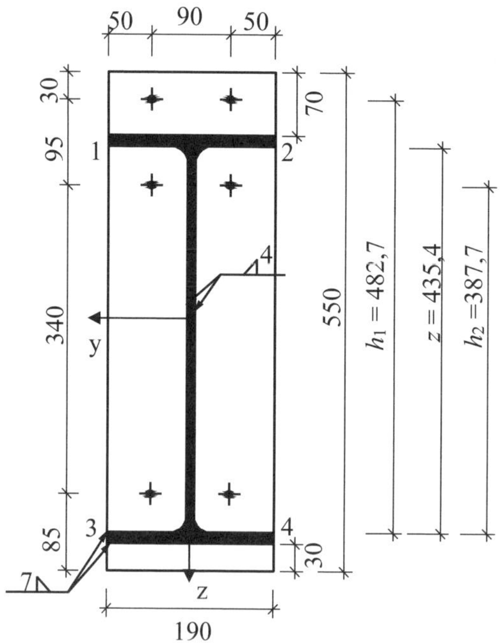

Abb. 3.47 Stirnplattenstoß für IPE 450 mit überstehender Platte

Die Momententragfähigkeit $M_{y,j,Rd}$ um den Druckpunkt ist in diesem Fall:

$$M_{j,Rd} = 228 \text{ kNm} \le M_{pl,y,Rd} = 400 \text{ kNm}$$

$$z_{eq} \approx \frac{M_{y,j,Rd}}{\sum_r F_{tr,Rd}} = \frac{22800}{532} = 42{,}9 \text{ cm} \qquad z_N = 21{,}8 \text{ cm}$$

Normalkrafttragfähigkeit $N_{j,Rd}$ auf Druck:

$$N_{pl,Rd} = A \cdot \sigma_{Rd} = 98{,}8 \cdot 23{,}5 = 2322 \text{ kN}$$

Fall: Biegung und Druckkraft

$$M_{y,j,Ed} = -208 \text{ kNm} \qquad N_{j,Ed} = -185 \text{ kNm}$$

Genauerer Nachweis:

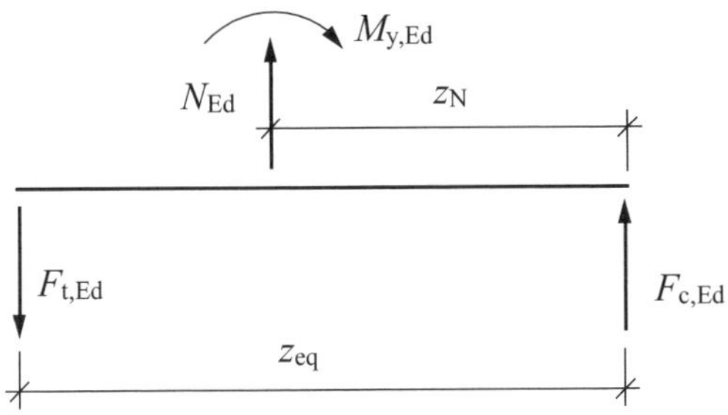

$$F_{t,Ed} = \frac{M_{y,Ed}}{z_{eq}} + N_{Ed} \cdot \frac{z_N}{z_{eq}} = \frac{20800}{42,9} - 185 \cdot \frac{21,8}{42,9} = 391 \text{ kN}$$

$$F_{c,Ed} = F_{t,Ed} - N_{Ed} = 391 + 185 = 576 \text{ kN}$$

Der Nachweis am Zugpunkt und dem Druckgurt lautet dann:

$$F_{c,Rd} = A_f \cdot \sigma_{Rd} = 19,0 \cdot 1,46 \cdot 23,5 = 652 \text{ kN}$$

$$\frac{F_{t,Ed}}{\sum_r F_{tr,Rd}} = \frac{391}{532} = 0,73 \leq 1,0$$

$$\frac{F_{c,Ed}}{F_{c,Rd}} = \frac{576}{652} = 0,88 \leq 1$$

Nachweis mit Teilschnittgrößen der Flansche

Ergänzung: Normalkrafttragfähigkeit $N_{j,Rd}$ auf Zug der Schraubengruppe zwischen den Flanschen

1.1 Stirnblech mit Biegung

Schraubenreihe neben einer Steife. Wirksame Länge des T-Stummels nach Tabelle 3.1:

$$m = \frac{90}{2} - \frac{9,4}{2} - 0,8 \cdot 4 \cdot \sqrt{2} = 35,8 \text{ mm}$$

$e = 50$ mm $\quad n = e_{min} = 50$ mm $\quad p = 340$ mm

$$m_2 = 95 - 40 - 14,6 - 0,8 \cdot 7 \cdot \sqrt{2} = 32,5 \text{ mm}$$

$$\lambda_1 = \frac{m}{m+e} = \frac{35,8}{35,8+50} = 0,42 \qquad \lambda_2 = \frac{m_2}{m+e} = \frac{32,5}{35,8+50} = 0,38$$

$\alpha = 6,56$ nach Gleichung (3.25)

$$l_{4+4,cp} = 2 \cdot \pi \cdot m + 2 \cdot p = 2 \cdot \pi \cdot 35,8 + 2 \cdot 340 = 905 \text{ mm}$$

$$l_{7,cp} = \pi \cdot m + 2 \cdot e + p = \pi \cdot 35,8 + 2 \cdot 50 + 340 = 552 \text{ mm}$$

$$l_{eff,cp} = 552 \text{ mm}$$

$$l_{eff,nc} = l_{4+4,nc} = 2 \cdot \alpha \cdot m + p - (4 \cdot m + 1,25 \cdot e)$$

$$l_{eff,nc} = l_{4+4,nc} = 2 \cdot 6,56 \cdot 35,8 + 340 - (4 \cdot 35,8 + 1,25 \cdot 50,0) = 604 \text{ mm}$$

Modus 1: $l_{eff,1} = l_{eff,nc} \leq l_{eff,cp} = 552$ mm

Modus 2: $l_{eff,2} = l_{eff,nc} = 604$ mm

Grenzzugkraft des T-Stummels:

$m = 35,8$ mm $\qquad n = e = 50 \text{ mm} \leq 1,25 \cdot m = 1,25 \cdot 35,8 = 448 \text{ mm}$

$$M_{\text{pl,1,Rd}} = \frac{1}{4} \cdot l_{\text{eff,1}} \cdot t_{\text{p}}^2 \cdot f_{\text{y}} / \gamma_{\text{M0}} = \frac{1}{4} \cdot 55,2 \cdot 2,0^2 \cdot 23,5 / 1,0 = 1297 \text{ kNcm}$$

$$M_{\text{pl,2,Rd}} = \frac{1}{4} \cdot l_{\text{eff,2}} \cdot t_{\text{p}}^2 \cdot f_{\text{y}} / \gamma_{\text{M0}} = \frac{1}{4} \cdot 60,4 \cdot 2,0^2 \cdot 23,5 / 1,0 = 1419 \text{ kNcm}$$

$$F_{\text{T,1,Rd}} = \frac{4 \cdot M_{\text{pl,1,Rd}}}{m} = \frac{4 \cdot 1297}{3,58} = 1449 \text{ kN}$$

$$F_{\text{T,2,Rd}} = \frac{2 \cdot M_{\text{pl,2,Rd}} + n \cdot \sum F_{\text{p,Cd}}}{m+n} = \frac{2 \cdot 1419 + 4,48 \cdot 4 \cdot 156}{3,58 + 4,48} = 699 \text{ kN}$$

$$F_{\text{T,3,Rd}} = \sum F_{\text{p,Cd}} = 4 \cdot 156 = 624 \text{ kN}$$

Kleinste Tragfähigkeit des Stirnblechs mit Biegung als Schraubengruppe zwischen den Flanschen:

$$F_{\text{T,3,Rd}} = 624 \text{ kN}$$

1.2 Trägersteg auf Zug

$$b_{\text{eff,t,wb}} = l_{\text{eff,1}} = 552 \text{ mm}$$

$$F_{\text{t,wb,Rd}} = b_{\text{eff,t,wb}} \cdot t_{\text{wb}} \cdot f_{\text{y,wb}} / \gamma_{\text{M0}} = 55,2 \cdot 0,94 \cdot 23,5 / 1,0 = 1219 \text{ kN}$$

1.3 Abfrage der Tragfähigkeit der Schweißnaht am Steg

$$F_{\text{w,Rd}} = b_{\text{eff,t,wb}} \cdot \Sigma a_{\text{w}} \cdot 25,5 = 55,2 \cdot 0,8 \cdot 25,5 = 1126 \text{ kN} \geq 624 \text{ kN}$$

$$F_{\text{2,G,Rd}} = F_{\text{T,3,Rd}} / 2 = 312 \text{ kN}$$

Wirksame Tragfähigkeit der Schraubenreihen auf Zug:

$F_{1,\text{Rd}} = 223$ kN		gilt für $M_{\text{y,Ed}}$
$F_{1,\text{Rd}} = 223$ kN		gilt für N_{Ed}
$F_{2,\text{Rd}} = 310$ kN		gilt für $M_{\text{y,Ed}}$
$F_{2,\text{E,Rd}} = 310$ kN	$F_{2,\text{G,Rd}} = 312$ kN	gilt für N_{Ed}
$F_{3,\text{E,Rd}} = 310$ kN	$F_{3,\text{G,Rd}} = 312$ kN	gilt für N_{Ed}

Die Werte als Schraubengruppe (Index G) werden nur wirksam, wenn sich unter den gegebenen Schnittgrößen auch eine Gruppe auf Zug ausbilden kann, z. B. eine reine Zugkraft. Es liegt auf der sicheren Seite, wenn mit den geringeren Tragfähigkeiten gerechnet wird.

Berechnung der Tragfähigkeiten

Berechnung der Eckspannungen:

$$\sigma_{\text{j,Ed}} = \frac{N_{\text{Ed}}}{A} + \frac{M_{\text{y,Ed}}}{I_{\text{y}}} \cdot z$$

$$\sigma_{1,\text{Ed}} = \sigma_{2,\text{Ed}} = -\frac{185}{98,8} + \frac{-20800}{33\,740} \cdot (-22,5) = +12,0 \text{ kN/cm}^2 \text{ Zugbereich}$$

$$\sigma_{3,\text{Ed}} = \sigma_{4,\text{Ed}} = -\frac{185}{98,8} - \frac{-20800}{33\,740} \cdot (-22,5) = -15,7 \text{ kN/cm}^2 \text{ Druckbereich}$$

Druckflansch vorhanden.
Für $M_{y,Ed}$ gilt:

$$N_{f,pl,Rd} = A_f \cdot \sigma_{Rd} = 19,0 \cdot 1,46 \cdot 23,5 = 652 \text{ kN}$$ Druckbereich

$$N_{f,My,j,Rd} = \frac{M_{y,j,Rd}}{h_f} = \frac{22800}{43,5} = 524 \text{ kN}$$

$$N_{f,My,j,Rd} = 524 \text{ kN} \leq N_{f,pl,Rd} = 652 \text{ kN}$$ Zugbereich

Für N_{Ed} gilt:

$$N_{f,pl,Rd} = A_f \cdot \sigma_{Rd} = 19,0 \cdot 1,46 \cdot 23,5 = 652 \text{ kN}$$ Druckbereich

$$N_{f,1+2,N,j,Rd} = F_{1,Rd} + F_{2,Rd} = 223 + 310 =$$

$$N_{f,1+2,N,j,Rd} = 533 \text{ kN} \leq N_{f,pl,Rd} = 652 \text{ kN}$$ Zugbereich mit Druckflansch

$$N_{f,3,N,j,Rd} = F_{3,Rd} = 310 \text{ kN} \leq N_{f,pl,Rd} = 652 \text{ kN}$$ Zugbereich mit Druckflansch

Es sind die Teilschnittgrößen für die Flansche zu bestimmen.

$$M_{y,j,Ed} = -208 \text{ kNm} \qquad N_{j,Ed} = -185 \text{ kNm}$$

$$N_{f,My,Ed} = \pm\frac{M_{y,Ed}}{h_f} = \frac{20800}{43,5} = \pm 478 \text{ kN}$$

$$N_{f,N,Ed} = \frac{N_{Ed}}{2} = -\frac{185}{2} = -92,5 \text{ kN}$$

Maximale Zugbeanspruchung im Flansch der überstehenden Platte:

$$\frac{N_{f,My,Ed}}{N_{f,My,j,Rd}} + \frac{N_{f,N,Ed}}{N_{f,1+2,N,j,Rd}} = +\frac{478}{524} - \frac{92,5}{533} = 0,74 \leq 1$$

Maximale Druckbeanspruchung im Flansch der bündigen Platte:

$$\frac{N_{f,My,Ed}}{N_{f,pl,Rd}} + \frac{N_{f,N,Ed}}{N_{f,pl,Rd}} = -\frac{478}{652} - \frac{92,5}{652} = -0,88 \leq 1$$

Grenzspannungsmodell für den Anschluss als Beispiel zum Vergleich

Momententragfähigkeit $M_{j,Rd}$:

$$M_{j,1,Rd} = \sum_r h_r \cdot F_{tr,Rd} = h_1 \cdot F_{t1,Rd} + h_2 \cdot F_{t2,Rd} = 48,3 \cdot 223 + 38,8 \cdot 310 = 228 \text{ kNm}$$

$$M_{j,2,Rd} = \sum_r h_r \cdot F_{tr,Rd} = h_2 \cdot F_{t2,Rd} = 38,8 \cdot 310 = 120 \text{ kNm}$$

Grenzzugspannung des Anschlusses $\sigma_{j,1,Rd}$:

$$\sigma_{j,1,Rd} = \frac{M_{j,1,Rd}}{A_f \cdot (h - t_f)} = \frac{22800}{19,0 \cdot 1,46 \cdot (45,0 - 1,46)} = 18,9 \text{ kN/cm}^2 \leq 23,5 \text{ kN/cm}^2$$

Grenzzugspannung des Anschlusses $\sigma_{j,2,Rd}$:

$$\sigma_{j,2,Rd} = \frac{M_{j,2,Rd}}{A_f \cdot (h - t_f)} = \frac{12000}{19,0 \cdot 1,46 \cdot (45,0 - 1,46)} = 9,94 \text{ kN/cm}^2 \leq 23,5 \text{ kN/cm}^2$$

Querschnittswerte:

$$A = 2 \cdot A_f = 2 \cdot 19,0 \cdot 1,46 = 55,5 \text{ cm}^2$$

$$I_y = \frac{1}{2} \cdot A_f \cdot (h - t_f)^2 = \frac{1}{2} \cdot 19{,}0 \cdot 1{,}46 \cdot (45{,}0 - 1{,}46)^2 = 26290 \text{ cm}^4$$

Fall: Biegung und Druckkraft

$$M_{y,Ed} = -208 \text{ kNm} \qquad N_{Ed} = -185 \text{ kNm}$$

$$\sigma_{j,Ed} = \frac{N_{Ed}}{A} + \frac{M_{y,Ed}}{I_y} \cdot z$$

Tabelle 3.5 Tragsicherheitsnachweis – elastische Berechnung

Nr.	y_i cm	z_i cm	σ_N kN/cm²	σ_{My} kN/cm²	$\sigma_{j,Ed}$ kN/cm²	$\sigma_{j,Rd}$ kN/cm²	$\frac{\sigma_{j,Ed}}{\sigma_{j,Rd}}$
1	+9,5	–21,8	–3,33	+17,2	+13,9	+18,9	0,74
2	–9,5	–21,8	–3,33	+17,2	+13,9	+18,9	0,74
3	+9,5	+21,8	–3,33	–17,2	–20,5	–23,5	0,87
4	–9,5	+21,8	–3,33	–17,2	–20,5	–23,5	0,87

3.8.5 Stirnplattenstoß mit Biegung um die schwache Achse

IPE 360 mit t_p = 35 mm und M 24-10.9, Kategorie E

Die folgende Berechnung gilt für kontrolliert vorgespannte Schrauben der Kategorie E.

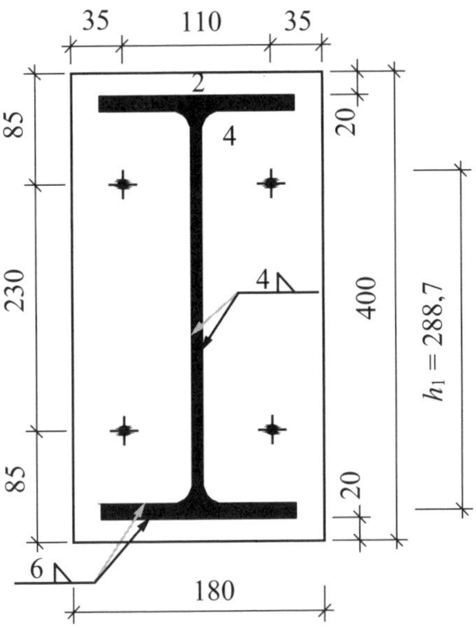

Abb. 3.48 Stirnplattenstoß für IPE 360 mit bündiger Platte

Stahlgüte der Stirnplatte: S 235 $\quad f_{y,p} = 23,5 \text{ kN/cm}^2$

Stahlgüte des Trägers: S 235 $\quad f_{y,b} = 23,5 \text{ kN/cm}^2$

Teilsicherheitsbeiwert: $\quad \gamma_{M0} = 1,00$

Dicke der Stirnplatte: $\quad t_p = 35 \text{ mm}$

Schrauben: M 24-10.9-D $\quad d_0 = 26 \text{ mm} \quad F_{t,Rd} = 254 \text{ kN} \quad A_s = 3,53 \text{ cm}^2$

Schrauben: M 24-10.9-E $\quad F_{p,Cd} = 225 \text{ kN}$

Profil: IPE 360 $\quad h = 360 \text{ mm} \quad t_f = 12,7 \text{ mm} \quad t_w = 8 \text{ mm} \quad b = 170 \text{ mm}$

$$M_{z,pl,Rd} = W_{pl,z} \cdot \sigma_{Rd} = 191 \cdot 23,5 / 100 = 44,9 \text{ kNm}$$

$$L_b = l_k + 2 \cdot h + 0,5 \cdot (k + m) = 2 \cdot 3,5 + 2 \cdot 0,4 + 0,5 \cdot (1,5 + 1,9) = 9,50 \text{ cm}$$

Schweißnahtdicke: $\quad a_f = 6 \text{ mm}; \; a_w = 4 \text{ mm}$

Beanspruchbarkeit der Schweißnaht nach dem richtungsbezogenen Verfahren:

$$\sigma_{1,w,Ed} = \sqrt{2 \cdot \sigma_w^2 + 3 \cdot \tau_{\|}^2} \le f_{1,w,Rd} = \frac{f_u}{\beta_w \cdot \gamma_{M2}} = \frac{36}{0,8 \cdot 1,25} = 36,0 \text{ kN/cm}^2$$

$$\sigma_{w,Ed} \le \frac{f_u}{\sqrt{2} \cdot \beta_w \cdot \gamma_{M2}} = \frac{36}{\sqrt{2} \cdot 0,8 \cdot 1,25} = 25,5 \text{ kN/cm}^2$$

Biegetragfähigkeit $M_{z,j,Rd}$
Schraubenreihen einzeln betrachtet:
1.1 Stirnblech mit Biegung

$$m = \frac{110}{2} - \frac{8}{2} - 0,8 \cdot 4 \cdot \sqrt{2} = 46,5 \text{ mm}$$

$$e = 35 \text{ mm} \qquad n = e_{\min} = 35 \text{ mm} \qquad p = 230 \text{ mm}$$

$$m_2 = 85 - 20 - 12,7 - 0,8 \cdot 6 \cdot \sqrt{2} = 45,5 \text{ mm}$$

$$\lambda_1 = \frac{m}{m+e} = \frac{46,5}{46,5+35} = 0,57 \qquad \lambda_2 = \frac{m_2}{m+e} = \frac{45,5}{46,5+35} = 0,56$$

$\alpha = 5,22$ nach Gleichung (3.25)

$$l_{1,\text{cp}} = 2 \cdot \pi \cdot m = 2 \cdot \pi \cdot 46,5 = 292 \text{ mm}$$

$$l_{\text{eff,cp}} = 292 \text{ mm}$$

$$l_{\text{eff,nc}} = l_{1,\text{nc}} = \alpha \cdot m = 5,22 \cdot 46,5 = 242 \text{ mm}$$

Modus 1: $l_{\text{eff},1} = l_{\text{eff,nc}} \leq l_{\text{eff,cp}} = 242 \text{ mm}$

Modus 2: $l_{\text{eff},2} = l_{\text{eff,nc}} = 242 \text{ mm}$

Grenzzugkraft des T-Stummels:

$$m = 46,5 \text{ mm}$$

$$n = e = 35 \text{ mm} \leq 1,25 \cdot m = 1,25 \cdot 46,5 = 58,1 \text{ mm}$$

$$M_{\text{pl},1,\text{Rd}} = \frac{1}{4} \cdot l_{\text{eff},1} \cdot t_{\text{p}}^2 \cdot f_{\text{y,p}} / \gamma_{\text{M0}} = \frac{1}{4} \cdot 24,2 \cdot 3,5^2 \cdot 23,5 / 1,0 = 1742 \text{ kNcm}$$

$$M_{\text{pl},2,\text{Rd}} = \frac{1}{4} \cdot l_{\text{eff},2} \cdot t_{\text{p}}^2 \cdot f_{\text{y,p}} / \gamma_{\text{M0}} = \frac{1}{4} \cdot 24,2 \cdot 3,5^2 \cdot 23,5 / 1,0 = 1742 \text{ kNcm}$$

$$F_{\text{T},1,\text{Rd}} = \frac{4 \cdot M_{\text{pl},1,\text{Rd}}}{m} = \frac{4 \cdot 1742}{4,65} = 1498 \text{ kN}$$

$$F_{\text{T},2,\text{Rd}} = \frac{2 \cdot M_{\text{pl},2,\text{Rd}} + n \cdot \sum F_{\text{p,Cd}}}{m+n} = \frac{2 \cdot 1742 + 3,5 \cdot 2 \cdot 225}{4,65 + 3,5} = 621 \text{ kN}$$

$$F_{\text{T},3,\text{Rd}} = \sum F_{\text{p,Cd}} = 2 \cdot 225 = 450 \text{ kN}$$

Wirksame Tragfähigkeit des Stirnblechs einzeln betrachtet:

$$F_{\text{T},3,\text{Rd}} = 450 \text{ kN}$$

Für die folgenden Nachweise ist zu beachten, dass für einen Flansch nur $0,5 \cdot F_{\text{T},3,\text{Rd}} = 225$ kN wirksam ist.

1.2 Trägersteg auf Zug

$$b_{\text{eff,t,wb}} = l_{\text{eff},1} = 242 \text{ mm}$$

$$F_{\text{t,wb,Rd}} = b_{\text{eff,t,wb}} \cdot t_{\text{wb}} \cdot f_{\text{y,wb}} / \gamma_{\text{M0}} = 24,2 \cdot 0,8 \cdot 23,5 / 1,0 = 455 \text{ kN}$$

1.3 Abfrage der Tragfähigkeit der Schweißnaht am Steg

$$F_{\text{w,Rd}} = b_{\text{eff,t,wb}} \cdot \Sigma a_{\text{w}} \cdot 25,5 = 24,2 \cdot 0,8 \cdot 25,5 = 494 \text{ kN} \geq 225 \text{ kN}$$

1.4 Abfrage der Tragfähigkeit der Schweißnaht am Flansch

$$F_{\text{w,Rd}} = b \cdot \Sigma a_{\text{f}} \cdot 25,5 = 17,0 \cdot 2 \cdot 1,2 \cdot 25,5 = 1040 \text{ kN} \geq 225 \text{ kN}$$

Wirksame Tragfähigkeit:

$$F_{z,E,Rd} = F_{T,3,Rd} = 450 \text{ kN}$$

Biegetragfähigkeit $M_{z,j,Rd}$
Schraubenreihen als Teil einer Gruppe betrachtet:
1.1 Stirnblech mit Biegung

$$m = \frac{110}{2} - \frac{8}{2} - 0,8 \cdot 4 \cdot \sqrt{2} = 46,5 \text{ mm}$$

$$e = 35 \text{ mm} \qquad n = e_{\min} = 35 \text{ mm} \qquad p = 230 \text{ mm}$$

$$m_2 = 85 - 20 - 12,7 - 0,8 \cdot 6 \cdot \sqrt{2} = 45,5 \text{ mm}$$

$$\lambda_1 = \frac{m}{m+e} = \frac{46,5}{46,5+35} = 0,57 \qquad \lambda_2 = \frac{m_2}{m+e} = \frac{45,5}{46,5+35} = 0,56$$

$$\alpha = 5,22 \qquad \text{nach Gleichung (3.25)}$$

$$l_{4+4,cp} = \pi \cdot m + p = \pi \cdot 46,5 + 230 = 376 \text{ mm}$$

$$l_{7,cp} = 0,5 \cdot \pi \cdot m + e + 0,5 \cdot p = 0,5 \cdot \pi \cdot 46,5 + 35 + 0,5 \cdot 230 = 223 \text{ mm}$$

$$l_{eff,cp} = 223 \text{ mm}$$

$$l_{eff,nc} = l_{4+4,nc} = \alpha \cdot m + 0,5 \cdot p - (2 \cdot m + 0,625 \cdot e)$$

$$l_{eff,nc} = l_{4+4,nc} = 5,22 \cdot 46,5 + 0,5 \cdot 230 - (2 \cdot 46,5 + 0,625 \cdot 35,0) = 243 \text{ mm}$$

Modus 1: $l_{eff,1} = l_{eff,nc} \leq l_{eff,cp} = 223 \text{ mm}$

Modus 2: $l_{eff,2} = l_{eff,nc} = 243 \text{ mm}$

Grenzzugkraft des T-Stummels:

$$m = 46,5 \text{ mm}$$

$$n = e = 35 \text{ mm} \leq 1,25 \cdot m = 1,25 \cdot 46,5 = 58,1 \text{ mm}$$

$$M_{pl,1,Rd} = \frac{1}{4} \cdot l_{eff,1} \cdot t_p^2 \cdot f_{y,p} / \gamma_{M0} = \frac{1}{4} \cdot 22,3 \cdot 3,5^2 \cdot 23,5 / 1,0 = 1605 \text{ kNcm}$$

$$M_{pl,2,Rd} = \frac{1}{4} \cdot l_{eff,2} \cdot t_p^2 \cdot f_{y,p} / \gamma_{M0} = \frac{1}{4} \cdot 24,3 \cdot 3,5^2 \cdot 23,5 / 1,0 = 1749 \text{ kNcm}$$

$$F_{T,1,Rd} = \frac{4 \cdot M_{pl,1,Rd}}{m} = \frac{4 \cdot 1605}{4,65} = 1381 \text{ kN}$$

$$F_{T,2,Rd} = \frac{2 \cdot M_{pl,2,Rd} + n \cdot \sum F_{p,Cd}}{m+n} = \frac{2 \cdot 1749 + 3,5 \cdot 2 \cdot 225}{4,65 + 3,5} = 622 \text{ kN}$$

$$F_{T,3,Rd} = \sum F_{p,Cd} = 2 \cdot 225 = 450 \text{ kN}$$

Kleinste Tragfähigkeit des Stirnblechs einzeln betrachtet:

$$F_{T,3,Rd} = 450 \text{ kN}$$

1.2 Trägersteg auf Zug

$$b_{eff,t,wb} = l_{eff,1} = 223 \text{ mm}$$

$$F_{t,wb,Rd} = b_{eff,t,wb} \cdot t_{wb} \cdot f_{y,wb} / \gamma_{M0} = 22,3 \cdot 0,8 \cdot 23,5 / 1,0 = 419 \text{ kN}$$

1.3 Abfrage der Tragfähigkeit der Schweißnaht am Steg

$$F_{w,Rd} = b_{eff,t,wb} \cdot \Sigma a_w \cdot 25,5 = 22,3 \cdot 0,8 \cdot 25,5 = 454 \text{ kN} \geq 225 \text{ kN}$$

1.4 Abfrage der Tragfähigkeit der Schweißnaht am Flansch

$$F_{w,Rd} = b \cdot \Sigma a_f \cdot 25,5 = 17,0 \cdot 2 \cdot 1,2 \cdot 25,5 = 1040 \text{ kN} \geq 225 \text{ kN}$$

Wirksame Tragfähigkeit:

$$F_{z,G,Rd} = F_{T,3,Rd} = 450 \text{ kN}$$

Maßgebende Tragfähigkeit für ein Biegemoment um die schwache Achse:

$$F_{i,Rd} = F_{z,E,Rd} = 450 \text{ kN}$$

Momententragfähigkeit $M_{z,j,Rd}$:

$$M_{z,el,Rd} = W_z \cdot \sigma_{Rd} = 123 \cdot 23,5 / 100 = 28,9 \text{ kNm}$$

$$y = \frac{w_1}{2} + \frac{b}{4} = \frac{11,0}{2} + \frac{17,0}{4} = 9,75 \text{ cm}$$

$$M_{z,j,Rd} = y \cdot F_{i,Rd} = 9,75 \cdot 450 = 4388 \text{ kNcm} = 43,9 \text{ kNm jedoch} \leq M_{z,pl,Rd} = 44,9 \text{ kNm}$$

$$M_{z,j,Rd} = 43,9 \text{ kNm}$$

Berechnung der Anfangsrotationssteifigkeit ohne Vorspannung–Kategorie D

Da für den T-Stummel bei dem Biegemoment M_z die Gegenseite fehlt, darf nur die Hälfte angesetzt werden. Bei der bündigen Platte stellen aber die beiden Schrauben auf Zug einen vollen T-Stummel dar.

Bei Trägerstößen sind hier die Steifigkeitskoeffizienten der folgenden Komponenten zu berücksichtigen.

Es treten hier keine Abstützkräfte auf, da Modus 3 maßgebend ist.

1. Stützenblech mit Biegung

$$k_5 = \frac{0,5 \cdot l_{eff,min} \cdot t_p^3}{m^3} = \frac{0,5 \cdot 22,3 \cdot 3,5^3}{4,65^3} = 4,75 \text{ cm}$$

2. Schrauben auf Zug

$$k_{10} = 2,0 \cdot \frac{A_s}{L_b} = 2,0 \cdot \frac{3,53}{9,5} = 0,743 \text{ cm}$$

3. Effektiver Steifigkeitskoeffizient

$$\frac{1}{k_{eff}} = \frac{1}{k_5} + \frac{1}{k_5} + \frac{1}{k_{10}} = \frac{1}{4,75} + \frac{1}{4,75} + \frac{1}{0,743}$$

$$k_{eff} = 0,566 \text{ cm}$$

4. Anfangsrotationssteifigkeit

$$S_{z,j,ini} = \frac{E \cdot y^2}{\sum_i \frac{1}{k_i}} = \frac{21\,000 \cdot 9,75^2}{\frac{1}{0,566}} = 1\,130\,000 \text{ kNcm/rad} = 11,3 \text{ MNm/rad}$$

Berechnung der Anfangsrotationssteifigkeit mit Vorspannung–Kategorie E

Bei Trägerstößen sind hier die Steifigkeitskoeffizienten der folgenden Komponenten zu berücksichtigen. Es treten Abstützkräfte auf.

1. Stützenblech mit Biegung

$$k_5 = \frac{0,9 \cdot l_{eff,1} \cdot t_p^3}{m^3} = \frac{0,9 \cdot 22,3 \cdot 3,5^3}{4,65^3} = 8,56 \text{ cm}$$

2. Schrauben auf Zug

$$k_{10,p} = 10 \cdot \frac{A_s}{L_b} = 10 \cdot \frac{3,53}{9,5} = 3,72 \text{ cm}$$

3. Effektiver Steifigkeitskoeffizient

$$\frac{1}{k_{eff}} = \frac{1}{k_5} + \frac{1}{k_5} + \frac{1}{k_{10}} = \frac{1}{8,56} + \frac{1}{8,56} + \frac{1}{3,72}$$

$$k_{eff} = 1,99 \text{ cm}$$

4. Anfangsrotationssteifigkeit

$$S_{z,j,ini} = \frac{E \cdot y^2}{\sum_i \frac{1}{k_i}} = \frac{21\,000 \cdot 9,75^2}{\frac{1}{1,99}} = 3\,397\,000 \text{ kNcm/rad} = 34,0 \text{ MNm/rad}$$

Die Anfangsrotationssteifigkeit $S_{z,j,ini}$ für vorgespannte Schrauben ist in diesem Fall 4-mal so groß wie für nicht vorgespannte Schrauben. Die kleinste Feder bestimmt bei hintereinander geschalteten Federn die Steifigkeit der Gesamtfeder. Da die Federsteifigkeit der Stirnplatten sehr groß ist, wirkt sich die Steifigkeit der Schraube bei Stirnplattenstößen so stark aus.

3.8.6 Stoß mit Normalkraft und zweiachsiger Biegung

1. Beispiel: Stirnplattenstoß mit bündiger Platte

IPE 360 mit t_p = 35 mm und M 24-10.9, Kategorie E

Siehe Beispiel 3.8.1.
Die folgende Berechnung gilt für kontrolliert vorgespannte Schrauben der Kategorie E. Es wird $F_{p,Cd} = 225$ kN berücksichtigt.

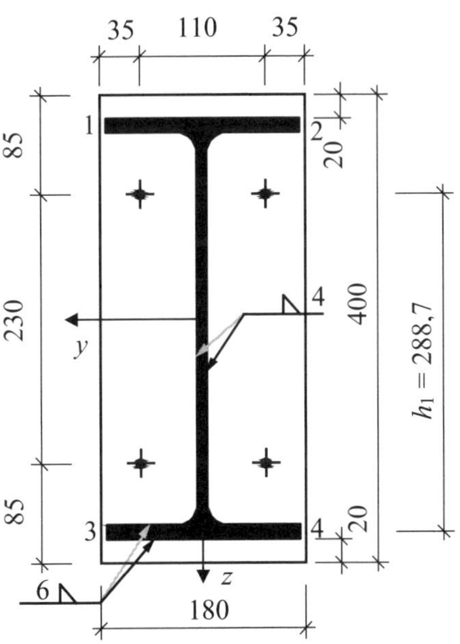

Abb. 3.49 Stirnplattenstoß für IPE 360 mit bündiger Platte

Wirksame Tragfähigkeit der Schraubenreihe auf Zug:

$F_{Rd} = 450$ kN — gilt für $M_{y,Ed}$

$F_{E,Rd} = 450$ kN $F_{G,Rd} = 419$ kN — gilt für N_{Ed}

$F_{z,E,Rd} = 450$ kN $F_{z,G,Rd} = 450$ kN — gilt für $M_{z,Ed}$

Konservative Näherung:

$$\frac{M_{y,Ed}}{M_{y,j,Rd}} + \frac{N_{Ed}}{N_{j,Rd}} + \frac{M_{z,Ed}}{M_{z,j,Rd}} \leq 1,0$$

Momententragfähigkeit $M_{y,j,Rd}$ um den Druckpunkt:

$$M_{y,j,Rd} = 130 \text{ kNm} \leq M_{pl,y,Rd} = 239 \text{ kNm}$$

Normalkrafttragfähigkeit $N_{j,Rd}$ auf Zug:

$$N_{j,Rd} = 2 \cdot F_{G,Rd} = 2 \cdot 419 = 838 \text{ kN} \leq N_{pl,Rd} = 1709 \text{ kN}$$

Normalkrafttragfähigkeit $N_{j,Rd}$ auf Druck:

$$N_{pl,Rd} = 1709 \text{ kN}$$

Momententragfähigkeit $M_{z,j,Rd}$:

$$M_{z,j,Rd} = 43,9 \text{ kNm}$$

Fall 1: Biegung und Zugkraft

$M_{y,Ed} = 85$ kNm $N_{j,Ed} = +78$ kNm $M_{z,Ed} = +7,50$ kNm

Maximale Zugbeanspruchung im Flansch der bündigen Platte:

$$\frac{M_{y,Ed}}{M_{y,j,Rd}} + \frac{N_{Ed}}{N_{j,Rd}} + \frac{M_{z,Ed}}{M_{z,j,Rd}} = \frac{85}{130} + \frac{78}{838} + \frac{7,50}{43,9} = 0,918 \leq 1,0$$

Fall 2: Biegung und Druckkraft

$M_{y,Ed} = 85$ kNm $N_{j,Ed} = -78$ kNm $M_{z,Ed} = +7,50$ kNm

Maximale Druckbeanspruchung im Flansch der bündigen Platte:

$$\frac{M_{y,Ed}}{M_{y,j,Rd}} + \frac{N_{Ed}}{N_{pl,Rd}} + \frac{M_{z,Ed}}{M_{z,j,Rd}} = -\frac{85}{130} - \frac{78}{1709} - \frac{7,50}{43,9} = -0,870 \leq 1,0$$

Nachweis mit Teilschnittgrößen der Flansche
Berechnung der Tragfähigkeiten

Für $M_{y,Ed}$ gilt:
Es ist eine Umrechnung für den Flansch erforderlich:

$$F_{My,Rd} = \frac{M_{y,j,Rd}}{h_f} = \frac{F_{Rd} \cdot h_1}{h_f} = \frac{450 \cdot 28,9}{34,7} = 375 \text{ kN}$$

$N_{f,pl,Rd} = A_f \cdot \sigma_{Rd} = 17,0 \cdot 1,27 \cdot 23,5 = 507$ kN — Druckbereich

$N_{f,My,j,Rd} = F_{My,Rd} = 375 \text{ kN} \leq N_{f,pl,Rd} = 507$ kN — Zugbereich

Für N_{Ed} gilt:

$N_{f,pl,Rd} = A_f \cdot \sigma_{Rd} = 17,0 \cdot 1,27 \cdot 23,5 = 507$ kN — Druckbereich

$N_{f,N,j,Rd} = F_{E,Rd} = 450 \text{ kN} \leq N_{f,pl,Rd} = 507$ kN — Zugbereich mit Druckflansch

$N_{f,N,j,Rd} = F_{G,Rd} = 419 \text{ kN} \leq N_{f,pl,Rd} = 507$ kN — Zugbereich ohne Druckflansch

Für $M_{z,Ed}$ gilt hier für Zugflansch und Druckflansch:

$$M_{f,Mz,Rd} = \frac{1}{4} \cdot t_f \cdot b^2 \cdot \sigma_{Rd} = \frac{1}{4} \cdot 1{,}27 \cdot 17^2 \cdot 23{,}5/100 = 21{,}6 \text{ kNm}$$

$$y = \frac{w_1}{2} + \frac{b}{4} = \frac{11{,}0}{2} + \frac{17{,}0}{4} = 9{,}75 \text{ cm}$$

$$M_{f,Mz,j,Rd} = \frac{1}{2} \cdot y \cdot F_{i,Rd} = \frac{1}{2} \cdot 9{,}75 \cdot 450 \cdot \frac{1}{100} = 21{,}9 \text{ kNm} \leq M_{f,Mz,Rd} = 21{,}6 \text{ kNm}$$

$$M_{f,Mz,j,Rd} = 21{,}6 \text{ kNm}$$

Fall 1: Biegung und Zugkraft

$M_{y,Ed} = 85$ kNm $\quad N_{j,Ed} = +78$ kNm $\quad M_{z,Ed} = +7{,}50$ kNm

Berechnung der Eckspannungen:

$$\sigma_{j,Ed} = \frac{N_{Ed}}{A} + \frac{M_{y,Ed}}{I_y} \cdot z - \frac{M_{z,Ed}}{1{,}5 \cdot I_z} \cdot y$$

$$\sigma_{3,Ed} = +\frac{78}{72{,}7} + \frac{8500}{16\,270} \cdot 18{,}0 - \frac{750}{1{,}5 \cdot 1040} \cdot (+8{,}5) = +6{,}39 \text{ kN/cm}^2 \text{ Zugbereich}$$

$$\sigma_{4,Ed} = +\frac{78}{72{,}7} + \frac{8500}{16\,270} \cdot 18{,}0 - \frac{750}{1{,}5 \cdot 1040} \cdot (-8{,}5) = +14{,}6 \text{ kN/cm}^2 \text{ Zugbereich}$$

$$\sigma_{1,Ed} = +\frac{78}{72{,}7} + \frac{8500}{16\,270} \cdot (-18{,}0) - \frac{750}{1{,}5 \cdot 1040} \cdot (+8{,}5) = -12{,}4 \text{ kN/cm}^2$$

Druckbereich

$$\sigma_{2,Ed} = +\frac{78}{72{,}7} + \frac{8500}{16\,270} \cdot (-18{,}0) - \frac{750}{1{,}5 \cdot 1040} \cdot (-8{,}5) = -4{,}24 \text{ kN/cm}^2$$

Druckflansch vorhanden. Es sind die Teilschnittgrößen für die Flansche zu bestimmen.

$$N_{f,My,Ed} = \pm \frac{M_{y,Ed}}{h_f} = \frac{8500}{34{,}7} = \pm 245 \text{ kN}$$

$$N_{f,N,Ed} = \frac{N_{Ed}}{2} = +\frac{78}{2} = +39 \text{ kN}$$

$$M_{f,Mz,Ed} = +\frac{M_{z,Ed}}{2} = \frac{7{,}50}{2} = +3{,}75 \text{ kNm}$$

Maximale Zugbeanspruchung im Flansch der bündigen Platte:

$$\frac{N_{f,My,Ed}}{N_{f,My,j,Rd}} + \frac{N_{f,N,Ed}}{N_{f,N,j,Rd}} + \frac{M_{f,Mz,Ed}}{M_{f,Mz,j,Rd}} = \frac{245}{375} + \frac{39}{450} + \frac{3{,}75}{21{,}6} = 0{,}914 \leq 1$$

Maximale Druckbeanspruchung im Flansch der bündigen Platte:

$$\frac{N_{f,My,Ed}}{N_{f,pl,Rd}} + \frac{N_{f,N,Ed}}{N_{f,pl,Rd}} + \frac{M_{f,Mz,Ed}}{M_{f,Mz,j,Rd}} = -\frac{245}{507} + \frac{39}{507} - \frac{3{,}75}{21{,}6} = -0{,}580 \leq 1$$

Fall 2: Biegung und Druckkraft

$M_{y,Ed} = 85$ kNm $\quad N_{j,Ed} = -78$ kNm $\quad M_{z,Ed} = +7{,}50$ kNm

Berechnung der Eckspannungen:

$$\sigma_{j,Ed} = \frac{N_{Ed}}{A} + \frac{M_{y,Ed}}{I_y} \cdot z - \frac{M_{z,Ed}}{1{,}5 \cdot I_z} \cdot y$$

$$\sigma_{3,\text{Ed}} = -\frac{78}{72,7} + \frac{8500}{16\,270} \cdot 18,0 - \frac{750}{1,5 \cdot 1040} \cdot (+8,5) = +4,24 \text{ kN/cm}^2 \text{ Zugbereich}$$

$$\sigma_{4,\text{Ed}} = -\frac{78}{72,7} + \frac{8500}{16\,270} \cdot 18,0 - \frac{750}{1,5 \cdot 1040} \cdot (-8,5) = +12,4 \text{ kN/cm}^2 \text{ Zugbereich}$$

$$\sigma_{1,\text{Ed}} = -\frac{78}{72,7} + \frac{8500}{16\,270} \cdot (-18,0) - \frac{750}{1,5 \cdot 1040} \cdot (+8,5) = -14,6 \text{ kN/cm}^2$$

$$\sigma_{2,\text{Ed}} = -\frac{78}{72,7} + \frac{8500}{16\,270} \cdot (-18,0) - \frac{750}{1,5 \cdot 1040} \cdot (-8,5) = -6,39 \text{ kN/cm}^2 \text{ Druckbereich}$$

Druckflansch vorhanden. Es sind die Teilschnittgrößen für die Flansche zu bestimmen.

$$N_{\text{f,My,Ed}} = \pm \frac{M_{\text{y,Ed}}}{h_{\text{f}}} = \frac{8500}{34,7} = \pm 245 \text{ kN}$$

$$N_{\text{f,N,Ed}} = \frac{N_{\text{Ed}}}{2} = +\frac{78}{2} = -39 \text{ kN}$$

$$M_{\text{f,Mz,Ed}} = +\frac{M_{\text{z,Ed}}}{2} = \frac{7,50}{2} = +3,75 \text{ kNm}$$

Maximale Zugbeanspruchung im Flansch der bündigen Platte:

$$\frac{N_{\text{f,My,Ed}}}{N_{\text{f,My,j,Rd}}} + \frac{N_{\text{f,N,Ed}}}{N_{\text{f,N,j,Rd}}} + \frac{M_{\text{f,Mz,Ed}}}{M_{\text{f,Mz,j,Rd}}} = \frac{245}{375} - \frac{39}{450} + \frac{3,75}{21,6} = 0,740 \leq 1$$

Maximale Druckbeanspruchung im Flansch der bündigen Platte:

$$\frac{N_{\text{f,My,Ed}}}{N_{\text{f,pl,Rd}}} + \frac{N_{\text{f,N,Ed}}}{N_{\text{f,pl,Rd}}} + \frac{M_{\text{f,Mz,Ed}}}{M_{\text{f,Mz,j,Rd}}} = -\frac{245}{507} - \frac{39}{507} - \frac{3,75}{21,6} = -0,734 \leq 1$$

Grenzspannungsmodell für den Anschluss als Beispiel:

Momententragfähigkeit $M_{\text{y,j,Rd}}$ um den Druckpunkt:

$$M_{\text{j,Rd}} = M_{\text{j,1,Rd}} = M_{\text{j,2,Rd}} = 130 \text{ kNm}$$

Grenzspannung des Anschlusses $\sigma_{\text{j,Rd}}$:

$$\sigma_{\text{j,Rd}} = \frac{M_{\text{j,Rd}}}{A_{\text{f}} \cdot (h - t_{\text{f}})} = \frac{13000}{17,0 \cdot 1,27 \cdot (36 - 1,27)} = 17,3 \text{ kN/cm}^2 \leq 23,5 \text{ kN/cm}^2$$

Querschnittswerte:

$$A = 2 \cdot A_{\text{f}} = 2 \cdot 17,0 \cdot 1,27 = 43,2 \text{ cm}^2$$

$$I_{\text{y}} = \frac{1}{2} \cdot A_{\text{f}} \cdot (h - t_{\text{f}})^2 = \frac{1}{2} \cdot 17,0 \cdot 1,27 \cdot (36 - 1,27)^2 = 13020 \text{ cm}^4$$

$$I_{\text{z}} = \frac{1}{6} \cdot t_{\text{f}} \cdot b^3 = \frac{1}{6} \cdot 1,27 \cdot 17,0^3 = 1040 \text{ cm}^4$$

Fall 1: Biegung und Zugkraft

$$M_{\text{y,Ed}} = 85 \text{ kNm} \qquad N_{\text{j,Ed}} = +78 \text{ kNm} \qquad M_{\text{z,Ed}} = 7,50 \text{ kNm}$$

$$\sigma_{\text{j,Ed}} = \frac{N_{\text{Ed}}}{A} + \frac{M_{\text{y,Ed}}}{I_{\text{y}}} \cdot z - \frac{M_{\text{z,Ed}}}{I_{\text{z}}} \cdot y$$

Tabelle 3.6 Tragsicherheitsnachweis – elastische Berechnung

Nr.	y_i cm	z_i cm	σ_N kN/cm²	σ_{My} kN/cm²	σ_{Mz} kN/cm²	$\sigma_{j,Ed}$ kN/cm²	$\sigma_{j,Rd}$ kN/cm²	$\frac{\sigma_{j,Ed}}{\sigma_{j,Rd}}$
1	+8,5	–17,4	+1,81	–11,4	–6,13	–15,7	–23,5	0,67
2	–8,5	–17,4	+1,81	–11,4	+6,13	–3,46	–23,5	0,15
3	+8,5	+17,4	+1,81	+11,4	–6,13	+7,08	+17,3	0,22
4	–8,5	+17,4	+1,81	+11,4	+6,13	19,3	+17,3	1,12

Fall 2: Biegung und Druckkraft

$M_{y,Ed} = 85 \text{ kNm} \qquad N_{j,Ed} = -78 \text{ kNm} \qquad M_{z,Ed} = 7{,}50 \text{ kNm}$

$$\sigma_{j,Ed} = \frac{N_{Ed}}{A} + \frac{M_{y,Ed}}{I_y} \cdot z - \frac{M_{z,Ed}}{I_z} \cdot y$$

Tabelle 3.7 Tragsicherheitsnachweis – elastische Berechnung

Nr.	y_i cm	z_i cm	σ_N kN/cm²	σ_{My} kN/cm²	σ_{Mz} kN/cm²	$\sigma_{j,Ed}$ kN/cm²	$\sigma_{j,Rd}$ kN/cm²	$\frac{\sigma_{j,Ed}}{\sigma_{j,Rd}}$
1	+8,5	–17,4	–1,81	–11,4	–6,13	–19,3	–23,5	0,82
2	–8,5	–17,4	–1,81	–11,4	+6,13	–7,08	–23,5	0,30
3	+8,5	+17,4	–1,81	+11,4	–6,13	+3,46	+17,3	0,20
4	–8,5	+17,4	–1,81	+11,4	+6,13	15,7	+17,3	0,91

Die elastische Berechnung für $M_{z,Ed}$ liefert ungünstigere Werte.

2. Beispiel: Trägerstoß mit überstehender Stirnplatte

HEA 280 mit t_p = 20 mm und M 20-10.9, Kategorie E

Siehe Erläuterungsbeispiel S. 53.

Die folgende Berechnung gilt für kontrolliert vorgespannte Schrauben der Kategorie E, wenn die zugehörige Anfangsrotationssteifigkeit für die Berechnung des zugehörigen statischen Systems sicherheitsrelevant ist. Es wird $F_{p,Cd} = 156$ kN berücksichtigt.

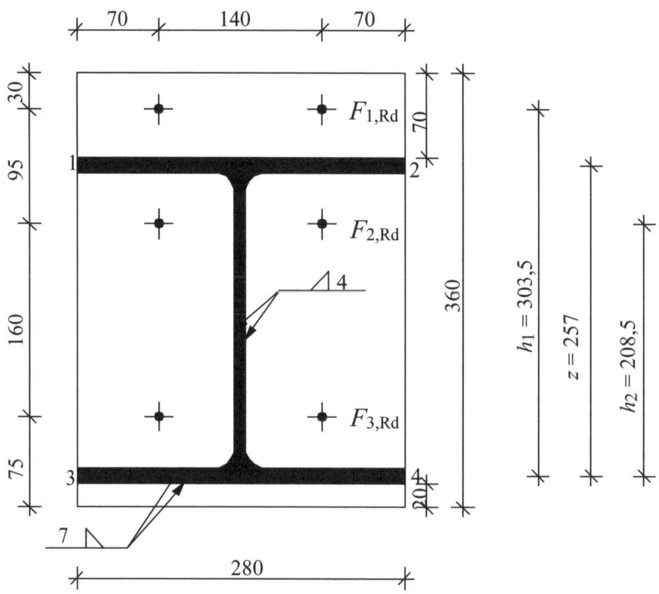

Abb. 3.50 Stirnplattenstoß für HEA 280 mit überstehender Platte

1. Schraubenreihe in der Zugzone für M_y

$$F_{1,Rd} = 257 \text{ kN}$$

1. Schraubenreihe in der Zugzone für N

$$F_{1,Rd} = 257 \text{ kN}$$

1. Schraubenreihe in der Zugzone für M_z

1.1 Stirnblech mit Biegung

Schraubenreihe oberhalb des Zugflansches. Wirksame Länge des T-Stummels Nr. 6 nach Tabelle 3.1.

$$m_x = 40 - 0{,}8 \cdot 7 \cdot \sqrt{2} = 32{,}1 \text{ mm}$$

$$e_x = 30 \text{ mm} \quad e = 70 \text{ mm} \quad w = 140 \text{ mm} \quad b_p = 280 \text{ mm}$$

$$l_{6.1,cp} = 2 \cdot \pi \cdot m_x = 2 \cdot \pi \cdot 32{,}1 = 202 \text{ mm}$$

$$l_{6.3,cp} = \pi \cdot m_x + 2 \cdot e = \pi \cdot 32{,}1 + 2 \cdot 70 = 241 \text{ mm}$$

Maßgebend: $l_{eff,cp} = 202$ mm

$$l_{6.1,nc} = 4 \cdot m_x + 1{,}25 \cdot e_x = 4 \cdot 32{,}1 + 1{,}25 \cdot 30 = 166 \text{ mm}$$

$$l_{6.2,\mathrm{nc}} = e + 2 \cdot m_\mathrm{x} + 0,625 \cdot e_\mathrm{x} = 70 + 2 \cdot 32,1 + 0,625 \cdot 30 = 153 \text{ mm}$$

Maßgebend: $l_{\mathrm{eff,nc}} = 153$ mm

Modus 1: $l_{\mathrm{eff},1} = l_{\mathrm{eff,nc}} = 153 \text{ mm} \leq l_{\mathrm{eff,cp}} = 202$ mm

Modus 2: $l_{\mathrm{eff},2} = l_{\mathrm{eff,nc}} = 153$ mm

Grenzzugkraft des T-Stummels:

$$m = m_\mathrm{x} = 32,1 \text{ mm}$$

$$n = e_\mathrm{x} = 30 \text{ mm} \leq 1,25 \cdot m = 1,25 \cdot 32,1 = 40,1 \text{ mm}$$

$$M_{\mathrm{pl,1,Rd}} = \frac{1}{4} \cdot l_{\mathrm{eff},1} \cdot t_\mathrm{p}^2 \cdot f_\mathrm{y} / \gamma_{\mathrm{M0}} = \frac{1}{4} \cdot 15,3 \cdot 2,0^2 \cdot 23,5 / 1,0 = 360 \text{ kNcm}$$

$$M_{\mathrm{pl,2,Rd}} = \frac{1}{4} \cdot l_{\mathrm{eff},2} \cdot t_\mathrm{p}^2 \cdot f_\mathrm{y} / \gamma_{\mathrm{M0}} = \frac{1}{4} \cdot 15,3 \cdot 2,0^2 \cdot 23,5 / 1,0 = 360 \text{ kNcm}$$

$$F_{\mathrm{T,1,Rd}} = \frac{4 \cdot M_{\mathrm{pl,1,Rd}}}{m} = \frac{4 \cdot 360}{3,21} = 449 \text{ kN}$$

$$F_{\mathrm{T,2,Rd}} = \frac{2 \cdot M_{\mathrm{pl,2,Rd}} + n \cdot \sum F_{\mathrm{p,Cd}}}{m + n} = \frac{2 \cdot 360 + 3,0 \cdot 2 \cdot 156}{3,21 + 3,0} = 267 \text{ kN}$$

$$F_{\mathrm{T,3,Rd}} = \sum F_{\mathrm{p,Cd}} = 2 \cdot 156 = 312 \text{ kN}$$

Kleinste Tragfähigkeit des Stirnblechs auf Biegung

$$F_{\mathrm{T,2,Rd}} = 267 \text{ kN}$$

1.2 Abfrage der Tragfähigkeit der Schweißnaht am Flansch

$$F_{\mathrm{w,Rd}} = 0,5 \cdot b \cdot \Sigma a_\mathrm{f} \cdot 25,5 = 0,5 \cdot 28,0 \cdot 1,4 \cdot 25,5 = 500 \text{ kN} \geq 0,5 \cdot F_{1,\mathrm{Rd}} = 0,5 \cdot 267 = 134 \text{ kN}$$

Kleinste Tragfähigkeit der 1. Schraubenreihe für M_z

$$F_{1,\mathrm{Rd}} = 267 \text{ kN}$$

2. Schraubenreihe in der Zugzone für M_y

$$F_{2,\mathrm{Rd}} = 312 \text{ kN}$$

2. Schraubenreihe in der Zugzone für *N* einzeln betrachtet

$$F_{2,\mathrm{Rd}} = 312 \text{ kN}$$

2. Schraubenreihe in der Zugzone für *N* als Teil einer Gruppe betrachtet

Schraubenreihe neben einer Steife. Wirksame Länge des T-Stummels nach Tabelle 3.1:

1.1 Stirnblech mit Biegung

$$m = \frac{140}{2} - \frac{8}{2} - 0,8 \cdot 4 \cdot \sqrt{2} = 61,5 \text{ mm}$$

$e = 70$ mm $\quad n = e_{\min} = 70$ mm $\quad p = 160$ mm

$$m_2 = 95 - 40 - 13 - 0,8 \cdot 7 \cdot \sqrt{2} = 34,1 \text{ mm}$$

$$\lambda_1 = \frac{m}{m+e} = \frac{61,5}{61,5+70} = 0,47 \qquad \lambda_2 = \frac{m_2}{m+e} = \frac{34,1}{61,5+70} = 0,26$$

$\alpha = 6,95$ nach Gleichung (3.25)

$$l_{4+4,\mathrm{cp}} = 2 \cdot \pi \cdot m + 2 \cdot p = 2 \cdot \pi \cdot 61,5 + 2 \cdot 160 = 706 \text{ mm}$$

$$l_{7,\mathrm{cp}} = \pi \cdot m + 2 \cdot e + p = \pi \cdot 61,5 + 2 \cdot 70 + 160 = 493 \text{ mm}$$

$$l_{\text{eff,cp}} = 493 \text{ mm}$$

$$l_{\text{eff,nc}} = l_{4+4,\text{nc}} = 2 \cdot \alpha \cdot m + p - (4 \cdot m + 1{,}25 \cdot e)$$

$$l_{\text{eff,nc}} = 2 \cdot 6{,}95 \cdot 61{,}5 + 160 - (4 \cdot 61{,}5 + 1{,}25 \cdot 70) = 681 \text{ mm}$$

Modus 1: $l_{\text{eff,1}} = l_{\text{eff,nc}} \le l_{\text{eff,cp}} = 493 \text{ mm}$

Modus 2: $l_{\text{eff,2}} = l_{\text{eff,nc}} = 681 \text{ mm}$

Grenzzugkraft des T-Stummels:

$m = 61{,}5 \text{ mm}$ $\qquad n = e = 70 \text{ mm} \le 1{,}25 \cdot m = 1{,}25 \cdot 61{,}5 = 76{,}9 \text{ mm}$

$$M_{\text{pl,1,Rd}} = \frac{1}{4} \cdot l_{\text{eff,1}} \cdot t_{\text{p}}^2 \cdot f_{\text{y}} / \gamma_{\text{M0}} = \frac{1}{4} \cdot 49{,}3 \cdot 2{,}0^2 \cdot 23{,}5 / 1{,}0 = 1159 \text{ kNcm}$$

$$M_{\text{pl,2,Rd}} = \frac{1}{4} \cdot l_{\text{eff,2}} \cdot t_{\text{p}}^2 \cdot f_{\text{y}} / \gamma_{\text{M0}} = \frac{1}{4} \cdot 68{,}1 \cdot 2{,}0^2 \cdot 23{,}5 / 1{,}0 = 1600 \text{ kNcm}$$

$$F_{\text{T,1,Rd}} = \frac{4 \cdot M_{\text{pl,1,Rd}}}{m} = \frac{4 \cdot 1159}{6{,}15} = 754 \text{ kN}$$

$$F_{\text{T,2,Rd}} = \frac{2 \cdot M_{\text{pl,2,Rd}} + n \cdot \sum F_{\text{p,Cd}}}{m + n} = \frac{2 \cdot 1600 + 7{,}0 \cdot 4 \cdot 156}{6{,}15 + 7{,}0} = 576 \text{ kN}$$

$$F_{\text{T,3,Rd}} = \sum F_{\text{p,Cd}} = 4 \cdot 156 = 624 \text{ kN}$$

Wirksame Tragfähigkeit des Stirnblechs mit Biegung als Schraubengruppe

$$N_{\text{j,Rd}} = F_{\text{T,2,Rd}} = 576 \text{ kN}$$

$$F_{\text{2,G,Rd}} = N_{\text{j,Rd}} / 2 = 288 \text{ kN}$$

1.2 Trägersteg auf Zug

$$b_{\text{eff,t,wb}} = l_{\text{eff,2}} = 681 \text{ mm}$$

$$F_{\text{t,wb,Rd}} = b_{\text{eff,t,wb}} \cdot t_{\text{wb}} \cdot f_{\text{y,wb}} / \gamma_{\text{M0}} = 68{,}1 \cdot 0{,}8 \cdot 23{,}5 / 1{,}0 = 1280 \text{ kN} \ge 576 \text{ kN}$$

1.3 Abfrage der Tragfähigkeit der Schweißnaht am Steg

$$F_{\text{w,Rd}} = b_{\text{eff,t,wb}} \cdot \Sigma a_{\text{w}} \cdot 25{,}5 = 68{,}1 \cdot 0{,}8 \cdot 25{,}5 = 1389 \text{ kN} \ge 576 \text{ kN}$$

1.4 Abfrage der Tragfähigkeit der Schweißnaht am bündigen Flansch

$$F_{\text{w,Rd}} = b \cdot \Sigma a_{\text{f}} \cdot 25{,}5 = 28{,}0 \cdot 2 \cdot 0{,}7 \cdot 25{,}5 = 1000 \text{ kN} \ge 0{,}5 \cdot 576 = 288 \text{ kN}$$

Normalkrafttragfähigkeit $N_{\text{j,Rd}}$ auf Druck:

$$N_{\text{pl,Rd}} = 1709 \text{ kN}$$

2. Schraubenreihe in der Zugzone für M_z einzeln betrachtet

2.1 Stirnblech mit Biegung

Schraubenreihe neben einer Steife. Wirksame Länge des T-Stummels Nr. 4 nach Tabelle 3.1:

$$m = \frac{140}{2} - \frac{8}{2} - 0{,}8 \cdot 4 \cdot \sqrt{2} = 61{,}5 \text{ mm}$$

$e = 70 \text{ mm}$ $\qquad n = e_{\text{min}} = 70 \text{ mm}$

$$m_2 = 95 - 40 - 13 - 0{,}8 \cdot 7 \cdot \sqrt{2} = 34{,}1 \text{ mm}$$

$$\lambda_1 = \frac{m}{m+e} = \frac{61{,}5}{61{,}5 + 70} = 0{,}47 \qquad \lambda_2 = \frac{m_2}{m+e} = \frac{34{,}1}{61{,}5 + 70} = 0{,}26$$

$\alpha = 6{,}95$ $\qquad$ nach Gleichung (3.25)

$$l_{4,\text{cp}} = 2 \cdot \pi \cdot m = 2 \cdot \pi \cdot 61{,}5 = 386 \text{ mm}$$

$l_{\text{eff,cp}} = 386$ mm

$l_{\text{eff,nc}} = l_{4,\text{nc}} = \alpha \cdot m = 6{,}95 \cdot 61{,}5 = 427$ mm

Modus 1: $l_{\text{eff,1}} = l_{\text{eff,nc}} \leq l_{\text{eff,cp}} = 386$ mm

Modus 2: $l_{\text{eff,2}} = l_{\text{eff,nc}} = 427$ mm

Grenzzugkraft des T-Stummels:

$m = 61{,}5$ mm $\qquad n = e = 70 \text{ mm} \leq 1{,}25 \cdot m = 1{,}25 \cdot 61{,}5 = 76{,}9$ mm

$$M_{\text{pl,1,Rd}} = \frac{1}{4} \cdot l_{\text{eff,1}} \cdot t_{\text{p}}^2 \cdot f_{\text{y}} / \gamma_{\text{M0}} = \frac{1}{4} \cdot 38{,}6 \cdot 2{,}0^2 \cdot 23{,}5 / 1{,}0 = 907 \text{ kNcm}$$

$$M_{\text{pl,2,Rd}} = \frac{1}{4} \cdot l_{\text{eff,2}} \cdot t_{\text{p}}^2 \cdot f_{\text{y}} / \gamma_{\text{M0}} = \frac{1}{4} \cdot 42{,}7 \cdot 2{,}0^2 \cdot 23{,}5 / 1{,}0 = 1003 \text{ kNcm}$$

$$F_{\text{T,1,Rd}} = \frac{4 \cdot M_{\text{pl,1,Rd}}}{m} = \frac{4 \cdot 907}{6{,}15} = 509 \text{ kN}$$

$$F_{\text{T,2,Rd}} = \frac{2 \cdot M_{\text{pl,2,Rd}} + n \cdot \sum F_{\text{p,Cd}}}{m+n} = \frac{2 \cdot 1003 + 7{,}0 \cdot 2 \cdot 156}{6{,}15 + 7{,}0} = 319 \text{ kN}$$

$$F_{\text{T,3,Rd}} = \sum F_{\text{p,Cd}} = 2 \cdot 156 = 312 \text{ kN}$$

Kleinste Tragfähigkeit des Stirnblechs:

$F_{\text{T,2,Rd}} = 312$ kN

2.2 Trägersteg auf Zug

$b_{\text{eff,t,wb}} = l_{\text{eff,1}} = 386$ mm

$F_{\text{t,wb,Rd}} = b_{\text{eff,t,wb}} \cdot t_{\text{wb}} \cdot f_{\text{y,wb}} / \gamma_{\text{M0}} = 38{,}6 \cdot 0{,}8 \cdot 23{,}5 / 1{,}0 = 725 \text{ kN} \geq 0{,}5 \cdot F_{2,\text{Rd}} = 156$ kN

2.3 Abfrage der Tragfähigkeit der Schweißnaht am Steg:

$F_{\text{w,Rd}} = b_{\text{eff,t,wb}} \cdot \Sigma a_{\text{w}} \cdot 25{,}5 = 38{,}6 \cdot 0{,}8 \cdot 25{,}5 = 787 \text{ kN} \geq 0{,}5 \cdot F_{2,\text{Rd}} = 156$ kN

2. Schraubenreihe in der Zugzone für M_z als Teil einer Gruppe betrachtet wie N

$F_{2,\text{G,Rd}} = 288$ kN

Nachweis für Normalkraft und zweiachsige Biegung

Wirksame Tragfähigkeit der Schraubenreihen auf Zug:

$F_{1,\text{Rd}} = 257$ kN		gilt für $M_{\text{y,Ed}}$
$F_{1,\text{Rd}} = 257$ kN		gilt für N_{Ed}
$F_{2,\text{Rd}} = 312$ kN		gilt für $M_{\text{y,Ed}}$
$F_{2,\text{E,Rd}} = 312$ kN	$F_{2,\text{G,Rd}} = 288$ kN	gilt für N_{Ed}
$F_{3,\text{E,Rd}} = 312$ kN	$F_{3,\text{G,Rd}} = 288$ kN	gilt für N_{Ed}
$F_{1,\text{a,Rd}} = 267$ kN		gilt für $M_{\text{z,Ed}}$
$F_{1,\text{i,E,Rd}} = 312$ kN	$F_{2,\text{i,G,Rd}} = 288$ kN	gilt für $M_{\text{z,Ed}}$

Die geringeren Werte als Schraubengruppe (Index G) werden nur wirksam, wenn sich unter den gegebenen Schnittgrößen auch eine Gruppe auf Zug ausbilden kann, z. B. eine reine Zugkraft. Es liegt auf der sicheren Seite, wenn mit den geringeren Tragfähigkeiten gerechnet wird.

Nachweis mit Teilschnittgrößen der Flansche
Berechnung der Tragfähigkeiten

Für $M_{y,Ed}$ gilt:

$$N_{f,pl,Rd} = A_f \cdot \sigma_{Rd} = 28,0 \cdot 1,3 \cdot 23,5 = 855 \text{ kN} \qquad \text{Druckbereich}$$

$$N_{f,My,j,Rd} = \frac{M_{y,j,Rd}}{h_f} = \frac{14300}{25,7} = 556 \text{ kN}$$

$$N_{f,My,j,Rd} = 556 \text{ kN} \le N_{f,pl,Rd} = 855 \text{ kN} \qquad \text{Zugbereich}$$

Für N_{Ed} gilt:

$$N_{f,pl,Rd} = A_f \cdot \sigma_{Rd} = 28,0 \cdot 1,3 \cdot 23,5 = 855 \text{ kN} \qquad \text{für Druckbereich}$$

$$N_{f,1+2,N,j,Rd} = F_{1,Rd} + F_{2,E,Rd} = 257 + 312 =$$

$$N_{f,1+2,N,j,Rd} = 569 \text{ kN} \le N_{f,pl,Rd} = 855 \text{ kN} \qquad \text{Zugbereich mit Druckflansch (E)}$$

$$N_{f,1+2,N,j,Rd} = F_{1,Rd} + F_{2,E,Rd} = 257 + 288 =$$

$$N_{f,1+2,N,j,Rd} = 545 \text{ kN} \le N_{f,pl,Rd} = 855 \text{ kN} \qquad \text{Zugbereich ohne Druckflansch (G)}$$

$$N_{f,3,N,j,Rd} = F_{3,E,Rd} = 312 \text{ kN} \le N_{f,pl,Rd} = 855 \text{ kN} \qquad \text{Zugbereich mit Druckflansch (E)}$$

$$N_{f,3,N,j,Rd} = F_{3,G,Rd} = 288 \text{ kN} \le N_{f,pl,Rd} = 855 \text{ kN} \qquad \text{Zugbereich ohne Druckflansch (G)}$$

Für $M_{z,Ed}$ gilt:

$$M_{f,Mz,j,Rd} = \frac{1}{4} \cdot t_f \cdot b^2 \cdot \sigma_{Rd} = \frac{1}{4} \cdot 1,30 \cdot 28^2 \cdot 23,5 / 100 = 59,9 \text{ kNm}$$

$$y_1 = 140 \text{ mm}$$

$$M_{f,a,Mz,j,Rd} = \frac{1}{2} \cdot F_{1,a,Rd} \cdot y_1 = \frac{1}{2} \cdot 267 \cdot 0,14 = 18,7 \text{ kNm}$$

Zugbereich mit Druckflansch (E):

$$M_{f,i,Mz,j,Rd} = \frac{1}{2} \cdot F_{1,i,Rd} \cdot y_1 = \frac{1}{2} \cdot 312 \cdot 0,14 = 21,8 \text{ kNm} \le M_{f,Mz,j,Rd} = 59,9 \text{ kNm}$$

$$M_{f,a+i,Mzj,Rd} = 18,7 + 21,8 = 40,5 \text{ kNm} \le M_{f,Mz,j,Rd} = 59,9 \text{ kNm}$$

Zugbereich ohne Druckflansch (G):

$$M_{f,i,Mz,j,Rd} = \frac{1}{2} \cdot F_{1,i,Rd} \cdot y_1 = \frac{1}{2} \cdot 288 \cdot 0,14 = 20,2 \text{ kNm} \le M_{f,Mz,j,Rd} = 59,9 \text{ kNm}$$

$$M_{f,a+i,Mzj,Rd} = 18,7 + 20,2 = 38,9 \text{ kNm} \le M_{f,Mz,j,Rd} = 59,9 \text{ kNm}$$

Fall 1: Biegung und Zugkraft

$$M_{y,Ed} = -80 \text{ kNm} \qquad N_{j,Ed} = +78 \text{ kNm} \qquad M_{z,Ed} = +23,0 \text{ kNm}$$

Berechnung der Eckspannungen:

$$\sigma_{j,Ed} = \frac{N_{Ed}}{A} + \frac{M_{y,Ed}}{I_y} \cdot z - \frac{M_{z,Ed}}{1,5 \cdot I_z} \cdot y$$

$$\sigma_{1,Ed} = +\frac{78}{97,3} + \frac{-8000}{13\,670} \cdot (-13,5) - \frac{2300}{1,5 \cdot 4760} \cdot (+14,0) = +4,19 \text{ kN/cm}^2 \qquad \text{Zugbereich}$$

$$\sigma_{2,Ed} = +\frac{78}{97,3} + \frac{-8000}{13\,670} \cdot (-13,5) - \frac{2300}{1,5 \cdot 4760} \cdot (-14,0) = +13,2 \text{ kN/cm}^2 \qquad \text{Zugbereich}$$

$$\sigma_{3,\mathrm{Ed}} = +\frac{78}{97{,}3} + \frac{-8000}{13\,670}\cdot(+13{,}5) - \frac{2300}{1{,}5\cdot 4760}\cdot(+14{,}0) = -11{,}6 \text{ kN/cm}^2$$

Druckbereich

$$\sigma_{4,\mathrm{Ed}} = +\frac{78}{97{,}3} + \frac{-8000}{13\,670}\cdot(+13{,}5) - \frac{2300}{1{,}5\cdot 4760}\cdot(-14{,}0) = -2{,}59 \text{ kN/cm}^2$$

Druckflansch vorhanden. Es sind die Teilschnittgrößen für die Flansche zu bestimmen.

$$N_{\mathrm{f,My,Ed}} = \pm\frac{M_{\mathrm{y,Ed}}}{h_{\mathrm{f}}} = \frac{8000}{25{,}7} = \pm 311 \text{ kN}$$

$$N_{\mathrm{f,N,Ed}} = \frac{N_{\mathrm{Ed}}}{2} = +\frac{78}{2} = +39 \text{ kN}$$

$$M_{\mathrm{f,Mz,Ed}} = \pm\frac{M_{\mathrm{z,Ed}}}{2} = \frac{23}{2} = \pm 11{,}5 \text{ kNm}$$

Maximale Zugbeanspruchung im Flansch der überstehenden Platte:

$$\frac{N_{\mathrm{f,My,Ed}}}{N_{\mathrm{f,My,j,Rd}}} + \frac{N_{\mathrm{f,N,Ed}}}{N_{\mathrm{f,1+2,N,j,Rd}}} + \frac{M_{\mathrm{f,Mz,Ed}}}{M_{\mathrm{f,a+i,Mz,j,Rd}}} = \frac{311}{556} + \frac{39}{569} + \frac{11{,}5}{40{,}5} = 0{,}912 \le 1$$

Maximale Druckbeanspruchung im Flansch der bündigen Platte:

$$\frac{N_{\mathrm{f,My,Ed}}}{N_{\mathrm{f,pl,Rd}}} + \frac{N_{\mathrm{f,N,Ed}}}{N_{\mathrm{f,pl,Rd}}} + \frac{M_{\mathrm{f,Mz,Ed}}}{M_{\mathrm{f,Mz,j,Rd}}} = -\frac{311}{855} + \frac{39}{855} - \frac{11{,}5}{59{,}9} = -0{,}510 \le 1$$

Nachweis des Schweißnahtanschlusses:

$$A_{\mathrm{w,f}} = a_{\mathrm{f}}\cdot\left(2\cdot b + 2\cdot t_{\mathrm{w,f}} - 2\cdot r - t_{\mathrm{w}}\right) = 0{,}7\cdot\left(2\cdot 28 + 2\cdot 0 - 2\cdot 2{,}40 - 0{,}8\right) = 35{,}3 \text{ cm}^2$$

$$A_{\mathrm{w,d}} = 2\cdot a_{\mathrm{w}}\cdot d = 2\cdot 0{,}4\cdot 19{,}6 = 15{,}7 \text{ cm}^2$$

$$A_{\mathrm{w}} = 2\cdot A_{\mathrm{w,f}} + A_{\mathrm{w,d}} = 2\cdot 35{,}3 + 15{,}7 = 86{,}3 \text{ cm}^2$$

$$I_{\mathrm{w,y}} = \frac{1}{2}\cdot a_{\mathrm{f}}\cdot b\cdot h^2 + \frac{1}{2}\cdot a_{\mathrm{f}}\cdot\left(b - 2\cdot r - t_{\mathrm{w}}\right)\cdot\left(h - 2\cdot t_{\mathrm{f}}\right)^2 + \frac{1}{6}\cdot a_{\mathrm{w}}\cdot d^3 + a_{\mathrm{f}}\cdot t_{\mathrm{w,f}}\cdot h_{\mathrm{f}}^2$$

$$I_{\mathrm{w,y}} = \frac{1}{2}\cdot 0{,}7\cdot 28\cdot 27^2 + \frac{1}{2}\cdot 0{,}7\cdot\left(28 - 2\cdot 2{,}4 - 0{,}8\right)\cdot\left(27 - 2\cdot 1{,}30\right)^2 + \frac{1}{6}\cdot 0{,}4\cdot 19{,}6^3 + 0{,}7\cdot 0\cdot 25{,}7^2$$

$$I_{\mathrm{y}} = 12\,314 \text{ cm}^4$$

$$I_{\mathrm{w,z}} = \frac{1}{3}\cdot a_{\mathrm{f}}\cdot b^3 - \frac{1}{6}\cdot a_{\mathrm{f}}\cdot\left(2\cdot r + t_{\mathrm{w}}\right)^3 + a_{\mathrm{f}}\cdot t_{\mathrm{w,f}}\cdot b^2$$

$$I_{\mathrm{w,z}} = \frac{1}{3}\cdot 0{,}7\cdot 28^3 - \frac{1}{6}\cdot 0{,}7\cdot\left(2\cdot 2{,}4 + 0{,}8\right)^3 + 0{,}7\cdot 0\cdot 28^2 = 5102 \text{ cm}^4$$

$$\sigma_{\mathrm{w,t,Ed}} = \frac{N_{\mathrm{Ed}}}{A_{\mathrm{w}}} + \frac{M_{\mathrm{y,Ed}}}{I_{\mathrm{w,y}}}\cdot\frac{h_{\mathrm{f}}}{2} + \frac{M_{\mathrm{z,Ed}}}{I_{\mathrm{w,z}}}\cdot\frac{b}{2}$$

$M_{\mathrm{y,Ed}} = 80 \text{ kNm}$ $\quad N_{\mathrm{j,Ed}} = +78 \text{ kNm}$ $\quad M_{\mathrm{z,Ed}} = 23{,}0 \text{ kNm}$ $\quad V_{\mathrm{z,Ed}} = 87 \text{ kN}$

$$\sigma_{\mathrm{w,t,Ed}} = \frac{N_{\mathrm{Ed}}}{A_{\mathrm{w}}} + \frac{M_{\mathrm{y,Ed}}}{I_{\mathrm{w,y}}}\cdot\frac{h_{\mathrm{f}}}{2} + \frac{M_{\mathrm{z,Ed}}}{I_{\mathrm{w,z}}}\cdot\frac{b}{2}$$

$$\sigma_{\mathrm{w,t,Ed}} = \frac{78}{86{,}3} + \frac{8000}{12314}\cdot\frac{25{,}7}{2} + \frac{2300}{5102}\cdot\frac{28}{2} = 15{,}6\ \frac{\text{kN}}{\text{cm}^2}$$

$$\sigma_{1,w,Ed} = \sqrt{2 \cdot \sigma_w^2 + 3 \cdot \tau_{||}^2} = \sqrt{2 \cdot 15,6^2 + 3 \cdot 0^2} = 22,1 \text{ kN/cm}^2$$

$$\frac{\sigma_{1,w,Ed}}{f_{1,w,Rd}} = \frac{22,1}{36,0} = 0,61 \leq 1,0$$

$$\sigma_{w,c,Ed} = \frac{N_{Ed}}{A_w} - \frac{M_{y,Ed}}{I_{w,y}} \cdot \frac{h_f}{2} - \frac{M_{z,Ed}}{I_{w,z}} \cdot \frac{b}{2}$$

$$\sigma_{w,c,Ed} = \frac{78}{86,3} - \frac{8000}{12314} \cdot \frac{25,7}{2} - \frac{2300}{5102} \cdot \frac{28}{2} = -13,8 \ \frac{\text{kN}}{\text{cm}^2}$$

$$\sigma_{1,w,Ed} = \sqrt{2 \cdot \sigma_w^2 + 3 \cdot \tau_{||}^2} = \sqrt{2 \cdot 13,8^2 + 3 \cdot 0^2} = 19,5 \text{ kN/cm}^2$$

$$\frac{\sigma_{1,w,Ed}}{f_{1,w,Rd}} = \frac{19,5}{36,0} = 0,54 \leq 1,0$$

Nachweis der Schraubenkräfte:

$$T = \frac{V_z}{A} = \frac{180}{2} = 90 \text{ kN}$$

Nachweis des Abscherens:

$m \cdot F_{v,Rd} = 1 \cdot 151 = 151$ kN   Band 2, Tabelle 12.1

$$\frac{T}{m \cdot F_{v,Rd}} = \frac{90}{151} = 0,60 \leq 1$$

Nachweis der Lochleibung mit zugehörigen Grenzlochleibungskräften:

$t = 20$ mm

$F_{z,b,Rd} = 2,0 \cdot 144 = 288$ kN $p_1 = 100$ mm   Band 2, Tabelle 12.4

$$\frac{T_z}{F_{z,b,Rd}} = \frac{90}{288} = 0,31 \leq 1$$

Fall 2: Biegung und Druckkraft

$M_{y,Ed} = -80$ kNm $N_{j,Ed} = -78$ kN $M_{z,Ed} = +23,0$ kNm

Berechnung der Eckspannungen:

$$\sigma_{j,Ed} = \frac{N_{Ed}}{A} + \frac{M_{y,Ed}}{I_y} \cdot z - \frac{M_{z,Ed}}{1,5 \cdot I_z} \cdot y$$

$$\sigma_{1,Ed} = -\frac{78}{97,3} + \frac{-8000}{13\,670} \cdot (-13,5) - \frac{2300}{1,5 \cdot 4760} \cdot (+14,0) = +2,59 \text{ kN/cm}^2$$ Zugbereich

$$\sigma_{2,Ed} = -\frac{78}{97,3} + \frac{-8000}{13\,670} \cdot (-13,5) - \frac{2300}{1,5 \cdot 4760} \cdot (-14,0) = +11,6 \text{ kN/cm}^2$$ Zugbereich

$$\sigma_{3,Ed} = -\frac{78}{97,3} + \frac{-8000}{13\,670} \cdot (+13,5) - \frac{2300}{1,5 \cdot 4760} \cdot (+14,0) = -13,2 \text{ kN/cm}^2$$

Druckbereich

$$\sigma_{4,Ed} = -\frac{78}{97,3} + \frac{-8000}{13\,670} \cdot (+13,5) - \frac{2300}{1,5 \cdot 4760} \cdot (-14,0) = -4,19 \text{ kN/cm}^2$$

Druckflansch vorhanden. Es sind die Teilschnittgrößen für die Flansche zu bestimmen.

$$N_{\text{f,My,Ed}} = \pm\frac{M_{\text{y,Ed}}}{h_{\text{f}}} = \frac{8000}{25,7} = \pm 311 \text{ kN}$$

$$N_{\text{f,N,Ed}} = \frac{N_{\text{Ed}}}{2} = -\frac{78}{2} = -39 \text{ kN}$$

$$M_{\text{f,M}_z\text{,Ed}} = \pm\frac{M_{\text{z,Ed}}}{2} = \frac{23}{2} = \pm 11,5 \text{ kNm}$$

Maximale Zugbeanspruchung im Flansch der überstehenden Platte:

$$\frac{N_{\text{f,My,Ed}}}{N_{\text{f,1+2,My,j,Rd}}} + \frac{N_{\text{f,N,Ed}}}{N_{\text{f,1+2,N,j,Rd}}} + \frac{M_{\text{f,Mz,Ed}}}{M_{\text{f,a+i,Mz,j,Rd}}} = +\frac{311}{556} - \frac{39}{569} + \frac{11,5}{40,5} = 0,775 \leq 1$$

Maximale Druckbeanspruchung im Flansch der bündigen Platte:

$$\frac{N_{\text{f,My,Ed}}}{N_{\text{f,pl,Rd}}} + \frac{N_{\text{f,N,Ed}}}{N_{\text{f,pl,Rd}}} + \frac{M_{\text{f,Mz,Ed}}}{M_{\text{f,Mz,j,Rd}}} = -\frac{311}{855} - \frac{39}{855} - \frac{11,5}{59,9} = -0,601 \leq 1$$

Nachweis des Schweißnahtanschlusses:

$$\sigma_{\text{w,t,Ed}} = \frac{N_{\text{Ed}}}{A_{\text{w}}} + \frac{M_{\text{y,Ed}}}{I_{\text{w,y}}} \cdot \frac{h_{\text{f}}}{2} + \frac{M_{\text{z,Ed}}}{I_{\text{w,z}}} \cdot \frac{b}{2}$$

$$\sigma_{\text{w,t,Ed}} = -\frac{78}{86,3} + \frac{8000}{12314} \cdot \frac{25,7}{2} + \frac{2300}{5102} \cdot \frac{28}{2} = 13,8 \ \frac{\text{kN}}{\text{cm}^2}$$

$$\sigma_{\text{1,w,Ed}} = \sqrt{2 \cdot \sigma_{\text{w}}^2 + 3 \cdot \tau_{||}^2} = \sqrt{2 \cdot 13,8^2 + 3 \cdot 0^2} = 19,5 \text{ kN/cm}^2$$

$$\frac{\sigma_{\text{1,w,Ed}}}{f_{\text{1,w,Rd}}} = \frac{19,5}{36,0} = 0,54 \leq 1,0$$

$$\sigma_{\text{w,c,Ed}} = \frac{N_{\text{Ed}}}{A_{\text{w}}} - \frac{M_{\text{y,Ed}}}{I_{\text{w,y}}} \cdot \frac{h_{\text{f}}}{2} - \frac{M_{\text{z,Ed}}}{I_{\text{w,z}}} \cdot \frac{b}{2}$$

$$\sigma_{\text{w,c,Ed}} = -\frac{78}{86,3} - \frac{8000}{12314} \cdot \frac{25,7}{2} - \frac{2300}{5102} \cdot \frac{28}{2} = -15,6 \ \frac{\text{kN}}{\text{cm}^2}$$

$$\sigma_{\text{1,w,Ed}} = \sqrt{2 \cdot \sigma_{\text{w}}^2 + 3 \cdot \tau_{||}^2} = \sqrt{2 \cdot 15,6^2 + 3 \cdot 0^2} = 22,1 \text{ kN/cm}^2$$

$$\frac{\sigma_{\text{1,w,Ed}}}{f_{\text{1,w,Rd}}} = \frac{22,1}{36,0} = 0,61 \leq 1,0$$

Grenzspannungsmodell für den Anschluss als Beispiel

Momententragfähigkeit $M_{\text{j,Rd}}$, s. S. 56:

$$M_{\text{j,1,Rd}} = \sum_{\text{r}} h_{\text{r}} \cdot F_{\text{tr,Rd}} = h_1 \cdot F_{\text{t1,Rd}} + h_2 \cdot F_{\text{t2,Rd}} = 30,35 \cdot 257 + 20,85 \cdot 312 = 14\ 305 \text{ kNcm} = 143 \text{ kNm}$$

$$M_{\text{j,2,Rd}} = \sum_{\text{r}} h_{\text{r}} \cdot F_{\text{tr,Rd}} = h_2 \cdot F_{\text{t2,Rd}} = 20,85 \cdot 312 = 6505 \text{ kNcm} = 65,1 \text{ kNm}$$

Grenzspannung des Anschlusses $\sigma_{\text{j,1,Rd}}$:

$$\sigma_{\text{j,1,Rd}} = \frac{M_{\text{j,1,Rd}}}{A_{\text{f}} \cdot (h - t_{\text{f}})} = \frac{14300}{28,0 \cdot 1,30 \cdot (27,0 - 1,30)} = 15,3 \text{ kN/cm}^2 \leq 23,5 \text{ kN/cm}^2$$

Grenzspannung des Anschlusses $\sigma_{j,2,Rd}$:

$$\sigma_{j,2,Rd} = \frac{M_{j,2,Rd}}{A_f \cdot (h - t_f)} = \frac{6510}{28,0 \cdot 1,30 \cdot (27,0 - 1,30)} = 6,96 \text{ kN/cm}^2 \leq 23,5 \text{ kN/cm}^2$$

Querschnittswerte:

$$A = 2 \cdot A_f = 2 \cdot 28,0 \cdot 1,30 = 72,8 \text{ cm}^2$$

$$I_y = \frac{1}{2} \cdot A_f \cdot (h - t_f)^2 = \frac{1}{2} \cdot 28,0 \cdot 1,30 \cdot (27,0 - 1,30)^2 = 12020 \text{ cm}^4$$

$$I_z = \frac{1}{6} \cdot t_f \cdot b^3 = \frac{1}{6} \cdot 1,30 \cdot 28,0^3 = 4760 \text{ cm}^4$$

Fall 1: Biegung und Zugkraft

$M_{y,Ed} = -80$ kNm $\quad N_{j,Ed} = +78$ kNm $\quad M_{z,Ed} = 23,0$ kNm

$$\sigma_{j,i,Ed} = \frac{N_{Ed}}{A} + \frac{M_{y,Ed}}{I_y} \cdot z - \frac{M_{z,Ed}}{I_z} \cdot y$$

Tabelle 3.8 Tragsicherheitsnachweis – elastische Berechnung

Nr.	y_i cm	z_i cm	σ_N kN/cm²	σ_{My} kN/cm²	σ_{Mz} kN/cm²	$\sigma_{j,Ed}$ kN/cm²	$\sigma_{j,Rd}$ kN/cm²	$\frac{\sigma_{j,Ed}}{\sigma_{j,Rd}}$
1	+14,0	–12,9	+1,07	+8,59	–6,76	+2,90	+15,3	0,19
2	–14,0	–12,9	+1,07	+8,59	+6,76	+16,4	+15,3	1,07
3	+14,0	+12,9	+1,07	-8,59	–6,76	–14,3	–23,5	0,61
4	–14,0	+12,9	+1,07	-8,59	+6.76	–0,76	–23,5	0,03

Druckflansch vorhanden.

Fall 2: Biegung und Druckkraft

$M_{y,Ed} = -80$ kNm $\quad N_{j,Ed} = -78$ kNm $\quad M_{z,Ed} = 23,0$ kNm

$$\sigma_{j,i,Ed} = \frac{N_{Ed}}{A} + \frac{M_{y,Ed}}{I_y} \cdot z - \frac{M_{z,Ed}}{I_z} \cdot y$$

Der Nachweis ist nicht eingehalten.

Tabelle 3.9 Tragsicherheitsnachweis – elastische Berechnung

Nr.	y_i cm	z_i cm	σ_N kN/cm²	σ_{My} kN/cm²	σ_{Mz} kN/cm²	$\sigma_{j,Ed}$ kN/cm²	$\sigma_{j,Rd}$ kN/cm²	$\frac{\sigma_{j,Ed}}{\sigma_{j,Rd}}$
1	+14,0	–12,9	-1,07	+8,59	–6,76	+0,76	+15,3	0,05
2	–14,0	–12,9	-1,07	+8,59	+6,76	+14,3	+15,3	0,93
3	+14,0	+12,9	-1,07	-8,59	–6,76	–16,4	–23,5	0,70
4	–14,0	+12,9	-1,07	-8,59	+6.76	–2,90	–23,5	0,12

Druckflansch vorhanden.

3.8.7 Bündige Platte mit Normalkraft

1. Beispiel: Schrauben der Festigkeitsklasse 10.9

IPE 360 mit t_p = 20 mm und M 20-10.9, Kategorie D

Es wird angenommen, dass keine Abstützkräfte auftreten. Treten keine Abstützkräfte auf, ist die Zugtragfähigkeit $F_{T,Rd}$ eines T-Stummelflansches als der kleinste Wert der 4 möglichen Versagensarten festzulegen.

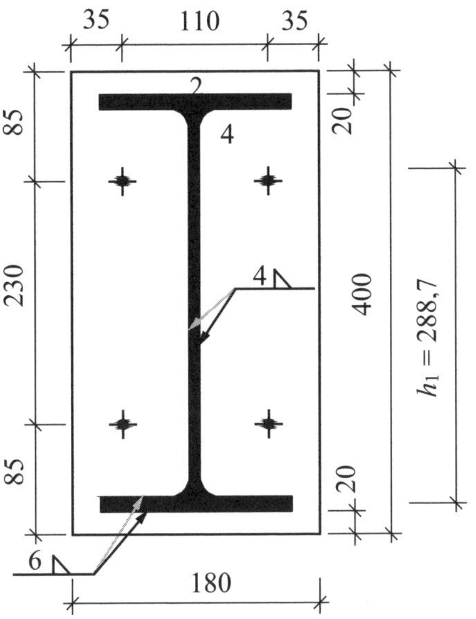

Abb. 3.51 Stirnplattenstoß für IPE 360 mit bündiger Platte

Stahlgüte der Stirnplatte: S 235	$f_{y,p} = 23,5$ kN/cm^2
Stahlgüte des Trägers: S 235	$f_{y,b} = 23,5$ kN/cm^2
Teilsicherheitsbeiwert:	$\gamma_{M0} = 1,00$
Dicke der Stirnplatte:	$t_p = 25$ mm
Schrauben: M 20-10.9-D	$d_0 = 22$ mm $\quad F_{t,Rd} = 176$ kN $\quad A_s = 2,45$ cm^2
Profil: IPE 360	$h = 360$ mm $\quad t_f = 12,7$ mm $\quad t_w = 8$ mm
	$N_{pl,Rd} = A \cdot \sigma_{Rd} = 72,7 \cdot 23,5 / 100 = 1708$ kN
Schweißnahtdicke:	$a_f = 6$ mm; $a_w = 4$ mm

Beanspruchbarkeit der Schweißnaht nach dem richtungsbezogenen Verfahren:

$$\sigma_{1,w,Ed} = \sqrt{2 \cdot \sigma_w^2 + 3 \cdot \tau_{\|}^2} \leq f_{1,w,Rd} = \frac{f_u}{\beta_w \cdot \gamma_{M2}} = \frac{36}{0,8 \cdot 1,25} = 36,0 \text{ kN/cm}^2$$

$$\sigma_{w,Ed} \leq \frac{f_u}{\sqrt{2} \cdot \beta_w \cdot \gamma_{M2}} = \frac{36}{\sqrt{2} \cdot 0,8 \cdot 1,25} = 25,5 \text{ kN/cm}^2$$

Berechnung der Normalkrafttragfähigkeit–Kategorie D
a) Tragfähigkeit in der Zugzone
1. Schraubenreihe in der Zugzone

1.1 Stirnblech mit Biegung

Schraubenreihe neben einer Steife. Wirksame Länge des T-Stummels nach Tabelle 3.1:

$$m = \frac{110}{2} - \frac{8}{2} - 0,8 \cdot 4 \cdot \sqrt{2} = 46,5 \text{ mm}$$

$$e = 35 \text{ mm} \qquad n = e_{\min} = 35 \text{ mm}$$

$$m_2 = 85 - 20 - 12,7 - 0,8 \cdot 6 \cdot \sqrt{2} = 45,5 \text{ mm}$$

$$\lambda_1 = \frac{m}{m+e} = \frac{46,5}{46,5+35} = 0,57 \qquad \lambda_2 = \frac{m_2}{m+e} = \frac{45,5}{46,5+35} = 0,56$$

$\alpha = 5,22$ nach Gleichung (3.25)

$$l_{\text{eff,cp}} = l_{4,\text{cp}} = 2 \cdot \pi \cdot m = 2 \cdot \pi \cdot 46,5 = 292 \text{ mm}$$

$$l_{\text{eff,nc}} = l_{4,\text{nc}} = \alpha \cdot m = 5,22 \cdot 46,5 = 243 \text{ mm}$$

Modus 1: $l_{\text{eff},1} = l_{\text{eff,nc}} \leq l_{\text{eff,cp}} = 243 \text{ mm}$

Modus 2: $l_{\text{eff},2} = l_{\text{eff,nc}} = 243 \text{ mm}$

Grenzzugkraft des T-Stummels:

$$m = 46,5 \text{ mm}$$

$$n = e = 35 \text{ mm} \leq 1,25 \cdot m = 1,25 \cdot 46,5 = 58,1 \text{ mm}$$

$$M_{\text{pl,1,Rd}} = \frac{1}{4} \cdot l_{\text{eff},1} \cdot t_{\text{p}}^2 \cdot f_{\text{y,p}} / \gamma_{\text{M0}} = \frac{1}{4} \cdot 24,3 \cdot 2,0^2 \cdot 23,5 / 1,0 = 571 \text{ kNcm}$$

$$M_{\text{pl,2,Rd}} = \frac{1}{4} \cdot l_{\text{eff},2} \cdot t_{\text{p}}^2 \cdot f_{\text{y,p}} / \gamma_{\text{M0}} = \frac{1}{4} \cdot 24,3 \cdot 2,0^2 \cdot 23,5 / 1,0 = 571 \text{ kNcm}$$

$$F_{\text{T,1,Rd}} = \frac{4 \cdot M_{\text{pl,1,Rd}}}{m} = \frac{4 \cdot 571}{4,65} = 491 \text{ kN}$$

$$F_{\text{T,2,Rd}} = \frac{2 \cdot M_{\text{pl,2,Rd}} + n \cdot \Sigma F_{\text{t,Rd}}}{m+n} = \frac{2 \cdot 571 + 3,5 \cdot 2 \cdot 176}{4,65 + 3,5} = 291 \text{ kN}$$

$$F_{\text{T,3,Rd}} = \Sigma F_{\text{t,Rd}} = 2 \cdot 176 = 352 \text{ kN}$$

$$F_{\text{T,4,Rd}} = \frac{2 \cdot M_{\text{pl,1,Rd}}}{m} = \frac{2 \cdot 571}{4,65} = 246 \text{ kN}$$

Kleinste Tragfähigkeit des Stirnblechs mit Biegung:

$$F_{\text{T,4,Rd}} = 246 \text{ kN}$$

1.2 Trägersteg auf Zug

$$b_{\text{eff,t,wb}} = l_{\text{eff},1} = 246 \text{ mm}$$

$$F_{\text{t,wb,Rd}} = b_{\text{eff,t,wb}} \cdot t_{\text{wb}} \cdot f_{\text{y,wb}} / \gamma_{\text{M0}} = 24,3 \cdot 0,8 \cdot 23,5 / 1,0 = 457 \text{ kN}$$

Wirksame Tragfähigkeit des Trägersteges auf Zug:

$$F_{\text{t,wb,Rd}} = 457 \text{ kN}$$

1.3 Kleinste Tragfähigkeit der 1. Schraubenreihe

$$F_{1,\text{Rd}} = 246 \text{ kN}$$

1.4 Abfrage der Tragfähigkeit der Schweißnaht am Steg

$$F_{\mathrm{w,Rd}} = b_{\mathrm{eff,t,wb}} \cdot \Sigma a_{\mathrm{w}} \cdot 25{,}5 = 24{,}3 \cdot 0{,}8 \cdot 25{,}5 = 496 \text{ kN} \geq F_{1,\mathrm{Rd}} = 457 \text{ kN}$$

1.5 Abfrage der Tragfähigkeit der Schweißnaht am Flansch

$$F_{\mathrm{w,Rd}} = b \cdot \Sigma a_{\mathrm{f}} \cdot 25{,}5 = 17{,}0 \cdot 1{,}2 \cdot 25{,}5 = 520 \text{ kN} \geq F_{1,\mathrm{Rd}} = 457 \text{ kN}$$

Normalkrafttragfähigkeit $N_{\mathrm{j,Rd}}$

$$N_{\mathrm{j,Rd}} = 2 \cdot F_{1,\mathrm{Rd}} = 2 \cdot 246 = 492 \text{ kN}$$

Normalkrafttragfähigkeit $N_{\mathrm{j,Rd}}$ auf Zug – Schraubenreihen als Gruppe betrachtet:

1.1 Stirnblech mit Biegung

Schraubenreihe neben einer Steife. Wirksame Länge des T-Stummels nach Tabelle 3.1:

$$m = \frac{110}{2} - \frac{8}{2} - 0{,}8 \cdot 4 \cdot \sqrt{2} = 46{,}5 \text{ mm}$$

$$e = 35 \text{ mm} \qquad n = e_{\min} = 35 \text{ mm} \qquad p = 230 \text{ mm}$$

$$m_2 = 85 - 20 - 12{,}7 - 0{,}8 \cdot 6 \cdot \sqrt{2} = 45{,}5 \text{ mm}$$

$$\lambda_1 = \frac{m}{m+e} = \frac{46{,}5}{46{,}5+35} = 0{,}57 \qquad \lambda_2 = \frac{m_2}{m+e} = \frac{45{,}5}{46{,}5+35} = 0{,}56$$

$$\alpha = 5{,}22 \qquad \text{nach Gleichung (3.25)}$$

$$l_{4+4,\mathrm{cp}} = 2 \cdot \pi \cdot m + 2 \cdot p = 2 \cdot \pi \cdot 46{,}5 + 2 \cdot 230 = 752 \text{ mm}$$

$$l_{7,\mathrm{cp}} = \pi \cdot m + 2 \cdot e + p = \pi \cdot 46{,}5 + 2 \cdot 35 + 230 = 446 \text{ mm}$$

$$l_{\mathrm{eff,cp}} = 446 \text{ mm}$$

$$l_{\mathrm{eff,nc}} = l_{4+4,\mathrm{nc}} = 2 \cdot \alpha \cdot m + p - (4 \cdot m + 1{,}25 \cdot e)$$

$$l_{\mathrm{eff,nc}} = l_{4+4,\mathrm{nc}} = 2 \cdot 5{,}22 \cdot 46{,}5 + 230 - (4 \cdot 46{,}5 + 1{,}25 \cdot 35{,}0) = 486 \text{ mm}$$

Modus 1: $l_{\mathrm{eff,1}} = l_{\mathrm{eff,nc}} \leq l_{\mathrm{eff,cp}} = 446 \text{ mm}$

Modus 2: $l_{\mathrm{eff,2}} = l_{\mathrm{eff,nc}} = 486 \text{ mm}$

Grenzzugkraft des T-Stummels:

$$m = 46{,}5 \text{ mm} \qquad n = e = 35 \text{ mm} \leq 1{,}25 \cdot m = 1{,}25 \cdot 46{,}5 = 58{,}1 \text{ mm}$$

$$M_{\mathrm{pl,1,Rd}} = \frac{1}{4} \cdot l_{\mathrm{eff,1}} \cdot t_{\mathrm{p}}^2 \cdot f_{\mathrm{y,p}} / \gamma_{\mathrm{M0}} = \frac{1}{4} \cdot 44{,}6 \cdot 2{,}0^2 \cdot 23{,}5 / 1{,}0 = 1048 \text{ kNcm}$$

$$M_{\mathrm{pl,2,Rd}} = \frac{1}{4} \cdot l_{\mathrm{eff,2}} \cdot t_{\mathrm{p}}^2 \cdot f_{\mathrm{y,p}} / \gamma_{\mathrm{M0}} = \frac{1}{4} \cdot 48{,}6 \cdot 2{,}0^2 \cdot 23{,}5 / 1{,}0 = 1142 \text{ kNcm}$$

$$F_{\mathrm{T,1,Rd}} = \frac{4 \cdot M_{\mathrm{pl,1,Rd}}}{m} = \frac{4 \cdot 1048}{4{,}65} = 902 \text{ kN}$$

$$F_{\mathrm{T,2,Rd}} = \frac{2 \cdot M_{\mathrm{pl,2,Rd}} + n \cdot \sum F_{\mathrm{t,Rd}}}{m+n} = \frac{2 \cdot 1142 + 3{,}5 \cdot 4 \cdot 176}{4{,}65 + 3{,}5} = 583 \text{ kN}$$

$$F_{\mathrm{T,3,Rd}} = \sum F_{\mathrm{t,Rd}} = 4 \cdot 176 = 704 \text{ kN}$$

$$F_{\mathrm{T,4,Rd}} = \frac{2 \cdot M_{\mathrm{pl,1,Rd}}}{m} = \frac{2 \cdot 1048}{4{,}65} = 451 \text{ kN}$$

Normalkrafttragfähigkeit $N_{\mathrm{j,Rd}} = 451 \text{ kN}$ der Schraubengruppe ist maßgebend.

2. Beispiel: Schrauben der Festigkeitsklasse 5.6

IPE 360 mit t_p = 20 mm und M 20-5.6, Kategorie D

Es wird angenommen, dass keine Abstützkräfte auftreten. Treten keine Abstützkräfte auf, ist die Zugtragfähigkeit $F_{T,Rd}$ eines T-Stummelflansches als der kleinste Wert der 4 möglichen Versagensarten festzulegen.

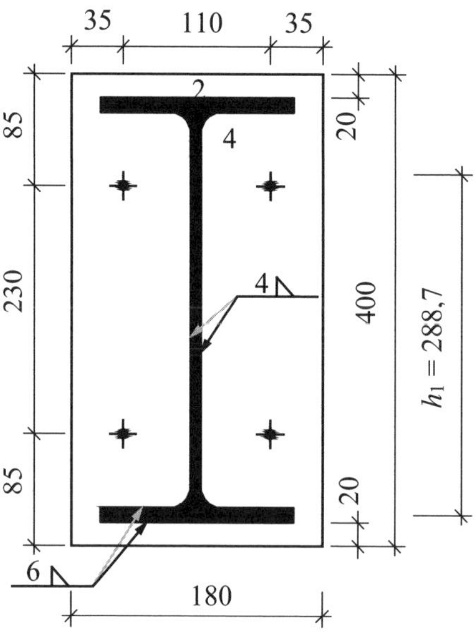

Abb. 3.52 Stirnplattenstoß für IPE 360 mit bündiger Platte

Stahlgüte der Stirnplatte: S 235 $f_{y,p} = 23,5$ kN/cm²

Stahlgüte des Trägers: S 235 $f_{y,b} = 23,5$ kN/cm²

Teilsicherheitsbeiwert: $\gamma_{M0} = 1,00$

Dicke der Stirnplatte: $t_p = 25$ mm

Schrauben: M 20-5.6-D $d_0 = 22$ mm $F_{t,Rd} = 88,2$ kN $A_s = 2,45$ cm²

Profil: IPE 360 $h = 360$ mm $t_f = 12,7$ mm $t_w = 8$ mm

$N_{pl,Rd} = A \cdot \sigma_{Rd} = 72,7 \cdot 23,5 / 100 = 1708$ kN

Schweißnahtdicke: $a_f = 6$ mm; $a_w = 4$ mm

Beanspruchbarkeit der Schweißnaht nach dem richtungsbezogenen Verfahren:

$$\sigma_{1,w,Ed} = \sqrt{2 \cdot \sigma_w^2 + 3 \cdot \tau_{||}^2} \leq f_{1,w,Rd} = \frac{f_u}{\beta_w \cdot \gamma_{M2}} = \frac{36}{0,8 \cdot 1,25} = 36,0 \text{ kN/cm}^2$$

$$\sigma_w \leq \frac{f_u}{\sqrt{2} \cdot \beta_w \cdot \gamma_{M2}} = \frac{36}{\sqrt{2} \cdot 0,8 \cdot 1,25} = 25,5 \text{ kN/cm}^2$$

Berechnung der Normalkrafttragfähigkeit–Kategorie D

a) Tragfähigkeit in der Zugzone

1. Schraubenreihe in der Zugzone

1.1 Stirnblech mit Biegung

Schraubenreihe neben einer Steife. Wirksame Länge des T-Stummels nach Tabelle 3.1:

$$m = \frac{110}{2} - \frac{8}{2} - 0,8 \cdot 4 \cdot \sqrt{2} = 46,5 \text{ mm}$$

$$e = 35 \text{ mm} \qquad n = e_{\min} = 35 \text{ mm}$$

$$m_2 = 85 - 20 - 12,7 - 0,8 \cdot 6 \cdot \sqrt{2} = 45,5 \text{ mm}$$

$$\lambda_1 = \frac{m}{m+e} = \frac{46,5}{46,5+35} = 0,57 \qquad \lambda_2 = \frac{m_2}{m+e} = \frac{45,5}{46,5+35} = 0,56$$

$$\alpha = 5,22 \qquad \text{nach Gleichung (3.25)}$$

$$l_{\text{eff,cp}} = l_{4,\text{cp}} = 2 \cdot \pi \cdot m = 2 \cdot \pi \cdot 46,5 = 292 \text{ mm}$$

$$l_{\text{eff,nc}} = l_{4,\text{nc}} = \alpha \cdot m = 5,22 \cdot 46,5 = 243 \text{ mm}$$

Modus 1: $l_{\text{eff},1} = l_{\text{eff,nc}} \leq l_{\text{eff,cp}} = 243 \text{ mm}$

Modus 2: $l_{\text{eff},2} = l_{\text{eff,nc}} = 243 \text{ mm}$

Grenzzugkraft des T-Stummels:

$$m = 46,5 \text{ mm}$$

$$n = e = 35 \text{ mm} \leq 1,25 \cdot m = 1,25 \cdot 46,5 = 58,1 \text{ mm}$$

$$M_{\text{pl},1,\text{Rd}} = \frac{1}{4} \cdot l_{\text{eff},1} \cdot t_{\text{p}}^2 \cdot f_{\text{y,p}} / \gamma_{\text{M0}} = \frac{1}{4} \cdot 24,3 \cdot 2,0^2 \cdot 23,5 / 1,0 = 571 \text{ kNcm}$$

$$M_{\text{pl},2,\text{Rd}} = \frac{1}{4} \cdot l_{\text{eff},2} \cdot t_{\text{p}}^2 \cdot f_{\text{y,p}} / \gamma_{\text{M0}} = \frac{1}{4} \cdot 24,3 \cdot 2,0^2 \cdot 23,5 / 1,0 = 571 \text{ kNcm}$$

$$F_{\text{T},1,\text{Rd}} = \frac{4 \cdot M_{\text{pl},1,\text{Rd}}}{m} = \frac{4 \cdot 571}{4,65} = 491 \text{ kN}$$

$$F_{\text{T},2,\text{Rd}} = \frac{2 \cdot M_{\text{pl},2,\text{Rd}} + n \cdot \sum F_{\text{t,Rd}}}{m+n} = \frac{2 \cdot 571 + 3,5 \cdot 2 \cdot 88,2}{4,65+3,5} = 216 \text{ kN}$$

$$F_{\text{T},3,\text{Rd}} = \sum F_{\text{t,Rd}} = 2 \cdot 88,2 = 176 \text{ kN}$$

$$F_{\text{T},4,\text{Rd}} = \frac{2 \cdot M_{\text{pl},1,\text{Rd}}}{m} = \frac{2 \cdot 571}{4,65} = 246 \text{ kN}$$

Kleinste Tragfähigkeit des Stirnblechs mit Biegung:

$$F_{\text{T},3,\text{Rd}} = 176 \text{ kN}$$

1.2 Trägersteg auf Zug

$$b_{\text{eff,t,wb}} = l_{\text{eff},1} = 246 \text{ mm}$$

$$F_{\text{t,wb,Rd}} = b_{\text{eff,t,wb}} \cdot t_{\text{wb}} \cdot f_{\text{y,wb}} / \gamma_{\text{M0}} = 24,3 \cdot 0,8 \cdot 23,5 / 1,0 = 457 \text{ kN}$$

Wirksame Tragfähigkeit des Trägersteges auf Zug:

$$F_{\text{t,wb,Rd}} = 457 \text{ kN}$$

1.3 Kleinste Tragfähigkeit der 1. Schraubenreihe

$$F_{1,\text{Rd}} = 176 \text{ kN}$$

1.4 Abfrage der Tragfähigkeit der Schweißnaht am Steg

$$F_{w,Rd} = b_{eff,t,wb} \cdot \Sigma a_w \cdot 25,5 = 24,3 \cdot 0,8 \cdot 25,5 = 496 \text{ kN} \geq F_{1,Rd} = 176 \text{ kN}$$

1.5 Abfrage der Tragfähigkeit der Schweißnaht am Flansch

$$F_{w,Rd} = b \cdot \Sigma a_f \cdot 25,5 = 17,0 \cdot 1,2 \cdot 25,5 = 520 \text{ kN} \geq F_{1,Rd} = 176 \text{ kN}$$

Normalkrafttragfähigkeit $N_{j,Rd}$

$$N_{j,Rd} = 2 \cdot F_{1,Rd} = 2 \cdot 176 = 352 \text{ kN}$$

Normalkrafttragfähigkeit $N_{j,Rd}$ auf Zug – Schraubenreihen als Gruppe betrachtet:

1.1 Stirnblech mit Biegung

Schraubenreihe neben einer Steife. Wirksame Länge des T-Stummels nach Tabelle 3.1:

$$m = \frac{110}{2} - \frac{8}{2} - 0,8 \cdot 4 \cdot \sqrt{2} = 46,5 \text{ mm}$$

$$e = 35 \text{ mm} \qquad n = e_{min} = 35 \text{ mm} \qquad p = 230 \text{ mm}$$

$$m_2 = 85 - 20 - 12,7 - 0,8 \cdot 6 \cdot \sqrt{2} = 45,5 \text{ mm}$$

$$\lambda_1 = \frac{m}{m+e} = \frac{46,5}{46,5+35} = 0,57 \qquad \lambda_2 = \frac{m_2}{m+e} = \frac{45,5}{46,5+35} = 0,56$$

$\alpha = 5,22$ nach Gleichung (3.25)

$$l_{4+4,cp} = 2 \cdot \pi \cdot m + 2 \cdot p = 2 \cdot \pi \cdot 46,5 + 2 \cdot 230 = 752 \text{ mm}$$

$$l_{7,cp} = \pi \cdot m + 2 \cdot e + p = \pi \cdot 46,5 + 2 \cdot 35 + 230 = 446 \text{ mm}$$

$$l_{eff,cp} = 446 \text{ mm}$$

$$l_{eff,nc} = l_{4+4,nc} = 2 \cdot \alpha \cdot m + p - (4 \cdot m + 1,25 \cdot e)$$

$$l_{eff,nc} = l_{4+4,nc} = 2 \cdot 5,22 \cdot 46,5 + 230 - (4 \cdot 46,5 + 1,25 \cdot 35,0) = 486 \text{ mm}$$

Modus 1: $l_{eff,1} = l_{eff,nc} \leq l_{eff,cp} = 446 \text{ mm}$

Modus 2: $l_{eff,2} = l_{eff,nc} = 486 \text{ mm}$

Grenzzugkraft des T-Stummels:

$$m = 46,5 \text{ mm}$$

$$n = e = 35 \text{ mm} \leq 1,25 \cdot m = 1,25 \cdot 46,5 = 58,1 \text{ mm}$$

$$M_{pl,1,Rd} = \frac{1}{4} \cdot l_{eff,1} \cdot t_p^2 \cdot f_{y,p} / \gamma_{M0} = \frac{1}{4} \cdot 44,6 \cdot 2,0^2 \cdot 23,5 / 1,0 = 1048 \text{ kNcm}$$

$$M_{pl,2,Rd} = \frac{1}{4} \cdot l_{eff,2} \cdot t_p^2 \cdot f_{y,p} / \gamma_{M0} = \frac{1}{4} \cdot 48,6 \cdot 2,0^2 \cdot 23,5 / 1,0 = 1142 \text{ kNcm}$$

$$F_{T,1,Rd} = \frac{4 \cdot M_{pl,1,Rd}}{m} = \frac{4 \cdot 1048}{4,65} = 902 \text{ kN}$$

$$F_{T,2,Rd} = \frac{2 \cdot M_{pl,2,Rd} + n \cdot \sum F_{t,Rd}}{m+n} = \frac{2 \cdot 1142 + 3,5 \cdot 4 \cdot 88,2}{4,65 + 3,5} = 432 \text{ kN}$$

$$F_{T,3,Rd} = \sum F_{t,Rd} = 4 \cdot 88,2 = 353 \text{ kN}$$

$$F_{T,4,Rd} = \frac{2 \cdot M_{pl,1,Rd}}{m} = \frac{2 \cdot 1048}{4,65} = 451 \text{ kN}$$

Normalkrafttragfähigkeit $N_{j,Rd} = 353 \text{ kN}$ der Schraubengruppe ist gleich.

4 Träger-Stützenanschluss nach EC 3

4.1 Konstruktion

Bei den Träger-Stützenanschlüssen ist zu unterscheiden, ob es sich um einen geschweißten oder einen geschraubten Anschluss handelt. Die Anschlüsse können einseitig oder beidseitig der Stütze angeordnet werden, s. Abb. 4.1.

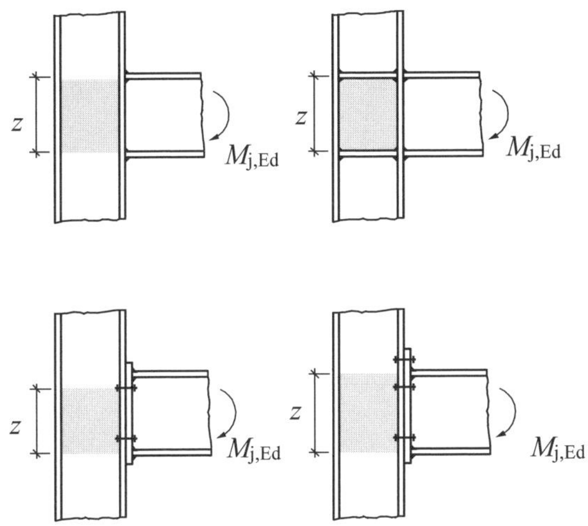

Abb. 4.1 Träger-Stützenanschlüsse

Um die Tragfähigkeit des hoch beanspruchten Stützenstegfeldes zu erhöhen, ist es möglich, das Stützenstegfeld durch eine diagonale Stegsteife oder zusätzliche Stegbleche zu verstärken. Im Teil 8 des EC 3 werden für die Biegetragfähigkeit und die Rotationsfähigkeit dieser Anschlüsse Bemessungsregeln angegeben.

4.2 Biegetragfähigkeit

4.2.1 Allgemeines

Bei den Träger-Stüzenanschlüssen sind dabei die folgenden Komponenten zu beachten:

- Stirnblech mit Biegung (1-8, 6.2.4 und 6.2.6.5)
- Stützensteg mit Schubbeanspruchung (1-8, 6.2.6.1)
- Stützensteg mit Querdruck (1-8, 6.2.6.2)
- Stützensteg mit Querzug (1-8, 6.2.6.3)

- Stützenflansch mit Biegung (1-8, 6.2.6.4)
- Trägerflansch und -steg mit Druck (1-8, 6.2.6.7)
- Trägersteg mit Zug (1-8, 6.2.6.8)

In diesem Abschnitt werden die Tragfähigkeiten der zusätzlichen Grundkomponenten angegeben, die nicht im Kapitel 3 behandelt wurden.

4.2.2 Stützensteg mit Schubbeanspruchung

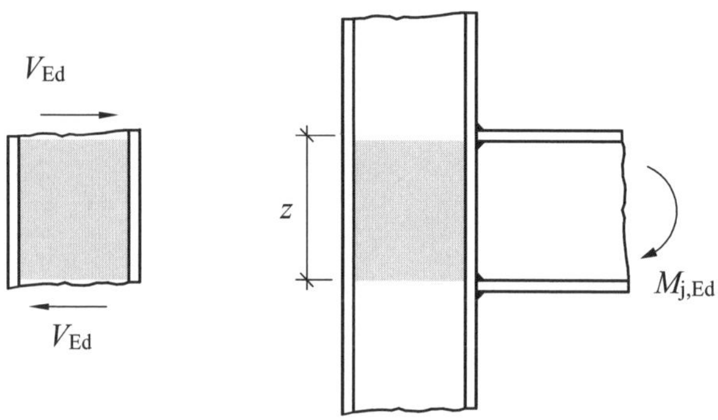

Abb. 4.2 Nicht ausgesteiftes Stützenfeld

Um das folgende Berechnungsverfahren anwenden zu dürfen, ist die Schlankheit des Stützensteges zu begrenzen (1-8, 6.2.6.1), siehe Abb. 4.6.

$$\frac{d_{wc}}{t_{wc}} \leq 69 \cdot \varepsilon \tag{4.1}$$

Die plastische Schubtragfähigkeit $V_{wp,Rd}$ des nicht ausgesteiften Stützenstegfeldes nach Abb. 4.2 ist folgendermaßen zu berechnen:

$$V_{wp,Rd} = \frac{0{,}9 \cdot f_{y,wc} \cdot A_{vc}}{\sqrt{3} \cdot \gamma_{M0}} \tag{4.2}$$

Der Index c bezieht sich auf die Stütze. A_{vc} ist die Schubfläche der Stütze.

Wird das Stützenstegfeld durch umlaufende Steifen bzw. Flansche zu einem Schubfeld ausgebildet, s. Abb. 4.3, übernimmt dieser umlaufende Rahmen einen kleinen Anteil der Schubkraft. Dieser umlaufende Rahmen wird nach der Fließgelenktheorie berechnet. Deshalb darf die plastische Schubtragfähigkeit des nicht ausgesteiften Stützenstegfeldes um den Wert $V_{wp,add,Rd}$ vergrößert werden (1-8, (6.8)).

$$V_{wp,add,Rd} = \frac{4 \cdot M_{pl,fc,Rd}}{d_s} \quad \text{jedoch } V_{wp,add,Rd} \leq \frac{2 \cdot M_{pl,fc,Rd} + 2 \cdot M_{pl,st,Rd}}{d_s} \tag{4.3}$$

Dabei ist:

d_s	der Achsabstand zwischen den beiden Stegsteifen
$M_{pl,fc,Rd}$	die plastische Biegetragfähigkeit eines Stützenflansches
$M_{pl,st,Rd}$	die plastische Biegetragfähigkeit einer Stegsteife

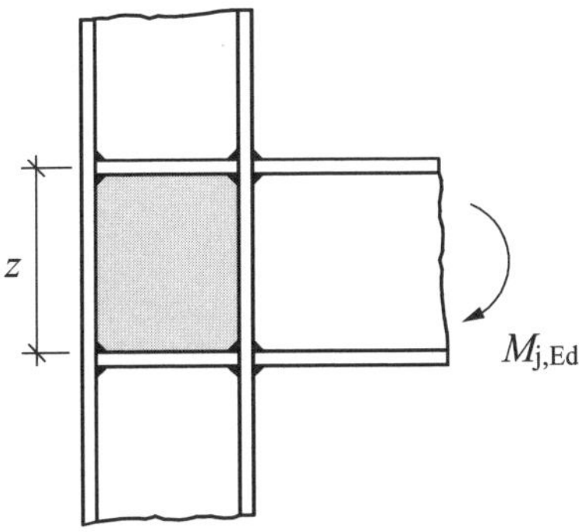

Abb. 4.3 Ausgesteiftes Stützenfeld als Schubfeld

Ist die plastische Schubtragfähigkeit nicht ausreichend, kann der Stützensteg durch ein zusätzliches Stegblech nach Abb. 4.4 verstärkt werden.

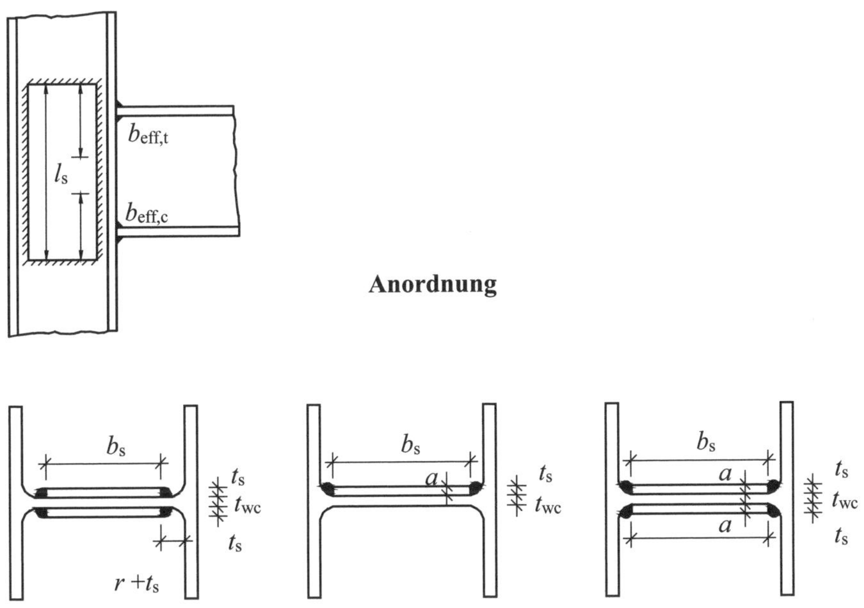

Abb. 4.4 Beispiele für Verstärkungen mit zusätzlichen Stegblechen

Für den Nachweis der Schubtragfähigkeit gilt dann:

$$A_{vc,s} = A_{vc} + b_s \cdot t_{wc} \tag{4.4}$$

Ein weiteres zusätzliches Stegblech auf der anderen Stegseite darf nicht berücksichtigt werden. Dabei gelten folgende Voraussetzungen:

- Dicke t_s des zusätzlichen Stegbleches ≥ Stützenstegdicke t_{wc}
- Breite $b_s/t_s < 40\,\varepsilon$
- Das zusätzliche Stegblech sollte sich über die effektive Breite des Steges unter der Querzug- und Querdruckbeanspruchung hinaus erstrecken.
- Die Breite b_s sollte mindestens so groß sein, dass die Schweißnähte an die Eckausrundung heranreichen.
- Auf die Schweißbarkeit in den Ecken ist zu achten.
- Die Schweißnähte sind nachzuweisen.
- Die zusätzlichen Stegbleche sollten die gleiche Stahlgüte haben wie die Stütze.

4.2.3 Stützensteg mit Querdruck

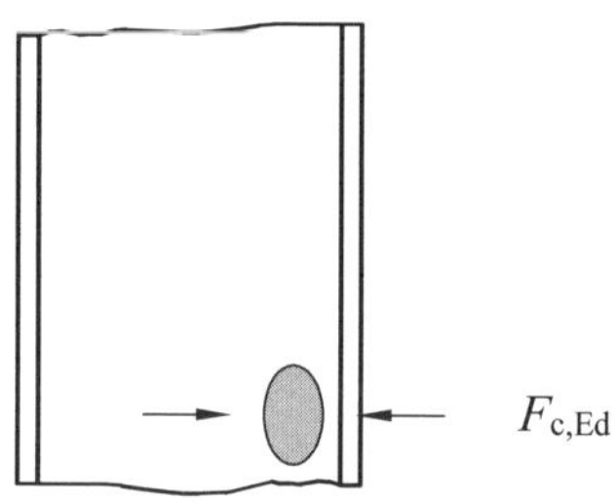

Abb. 4.5 Stützensteg mit Querdruck

Um die Tragfähigkeit des Stützensteges unter Querdruck berechnen zu können, müssen die folgenden Werte ermittelt werden (1-8, 6.2.6.2).

1. Wirksame Breite $b_{eff,c,wc}$

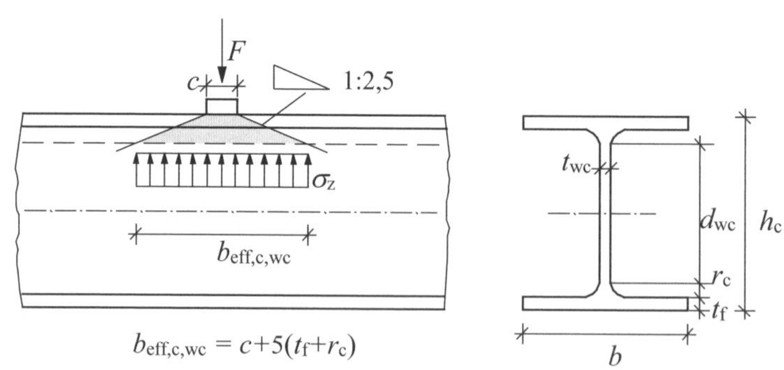

Abb. 4.6 Steg mit Querdruck

Zunächst ist die wirksame Breite $b_{eff,c,wc}$ für den Stützensteg für Querdruck zu ermitteln. Dabei ist zu unterscheiden, ob es sich um einen geschweißten oder geschraubten Anschluss handelt und ob die Stütze aus einem gewalzten oder geschweißten I- oder H-Querschnitt besteht. Die Konstruktion und die Bezeichnungen sind in Abb. 4.6 und Abb. 4.7 angegeben.

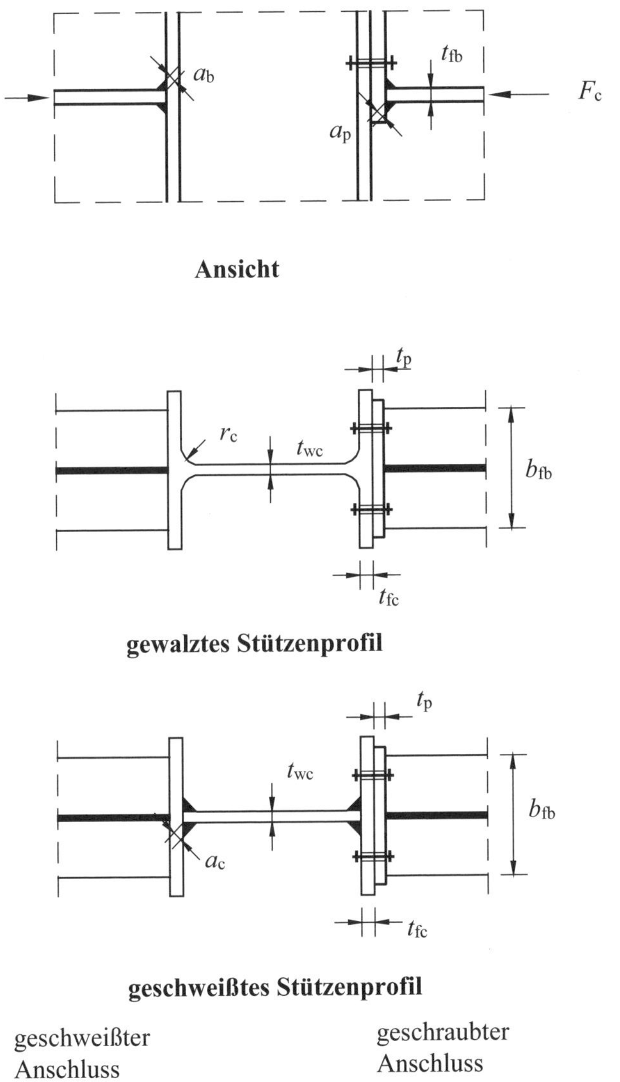

Abb. 4.7 Bezeichnungen für die Berechnung des Stützensteges mit Querdruck

a) Geschweißter Anschluss an einen gewalzten I- und H-Querschnitt:

$$c = t_{fb} + 2 \cdot \sqrt{2} \cdot a_b$$

$$b_{eff,c,wc} = c + 5 \cdot (t_{fc} + r_c) = t_{fb} + 2 \cdot \sqrt{2} \cdot a_b + 5 \cdot (t_{fc} + r_c) \quad (4.5)$$

b) Geschweißter Anschluss an einen geschweißten I- und H-Querschnitt:

$$c = t_{fb} + 2 \cdot \sqrt{2} \cdot a_b$$

$$b_{eff,c,wc} = c + 5 \cdot \left(t_{fc} + \sqrt{2} \cdot a_c\right) = t_{fb} + 2 \cdot \sqrt{2} \cdot a_b + 5 \cdot \left(t_{fc} + \sqrt{2} \cdot a_c\right) \quad (4.6)$$

c) Geschraubter Anschluss an einen gewalzten I- und H-Querschnitt:

$$c = t_{fb} + 2 \cdot \sqrt{2} \cdot a_p + s_p$$

$$b_{eff,c,wc} = c + 5 \cdot (t_{fc} + r_c) = t_{fb} + 2 \cdot \sqrt{2} \cdot a_p + s_p + 5 \cdot (t_{fc} + r_c) \quad (4.7)$$

d) Geschraubter Anschluss an einen geschweißten I- und H-Querschnitt:

$$c = t_{fb} + 2 \cdot \sqrt{2} \cdot a_p + s_p$$

$$b_{eff,c,wc} = c + 5 \cdot \left(t_{fc} + \sqrt{2} \cdot a_c\right) = t_{fb} + 2 \cdot \sqrt{2} \cdot a_b + 5 \cdot \left(t_{fc} + \sqrt{2} \cdot a_c\right) \quad (4.8)$$

Dabei ist s_p die Lastausbreitung für das Stirnblech unter 45° mit der Dicke t_p. Es gilt $t_p \le s_p \le 2 \cdot t_p$.

2. Interaktion mit der Schubbeanspruchung – Abminderungsfaktor ω

Im Stützenstegfeld treten infolge der Umlenkung der Biegemomente Schubspannungen auf. Diese sind abhängig von dem Übergangsparameter β, der in Tabelle 1.5 (1-8, Tabelle 6.3) angegeben ist. Die Interaktion des Querdruckes mit der Schubbeanspruchung wird durch den Abminderungsfaktor ω berücksichtigt. Der Abminderungsfaktor ω ist in Tabelle 4.1 angegeben.

Tabelle 4.1 Abminderungsfaktor ω

Übergangsparameter β	**Abminderungsfaktor ω**
$0 \le \beta \le 0{,}5$	$\omega = 1$
$0{,}5 < \beta < 1$	$\omega = \omega_1 + 2 \cdot (1-\beta) \cdot (1-\omega_1)$
$\beta = 1$	$\omega = \omega_1$
$1 < \beta < 2$	$\omega = \omega_1 + (\beta - 1) \cdot (\omega_2 - \omega_1)$
$\beta = 2$	$\omega = \omega_2$
$\omega_1 = \dfrac{1}{\sqrt{1 + 1{,}3 \cdot (b_{eff,c,wc} \cdot t_{wc} / A_{vc})^2}}$	$\omega_2 = \dfrac{1}{\sqrt{1 + 5{,}2 \cdot (b_{eff,c,wc} \cdot t_{wc} / A_{vc})^2}}$
A_{vc} Schubfläche der Stütze	

3. Interaktion mit der Längsdruckspannung im Steg – Beiwert k_{wc}
Am Ende des Ausrundungsradius bei gewalzten Profilen und am Nahtübergang bei geschweißten Profilen treten Längsdruckspannungen $\sigma_{com,Ed}$ auf. Überschreiten diese Längsdruckspannungen den Wert von $0{,}7 \cdot f_{y,wc}$, ist die Tragfähigkeit mit dem Beiwert k_{wc} abzumindern.

$$\sigma_{com,Ed} \le 0{,}7 \cdot f_{y,wc}: \qquad k_{wc} = 1$$

$$\sigma_{com,Ed} > 0{,}7 \cdot f_{y,wc}: \qquad k_{wc} = 1{,}7 - \frac{\sigma_{com,Ed}}{f_{y,wc}} \tag{4.9}$$

Im Allgemeinen beträgt der Abminderungsbeiwert $k_{wc} = 1{,}0$.

4. Plattenbeulen des Stützenstegfeldes – Abminderungsfaktor ρ
Ob das Stützenstegfeld unter Querdruck beulgefährdet ist, wird vereinfacht mit einem konstanten Plattenschlankheitsgrad $\bar{\lambda}_p$ überprüft.

$$\bar{\lambda}_p = 0{,}932 \cdot \sqrt{\frac{b_{eff,c,wc} \cdot d_{wc} \cdot f_{y,wc}}{E \cdot t_{wc}^2}} \tag{4.10}$$

Dabei ist:

$d_{wc} = h_c - 2 \cdot (t_{fc} + r_c)$ für gewalzten I- und H-Querschnitt

$d_{wc} = h_c - 2 \cdot \left(t_{fc} + \sqrt{2} \cdot a_c\right)$ für geschweißten I- und H-Querschnitt

Es gilt:

$$\bar{\lambda}_p \le 0{,}72 \qquad \rho = 1{,0} \qquad \text{kein Plattenbeulen} \tag{4.11}$$

$$\bar{\lambda}_p > 0{,}72 \qquad \rho = \frac{\bar{\lambda}_p - 0{,}2}{\bar{\lambda}_p^2} \tag{4.12}$$

5. Tragfähigkeit des nicht ausgesteiften Stützenstegfeldes unter Querdruck

$$F_{c,wc,Rd} = \frac{\omega \cdot k_{wc} \cdot b_{eff,c,wc} \cdot t_{wc} \cdot f_{y,wc}}{\gamma_{M0}} \quad \text{jedoch} \tag{4.13}$$

$$F_{c,wc,Rd} \le \frac{\omega \cdot k_{wc} \cdot \rho \cdot b_{eff,c,wc} \cdot t_{wc} \cdot f_{y,wc}}{\gamma_{M1}} \tag{4.14}$$

γ_{M1} Stabilitätsversagen

6. Zusätzliche Stegbleche zur Verstärkung
Die Tragfähigkeit des Stützenstegfeldes unter Querdruck kann durch Stegsteifen oder zusätzliche Stegbleche vergrößert werden.

- Für ein zusätzliches Stegblech darf die effektive Dicke des Stegbleches mit $1{,}5 \cdot t_{wc}$ angenommen werden.
- Für beidseitig zusätzliche Stegbleche darf die effektive Dicke des Stegbleches mit $2{,}0 \cdot t_{wc}$ angenommen werden.
- Für die Berechnung des Abminderungsfaktors ω darf die Schubfläche nur auf den Wert $A_{vc,s} = A_{vc} + b_s \cdot t_{wc}$ angehoben werden.

7. Ausgesteifter Stützensteg mit Querdruck
Die Stegsteife in der Druckzone sollte so bemessen werden, dass sie für den Nachweis des Anschlusses nicht maßgebend wird.

4.2.4 Stützensteg mit Querzug

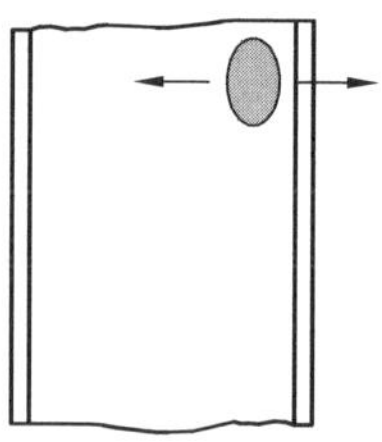

Abb. 4.8 Stützensteg mit Querzug

Um die Tragfähigkeit des Stützensteges mit Querdruck berechnen zu können, müssen die folgenden Werte ermittelt werden (1-8, 6.2.6.3).

1. Wirksame Breite $b_{eff,t,wc}$
Zunächst ist die wirksame Breite $b_{eff,t,wc}$ für den Stützensteg mit Querzug zu ermitteln. Dabei ist zu unterscheiden, ob es sich um einen geschweißten oder geschraubten Anschluss handelt und ob die Stütze aus einem gewalzten oder geschweißten I- oder H-Querschnitt besteht. Die Konstruktion und die Bezeichnungen sind in Abb. 4.6 und Abb. 4.7 angegeben.

a) Geschweißter Anschluss an einen gewalzten I- und H-Querschnitt:

$$c = t_{fb} + 2 \cdot \sqrt{2} \cdot a_b$$

$$b_{eff,t,wc} = c + 5 \cdot (t_{fc} + r_c) = t_{fb} + 2 \cdot \sqrt{2} \cdot a_b + 5 \cdot (t_{fc} + r_c) \qquad (4.15)$$

b) Geschweißter Anschluss an einen geschweißten I- und H-Querschnitt:

$$c = t_{fb} + 2 \cdot \sqrt{2} \cdot a_b$$

$$b_{eff,t,wc} = c + 5 \cdot \left(t_{fc} + \sqrt{2} \cdot a_c\right) = t_{fb} + 2 \cdot \sqrt{2} \cdot a_b + 5 \cdot \left(t_{fc} + \sqrt{2} \cdot a_c\right) \qquad (4.16)$$

c) Bei einem geschraubten Anschluss wird die wirksame Breite $b_{eff,t,wc}$ mit der kleinsten wirksamen Länge des äquivalenten T-Stummels für den Stützenflansch gleichgesetzt. Dabei ist der Modus zu berücksichtigen.

2. Interaktion mit der Schubbeanspruchung – Abminderungsfaktor ω
Der Abminderungsfaktor ω wird mit dem Wert $b_{\text{eff,t,wc}}$ nach Tabelle 4.1 berechnet.

3. Tragfähigkeit des nicht ausgesteiften Stützenstegfeldes mit Querzug

$$F_{\text{t,wc,Rd}} = \frac{\omega \cdot b_{\text{eff,t,wc}} \cdot t_{\text{wc}} \cdot f_{\text{y,wc}}}{\gamma_{\text{M0}}} \quad (4.17)$$

4. Zusätzliche Stegbleche zur Verstärkung
Die Tragfähigkeit des Stützenstegfeldes mit Querzug kann durch Stegsteifen oder zusätzliche Stegbleche vergrößert werden.

- Die effektive Dicke des Steges $t_{\text{w,eff}}$ hängt von der Dicke und Art der Längsnähte entlang der zusätzlichen Stegbleche ab. (4.18)
  Durchgeschweißte Stumpfnähte der Nahtdicke $a \geq t_s$:
  ein zusätzliches Stegblech: $t_{\text{w,eff}} = 1{,}5 \cdot t_{\text{wc}}$
  beidseitig zusätzliche Stegbleche: $t_{\text{w,eff}} = 2{,}0 \cdot t_{\text{wc}}$
  Kehlnähte der Nahtdicke $a \geq t_{\text{s}} \cdot \sqrt{2}$:
  Sowohl für einseitig als auch für beidseitig zusätzliche Stegbleche gilt:
  Stahlgüten S 235, S 275 und S 355 $t_{\text{w,eff}} = 1{,}4 \cdot t_{\text{wc}}$
  Stahlgüten S 420 und S 460 $t_{\text{w,eff}} = 1{,}3 \cdot t_{\text{wc}}$
- Für die Berechnung des Abminderungsfaktors ω darf die Schubfläche nur auf den Wert $A_{\text{vc,s}} = A_{\text{vc}} + b_{\text{s}} \cdot t_{\text{wc}}$ angehoben werden.

4.2.5 Stützenflansch mit Biegung

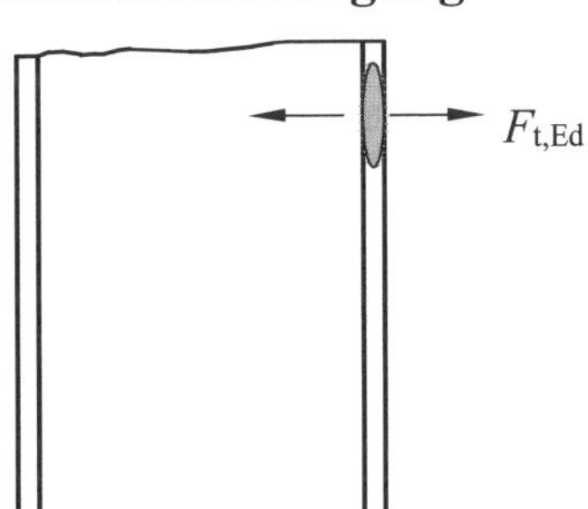

Abb. 4.9 Stützenflansch mit Biegung

Die Tragfähigkeit des Stützenflansches auf Biegung wird mithilfe des äquivalenten T-Stummels ermittelt (1-8, 6.2.6.4). Der äquivalente T-Stummel wird im Abschnitt 3.2.2 behandelt.

4.2.6 Trägerflansch und -steg mit Druck

Für die Grenztragfähigkeit des Trägerflansches und der angrenzenden Druckzone im Trägersteg kann als Angriffspunkt die Mitte des gedrückten Flansches angenommen werden.
Es gilt dann:

$$F_{\mathrm{c,fb,Rd}} = M_{\mathrm{c,Rd}} / \left(h - t_{\mathrm{fb}}\right) \tag{4.19}$$

h	Höhe des angeschlossenen Trägers
$M_{\mathrm{c,Rd}}$	Momententragfähigkeit des Trägerquerschnittes mit Abminderung infolge Querkraft
t_{fb}	Flanschdicke des angeschlossenen Trägers

4.3 Momententragfähigkeit

Die Momententragfähigkeit $M_{\mathrm{j,Rd}}$ eines Träger-Stützenanschlusses kann wie folgt nach Abb. 4.10 bestimmt werden:

$$M_{\mathrm{j,Rd}} = \sum_{\mathrm{r}} h_{\mathrm{r}} \cdot F_{\mathrm{tr,Rd}} \tag{4.20}$$

h_{r}	Abstand der Schraubenreihe r vom Druckpunkt
$F_{\mathrm{tr,Rd}}$	wirksame Grenzzugkraft der Schraubenreihe r auf Zug
r	Nummer der Schraubenreihe

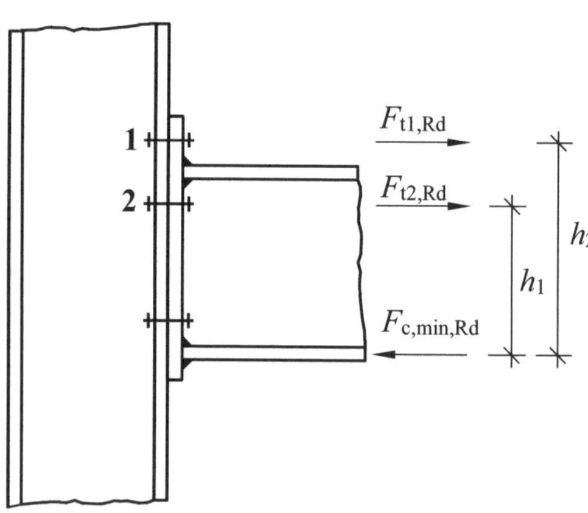

Abb. 4.10 Berechnung der Momententragfähigkeit

Für den Druckpunkt kann die Mitte des gedrückten Flansches angenommen werden. Die Nummerierung der Schraubenreihen beginnt mit der äußersten Schraubenreihe. Die wirksame Grenzzugkraft $F_{\mathrm{tr,Rd}}$ der Schraubenreihe r ist die kleinste Grenzzugkraft der Komponenten für die einzelne Schraubenreihe, wenn

keine Schraubengruppe vorhanden ist. Für den Träger-Stützenanschluss mit überstehender Platte mit nur zwei Schraubenreihen auf Zug trifft dies zu. Sonst ist die Grenzkraft der Schraubengruppe als Ganzes zu berücksichtigen.
Um eine ausreichende Verformbarkeit des Anschlusses für die Umlagerung der inneren Kräfte zu ermöglichen, ist für die Grenzzugkraft der Schraubenreihe (2 Schrauben) $r>1$ die folgende Reduktion erforderlich, wenn $F_{1,\mathrm{Rd}} \geq 1{,}9 \cdot F_{\mathrm{t,Rd}}$ ist.

$$F_{\mathrm{r,Rd}} \leq F_{1,\mathrm{Rd}} \cdot \frac{h_{\mathrm{r}}}{h_1} \tag{4.21}$$

Ist dagegen nicht die erste, sondern die 2. Schraubenreihe mit $F_{2,\mathrm{Rd}} \geq 1{,}9 \cdot F_{\mathrm{t,Rd}}$ beansprucht, gilt für die darunterliegenden Schrauben entsprechend, usw.:

$$F_{\mathrm{r,Rd}} \leq F_{2,\mathrm{Rd}} \cdot \frac{h_{\mathrm{r}}}{h_2} \tag{4.22}$$

Schraubengruppen in der Zugzone

Bilden 2 oder mehrere Schraubenreihen in der Zugzone des Anschlusses eine Schraubengruppe, sind alle Grundkomponenten für diese Schraubengruppe zu berechnen. Die Schraubengruppe hat ein eigenes Fließlinienmuster für das Versagen dieser Schraubengruppe. Deshalb ist zu überprüfen, dass die Summe der minimalen Zugkräfte der 1. und 2. usw. Schraubenreihe nicht größer ist als die minimale Zugkraft der Schraubengruppe.
Für die gesamte Tragfähigkeit in der Zugzone ist, z. B. für 2 Schraubenreihen, noch folgende Bedingung einzuhalten:

$$F_{\mathrm{t1,Rd}} + F_{\mathrm{t2,Rd}} \leq F_{\mathrm{t,1+2,Rd}} \tag{4.23}$$

$F_{\mathrm{t1,Rd}}$ minimale Zugkraft der 1. Schraubenreihe
$F_{\mathrm{t2,Rd}}$ minimale Zugkraft der 2. Schraubenreihe
$F_{\mathrm{t,1+2,Rd}}$ minimale Zugkraft der Schraubengruppe

Ist diese Bedingung nicht eingehalten, ist die wirksame Tragfähigkeit der letzten Schraubenreihe, gegebenenfalls noch weitere, zu reduzieren.

$$F_{\mathrm{t2,Rd}} = F_{\mathrm{t,1+2,Rd}} - F_{\mathrm{t1,Rd}} \tag{4.24}$$

Reduktion in der Druckzone

Die Summe der minimalen Schraubenkräfte $\sum_{\mathrm{r}} F_{\mathrm{tr,Rd}}$ in der Zugzone darf nicht größer sein als die folgenden Tragfähigkeiten:

- des Stützenstegs auf Schub $V_{\mathrm{wp,Rd}} / \beta$
- des Stützensteges mit Querdruck $F_{\mathrm{c,wc,Rd}}$

- des Trägerflansches und -steges auf Druck $F_{c,fb,Rd}$

Der kleinste Wert soll hier mit $F_{c,min,Rd}$ bezeichnet werden.
Für die gesamte Tragfähigkeit in der Druckzone ist, z. B. für 2 Schraubenreihen, noch folgende Bedingung einzuhalten:

$$F_{t1,Rd} + F_{t2,Rd} \leq F_{c,min,Rd} \tag{4.25}$$

Ist diese Bedingung nicht eingehalten, ist die wirksame Tragfähigkeit der letzten Schraubenreihe, gegebenenfalls noch weitere, zu reduzieren.

$$F_{t2,Rd} = F_{c,min,Rd} - F_{t1,Rd} \tag{4.26}$$

4.4 Schweißnahtdicken

Die Schweißnähte am Träger sind für das Biegemoment und die Querkraft nachzuweisen. Die Querkraft wird i. Allg. den zusätzlichen nicht auf Zug beanspruchten Schrauben zugewiesen. Es ist der Nachweis für die Schraubenverbindung zu führen.
In allen Anschlüssen sollten die Schweißnahtdicken so gewählt werden, dass die Biegetragfähigkeit des Anschlusses $M_{j,Rd}$ nicht durch die Tragfähigkeit der Schweißnähte, sondern durch die Tragfähigkeit der Grundkomponenten begrenzt wird (1-8, 6.2.3(4)). Deshalb wird hier zusätzlich der Nachweis der Kehlnähte am Steg und Flansch geführt. Sind in der Anschlussebene nur Spannungen σ_w vorhanden, dann gilt für die Beanspruchbarkeit der Schweißnaht für das richtungsbezogene Verfahren:

$$\sigma_w \leq \frac{f_u}{\sqrt{2} \cdot \beta_w \cdot \gamma_{M2}} \tag{4.27}$$

4.5 Rotationssteifigkeit

4.5.1 Allgemeines

Bei den Träger-Stüzenanschlüssen sind dabei die Steifigkeitskoeffizienten k_i der folgenden Grundkomponenten nach (1-8, Tabelle 6.11) zu beachten:

- Stützenstegfeld mit Schub – k_1
- Stützenstegfeld mit Querdruck – k_2
- Stützenstegfeld mit Querzug – k_3
- Stützenflansch mit Biegung – k_4
- Stirnblech mit Biegung – k_5
- Schrauben auf Zug – k_{10}

4.5.2 Stützenstegfeld mit Schub

In Abb. 4.11 ist ein Schubfeldelement dargestellt.

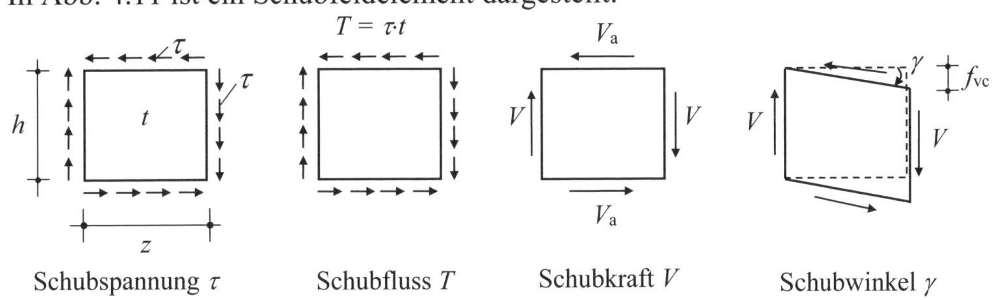

Abb. 4.11 Schubfeldelement

Es wird angenommen, dass die Schubspannungen τ über die Ränder des Schubfeldelementes konstant sind. Das Schubfeldelement verformt sich unter der Schubbeanspruchung zu einem Parallelogramm mit dem Schubwinkel γ. Die elastostatische Grundgleichung des Schubfeldelementes lautet:

$$\gamma = \frac{V \cdot \beta}{G \cdot A_{vc}} = \frac{f_{vc}}{z} \qquad (4.28)$$

Der Übergangsfaktor β, der in Tabelle 1.5 angegeben ist, wird ergänzt und gibt die Größe der Schubkraft an, die infolge der Momentenbeanspruchung des Träger-Stützenanschlusses auftritt. Die Höhe des Stützenstegfeldes, die in (1-8, Bild 6.15) angegeben ist, ist von der Verbindungsart abhängig. Wichtige Beispiele sind in Abb. 4.12 angegeben.

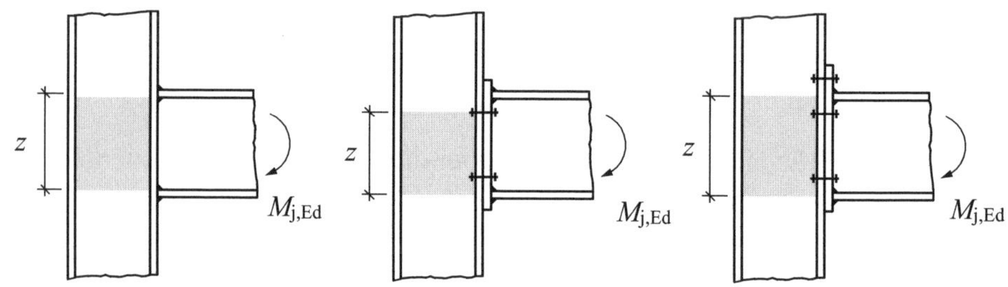

Abb. 4.12 Druckpunkt und Hebelarm z für verschiedene Verbindungsarten

Damit erhält man den Steifigkeitskoeffizienten k_1.

$$V = \frac{G \cdot A_{vc}}{\beta \cdot z} \cdot f_{vc} = \frac{G \cdot A_{vc}}{\beta \cdot z} \cdot \frac{E}{E} \cdot f_{vc} = E \cdot \frac{G \cdot A_{vc}}{E \cdot \beta \cdot z} \cdot f_{vc}$$

$$V = E \cdot \frac{8100 \cdot A_{vc}}{21000 \cdot \beta \cdot z} \cdot f_{vc} = E \cdot \frac{0{,}38 \cdot A_{vc}}{\beta \cdot z} \cdot f_{vc} = E \cdot k_1 \cdot f_{vc}$$

$$k_1 = \frac{0{,}38 \cdot A_{vc}}{\beta \cdot z} \tag{4.29}$$

Ist das Stützenstegfeld durch diagonale Stegsteifen ausgesteift, gilt:

$$k_1 = \infty$$

4.5.3 Stützensteg mit Querdruck

Unter der Druckkraft F verformt sich örtlich der Flansch und der Steg der Stütze um den Wert f_{wc}. Diese Verformung f_{wc} hängt ab

- von der wirksame Breite $b_{eff,c,wc}$
- von dem Steifigkeitsverhältnis von Stützensteg und Stützengurt
- der nichtlinearen Verteilung der Normalkraft im Stützensteg.

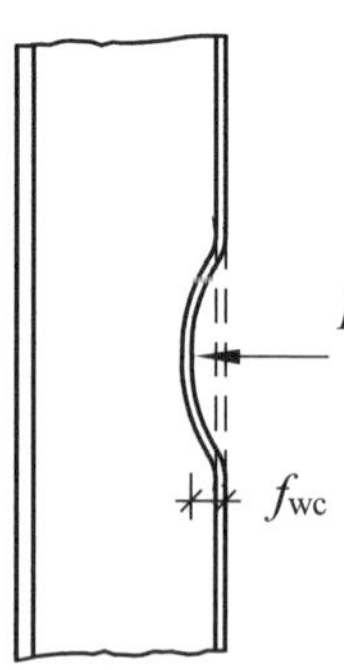

Abb. 4.13 Stützensteg mit Druck

Diese Einflüsse werden im EC 3 in der Verformungsberechnung des Druckstabes mit dem Reduktionsfaktor 0,7 berücksichtigt.

$$F = 0{,}7 \cdot \frac{E \cdot A_{\text{eff,c,wc}}}{d_\text{c}} \cdot f_\text{wc} = E \cdot \frac{0{,}7 \cdot b_{\text{eff,c,wc}} \cdot t_\text{wc}}{d_\text{c}} \cdot f_\text{wc} = E \cdot k_2 \cdot f_\text{wc}$$

$$k_2 = \frac{0{,}7 \cdot b_{\text{eff,c,wc}} \cdot t_\text{wc}}{d_\text{c}} \qquad (4.30)$$

Dabei ist:

$b_{\text{eff,c,wc}}$	wirksame Breite des Stützensteges bei Druckbeanspruchung
d_c	Höhe des Stützensteges
t_wc	Dicke des Stützensteges

Ist das Stützenstegfeld durch Stegsteifen ausgesteift, gilt:

$$k_2 = \infty$$

4.5.4 Stützensteg mit Querzug

$$k_3 = \frac{0{,}7 \cdot b_{\text{eff,t,wc}} \cdot t_\text{wc}}{d_\text{c}} \qquad (4.31)$$

Dabei ist:

$b_{\text{eff,t,wc}}$	wirksame Breite des Stützensteges berechnet nach 4.5.5
d_c	Höhe des Stützensteges
t_wc	Dicke des Stützensteges

Ist das Stützenstegfeld durch Stegsteifen ausgesteift, gilt:

$$k_3 = \infty$$

4.5.5 Stützenflansch mit Biegung

Siehe Abschnitt 3.2.2.

$$k_4 = \frac{0{,}9 \cdot l_\text{eff} \cdot t_\text{fc}^3}{m^3} \qquad (4.32)$$

Dabei ist:

l_eff	kleinste der wirksamen Längen (einzeln oder als Teil einer Schraubengruppe)
t_fc	Dicke des Stützenflansches
m	s. Abschnitt 3.2.2

4.5.6 Stirnblech mit Biegung

Siehe Abschnitt 3.2.2.

$$k_5 = \frac{0{,}9 \cdot l_{\text{eff}} \cdot t_{\text{p}}^3}{m^3} \tag{4.33}$$

Dabei ist:

l_{eff}	kleinste der wirksamen Längen (einzeln oder als Teil einer Schraubengruppe)
t_{p}	Dicke des Stirnbleches
m	s. Abschnitt 3.2.2

4.5.7 Schrauben auf Zug

Vorgespannt oder nicht vorgespannt nach EC 3:

$$k_{10} = 1{,}6 \cdot \frac{A_{\text{s}}}{L_{\text{b}}} \tag{4.34}$$

mit $L_{\text{b}} = l_{\text{k}} + 2 \cdot h + 0{,}5 \cdot (k + m)$ (4.35)

Dabei ist:

A_{s}	Spannungsquerschnitt der Schraube
l_{k}	Paketlänge der Bleche
h	Höhe der Unterlegscheibe
k	halbe Kopfhöhe der Schraube
m	halbe Mutternhöhe der Schraube

Vorschlag für vorgespannte Schraube:

$$k_{10,\text{p}} = 10 \cdot \frac{A_{\text{s}}}{L_{\text{b}}} \tag{4.36}$$

4.5.8 Federmodelle

Für die verschiedenen Verbindungsarten sind nicht alle Grundkomponenten zu berücksichtigen. Mit dem Federmodell lässt sich das Zusammenwirken der einzelnen Federsteifigkeiten sehr anschaulich erklären, ob es sich um hintereinander oder parallel geschaltete Federn handelt [12].
Allgemein gilt für die Anfangsrotationssteifigkeit $S_{\text{j,ini}}$ mit den Steifigkeitskoeffizienten k_{i}:

$$S_{\text{j,ini}} = \frac{E \cdot z^2}{\sum \frac{1}{k_{\text{i}}}} \tag{4.37}$$

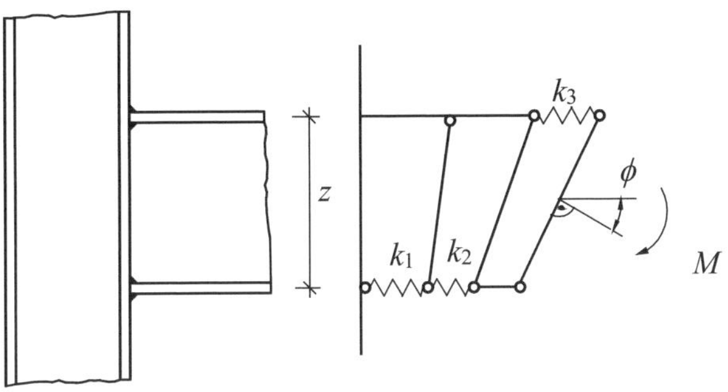

Abb. 4.14 Federmodell des geschweißten Anschlusses an eine nicht ausgesteifte Stütze

Für das Federmodell eines geschweißten Anschlusses an eine nicht ausgesteifte Stütze nach Abb. 4.14 sind folgende Steifigkeitskoeffizienten zu berücksichtigen.

- Stützenstegfeld mit Schub – k_1
- Stützenstegfeld mit Querdruck – k_2
- Stützenstegfeld mit Querzug – k_3

Die Steifigkeitskomponenten k_1, k_2 und k_3 sind hintereinander geschaltet. Diese und der Hebelarm z werden zur Berechnung der Anfangsrotationssteifigkeit $S_{j,ini}$ in die Gleichung (4.37) eingesetzt.

Ist das Stützenstegfeld durch Stegsteifen ausgesteift, ist nur die Steifigkeitskomponente k_1 zu berücksichtigen. k_2 und k_3 sind unendlich groß.

Für das Federmodell eines geschraubten Anschlusses mit 2 Schraubenreihen an eine nicht ausgesteifte Stütze nach Abb. 4.15 sind folgende Steifigkeitskoeffizienten zu berücksichtigen.

- Stützenstegfeld mit Schub – k_1
- Stützenstegfeld mit Querdruck – k_2
- Stützenstegfeld mit Querzug – k_3
- Stützenflansch mit Biegung – k_4
- Stirnblech mit Biegung – k_5
- Schrauben auf Zug – k_{10}

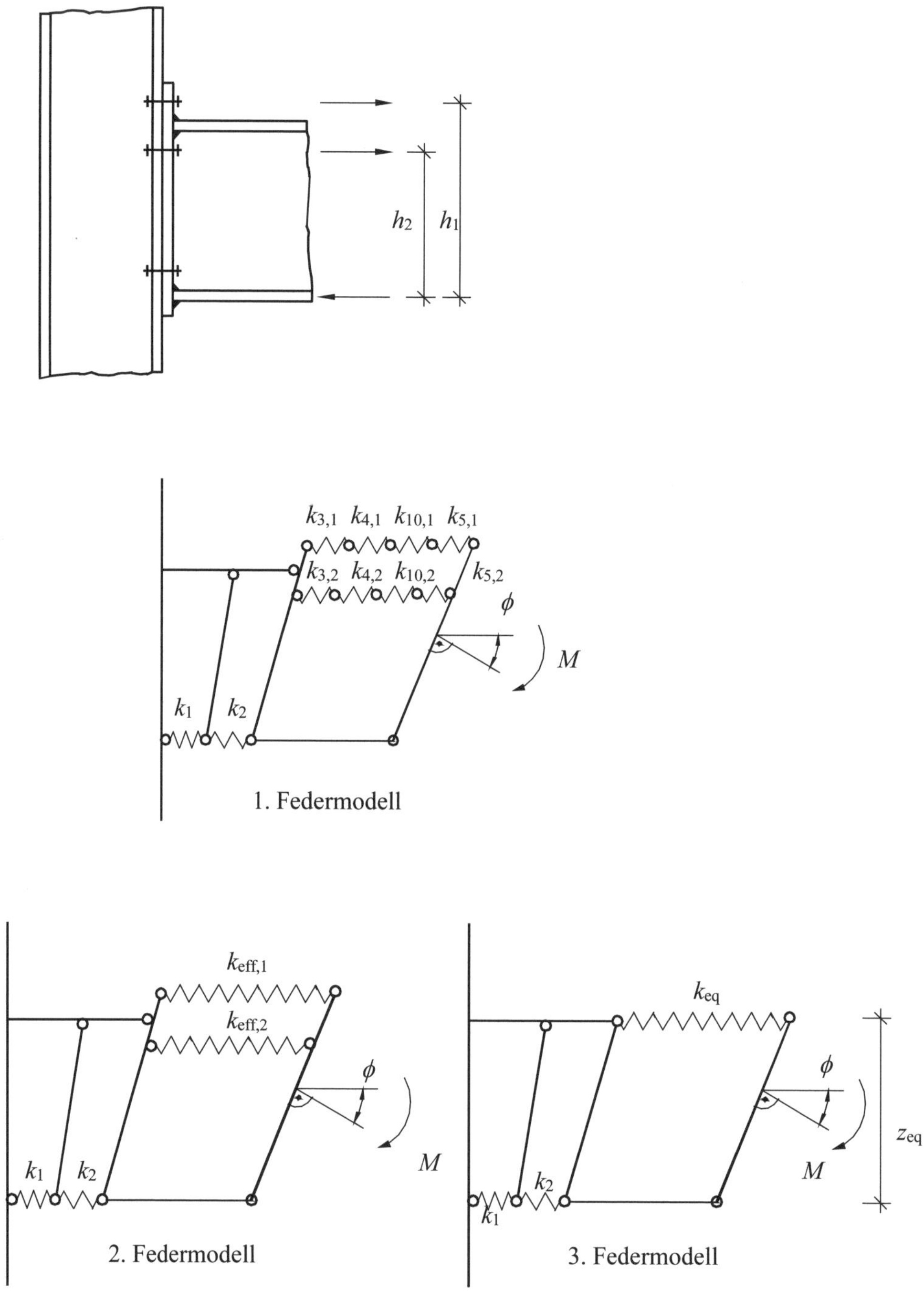

Abb. 4.15 Federmodell des geschraubten Anschlusses mit 2 Schraubenreihen an eine nicht ausgesteifte Stütze

Die Steifigkeitskomponenten im Zugbereich für jede Schraubenreihe k_3, k_4, k_5 und k_{10} sind hintereinander geschaltet. Diese werden zu einem effektiven Steifigkeitskoeffizient k_{eff} zusammengefasst, siehe auch Abschnitt 3.6.4.

$$\frac{1}{k_{eff,1}} = \frac{1}{k_{3,1}} + \frac{1}{k_{4,1}} + \frac{1}{k_{5,1}} + \frac{1}{k_{10,1}} \tag{4.38}$$

$$\frac{1}{k_{eff,2}} = \frac{1}{k_{3,2}} + \frac{1}{k_{4,2}} + \frac{1}{k_{5,2}} + \frac{1}{k_{10,2}} \tag{4.39}$$

Die Steifigkeitskomponenten $k_{eff,1}$ und $k_{eff,2}$ sind parallel geschaltet. Diese werden zu einem äquivalenten Steifigkeitskoeffizient k_{eq} mit dem äquivalenten Hebelarm z_{eq} zusammengefasst.

$$z_{eq} = \frac{k_{eff,1} \cdot h_1^2 + k_{eff,2} \cdot h_2^2}{k_{eff,1} \cdot h_1 + k_{eff,2} \cdot h_2} \tag{4.40}$$

$$k_{eq} = \frac{k_{eff,1} \cdot h_1 + k_{eff,2} \cdot h_2}{z_{eq}} \tag{4.41}$$

Die Steifigkeitskomponenten k_1, k_2 und k_{eq} sind hintereinander geschaltet. Diese und der äquivalente Hebelarm z_{eq} werden zur Berechnung der Anfangsrotationssteifigkeit $S_{j,ini}$ in die Gleichung (4.37) eingesetzt.

Ist das Stützenstegfeld durch Stegsteifen ausgesteift, ist nur die Steifigkeitskomponente k_{eq} zu berücksichtigen. k_2 und k_3 sind unendlich groß.

4.6 Beispiele

4.6.1 Geschraubter Anschluss ohne Steifen IPE 360 mit t_p = 10 mm und M 16-10.9, Kategorie D an eine nicht ausgesteifte Stütze mit HEA 280

Die Berechnung dieses Beispiels mit einer dünnen Stirnplatte wird im Abschnitt 9.3.1 bei der Anwendung der Fließgelenktheorie genutzt. In diesem Fall tritt ein kleines Stützmoment auf. Die Abmessungen für die Stütze und die Stirnplatte sind so zu wählen, dass der Modus 1 in der Stirnplatte maßgebend wird. Dies wird im Abschnitt 9.3.1 erläutert.

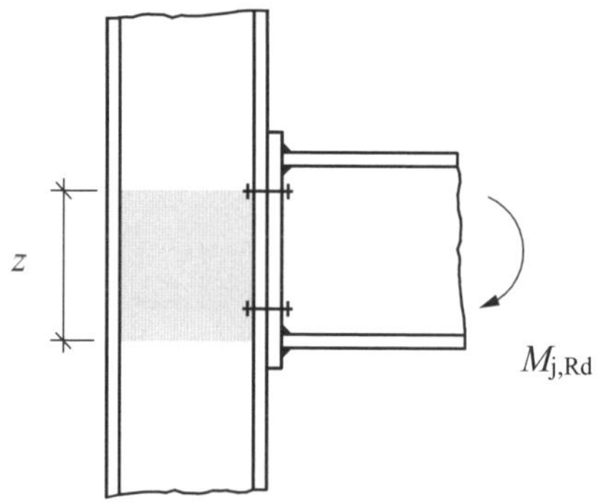

Ausbildung des Stoßes:

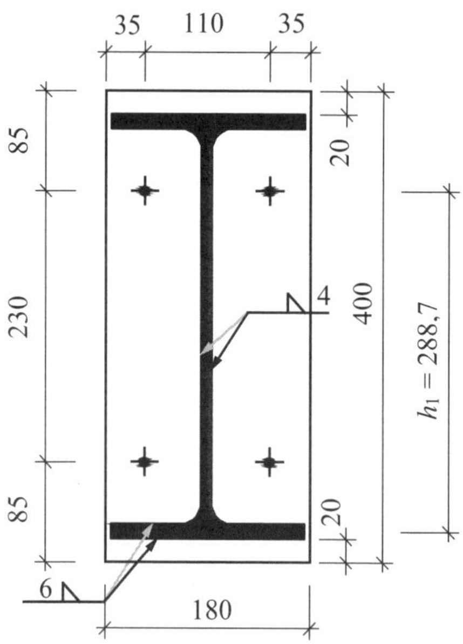

Stahlgüte der Stirnplatte: S 235 $f_{y,p} = 23,5\ \text{kN/cm}^2$

Stahlgüte des Trägers: S 235 $f_{y,b} = 23,5\ \text{kN/cm}^2$

Stahlgüte der Stütze: S 235 $f_{y,c} = 23,5\ \text{kN/cm}^2$

Teilsicherheitsbeiwert: $\gamma_{M0} = 1,00$

Dicke der Stirnplatte: $t_p = t_1 = 10\ \text{mm}$

Schrauben: M 16-10.9-D $d_0 = 18\ \text{mm}$ $F_{t,Rd} = 113\ \text{kN}$ $A_s = 1,57\ \text{cm}^2$

Profil: IPE 360 $h = 360\ \text{mm}$ $t_{fb} = 12,7\ \text{mm}$ $t_{wb} = 8\ \text{mm}$

$M_{pl,y,Rd} = W_{pl,y} \cdot \sigma_{Rd} = 1019 \cdot 23,5/100 = 239\ \text{kNm}$

Profil: HEA 280 $t_{fc} = t_2 = 13,0\ \text{mm}$ $t_{wc} = 8\ \text{mm}$ $d_{wc} = 196\ \text{mm}$

$r_c = 24\ \text{mm}$ $A_{vc} = 31,7\ \text{cm}^2$

$$L_b = l_k + 2 \cdot h + 0,5 \cdot (k + m) = 1,3 + 1,0 + 2 \cdot 0,4 + 0,5 \cdot (1,0 + 1,3) = 4,25\ \text{cm}$$

Schweißnahtdicke: $a_f = 6\ \text{mm};\ a_w = 4\ \text{mm}$

Beanspruchbarkeit der Schweißnaht nach dem richtungsbezogenen Verfahren:

$$\sigma_{1,w,Ed} = \sqrt{2 \cdot \sigma_w^2 + 3 \cdot \tau_{||}^2} \le f_{1,w,Rd} = \frac{f_u}{\beta_w \cdot \gamma_{M2}} = \frac{36}{0,8 \cdot 1,25} = 36,0\ \text{kN/cm}^2$$

$$\sigma_w \le \frac{f_u}{\sqrt{2} \cdot \beta_w \cdot \gamma_{M2}} = \frac{36}{\sqrt{2} \cdot 0,8 \cdot 1,25} = 25,5\ \text{kN/cm}^2$$

Berechnung der Momententragfähigkeit

Die untere Schraubenreihe wird nicht berücksichtigt.

a) Tragfähigkeit in der Zugzone

1. Schraubenreihe in der Zugzone

1.1 Stirnblech mit Biegung

Schraubenreihe neben einer Steife. Wirksame Länge des T-Stummels Nr. 4 nach Tabelle 3.1:

$$m = m_1 = \frac{110}{2} - \frac{8}{2} - 0,8 \cdot 4 \cdot \sqrt{2} = 46,5\ \text{mm}$$

$$e = 35\ \text{mm}$$

$$m_2 = 85 - 20 - 12,7 - 0,8 \cdot 6 \cdot \sqrt{2} = 45,5\ \text{mm}$$

$$\lambda_1 = \frac{m}{m+e} = \frac{46,5}{46,5+35} = 0,57 \qquad \lambda_2 = \frac{m_2}{m+e} = \frac{45,5}{46,5+35} = 0,56$$

$\alpha = 5,22$ nach Gleichung (3.25)

$$l_{eff,cp} = l_{4,cp} = 2 \cdot \pi \cdot m = 2 \cdot \pi \cdot 46,5 = 292\ \text{mm}$$

$$l_{eff,nc} = l_{4,nc} = \alpha \cdot m = 5,22 \cdot 46,5 = 243\ \text{mm}$$

Modus 1: $l_{eff,1} = l_{eff,1,1} = l_{eff,nc} \le l_{eff,cp} = 243\ \text{mm}$

Modus 2: $l_{eff,2} = l_{eff,nc} = 243\ \text{mm}$

Grenzzugkraft des T-Stummels:

$$m = 46,5\ \text{mm}$$

$$n = e_{min} = 35\ \text{mm} \le 1,25 \cdot m = 1,25 \cdot 46,5 = 58,1\ \text{mm}$$

$$n = n_1 = 35,0\ \text{mm}$$

$$M_{pl,1,Rd} = \frac{1}{4} \cdot l_{eff,1} \cdot t_p^2 \cdot f_{y,p} / \gamma_{M0} = \frac{1}{4} \cdot 24,3 \cdot 1,0^2 \cdot 23,5 / 1,0 = 143 \text{ kNcm}$$

$$M_{pl,2,Rd} = \frac{1}{4} \cdot l_{eff,2} \cdot t_p^2 \cdot f_{y,p} / \gamma_{M0} = \frac{1}{4} \cdot 24,6 \cdot 1,0^2 \cdot 23,5 / 1,0 = 143 \text{ kNcm}$$

$$F_{T,1,Rd} = \frac{4 \cdot M_{pl,1,Rd}}{m} = \frac{4 \cdot 143}{4,65} = 123 \text{ kN}$$

$$F_{T,2,Rd} = \frac{2 \cdot M_{pl,2,Rd} + n \cdot \sum F_{t,Rd}}{m+n} = \frac{2 \cdot 143 + 3,5 \cdot 2 \cdot 113}{4,65 + 3,5} = 132 \text{ kN}$$

$$F_{T,3,Rd} = \Sigma F_{t,Rd} = 2 \cdot 113 = 226 \text{ kN}$$

Die wirksame Tragfähigkeit des Stirnblechs mit Biegung ist der kleinste Wert von 1, 2, 3:

$$F_{T,1,Rd} = 123 \text{ kN}$$

1.2 Trägersteg auf Zug

$$b_{eff,t,wb} = l_{eff,2} = 243 \text{ mm}$$

$$F_{t,wb,Rd} = b_{eff,t,wb} \cdot t_{wb} \cdot f_{y,wb} / \gamma_{M0} = 24,3 \cdot 0,8 \cdot 23,5 / 1,0 = 457 \text{ kN}$$

Kehlnähte auf Zug:

$$F_{w,Rd} = b_{eff,t,wb} \cdot \Sigma a_w \cdot \frac{f_u}{\beta_w \cdot \gamma_{M2} \cdot \sqrt{2}} = 24,3 \cdot 0,8 \cdot \frac{36}{0,8 \cdot 1,25 \cdot \sqrt{2}} = 495 \text{ kN}$$

Schweißnaht neben dem Flansch:

$$F_{w,Rd} = b \cdot \Sigma a_f \cdot \frac{f_u}{\beta_w \cdot \gamma_{M2} \cdot \sqrt{2}} = 17,0 \cdot 1,2 \cdot \frac{36}{0,8 \cdot 1,25 \cdot \sqrt{2}} = 519 \text{ kN}$$

1.3 Stützenflansch mit Biegung

Schraubenreihe am Ende. Wirksame Länge des T-Stummels Nr. 2 nach Tabelle 3.1:

$$m = m_2 = \frac{110}{2} - \frac{8}{2} - 0,8 \cdot 24 = 31,8 \text{ mm}$$

$$e = 85 \text{ mm}$$

$$l_{eff,cp} = l_{2,cp} = 2 \cdot \pi \cdot m = 2 \cdot \pi \cdot 31,8 = 200 \text{ mm}$$

$$l_{eff,nc} = l_{2,nc} = 4 \cdot m + 1,25 \cdot e = 4 \cdot 31,8 + 1,25 \cdot 85 = 233 \text{ mm}$$

Modus 1: $l_{eff,1} = l_{eff,1,2} = l_{eff,nc} \le l_{eff,cp} = 200 \text{ mm}$

Modus 2: $l_{eff,2} = l_{eff,nc} = 233 \text{ mm}$

Grenzzugkraft des T-Stummels:

$$m = 31,8 \text{ mm}$$

$$n = e_{min} = 35 \text{ mm} \le 1,25 \cdot m = 1,25 \cdot 31,8 = 39,8 \text{ mm}$$

$$n = n_2 = 35 \text{ mm}$$

$$M_{pl,1,Rd} = \frac{1}{4} \cdot l_{eff,1} \cdot t_{fc}^2 \cdot f_{y,c} / \gamma_{M0} = \frac{1}{4} \cdot 20,0 \cdot 1,3^2 \cdot 23,5 / 1,0 = 199 \text{ kNcm}$$

$$M_{pl,2,Rd} = \frac{1}{4} \cdot l_{eff,2} \cdot t_{fc}^2 \cdot f_{y,c} / \gamma_{M0} = \frac{1}{4} \cdot 23,3 \cdot 1,3^2 \cdot 23,5 / 1,0 = 232 \text{ kNcm}$$

$$F_{T,1,Rd} = \frac{4 \cdot M_{pl,1,Rd}}{m} = \frac{4 \cdot 199}{3,18} = 250 \text{ kN}$$

$$F_{\text{T,2,Rd}} = \frac{2 \cdot M_{\text{pl,2,Rd}} + n \cdot \sum F_{\text{t,Rd}}}{m+n} = \frac{2 \cdot 232 + 3{,}5 \cdot 2 \cdot 113}{3{,}18 + 3{,}5} = 188 \text{ kN}$$

$$F_{\text{T,3,Rd}} = \Sigma F_{\text{t,Rd}} = 2 \cdot 113 = 226 \text{ kN}$$

Die wirksame Tragfähigkeit des Stützenflansches auf Biegung ist der kleinste Wert vom 1, 2, 3:

$$F_{\text{T,1,Rd}} = 188 \text{ kN}$$

1.4 Stützensteg mit Querzug

Bei einem geschraubten Anschluss wird die wirksame Breite $b_{\text{eff,t,wc}}$ mit der wirksamen Länge des äquivalenten T-Stummels für den Stützenflansch gleichgesetzt. Modus 2 ist maßgebend.

$$b_{\text{eff,t,wc}} = l_{\text{eff,2}} = 233 \text{ mm}$$

$$\beta = 1 \quad \omega = \omega_1$$

$$\omega_1 = \frac{1}{\sqrt{1 + 1{,}3 \cdot (b_{\text{eff,t,wc}} \cdot t_{\text{wc}} / A_{\text{vc}})^2}} = \frac{1}{\sqrt{1 + 1{,}3 \cdot (23{,}3 \cdot 0{,}8 / 31{,}7)^2}} = 0{,}831$$

$$F_{\text{t,wc,Rd}} = \frac{\omega \cdot b_{\text{eff,t,wc}} \cdot t_{\text{wc}} \cdot f_{\text{y,wc}}}{\gamma_{\text{M0}}} = \frac{0{,}831 \cdot 23{,}3 \cdot 0{,}8 \cdot 23{,}5}{1{,}0} = 364 \text{ kN}$$

Wirksame Tragfähigkeit des Stützensteges mit Querzug:

$$F_{\text{t,wc,Rd}} = 364 \text{ kN}$$

1.5 Kleinste Tragfähigkeit der 1. Schraubenreihe

$$F_{\text{t1,Rd}} = 123 \text{ kN}$$

Da keine Schraubengruppen vorhanden sind, ist dies der endgültige Wert.

b) Tragfähigkeit in der Druckzone

1. Stützensteg mit Schubbeanspruchung

$$\frac{d_{\text{wc}}}{t_{\text{wc}}} = \frac{196}{8} = 24{,}5 \le 69 \cdot \varepsilon = 69$$

$$V_{\text{wp,Rd}} = \frac{0{,}9 \cdot f_{\text{y,wc}} \cdot A_{\text{vc}}}{\sqrt{3} \cdot \gamma_{\text{M0}}} = \frac{0{,}9 \cdot 23{,}5 \cdot 31{,}7}{\sqrt{3} \cdot 1{,}0} = 387 \text{ kN}$$

2. Stützensteg mit Querdruck

$$b_{\text{eff,c,wc}} = t_{\text{fb}} + 2 \cdot \sqrt{2} \cdot a_{\text{p}} + s_{\text{p}} + 5 \cdot (t_{\text{fc}} + r_{\text{c}})$$

$$b_{\text{eff,c,wc}} = 12{,}7 + 2 \cdot \sqrt{2} \cdot 6 + 20 + 5 \cdot (13 + 24) = 235 \text{ mm}$$

$$\beta = 1 \quad \omega = \omega_1$$

$$\omega_1 = \frac{1}{\sqrt{1 + 1{,}3 \cdot (b_{\text{eff,c,wc}} \cdot t_{\text{wc}} / A_{\text{vc}})^2}} = \frac{1}{\sqrt{1 + 1{,}3 \cdot (23{,}5 \cdot 0{,}8 / 31{,}7)^2}} = 0{,}828$$

$$k_{\text{wc}} = 1$$

Es gilt:

$$\bar{\lambda}_{\text{p}} = 0{,}932 \cdot \sqrt{\frac{b_{\text{eff,c,wc}} \cdot d_{\text{wc}} \cdot f_{\text{y,wc}}}{E \cdot t_{\text{wc}}^2}} = 0{,}932 \cdot \sqrt{\frac{23{,}5 \cdot 19{,}6 \cdot 23{,}5}{21000 \cdot 0{,}8^2}} = 0{,}836$$

Kein Plattenbeulen:

$$\bar{\lambda}_p \le 0,72 \qquad \rho = 1,0$$

$$F_{c,wc,Rd} = \frac{\omega \cdot k_{wc} \cdot b_{eff,c,wc} \cdot t_{wc} \cdot f_{y,wc}}{\gamma_{M0}}$$

Plattenbeulen:

$$\bar{\lambda}_p > 0,72 \qquad \rho = \frac{\bar{\lambda}_p - 0,2}{\bar{\lambda}_p^2} = \frac{0,836 - 0,2}{0,836^2} = 0,910$$

$$F_{c,wc,Rd} = \frac{\omega \cdot k_{wc} \cdot \rho \cdot b_{eff,c,wc} \cdot t_{wc} \cdot f_{y,wc}}{\gamma_{M1}} = \frac{0,828 \cdot 1,0 \cdot 0,910 \cdot 23,5 \cdot 0,8 \cdot 23,5}{1,1} = 303 \text{ kN}$$

3. Trägerflansch auf Druck

$$F_{c,fb,Rd} = M_{c,Rd} / \left(h - t_{fb}\right) = 23900 / \left(36,0 - 1,27\right) = 688 \text{ kN}$$

$$F_{c,min,Rd} = 303 \text{ kN}$$

$$F_{t1,Rd} = 123 \text{ kN} \le F_{c,min,Rd} = 303 \text{ kN}$$

keine Reduktion.

c) Momententragfähigkeit $M_{j,Rd}$ um den Druckpunkt:

$$M_{j,Rd} = \sum_r h_r \cdot F_{tr,Rd} = h_1 \cdot F_{1,tr,Rd} = 28,87 \cdot 123 = 3551 \text{ kNcm} = 35,5 \text{ kNm}$$

Berechnung der Anfangsrotationssteifigkeit ohne Vorspannung

Bei Stützen-Trägeranschlüssen mit einer Schraubenreihe sind hier die Steifigkeitskoeffizienten der folgenden Komponenten zu berücksichtigen.

1. Stützenstegfeld mit Schub

$$k_1 = \frac{0,38 \cdot A_{vc}}{\beta \cdot z} = \frac{0,38 \cdot 31,7}{1,0 \cdot 28,87} = 0,417 \text{ cm}$$

2. Stützenstegfeld mit Querdruck

$$k_2 = \frac{0,7 \cdot b_{eff,c,wc} \cdot t_{wc}}{d_c} = \frac{0,7 \cdot 23,5 \cdot 0,8}{19,6} = 0,671 \text{ cm}$$

3. Stützenstegfeld mit Querzug

$b_{eff,t,wc} = l_{eff,min} = l_{eff,1} = 200$ mm des Stützenflansches

$$k_3 = \frac{0,7 \cdot b_{eff,t,wc} \cdot t_{wc}}{d_c} = \frac{0,7 \cdot 20,0 \cdot 0,8}{19,6} = 0,571 \text{ cm}$$

4. Stützenflansch mit Biegung

$$l_{eff} = l_{eff,1} = 200 \text{ mm}$$

$$k_4 = \frac{0,9 \cdot l_{eff} \cdot t_{fc}^3}{m^3} = \frac{0,9 \cdot 20,0 \cdot 1,3^3}{3,18^3} = 1,23 \text{ cm}$$

5. Stirnblech mit Biegung

$$l_{eff} = l_{eff,1} = 243 \text{ mm}$$

$$k_5 = \frac{0,9 \cdot l_{eff} \cdot t_p^3}{m^3} = \frac{0,9 \cdot 24,3 \cdot 1,0^3}{4,65^3} = 0,218 \text{ cm}$$

6. Schrauben auf Zug

$$k_{10} = 1{,}6 \cdot \frac{A_s}{L_b} = 1{,}6 \cdot \frac{1{,}57}{4{,}25} = 0{,}591 \text{ cm}$$

7. Effektiver Steifigkeitskoeffizient

$$\frac{1}{k_{eff}} = \frac{1}{k_3} + \frac{1}{k_4} + \frac{1}{k_5} + \frac{1}{k_{10}} = \frac{1}{0{,}571} + \frac{1}{1{,}23} + \frac{1}{0{,}218} + \frac{1}{0{,}591}$$

$$k_{eff} = 0{,}113 \text{ cm}$$

8. Anfangsrotationssteifigkeit für den einseitigen Anschluss

$$S_{j,ini} = \frac{E \cdot z^2}{\sum_i \frac{1}{k_i}} = \frac{21\,000 \cdot 28{,}87^2}{\frac{1}{0{,}417} + \frac{1}{0{,}671} + \frac{1}{0{,}113}} = 1\,374\,000 \text{ kNcm/rad} = 13{,}74 \text{ MNm/rad}$$

Für den beidseitigen Anschluss erhält man:

9. Anfangsrotationssteifigkeit für beidseitigen Anschluss

$$S_{j,ini} = 16{,}89 \text{ MNm/rad}$$

4.6.2 Geschweißter Anschluss ohne Steifen

IPE 360 an eine nicht ausgesteifte Stütze mit HEA 280

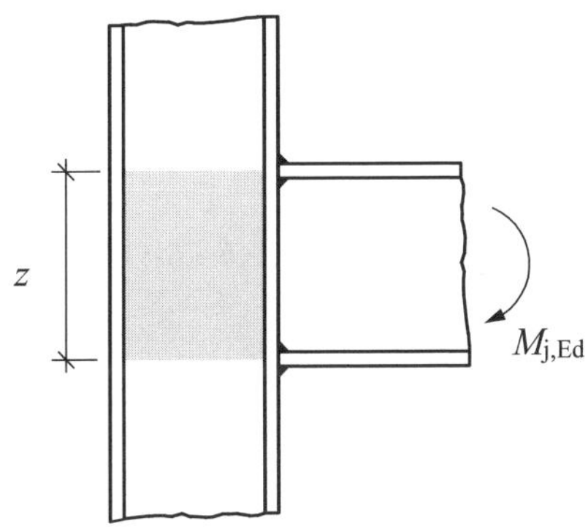

Stahlgüte des Trägers: S 235	$f_{y,b} = 23{,}5$ kN/cm²
Stahlgüte der Stütze: S 235	$f_{y,c} = 23{,}5$ kN/cm²
Teilsicherheitsbeiwert:	$\gamma_{M0} = 1{,}00$
Profil: IPE 360	$h = 360$ mm $t_{fb} = 12{,}7$ mm $t_{wb} = 8$ mm
	$M_{pl,y,Rd} = W_{pl,y} \cdot \sigma_{Rd} = 1019 \cdot 23{,}5 / 100 = 239$ kNm
Profil: HEA 280	$t_{fc} = 13{,}0$ mm $t_{wc} = 8$ mm $d_{wc} = 196$ mm
	$r_c = 24$ mm $A_{vc} = 31{,}7$ cm²
Schweißnahtdicke:	$a_f = 6$ mm; $a_w = 4$ mm

Beanspruchbarkeit der Schweißnaht nach dem richtungsbezogenen Verfahren:

$$\sigma_{1,w,Ed} = \sqrt{2 \cdot \sigma_w^2 + 3 \cdot \tau_{||}^2} \le f_{1,w,Rd} = \frac{f_u}{\beta_w \cdot \gamma_{M2}} = \frac{36}{0{,}8 \cdot 1{,}25} = 36{,}0 \text{ kN/cm}^2$$

$$\sigma_w \leq \frac{f_u}{\sqrt{2} \cdot \beta_w \cdot \gamma_{M2}} = \frac{36}{\sqrt{2} \cdot 0{,}8 \cdot 1{,}25} = 25{,}5 \text{ kN/cm}^2$$

Beanspruchbarkeit der Schweißnaht nach dem vereinfachten Verfahren:

$$f_{vw,d} = 20{,}8 \text{ kN/cm}^2$$

Berechnung der Momententragfähigkeit

a) Tragfähigkeit in der Zugzone

Stützensteg mit Querzug

Geschweißter Anschluss an einen gewalzten I- und H-Querschnitt:

$$b_{eff,t,wc} = t_{fb} + 2 \cdot \sqrt{2} \cdot a_b + 5 \cdot (t_{fc} + r_c) = 12{,}7 + 2 \cdot \sqrt{2} \cdot 6 + 5 \cdot (13 + 24) = 215 \text{ mm}$$

$$\beta = 1 \quad \omega = \omega_1$$

$$\omega_1 = \frac{1}{\sqrt{1 + 1{,}3 \cdot (b_{eff,t,wc} \cdot t_{wc} / A_{vc})^2}} = \frac{1}{\sqrt{1 + 1{,}3 \cdot (21{,}5 \cdot 0{,}8 / 31{,}7)^2}} = 0{,}850$$

$$F_{t,wc,Rd} = \frac{\omega \cdot b_{eff,t,wc} \cdot t_{wc} \cdot f_{y,wc}}{\gamma_{M0}} = \frac{0{,}850 \cdot 21{,}5 \cdot 0{,}8 \cdot 23{,}5}{1{,}0} = 343 \text{ kN}$$

b) Tragfähigkeit in der Druckzone

1. Stützensteg mit Schubbeanspruchung

$$\frac{d_{wc}}{t_{wc}} = \frac{196}{8} = 24{,}5 \leq 69 \cdot \varepsilon = 69$$

$$V_{wp,Rd} = \frac{0{,}9 \cdot f_{y,wc} \cdot A_{vc}}{\sqrt{3} \cdot \gamma_{M0}} = \frac{0{,}9 \cdot 23{,}5 \cdot 31{,}7}{\sqrt{3} \cdot 1{,}0} = 387 \text{ kN}$$

2. Stützensteg mit Querdruck

$$b_{eff,c,wc} = t_{fb} + 2 \cdot \sqrt{2} \cdot a_b + 5 \cdot (t_{fc} + r_c) = 12{,}7 + 2 \cdot \sqrt{2} \cdot 6 + 5 \cdot (13 + 24) = 215 \text{ mm}$$

$$\beta = 1 \quad \omega = \omega_1$$

$$\omega_1 = \frac{1}{\sqrt{1 + 1{,}3 \cdot (b_{eff,c,wc} \cdot t_{wc} / A_{vc})^2}} = \frac{1}{\sqrt{1 + 1{,}3 \cdot (21{,}5 \cdot 0{,}8 / 31{,}7)^2}} = 0{,}850$$

$$k_{wc} = 1$$

Es gilt:

$$\bar{\lambda}_p = 0{,}932 \cdot \sqrt{\frac{b_{eff,c,wc} \cdot d_{wc} \cdot f_{y,wc}}{E \cdot t_{wc}^2}} = 0{,}932 \cdot \sqrt{\frac{21{,}5 \cdot 19{,}6 \cdot 23{,}5}{21000 \cdot 0{,}8^2}} = 0{,}800$$

Kein Plattenbeulen:

$$\bar{\lambda}_p \leq 0{,}72 \qquad \rho = 1{,}0$$

$$F_{c,wc,Rd} = \frac{\omega \cdot k_{wc} \cdot b_{eff,c,wc} \cdot t_{wc} \cdot f_{y,wc}}{\gamma_{M0}}$$

Plattenbeulen:

$$\bar{\lambda}_p > 0{,}72 \qquad \rho = \frac{\bar{\lambda}_p - 0{,}2}{\bar{\lambda}_p^2} = \frac{0{,}800 - 0{,}2}{0{,}800^2} = 0{,}934$$

$$F_{c,wc,Rd} = \frac{\omega \cdot k_{wc} \cdot \rho \cdot b_{eff,c,wc} \cdot t_{wc} \cdot f_{y,wc}}{\gamma_{M1}} = \frac{0{,}850 \cdot 1{,}0 \cdot 0{,}934 \cdot 21{,}5 \cdot 0{,}8 \cdot 23{,}5}{1{,}1} = 292 \text{ kN}$$

3. Trägerflansch auf Druck

$$F_{c,fb,Rd} = M_{c,Rd} / (h - t_{fb}) = 23900 / (36,0 - 1,27) = 688 \text{ kN}$$

4. Kleinste Tragfähigkeit der Druckzone

$$F_{c,min,Rd} = 292 \text{ kN}$$

$$F_{t,wc,Rd} = 343 \text{ kN} \leq F_{c,min,Rd} = 292 \text{ kN}$$

Reduktion:

$$F_{1,tr,Rd} = 292 \text{ kN}$$

c) Momententragfähigkeit $M_{j,Rd}$ um den Druckpunkt

$$h_1 = h - t_{fb} = 36,0 - 1,27 = 34,7 \text{ cm}$$

$$M_{j,Rd} = \sum_r h_r \cdot F_{tr,Rd} = h_1 \cdot F_{1,tr,Rd} = 34,7 \cdot 292 = 10130 \text{ kNcm} = 101 \text{ kNm}$$

Berechnung der Anfangsrotationssteifigkeit

Bei dem geschweißten Anschluss an eine nicht ausgesteifte Stütze sind die Steifigkeitskoeffizienten der folgenden Komponenten zu berücksichtigen.

1. Stützenstegfeld mit Schub

$$k_1 = \frac{0,38 \cdot A_{vc}}{\beta \cdot z} = \frac{0,38 \cdot 31,7}{1,0 \cdot 34,7} = 0,347 \text{ cm}$$

2. Stützenstegfeld mit Querdruck

$$k_2 = \frac{0,7 \cdot b_{eff,c,wc} \cdot t_{wc}}{d_c} = \frac{0,7 \cdot 21,5 \cdot 0,8}{19,6} = 0,614 \text{ cm}$$

3. Stützenstegfeld mit Querzug

$$k_3 = \frac{0,7 \cdot b_{eff,t,wc} \cdot t_{wc}}{d_c} = \frac{0,7 \cdot 21,5 \cdot 0,8}{19,6} = 0,614 \text{ cm}$$

4. Anfangsrotationssteifigkeit

$$S_{j,ini} = \frac{E \cdot z^2}{\sum_i \frac{1}{k_i}} = \frac{21\,000 \cdot 34,7^2}{\frac{1}{0,347} + \frac{1}{0,614} + \frac{1}{0,614}} = 4\,119\,000 \text{ kNcm/rad} = 41,2 \text{ MNm/rad}$$

4.6.3 Geschweißter Anschluss mit Steifen

IPE 360 an eine ausgesteifte Stütze mit HEA 280

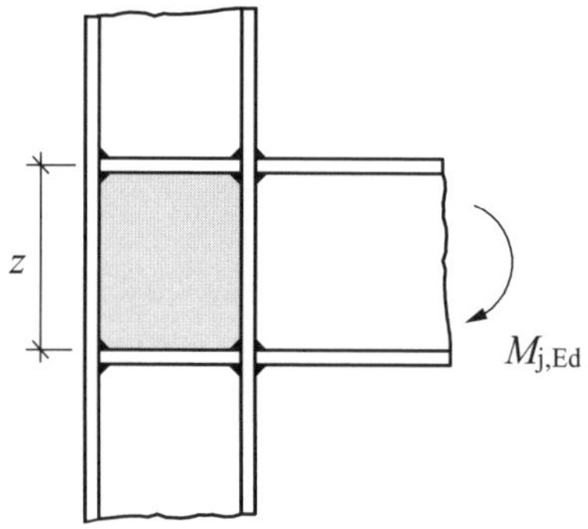

Die Stegsteifen sind zu bemessen und nachzuweisen.

Stahlgüte des Trägers: S 235 $f_{y,b} = 23,5$ kN/cm²

Stahlgüte der Stütze: S 235 $f_{y,c} = 23,5$ kN/cm²

Teilsicherheitsbeiwert: $\gamma_{M0} = 1,00$

Profil: IPE 360 $h = 360$ mm $t_{fb} = 12,7$ mm $t_{wb} = 8$ mm

$M_{pl,y,Rd} = W_{pl,y} \cdot \sigma_{Rd} = 1019 \cdot 23,5 / 100 = 239$ kNm

Profil: HEA 280 $t_{fc} = 13,0$ mm $t_{wc} = 8$ mm $d_{wc} = 196$ mm

$r_c = 24$ mm $A_{vc} = 31,7$ cm²

Schweißnahtdicke: $a_f = 6$ mm; $a_w = 4$ mm

Beanspruchbarkeit der Schweißnaht nach dem richtungsbezogenen Verfahren:

$$\sigma_{1,w,Ed} = \sqrt{2 \cdot \sigma_w^2 + 3 \cdot \tau_{\|}^2} \le f_{1,w,Rd} = \frac{f_u}{\beta_w \cdot \gamma_{M2}} = \frac{36}{0,8 \cdot 1,25} = 36,0 \text{ kN/cm}^2$$

$$\sigma_w \le \frac{f_u}{\sqrt{2} \cdot \beta_w \cdot \gamma_{M2}} = \frac{36}{\sqrt{2} \cdot 0,8 \cdot 1,25} = 25,5 \text{ kN/cm}^2$$

Berechnung der Momententragfähigkeit

a) Tragfähigkeit in der Druckzone

1. Stützensteg mit Schubbeanspruchung

$$\frac{d_{wc}}{t_{wc}} = \frac{196}{8} = 24,5 \le 69\,\varepsilon = 69$$

$$V_{wp,Rd} = \frac{0,9 \cdot f_{y,wc} \cdot A_{vc}}{\sqrt{3} \cdot \gamma_{M0}} = \frac{0,9 \cdot 23,5 \cdot 31,7}{\sqrt{3} \cdot 1,0} = 387 \text{ kN}$$

2. Trägerflansch auf Druck

$$F_{c,fb,Rd} = M_{c,Rd} / (h - t_{fb}) = 23900 / (36,0 - 1,27) = 688 \text{ kN}$$

3. Kleinste Tragfähigkeit der Druckzone

$$F_{1,tr,Rd} = 387 \text{ kN}$$

b) Momententragfähigkeit $M_{j,Rd}$ um den Druckpunkt:

$$h_1 = h - t_{fb} = 36,0 - 1,27 = 34,7 \text{ cm}$$

$$M_{\text{j,Rd}} = \sum_{\text{r}} h_{\text{r}} \cdot F_{\text{tr,Rd}} = h_1 \cdot F_{1,\text{tr,Rd}} = 34,7 \cdot 387 = 13\ 430 \text{ kNcm} = 134 \text{ kNm}$$

Berechnung der Anfangsrotationssteifigkeit
Bei dem geschweißten Anschluss an eine ausgesteifte Stütze sind die Steifigkeitskoeffizienten der folgenden Komponenten zu berücksichtigen.

1. Stützenstegfeld mit Schub

$$k_1 = \frac{0,38 \cdot A_{\text{vc}}}{\beta \cdot z} = \frac{0,38 \cdot 31,7}{1,0 \cdot 34,7} = 0,347 \text{ cm}$$

2. Anfangsrotationssteifigkeit

$$S_{\text{j,ini}} = \frac{E \cdot z^2}{\sum_{\text{i}} \frac{1}{k_{\text{i}}}} = \frac{21\ 000 \cdot 34,7^2}{\frac{1}{0,347}} = 8\ 774\ 000 \text{ kNcm/rad} = 87,7 \text{ MNm/rad}$$

4.6.4 Stirnplattenanschluss an Rahmenecke mit Voute

IPE 450 mit t_p = 25 mm und M 20-10.9, Kategorie D

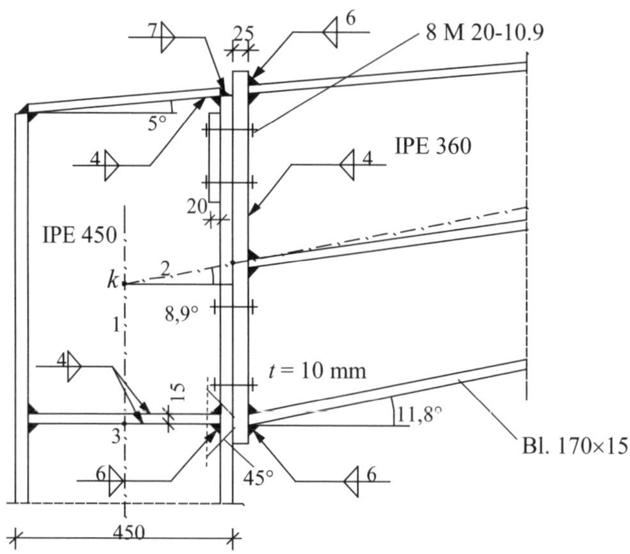

Der Riegel wird in diesem Fall bis an die Stütze geführt und durch eine geschweißte Konstruktion zur Voute ergänzt. Der untere Flansch des Trägers wird bei dem Nachweis der Voute nicht berücksichtigt. Der Anschluss wird mit dem Berechnungsmodell nach EC 3 konstruiert und nachgewiesen. Es sind hier Futterplatten erforderlich, um den Stützensteg besser ausnutzen zu können.

Stahlgüte der Stirnplatte: S 235	$f_y = 23,5$ kN/cm^2
Stahlgüte der Futterplatten: S 235	$f_y = 23,5$ kN/cm^2
Stahlgüte der Profile: S 235	$f_y = 23,5$ kN/cm^2
Teilsicherheitsbeiwert:	$\gamma_{M0} = 1,00$
Teilsicherheitsbeiwert:	$\gamma_{M1} = 1,10$
Dicke der Stirnplatte:	$t_p = 25$ mm
Dicke der Rippe:	$t = 15$ mm
Dicke der Futterplatten:	$t_{bp} = 20$ mm
Schrauben: M20-10.9-D	$d_0 = 22$ mm $\quad F_{t,Rd} = 176$ kN $\quad A_s = 2,45$ cm^2
Profil der Stütze: IPE 450	$t_f = 14,6$ mm $\quad t_w = 9,4$ mm
Profil des Riegels: IPE 360	$t_f = 12,7$ mm $\quad t_w = 8$ mm
Beanspruchung des Profils:	$M_{y,Ed} = -250$ kNm; $V_{Ed} = 84,6$ kN; $H_{Ed} = -45,2$ kN

$$L_b = l_k + 2 \cdot h + 0,5 \cdot (k + m) = (2,5 + 1,46 + 2,0) + 2 \cdot 0,4 + 0,5 \cdot (1,3 + 1,6) = 8,21 \text{ cm}$$

Beanspruchbarkeit der Schweißnaht nach dem richtungsbezogenen Verfahren:

$$\sigma_{1,\mathrm{w,Ed}} = \sqrt{2\cdot\sigma_{\mathrm{w}}^2 + 3\cdot\tau_{\parallel}^2} \le f_{1,\mathrm{w,Rd}} = \frac{f_{\mathrm{u}}}{\beta_{\mathrm{w}}\cdot\gamma_{\mathrm{M2}}} = \frac{36}{0,8\cdot 1,25} = 36,0\ \mathrm{kN/cm^2}$$

$$\sigma_{\mathrm{w}} \le \frac{f_{\mathrm{u}}}{\sqrt{2}\cdot\beta_{\mathrm{w}}\cdot\gamma_{\mathrm{M2}}} = \frac{36}{\sqrt{2}\cdot 0,8\cdot 1,25} = 25,5\ \mathrm{kN/cm^2}$$

Konstruktive Grenzwerte:

$a_{\mathrm{f}} = 6$ mm $\quad t \ge 4$ mm $\quad \min a = 3$ mm bzw. $\min a = \sqrt{\max t} - 0,5 = \sqrt{25} - 0,5 = 4,50$ mm

$a_{\mathrm{w}} = 4$ mm $\quad t \ge 4$ mm $\quad \min a = 3$ mm bzw. $\min a = \sqrt{\max t} - 0,5 = \sqrt{25} - 0,5 = 4,50$ mm

Die Anwendbarkeit der Grundkomponente Stützensteg mit Schubbeanspruchung gilt (1-8, 6.2.1(1)):

$$\frac{d}{t_{\mathrm{w}}} = \frac{379}{9,4} = 40,3 \le 69\cdot\varepsilon = 69$$

Die obere Steife wird wie bei dem Trägerstoß ausgebildet und nachgewiesen.

Berechnung der Momententragfähigkeit
1. Schraubenreihe neben einer Steife
Stirnplatte:

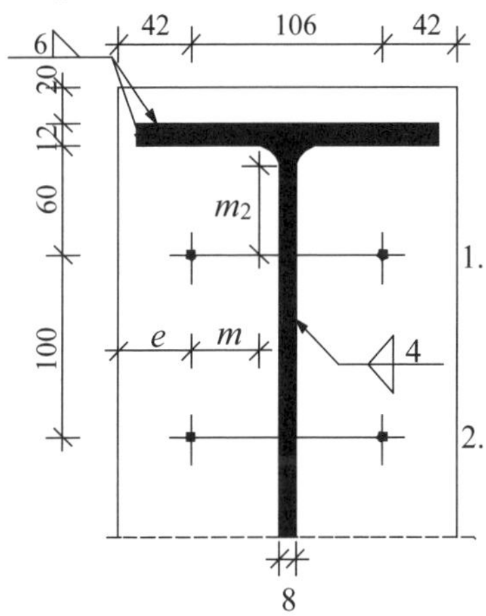

Wirksame Länge des T-Stummels Nr. 4 nach Tab. 3.1:

$$m = \frac{106}{2} - \frac{8}{2} - 0,8\cdot 4\cdot\sqrt{2} = 44,5\ \mathrm{mm}$$

$$e = 42\ \mathrm{mm}$$

$$m_2 = 60 - 0,8\cdot 6\cdot\sqrt{2} = 53,2\ \mathrm{mm}$$

$$\lambda_1 = \frac{m}{m+e} = \frac{44,5}{44,5+42} = 0,51 \qquad \lambda_2 = \frac{m_2}{m+e} = \frac{53,2}{44,5+42} = 0,62$$

$\alpha = 5,5$ nach Abb. 3.9

$$l_{\mathrm{eff,cp}} = l_{4,\mathrm{cp}} = 2\cdot\pi\cdot m = 2\cdot\pi\cdot 44,5 = 280\ \mathrm{mm}$$

$$l_{\mathrm{eff,nc}} = l_{4,\mathrm{nc}} = \alpha\cdot m = 5,5\cdot 44,5 = 245\ \mathrm{mm}$$

Modus 1: $l_{\mathrm{eff,1}} = l_{\mathrm{eff,nc}} \le l_{\mathrm{eff,cp}} = 245$ mm

Modus 2: $l_{eff,2} = l_{eff,nc} = 245$ mm

Grenzzugkraft des T-Stummels:

$$m = 44,5 \text{ mm}$$

$$n = e_{min} = 42 \text{ mm} \leq 1,25 \cdot m = 1,25 \cdot 44,5 = 55,6 \text{ mm}$$

$$n = 42 \text{ mm}$$

$$M_{pl,1,Rd} = \frac{1}{4} \cdot l_{eff,1} \cdot t_p^2 \cdot f_y / \gamma_{M0} = \frac{1}{4} \cdot 24,5 \cdot 2,5^2 \cdot 23,5 / 1,0 = 900 \text{ kNcm}$$

$$M_{pl,2,Rd} = \frac{1}{4} \cdot l_{eff,2} \cdot t_p^2 \cdot f_y / \gamma_{M0} = \frac{1}{4} \cdot 24,5 \cdot 2,5^2 \cdot 23,5 / 1,0 = 900 \text{ kNcm}$$

$$F_{T,1,Rd} = \frac{4 \cdot M_{pl,1,Rd}}{m} = \frac{4 \cdot 900}{4,45} = 809 \text{ kN}$$

$$F_{T,2,Rd} = \frac{2 \cdot M_{pl,2,Rd} + n \cdot \sum F_{t,Rd}}{m + n} = \frac{2 \cdot 900 + 4,20 \cdot 2 \cdot 176}{4,45 + 4,20} = 379 \text{ kN}$$

$$F_{T,3,Rd} = \Sigma F_{t,Rd} = 2 \cdot 176 = 352 \text{ kN}$$

Die wirksame Tragfähigkeit des Stirnblechs mit Biegung ist der kleinste Wert von 1, 2, 3:

$$F_{T,3,Rd} = 352 \text{ kN } l_{eff,1} = l_{eff,nc} \leq l_{eff,cp} = 183 \text{ mm}$$

Trägersteg auf Zug:

$$b_{eff,t,wb} = l_{eff,2} = 245 \text{ mm}$$

$$F_{t,wb,Rd} = b_{eff,t,wb} \cdot t_{wb} \cdot f_{y,wb} / \gamma_{M0} = 24,5 \cdot 0,8 \cdot 23,5 / 1,0 = 460 \text{ kN}$$

Tragfähigkeit der Schweißnaht neben dem Trägersteg:

$$F_{w,Rd} = b_{eff,t,wb} \cdot \Sigma a \cdot 25,5 = 24,5 \cdot 0,8 \cdot 25,5 = 500 \text{ kN}$$

Stützenflansch:

Wirksame Länge des T-Stummels Nr. 4 nach Tab. 3.1:

$$m = \frac{106}{2} - \frac{9,4}{2} - 0,8 \cdot 21 = 31,5 \text{ mm}$$

$$e = 42 \text{ mm}$$

$$m_2 = 60 - 0,8 \cdot 6 \cdot \sqrt{2} = 53,2 \text{ mm}$$

$$\lambda_1 = \frac{m}{m+e} = \frac{31,5}{31,5+42} = 0,43 \qquad \lambda_2 = \frac{m_2}{m+e} = \frac{53,2}{31,5+42} = 0,72$$

$\alpha = 5,8$ nach Abb. 3.9

$$l_{eff,cp} = l_{4,cp} = 2 \cdot \pi \cdot m = 2 \cdot \pi \cdot 31,5 = 198 \text{ mm}$$

$$l_{eff,nc} = l_{4,nc} = \alpha \cdot m = 5,8 \cdot 31,5 = 183 \text{ mm}$$

Modus 1: $l_{eff,1} = l_{eff,nc} \leq l_{eff,cp} = 183$ mm

Modus 2: $l_{eff,2} = l_{eff,nc} = 183$ mm

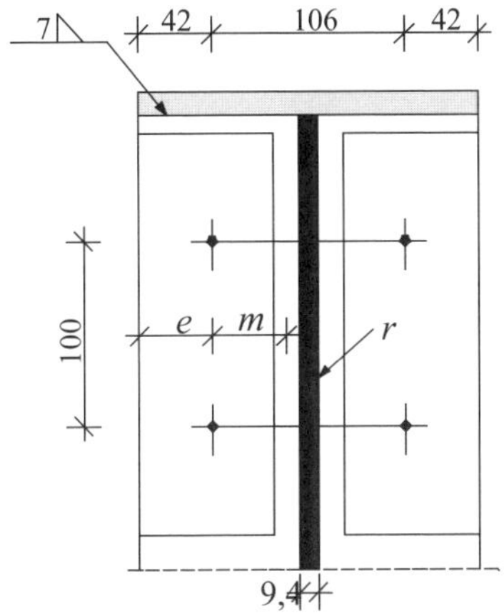

Grenzzugkraft des T-Stummels:

$$m = 31,5 \text{ mm}$$

$$n = e_{\min} = 42 \text{ mm} \leq 1{,}25 \cdot m = 1{,}25 \cdot 31{,}5 = 39{,}4 \text{ mm}$$

$$n = 39{,}4 \text{ mm}$$

$$M_{\text{pl,1,Rd}} = \frac{1}{4} \cdot l_{\text{eff,1}} \cdot t_{\text{f}}^2 \cdot f_{\text{y}} / \gamma_{\text{M0}} = \frac{1}{4} \cdot 18{,}3 \cdot 1{,}46^2 \cdot 23{,}5 / 1{,}0 = 229 \text{ kNcm}$$

$$M_{\text{bp,Rd}} = \frac{1}{4} \cdot l_{\text{eff,1}} \cdot t_{\text{bp}}^2 \cdot f_{\text{y,bp}} / \gamma_{\text{M0}} = \frac{1}{4} \cdot 18{,}3 \cdot 2{,}0^2 \cdot 23{,}5 / 1{,}0 = 430 \text{ kNcm}$$

$$M_{\text{pl,2,Rd}} = \frac{1}{4} \cdot l_{\text{eff,2}} \cdot t_{\text{f}}^2 \cdot f_{\text{y}} / \gamma_{\text{M0}} = \frac{1}{4} \cdot 18{,}3 \cdot 1{,}46^2 \cdot 23{,}5 / 1{,}0 = 229 \text{ kNcm}$$

$$F_{\text{T,1Rd}} = \frac{4 \cdot M_{\text{pl,1,Rd}} + 2 \cdot M_{\text{bp,Rd}}}{m} = \frac{4 \cdot 229 + 2 \cdot 430}{3{,}15} = 564 \text{ kN}$$

$$F_{\text{T,2,Rd}} = \frac{2 \cdot M_{\text{pl,2,Rd}} + n \cdot \sum F_{\text{t,Rd}}}{m + n} = \frac{2 \cdot 229 + 3{,}94 \cdot 2 \cdot 176}{3{,}15 + 3{,}94} = 260 \text{ kN}$$

$$F_{\text{T,3,Rd}} = \sum F_{\text{t,Rd}} = 2 \cdot 176 = 352 \text{ kN}$$

Die wirksame Tragfähigkeit des Stützenflansches mit Biegung ist der kleinste Wert von 1, 2, 3:

$$F_{\text{T,3,Rd}} = 260 \text{ kN}$$

Stützensteg auf Zug:

Im Gegensatz zu dem geschweißten Anschluss, wo die Zugkraft über die obere Randsteife in das Schubfeld eingeleitet wird, geht ein Teil der Zugkraft über den Stützensteg in das Schubfeld. Da die Schubspannungen im Schubfeld im Gegensatz zum Trägersteg sehr groß sind, ist eine Interaktion zwischen den Schubspannungen und den Zugspannungen erforderlich. Diese wird mit dem Abminderungsfaktor ω nach Tabelle 6.3 des EC 3 berücksichtigt und hängt von der resultierenden Schubkraft im Schubfeld ab. Bei einem geschraubten Anschluss wird die wirksame Breite $b_{\text{eff,t,wc}}$ mit der wirksamen Länge des äquivalenten T-Stummels für den Stützenflansch gleichgesetzt. Dabei ist der Modus zu berücksichtigen. In diesem Fall gilt:

$$b_{\text{eff,t,wc}} = l_{\text{eff,2}} = 183 \text{ mm}$$

$$A_{\text{vc}} = A_{\text{v}} = 50,8 \text{ cm}^2$$

$$\omega = \omega_1 = \frac{1}{\sqrt{1+1,3 \cdot \left(b_{\text{eff,t,wc}} \cdot t_{\text{wc}} / A_{\text{vc}}\right)^2}} = \frac{1}{\sqrt{1+1,3 \cdot (18,3 \cdot 0,94 / 50,8)^2}} = 0,933$$

$$F_{\text{t,wc,Rd}} = \omega \cdot b_{\text{eff,t,wc}} \cdot t_{\text{wc}} \cdot f_{\text{y,wc}} / \gamma_{\text{M0}} = 0,933 \cdot 18,3 \cdot 0,94 \cdot 23,5 / 1,0 = 377 \text{ kN}$$

Kleinste Zugkraft der Schraubenreihe 1: $F_{1,\text{Rd}} = 260$ kN

2. Schraubenreihe am Ende
Stirnplatte:
Wirksame Länge des T-Stummels Nr. 2 nach Tab. 3.1:

$$m = \frac{106}{2} - \frac{8}{2} - 0,8 \cdot 4 \cdot \sqrt{2} = 44,5 \text{ mm}$$

$$e = 42 \text{ mm} \qquad n = e_{\min} = 42 \text{ mm}$$

$$l_{\text{eff,cp}} = l_{2,\text{cp}} = 2 \cdot \pi \cdot m = 2 \cdot \pi \cdot 44,5 = 280 \text{ mm}$$

$$l_{\text{eff,nc}} = l_{2,\text{nc}} = 4 \cdot m + 1,25 \cdot e = 4 \cdot 44,5 + 1,25 \cdot 42 = 231 \text{ mm}$$

Modus 1: $l_{\text{eff,1}} = l_{\text{eff,nc}} \le l_{\text{eff,cp}} = 231$ mm

Modus 2: $l_{\text{eff,2}} = l_{\text{eff,nc}} = 231$ mm

Grenzzugkraft des T-Stummels:

$$m = 44,5 \text{ mm}$$

$$n = e_{\min} = 42 \text{ mm} \le 1{,}25 \cdot m = 1,25 \cdot 44,5 = 55,6 \text{ mm}$$

$$n = 42 \text{ mm}$$

$$M_{\text{pl,1,Rd}} = \frac{1}{4} \cdot l_{\text{eff,1}} \cdot t_{\text{f}}^2 \cdot f_{\text{y}} / \gamma_{\text{M0}} = \frac{1}{4} \cdot 23,1 \cdot 2,5^2 \cdot 23,5 / 1,0 = 848 \text{ kNcm}$$

$$M_{\text{pl,2,Rd}} = \frac{1}{4} \cdot l_{\text{eff,2}} \cdot t_{\text{f}}^2 \cdot f_{\text{y}} / \gamma_{\text{M0}} = \frac{1}{4} \cdot 23,1 \cdot 2,5^2 \cdot 23,5 / 1,0 = 848 \text{ kNcm}$$

$$F_{\text{T,1,Rd}} = \frac{4 \cdot M_{\text{pl,1,Rd}}}{m} = \frac{4 \cdot 848}{4,45} = 762 \text{ kN}$$

$$F_{\text{T,2,Rd}} = \frac{2 \cdot M_{\text{pl,2,Rd}} + n \cdot \sum F_{\text{t,Rd}}}{m+n} = \frac{2 \cdot 848 + 4,20 \cdot 2 \cdot 176}{4,45 + 4,20} = 367 \text{ kN}$$

$$F_{\text{T,3,Rd}} = \sum F_{\text{t,Rd}} = 2 \cdot 176 = 352 \text{ kN}$$

Die wirksame Tragfähigkeit des Stirnblechs mit Biegung ist der kleinste Wert von 1, 2, 3:

$$F_{\text{T,3,Rd}} = 352 \text{ kN}$$

Trägersteg auf Zug:

$$b_{\text{eff,t,wb}} = l_{\text{eff,2}} = 231 \text{ mm}$$

$$F_{\text{t,wb,Rd}} = b_{\text{eff,t,wb}} \cdot t_{\text{wb}} \cdot f_{\text{y,wb}} / \gamma_{\text{M0}} = 23,1 \cdot 0,8 \cdot 23,5 / 1,0 = 434 \text{ kN}$$

Tragfähigkeit der Schweißnaht neben dem Trägersteg:

$$F_{\text{w,Rd}} = b_{\text{eff,t,wb}} \cdot \Sigma a \cdot 25,5 = 23,1 \cdot 0,8 \cdot 25,5 = 471 \text{ kN}$$

Stützenflansch:

Wirksame Länge des T-Stummels Nr. 2 nach Tab. 3.1:

$$m = \frac{106}{2} - \frac{9,4}{2} - 0,8 \cdot 21 = 31,5 \text{ mm}$$

$$e = 42 \text{ mm} \qquad n = e_{\min} = 42 \text{ mm}$$

$$M_{\text{pl,2,Rd}} = \frac{1}{4} \cdot l_{\text{eff,2}} \cdot t_{\text{f}}^2 \cdot f_{\text{y}} / \gamma_{\text{M0}} = \frac{1}{4} \cdot 17,9 \cdot 1,46^2 \cdot 23,5 / 1,0 = 224 \text{ kNcm}$$

$$l_{\text{eff,cp}} = l_{2,\text{cp}} = 2 \cdot \pi \cdot m = 2 \cdot \pi \cdot 31,5 = 198 \text{ mm}$$

$$l_{\text{eff,nc}} = l_{2,\text{nc}} = 4 \cdot m + 1,25 \cdot e = 4 \cdot 31,5 + 1,25 \cdot 42 = 179 \text{ mm}$$

Modus 1: $l_{\text{eff,1}} = l_{\text{eff,nc}} \leq l_{\text{eff,cp}} = 179 \text{ mm}$

Modus 2: $l_{\text{eff,2}} = l_{\text{eff,nc}} = 179 \text{ mm}$

Grenzzugkraft des T-Stummels:

$$m = 31,5 \text{ mm}$$

$$n = e_{\min} = 42 \text{ mm} \leq 1,25 \cdot m = 1,25 \cdot 31,5 = 39,4 \text{ mm}$$

$$n = 39,4 \text{ mm}$$

$$M_{\text{pl,1,Rd}} = \frac{1}{4} \cdot l_{\text{eff,1}} \cdot t_{\text{f}}^2 \cdot f_{\text{y}} / \gamma_{\text{M0}} = \frac{1}{4} \cdot 17,9 \cdot 1,46^2 \cdot 23,5 / 1,0 = 224 \text{ kNcm}$$

$$M_{\text{bp,Rd}} = \frac{1}{4} \cdot l_{\text{eff,1}} \cdot t_{\text{bp}}^2 \cdot f_{\text{y,bp}} / \gamma_{\text{M0}} = \frac{1}{4} \cdot 17,9 \cdot 2,0^2 \cdot 23,5 / 1,0 = 421 \text{ kNcm}$$

$$F_{\text{T,1Rd}} = \frac{4 \cdot M_{\text{pl,1,Rd}} + 2 \cdot M_{\text{bp,Rd}}}{m} = \frac{4 \cdot 224 + 2 \cdot 421}{3,15} = 552 \text{ kN}$$

$$F_{\text{T,2,Rd}} = \frac{2 \cdot M_{\text{pl,2,Rd}} + n \cdot \sum F_{\text{t,Rd}}}{m + n} = \frac{2 \cdot 224 + 3,94 \cdot 2 \cdot 176}{3,15 + 3,94} = 259 \text{ kN}$$

$$F_{\text{T,3,Rd}} = \sum F_{\text{t,Rd}} = 2 \cdot 176 = 352 \text{ kN}$$

Die wirksame Tragfähigkeit des Stirnblechs mit Biegung ist der kleinste Wert von 1, 2, 3:

$$F_{\text{T,2,Rd}} = 259 \text{ kN}$$

Stützensteg auf Zug:

$$b_{\text{eff,t,wc}} = l_{\text{eff,2}} = 179 \text{ mm}$$

$$A_{\text{vc}} = A_{\text{v}} = 50,8 \text{ cm}^2$$

$$\omega = \omega_1 = \frac{1}{\sqrt{1 + 1,3 \cdot \left(b_{\text{eff,t,wc}} \cdot t_{\text{wc}} / A_{\text{vc}}\right)^2}} = \frac{1}{\sqrt{1 + 1,3 \cdot \left(17,9 \cdot 0,94 / 50,8\right)^2}} = 0,936$$

$$F_{\text{t,wc,Rd}} = \omega \cdot b_{\text{eff,t,wc}} \cdot t_{\text{wc}} \cdot f_{\text{y,wc}} / \gamma_{\text{M0}} = 0,936 \cdot 17,9 \cdot 0,94 \cdot 23,5 / 1,0 = 370 \text{ kN}$$

Kleinste Zugkraft der 2. Schraubenreihe: $F_{2,\text{Rd}} = 259 \text{ kN}$

$$F_{1,\text{Rd}} = 260 \text{ kN} \leq 1,9 \cdot F_{\text{t,Rd}} = 1,9 \cdot 176 = 334 \text{ kN}$$

Keine Abminderung.

Schraubengruppe 1+2

Die 1. und 2. Schraubenreihe bilden hier eine Schraubengruppe. Die Schraubengruppe hat ein eigenes Fließlinienmuster für das Versagen dieser Schraubengruppe. Deshalb ist zu überprüfen, dass die Summe der Zugkräfte der 1. und 2. Schraubenreihe nicht größer ist als die Zugkraft der Schraubengruppe.

Stirnplatte:

Wirksame Länge der 1. Schraubenreihe des T-Stummels Nr. 4 nach Tab. 3.1:

$$m = 44{,}5 \text{ mm} \qquad e = 42 \text{ mm} \qquad p = 100 \text{ mm}$$

$$l_{4,\text{cp}} = \pi \cdot m + p = \pi \cdot 44{,}5 + 100 = 240 \text{ mm}$$

$$l_{4,\text{nc}} = 0{,}5 \cdot p + \alpha \cdot m - (2 \cdot m + 0{,}625 \cdot e)$$

$$l_{\text{eff,nc}} = 0{,}5 \cdot 100 + 5{,}5 \cdot 44{,}5 - (2 \cdot 44{,}5 + 0{,}625 \cdot 42) = 180 \text{ mm}$$

Wirksame Länge der 2. Schraubenreihe des T-Stummels Nr. 2 nach Tab. 3.1:

$$m = 44{,}5 \text{ mm} \qquad e = 42 \text{ mm} \qquad p = 100 \text{ mm}$$

$$l_{2,\text{cp}} = \pi \cdot m + p = \pi \cdot 44{,}5 + 100 = 240 \text{ mm}$$

$$l_{2,\text{nc}} = 2 \cdot m + 0{,}625 \cdot e + 0{,}5 \cdot p = 2 \cdot 44{,}5 + 0{,}625 \cdot 42 + 0{,}5 \cdot 100 = 165 \text{ mm}$$

Wirksame Länge der Schraubengruppe 1+2:

$$\sum l_{\text{eff,cp}} = 240 + 240 = 480 \text{ mm}$$

$$\sum l_{\text{eff,nc}} = 180 + 165 = 345 \text{ mm}$$

Modus 1: $\sum l_{\text{eff,1}} = \sum l_{\text{eff,nc}} \leq \sum l_{\text{eff,cp}} = 345 \text{ mm}$

Modus 2: $\sum l_{\text{eff,2}} = \sum l_{\text{eff,nc}} = 345 \text{ mm}$

Grenzzugkraft des T-Stummels:

$$m = 44{,}5 \text{ mm} \quad n = e_{\min} = 42 \text{ mm} \leq 1{,}25 \cdot m = 1{,}25 \cdot 44{,}5 = 55{,}6 \text{ mm}$$

$$n = 42 \text{ mm}$$

$$M_{\text{pl,1,Rd}} = \frac{1}{4} \cdot l_{\text{eff,1}} \cdot t_{\text{f}}^2 \cdot f_{\text{y}} / \gamma_{\text{M0}} = \frac{1}{4} \cdot 34{,}5 \cdot 2{,}5^2 \cdot 23{,}5 / 1{,}0 = 1267 \text{ kNcm}$$

$$M_{\text{pl,2,Rd}} = \frac{1}{4} \cdot l_{\text{eff,2}} \cdot t_{\text{f}}^2 \cdot f_{\text{y}} / \gamma_{\text{M0}} = \frac{1}{4} \cdot 34{,}5 \cdot 2{,}5^2 \cdot 23{,}5 / 1{,}0 = 1267 \text{ kNcm}$$

$$F_{\text{T,1,Rd}} = \frac{4 \cdot M_{\text{pl,1,Rd}}}{m} = \frac{4 \cdot 1267}{4{,}45} = 1139 \text{ kN}$$

$$F_{\text{T,2,Rd}} = \frac{2 \cdot M_{\text{pl,2,Rd}} + n \cdot \sum F_{\text{t,Rd}}}{m + n} = \frac{2 \cdot 1267 + 4{,}20 \cdot 4 \cdot 176}{4{,}45 + 4{,}20} = 635 \text{ kN}$$

$$F_{\text{T,3,Rd}} = \sum F_{\text{t,Rd}} = 4 \cdot 176 = 704 \text{ kN}$$

Die wirksame Tragfähigkeit des Stirnblechs mit Biegung ist der kleinste Wert von 1, 2, 3:

$$F_{\text{T,2,Rd}} = 635 \text{ kN}$$

Trägersteg auf Zug:

$$b_{\text{eff,t,wb}} = l_{\text{eff,2}} = 345 \text{ mm}$$

$$F_{\text{t,wb,Rd}} = b_{\text{eff,t,wb}} \cdot t_{\text{wb}} \cdot f_{\text{y,wb}} / \gamma_{\text{M0}} = 34{,}5 \cdot 0{,}8 \cdot 23{,}5 / 1{,}0 = 649 \text{ kN}$$

Tragfähigkeit der Schweißnaht neben dem Trägersteg:

$$F_{\text{w,Rd}} = b_{\text{eff,t,wb}} \cdot \Sigma a \cdot 25{,}5 = 34{,}5 \cdot 0{,}8 \cdot 25{,}5 = 704 \text{ kN}$$

Stützenflansch:

Wirksame Länge der 1. Schraubenreihe des T-Stummels Nr. 4 nach Tab. 3.1:

$$m = 31{,}5 \text{ mm} \qquad e = 42 \text{ mm} \qquad p = 100 \text{ mm}$$

$$l_{4,\text{cp}} = \pi \cdot m + p = \pi \cdot 31{,}5 + 100 = 199 \text{ mm}$$

$$l_{4,\text{nc}} = 0{,}5 \cdot p + \alpha \cdot m - (2 \cdot m + 0{,}625 \cdot e)$$

$$l_{4,\text{nc}} = 0{,}5 \cdot 100 + 5{,}8 \cdot 31{,}5 - (2 \cdot 31{,}5 + 0{,}625 \cdot 42) = 143 \text{ mm}$$

Wirksame Länge der 2. Schraubenreihe des T-Stummels Nr. 2 nach Tab. 3.1:

$$m = 31{,}5 \text{ mm} \qquad e = 42 \text{ mm} \qquad p = 100 \text{ mm}$$

$$l_{2,\text{cp}} = \pi \cdot m + p = \pi \cdot 31{,}5 + 100 = 199 \text{ mm}$$

$$l_{2,\text{nc}} = 2 \cdot m + 0{,}625 \cdot e + 0{,}5 \cdot p = 2 \cdot 31{,}5 + 0{,}625 \cdot 42 + 0{,}5 \cdot 100 = 139 \text{ mm}$$

Wirksame Länge der Schraubengruppe 1+2:

$$\sum l_{\text{eff,cp}} = 199 + 199 = 398 \text{ mm}$$

$$\sum l_{\text{eff,nc}} = 143 + 139 = 282 \text{ mm}$$

Modus 1: $\sum l_{\text{eff,1}} = \sum l_{\text{eff,nc}} \leq \sum l_{\text{eff,cp}} = 282 \text{ mm}$

Modus 2: $\sum l_{\text{eff,2}} = \sum l_{\text{eff,nc}} = 282 \text{ mm}$

Grenzzugkraft des T-Stummels:

$$m = 31{,}5 \text{ mm}$$

$$n = e_{\min} = 42 \text{ mm} \leq 1{,}25 \cdot m = 1{,}25 \cdot 31{,}5 = 39{,}4 \text{ mm}$$

$$n = 39{,}4 \text{ mm}$$

$$M_{\text{pl,1,Rd}} = \frac{1}{4} \cdot l_{\text{eff,1}} \cdot t_{\text{f}}^2 \cdot f_{\text{y}} / \gamma_{\text{M0}} = \frac{1}{4} \cdot 28{,}2 \cdot 1{,}46^2 \cdot 23{,}5 / 1{,}0 = 353 \text{ kNcm}$$

$$M_{\text{bp,Rd}} = \frac{1}{4} \cdot l_{\text{eff,1}} \cdot t_{\text{bp}}^2 \cdot f_{\text{y,bp}} / \gamma_{\text{M0}} = \frac{1}{4} \cdot 28{,}2 \cdot 2{,}0^2 \cdot 23{,}5 / 1{,}0 = 663 \text{ kNcm}$$

$$M_{\text{pl,2,Rd}} = \frac{1}{4} \cdot l_{\text{eff,2}} \cdot t_{\text{f}}^2 \cdot f_{\text{y}} / \gamma_{\text{M0}} = \frac{1}{4} \cdot 28{,}2 \cdot 1{,}46^2 \cdot 23{,}5 / 1{,}0 = 353 \text{ kNcm}$$

$$F_{\text{T,1,Rd}} = \frac{4 \cdot M_{\text{pl,1,Rd}} + 2 \cdot M_{\text{bp,Rd}}}{m} = \frac{4 \cdot 353 + 2 \cdot 663}{3{,}15} = 869 \text{ kN}$$

$$F_{\text{T,2,Rd}} = \frac{2 \cdot M_{\text{pl,2,Rd}} + n \cdot \sum F_{\text{t,Rd}}}{m + n} = \frac{2 \cdot 353 + 3{,}94 \cdot 4 \cdot 176}{3{,}15 + 3{,}94} = 490 \text{ kN}$$

$$F_{\text{T,3,Rd}} = \sum F_{\text{t,Rd}} = 4 \cdot 176 = 704 \text{ kN}$$

Die wirksame Tragfähigkeit des Stirnblechs mit Biegung ist der kleinste Wert von 1, 2, 3:

$$F_{\text{T,2,Rd}} = 490 \text{ kN}$$

Stützensteg auf Zug:

$$b_{\text{eff,t,wc}} = l_{\text{eff,2}} = 282 \text{ mm}$$

$$A_{\text{vc}} = A_{\text{v}} = 50{,}8 \text{ cm}^2$$

$$\omega = \omega_1 = \frac{1}{\sqrt{1+1{,}3\cdot\left(b_{\text{eff,t,wc}}\cdot t_{\text{wc}}/A_{\text{vc}}\right)^2}} = \frac{1}{\sqrt{1+1{,}3\cdot\left(28{,}2\cdot 0{,}94/50{,}8\right)^2}} = 0{,}859$$

$$F_{\text{t,wc,Rd}} = \omega\cdot b_{\text{eff,t,wc}}\cdot t_{\text{wc}}\cdot f_{\text{y,wc}}/\gamma_{\text{M0}} = 0{,}859\cdot 28{,}2\cdot 0{,}94\cdot 23{,}5/1{,}0 = 535\ \text{kN}$$

Kleinste Zugkraft der Schraubengruppe 1+2: $F_{1+2,\text{Rd}} = 490$ kN

Es gilt die Bedingung:

$$F_{1,\text{Rd}} + F_{2,\text{Rd}} \le F_{1+2,\text{Rd}}$$

$$F_{2,\text{Rd}} \le F_{1+2,\text{Rd}} - F_{1,\text{Rd}} = 490 - 260 = 230\ \text{kN}$$

Diese Bedingung ist maßgebend für die Zugkraft in der 2. Schraubenreihe.

Das Schubversagen des Stützensteges ist ebenfalls zu berücksichtigen mit $V_{\text{wp,Rd}}$ nach Gleichung (1-8,(6.7)):

$$V_{\text{wp,Rd}} = 0{,}9\cdot A_{\text{vc}}\cdot\frac{f_{\text{y}}}{\sqrt{3}\cdot\gamma_{\text{M0}}} = 0{,}9\cdot 50{,}8\cdot 13{,}6 = 622\ \text{kN}$$

$$F_{1,\text{Rd}} + F_{2,\text{Rd}} \le V_{\text{wp,Rd}}$$

$$F_{2,\text{Rd}} = 230\ \text{kN} \le V_{\text{wp,Rd}} - F_{1,\text{Rd}} = 622 - 260 = 362\ \text{kN}$$

Momententragfähigkeit $M_{\text{j,Rd}}$ um den Druckpunkt:

$$M_{\text{j,Rd}} = \sum_{\text{r}} h_{\text{r}}\cdot F_{\text{tr,Rd}} = h_1\cdot F_{1,\text{Rd}} + h_2\cdot F_{2,\text{Rd}} = 0{,}622\cdot 260 + 0{,}522\cdot 230 = 282\ \text{kNm}$$

Berechnung der Anfangsrotationssteifigkeit ohne Vorspannung

Die Berechnung der Anfangsrotationssteifigkeit erfolgt hier für negative Biegemomente in der Rahmenecke. Sind positive (öffnende) Biegemomente vorhanden, ist eine entsprechende Berechnung erforderlich.

Steifigkeitskoeffizienten für Grundkomponenten (1-8, Tabelle 6.11)

1. Stützenstegfeld mit Schubfeldbeanspruchung

$$k_1 = \frac{0{,}38\cdot A_{\text{vc}}}{z_{\text{eq}}} = \frac{0{,}38\cdot 50{,}8}{57{,}7} = 0{,}335\ \text{cm}$$

$z = z_{\text{eq}}$ nach (1-8, Bild 6.15), s. Abb. 4.15

2. Stützensteg mit Querdruckbeanspruchung

Da der Stützensteg durch eine Steife (Rippe) im Druckbereich ausgesteift ist, ist der Steifigkeitskoeffizient $k_2 = \infty$.

3. Stützensteg mit Querzugbeanspruchung

Der Steifigkeitskoeffizient ist zu berücksichtigen, wenn in einer Verbindung eine Schraubenreihe mit Zug auftritt.

$$k_3 = \frac{0{,}7\cdot b_{\text{eff,t,wc}}\cdot t_{\text{wc}}}{d_{\text{c}}}$$

1. Schraubenreihe $\quad b_{1,\text{eff,t,wc}} = l_{\text{eff,min}} = 143$ mm

$$k_{3,1} = \frac{0{,}7\cdot b_{1,\text{eff,t,wc}}\cdot t_{\text{wc}}}{d_{\text{c}}} = \frac{0{,}7\cdot 14{,}3\cdot 0{,}94}{37{,}9} = 0{,}248\ \text{cm}$$

2. Schraubenreihe $b_{2,\text{eff,t,wc}} = l_{2,\min} = 139$ mm

$$k_{3,2} = \frac{0,7 \cdot b_{2,\text{eff,t,wc}} \cdot t_{\text{wc}}}{d_{\text{c}}} = \frac{0,7 \cdot 13,9 \cdot 0,94}{37,9} = 0,241 \text{ cm}$$

4. Stützenflansch mit Biegebeanspruchung
Der Steifigkeitskoeffizient ist zu berücksichtigen, wenn in einer Verbindung eine Schraubenreihe mit Zug auftritt.

$$k_4 = \frac{0,9 \cdot l_{\text{eff}} \cdot t_{\text{fc}}^3}{m^3}$$

1. Schraubenreihe $l_{1,\text{eff}} = l_{1,\min} = 143$ mm $m_{1,\text{c}} = 31,5$ mm

$$k_{4,1} = \frac{0,9 \cdot l_{1,\text{eff}} \cdot t_{\text{fc}}^3}{m_{1,\text{c}}^3} = \frac{0,9 \cdot 14,3 \cdot 1,46^3}{3,15^3} = 1,28 \text{ cm}$$

2. Schraubenreihe $l_{2,\text{eff}} = l_{2,\min} = 139$ mm $m_{2,\text{c}} = 31,5$ mm

$$k_{4,2} = \frac{0,9 \cdot l_{2,\text{eff}} \cdot t_{\text{fc}}^3}{m_{2,\text{c}}^3} = \frac{0,9 \cdot 13,9 \cdot 1,46^3}{3,15^3} = 1,25 \text{ cm}$$

5. Stirnplatte mit Biegebeanspruchung
Der Steifigkeitskoeffizient ist zu berücksichtigen, wenn in einer Verbindung eine Schraubenreihe mit Zug auftritt.

$$k_5 = \frac{0,9 \cdot l_{\text{eff}} \cdot t_{\text{p}}^3}{m^3}$$

1. Schraubenreihe $l_{1,\text{eff}} = l_{1,\min} = 180$ mm $m_{1,\text{b}} = 44,5$ mm

$$k_{5,1} = \frac{0,9 \cdot l_{1,\text{eff}} \cdot t_{\text{p}}^3}{m_{1,\text{b}}^3} = \frac{0,9 \cdot 18,0 \cdot 2,5^3}{4,45^3} = 2,87 \text{ cm}$$

2. Schraubenreihe $l_{2,\text{eff}} = l_{2,\min} = 165$ mm $m_{2,\text{b}} = 44,5$ mm

$$k_{5,2} = \frac{0,9 \cdot l_{2,\text{eff}} \cdot t_{\text{p}}^3}{m_{2,\text{b}}^3} = \frac{0,9 \cdot 16,5 \cdot 2,5^3}{4,45^3} = 2,63 \text{ cm}$$

6. Schraube mit Zugbeanspruchung
Der Steifigkeitskoeffizient ist zu berücksichtigen, wenn in einer Verbindung eine Schraubenreihe mit Zug auftritt.

$$k_{10} = 1,6 \cdot \frac{A_{\text{s}}}{L_{\text{b}}}$$

1. Schraubenreihe $L_{\text{b}} = 8,21$ cm $A_{\text{s}} = 2,45 \text{ cm}^2$

$$k_{10,1} = 1,6 \cdot \frac{A_{\text{s}}}{L_{\text{b}}} = 1,6 \cdot \frac{2,45}{8,21} = 0,477 \text{ cm}$$

2. Schraubenreihe $L_{\text{b}} = 8,21$ cm $A_{\text{s}} = 2,45 \text{ cm}^2$

$$k_{10,2} = 1,6 \cdot \frac{A_{\text{s}}}{L_{\text{b}}} = 1,6 \cdot \frac{2,45}{8,21} = 0,477 \text{ cm}$$

7. Effektiver Steifigkeitskoeffizient $k_{\text{eff,r}}$ der Schraubenreihen r (1-8, (6.30))
Bei den Steifigkeitskoeffizienten k_3, k_4, k_5 und k_{10} handelt es sich um hintereinander geschaltete Federn.

$$\frac{1}{k_{\text{eff},1}} = \frac{1}{k_{3,1}} + \frac{1}{k_{4,1}} + \frac{1}{k_{5,1}} + \frac{1}{k_{10,1}}$$

$$\frac{1}{k_{\text{eff},1}} = \frac{1}{0,248} + \frac{1}{1,28} + \frac{1}{2,87} + \frac{1}{0,477} \rightarrow k_{\text{eff},1} = 0,138 \text{ cm}$$

$$\frac{1}{k_{\text{eff},2}} = \frac{1}{k_{3,2}} + \frac{1}{k_{4,2}} + \frac{1}{k_{5,2}} + \frac{1}{k_{10,2}}$$

$$\frac{1}{k_{\text{eff},2}} = \frac{1}{0,241} + \frac{1}{1,25} + \frac{1}{2,63} + \frac{1}{0,477} \rightarrow k_{\text{eff},2} = 0,135 \text{ cm}$$

8. Äquivalenter Steifigkeitskoeffizient k_{eq} der Schraubenreihen r (1-8, (6.29) und (6.31))
Bei den Steifigkeitskoeffizienten $k_{\text{eff},1}$ und $k_{\text{eff},2}$ handelt es sich um parallel geschaltete Federn. Der äquivalente Hebelarm z_{eq} für die Rotationssteifigkeit lautet:

$$z_{eq} = \frac{k_{\text{eff},1} \cdot h_1^2 + k_{\text{eff},2} \cdot h_2^2}{k_{\text{eff},1} \cdot h_1 + k_{\text{eff},2} \cdot h_2} = \frac{0,138 \cdot 62,2^2 + 0,135 \cdot 52,2^2}{0,138 \cdot 62,2 + 0,135 \cdot 52,2} = 57,7 \text{ cm}$$

$$k_{eq} = \frac{k_{\text{eff},1} \cdot h_1 + k_{\text{eff},2} \cdot h_2}{z_{eq}} = \frac{0,138 \cdot 62,2 + 0,135 \cdot 52,2}{57,7} = 0,271 \text{ cm}$$

9. Anfangsrotationssteifigkeitskoeffizient $S_{j,ini}$ (1-8,(6.27))

$$S_{j,ini} = \frac{E \cdot z_{eq}^2}{\frac{1}{k_1} + \frac{1}{k_{eq}}} = \frac{21000 \cdot 57,7^2 \cdot 10^{-2}}{\frac{1}{0,335} + \frac{1}{0,271}} = 104\ 700 \text{ kNm/rad}$$

Berechnung der Momententragfähigkeit mit Vorspannung
Kategorie E: Schrauben: M20-10.9 : $F_{p,C,Rd} = 156$ kN

Kleinste Zugkraft der Schraubenreihe 1:

$$F_{T,2,Rd} = \frac{2 \cdot M_{pl,2,Rd} + n \cdot \sum F_{p,C,Rd}}{m+n} = \frac{2 \cdot 229 + 3,94 \cdot 2 \cdot 156}{3,15 + 3,94} = 238 \text{ kN}$$

$$F_{1,Rd} = 238 \text{ kN}$$

Kleinste Zugkraft der Schraubenreihe 2:

$$F_{T,2,Rd} = \frac{2 \cdot M_{pl,2,Rd} + n \cdot \sum F_{p,C,Rd}}{m+n} = \frac{2 \cdot 224 + 3,94 \cdot 2 \cdot 156}{3,15 + 3,94} = 237 \text{ kN}$$

$$F_{2,Rd} = 237 \text{ kN}$$

Kleinste Zugkraft der Schraubengruppe 1+2:

$$F_{T,2,Rd} = \frac{2 \cdot M_{pl,2,Rd} + n \cdot \sum F_{p,C,Rd}}{m+n} = \frac{2 \cdot 353 + 3,94 \cdot 4 \cdot 156}{3,15 + 3,94} = 446 \text{ kN}$$

$$F_{1+2,Rd} = 446 \text{ kN}$$

Es gilt die Bedingung:

$$F_{1,Rd} + F_{2,Rd} \le F_{1+2,Rd}$$

$$F_{2,Rd} \le F_{1+2,Rd} - F_{1,Rd} = 446 - 238 = 208 \text{ kN}$$

Diese Bedingung ist maßgebend für die Zugkraft in der 2. Schraubenreihe.

Das Schubversagen des Stützensteges ist ebenfalls zu berücksichtigen mit $V_{\mathrm{wp,Rd}}$ nach Gleichung (1-8,(6.7)):

$$V_{\mathrm{wp,Rd}} = 0{,}9 \cdot A_{\mathrm{vc}} \cdot \frac{f_{\mathrm{y}}}{\sqrt{3} \cdot \gamma_{\mathrm{M0}}} = 0{,}9 \cdot 50{,}8 \cdot 13{,}6 = 622 \text{ kN}$$

$$F_{1,\mathrm{Rd}} + F_{2,\mathrm{Rd}} \leq V_{\mathrm{wp,Rd}}$$

$$F_{2,\mathrm{Rd}} = 208 \text{ kN} \leq V_{\mathrm{wp,Rd}} - F_{1,\mathrm{Rd}} = 622 - 238 = 384 \text{ kN}$$

Momententragfähigkeit $M_{\mathrm{j,Rd}}$ um den Druckpunkt:

$$M_{\mathrm{j,Rd}} = \sum_{\mathrm{r}} h_{\mathrm{r}} \cdot F_{\mathrm{tr,Rd}} = h_1 \cdot F_{1,\mathrm{Rd}} + h_2 \cdot F_{2,\mathrm{Rd}} = 0{,}622 \cdot 238 + 0{,}522 \cdot 208 = 257 \text{ kNm}$$

Berechnung der Anfangsrotationssteifigkeit mit Vorspannung

6. Schraube mit Zugbeanspruchung mit Vorspannung

1. Schraubenreihe $L_{\mathrm{b}} = 8{,}21$ cm $A_{\mathrm{s}} = 2{,}45 \text{ cm}^2$

$$k_{10,\mathrm{p}} = 10 \cdot \frac{A_{\mathrm{s}}}{L_{\mathrm{b}}} = 10 \cdot \frac{A_{\mathrm{s}}}{L_{\mathrm{b}}} = 10 \cdot \frac{2{,}45}{8{,}21} = 2{,}98 \text{ cm}$$

7. Effektiver Steifigkeitskoeffizient $k_{\mathrm{eff,r}}$ der Schraubenreihen r (1-8, (6.30))

Bei den Steifigkeitskoeffizienten k_3, k_4, k_5 und k_{10} handelt es sich um hintereinander geschaltete Federn.

$$\frac{1}{k_{\mathrm{eff},1}} = \frac{1}{k_{3,1}} + \frac{1}{k_{4,1}} + \frac{1}{k_{5,1}} + \frac{1}{k_{10,\mathrm{p},1}}$$

$$\frac{1}{k_{\mathrm{eff},1}} = \frac{1}{0{,}248} + \frac{1}{1{,}28} + \frac{1}{2{,}87} + \frac{1}{2{,}98} \rightarrow k_{\mathrm{eff},1} = 0{,}182 \text{ cm}$$

$$\frac{1}{k_{\mathrm{eff},2}} = \frac{1}{k_{3,2}} + \frac{1}{k_{4,2}} + \frac{1}{k_{5,2}} + \frac{1}{k_{10,\mathrm{p},2}}$$

$$\frac{1}{k_{\mathrm{eff},2}} = \frac{1}{0{,}241} + \frac{1}{1{,}25} + \frac{1}{2{,}63} + \frac{1}{2{,}98} \rightarrow k_{\mathrm{eff},2} = 0{,}177 \text{ cm}$$

8. Äquivalenter Steifigkeitskoeffizient k_{eq} der Schraubenreihen r (1-8, (6.29) und (6.31))

Bei den Steifigkeitskoeffizienten $k_{\mathrm{eff},1}$ und $k_{\mathrm{eff},2}$ handelt es sich um parallel geschaltete Federn.

Der äquivalente Hebelarm z_{eq} für die Rotationssteifigkeit lautet:

$$z_{\mathrm{eq}} = \frac{k_{\mathrm{eff},1} \cdot h_1^2 + k_{\mathrm{eff},2} \cdot h_2^2}{k_{\mathrm{eff},1} \cdot h_1 + k_{\mathrm{eff},2} \cdot h_2} = \frac{0{,}182 \cdot 62{,}2^2 + 0{,}1{,}77 \cdot 52{,}2^2}{0{,}182 \cdot 62{,}2 + 0{,}177 \cdot 52{,}2} = 57{,}7 \text{ cm}$$

$$k_{\mathrm{eq}} = \frac{k_{\mathrm{eff},1} \cdot h_1 + k_{\mathrm{eff},2} \cdot h_2}{z_{\mathrm{eq}}} = \frac{0{,}182 \cdot 62{,}2 + 0{,}177 \cdot 52{,}2}{57{,}7} = 0{,}356 \text{ cm}$$

9. Anfangsrotationssteifigkeitskoeffizient $S_{\mathrm{j,ini}}$ (1-8,(6.27))

$$S_{\mathrm{j,ini}} = \frac{E \cdot z_{\mathrm{eq}}^2}{\frac{1}{k_1} + \frac{1}{k_{\mathrm{eq}}}} = \frac{21000 \cdot 57{,}7^2 \cdot 10^{-2}}{\frac{1}{0{,}335} + \frac{1}{0{,}356}} = 120\ 700 \text{ kNm/rad}$$

Kommentar
Die Anfangsrotationssteifigkeit $S_{j,ini}$ wird bei diesen Anschlüssen vor allem durch die Höhe des Schubfeldes bestimmt. Der äquivalente Hebelarm z_{eq} geht quadratisch in die Berechnung der Anfangsrotationssteifigkeit $S_{j,ini}$ ein und bestimmt die Größe der Steifigkeit des Stützenstegfeldes. Die Steifigkeit der Schraube ist in diesem Fall von untergeordneter Bedeutung.

Das Beispiel 7.7 im Band 2 wird hier für den Stirnplattenanschluss an der Rahmenecke mit Voute berechnet.

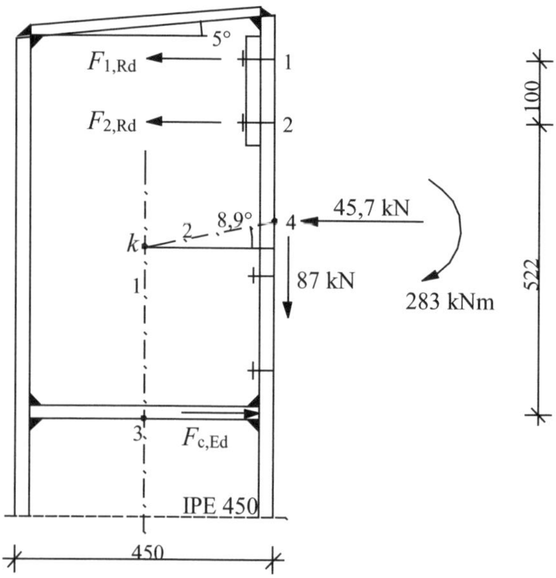

Nachweis des Stirnplattenanschlusses:
Die untere Steife des Schubfeldes und der Voute sind für die Druckkraft $F_{c,Ed}$ nachzuweisen.

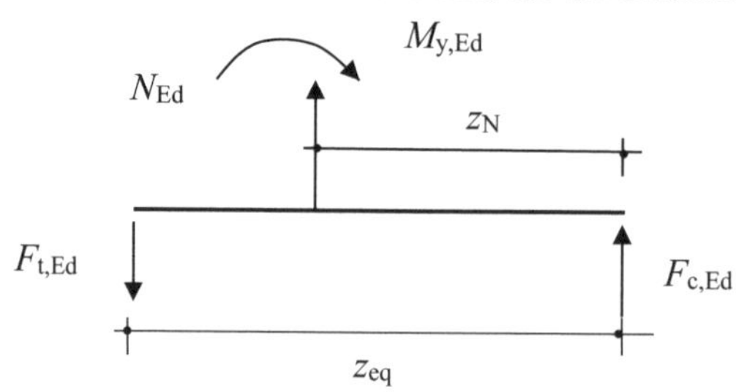

Für den allgemeinen Nachweis ist die einwirkende Zugkraft $F_{t,Ed}$ aus Biegung und Normalkraft im Zugpunkt und die einwirkende Druckkraft $F_{c,Ed}$ im Druckpunkt zu berechnen.

$$M_{y,Ed} + N_{Ed} \cdot z_N - F_{t,Ed} \cdot z_{eq} = 0$$

$$F_{\mathrm{t,Ed}} = \frac{M_{\mathrm{y,Ed}}}{z_{\mathrm{eq}}} + N_{\mathrm{Ed}} \cdot \frac{z_{\mathrm{N}}}{z_{\mathrm{eq}}} = \frac{283}{0,577} - 45,7 \cdot \frac{0,344}{0,577} = 463 \text{ kN}$$

$$F_{\mathrm{c,Ed}} = F_{\mathrm{t,Ed}} - N_{\mathrm{Ed}} = 463 + 45,7 = 509 \text{ kN}$$

Der Nachweis am Zugpunkt und dem Druckgurt lautet dann:

$$\frac{F_{\mathrm{t,Ed}}}{\sum\limits_{\mathrm{r}} F_{\mathrm{tr,Rd}}} = \frac{463}{260 + 230} = \frac{463}{490} = 0,945 \le 1$$

$$\max T = F_{\mathrm{t,Ed}} = 463 \text{ kN}$$

Änderungen gegenüber Beispiel 7.7 im Band 2

Nachweis der Schubspannungen im Stützensteg:

Die Querkraft ist bei dem geschraubten Stoß im Gegensatz zu dem geschweißten Stoß unterhalb der Schrauben konstant.

$$\max \tau = \frac{\max T}{A_{\mathrm{v}}} = \frac{464}{50,8} = 9,13 \text{ kN/cm}^2 \le \tau_{\mathrm{Rd}} = 13,6 \text{ kN/cm}^2$$

Nachweis der Voute am Druckpunkt:

$$\alpha_{\mathrm{bw}} = 11,8° \qquad \alpha_{\mathrm{ow}} = 5°$$

$$F_{\mathrm{c,Ed}} = -509 \text{ kN}$$

$$N_{\mathrm{b1}} = F_{\mathrm{c,Ed}} / \cos \alpha_{\mathrm{bw}} = -509 / \cos 11,8° = -520 \text{ kN}$$

$$\sigma_{\mathrm{bw}} = \frac{F_{\mathrm{c,Ed}}}{A_{\mathrm{bw}}} = -\frac{520}{17 \cdot 1,5} = -20,4 \text{ kN/cm}^2 \le \sigma_{\mathrm{Rd}} = 23,5 \text{ kN/cm}^2$$

$$\sigma_{\mathrm{w}} = \frac{F_{\mathrm{c,Ed}}}{2 \cdot a \cdot l} = \frac{520}{2 \cdot 0,8 \cdot 17} = 19,1 \text{ kN/cm}^2 \le 25,5 \text{ kN/cm}^2$$

Nachweis der unteren Steife, s. Abschnitt Rippen im Band 2:

$$F = F_{\mathrm{c,Ed}} = 509 \text{ kN}$$

$$F_{\mathrm{R}} = \frac{F}{2} \cdot \frac{b - 2 \cdot r - t_{\mathrm{w}}}{b} = \frac{509}{2} \cdot \frac{190 - 2 \cdot 21 - 9,4}{190} = 186 \text{ kN}$$

$$e_{\mathrm{F}} = b_{\mathrm{R}} - \frac{b_1}{2} = 9,03 - \frac{6,53}{2} = 5,77 \text{ cm}$$

$$e_{\mathrm{H}} = l_{\mathrm{R}} = 42,1 \text{ cm}$$

$$H = F_{\mathrm{R}} \cdot \frac{e_{\mathrm{F}}}{e_{\mathrm{H}}} = 186 \cdot \frac{5,77}{42,1} = 25,5 \text{ kN}$$

$$S = \sqrt{F_{\mathrm{R}}^2 + H^2} = \sqrt{186^2 + 25,5^2} = 188 \text{ kN}$$

Der Nachweis lautet für die Schweißnähte am Flansch:

$$\sigma_{\mathrm{w}} = \frac{S}{2 \cdot a_{\mathrm{f}} \cdot b_1} = \frac{188}{2 \cdot 0,8 \cdot 5,77} = 20,4 \text{ kN/cm}^2 \le 25,5 \text{ kN/cm}^2$$

Der Nachweis lautet für die Schweißnähte am Steg:

$$\sigma_{\mathrm{w}} = \frac{S}{2 \cdot a_{\mathrm{w}} \cdot l_1} = \frac{188}{2 \cdot 0,4 \cdot 37,1} = 6,33 \text{ kN/cm}^2 \le 25,5 \text{ kN/cm}^2$$

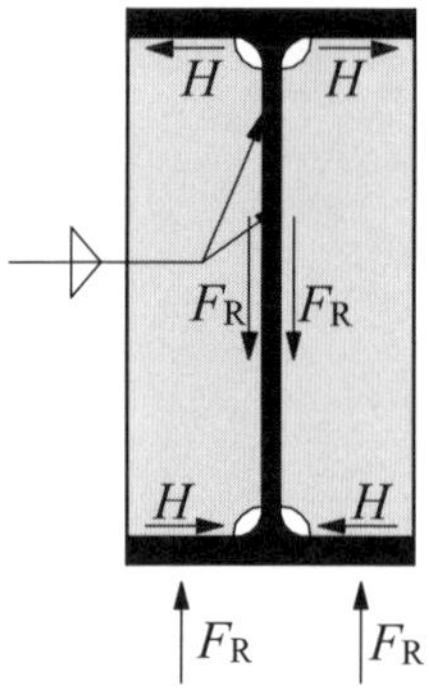

Der Nachweis lautet für die Rippe am Flansch:

$$\sigma = \frac{F_R}{t_R \cdot b_1} = \frac{186}{1,5 \cdot 5,77} = 21,5 \text{ kN/cm}^2 \le \sigma_{Rd} = 23,5 \text{ kN/cm}^2$$

$$\tau = \frac{H}{t_R \cdot b_1} = \frac{25,5}{1,5 \cdot 5,77} = 2,95 \text{ kN/cm}^2 \le \tau_{Rd} = 13,6 \text{ kN/cm}^2$$

Nachweis der Vergleichsspannung:

$$\sigma_V = \sqrt{\sigma^2 + 3 \cdot \tau^2} = \sqrt{21,5^2 + 3 \cdot 2,95^2} = 22,1 \text{ kN/cm}^2 \le \sigma_{Rd} = 23,5 \text{ kN/cm}^2$$

Vereinfachter Beulnachweis:
Der Nachweis erfolgt nach (Band1-4) für das Nachweisverfahren Elastisch-Plastisch.
Für S 235 gilt:

$$\text{vorh } b_R / t_R = 9,03 / 1,5 = 6,0 \le \max\ b_R / t_R = 10$$

Nachweis der Vergleichsspannung im Punkt a:

$$\sigma_x = \frac{N_3}{A} + \frac{M_3}{I_y} \cdot \frac{d}{2} = -\frac{110}{98,8} - \frac{28\,700}{33\,740} \cdot \frac{37,9}{2} = -17,2 \text{ kN/cm}^2$$

Der Anteil der Druckkraft F_C, der in den Steg der Stütze eingeleitet wird, beträgt:

$$F_w = F_{c,Ed} - 2 \cdot F_R = 509 - 2 \cdot 186 = 137 \text{ kN}$$

Für die Fläche im Steg wird eine Verteilung von 45° angenommen.

$$\sigma_z = \frac{F_w}{\left(t + 2 \cdot a \cdot \sqrt{2} + 2 \cdot t_p + 2 \cdot t_f + 2 \cdot r\right) \cdot t_w}$$

$$\sigma_z = \frac{137}{\left(1,5 + 2 \cdot 0,8 \cdot \sqrt{2} + 2 \cdot 2,5 + 2 \cdot 1,46 + 2 \cdot 2,1\right) \cdot 0,94} = 9,17 \text{ kN/cm}^2$$

$$S_1 = S_y - t_w \cdot \frac{d^2}{8} = 851 - 0,94 \cdot \frac{37,9^2}{8} = 682 \text{ cm}^3 \qquad \text{s. (Band 1-(2.8))}$$

$$\tau_1 = \frac{\max T \cdot S_1}{I_y \cdot t_w} = \frac{463 \cdot 682}{33\,740 \cdot 0,94} = 9,96 \text{ kN/cm}^2$$

$$\sigma_V = \sqrt{\sigma_x^2 + \sigma_z^2 - \sigma_x \cdot \sigma_z + 3 \cdot \tau^2} = \sqrt{17,2^2 + 9,17^2 - 17,2 \cdot 9,17 + 3 \cdot 9,96^2} = 22,8 \text{ kN/cm}^2$$

$$\frac{\sigma_V}{\sigma_{Rd}} = \frac{22,8}{23,5} = 0,97 \le 1,0$$

Nachweis der Vergleichsspannung im Punkt *b*:

$$\sigma_x = \frac{N_3}{A} + \frac{M_3}{I_y} \cdot \frac{d}{2} = -\frac{110}{98,8} + \frac{-28\,700}{33\,740} \cdot \frac{-37,9}{2} = +15,0 \text{ kN/cm}^2$$

$$\sigma_z = 0 \qquad \tau = 9,96 \text{ kN/cm}^2$$

$$\sigma_V = \sqrt{\sigma_x^2 + 3 \cdot \tau^2} = \sqrt{15,0^2 + 3 \cdot 9,96^2} = 22,9 \text{ kN/cm}^2$$

$$\frac{\sigma_V}{\sigma_{Rd}} = \frac{22,9}{23,5} = 0,97 \le 1,0$$

Nachweis der Voute am Anschnitt:

$$\alpha_{bw} = 11,8° \qquad \alpha_{tw} = 5°$$

$$F_{b4} = +\frac{M_4}{h_4} + \frac{N_4}{2} = -\frac{283}{0,688} - \frac{45,7}{2} = -434,2 \text{ kN}$$

$$F_{t4} = -\frac{M_4}{h_4} + \frac{N_4}{2} = +\frac{283}{0,688} - \frac{45,7}{2} = +388,5 \text{ kN}$$

$$V_4 = 87 \text{ kN}$$

$$N_{b1} = F_{b4} / \cos\alpha_{bw} = -434,2 / \cos 11,8° = -444,6 \text{ kN}$$

Maßgebend ist bei einem geschraubten Stoß der Druckpunkt!

$$N_{t1} = F_{t4} / \cos\alpha_{tw} = +388,5 / \cos 5° = +390 \text{ kN}$$

$$N_{11} = -F_{b4} \cdot \tan\alpha_{bw} = +434,2 \cdot \tan 11,8° = +90,7 \text{ kN}$$

$$N_{12} = F_{t4} \cdot \tan\alpha_{tw} = +388,5 \cdot \tan 5° = +34 \text{ kN}$$

$$T_1 = V_4 - N_{11} + N_{12} = 87 - 90,7 + 34 = 30,3 \text{ kN}$$

$$\sigma_{tw} = \frac{N_{t1}}{A_{tw}} = -\frac{390}{17 \cdot 1,27} = -18,1 \text{ kN/cm}^2 \le \sigma_{Rd} = 23,5 \text{ kN/cm}^2$$

$$\sigma_w = \frac{N_{t1}}{2 \cdot a \cdot l} = \frac{390}{2 \cdot 0,6 \cdot 17} = 19,1 \text{ kN/cm}^2 \le 25,5 \text{ kN/cm}^2$$

$$\tau_1 = \frac{T_1}{h_1 \cdot t} = \frac{30,3}{67,6 \cdot 1,0} = 0,45 \text{ kN/cm}^2 \le \tau_{Rd} = 13,6 \text{ kN/cm}^2$$

Die Grenzwerte max c/t sind eingehalten, siehe Abschnitt Querschnittsklassifizierung (Band 1-4). Die Querkraft wird den Schrauben im Druckbereich zugeordnet. Der Nachweis ist eingehalten.

Im Folgenden wird der Einfluss der Verstärkungsplatten und der Vorspannung aufgezeigt. Das Verstärkungsblech hat in diesem Beispiel keinen Einfluss auf die Tragfähigkeit. Berücksichtigt man, dass das Verstärkungsblech vorgespannt werden muss, damit es wirksam wird, reduziert sich sogar die Tragfähigkeit der 1. Schraubenreihe. Eine Verbesserung der Tragfähigkeit erhält man nur, wenn eine größere Schraube gewählt wird. Es sind hier noch weitere Untersuchungen und Forschungen erforderlich, da die vorliegenden Ergebnisse nicht zufrieden stellen.

4.6.5 Stirnplattenanschluss an Rahmenecke ohne Voute

IPE 400 mit t_p = 20 mm und M 24-10.9, Kategorie D

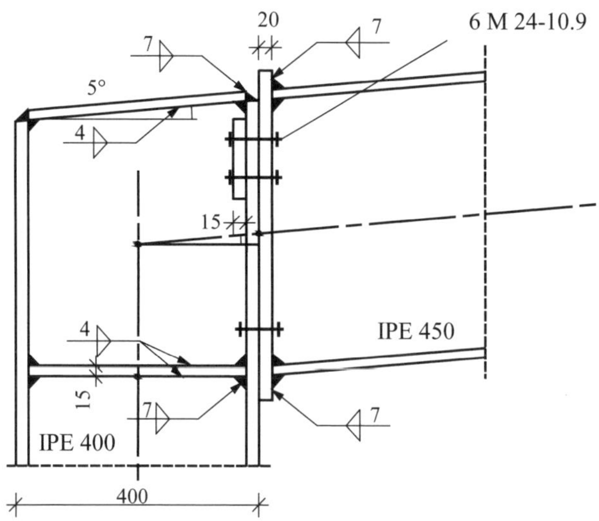

Der Riegel wird in diesem Fall ohne Voute bis an die Stütze geführt. Der Anschluss wird mit dem Berechnungsmodell nach EC 3 konstruiert und nachgewiesen. Es sind hier Futterplatten erforderlich, um den Stützensteg besser ausnutzen zu können.

Stahlgüte der Stirnplatte: S 235	$f_y = 23{,}5$ kN/cm^2
Stahlgüte der Futterplatten: S 235	$f_y = 23{,}5$ kN/cm^2
Stahlgüte der Profile: S 235	$f_y = 23{,}5$ kN/cm^2
Teilsicherheitsbeiwert:	$\gamma_{M0} = 1{,}00$
Teilsicherheitsbeiwert:	$\gamma_{M1} = 1{,}10$
Dicke der Stirnplatte:	$t_p = 20$ mm
Dicke der Rippe:	$t = 15$ mm
Dicke der Futterplatten:	$t_{bp} = 15$ mm
Kategorie D: Schrauben: M24-10.9	$d_0 = 26$ mm $F_{t,Rd} = 254$ kN $A_s = 3{,}53$ cm^2
Profil der Stütze: IPE 400	$t_f = 13{,}5$ mm $t_w = 8{,}6$ mm
Profil des Riegels: IPE 450	$t_f = 14{,}6$ mm $t_w = 9{,}4$ mm
	$M_{pl,y,Rd} = W_{pl,y} \cdot \sigma_{Rd} = 1702 \cdot 23{,}5/100 = 400$ kNm
Beanspruchung des Profils:	$M_{y,Ed} = -250$ kNm; $V_{z,Ed} = 77$ kN; $N_{Ed} = -57{,}3$ kN

$$L_b = l_k + 2 \cdot h + 0{,}5 \cdot (k + m) = (1{,}5 + 1{,}35 + 2{,}0) + 2 \cdot 0{,}4 + 0{,}5 \cdot (1{,}5 + 1{,}9) = 7{,}35 \text{ cm}$$

Schweißnahtdicke: $a_f = 7$ mm; $a_w = 4$ mm

Beanspruchbarkeit der Schweißnaht nach dem richtungsbezogenen Verfahren:

$$\sigma_{1,\text{w,Ed}} = \sqrt{2 \cdot \sigma_\text{w}^2 + 3 \cdot \tau_{||}^2} \le f_{1,\text{w,Rd}} = \frac{f_\text{u}}{\beta_\text{w} \cdot \gamma_{\text{M2}}} = \frac{36}{0,8 \cdot 1,25} = 36,0 \text{ kN/cm}^2$$

$$\sigma_\text{w} \le \frac{f_\text{u}}{\sqrt{2} \cdot \beta_\text{w} \cdot \gamma_{\text{M2}}} = \frac{36}{\sqrt{2} \cdot 0,8 \cdot 1,25} = 25,5 \text{ kN/cm}^2$$

Konstruktive Grenzwerte:

$a_f = 7$ mm $\quad t \ge 4$ mm $\quad \min a = 3$ mm bzw. $\min a = \sqrt{\max t} - 0,5 = \sqrt{20} - 0,5 = 4,00$ mm

$a_w = 4$ mm $\quad t \ge 4$ mm $\quad \min a = 3$ mm bzw. $\min a = \sqrt{\max t} - 0,5 = \sqrt{20} - 0,5 = 4,00$ mm

Die Anwendbarkeit der Grundkomponente Stützensteg mit Schubbeanspruchung gilt (1-8, 6.2.1(1)):

$$\frac{d}{t_\text{w}} = \frac{331}{8,6} = 38,5 \le 69 \cdot \varepsilon = 69$$

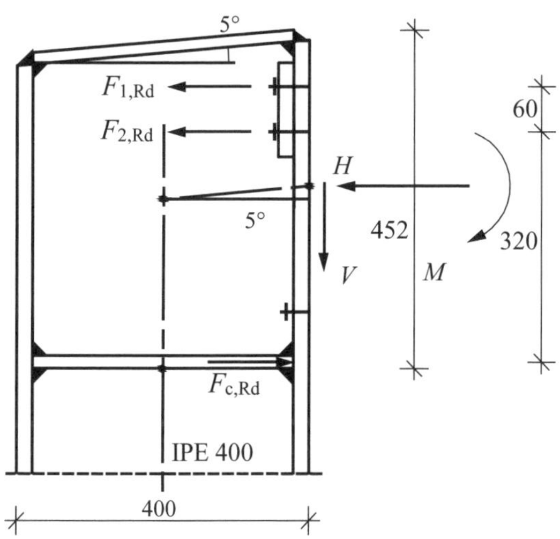

Die obere Steife wird wie bei dem Trägerstoß ausgebildet und nachgewiesen.

Berechnung der Momententragfähigkeit

a) Tragfähigkeit in der Zugzone

1. Schraubenreihe in der Zugzone

1. Stirnblech mit Biegung

Wirksame Länge des T-Stummels Nr. 4 nach Tab. 3.1:

$$m = \frac{100}{2} - \frac{9,4}{2} - 0,8 \cdot 4 \cdot \sqrt{2} = 40,8 \text{ mm}$$

$$e = 45 \text{ mm}$$

$$m_2 = 50 - 0,8 \cdot 7 \cdot \sqrt{2} = 42,1 \text{ mm}$$

$$\lambda_1 = \frac{m}{m+e} = \frac{40,8}{40,8+45} = 0,476 \qquad \lambda_2 = \frac{m_2}{m+e} = \frac{42,1}{40,8+45} = 0,491$$

$\alpha = 6,0$ nach Abb. 3.9

$$l_{\text{eff,cp}} = l_{4,\text{cp}} = 2 \cdot \pi \cdot m = 2 \cdot \pi \cdot 40,8 = 256 \text{ mm}$$

$$l_{\text{eff,nc}} = l_{4,\text{nc}} = \alpha \cdot m = 6,0 \cdot 40,8 = 245 \text{ mm}$$

Modus 1: $l_{\text{eff},1} = l_{\text{eff,nc}} \le l_{\text{eff,cp}} = 245$ mm

Modus 2: $l_{\text{eff},2} = l_{\text{eff,nc}} = 245$ mm

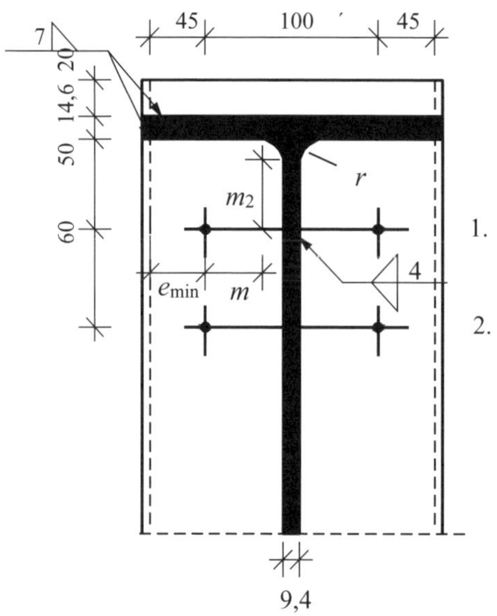

Grenzzugkraft des T-Stummels:

$m = 40,8$ mm

$n = e_{\min} = 40 \text{ mm} \le 1,25 \cdot m = 1,25 \cdot 40,8 = 51,0$ mm

$n = 40$ mm

$$M_{\text{pl},1,\text{Rd}} = \frac{1}{4} \cdot l_{\text{eff},1} \cdot t_{\text{p}}^2 \cdot f_{\text{y}} / \gamma_{\text{M0}} = \frac{1}{4} \cdot 24,5 \cdot 2,0^2 \cdot 23,5 / 1,0 = 576 \text{ kNcm}$$

$$M_{\text{pl},2,\text{Rd}} = \frac{1}{4} \cdot l_{\text{eff},2} \cdot t_{\text{p}}^2 \cdot f_{\text{y}} / \gamma_{\text{M0}} = \frac{1}{4} \cdot 24,5 \cdot 2,0^2 \cdot 23,5 / 1,0 = 576 \text{ kNcm}$$

$$F_{\text{T},1,\text{Rd}} = \frac{4 \cdot M_{\text{pl},1,\text{Rd}}}{m} = \frac{4 \cdot 576}{4,08} = 565 \text{ kN}$$

$$F_{\text{T},2,\text{Rd}} = \frac{2 \cdot M_{\text{pl},2,\text{Rd}} + n \cdot \sum F_{\text{t,Rd}}}{m+n} = \frac{2 \cdot 576 + 4,00 \cdot 2 \cdot 254}{4,08 + 4,00} = 394 \text{ kN}$$

$$F_{\text{T},3,\text{Rd}} = \sum F_{\text{t,Rd}} = 2 \cdot 254 = 508 \text{ kN}$$

Die wirksame Tragfähigkeit des Stirnblechs mit Biegung ist der kleinste Wert von 1, 2, 3:

$F_{\text{T},2,\text{Rd}} = 394$ kN

2. Trägersteg auf Zug

$$b_{\text{eff,t,wb}} = l_{\text{eff,2}} = 245 \text{ mm}$$

$$F_{\text{t,wb,Rd}} = b_{\text{eff,t,wb}} \cdot t_{\text{wb}} \cdot f_{\text{y,wb}} / \gamma_{\text{M0}} = 24{,}5 \cdot 0{,}94 \cdot 23{,}5 / 1{,}0 = 541 \text{ kN}$$

Tragfähigkeit der Schweißnaht neben dem Trägersteg:

$$F_{\text{w,Rd}} = b_{\text{eff,t,wb}} \cdot \Sigma a \cdot 25{,}5 = 24{,}5 \cdot 0{,}8 \cdot 25{,}5 = 500 \text{ kN}$$

Wirksame Tragfähigkeit des Trägersteges auf Zug:

$$F_{\text{w,Rd}} = 475 \text{ kN}$$

3. Stützenflansch mit Biegung

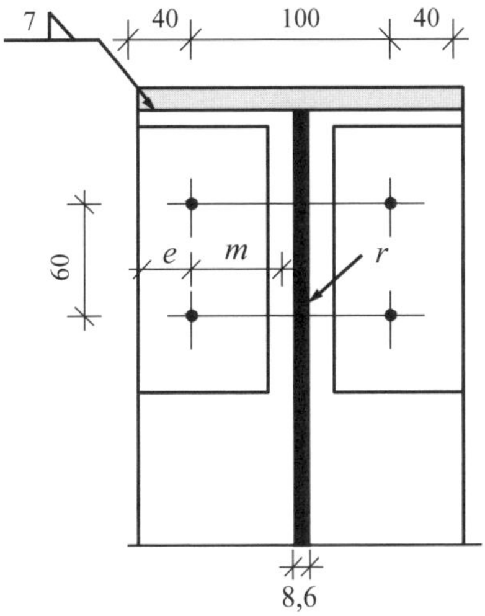

Wirksame Länge des T-Stummels Nr. 4 nach Tab. 3.1:

$$m = \frac{100}{2} - \frac{8{,}6}{2} - 0{,}8 \cdot 21 = 28{,}9 \text{ mm}$$

$$e = 40 \text{ mm}$$

$$m_2 = 45 - 0{,}8 \cdot 7 \cdot \sqrt{2} = 37{,}1 \text{ mm}$$

$$\lambda_1 = \frac{m}{m+e} = \frac{28{,}9}{28{,}9+40} = 0{,}42 \qquad \lambda_2 = \frac{m_2}{m+e} = \frac{37{,}1}{28{,}9+40} = 0{,}54$$

$\alpha = 6{,}15$ nach Abb. 3.9

$$l_{\text{eff,cp}} = l_{\text{4,cp}} = 2 \cdot \pi \cdot m = 2 \cdot \pi \cdot 28{,}9 = 182 \text{ mm}$$

$$l_{\text{eff,nc}} = l_{\text{4,nc}} = \alpha \cdot m = 6{,}15 \cdot 28{,}9 = 178 \text{ mm}$$

Modus 1: $l_{\text{eff,1}} = l_{\text{eff,nc}} \le l_{\text{eff,cp}} = 178 \text{ mm}$

Modus 2: $l_{\text{eff,2}} = l_{\text{eff,nc}} = 178 \text{ mm}$

Grenzzugkraft des T-Stummels:

$$m = 28{,}9 \text{ mm}$$

$$n = e_{\min} = 40 \text{ mm} \le 1{,}25 \cdot m = 1{,}25 \cdot 28{,}9 = 36{,}1 \text{ mm}$$

$$n = 36{,}1 \text{ mm}$$

$$M_{pl,1,Rd} = \frac{1}{4} \cdot l_{eff,1} \cdot t_f^2 \cdot f_y / \gamma_{M0} = \frac{1}{4} \cdot 17{,}8 \cdot 1{,}35^2 \cdot 23{,}5 / 1{,}0 = 191 \text{ kNcm}$$

$$M_{bp,Rd} = \frac{1}{4} \cdot l_{eff,1} \cdot t_{bp}^2 \cdot f_{y,bp} / \gamma_{M0} = \frac{1}{4} \cdot 17{,}8 \cdot 1{,}5^2 \cdot 23{,}5 / 1{,}0 = 235 \text{ kNcm}$$

$$M_{pl,2,Rd} = \frac{1}{4} \cdot l_{eff,2} \cdot t_f^2 \cdot f_y / \gamma_{M0} = \frac{1}{4} \cdot 17{,}8 \cdot 1{,}35^2 \cdot 23{,}5 / 1{,}0 = 191 \text{ kNcm}$$

$$F_{T,1Rd} = \frac{4 \cdot M_{pl,1,Rd} + 2 \cdot M_{bp,Rd}}{m} = \frac{4 \cdot 191 + 2 \cdot 235}{2{,}89} = 427 \text{ kN}$$

$$F_{T,2,Rd} = \frac{2 \cdot M_{pl,2,Rd} + n \cdot \sum F_{t,Rd}}{m + n} = \frac{2 \cdot 191 + 3{,}61 \cdot 2 \cdot 254}{2{,}89 + 3{,}61} = 341 \text{ kN}$$

$$F_{T,3,Rd} = \sum F_{t,Rd} = 2 \cdot 254 = 508 \text{ kN}$$

Die wirksame Tragfähigkeit des Stirnblechs mit Biegung ist der kleinste Wert von 1, 2, 3:

$$F_{T,2,Rd} = 341 \text{ kN}$$

4. Stützensteg mit Querzug

Im Gegensatz zu dem geschweißten Anschluss, wo die Zugkraft über die obere Randsteife in das Schubfeld eingeleitet wird, geht ein Teil der Zugkraft über den Stützensteg in das Schubfeld. Da die Schubspannungen im Schubfeld im Gegensatz zum Trägersteg sehr groß sind, ist eine Interaktion zwischen den Schubspannungen und den Zugspannungen erforderlich. Diese wird mit dem Abminderungsfaktor ω nach Tabelle 6.3 des EC 3 berücksichtigt und hängt von der resultierenden Schubkraft im Schubfeld ab.

Bei einem geschraubten Anschluss wird die wirksame Breite $b_{eff,t,wc}$ mit der wirksamen Länge des äquivalenten T-Stummels für den Stützenflansch gleichgesetzt. Dabei ist der Modus zu berücksichtigen. In diesem Fall gilt:

$$b_{eff,t,wc} = l_{eff,2} = 178 \text{ mm}$$

$$A_{vc} = A_v = 42{,}7 \text{ cm}^2$$

$$\omega = \omega_1 = \frac{1}{\sqrt{1 + 1{,}3 \cdot \left(b_{eff,t,wc} \cdot t_{wc} / A_{vc}\right)^2}} = \frac{1}{\sqrt{1 + 1{,}3 \cdot \left(17{,}8 \cdot 0{,}86 / 42{,}7\right)^2}} = 0{,}926$$

$$F_{t,wc,Rd} = \omega \cdot b_{eff,t,wc} \cdot t_{wc} \cdot f_{y,wc} / \gamma_{M0} = 0{,}926 \cdot 17{,}8 \cdot 0{,}86 \cdot 23{,}5 / 1{,}0 = 333 \text{ kN}$$

Wirksame Tragfähigkeit des Stützensteges mit Querzug:

$$F_{t,wc,Rd} = 333 \text{ kN}$$

5. Kleinste Tragfähigkeit der 1. Schraubenreihe

$$F_{t1,Rd} = 333 \text{ kN}$$

2. Schraubenreihe in der Zugzone

1. Stirnblech mit Biegung

Wirksame Länge des T-Stummels Nr. 2 nach Tab. 3.1:

$$m = \frac{100}{2} - \frac{9{,}4}{2} - 0{,}8 \cdot 4 \cdot \sqrt{2} = 40{,}8 \text{ mm}$$

$$e = 45 \text{ mm}$$

$$l_{eff,cp} = l_{2,cp} = 2 \cdot \pi \cdot m = 2 \cdot \pi \cdot 40{,}8 = 256 \text{ mm}$$

$$l_{\text{eff,nc}} = l_{2,\text{nc}} = 4 \cdot m + 1,25 \cdot e = 4 \cdot 40,8 + 1,25 \cdot 45 = 219 \text{ mm}$$

Modus 1: $l_{\text{eff,1}} = l_{\text{eff,nc}} \le l_{\text{eff,cp}} = 219$ mm

Modus 2: $l_{\text{eff,2}} = l_{\text{eff,nc}} = 219$ mm

Grenzzugkraft des T-Stummels:

$$m = 40,8 \text{ mm}$$

$$n = e_{\min} = 40 \text{ mm} \le 1,25 \cdot m = 1,25 \cdot 40,8 = 51,0 \text{ mm}$$

$$n = 40 \text{ mm}$$

$$M_{\text{pl,1,Rd}} = \frac{1}{4} \cdot l_{\text{eff,1}} \cdot t_{\text{p}}^2 \cdot f_{\text{y}} / \gamma_{\text{M0}} = \frac{1}{4} \cdot 21,9 \cdot 2,0^2 \cdot 23,5 / 1,0 = 515 \text{ kNcm}$$

$$M_{\text{pl,2,Rd}} = \frac{1}{4} \cdot l_{\text{eff,1}} \cdot t_{\text{p}}^2 \cdot f_{\text{y}} / \gamma_{\text{M0}} = \frac{1}{4} \cdot 21,9 \cdot 2,0^2 \cdot 23,5 / 1,0 = 515 \text{ kNcm}$$

$$F_{\text{T,1,Rd}} = \frac{4 \cdot M_{\text{pl,1,Rd}}}{m} = \frac{4 \cdot 515}{4,08} = 505 \text{ kN}$$

$$F_{\text{T,2,Rd}} = \frac{2 \cdot M_{\text{pl,2,Rd}} + n \cdot \sum F_{\text{t,Rd}}}{m+n} = \frac{2 \cdot 515 + 4,00 \cdot 2 \cdot 254}{4,08 + 4,00} = 379 \text{ kN}$$

$$F_{\text{T,3,Rd}} = \sum F_{\text{t,Rd}} = 2 \cdot 254 = 508 \text{ kN}$$

Die wirksame Tragfähigkeit des Stirnblechs mit Biegung ist der kleinste Wert von 1, 2, 3:

$$F_{\text{T,2,Rd}} = 379 \text{ kN}$$

2. Trägersteg auf Zug

Wirksame Tragfähigkeit des Trägersteges auf Zug:

$$b_{\text{eff,t,wb}} = l_{\text{eff,2}} = 219 \text{ mm}$$

$$F_{\text{t,wb,Rd}} = b_{\text{eff,t,wb}} \cdot t_{\text{wb}} \cdot f_{\text{y,wb}} / \gamma_{\text{M0}} = 21,9 \cdot 0,94 \cdot 23,5 / 1,0 = 484 \text{ kN}$$

Tragfähigkeit der Schweißnaht neben dem Trägersteg:

$$F_{\text{w,Rd}} = b_{\text{eff,t,wb}} \cdot \Sigma a \cdot 25,5 = 21,9 \cdot 0,8 \cdot 25,5 = 447 \text{ kN}$$

3. Stützenflansch mit Biegung

Wirksame Länge des T-Stummels Nr. 2 nach Tab. 3.1:

$$m = \frac{100}{2} - \frac{8,6}{2} - 0,8 \cdot 21 = 28,9 \text{ mm}$$

$$e = 40 \text{ mm}$$

$$l_{\text{eff,cp}} = l_{2,\text{cp}} = 2 \cdot \pi \cdot m = 2 \cdot \pi \cdot 28,9 = 182 \text{ mm}$$

$$l_{\text{eff,nc}} = l_{2,\text{nc}} = 4 \cdot m + 1,25 \cdot e = 4 \cdot 28,9 + 1,25 \cdot 40 = 166 \text{ mm}$$

Modus 1: $l_{\text{eff,1}} = l_{\text{eff,nc}} \le l_{\text{eff,cp}} = 166$ mm

Modus 2: $l_{\text{eff,2}} = l_{\text{eff,nc}} = 166$ mm

Grenzzugkraft des T-Stummels:

$$m = 28,9 \text{ mm}$$

$$n = e_{\min} = 40 \text{ mm} \le 1,25 \cdot m = 1,25 \cdot 28,9 = 36,1 \text{ mm}$$

$$n = 36,1 \text{ mm}$$

$$M_{\text{pl,1,Rd}} = \frac{1}{4} \cdot l_{\text{eff,1}} \cdot t_f^2 \cdot f_y / \gamma_{M0} = \frac{1}{4} \cdot 16{,}6 \cdot 1{,}35^2 \cdot 23{,}5 / 1{,}0 = 178 \text{ kNcm}$$

$$M_{\text{bp,Rd}} = \frac{1}{4} \cdot l_{\text{eff,1}} \cdot t_{\text{bp}}^2 \cdot f_{y,\text{bp}} / \gamma_{M0} = \frac{1}{4} \cdot 16{,}6 \cdot 1{,}5^2 \cdot 23{,}5 / 1{,}0 = 219 \text{ kNcm}$$

$$M_{\text{pl,2,Rd}} = \frac{1}{4} \cdot l_{\text{eff,2}} \cdot t_f^2 \cdot f_y / \gamma_{M0} = \frac{1}{4} \cdot 16{,}6 \cdot 1{,}35^2 \cdot 23{,}5 / 1{,}0 = 178 \text{ kNcm}$$

$$F_{\text{T,1,Rd}} = \frac{4 \cdot M_{\text{pl,1,Rd}} + 2 \cdot M_{\text{bp,Rd}}}{m} = \frac{4 \cdot 178 + 2 \cdot 219}{2{,}89} = 398 \text{ kN}$$

$$F_{\text{T,2,Rd}} = \frac{2 \cdot M_{\text{pl,2,Rd}} + n \cdot \sum F_{\text{t,Rd}}}{m+n} = \frac{2 \cdot 178 + 3{,}61 \cdot 2 \cdot 254}{2{,}89 + 3{,}61} = 337 \text{ kN}$$

$$F_{\text{T,3,Rd}} = \sum F_{\text{t,Rd}} = 2 \cdot 254 = 508 \text{ kN}$$

Die wirksame Tragfähigkeit des Stirnblechs mit Biegung ist der kleinste Wert von 1, 2, 3:

$$F_{\text{T,2,Rd}} = 337 \text{ kN}$$

4. Stützensteg mit Querzug

$$b_{\text{eff,t,wc}} = l_{\text{eff,2}} = 166 \text{ mm}$$

$$A_{\text{vc}} = A_v = 42{,}7 \text{ cm}^2$$

$$\omega = \omega_1 = \frac{1}{\sqrt{1 + 1{,}3 \cdot \left(b_{\text{eff,t,wc}} \cdot t_{\text{wc}} / A_{\text{vc}}\right)^2}} = \frac{1}{\sqrt{1 + 1{,}3 \cdot (16{,}6 \cdot 0{,}86 / 42{,}7)^2}} = 0{,}934$$

$$F_{\text{t,wc,Rd}} = \omega \cdot b_{\text{eff,t,wc}} \cdot t_{\text{wc}} \cdot f_{y,\text{wc}} / \gamma_{M0} = 0{,}934 \cdot 16{,}6 \cdot 0{,}86 \cdot 23{,}5 / 1{,}0 = 313 \text{ kN}$$

Wirksame Tragfähigkeit des Stützensteges mit Querzug:

$$F_{\text{t,wc,Rd}} = 313 \text{ kN}$$

5. Kleinste Tragfähigkeit der 2. Schraubenreihe

$$F_{\text{t2,Rd}} = 313 \text{ kN}$$

$$F_{\text{t1,Rd}} = 333 \text{ kN} \le 1{,}9 \cdot F_{\text{t,Rd}} = 1{,}9 \cdot 254 = 483 \text{ kN}$$

Keine Abminderung.

Schraubengruppe 1+2

Die 1. und 2. Schraubenreihe bilden hier eine Schraubengruppe. Die Schraubengruppe hat ein eigenes Fließlinienmuster für das Versagen dieser Schraubengruppe. Deshalb ist zu überprüfen, dass die Summe der Zugkräfte der 1. und 2. Schraubenreihe nicht größer ist als die Zugkraft der Schraubengruppe.

1. Stirnblech mit Biegung

Wirksame Länge der 1. Schraubenreihe des T-Stummels Nr. 4 nach Tab. 3.1:

$$m = 40{,}8 \text{ mm} \qquad e = 45 \text{ mm} \qquad p = 60 \text{ mm}$$

$$l_{4,\text{cp}} = \pi \cdot m + p = \pi \cdot 40{,}8 + 60 = 188 \text{ mm}$$

$$l_{4,\text{nc}} = 0{,}5 \cdot p + \alpha \cdot m - \left(2 \cdot m + 0{,}625 \cdot e\right)$$

$$l_{4,\text{nc}} = 0{,}5 \cdot 60 + 6{,}0 \cdot 40{,}8 - \left(2 \cdot 40{,}8 + 0{,}625 \cdot 45\right) = 165 \text{ mm}$$

Wirksame Länge der 2. Schraubenreihe des T-Stummels Nr. 2 nach Tab. 3.1:

$m = 40,8$ mm $\quad e = 45$ mm $\quad p = 60$ mm

$l_{2,\text{cp}} = \pi \cdot m + p = \pi \cdot 40,8 + 600 = 188$ mm

$l_{2,\text{nc}} = 2 \cdot m + 0,625 \cdot e + 0,5 \cdot p = 2 \cdot 40,8 + 0,625 \cdot 45 + 0,5 \cdot 60 = 140$ mm

Wirksame Länge der Schraubengruppe 1+2:

$\sum l_{\text{eff,cp}} = 188 + 188 = 376$ mm

$\sum l_{\text{eff,nc}} = 165 + 140 = 305$ mm

Modus 1: $\sum l_{\text{eff,1}} = \sum l_{\text{eff,nc}} \leq \sum l_{\text{eff,cp}} = 305$ mm

Modus 2: $\sum l_{\text{eff,2}} = \sum l_{\text{eff,nc}} = 305$ mm

Grenzzugkraft des T-Stummels:

$m = 40,8$ mm

$n = e_{\min} = 40 \text{ mm} \leq 1,25 \cdot m = 1,25 \cdot 40,8 = 51,0$ mm

$n = 40$ mm

$$M_{\text{pl,1,Rd}} = \frac{1}{4} \cdot l_{\text{eff,1}} \cdot t_{\text{p}}^2 \cdot f_{\text{y}} / \gamma_{\text{M0}} = \frac{1}{4} \cdot 30,5 \cdot 2,0^2 \cdot 23,5 / 1,0 = 717 \text{ kNcm}$$

$$M_{\text{pl,2,Rd}} = \frac{1}{4} \cdot l_{\text{eff,1}} \cdot t_{\text{p}}^2 \cdot f_{\text{y}} / \gamma_{\text{M0}} = \frac{1}{4} \cdot 30,5 \cdot 2,0^2 \cdot 23,5 / 1,0 = 717 \text{ kNcm}$$

$$F_{\text{T,1,Rd}} = \frac{4 \cdot M_{\text{pl,1,Rd}}}{m} = \frac{4 \cdot 717}{4,08} = 703 \text{ kN}$$

$$F_{\text{T,2,Rd}} = \frac{2 \cdot M_{\text{pl,2,Rd}} + n \cdot \sum F_{\text{t,Rd}}}{m + n} = \frac{2 \cdot 717 + 4,00 \cdot 4 \cdot 254}{4,08 + 4,00} = 680 \text{ kN}$$

$$F_{\text{T,3,Rd}} = \sum F_{\text{t,Rd}} = 4 \cdot 254 = 1016 \text{ kN}$$

Die wirksame Tragfähigkeit des Stirnblechs mit Biegung ist der kleinste Wert von 1, 2, 3:

$F_{\text{T,2,Rd}} = 680$ kN

2. Trägersteg auf Zug

Wirksame Tragfähigkeit des Trägersteges auf Zug:

$b_{\text{eff,t,wb}} = l_{\text{eff,2}} = 305$ mm

$F_{\text{t,wb,Rd}} = b_{\text{eff,t,wb}} \cdot t_{\text{wb}} \cdot f_{\text{y,wb}} / \gamma_{\text{M0}} = 30,5 \cdot 0,94 \cdot 23,5 / 1,0 = 674$ kN

Tragfähigkeit der Schweißnaht neben dem Trägersteg:

$F_{\text{w,Rd}} = b_{\text{eff,t,wb}} \cdot \Sigma a \cdot 25,5 = 30,5 \cdot 0,8 \cdot 25,5 = 622$ kN

3. Stützenflansch mit Biegung

Wirksame Länge der 1. Schraubenreihe des T-Stummels Nr. 4 nach Tab. 3.1:

$m = 28,9$ mm $\quad e = 40$ mm $\quad p = 60$ mm

$l_{4,\text{cp}} = \pi \cdot m + p = \pi \cdot 28,9 + 60 = 151$ mm

$l_{4,\text{nc}} = 0,5 \cdot p + \alpha \cdot m - (2 \cdot m + 0,625 \cdot e)$

$l_{4,\text{nc}} = 0,5 \cdot 60 + 6,15 \cdot 28,9 - (2 \cdot 28,9 + 0,625 \cdot 40) = 125$ mm

Wirksame Länge der 2. Schraubenreihe des T-Stummels Nr. 2 nach Tab. 3.1:

$m = 28,9$ mm $\qquad e = 40$ mm $\qquad p = 60$ mm

$$l_{2,\text{cp}} = \pi \cdot m + p = \pi \cdot 28,9 + 60 = 151 \text{ mm}$$

$$l_{2,\text{nc}} = 2 \cdot m + 0,625 \cdot e + 0,5 \cdot p = 2 \cdot 28,9 + 0,625 \cdot 40 + 0,5 \cdot 60 = 113 \text{ mm}$$

Wirksame Länge der Schraubengruppe 1+2:

$$\sum l_{\text{eff,cp}} = 151 + 151 = 302 \text{ mm}$$

$$\sum l_{\text{eff,nc}} = 125 + 113 = 238 \text{ mm}$$

Modus 1: $\sum l_{\text{eff,1}} = \sum l_{\text{eff,nc}} \leq \sum l_{\text{eff,cp}} = 238$ mm

Modus 2: $\sum l_{\text{eff,2}} = \sum l_{\text{eff,nc}} = 238$ mm

Grenzzugkraft des T-Stummels:

$$m = 28,9 \text{ mm}$$

$$n = e_{\min} = 40 \text{ mm} \leq 1,25 \cdot m = 1,25 \cdot 28,9 = 36,1 \text{ mm}$$

$$n = 36,1 \text{ mm}$$

$$M_{\text{pl,1,Rd}} = \frac{1}{4} \cdot l_{\text{eff,1}} \cdot t_{\text{f}}^2 \cdot f_{\text{y}} / \gamma_{\text{M0}} = \frac{1}{4} \cdot 23,8 \cdot 1,35^2 \cdot 23,5 / 1,0 = 255 \text{ kNcm}$$

$$M_{\text{bp,Rd}} = \frac{1}{4} \cdot l_{\text{eff,1}} \cdot t_{\text{bp}}^2 \cdot f_{\text{y,bp}} / \gamma_{\text{M0}} = \frac{1}{4} \cdot 23,8 \cdot 1,5^2 \cdot 23,5 / 1,0 = 315 \text{ kNcm}$$

$$M_{\text{pl,2,Rd}} = \frac{1}{4} \cdot l_{\text{eff,2}} \cdot t_{\text{f}}^2 \cdot f_{\text{y}} / \gamma_{\text{M0}} = \frac{1}{4} \cdot 23,8 \cdot 1,35^2 \cdot 23,5 / 1,0 = 255 \text{ kNcm}$$

$$F_{\text{T,1,Rd}} = \frac{4 \cdot M_{\text{pl,1,Rd}} + 2 \cdot M_{\text{bp,Rd}}}{m} = \frac{4 \cdot 255 + 2 \cdot 315}{2,89} = 571 \text{ kN}$$

$$F_{\text{T,2,Rd}} = \frac{2 \cdot M_{\text{pl,2,Rd}} + n \cdot \sum F_{\text{t,Rd}}}{m + n} = \frac{2 \cdot 255 + 3,61 \cdot 4 \cdot 254}{2,89 + 3,61} = 643 \text{ kN}$$

$$F_{\text{T,3,Rd}} = \sum F_{\text{t,Rd}} = 4 \cdot 254 = 1016 \text{ kN}$$

Die wirksame Tragfähigkeit des Stirnblechs mit Biegung ist der kleinste Wert von 1, 2, 3:

$$F_{\text{T,2,Rd}} = 571 \text{ kN}$$

4. Stützensteg mit Querzug

$$b_{\text{eff,t,wc}} = l_{\text{eff,2}} = 238 \text{ mm}$$

$$A_{\text{vc}} = A_{\text{v}} = 42,7 \text{ cm}^2$$

$$\omega = \omega_1 = \frac{1}{\sqrt{1 + 1,3 \cdot \left(b_{\text{eff,t,wc}} \cdot t_{\text{wc}} / A_{\text{vc}}\right)^2}} = \frac{1}{\sqrt{1 + 1,3 \cdot (23,8 \cdot 0,86 / 42,7)^2}} = 0,877$$

$$F_{\text{t,wc,Rd}} = \omega \cdot b_{\text{eff,t,wc}} \cdot t_{\text{wc}} \cdot f_{\text{y,wc}} / \gamma_{\text{M0}} = 0,877 \cdot 23,8 \cdot 0,86 \cdot 23,5 / 1,0 = 422 \text{ kN}$$

Wirksame Tragfähigkeit des Stützensteges mit Querzug:

$$F_{\text{t,wc,Rd}} = 422 \text{ kN}$$

5. Kleinste Zugkraft der Schraubengruppe 1+2: $F_{1+2,\text{Rd}} = 422$ kN

Es gilt die Bedingung:

$$F_{t1,Rd} + F_{t2,Rd} \le F_{t,1+2,Rd}$$

$$F_{t2,Rd} \le F_{t,1+2,Rd} - F_{t1,Rd} = 422 - 333 = 89 \text{ kN}$$

Diese Bedingung ist maßgebend für die Zugkraft in der 2. Schraubenreihe.

b) Tragfähigkeit in der Druckzone

1. Stützensteg mit Schubbeanspruchung

$$\frac{d_{wc}}{t_{wc}} = \frac{196}{8} = 24,5 \le 69 \cdot \varepsilon = 69$$

$$V_{wp,Rd} = 0,9 \cdot A_{vc} \cdot \frac{f_y}{\sqrt{3} \cdot \gamma_{M0}} = 0,9 \cdot 42,7 \cdot 13,6 = 523 \text{ kN}$$

2. Stützensteg mit Querdruck

Die Stegsteife ist so zu bemessen, dass sie für den Nachweis des Anschlusses nicht maßgebend wird.

3. Trägerflansch auf Druck

$$F_{c,fb,Rd} = M_{c,Rd} / \left(h - t_{fb}\right) = 40000 / \left(45,0 - 1,46\right) = 919 \text{ kN}$$

4. Kleinste Tragfähigkeit der Druckzone

$$F_{c,min,Rd} = 523 \text{ kN}$$

$$F_{t1,Rd} + F_{t2,Rd} \le F_{c,min,Rd}$$

$$F_{t2,Rd} = 89 \text{ kN} \le F_{c,min,Rd} - F_{t1,Rd} = 523 - 333 = 190 \text{ kN}$$

keine weitere Reduktion.

c) Momententragfähigkeit $M_{j,Rd}$ um den Druckpunkt:

$$M_{j,Rd} = \sum_r h_r \cdot F_{tr,Rd} = h_1 \cdot F_{1,Rd} + h_2 \cdot F_{2,Rd} = 0,380 \cdot 333 + 0,320 \cdot 89 = 155 \text{ kNm}$$

Berechnung der Anfangsrotationssteifigkeit ohne Vorspannung

Die Berechnung der Anfangsrotationssteifigkeit erfolgt hier für negative Biegemomente in der Rahmenecke. Sind positive (öffnende) Biegemomente vorhanden, ist eine entsprechende Berechnung erforderlich.

Steifigkeitskoeffizienten für Grundkomponenten (1-8, Tabelle 6.11)

1. Stützenstegfeld mit Schubfeldbeanspruchung

$$k_1 = \frac{0,38 \cdot A_{vc}}{z_{eq}} = \frac{0,38 \cdot 42,7}{35,3} = 0,460 \text{ cm}$$

$z = z_{eq}$ nach (1-8, Bild 6.15), s. Abb. 4.15.

2. Stützensteg mit Querdruckbeanspruchung

Da der Stützensteg durch eine Steife (Rippe) im Druckbereich ausgesteift ist, ist der Steifigkeitskoeffizient $k_2 = \infty$.

3. Stützensteg mit Querzugbeanspruchung

Der Steifigkeitskoeffizient ist zu berücksichtigen, wenn in einer Verbindung eine Schraubenreihe mit Zug auftritt.

$$k_3 = \frac{0,7 \cdot b_{eff,t,wc} \cdot t_{wc}}{d_c}$$

1. Schraubenreihe $b_{1,\text{eff,t,wc}} = l_{\text{eff,min}} = 125 \text{ mm}$

$$k_{3,1} = \frac{0,7 \cdot b_{1,\text{eff,t,wc}} \cdot t_{\text{wc}}}{d_{\text{c}}} = \frac{0,7 \cdot 12,5 \cdot 0,86}{33,1} = 0,227 \text{ cm}$$

2. Schraubenreihe $b_{2,\text{eff,t,wc}} = l_{2,\text{min}} = 113 \text{ mm}$

$$k_{3,2} = \frac{0,7 \cdot b_{1,\text{eff,t,wc}} \cdot t_{\text{wc}}}{d_{\text{c}}} = \frac{0,7 \cdot 11,3 \cdot 0,86}{33,1} = 0,206 \text{ cm}$$

4. Stützenflansch mit Biegebeanspruchung
Der Steifigkeitskoeffizient ist zu berücksichtigen, wenn in einer Verbindung eine Schraubenreihe mit Zug auftritt.

$$k_4 = \frac{0,9 \cdot l_{\text{eff}} \cdot t_{\text{fc}}^3}{m^3}$$

1. Schraubenreihe $l_{1,\text{eff}} = l_{1,\text{min}} = 125 \text{ mm}$ $m_{1,\text{c}} = 28,9 \text{ mm}$

$$k_{4,1} = \frac{0,9 \cdot l_{1,\text{eff}} \cdot t_{\text{fc}}^3}{m_{1,\text{c}}^3} = \frac{0,9 \cdot 12,5 \cdot 1,35^3}{2,89^3} = 1,15 \text{ cm}$$

2. Schraubenreihe $l_{2,\text{eff}} = l_{2,\text{min}} = 113 \text{ mm}$ $m_{2,\text{c}} = 28,9 \text{ mm}$

$$k_{4,2} = \frac{0,9 \cdot l_{1,\text{eff}} \cdot t_{\text{fc}}^3}{m_{1,\text{c}}^3} = \frac{0,9 \cdot 11,3 \cdot 1,35^3}{2,89^3} = 1,04 \text{ cm}$$

5. Stirnplatte mit Biegebeanspruchung
Der Steifigkeitskoeffizient ist zu berücksichtigen, wenn in einer Verbindung eine Schraubenreihe mit Zug auftritt.

$$k_5 = \frac{0,9 \cdot l_{\text{eff}} \cdot t_{\text{p}}^3}{m^3}$$

1. Schraubenreihe $l_{1,\text{eff}} = l_{1,\text{min}} = 165 \text{ mm}$ $m_{1,\text{b}} = 40,8 \text{ mm}$

$$k_{5,1} = \frac{0,9 \cdot l_{1,\text{eff}} \cdot t_{\text{p}}^3}{m_{1,\text{b}}^3} = \frac{0,9 \cdot 16,5 \cdot 2,0^3}{4,08^3} = 1,75 \text{ cm}$$

2. Schraubenreihe $l_{2,\text{eff}} = l_{2,\text{min}} = 140 \text{ mm}$ $m_{2,\text{b}} = 40,8 \text{ mm}$

$$k_{5,2} = \frac{0,9 \cdot l_{1,\text{eff}} \cdot t_{\text{p}}^3}{m_{1,\text{b}}^3} = \frac{0,9 \cdot 14,0 \cdot 2,0^3}{4,08^3} = 1,48 \text{ cm}$$

6. Schraube mit Zugbeanspruchung
Der Steifigkeitskoeffizient ist zu berücksichtigen, wenn in einer Verbindung eine Schraubenreihe mit Zug auftritt.

$$k_{10} = 1,6 \cdot \frac{A_{\text{s}}}{L_{\text{b}}}$$

1. Schraubenreihe $L_{\text{b}} = 7,35 \text{ cm}$ $A_{\text{s}} = 3,53 \text{ cm}^2$

$$k_{10,1} = 1,6 \cdot \frac{A_{\text{s}}}{L_{\text{b}}} = 1,6 \cdot \frac{3,53}{8,21} = 0,768 \text{ cm}$$

2. Schraubenreihe $L_b = 7,35$ cm $A_s = 3,53$ cm^2

$$\frac{1}{k_{eff,1}} = \frac{1}{k_{3,1}} + \frac{1}{k_{4,1}} + \frac{1}{k_{5,1}} + \frac{1}{k_{10,1}}$$

$$\frac{1}{k_{eff,1}} = \frac{1}{0,227} + \frac{1}{1,15} + \frac{1}{1,75} + \frac{1}{0,768} \rightarrow k_{eff,1} = 0,140 \text{ cm}$$

$$k_{10,2} = 1,6 \cdot \frac{A_s}{L_b} = 1,6 \cdot \frac{3,53}{7,35} = 0,768 \text{ cm}$$

7. Effektiver Steifigkeitskoeffizient $k_{eff,r}$ der Schraubenreihen r (1-8, (6.30))
Bei den Steifigkeitskoeffizienten k_3, k_4, k_5 und k_{10} handelt es sich um hintereinander geschaltete Federn.

$$\frac{1}{k_{eff,2}} = \frac{1}{k_{3,2}} + \frac{1}{k_{4,2}} + \frac{1}{k_{5,2}} + \frac{1}{k_{10,2}}$$

$$\frac{1}{k_{eff,2}} = \frac{1}{0,206} + \frac{1}{1,04} + \frac{1}{1,48} + \frac{1}{0,768} \rightarrow k_{eff,2} = 0,128 \text{ cm}$$

8. Äquivalenter Steifigkeitskoeffizient k_{eq} der Schraubenreihen r (1-8, (6.29) und (6.31))
Bei den Steifigkeitskoeffizienten $k_{eff,1}$ und $k_{eff,1}$ handelt es sich um parallel geschaltete Federn.
Der äquivalente Hebelarm z_{eq} für die Rotationssteifigkeit lautet:

$$z_{eq} = \frac{k_{eff,1} \cdot h_1^2 + k_{eff,2} \cdot h_2^2}{k_{eff,1} \cdot h_1 + k_{eff,2} \cdot h_2} = \frac{0,140 \cdot 38,0^2 + 0,128 \cdot 32,0^2}{0,140 \cdot 38,0 + 0,128 \cdot 32,0} = 35,4 \text{ cm}$$

$$k_{eq} = \frac{k_{eff,1} \cdot h_1 + k_{eff,2} \cdot h_2}{z_{eq}} = \frac{0,140 \cdot 38,0 + 0,128 \cdot 32,0}{35,4} = 0,266 \text{ cm}$$

9. Anfangsrotationssteifigkeitskoeffizient $S_{j,ini}$ (1-8,(6.27))

$$S_{j,ini} = \frac{E \cdot z_{eq}^2}{\frac{1}{k_1} + \frac{1}{k_{eq}}} = \frac{21000 \cdot 35,4^2 \cdot 10^{-2}}{\frac{1}{0,460} + \frac{1}{0,266}} = 44\,400 \text{ kNm/rad}$$

Berechnung der Anfangsrotationssteifigkeit mit Vorspannung
Die Berechnung der Anfangsrotationssteifigkeit erfolgt hier für negative Biegemomente in der Rahmenecke. Sind positive (öffnende) Biegemomente vorhanden, ist eine entsprechende Berechnung erforderlich.

Steifigkeitskoeffizienten für Grundkomponenten (1-8, Tabelle 6.11)
6. Schraube mit Zugbeanspruchung
Der Steifigkeitskoeffizient ist zu berücksichtigen, wenn in einer Verbindung eine Schraubenreihe mit Zug auftritt.

$$k_{10,p} = 10 \cdot \frac{A_s}{L_b}$$

1. Schraubenreihe $L_b = 7,35$ cm $A_s = 3,53$ cm^2

$$k_{10,p,1} = 10 \cdot \frac{A_s}{L_b} = 10 \cdot \frac{3,53}{7,35} = 4,80 \text{ cm}$$

2. Schraubenreihe $L_b = 7{,}35$ cm $A_s = 3{,}53$ cm^2

$$k_{10,p,2} = 10 \cdot \frac{A_s}{L_b} = 10 \cdot \frac{3{,}53}{7{,}35} = 4{,}80 \text{ cm}$$

7. Effektiver Steifigkeitskoeffizient $k_{eff,r}$ der Schraubenreihen r (1-8, (6.30))
Bei den Steifigkeitskoeffizienten k_3, k_4, k_5 und k_{10} handelt es sich um hintereinander geschaltete Federn.

$$\frac{1}{k_{eff,1}} = \frac{1}{k_{3,1}} + \frac{1}{k_{4,1}} + \frac{1}{k_{5,1}} + \frac{1}{k_{10,p,1}}$$

$$\frac{1}{k_{eff,1}} = \frac{1}{0{,}227} + \frac{1}{1{,}15} + \frac{1}{1{,}75} + \frac{1}{4{,}80} \rightarrow k_{eff,1} = 0{,}165 \text{ cm}$$

$$\frac{1}{k_{eff,2}} = \frac{1}{k_{3,2}} + \frac{1}{k_{4,2}} + \frac{1}{k_{5,2}} + \frac{1}{k_{10,p,2}}$$

$$\frac{1}{k_{eff,2}} = \frac{1}{0{,}206} + \frac{1}{1{,}04} + \frac{1}{1{,}48} + \frac{1}{4{,}80} \rightarrow k_{eff,2} = 0{,}149 \text{ cm}$$

8. Äquivalenter Steifigkeitskoeffizient k_{eq} der Schraubenreihen r (1-8, (6.29) und (6.31))
Bei den Steifigkeitskoeffizienten $k_{eff,1}$ und $k_{eff,2}$ handelt es sich um parallel geschaltete Federn.
Der äquivalente Hebelarm z_{eq} für die Rotationssteifigkeit lautet:

$$z_{eq} = \frac{k_{eff,1} \cdot h_1^2 + k_{eff,2} \cdot h_2^2}{k_{eff,1} \cdot h_1 + k_{eff,2} \cdot h_2} = \frac{0{,}165 \cdot 38{,}0^2 + 0{,}149 \cdot 32{,}0^2}{0{,}165 \cdot 38{,}0 + 0{,}149 \cdot 32{,}0} = 35{,}4 \text{ cm}$$

$$k_{eq} = \frac{k_{eff,1} \cdot h_1 + k_{eff,2} \cdot h_2}{z_{eq}} = \frac{0{,}165 \cdot 38{,}0 + 0{,}149 \cdot 32{,}0}{35{,}4} = 0{,}312 \text{ cm}$$

9. Anfangsrotationssteifigkeitskoeffizient $S_{j,ini}$ (1-8,(6.27))

$$S_{j,ini} = \frac{E \cdot z_{eq}^2}{\frac{1}{k_1} + \frac{1}{k_{eq}}} = \frac{21000 \cdot 35{,}4^2 \cdot 10^{-2}}{\frac{1}{0{,}460} + \frac{1}{0{,}312}} = 48\,900 \text{ kNm/rad}$$

5 Tragsysteme

5.1 Durchlaufträger

5.1.1 Stirnplattenstoß am Auflager für M_y

Für die statische Berechnung wird im Allgemeinen angenommen, dass der Stirnplattenstoß am Auflager als starrer Anschluss ausgebildet werden kann. Nach EC 3 ist der Anschluss zu klassifizieren und nachzuweisen. Als Erläuterungsbeispiel wird hier ein Zweifeldträger mit einer Spannweite von 7,50 m untersucht, s. Abb. 5.2. Der Querschnitt ist ein IPE 360 aus S235. Die Tragfähigkeit des Trägers beträgt 239 kNm. Biegedrillknicken sei verhindert.

IPE 360 mit t_p = 40 mm und M 30-10.9

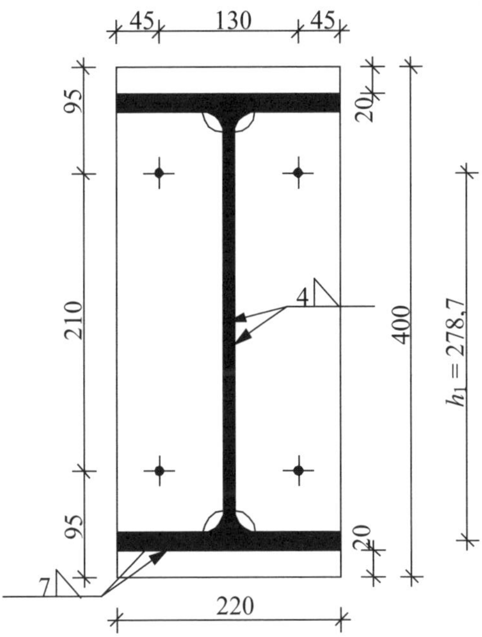

Abb. 5.1 Stirnplattenstoß des Durchlaufträgers

Als Stirnplattenstoß wird ein bündiger Stoß nach Abb. 5.1 gewählt. Dieser Stoß ist im Beispiel 3.8.1 mit $t_p = 35$ mm berechnet. Die Dicke der Stirnplatte in diesem Beispiel beträgt hier $t_p = 40$ mm. Für nicht vorgespannte Schrauben erhält man:

$$S_{j,ini} = 112 \text{ MNm/rad}$$

Für vorgespannte Schrauben erhält man:

$$S_{\mathrm{j,ini}} = 400 \text{ MNm/rad}$$

Die Momententragfähigkeit $M_{\mathrm{j,Rd}}$ des Stirnplattenstoßes beträgt:

$$M_{\mathrm{j,Rd}} = 157 \text{ kNm}$$

Es soll zunächst der Einfluss der Anfangsrotationssteifigkeit $S_{\mathrm{j,ini}}$ auf die Schnittgrößen und Verformungen dieses Zweifeldträgers untersucht werden. Ein Grenzkriterium ist für den Durchlaufträger im EC 3 nicht angegeben. Es wird deshalb das Grenzkriterium für unverschiebliche Rahmen angenommen. Der Stoß kann als starr angenommen werden für:

$$S_{\mathrm{j,ini}} = 112 \text{ MNm/rad} \geq 8 \cdot \frac{E \cdot I_{\mathrm{b}}}{L_{\mathrm{b}}} = 8 \cdot \frac{21\,000 \cdot 16\,270}{750} = 36{,}4 \text{ MNm/rad}$$

Dieser Zweifeldträger kann damit nach EC 3 als starr angenommen werden. Da die Tragfähigkeit des Stirnplattenstoßes kleiner ist als die Tragfähigkeit des Trägers, ist diese hier für die Bemessung des Trägers maßgebend. Unter der Belastung von 22,3 kN/m ist der Stirnplattenstoß damit gerade ausgenutzt.

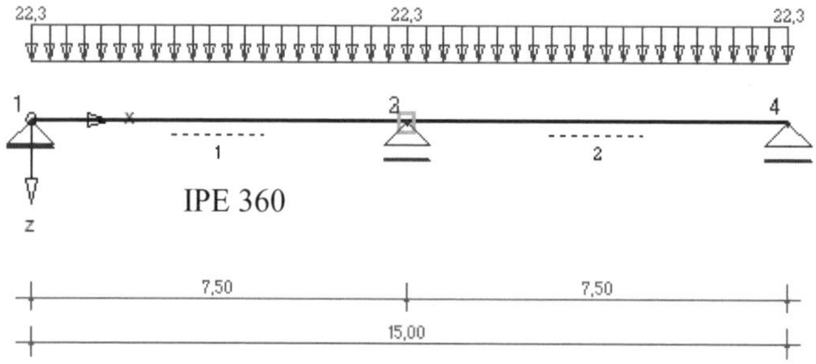

Abb. 5.2 Beispiel Durchlaufträger mit Stirnplattenstoß am Auflager

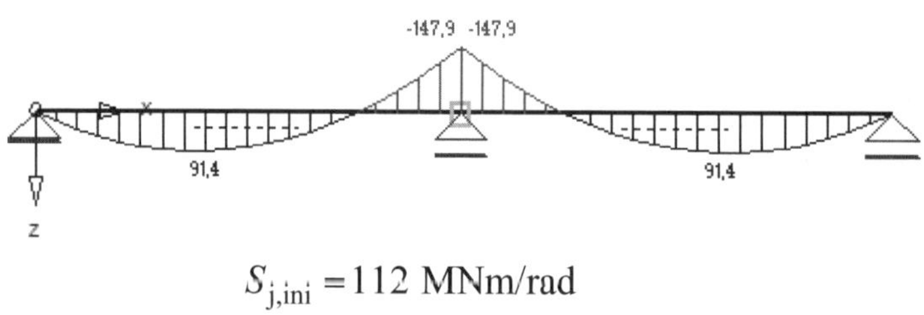

Abb. 5.3 Momentenfläche des Durchlaufträgers ohne Vorspannung

Berücksichtigt man dagegen die Rotationsfeder am Auflager, erhält man ein kleineres Stützmoment und aus Gleichgewichtsgründen ein größeres Feldmoment, s. Abb. 5.3. Dies bedeutet, dass die Belastung noch auf 23,7 kN/m gesteigert werden kann. Das Beispiel wird mit steigender Rotationssteifigkeit berechnet, s. Tabelle 5.1.

Tabelle 5.1 Verformungen und Schnittgrößen des Durchlaufträgers

	Berechnung nach Theorie 1. Ordnung		
	Durchbiegung	Tragfähigkeit	
$S_{j,ini}$	f	Feldmoment	Stützmoment
MNm/rad	cm	kNm	kNm
10	1,74	113	93,1
20	1,51	104	117
36,4	1,36	97,7	132
112	1,20	91,4	148
200	1,16	89,9	152
400	1,14	88,9	154
∞	1,12	87,8	157

Kommentar

1. Das Beispiel zeigt, dass der Stirnplattenstoß ohne Vorspannung die Bedingung für die erforderliche Anfangsrotationssteifigkeit $S_{j,ini}$ erfüllt.
2. Das Steifigkeitskriterium nach EC 3 für verschiebliche Rahmen ist für dieses Beispiel zutreffend. Die maßgebende Verformung nimmt aber um ca. 21 % zu. Die vorhandene Anfangsrotationssteifigkeit $S_{j,ini}$ = 112 MN/rad erfüllt auch das Verformungskriterium.
3. Für dieses System mit vertikaler Belastung und verformbarem Anschluss über der Stütze findet abhängig von der Anfangsrotationssteifigkeit $S_{j,ini}$ eine deutliche Umlagerung der Momentenfläche statt. Die Vorspannung ist hier von großer Bedeutung, da die Anfangsrotationssteifigkeit $S_{j,ini}$ dadurch deutlich anwächst. Dies bedeutet, dass die Vorspannung der Schrauben hier ebenfalls eine große Auswirkung auf die Momentenverteilung und damit die Bemessung des Trägers hat.
4. Die Schrauben können in diesem Fall, um das Klaffen in der Fuge zwischen den Stirnplatten zu vermeiden, vorgespannt werden. Dies führt nicht zu größeren Änderungen der Bemessung der Bauteile.
5. Grundsätzlich kann bei Biegung um die starke Achse gesagt werden, dass die kontrollierte Vorspannung bei Stirnplattenstößen mit bündiger oder überstehender Platte mit **dicken Platten** mit den Konstruktionsregeln nach den Tabellen in Kapitel 10 zu einem starren Anschluss führt.

5.1.2 Stirnplattenstoß neben dem Auflager für M_y

Es ist von der Tragfähigkeit des Systems günstiger, den Stirnplattenstoß neben dem Auflager anzuordnen, da die Momentenfläche stark abnimmt. Dann kann die Tragfähigkeit des Trägers voll ausgenutzt werden. Der Stoß ist hier ein Meter vom Auflager entfernt angeordnet. Unter der Belastung von 34,0 kN/m ist dieser Träger mit einer Tragfähigkeit von 239 kNm gerade ausgenutzt.

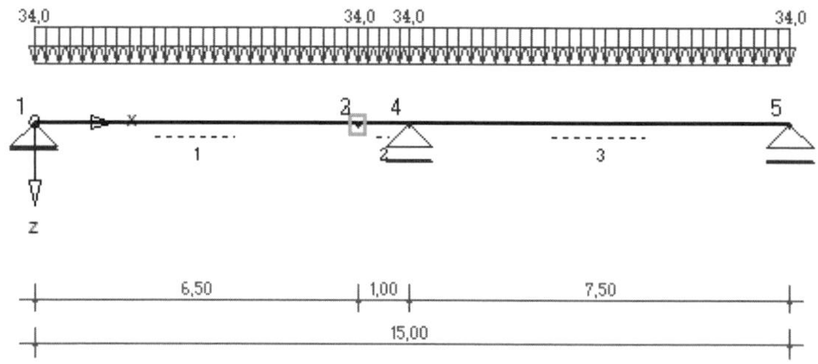

Abb. 5.4 Beispiel Durchlaufträger mit Stirnplattenstoß neben dem Auflager

$$S_{j,ini} = 114 \text{ MNm/rad}$$

Abb. 5.5 Momentenfläche des Durchlaufträgers

Tabelle 5.2 Verformungen und Schnittgrößen des Durchlaufträgers

	Berechnung nach Theorie 1. Ordnung			
	Durchbiegung	Tragfähigkeit		
$S_{j,ini}$	f	Feldmoment	Stoß	Stützmoment
MNm/rad	cm	kNm	kNm	kNm
0	2,80	180	0	128
10	2,07	149	63,9	201
20	1,92	143	76,9	216
36,4	1,84	139	84,7	225
112	1,75	136	92,5	234
200	1,73	135	94,3	236
400	1,72	135	95,4	238
∞	1,70	134	96,7	239

Kommentar

1. Für dieses Beispiel kann, wie die Tabelle 5.2 zeigt, kein sicheres Kriterium für die erforderliche Anfangsrotationssteifigkeit $S_{j,ini}$ angegeben werden. Für das Steifigkeitskriterium nach EC 3 ist unklar, welche Länge für den Träger einzusetzen ist. Das Beispiel zeigt aber, dass die vorhandene Anfangsrotationssteifigkeit $S_{j,ini}$ ohne Vorspannung für die Berechnung als starrer Anschluss ausreichend ist. Das Verformungskriterium ist für dieses Beispiel ebenfalls nicht zutreffend. Eine Zunahme der Verformung von 10 % tritt erst bei der Anfangsrotationssteifigkeit $S_{j,ini}$ = 20 MN/rad ein.
2. Für dieses System mit vertikaler Belastung und verformbaren Anschlüssen neben dem Auflager im Bereich des Momentennullpunktes findet für größere Anfangsrotationssteifigkeiten $S_{j,ini}$ kaum eine Momentenumlagerung statt. Dies bedeutet, dass die Vorspannung der Schrauben in diesem Fall keine große Auswirkung auf die Momentenverteilung und damit auf die Bemessung des Durchlaufträgers hat.
3. Die Schrauben können in diesem Fall, um das Klaffen in der Fuge zwischen den Stirnplatten zu vermeiden, vorgespannt werden. Dies führt nicht zu einer Änderung der Bemessung der Bauteile.

5.1.3 Stirnplattenstoß am Auflager für M_z

Als Erläuterungsbeispiel wird hier ein Zweifeldträger mit einer Spannweite von 6,00 m untersucht, s. Abb. 5.7. Der Querschnitt ist ein IPE 360 aus S235. Die elastische Tragfähigkeit des Trägers beträgt 28,9 kNm und die plastische Tragfähigkeit beträgt 44,9 kNm.

IPE 360 mit t_p = 35 mm und M 24-10.9

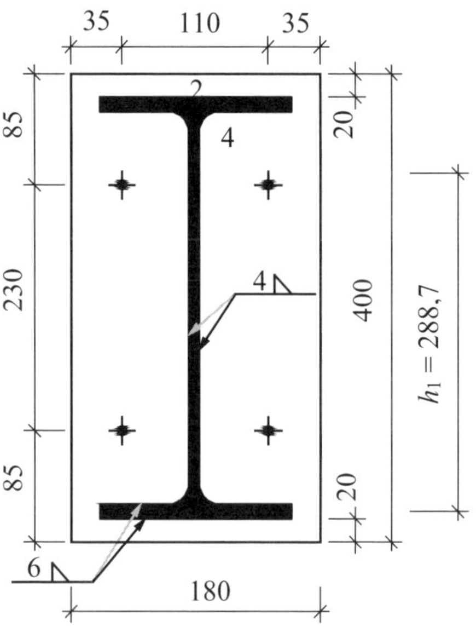

Abb. 5.6 Stirnplattenstoß des Durchlaufträgers

Als Stirnplattenstoß wird ein bündiger Stoß nach Abb. 5.6 gewählt. Dieser Stoß ist im Beispiel 3.8.5 berechnet. Für nicht vorgespannte Schrauben erhält man:

$$S_{z,j,ini} = 11,3 \text{ MNm/rad}$$

Für vorgespannte Schrauben erhält man:

$$S_{z,j,ini} = 34,0 \text{ MNm/rad}$$

Die Momententragfähigkeit $M_{z,j,Rd}$ ist nahezu so groß wie die plastische Tragfähigkeit des Trägers.

$$M_{z,j,Rd} = y \cdot F_{i,Rd} = 9,75 \cdot 450 = 4388 \text{ kNcm} = 43,9 \text{ kNm}$$

$$\text{jedoch} \leq M_{z,pl,Rd} = 44,9 \text{ kNm}$$

Es soll zunächst der Einfluss der Anfangsrotationssteifigkeit $S_{z,j,ini}$ auf die Schnittgrößen und Verformungen dieses Zweifeldträgers untersucht werden. Ein Grenzkriterium ist für den Durchlaufträger im EC 3 nicht angegeben.

Es wird deshalb das Grenzkriterium für unverschiebliche Rahmen angenommen. Der Stoß kann als starr angenommen werden für:

$$S_{z,j,ini} = 11{,}3 \text{ MNm/rad} \geq 8 \cdot \frac{E \cdot I_b}{L_b} = 8 \cdot \frac{21\,000 \cdot 1040}{600} = 2{,}91 \text{ MNm/rad}$$

Dieser Zweifeldträger ist damit nach EC 3 als starr einzustufen. Da die Tragfähigkeit des Stirnplattenstoßes kleiner ist als die plastische Tragfähigkeit des Trägers, ist diese hier für die Bemessung des Trägers maßgebend. Unter der Belastung von 6,8 kN/m ist der Stirnplattenstoß damit gerade ausgenutzt.

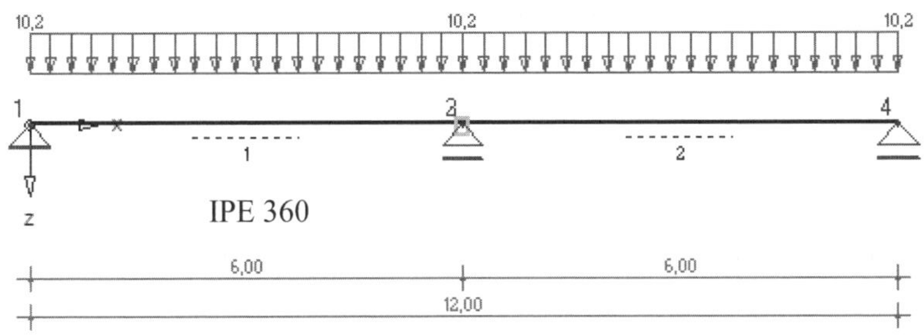

Abb. 5.7 Beispiel Durchlaufträger mit Stirnplattenstoß am Auflager

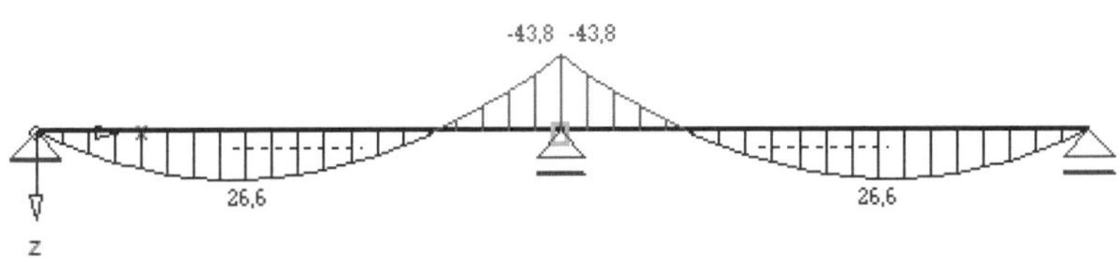

$$S_{z,j,ini} = 11{,}3 \text{ MNm/rad}$$

Abb. 5.8 Momentenfläche des Durchlaufträgers ohne Vorspannung

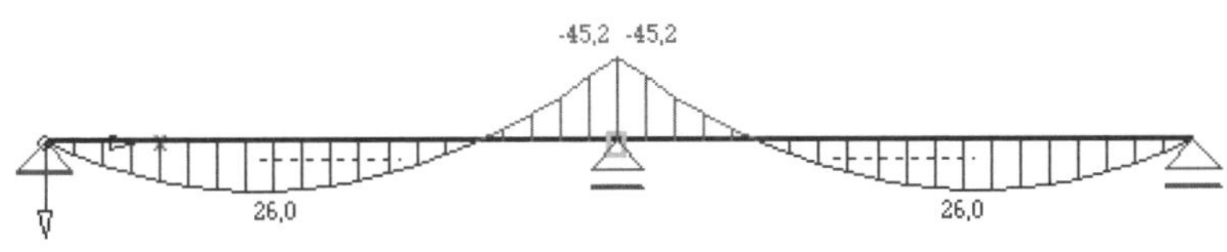

$$S_{z,j,ini} = 34{,}0 \text{ MNm/rad}$$

Abb. 5.9 Momentenfläche des Durchlaufträgers mit Vorspannung

Das Beispiel wird mit steigender Rotationssteifigkeit berechnet, s. Tabelle 5.3.

Tabelle 5.3 Verformungen und Schnittgrößen des Durchlaufträgers

	Berechnung nach Theorie 1. Ordnung		
	Durchbiegung	Tragfähigkeit	
$S_{j,ini}$	f	Feldmoment	Stützmoment
MNm/rad	cm	kNm	kNm
2,91	3,98	28,6	38,6
11,3	3,47	26,6	43,8
34	3,34	26,0	45,2
∞	3,27	25,7	45,9

Kommentar

1. Das Beispiel zeigt, dass der Stirnplattenstoß ohne Vorspannung die Bedingung für die erforderliche Anfangsrotationssteifigkeit $S_{j,ini}$ erfüllt.
2. Das Steifigkeitskriterium nach EC 3 für verschiebliche Rahmen ist für dieses Beispiel zutreffend. Die maßgebende Verformung nimmt um ca. 22 % zu. Die vorhandene Anfangsrotationssteifigkeit $S_{j,ini}$ = 11,3 MN/rad erfüllt auch das Verformungskriterium.
3. Für dieses System mit vertikaler Belastung und verformbarem Anschluss über der Stütze findet abhängig von der Anfangsrotationssteifigkeit $S_{j,ini}$ eine deutliche Umlagerung der Momentenfläche statt. Die Vorspannung ist hier von großer Bedeutung, da die Anfangsrotationssteifigkeit $S_{j,ini}$ dadurch deutlich anwächst. Dies bedeutet, dass die Vorspannung der Schrauben hier ebenfalls eine große Auswirkung auf die Momentenverteilung und damit die Bemessung des Trägers hat. Hier tritt der Fall auf, dass unter der Anfangsrotationssteifigkeit $S_{j,ini}$ = 11,3 MN/rad eine höhere Tragfähigkeit erreicht wird als für den starren Anschluss. In diesem Fall ist die Tragfähigkeit des Trägers von 44,9 kNm überschritten.
4. Die Schrauben können in diesem Fall, um das Klaffen in der Fuge zwischen den Stirnplatten zu vermeiden, vorgespannt werden. Dies führt nicht zu größeren Änderungen der Bemessung der Bauteile.
5. Grundsätzlich kann bei Biegung um die schwache Achse gesagt werden, dass die kontrollierte Vorspannung bei Stirnplattenstößen mit bündiger oder überstehender Platte mit **dicken Platten** zu einem starren Anschluss führt.

5.1.4 Stirnplattenstoß neben dem Auflager für M_z

Es ist von der Tragfähigkeit des Systems günstiger, den Stirnplattenstoß neben dem Auflager anzuordnen, da die Momentenfläche stark abnimmt. Dann kann die Tragfähigkeit des Trägers voll ausgenutzt werden. Der Stoß ist hier ein Meter vom Auflager entfernt angeordnet. Unter der Belastung von 10,0 kN/m ist dieser Träger mit einer Tragfähigkeit von 44,9 kNm gerade ausgenutzt.

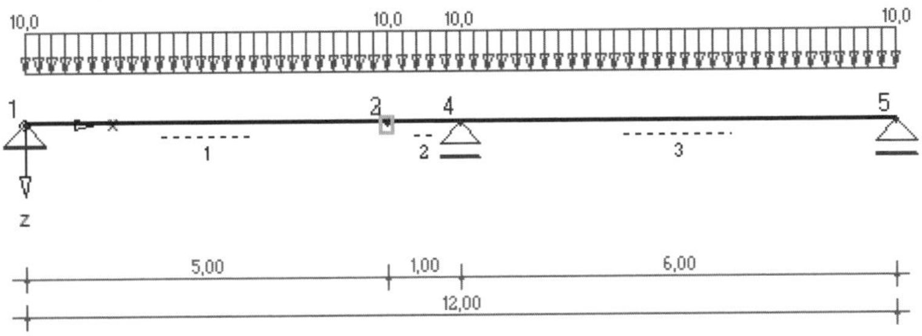

Abb. 5.10 Beispiel Durchlaufträger mit Stirnplattenstoß neben dem Auflager

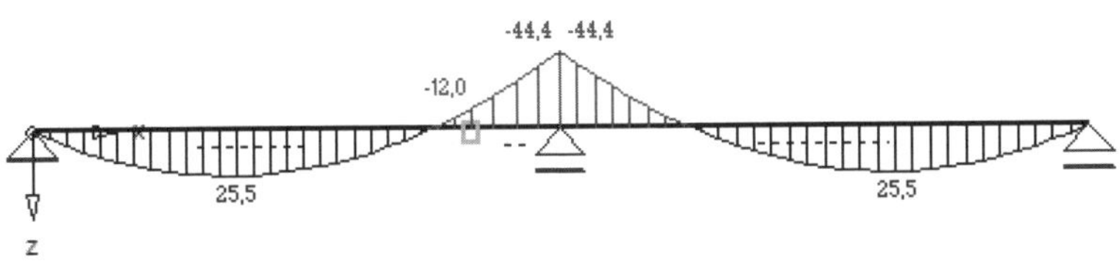

$$S_{z,j,ini} = 11{,}3 \text{ MNm/rad}$$

Abb. 5.11 Momentenfläche des Durchlaufträgers ohne Vorspannung

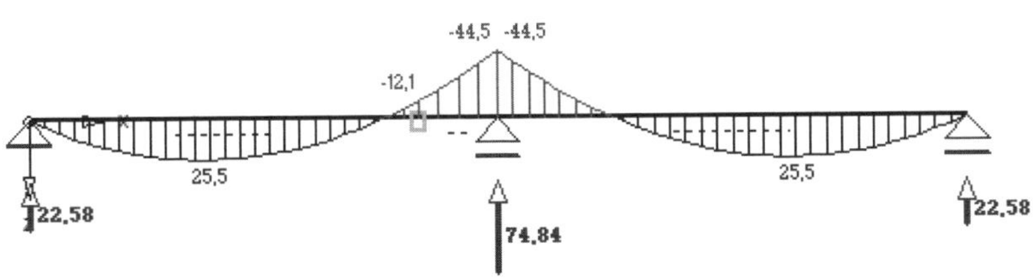

$$S_{z,j,ini} = 34{,}0 \text{ MNm/rad}$$

Abb. 5.12 Momentenfläche des Durchlaufträgers mit Vorspannung

Tabelle 5.4 Verformungen und Schnittgrößen des Durchlaufträgers

	Berechnung nach Theorie 1. Ordnung		
	Durchbiegung	Tragfähigkeit	
$S_{j,ini}$	f	Feldmoment	Stützmoment
MNm/rad	cm	kNm	kNm
2,91	3,38	26,0	43,3
11,3	3,27	25,5	44,5
34	3,26	25,3	44,8
∞	3,21	25,3	45,0

Kommentar

1. Für dieses Beispiel kann, wie die Tabelle 5.4 zeigt, kein sicheres Kriterium für die erforderliche Anfangsrotationssteifigkeit $S_{j,ini}$ angegeben werden. Für das Steifigkeitskriterium nach EC 3 ist unklar, welche Länge für den Träger einzusetzen ist. Das Beispiel zeigt aber, dass die vorhandene Anfangsrotationssteifigkeit $S_{j,ini}$ ohne Vorspannung für die Berechnung als starrer Anschluss ausreichend ist. Das Verformungskriterium ist für dieses Beispiel ebenfalls nicht zutreffend. Eine Zunahme der Verformung von 10 % tritt erst bei der Anfangsrotationssteifigkeit $S_{j,ini}$ = 1,31 MN/rad ein.

2. Für dieses System mit vertikaler Belastung und verformbaren Anschlüssen neben dem Auflager im Bereich des Momentennullpunktes findet für größere Anfangsrotationssteifigkeiten $S_{j,ini}$ kaum eine Momentenumlagerung statt. Dies bedeutet, dass die Vorspannung der Schrauben in diesem Fall keine große Auswirkung auf die Momentenverteilung und damit auf die Bemessung des Durchlaufträgers hat.

3. Die Schrauben können in diesem Fall, um das Klaffen in der Fuge zwischen den Stirnplatten zu vermeiden, vorgespannt werden. Dies führt nicht zu einer Änderung der Bemessung der Bauteile.

5.2 Zweigelenkrahmen

5.2.1 Stirnplattenstoß am Ende der Voute

In dem folgenden Beispiel wird ein Zweigelenkrahmen nach Abb. 5.13 mit Stirnplattenstößen am Ende der Voute und im First untersucht. Der Rahmen wird nach Theorie 2. Ordnung in der Biegeebene untersucht.

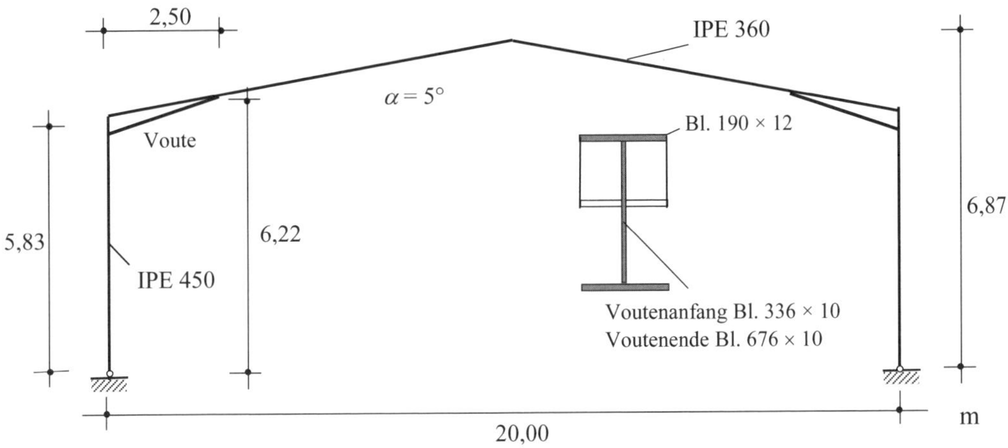

Abb. 5.13 Beispiel Hallenrahmen mit langer Voute

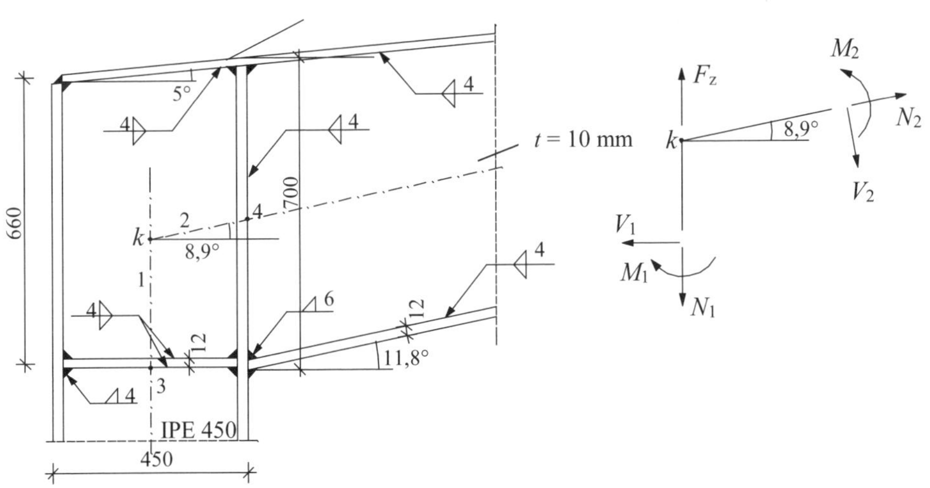

Abb. 5.14 Hallenrahmen mit langer Voute und geschweißter Rahmenecke

Der Stirnplattenstoß an der Voute und im First ist in Abb. 5.15 dargestellt. Nach EC 3 ist der Anschluss zu klassifizieren und nachzuweisen.

IPE 360 mit t_p = 35 mm und M 24-10.9

Ausbildung des Stoßes:

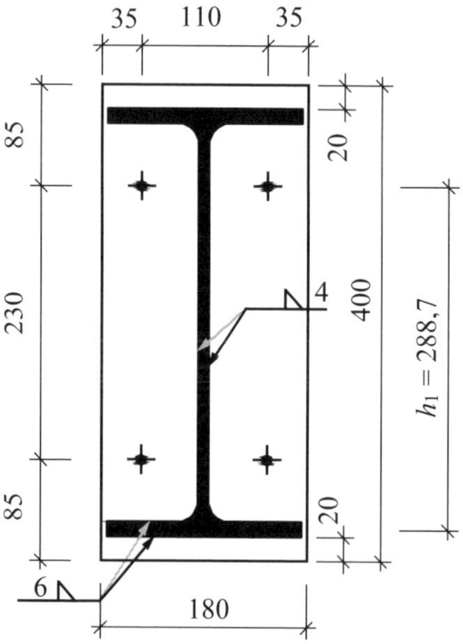

Abb. 5.15 Stirnplattenstoß am Ende der Voute

Für nicht vorgespannte Schrauben erhält man für den Stirnplattenstoß nach der Abb. 5.15 nach Beispiel 3.7.1:

$$S_{\text{j,ini}} = 92{,}4 \text{ MNm/rad}$$

Für vorgespannte Schrauben erhält man:

$$S_{\text{j,ini}} = 364 \text{ MNm/rad}$$

Momententragfähigkeit $M_{\text{j,Rd}}$ um den Druckpunkt: $M_{\text{j,Rd}} = 130$ kNm

Die Anfangsrotationssteifigkeit $S_{\text{j,ini}}$ für vorgespannte Schrauben ist in diesem Fall fast 4-mal so groß wie für nicht vorgespannte Schrauben.

Es soll zunächst der Einfluss der Anfangsrotationssteifigkeit $S_{\text{j,ini}}$ auf die Schnittgrößen und Verformungen dieses Rahmens untersucht werden. Das Beispiel wird mit steigender Rotationssteifigkeit berechnet, s. Tabelle 5.5. Auch hier ist unklar, welche Länge des Riegels in das Steifigkeitskriterium des EC 3 einzusetzen ist. Auf der sicheren Seite liegt die Länge des Riegels mit dem konstanten Querschnitt. Dieser verschiebliche Rahmen kann nach EC 3 als starr angenommen werden für:

$$S_{j,ini} \geq 25 \cdot \frac{E \cdot I_b}{L_b} = 25 \cdot \frac{21\ 000 \cdot 16\ 270}{1500} = 56{,}9 \text{ MNm/rad}$$

Dieser verschiebliche Rahmen kann nach EC 3 als starr angenommen werden.

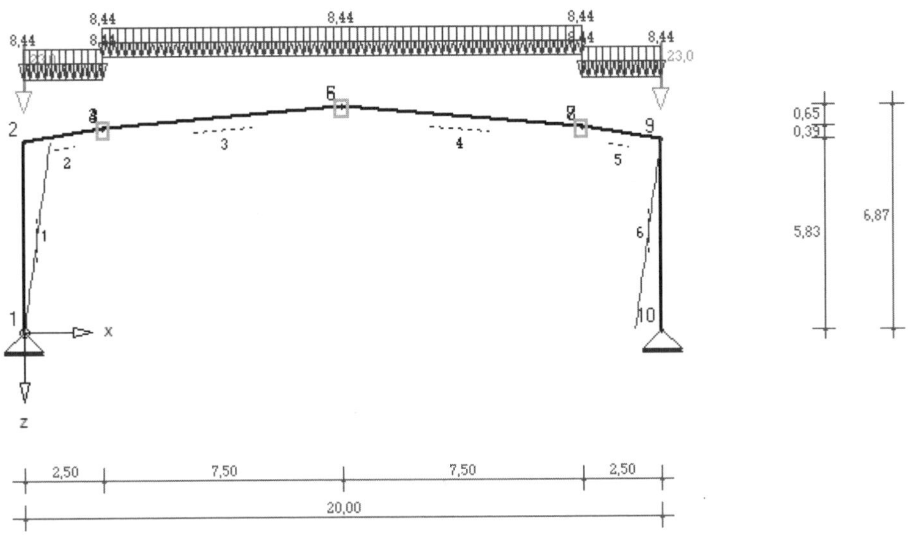

Abb. 5.16 System und Belastung des Hallenrahmens

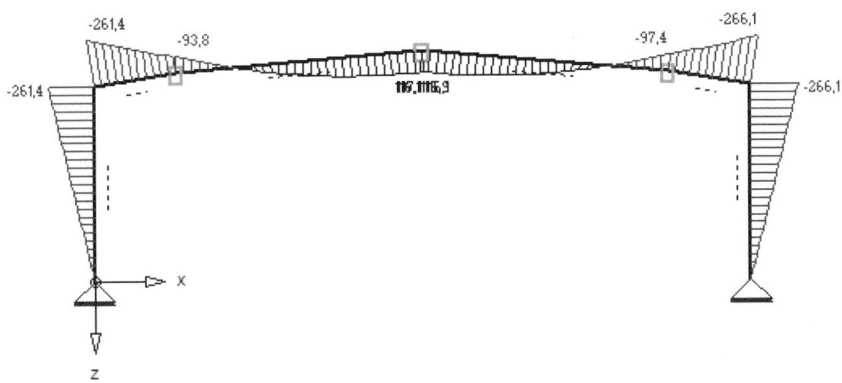

$$S_{j,ini} = 92{,}4 \text{ MNm/rad}$$

Abb. 5.17 Momentenfläche des Hallenrahmens

Tabelle 5.5 Verformungen und Schnittgrößen nach Theorie 2. Ordnung

	Berechnung nach Theorie 2. Ordnung		
	Durchbiegung	Tragfähigkeit	
$S_{j,ini}$	f_v	Feldmoment	Stützmoment
MNm/rad	cm	kNm	kNm
10	14,1	125	261
20	11,6	121	263
40	10,3	119	265
56,9	9,90	118	266
92,4	9,56	117	266
200	9,26	116	267
364	9,15	116	267
∞	9,01	116	267

Kommentar

Für die Beurteilung eines Tragwerkes mit verformbaren Anschlüssen sind das System und die Belastung zu beachten. Es spielt eine große Rolle, an welchen Punkten des statischen Systems die verformbaren Anschlüsse angeordnet sind. Es handelt sich bei diesem Rahmen um ein verschiebliches System. Unter dieser Belastung treten nur maßgebende vertikale Verformungen auf.

1. Das Beispiel zeigt, dass auch bündige Stirnplatten ohne Vorspannung die Bedingung für die erforderliche Anfangsrotationssteifigkeit $S_{j,ini}$ erfüllen können.

2. Das Steifigkeitskriterium nach EC 3 ist für dieses Beispiel zutreffend. Die maßgebende Verformung nimmt um ca. 10 % zu. Eine Vergleichsrechnung zeigt, dass dies auch für die horizontalen Verformungen gilt. Das System wird kinematisch für $S_{j,ini}$ = 0 MN/rad (Momentengelenk).

3. Für dieses System mit vertikaler Belastung und verformbaren Anschlüssen im First und am Voutenende (2,5 m entfernt von der Rahmenecke) findet kaum eine Momentenumlagerung statt, s. auch Beispiel Durchlaufträger. Dies bedeutet, dass die Vorspannung der Schrauben in diesem Fall keine große Auswirkung auf die Momentenverteilung und damit die Bemessung der Stütze und des Riegels hat.

4. Die Schrauben können hier, um das Klaffen in der Fuge zwischen den Stirnplatten zu vermeiden, vorgespannt werden. Dies führt nicht, wie schon gezeigt, zu einer Änderung der Bemessung der Bauteile.

5.2.2 Stirnplattenanschluss an der Rahmenecke

In dem folgenden Beispiel wird der Zweigelenkrahmen nach Abb. 5.13 mit Stirnplattenanschlüssen an den Rahmenecken untersucht. Der Rahmen wird nach Theorie 2. Ordnung in der Biegeebene berechnet.

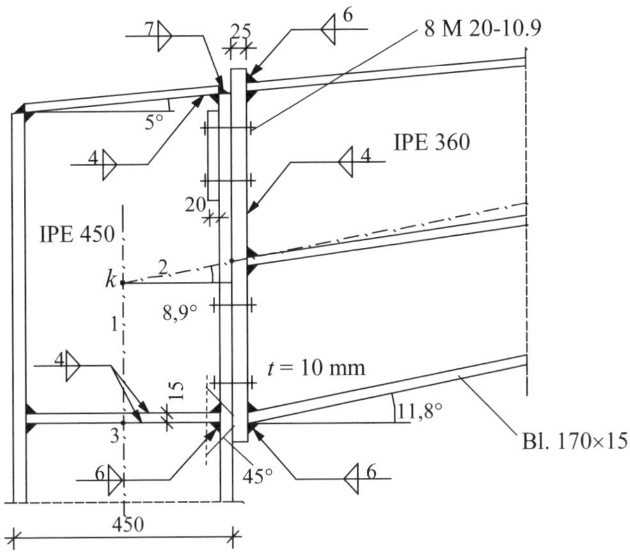

Abb. 5.18 Stirnplattenanschluss an der Rahmenecke

Der Riegel wird bis an die Stütze geführt und durch eine geschweißte Konstruktion zur Voute ergänzt, s. Abb. 5.18. Der untere Flansch des Trägers wird bei dem Nachweis der Voute nicht berücksichtigt. Der Anschluss wird mit dem Berechnungsmodell nach EC 3 konstruiert und nachgewiesen. Es sind hier Futterplatten erforderlich, um den Stützensteg besser ausnutzen zu können.

Für nicht vorgespannte Schrauben erhält man für den Stirnplattenanschluss nach Beispiel 4.6.4:

$$S_{\mathrm{j,ini}} = 105 \text{ MNm/rad}$$

Momententragfähigkeit $M_{\mathrm{j,Rd}}$ um den Druckpunkt: $M_{\mathrm{j,Rd}} = 282$ kNm

Für vorgespannte Schrauben erhält man:

$$S_{\mathrm{j,ini}} = 121 \text{ MNm/rad}$$

Die Anfangsrotationssteifigkeit $S_{\mathrm{j,ini}}$ für vorgespannte Schrauben ist in diesem Fall kaum größer als für nicht vorgespannte Schrauben.

Es soll zunächst der Einfluss der Anfangsrotationssteifigkeit $S_{\mathrm{j,ini}}$ auf die Schnittgrößen und Verformungen dieses Rahmens untersucht werden.

Dieser verschiebliche Rahmen kann nach EC 3 als starr angenommen werden für:

$$S_{j,ini} \geq 25 \cdot \frac{E \cdot I_b}{L_b} = 25 \cdot \frac{21\,000 \cdot 16\,270}{1500} = 56,9 \text{ MNm/rad}$$

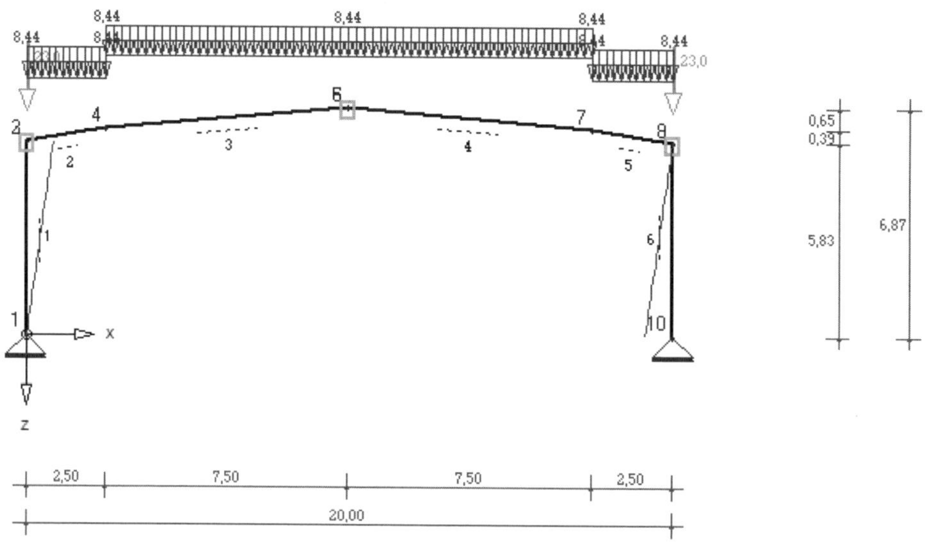

Abb. 5.19 System und Belastung des Hallenrahmens

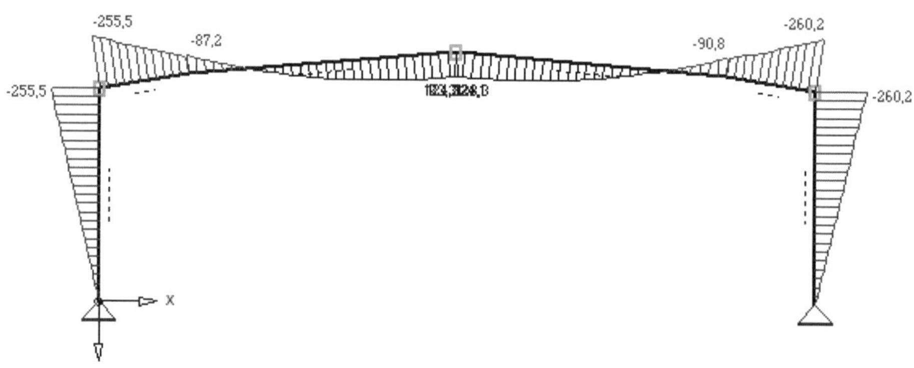

$S_{j,ini} = 105$ MNm/rad

Abb. 5.20 Momentenfläche des Hallenrahmens

Tabelle 5.6 Verformungen und Schnittgrößen nach Theorie 2. Ordnung

	Berechnung nach Theorie 2. Ordnung		
	Durchbiegung	Tragfähigkeit	
$S_{j,ini}$	f_v	Feldmoment	Stützmoment
MNm/rad	cm	kNm	kNm
10	18,9	187	209
20	14,6	156	235
40	12,0	137	250
56,9	11,1	131	255
105	10,2	124	260
134	9,94	122	262
200	9,63	120	263
400	9,32	118	265
∞	9,01	116	267

Kommentar

Für die Beurteilung eines Tragwerkes mit verformbaren Anschlüssen sind das System und die Belastung zu beachten. Es spielt eine große Rolle, an welchen Punkten des statischen Systems die verformbaren Anschlüsse angeordnet sind. Es handelt sich bei diesem Rahmen um ein verschiebliches System. Unter dieser Belastung treten nur maßgebende vertikale Verformungen auf.

1. Das Beispiel zeigt, dass der Stirnplattenanschluss ohne Vorspannung die Bedingung für die erforderliche Anfangsrotationssteifigkeit $S_{j,ini}$ erfüllt.

2. Das Verformungskriterium ist für dieses Beispiel nicht erfüllt. Die maßgebende Verformung nimmt um ca. 23 % zu. Eine Vergleichsrechnung zeigt, dass dies auch für die horizontalen Verformungen gilt. Es stellt sich deshalb die Frage, ob das Kriterium des EC 3 hier anwendbar ist. Die vorhandene Anfangsrotationssteifigkeit $S_{j,ini}$= 105 MN/rad erfüllt dagegen die Verformungsbedingung. Das System wird kinematisch für $S_{j,ini}$= 0 MN/rad (Momentengelenk).

3. Für dieses System mit vertikaler Belastung und verformbaren Anschlüssen im First und in den Rahmenecken findet abhängig von der Anfangsrotationssteifigkeit $S_{j,ini}$ eine deutliche Umlagerung der Momentenfläche statt. Die Vorspannung ist hier von großer Bedeutung, wenn die Anfangsrotationssteifigkeit $S_{j,ini}$ dadurch deutlich anwächst.

Die Vorspannung der Schrauben hat hier dagegen kaum Auswirkungen auf die Anfangsrotationssteifigkeit und damit auf die Momentenverteilung des Rahmens.

4. Die Schrauben können hier, um das Klaffen in der Fuge zwischen den Stirnplatten zu vermeiden, vorgespannt werden. Dies führt nicht, wie schon gezeigt, zu größeren Änderungen der Bemessung der Bauteile.

5.2.3 Zweigelenkrahmen ohne Voute

In dem folgenden Beispiel wird der gleiche Hallenrahmen mit einem Riegel ohne Voute konstruiert. Um eine wirtschaftliche Konstruktion zu erhalten, ist es in diesem Fall sinnvoll, einen verformbaren Anschluss in der Rahmenecke auszubilden.

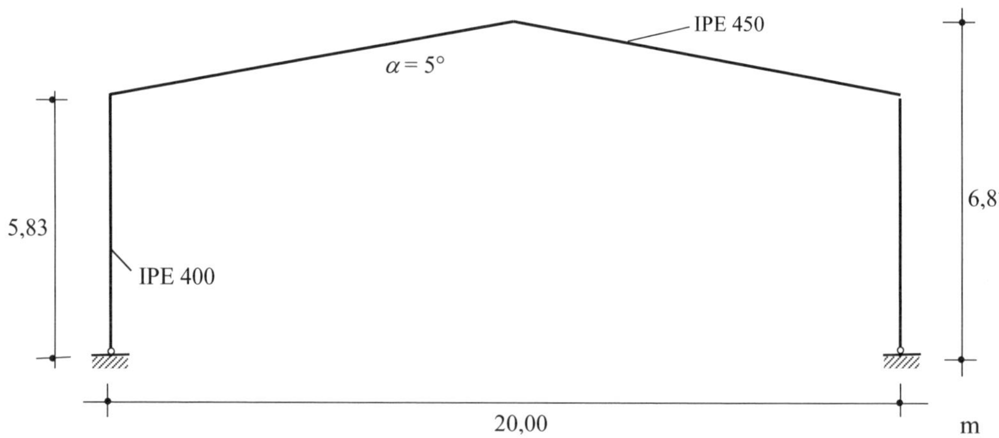

Abb. 5.21 Beispiel Hallenrahmen ohne Voute

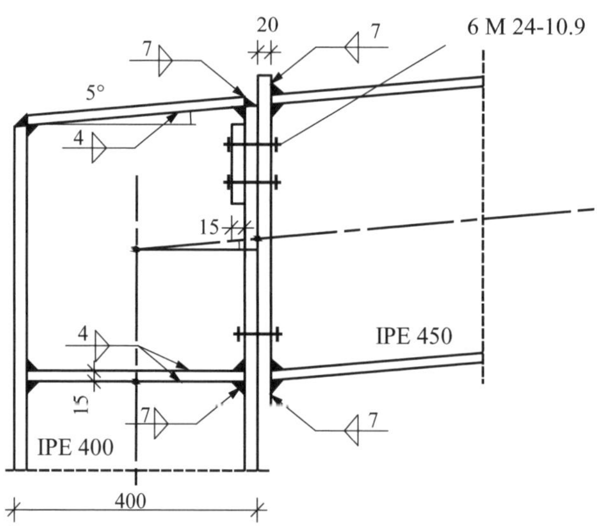

Abb. 5.22 Anschluss in der Rahmenecke ohne Voute

Bei der Konstruktion des verformbaren Anschlusses ist Folgendes zu beachten:

1. Anfangsrotationssteifigkeitskoeffizient $S_{j,ini}$

Die Anfangsrotationssteifigkeitskoeffizient $S_{j,ini}$ hängt entscheidend von dem äquivalenten Hebelarm z_{eq} ab, da dieser Wert quadratisch in die Berechnung der Anfangsrotationssteifigkeit eingeht. Der Hebelarm z_{eq} sollte für einen verformbaren Anschluss möglichst klein sein.

Anfangsrotationssteifigkeitskoeffizient $S_{j,ini}$ mit Voute und ohne Vorspannung:

$$S_{j,ini} = \frac{E \cdot z_{eq}^2}{\frac{1}{k_1} + \frac{1}{k_{eq}}} = \frac{21000 \cdot 57{,}7^2 \cdot 10^{-2}}{\frac{1}{0{,}335} + \frac{1}{0{,}271}} = 104\ 700 \text{ kNm/rad}$$

$$S_{j,ini} = 105 \text{ MNm/rad} \geq 25 \cdot \frac{E \cdot I_b}{L_b} = 25 \cdot \frac{21\ 000 \cdot 33\ 740 \cdot 10^{-2}}{2000} = 88{,}6 \text{ MNm/rad}$$

Der Anschluss kann als starrer Anschluss eingestuft werden.

Anfangsrotationssteifigkeitskoeffizient $S_{j,ini}$ ohne Voute und ohne Vorspannung:

$$S_{j,ini} = \frac{E \cdot z_{eq}^2}{\frac{1}{k_1} + \frac{1}{k_{eq}}} = \frac{21000 \cdot 35{,}4^2 \cdot 10^{-2}}{\frac{1}{0{,}460} + \frac{1}{0{,}266}} = 44\ 400 \text{ kNm/rad}$$

$$S_{j,ini} = 44{,}4 \text{ MNm/rad} \geq 25 \cdot \frac{E \cdot I_b}{L_b} = 25 \cdot \frac{21\ 000 \cdot 33\ 740 \cdot 10^{-2}}{2000} = 88{,}6 \text{ kNm/rad}$$

Der Anschluss muss als verformbarer Anschluss eingestuft werden. Die Berechnung erfolgt mit dem Anpassungswert η für die Steifigkeit nach (1-8, Tabelle 5.2).

$$S_j = S_{j,ini} / \eta = 44{,}4 / 2 = 22{,}2 \text{ MNm/rad}$$

2. Biegetragfähigkeit $M_{j,Rd}$

Die Biegetragfähigkeit $M_{j,Rd}$ des Träger-Stützenanschlusses um den Druckpunkt darf nach Beispiel 4.6.5 wie folgt bestimmt werden nach:

$$M_{j,Rd} = \sum_r h_r \cdot F_{tr,Rd} = h_1 \cdot F_{1,Rd} + h_2 \cdot F_{2,Rd} = 0{,}380 \cdot 333 + 0{,}320 \cdot 89 = 155 \text{ kNm}$$

Um eine ausreichende Biegetragfähigkeit $M_{j,Rd}$ zu erreichen, sollten die Hebelarme h_r der Schraubenreihen und damit der Hebelarm z_{eq} möglichst groß sein. Der Abstand p der Schraubenreihen sollte dagegen möglichst klein sein.

3. Plastische Schubtragfähigkeit $V_{wp,Rd}$

Die plastische Schubtragfähigkeit $V_{wp,Rd}$ des Stützensteges muss eingehalten sein und darf nach Beispiel 4.6.5 wie folgt bestimmt werden:

$$V_{wp,Rd} = 0{,}9 \cdot A_{vc} \cdot \frac{f_y}{\sqrt{3} \cdot \gamma_{M0}} = 0{,}9 \cdot 42{,}7 \cdot 13{,}6 = 523 \text{ kN}$$

Dies führt zu folgender wichtiger Bedingung:

$$F_{2,Rd} = 313 \text{ kN} \leq V_{wp,Rd} - F_{1,Rd} = 523 - 333 = 190 \text{ kN}$$

4. Zusammenfassung

Um alle Bedingungen einzuhalten, ist für die Berechnung der Geometrie und die Auslegung der einzelnen Komponenten der Rahmenecke eine aufwändige iterative Berechnung erforderlich, die nur durch zusätzliche EDV-Programme für die Berechnung des Anfangsrotationsteifigkeitskoeffizienten $S_{j,ini}$ und der Biegetragfähigkeit $M_{j,Rd}$ des Träger-Stützenanschlusses wirtschaftlich darstellbar ist.

Auch für eine Rahmenecke mit Voute sind diese Nachweise nach EC 3 zu führen und der Einsatz von Programmen sinnvoll. Im Allgemeinen führt die Rahmenecke mit Voute zu einem starren Anschluss, d.h. die anfängliche Festlegung der Geometrie und die Auslegung der einzelnen Komponenten der Rahmenecke ist für die statische Berechnung nicht erforderlich, der Nachweis gleichwohl.

Es soll zunächst der Einfluss der Anfangsrotationssteifigkeit $S_{j,ini}$ auf die Schnittgrößen und Verformungen dieses Rahmens untersucht werden, s. Tabelle 5.7. Berechnung: G3_2 in GWSTATIK

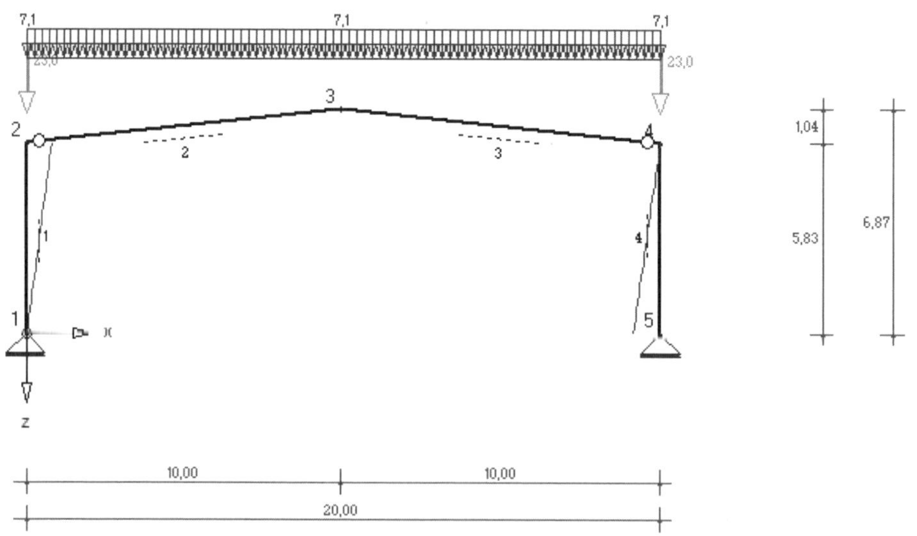

Abb. 5.23 System und Belastung des Hallenrahmens

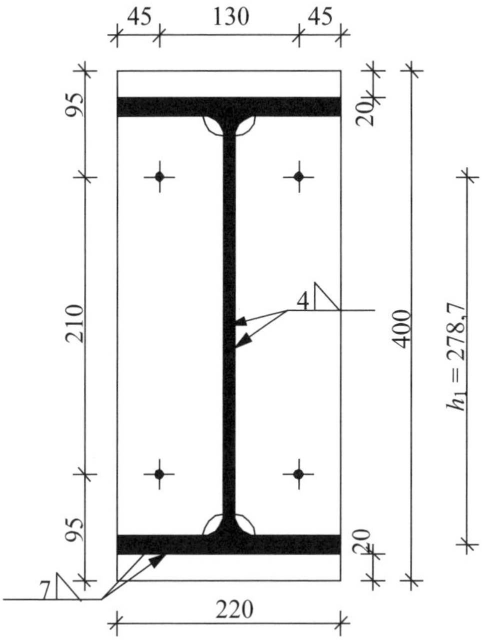

Abb. 5.24 Stirnplattenstoß für IPE 360 mit bündiger Platte mit t_p=40 mm und M30-10.9

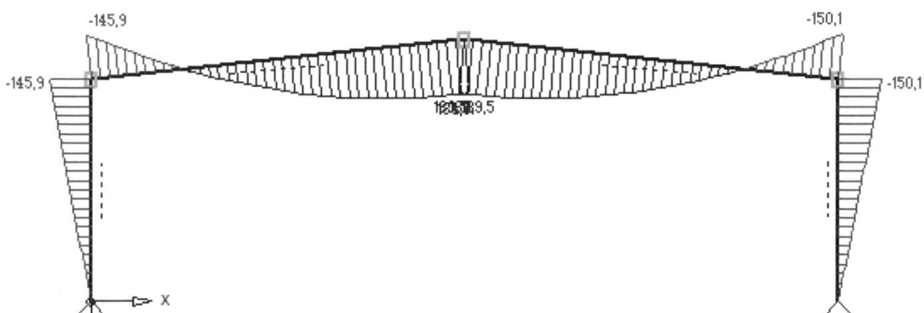

$$S_{j,ini} = 22,2 \text{ MNm/rad}$$

Abb. 5.25 Momentenfläche des Hallenrahmens

Tabelle 5.7 Verformungen und Schnittgrößen nach Theorie 2. Ordnung

	Berechnung nach Theorie 2. Ordnung		
	Durchbiegung	Tragfähigkeit	
$S_{j,ini}$	f_v	Feldmoment	Stützmoment
MNm/rad	cm	kNm	kNm
10	11,5	215	124
20	9,66	187	147
22,2	9,06	184	150
40	8,43	169	163
52,7	8,06	164	167
88,6	7,63	157	173
200	7,23	152	178
400	7,07	149	180
∞	6,90	147	182

Kommentar

Für die Beurteilung eines Tragwerkes mit verformbaren Anschlüssen sind das System und die Belastung zu beachten. Es spielt eine große Rolle, an welchen Punkten des statischen Systems die verformbaren Anschlüsse angeordnet sind. Es handelt sich bei diesem Rahmen um ein verschiebliches System. Unter dieser Belastung treten nur vertikale Verformungen auf.

1. Das Beispiel zeigt, dass der Stirnplattenanschluss ohne und mit Vorspannung die Bedingung für die erforderliche Anfangsrotationssteifigkeit $S_{j,ini}$ nicht erfüllt. Es liegt ein verformbarer Anschluss vor.

2. Das Steifigkeitskriterium nach EC 3 ist für dieses Beispiel zutreffend. Die maßgebende Verformung nimmt um ca. 10 % zu. Eine Vergleichsrechnung zeigt, dass dies auch für die horizontalen Verformungen gilt.

3. Für dieses System mit vertikaler Belastung und verformbaren Anschlüssen im First und in den Rahmenecken findet abhängig von der Anfangsrotationssteifigkeit $S_{j,ini}$ eine deutliche Umlagerung der Momentenfläche statt.
Die Vorspannung der Schrauben hat hier dagegen kaum Auswirkungen auf die Anfangsrotationssteifigkeit und damit auf die Momentenverteilung des Rahmens.

4. Die Schrauben können hier, um das Klaffen in der Fuge zwischen den Stirnplatten zu vermeiden, vorgespannt werden. Dies führt nicht, wie schon gezeigt, zu größeren Änderungen der Bemessung der Bauteile.

5. Bei der Berechnung der Durchbiegung darf die Anfangsrotationssteifigkeit $S_{j,ini}$ berücksichtigt werden.

6. Gegenüber der sonst üblichen Bemessungspraxis mit Voute bei biegestarren Systemen kann die Stütze bei verformbaren Anschlüssen günstiger dimensioniert werden. Der Riegel ist dagegen größer zu dimensionieren.

Oft kann und muss in diesem Fall auf die Voute verzichtet werden, um die erforderliche Nachgiebigkeit zu erreichen. Der Materialverbrauch dürfte bei beiden Bemessungsverfahren gleich sein. Dagegen können die Fertigungskosten durch den Wegfall der Voute günstiger sein.

7. Nachteilig ist, dass schon bei der statischen Berechnung die Anschlusskonstruktion bekannt sein muss.

6 Stützenfüße nach EC 3

6.1 Allgemeines

Die Bezeichnung „Stützenfüße“ ist eine im Stahlbau übliche Bezeichnung für Konstruktionen zur Lagerung des Stahltragwerkes auf dem Fundament. Dieser Abschnitt behandelt deshalb allgemein die Verbindung zwischen der Stahlbetonkonstruktion und dem Stahlbauteil.

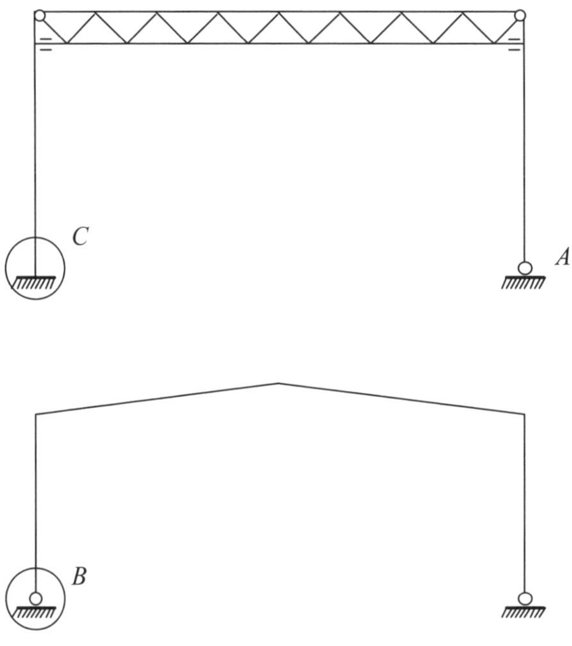

Abb. 6.1 Verschiedene Lager für das Stahltragwerk

In Abb. 6.1 sind zwei einfache typische Stahltragwerke dargestellt. Punkt *A* ist der Fußpunkt einer Pendelstütze und stellt einen zentrisch belasteten Stützenfuß dar.

Punkt *B* ist das gelenkige Auflager eines Zweigelenkrahmens. Hier treten stets vertikale und horizontale Auflagerkräfte auf.

Punkt *C* stellt eine Einspannung dar. In diesem Abschnitt werden die eingespannten Stützenfüße behandelt. Dabei geht es um die Frage, ob es sich um einen verformbaren oder starren Anschluss handelt. Es ist die Anfangsrotationssteifigkeit $S_{j,ini}$ des Stützenfußes zu bestimmen und der Stützenfußanschluss zu klassifizieren.

6.2 Klassifizierung eingespannter Stützenfüße

Eingespannte Stützenfüße mit Fußriegeln oder Fußplatten müssen nach (1-8, 5.2.2.5(2)) ebenfalls klassifiziert werden. Bei der Berechnung der Anfangsrotationssteifigkeit S_j sind die folgenden Steifigkeitskoeffizienten zu berücksichtigen.

- Beton mit Druckbeanspruchung (einschließlich Mörtel) – k_{13}
- Blech mit Biegung infolge Druck – k_{14}
- Fußplatte mit Biegung infolge Zug – k_{15}
- Ankerschrauben mit Zug – k_{16}

Berechnung der Rotationssteifigkeit

In (1-8, Tabelle 6.11) sind die Steifigkeitskoeffizienten k_i für einbetonierte Ankerschrauben mit Zugbeanspruchung angegeben.

Abstützkräfte treten auf, wenn für L_b gilt:

$$L_b \leq \frac{8{,}8 \cdot m^3 \cdot A_s}{l_{eff} \cdot t^3} \tag{6.1}$$

1. Beton mit Druckbeanspruchung

$$k_{13} = \frac{E_c \cdot \sqrt{b_{eff} \cdot l_{eff}}}{1{,}275 \cdot E} \tag{6.2}$$

b_{eff} wirksame Breite des T-Stummels, siehe Abb. 8.18, Band 2
l_{eff} wirksame Länge des T-Stummels, siehe Abb. 8.18, Band 2

2. Blech mit Biegung infolge Druck

$$k_{14} = \infty$$

Dieser Koeffizient wird bereits bei der Berechnung des Steifigkeitskoeffizienten k_{13} berücksichtigt.

3. Fußplatte mit Biegung für eine Schraubenreihe mit Zug

mit Abstützkräften
$$k_{15} = \frac{0{,}85 \cdot l_{eff} \cdot t_p^3}{m^3} \tag{6.3}$$

ohne Abstützkräfte
$$k_{15} = \frac{0{,}425 \cdot l_{eff} \cdot t_p^3}{m^3} \tag{6.4}$$

l_{eff} wirksame Länge des T-Stummels
m Abstand nach (1-8, Bild 6.8)

4. Ankerschrauben mit Zug

mit Abstützkräften $$k_{16} = 1{,}6 \cdot \frac{A_s}{L_b} \tag{6.5}$$

ohne Abstützkräfte $$k_{16} = 2{,}0 \cdot \frac{A_s}{L_b} \tag{6.6}$$

L_b Dehnlänge der Ankerschraube, die sich aus der Summe aus dem 8fachen Schraubendurchmesser, den Dicken der Mörtelschicht, der Fußplatte, der Unterlegscheiben und der halben Mutternhöhe ergibt.

Dieser Wert gilt für 2 Schrauben des T-Stummels. Bei der Berechnung der Rotationssteifigkeit S_j eines Stützenfußes, der gleichzeitig durch Normalkraft und Biegung beansprucht wird, ist der Abschnitt (1-8, 6.3.4) zu beachten. Dabei geht das Verhältnis $e = M_{Ed}/N_{Ed}$ ein und es ist zu unterscheiden, ob nur Druck, nur Zug oder Zug und Druck in der Kontaktfläche auftritt, siehe (1-8, Tabelle 6.12). Die 3 Federsteifigkeiten verhalten sich wie hintereinander geschaltete Federn. Für die Anfangsrotationssteifigkeit $S_{j,ini}$ ist dann $\mu = 1$ zu setzen. Es wird hier eine elastische Berechnung durchgeführt. Die Berechnung der Rotationssteifigkeit S_j nach Tabelle 6.12 und Bild 6.18 von EC 3-1-8 ist sehr aufwändig. Bei einer Berechnung nach Theorie 2. Ordnung ist weiterhin eine iterative Berechnung erforderlich, da sich das Verhältnis $e = M_{Ed}/N_{Ed}$ ändert.

Deshalb wird hier gezeigt, wie bei einer Programmberechnung die 3 Federsteifigkeiten und gegebenenfalls die elastische Bettung direkt berücksichtigt werden können.

Die Klassifizierung ist abhängig davon, ob das Rahmentragwerk verschieblich oder unverschieblich ist. Rahmentragwerke gelten als unverschieblich, bei denen zusätzliche Aussteifungen die Horizontalverschiebungen um mindestens 80 % verringern. Für einen verschieblichen Rahmen kann der Anschluss als starr angenommen werden für (1-8,5.2.2.5(2)):

$$S_{j,ini} \geq 30 \cdot \frac{E \cdot I_c}{L_c} \tag{6.7}$$

L_c Geschosshöhe der Stütze

I_c Flächenträgheitsmoment 2. Grades der Stütze

Die Klassifizierung bei unverschieblichen Rahmen ist abhängig von dem Schlankheitsgrad $\bar{\lambda}_0$ der Stütze, wobei eine gelenkige Lagerung an den Stabenden angenommen wird.

$$N_{cr} = \frac{\pi^2 \cdot E \cdot I_c}{L_c^2} \tag{6.8}$$

$$\bar{\lambda}_0 = \sqrt{\frac{A_c \cdot f_{yc}}{N_{cr}}} \tag{6.9}$$

A_c Fläche der Stütze

f_{yc} Streckgrenze der Stütze

Für einen unverschieblichen Rahmen kann der Anschluss als starr angenommen werden:

- wenn $\bar{\lambda}_0 \leq 0,5$
- wenn $0,5 < \bar{\lambda}_0 < 3,93$ und $S_{j,ini} \geq 7 \cdot \left(2 \cdot \bar{\lambda}_0 - 1\right) \cdot \frac{E \cdot I_c}{L_c}$ (6.10)
- wenn $\bar{\lambda}_0 \geq 3,93$ und $S_{j,ini} \geq 48 \cdot \frac{E \cdot I_c}{L_c}$

6.3 Elastische Federn

Der Bettungsmodul für Beton mit Druckbeanspruchung ist im EC 3 nicht explizit angegeben. In (1-8, Tabelle 6.11) ist aber der Steifigkeitskoeffizient k_{13} für Beton mit Druckbeanspruchung (einschließlich Mörtel) beschrieben.

Multipliziert man die Gleichung (6.2) mit dem Elastizitätsmodul E für den Baustahl, erhält man die Druckfeder k_C für Beton mit Druckbeanspruchung:

$$k_C = \frac{E_c \cdot \sqrt{b_{eff} \cdot l_{eff}}}{1,275} = \frac{E_c \cdot \sqrt{A'}}{1,275} \tag{6.11}$$

Der Bettungsmodul $k_{C,bet}$ für Beton mit Druckbeanspruchung folgt aus Gleichung (6.11):

$$k_{C,bet} = \frac{k_C}{A'} = \frac{E_c}{1,275 \cdot \sqrt{b_{eff} \cdot l_{eff}}} = \frac{E_c}{1,275 \cdot \sqrt{A'}} \tag{6.12}$$

mit $A' = b_{eff} \cdot l_{eff}$

Für die elastische Bettung k_{ces} gilt:

$$k_{ces} = k_{C,bet} \cdot b_{eff} = \frac{E_c}{1,275} \cdot \sqrt{\frac{b_{eff}}{l_{eff}}} \tag{6.13}$$

Die Druckfeder k_C und die elastische Bettung k_{ces} können bei der statischen Berechnung von Systemen mit elastischer Einspannung berücksichtigt werden.

Für die Berechnung von Systemen mit elastischer Einspannung ist die Zugfeder k_T zu berechnen. Für **eine** Schraube ohne Abstützkräfte erhält man damit die Zugfeder $k_{T,1}$.

$$k_{T,1} = \frac{E \cdot A_s}{L_b} \tag{6.14}$$

6.4 Fußeinspannung

6.4.1 Konstruktive Lösungen

Für eingespannte Stützenfüße gibt es im Stahlbau zwei unterschiedliche konstruktive Lösungen, s. Abb. 6.2. Das Einspannmoment kann durch ein horizontales oder vertikales Kräftepaar in das Fundament eingeleitet werden.

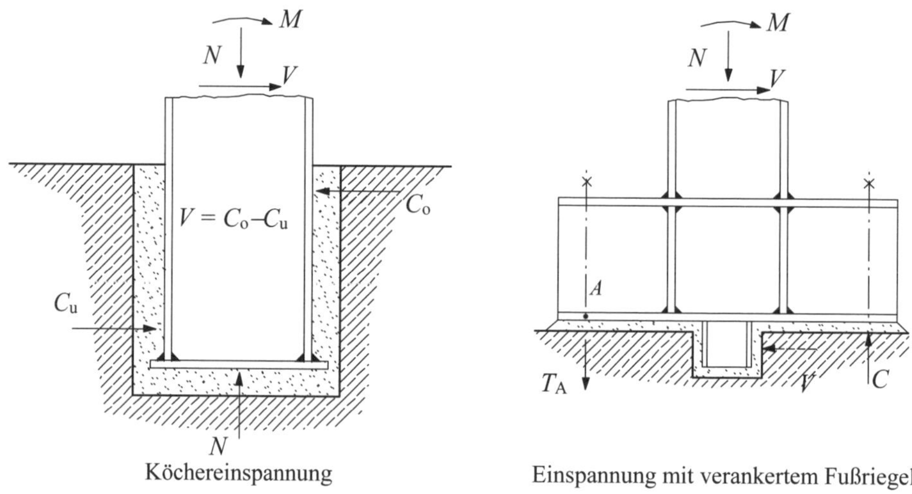

Abb. 6.2 Eingespannte Stützenfüße

6.4.2 Fußriegel als Fußplatte

In (1-8, 6.2.8) wird die Tragfähigkeit von Stützenfüßen mit Fußplatten behandelt. Die Berechnung der Rotationssteifigkeit S_j und die Klassifizierung des Stützenfußanschlusses soll an einem typischen Beispiel erläutert werden.

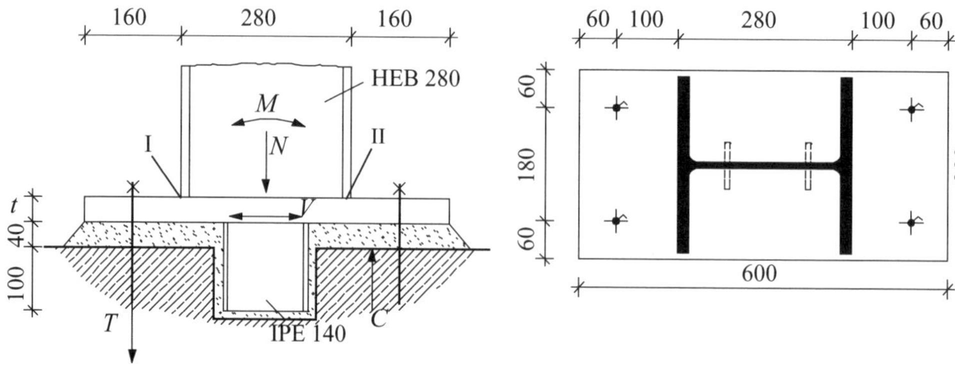

Abb. 6.3 Stützenfuß mit Fußplatte

Das Beispiel ist in (Band 2, 8.6.2) als elastisch gebetteter Stab berechnet und ausführlich diskutiert. Der innere Hebelarm z zwischen der Zugkraft T und der Druckkraft C hängt von der Steifigkeit des Systems ab, d. h. von der Plattensteifigkeit und damit von der Dicke t und der Nachgiebigkeit der Zugverankerung. In (1-8, Bild 6.18) wird angenommen, dass die Druckkraft C wie bei der zentrisch belasteten Stütze am Druckflansch angreift. Möglicherweise auftretende Abstützkräfte am T-Stummel des Zugflansches brauchen bei der Berechnung der Dicke der Fußplatte nicht berücksichtigt zu werden (1-8, 6.2.6.11(2)). Diese Annahme für den Angriffspunkt der Druckkraft C liefert eine gute Übereinstimmung mit der genaueren Berechnung des elastisch gebetteten Stabes.

Beispiel nach Abb. 6.3

$$\gamma_{\mathrm{M0}} = 1{,}00$$

Werkstoff der Fußplatte: S 235

$$E_{\mathrm{a}} = 21000 \text{ kN/cm}^2$$

Werkstoff des Fundamentes: C20/25

$$E_{\mathrm{c}} = 3000 \text{ kN/cm}^2$$

$$f_{\mathrm{jd}} = \frac{2}{3} \cdot f_{\mathrm{cd}} = \frac{2}{3} \cdot 1{,}13 = 0{,}753 \text{ kN/cm}^2$$

Fußplatte:

Gewählt: $t = 50$ mm $\qquad \sigma_{\mathrm{R,d}} = 21{,}5 \text{ kN/cm}^2$

Die Druckkraft wird mit dem elastischen T-Stummel nachgewiesen.

$$x = \sqrt{\frac{\sigma_{\mathrm{R,d}}}{3 \cdot f_{\mathrm{jd}}}} = \sqrt{\frac{21{,}5}{3 \cdot 0{,}753}} = 3{,}09$$

$$\operatorname{erf} c = x \cdot t = 3{,}09 \cdot 5{,}0 = 15{,}5 \text{ cm}$$

$$b_{\mathrm{eff}} = 2 \cdot c + t = 2 \cdot 15{,}5 + 1{,}8 = 32{,}8 \text{ cm} \qquad l_{\mathrm{eff}} = 30{,}0 \text{ cm}$$

$$A' = b_{\mathrm{eff}} \cdot l_{\mathrm{eff}} == 32{,}8 \cdot 30 = 984 \text{ cm}^2$$

$$C_{\mathrm{Rd}} = A' \cdot f_{\mathrm{cd}} = 984 \cdot 0{,}753 = 741 \text{ kN}$$

Trägheitsmoment der Platte: $\qquad I_{\mathrm{p}} = b \cdot \frac{t^3}{12} = 30 \cdot \frac{5{,}0^3}{12} = 313 \text{ cm}^4$

Elastische Beanspruchbarkeit der Platte:

$$M_{\mathrm{el,Rd}} = \frac{1}{6} \cdot l_{\mathrm{eff}} \cdot t^2 \cdot \sigma_{\mathrm{Rd}} = \frac{1}{6} \cdot 30 \cdot 5{,}0^2 \cdot 21{,}5 = 2688 \text{ kNcm}$$

Druckfeder k_{C}:

$$k_{\mathrm{C}} = \frac{E_{\mathrm{c}} \cdot \sqrt{A'}}{1{,}275} = \frac{3000 \cdot \sqrt{984}}{1{,}275} = 73\ 800 \text{ kN/cm}$$

Zuganker: S 235 mit Lasteinleitungselementen
Gewählt: 2 M 27-4.6

$$T_{Rd} = 2 \cdot F_{t,Rd} = 2 \cdot 132 = 264 \text{ kN}$$

$$L_b = 8 \cdot 2,7 + 4,0 + 5,0 + 0,8 + 0,5 \cdot 2,47 = 32,6 \text{ cm} \qquad A_s = 4,59 \text{ cm}^2$$

Zugfeder k_T:

$$k_{T,1} = \frac{E \cdot A_s}{L_b} = \frac{21000 \cdot 4,59}{32,6} = 2957 \text{ kN/cm}$$

$$k_T = 2 \cdot k_{T,1} = 2 \cdot 2957 = 5914 \text{ kN/cm}$$

1. Starr eingespannte Stütze nach Theorie 2. Ordnung
B3_1 Positionsname in GWSTATIK/Band 3

Profil: HEB 280 Querschnittswerte: $A = 131 \text{ cm}^2$ $I_y = 19270 \text{ cm}^4$

Einwirkungen: $N_{Ed} = 350 \text{ kN}$; $H_{Ed} = 18,0 \text{ kN}$ Vorverdrehung: $\phi = 1/200$

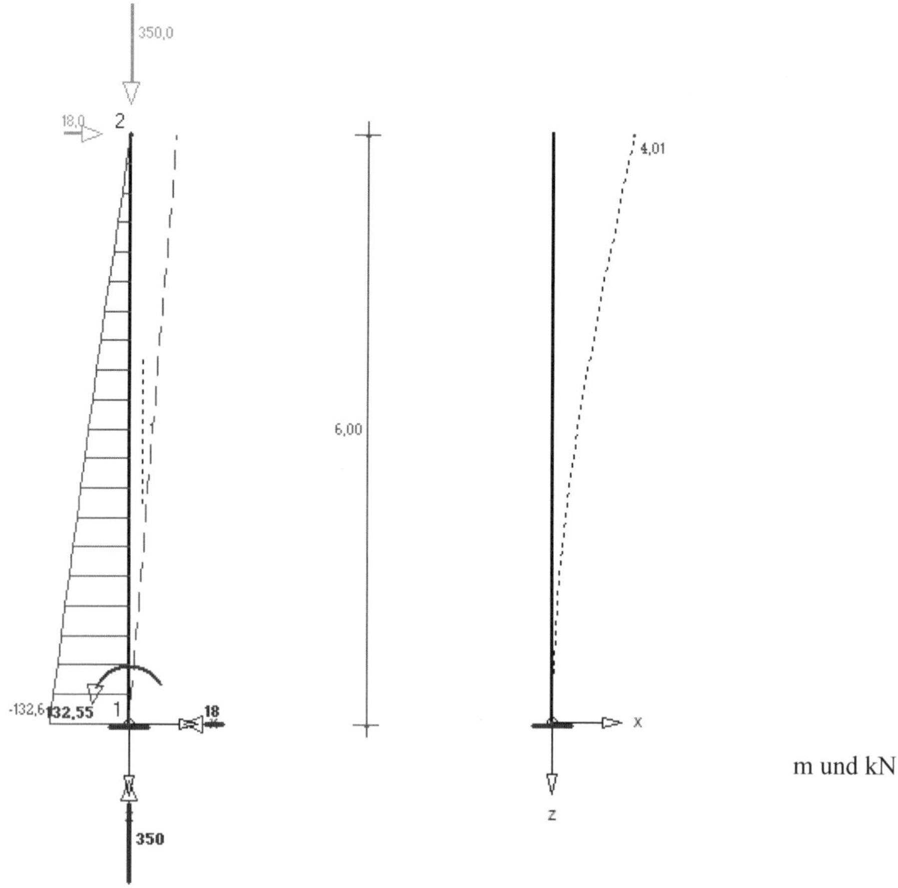

Abb. 6.4 Momentenfläche der starr eingespannten Stütze

Als Erläuterungsbeispiel für die nachgiebige Fußeinspannung wird eine eingespannte Stütze mit dem Stützenfuß nach Abb. 6.3 gewählt. Die Berechnung erfolgt ohne Berücksichtigung der Schubverformungen.
Die Berechnung des Verzweigungslastfaktors ergibt:

$$\alpha_{cr} = 7{,}93 \leq 10$$

Es ist eine Berechnung nach Theorie 2. Ordnung mit Ersatzimperfektionen erforderlich.

2. Elastisch eingespannte Stütze nach Theorie 2. Ordnung B3_2
Es soll zunächst der Einfluss der Rotationssteifigkeit S_j auf die Schnittgrößen und Verformungen dieses Systems untersucht werden. Das Beispiel wird mit steigender Rotationssteifigkeit berechnet, s. Tabelle 6.1. Dieser verschiebliche Rahmen kann nach EC 3 als starr angenommen werden für:

$$S_j \geq 30 \cdot \frac{E \cdot I_c}{L_c} = 30 \cdot \frac{21\,000 \cdot 19\,270}{600} = 202 \text{ MNm/rad}$$

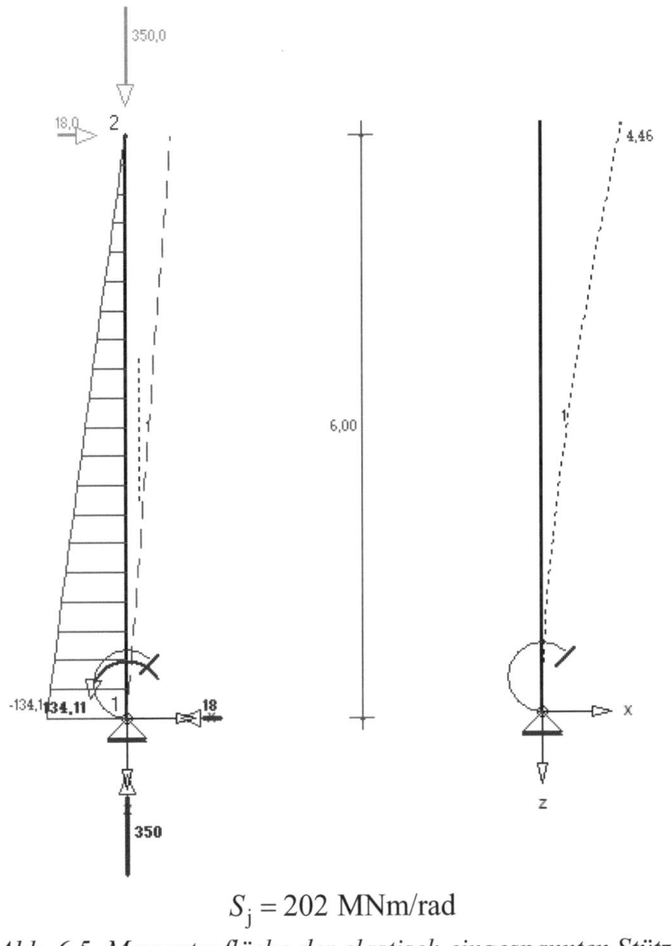

$S_j = 202$ MNm/rad

Abb. 6.5 Momentenfläche der elastisch eingespannten Stütze

Tabelle 6.1 Verformungen und Schnittgrößen nach Theorie 2. Ordnung

	Berechnung nach Theorie 2. Ordnung		
	Durchbiegung	Tragfähigkeit	
S_j	f_h	Einspannmoment	Verzweigungslast
MNm/rad	cm	kNm	kN
12,5	12,78	163,2	1250
25	7,94	146,3	1750
50	5,88	139,1	2164
77,3	5,20	136,7	2336
100	4,93	135,7	2436
202	4,46	134,1	2602
400	4,24	133,3	2688
800	4,13	132,9	2734
∞	4,01	132,6	2781

Kommentar

Für die Beurteilung eines Tragwerkes mit verformbaren Anschlüssen sind das System und die Belastung zu beachten. Es handelt sich um ein verschiebliches System.

1. Das Grenzkriterium nach EC 3 ist für dieses Beispiel zutreffend. Die maßgebende Verformung nimmt um ca. 10 % zu.
2. Die Einspannmomente verändern sich in Abhängigkeit von S_j zunächst nur wenig, dagegen sind die Änderungen der Verformungen besonders zu beachten.

3. Elastisch eingespannte Stütze nach Theorie 2. Ordnung mit Federn B3_3

Die EDV-Programme ermöglichen es, dass die elastische Einspannung dieses Stützenfußes durch eine Zugfeder und eine Druckfeder wie in dem Beispiel angegeben dargestellt werden kann, s. Abb. 6.6.

Profil: HEB 280

Querschnittswerte: $A = 131\ \text{cm}^2 \quad I_y = 19270\ \text{cm}^4$

Druckfeder k_C:

$$k_C = 73\ 800\ \text{kN/cm}$$

Zugfeder k_T:

$$k_T = 5914\ \text{kN/cm}$$

Trägheitsmoment der Platte:

$$I_p = 313\ \text{cm}^4$$

Einwirkungen: $N_{Ed} = 350\ \text{kN} \quad H_{Ed} = 18\ \text{kN} \quad \phi = 1/200$

Die elastische Verformung der Fußplatte kann direkt als Biegestab mit dem Trägheitsmoment der Fußplatte berücksichtigt werden. Dies ist hier auch erforderlich, da die beiden außen liegenden Zuganker keinen typischen T-Stummel darstellen.

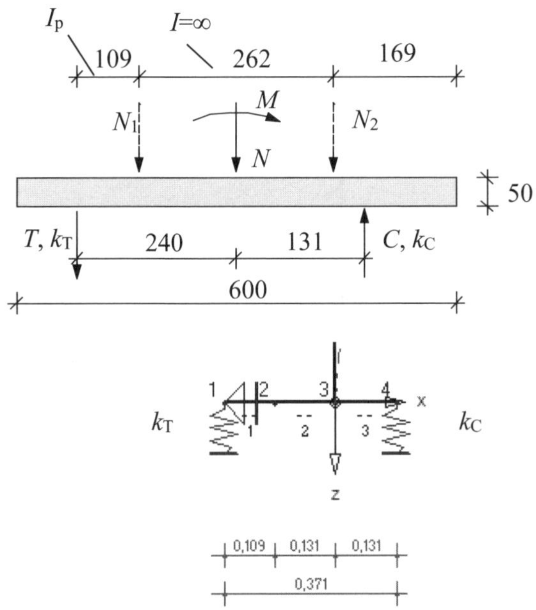

Abb. 6.6 Abmessungen des Stützenfußes mit Fußplatte und Idealisierung des Systems

Die Berechnung des Verzweigungslastfaktors ergibt:

$$\alpha_{cr} = 6{,}31 \leq 10$$

Es ist eine Berechnung nach Theorie 2. Ordnung erforderlich. Mit der Verdrehung am Punkt 3 des Systems kann die Rotationssteifigkeit S_j berechnet werden.

Verdrehung am Punkt 3: $\phi_3 = -1{,}7688$ mrad

$$S_j = \frac{M_{Ed}}{\phi_3} = \frac{136{,}7}{1{,}7688 \cdot 10^{-3}} = 77\,280 \text{ kNm/rad} = 77{,}3 \text{ MNm/rad}$$

Die Ergebnisse nach Abb. 6.7 stimmen mit der Berechnung nach Tabelle 6.2 für $S_{j,ini} = 77{,}3$ MNm/rad überein.

$$S_j = 77{,}3 \text{ MNm/rad} < 30 \cdot \frac{E \cdot I_c}{L_c} = 30 \cdot \frac{21\,000 \cdot 19\,270}{600} = 202 \text{ MNm/rad}$$

Es liegt nach dem Steifigkeitskriterium des EC 3 für dieses System ein verformbarer Stützenfußanschluss vor. Die Verformungen nehmen über 10 % zu.

$$\frac{5{,}20}{4{,}01} = 1{,}30$$

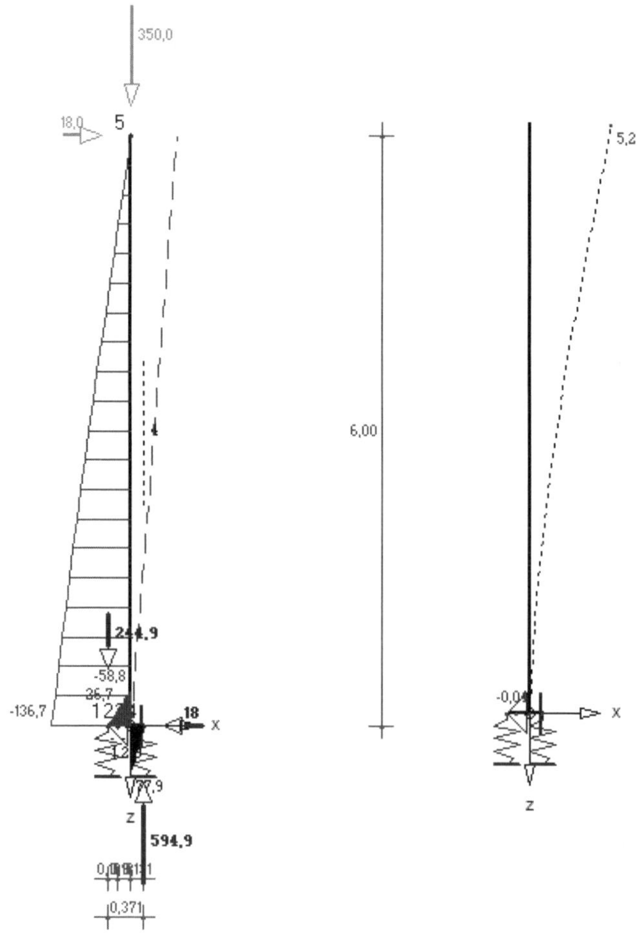

$S_j = 77{,}3$ MNm/rad

Abb. 6.7 Momentenfläche der elastisch eingespannten Stütze mit Federn

Für die weitere Berechnung ist noch zu klären, ob eine elastische oder eine elastisch-plastische Tragwerksberechnung durchgeführt werden soll. Für eine elastisch-plastische Tragwerksberechnung ist der Anpassungsbeiwert η = 3,0 nach Tabelle 1.2 zu berücksichtigen. Hier soll der Nachweis für die elastische Tragwerksberechnung durchgeführt werden. Es wird deshalb ein Nachweis mit dem elastischen Grenzmoment der Fußplatte am Anschnitt geführt. Es werden hier nur die Nachweise des Stützenfußanschlusses angegeben.

Nachweis der Zuganker:

$$\frac{T_{\mathrm{Ed}}}{T_{\mathrm{Rd}}} = \frac{245}{264} = 0{,}93 \le 1{,}0$$

Nachweis des T-Stummels im Druckbereich:

$$\frac{C_{\mathrm{Ed}}}{C_{\mathrm{Rd}}} = \frac{595}{741} = 0,80 \le 1,0$$

Nachweis der Fußplatte am Anschnitt:

$$M_{\mathrm{I}} = T_{\mathrm{Ed}} \cdot u_{\mathrm{T}} = 245 \cdot 10 = 2450 \text{ kNcm}$$

Es ist keine Interaktion mit der Querkraft erforderlich.

$$\tau_{\mathrm{Ed}} = 1,5 \cdot \frac{V_{\mathrm{Ed}}}{A_{\mathrm{p,v}}} = 1,5 \cdot \frac{595}{30 \cdot 5} = 5,95 \ \frac{\mathrm{kN}}{\mathrm{cm}^2} \le 13,6 \ \frac{\mathrm{kN}}{\mathrm{cm}^2}$$

$$\frac{M_{\mathrm{Ed}}}{M_{\mathrm{el,Rd}}} = \frac{2450}{2688} = 0,91 \le 1,0$$

6.4.3 Fußriegel als Fußträger

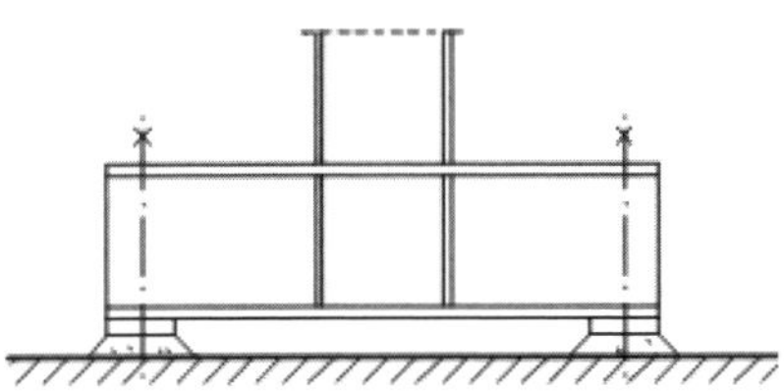

definierte Lagerung

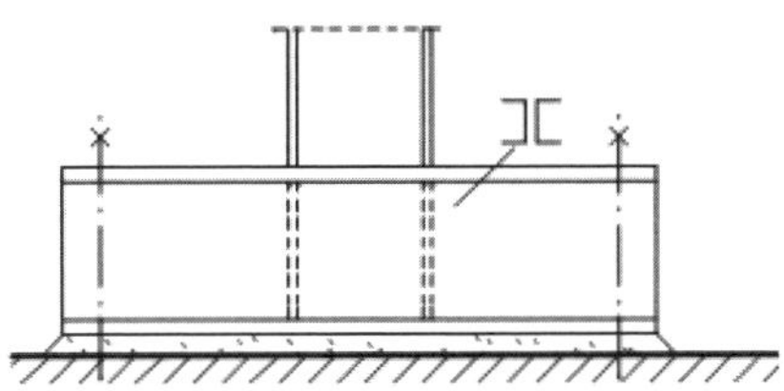

vollflächige Lagerung

Abb. 6.8 Lagerung des Fußträgers

Ist die Lagerung im Zugbereich und im Druckbereich konstruktiv festgelegt, kann im Druckbereich näherungsweise mit einer konstanten Pressung gerechnet werden. Der Angriffspunkt liegt damit fest.

Bei vollflächiger Lagerung des Fußträgers nach Abb. 6.8 besteht das Problem für den Angriffspunkt der Druckkraft wie bei der Fußplatte. Der große Unterschied besteht darin, dass der Fußträger gegenüber der Fußplatte wesentlich steifer ist. Deshalb ist der Druckpunkt nicht unter dem Druckflansch der Stütze, sondern mehr am Ende des Fußträgers anzusetzen. Eine genauere Berechnung ist deshalb nur mit einer elastischen Druckbettung möglich. Dies bedeutet eine iterative Berechnung für die elastische Bettung, die mit dem Programm GWSTATIK möglich ist. Weiterhin treten im Fußriegel, der ein kurzer Träger ist, große Querkräfte auf. Deshalb sind die Schubverformungen ebenfalls zu berücksichtigen.

1. Berechnung mit elastischer Bettung B3_5
Profil: HEB 280

Querschnittswerte: $A = 131\ \text{cm}^2$ $I_y = 19270\ \text{cm}^4$ $A_v = 41{,}1\ \text{cm}^2$

Fußriegel aus 2 Profilen: 2xU 300 $l = 60$ cm

Querschnittswerte: $A = 58{,}8\ \text{cm}^2$ $I_y = 8030\ \text{cm}^4$ $A_v = 28{,}4\ \text{cm}^2$ $b = 100$ mm

$$W_y = 535\ \text{cm}^3 \quad S_y = 316\ \text{cm}^3 \quad t_w = 10\ \text{mm} \quad d = 232\ \text{mm}$$

Werkstoff des Fundamentes: C20/25

$$E_c = 3000\ \text{kN/cm}^2$$

Es ist gerechtfertigt, für die Berechnung mit elastischer Bettung größere Grenzwerte anzunehmen.

$$f_{jd} = f_{cd} = 1{,}13\ \text{kN/cm}^2$$

Elastische Druckbettung:

$$x = \sqrt{\frac{\sigma_{R,d}}{3 \cdot f_{jd}}} = \sqrt{\frac{23{,}5}{3 \cdot 1{,}13}} = 2{,}63$$

$$\text{erf}\ c = x \cdot t = 2{,}63 \cdot 2{,}0 = 5{,}26\ \text{cm}$$

$$b_{eff} = 2 \cdot b + 2 \cdot c = 2 \cdot 10{,}0 + 2 \cdot 5{,}63 = 31{,}3\ \text{cm}$$

l_{eff} kann nur iterativ ermittelt werden, da der Anfangspunkt der Druckbettung zunächst nicht bekannt ist. Die iterative Berechnung ergibt in diesem Fall

$$l_{eff} = 25{,}0\ \text{cm}$$

$$k_{ces} = \frac{E_c}{1{,}275} \cdot \sqrt{\frac{b_{eff}}{l_{eff}}} = \frac{3000}{1{,}275} \cdot \sqrt{\frac{31{,}3}{25}} = 2633\ \text{kN/cm}^2$$

Zuganker: S 235 mit Lasteinleitungselementen
Gewählt: 2 M 27-4.6

$$T_{Rd} = 2 \cdot F_{t,Rd} = 2 \cdot 132 = 264\ \text{kN}$$

$$L_b = 8 \cdot 2{,}7 + 4{,}0 + 5{,}0 + 0{,}8 + 0{,}5 \cdot 2{,}47 = 32{,}6\ \text{cm}$$

$$A_s = 4{,}59\ \text{cm}^2$$

Zugfeder k_T:

$$k_{T,1} = \frac{E \cdot A_s}{L_b} = \frac{21000 \cdot 4{,}59}{32{,}6} = 2957\ \text{kN/cm}$$

$$k_T = 2 \cdot k_{T,1} = 2 \cdot 2957 = 5914\ \text{kN/cm}$$

Die Berechnung des Verzweigungslastfaktors ergibt:

$$\alpha_{cr} = 6{,}89 \leq 10$$

Es ist eine Berechnung nach Theorie 2. Ordnung mit Ersatzimperfektionen erforderlich.

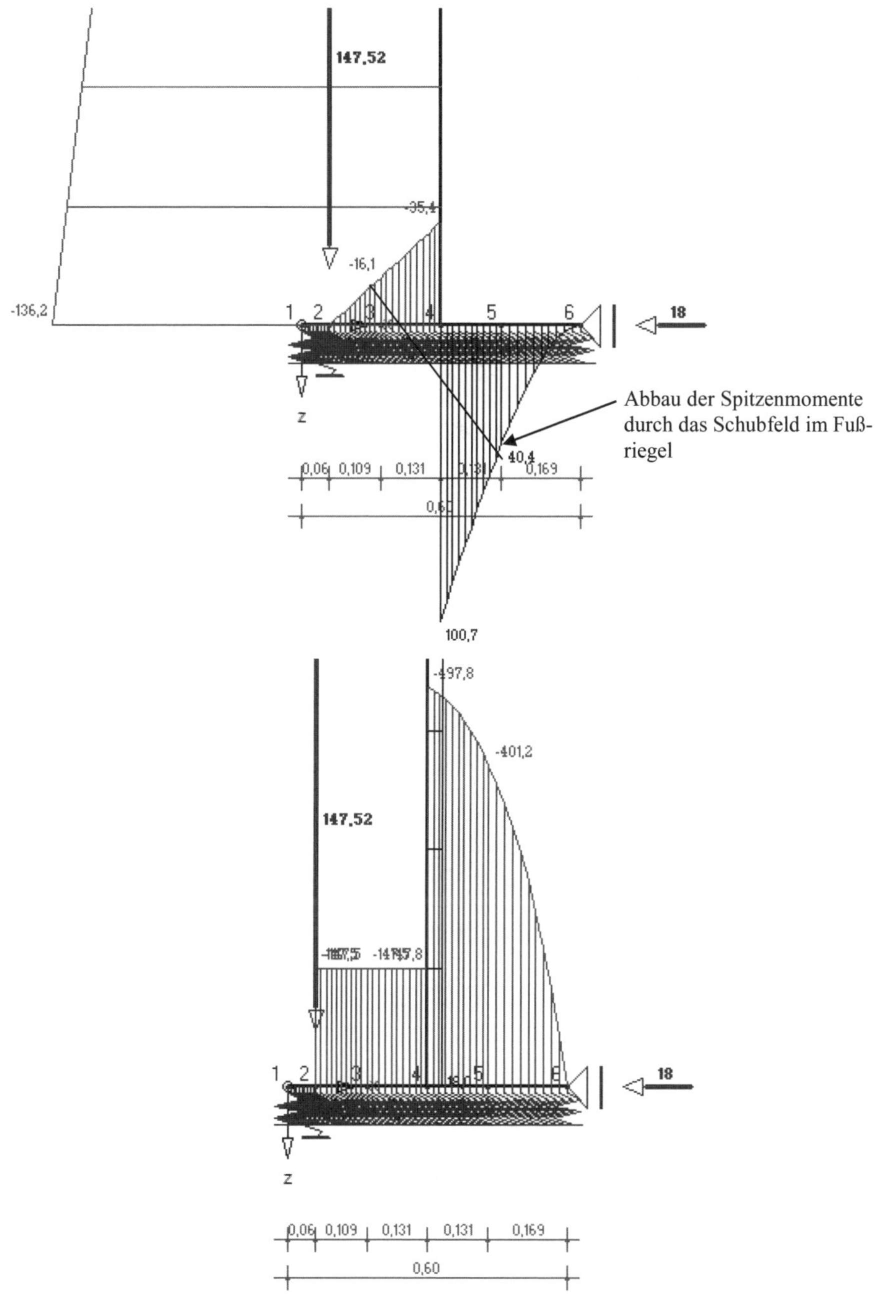

$S_j = 92,5$ MNm/rad

Abb. 6.9 Momentenfläche der elastisch eingespannten Stütze mit Fußriegel

Verdrehung am Punkt 4: $\phi_4 = -1{,}4720$ mrad

$$S_{\mathrm{j}} = \frac{M_{\mathrm{Ed}}}{\phi_4} = \frac{136{,}2}{1{,}4720 \cdot 10^{-3}} = 92\ 500\ \mathrm{kNm/rad} = 92{,}5\ \mathrm{MNm/rad}$$

$$S_{\mathrm{j}} = 92{,}5\ \mathrm{MNm/rad} < 30 \cdot \frac{E \cdot I_{\mathrm{c}}}{L_{\mathrm{c}}} = 30 \cdot \frac{21\ 000 \cdot 19\ 270}{600} = 202\ \mathrm{MNm/rad}$$

Es liegt ein verformbarer Stützenfußanschluss vor. Die maximale Verformung beträgt 5,05 cm. Die Verformungen nehmen über 10 % zu.

$$\frac{5{,}05}{4{,}01} = 1{,}26$$

Das Spitzenmoment in Abb. 6.9 kann sich wie bei einer Rahmenecke nicht aufbauen, s. Band 2 Abschnitt 7.4. Zwischen dem Riegel und der Stütze ist ein biegesteifer Anschluss mit einem Schubfeld. Es werden hier nur die Nachweise des Stützenfußanschlusses angegeben.

Nachweis der Zuganker:

$$\frac{T_{\mathrm{Ed}}}{T_{\mathrm{Rd}}} = \frac{148}{264} = 0{,}56 \le 1{,}0$$

Nachweis **eines** Fußriegels:

$$M_{\mathrm{y,Ed}} = \frac{4040}{2} = 2020\ \mathrm{kNcm} \qquad V_{\mathrm{z,Ed}} = 401/2 = 201\ \mathrm{kN}$$

$$\max \sigma = \frac{M_{\mathrm{y}}}{W_{\mathrm{y}}} = \frac{2020}{535} = 3{,}76\ \mathrm{kN/cm^2} \le 23{,}5\ \mathrm{kN/cm^2}$$

$$\max \tau = \frac{V_{\mathrm{z}} \cdot S_{\mathrm{y}}}{I_{\mathrm{y}} \cdot t_{\mathrm{w}}} = \frac{201 \cdot 316}{8030 \cdot 1{,}0} = 7{,}91\ \mathrm{kN/cm^2} \le 13{,}6\ \mathrm{kN/cm^2}$$

Vergleichsspannung σ_{V} an der Ausrundung:

$$\sigma_1 = \frac{M_{\mathrm{y}}}{I_{\mathrm{y}}} \cdot \frac{d}{2} = \frac{2020}{8030} \cdot \frac{23{,}2}{2} = 2{,}92\ \mathrm{kN/cm^2}$$

$$S_1 = S_{\mathrm{y}} - t_{\mathrm{w}} \cdot \frac{d^2}{8} = 316 - 1{,}0 \cdot \frac{23{,}2^2}{8} = 249\ \mathrm{cm^3}$$

$$\tau_1 = \frac{V_{\mathrm{z}} \cdot S_1}{I_{\mathrm{y}} \cdot t_{\mathrm{w}}} = \frac{201 \cdot 249}{8030 \cdot 1{,}0} = 6{,}23\ \mathrm{kN/cm^2}$$

$$\sigma_{\mathrm{V}} = \sqrt{\sigma_1^{\,2} + 3 \cdot \tau_1^{\,2}} = \sqrt{2{,}92^2 + 3 \cdot 6{,}23^2} = 11{,}2\ \mathrm{kN/cm^2} \le 23{,}5\ \mathrm{kN/cm^2}$$

Nachweis der Betonpressung:

$$p_6 = k_{\text{ces}} \cdot w_6 = 2633 \cdot 0{,}01543 = 40{,}6 \text{ kN/cm}$$

$$\sigma_{\text{c}} = \frac{p_6}{b_{\text{eff}}} = \frac{40{,}6}{32{,}9} = 1{,}23 \text{ kN/cm}^2 \leq 1{,}5 \cdot f_{\text{cd}} = 1{,}70 \text{ kN/cm}^2$$

2. Berechnung mit elastischen Federn

Die elastische Druckbettung kann durch eine Druckfeder ersetzt werden. Der Verlauf der elastischen Bettung kann näherungsweise dreiecksförmig angenommen werden, s. Abb. 6.10. Unbekannt ist die Länge l_{eff}. Die Zugkraft T und die Druckkraft C hängen von dem Hebelarm z ab. Da bei der Festlegung von l_{eff} einer der beiden Kräfte auf der unsicheren Seite ist, wird vorgeschlagen, 2 Grenzwerte zu untersuchen.

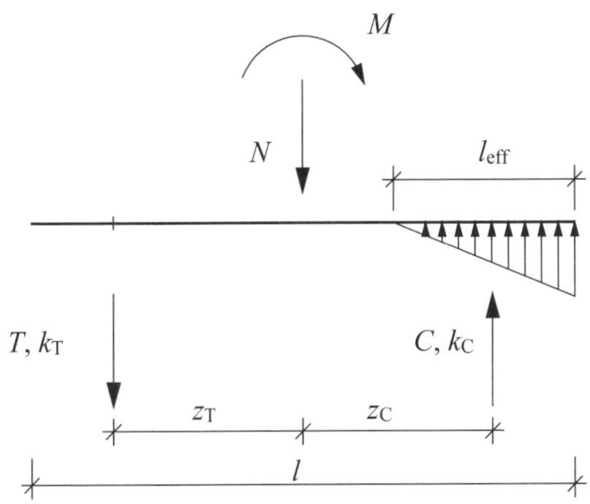

Abb. 6.10 Annahme des Verlaufs der Druckbettung bei der Stütze mit Fußriegel

1. $l_{\text{eff}} = l/2$ 2. $l_{\text{eff}} = l/4$

Die ungünstigsten Werte werden für den Nachweis des Stützenfußanschlusses zugrunde gelegt. Wegen der dreiecksförmigen Verteilung der elastischen Druckbettung gilt für die Druckfeder k_{C}:

$$k_{\text{C}} = \frac{1}{2} \cdot \frac{E_{\text{c}} \cdot \sqrt{A'}}{1{,}275}$$

1. Grenzfall

B3_6

$$l_{\text{eff}} = l/2 = 60/2 = 30 \text{ cm}$$

$$A' = l_{\text{eff}} \cdot b_{\text{eff}} = 30 \cdot 31{,}3 = 939 \text{ cm}^2$$

$$k_{\text{C}} = \frac{1}{2} \cdot \frac{E_{\text{c}} \cdot \sqrt{A'}}{1{,}275} = \frac{3000 \cdot \sqrt{939}}{1{,}275} = 36\ 100 \text{ kN/cm}$$

$$z_T = 24{,}0 \text{ cm} \qquad z_C = \frac{l}{2} - \frac{l_{eff}}{3} = \frac{60}{2} - \frac{30}{3} = 20{,}0 \text{ cm}$$

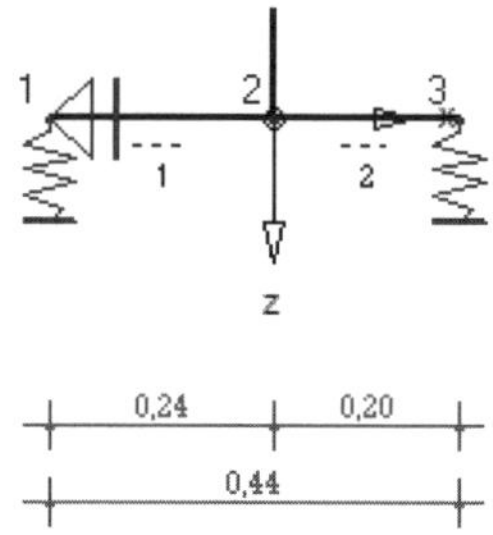

Abb. 6.11 Bezeichnungen des Stützenfußes mit Fußriegel

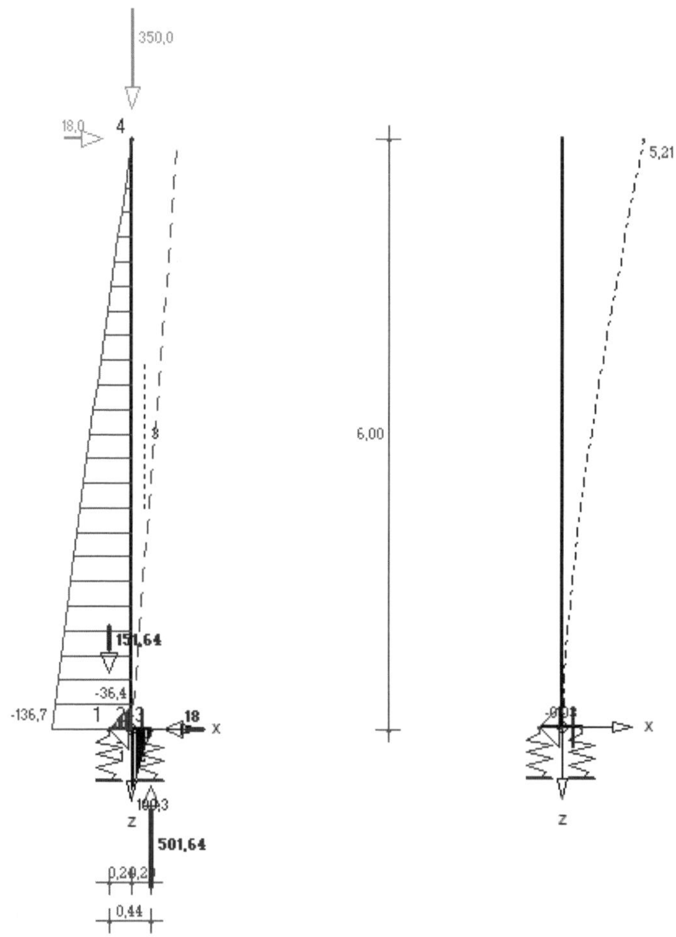

$$S_j = 79{,}9 \text{ MNm/rad}$$

Abb. 6.12 Momentenfläche der elastisch eingespannten Stütze mit Federn und Fußriegel

Die Berechnung des Verzweigungslastfaktors mit Schubverformungen ergibt:

$$\alpha_{cr} = 6{,}41 \leq 10$$

Es ist eine Berechnung nach Theorie 2. Ordnung mit Ersatzimperfektionen erforderlich.

Verdrehung am Punkt 2: $\phi_2 = -1{,}7112$ mrad

$$S_j = \frac{M_{Ed}}{\phi_2} = \frac{136{,}7}{1{,}7112 \cdot 10^{-3}} = 79\,900 \text{ kNm/rad} = \text{ MNm/rad}$$

$$S_j = 79{,}9 \text{ MNm/rad} \geq 30 \cdot \frac{E \cdot I_c}{L_c} = 30 \cdot \frac{21\,000 \cdot 19\,270}{600} = 202 \text{ MNm/rad}$$

Es liegt ein verformbarer Stützenfußanschluss vor. Die Verformungen nehmen über 10 % zu.

$$\frac{5{,}21}{4{,}01} = 1{,}30$$

2. Grenzfall

B3_7

$$l_{eff} = l / 4 = 60 / 4 = 15 \text{ cm}$$

$$A' = l_{eff} \cdot b_{eff} = 15 \cdot 31{,}3 = 470 \text{ cm}^2$$

$$k_C = \frac{1}{2} \cdot \frac{E_c \cdot \sqrt{A'}}{1{,}275} = \frac{3000 \cdot \sqrt{470}}{1{,}275} = 25\,500 \text{ kN/cm}$$

$$z_T = 24{,}0 \text{ cm}$$

$$z_C = \frac{l}{2} - \frac{l_{eff}}{3} = \frac{60}{2} - \frac{15}{3} = 25{,}0 \text{ cm}$$

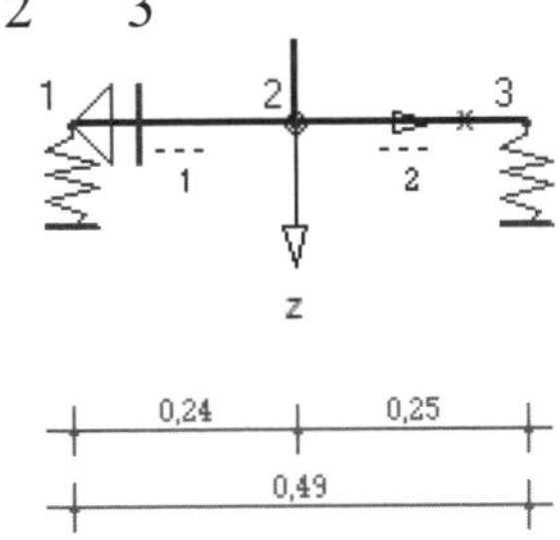

Abb. 6.13 Bezeichnungen des Stützenfußes mit Fußriegel

Die Berechnung des Verzweigungslastfaktors mit Schubverformungen ergibt:

$$\alpha_{cr} = 6{,}56 \leq 10$$

Es ist eine Berechnung nach Theorie 2. Ordnung mit Ersatzimperfektionen erforderlich.

Verdrehung am Punkt 2: $\phi_2 = -1{,}4757$ mrad

$$S_j = \frac{M_{Ed}}{\phi_2} = \frac{136,2}{1,4757 \cdot 10^{-3}} = 92\ 300 \text{ kNm/rad} = 92,3 \text{ MNm/rad}$$

$$S_j = 92,3 \text{ MNm/rad} \geq 30 \cdot \frac{E \cdot I_c}{L_c} = 30 \cdot \frac{21\ 000 \cdot 19\ 270}{600} = 202 \text{ MNm/rad}$$

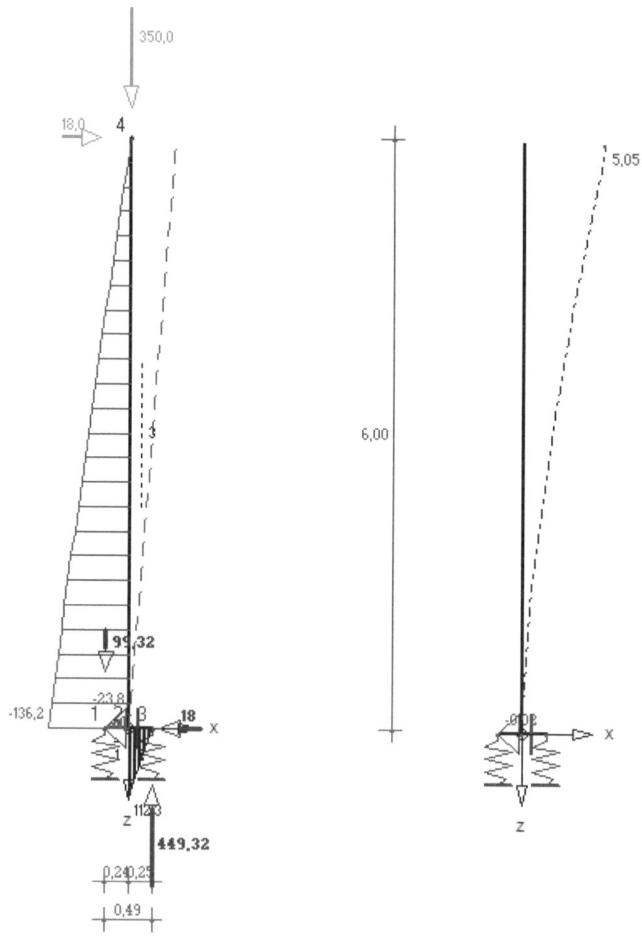

$S_j = 92,3$ MNm/rad

Abb. 6.14 Momentenfläche der elastisch eingespannten Stütze mit Federn und Fußriegel

$$S_j = 92,3 \text{ MNm/rad} \geq 30 \cdot \frac{E \cdot I_c}{L_c} = 30 \cdot \frac{21\ 000 \cdot 19\ 270}{600} = 202 \text{ MNm/rad}$$

Es liegt ein verformbarer Stützenfußanschluss vor. Die Verformungen nehmen über 10 % zu.

$$\frac{5,05}{4,01} = 1,26$$

Es werden hier nur die Nachweise des Stützenfußanschlusses für die ungünstigste Beanspruchung angegeben.

Nachweis der Zuganker:

$$\frac{T_{\text{Ed}}}{T_{\text{Rd}}} = \frac{152}{264} = 0,58 \leq 1,0$$

Nachweis **eines** Fußriegels am Anschnitt.

1. Grenzfall

$$M_{\text{y,Ed}} = \frac{C_{\text{Ed}}}{2} \cdot u_{\text{C}} = \frac{C_{\text{Ed}}}{2} \cdot \left(z_{\text{C}} - \frac{h}{2} \right) = \frac{502}{2} \cdot (20 - 14) = 1506 \text{ kNcm}$$

$$V_{\text{z,Ed}} = 502 / 2 = 251 \text{ kN}$$

$$M_{\text{y,Ed}} = \frac{4040}{2} = 2020 \text{ kNcm} \qquad V_{\text{z,Ed}} = 401 / 2 = 201 \text{ kN}$$

$$\max \sigma = \frac{M_{\text{y}}}{W_{\text{y}}} = \frac{2020}{535} = 3,76 \text{ kN/cm}^2 \leq 23,5 \text{ kN/cm}^2$$

$$\max \tau = \frac{V_{\text{z}} \cdot S_{\text{y}}}{I_{\text{y}} \cdot t_{\text{w}}} = \frac{201 \cdot 316}{8030 \cdot 1,0} = 7,91 \text{ kN/cm}^2 \leq 13,6 \text{ kN/cm}^2$$

Vergleichsspannung σ_{V} an der Ausrundung:

$$\sigma_1 = \frac{M_{\text{y}}}{I_{\text{y}}} \cdot \frac{d}{2} = \frac{2020}{8030} \cdot \frac{23,2}{2} = 2,92 \text{ kN/cm}^2$$

$$S_1 = S_{\text{y}} - t_{\text{w}} \cdot \frac{d^2}{8} = 316 - 1,0 \cdot \frac{23,2^2}{8} = 249 \text{ cm}^3$$

$$\tau_1 = \frac{V_{\text{z}} \cdot S_1}{I_{\text{y}} \cdot t_{\text{w}}} = \frac{201 \cdot 249}{8030 \cdot 1,0} = 6,23 \text{ kN/cm}^2$$

$$\sigma_{\text{V}} = \sqrt{\sigma_1^{\,2} + 3 \cdot \tau_1^{\,2}} = \sqrt{2,92^2 + 3 \cdot 6,23^2} = 11,2 \text{ kN/cm}^2 \leq 23,5 \text{ kN/cm}^2$$

2. Grenzfall

$$M_{\text{y,Ed}} = \frac{C_{\text{Ed}}}{2} \cdot u_{\text{C}} = \frac{C_{\text{Ed}}}{2} \cdot \left(z_{\text{C}} - \frac{h}{2} \right) = \frac{449}{2} \cdot (25 - 14) = 2470 \text{ kNcm}$$

$$V_{\text{z,Ed}} = 449 / 2 = 224 \text{ kN}$$

$$M_{\text{y,Ed}} = \frac{4040}{2} = 2020 \text{ kNcm} \qquad V_{\text{z,Ed}} = 401 / 2 = 201 \text{ kN}$$

$$\max \sigma = \frac{M_{\text{y}}}{W_{\text{y}}} = \frac{2020}{535} = 3,76 \text{ kN/cm}^2 \leq 23,5 \text{ kN/cm}^2$$

$$\max\,\tau = \frac{V_z \cdot S_y}{I_y \cdot t_w} = \frac{201 \cdot 316}{8030 \cdot 1{,}0} = 7{,}91\ \text{kN/cm}^2 \le 13{,}6\ \text{kN/cm}^2$$

Vergleichsspannung σ_V an der Ausrundung:

$$\sigma_1 = \frac{M_y}{I_y} \cdot \frac{d}{2} = \frac{2020}{8030} \cdot \frac{23{,}2}{2} = 2{,}92\ \text{kN/cm}^2$$

$$S_1 = S_y - t_w \cdot \frac{d^2}{8} = 316 - 1{,}0 \cdot \frac{23{,}2^2}{8} = 249\ \text{cm}^3$$

$$\tau_1 = \frac{V_z \cdot S_1}{I_y \cdot t_w} = \frac{201 \cdot 249}{8030 \cdot 1{,}0} = 6{,}23\ \text{kN/cm}^2$$

$$\sigma_V = \sqrt{\sigma_1^{\,2} + 3 \cdot \tau_1^{\,2}} = \sqrt{2{,}92^2 + 3 \cdot 6{,}23^2} = 11{,}2\ \text{kN/cm}^2 \le 23{,}5\ \text{kN/cm}^2$$

Nachweis der Betonpressung:

1. Grenzfall

$$\sigma_c = 2 \cdot \frac{C_{Ed}}{A'} = 2 \cdot \frac{502}{983} = 1{,}02\ \text{kN/cm}^2 \le 1{,}5 \cdot f_{cd} = 1{,}70\ \text{kN/cm}^2$$

2. Grenzfall

$$\sigma_c = 2 \cdot \frac{C_{Ed}}{A'} = 2 \cdot \frac{449}{494} = 1{,}81\ \text{kN/cm}^2 \le 1{,}5 \cdot f_{cd} = 1{,}70\ \text{kN/cm}^2$$

Nachweis der Betonpressung:

$$k_{ces} = \frac{E_c}{1{,}275} \cdot \sqrt{\frac{b_{eff}}{l_{eff}}} = \frac{3000}{1{,}275} \cdot \sqrt{\frac{31{,}3}{15}} = 3400\ \text{kN/cm}^2$$

$$p_6 = k_{ces} \cdot w_6 = 3400 \cdot 0{,}01762 = 59{,}9\ \text{kN/cm}$$

$$\sigma_c = \frac{p_6}{b_{eff}} = \frac{59{,}9}{31{,}3} = 1{,}91\ \text{kN/cm}^2 \le 1{,}5 \cdot f_{cd} = 1{,}70\ \text{kN/cm}^2$$

6.4.4 Köcherfundament

Bei der eingespannten Stütze handelt es sich um einen im Fundament elastisch gebetteten Stab. In [4] ist der elastisch gebettete Stab ausführlich diskutiert. Das wichtigste Ergebnis ist, dass sich die Beanspruchungen der Stütze und des Fundamentes nicht mehr ändern, wenn die Einspanntiefe f über das 2,5- bis 3fache der Profilhöhe h hinausgeht. Über die Mindesteinspanntiefen liegen in der Literatur unterschiedliche Angaben vor. In [19] wird eine Mindesteinspanntiefe von 1,5 h empfohlen.
Die Verformungen aus der Querkraft der Stahlstütze wurden bisher bei der Berechnung des elastisch gebetteten Stabes nicht berücksichtigt. Bei kurzen Trägern und großen Querkräften sind die Schubverformungen im Verhältnis zu den Biegeverformungen oft sehr groß. Die Stütze mit einer Einspanntiefe von 1,5- bis 3-facher Höhe des Profils stellt einen solchen Bereich dar. Insbesondere beeinflussen die Querkraftverformungen den Verlauf der Pressungen und der Querkraft über die Einspanntiefe des Profils.
Denn es gilt:

$$p = k_{\text{ces}} \cdot w$$

$$k_{\text{ces}} = \frac{E_{\text{c}}}{1{,}275} \cdot \sqrt{\frac{b_{\text{eff}}}{l_{\text{eff}}}} \tag{6.15}$$

Dies soll am Beispiel des HEB 280 mit f/h = 2,0 und einem Moment von 100 kNm gezeigt werden.

Beispiel: C3_1
Werkstoff der Stütze: S 235

$$E_{\text{a}} = 21000 \text{ kN/cm}^2$$

Werkstoff des Fundamentes: C20/25

$$E_{\text{c}} = 3000 \text{ kN/cm}^2$$

$$f = 2 \cdot h = 2 \cdot 28{,}0 = 56{,}0 \text{ cm}$$

$$b_{\text{eff}} = 1{,}5 \cdot b = 1{,}5 \cdot 28{,}0 = 42{,}0 \text{ cm}$$

$$l_{\text{eff}} = 0{,}5 \cdot f = 0{,}5 \cdot 56{,}0 = 28{,}0 \text{ cm}$$

$$k_2 = \frac{E_{\text{c}}}{1{,}275} \cdot \sqrt{\frac{b_{\text{eff}}}{l_{\text{eff}}}} = \frac{3000}{1{,}275} \cdot \sqrt{\frac{42{,}0}{28{,}0}} = 2880 \text{ kN/cm}^2$$

Der Vergleich in Abb. 6.15 zeigt, dass die Pressungen am oberen Rand zunehmen, dagegen die maximale Querkraft abnimmt, wenn die Verformungen aus Querkraft berücksichtigt werden. Letzteres ist besonders wichtig, da die maximale Querkraft entscheidend die erforderliche Einspanntiefe bestimmt.

Weiterhin ist ersichtlich, dass auch am unteren Ende der Stütze größere Pressungen auftreten.

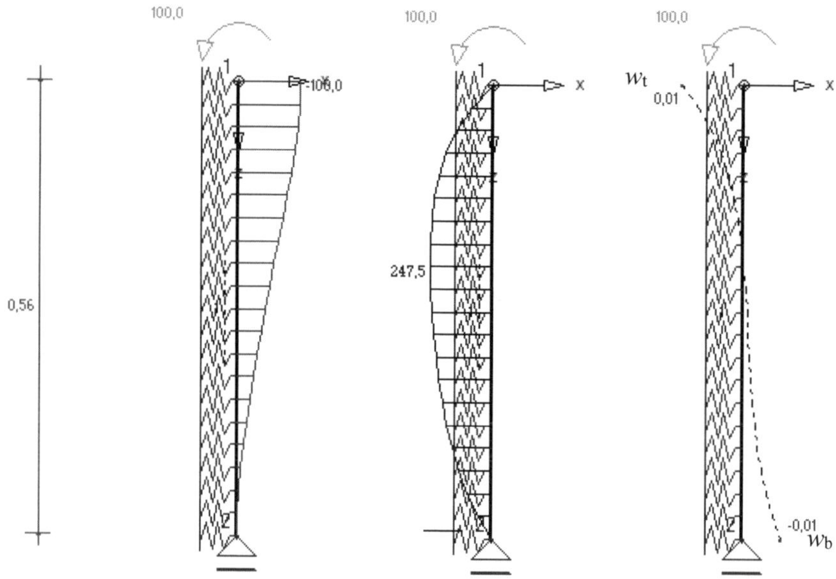

mit Querkraftverformung

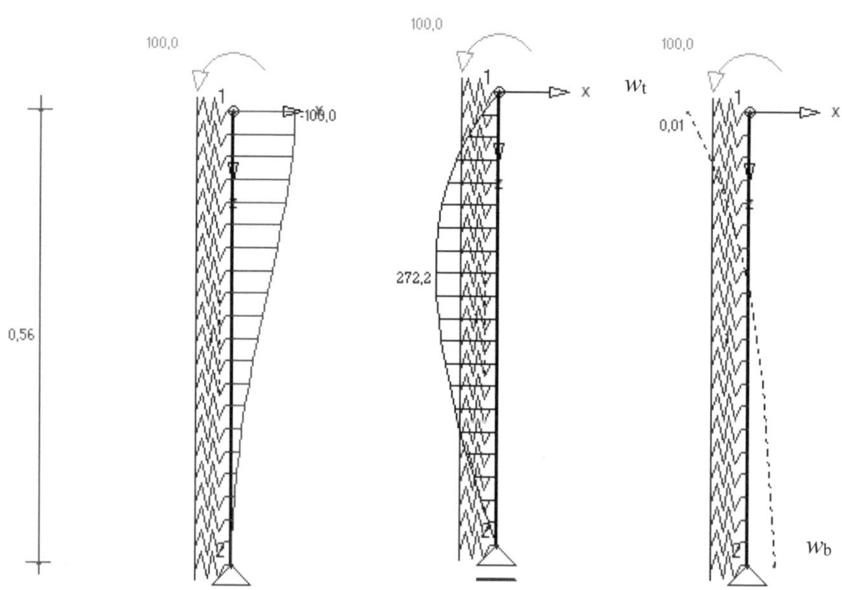

ohne Querkraftverformung

Abb. 6.15 Beispiel des HEB 280 für f/h = 2,0

Beispiel: C3_2
Profil: HEB 280

Querschnittswerte: $A = 131\ \text{cm}^2$ $I_y = 19270\ \text{cm}^4$ $A_v = 41{,}1\ \text{cm}^2$

Gewählt: $f = 56{,}0\ \text{cm}$

$$1{,}5 \cdot h = 42\ \text{cm} \leq f = 56\ \text{cm} \leq 3{,}0 \cdot h = 84\ \text{cm}$$

Die Berechnung des Verzweigungslastfaktors ergibt: $\alpha_{cr} = 6{,}62 \leq 10$

Es ist eine Berechnung nach Theorie 2. Ordnung mit Ersatzimperfektionen erforderlich.

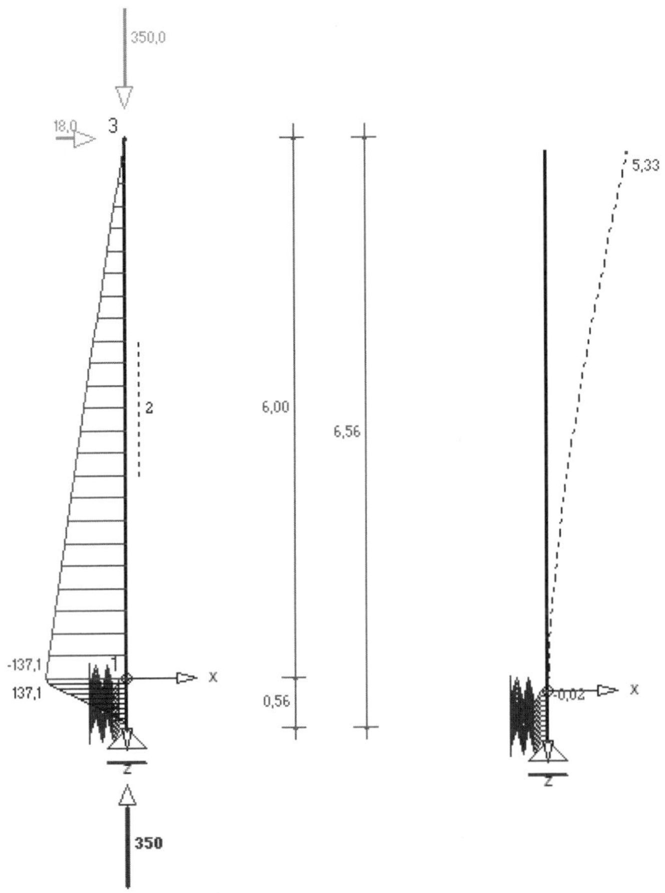

Abb. 6.16 Momentenfläche der elastisch eingespannten Stütze mit Federn und Fußriegel

Die Verformung ohne Schubverformung beträgt 4,69 cm.

Verdrehung am Punkt 1: $\phi_1 = -1{,}8726$ mrad

$$S_j = \frac{M_{Ed}}{\phi_1} = \frac{137{,}1}{1{,}8726 \cdot 10^{-3}} = 73\ 200\ \text{kNm/rad} = 73{,}2\ \text{MNm/rad}$$

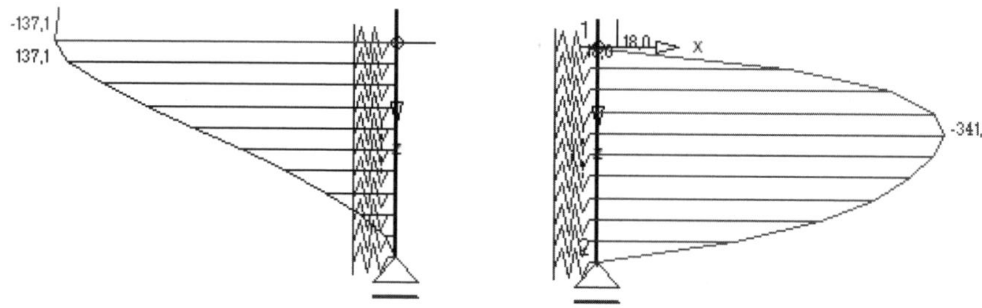

Abb. 6.17 Momenten- und Querkraftverlauf im Einspannbereich

$$S_{\mathrm{j}} = 73{,}2 \text{ MNm/rad} \geq 30 \cdot \frac{E \cdot I_{\mathrm{c}}}{L_{\mathrm{c}}} = 30 \cdot \frac{21\,000 \cdot 19\,270}{600} = 202 \text{ MNm/rad}$$

Es liegt ein verformbarer Stützenfußanschluss vor. Die Verformungen nehmen über 10 % zu.

$$\frac{5{,}33}{4{,}01} = 1{,}33$$

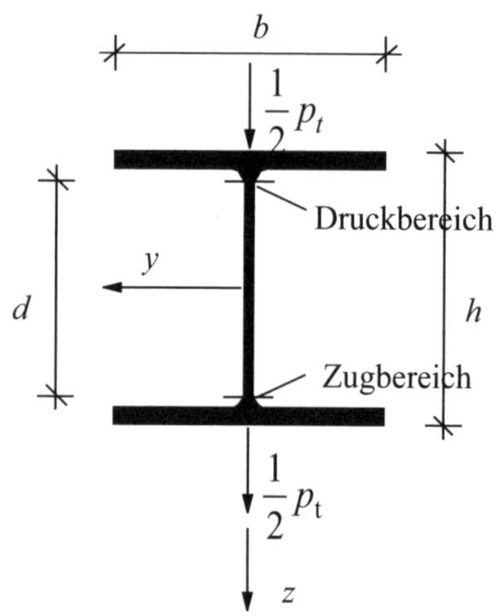

	Verschiebung u [mm]
1	0,1732
2	-0,1070
3	53,3152

Abb. 6.18 Verteilung der Pressungen am Steg bei plastischer Bemessung

Die globale Verschiebung u entspricht der lokalen Verschiebung w.

$$p_{\mathrm{t}} = k_2 \cdot w_1 = 2880 \cdot 0{,}01732 = 49{,}9 \text{ kN/cm}$$

$$\sigma_c = \frac{1}{2} \cdot \frac{p_t}{b} = \frac{1}{2} \cdot \frac{49{,}9}{28{,}0} = 0{,}892 \text{ kN/cm}^2 \leq 1{,}5 \cdot f_{cd} = 1{,}70 \text{ kN/cm}^2$$

$$\sigma_z = \pm \frac{1}{2} \cdot \frac{p_t}{t_w} = \pm \frac{1}{2} \cdot \frac{49{,}9}{1{,}05} = \pm 23{,}8 \text{ kN/cm}^2 > \sigma_{Rd} = 23{,}5 \text{ kN/cm}^2$$

Diese Pressung tritt nur örtlich am oberen Ende auf. Die Grenzpressung des Betons wird nicht erreicht, dagegen fließt der Steg im Druck- und Zugbereich. Es ist hier möglich, einen vereinfachten **plastischen Nachweis** zu führen. Der Einfluss der Stegspannung σ_z aus der Pressung an der Einspannstelle ist gering und kann vernachlässigt werden. Es tritt nur örtlich eine Plastizierung an der Einspannstelle auf. Damit ist an der Einspannstelle kein zusätzlicher Tragsicherheitsnachweis erforderlich. An der Stelle der maximalen Querkraft ist die Spannung σ_z gleich null. Die maximale Querkraft wird der Querschnittsfläche A_v zugeordnet. Bei dem vereinfachten Nachweis wird für die Querschnittsfläche A_v keine zusätzliche Spannung σ_x aus dem zugehörigen Biegemoment und der Normalkraft angenommen. Die restliche Flanschfläche muss für die Normalkraft und das zugehörige Biegemoment ausreichen, s. Band 1, Abschnitt 2.5.4.

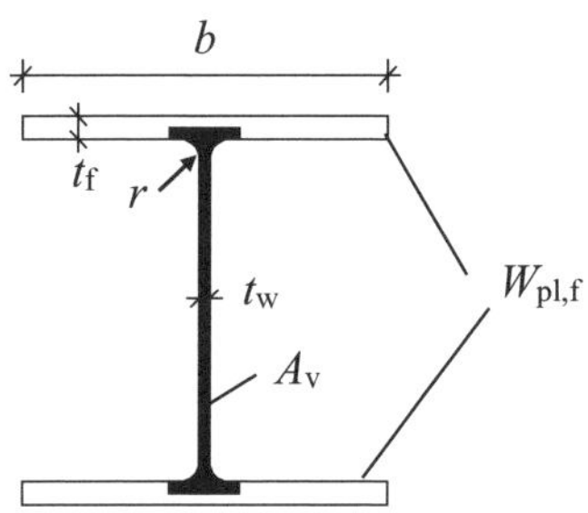

Abb. 6.19 Vereinfachter plastischer Nachweis

Nachweis an der Einspannstelle:

$$N_{pl,Rd} = A \cdot \sigma_{Rd} = 131 \cdot 23{,}5 = 3079 \text{ kN}$$

$$M_{pl,y,Rd} = W_{pl,y} \cdot \sigma_{Rd} = 1534 \cdot 23{,}5 = 35896 \text{ kNcm} = 359 \text{ kNm}$$

$$\frac{N_{Ed}}{N_{pl,Rd}} + \frac{M_{y,Ed}}{M_{pl,y,Rd}} = \frac{350}{3079} + \frac{137}{359} = 0{,}50 \leq 1{,}0$$

Nachweis an der Stelle der maximalen Querkraft:

$$M_{y,Ed} = 81{,}4 \text{ kNm nach statischer Berechnung}$$

$$N_{pl,f,Rd} = (A - A_v) \cdot \sigma_{Rd} = (131 - 41{,}1) \cdot 23{,}5 = 2113 \text{ kN}$$

$$M_{pl,f,Rd} = W_{pl,f} \cdot \sigma_{Rd} = 1187 \cdot 23{,}5 = 27895 \text{ kNcm} = 279 \text{ kNm}$$

$$\frac{\max V_{Ed}}{V_{pl,v,Rd}} = \frac{342}{41{,}1 \cdot 13{,}6} = 0{,}61 \leq 1{,}0$$

$$\frac{N_{Ed}}{N_{pl,f,Rd}} + \frac{M_{y,Ed}}{M_{pl,f,Rd}} = \frac{350}{2113} + \frac{81{,}4}{279} = 0{,}46 \leq 1{,}0$$

Vereinfachte Berechnung mit Druckfedern C3_3

Es ist auch eine vereinfachte Berechnung für den verformbaren Stützenfußanschluss mit Druckfedern ohne elastische Bettung möglich. Der Abstand z beträgt:

$$z = \frac{2}{3} \cdot f$$

$$b_{eff} = 1{,}5 \cdot b = 1{,}5 \cdot 28{,}0 = 42{,}0 \text{ cm}$$

$$l_{eff} = 0{,}5 \cdot f = 0{,}5 \cdot 56{,}0 = 28{,}0 \text{ cm}$$

Wegen der dreiecksförmigen Verteilung der elastischen Bettung wird der Faktor 1/2 berücksichtigt.

$$A' = b_{eff} \cdot l_{eff} = 42{,}0 \cdot 28{,}0 = 1176 \text{ cm}^2$$

$$k_C = \frac{1}{2} \cdot \frac{E_c \cdot \sqrt{A'}}{1{,}275} = \frac{1}{2} \cdot \frac{3000 \cdot \sqrt{1176}}{1{,}275} = 40400 \text{ kN/cm}$$

Die Berechnung des Verzweigungslastfaktors ergibt:

$$\alpha_{cr} = 6{,}52 \leq 10$$

Es ist eine Berechnung nach Theorie 2. Ordnung mit Ersatzimperfektionen erforderlich.

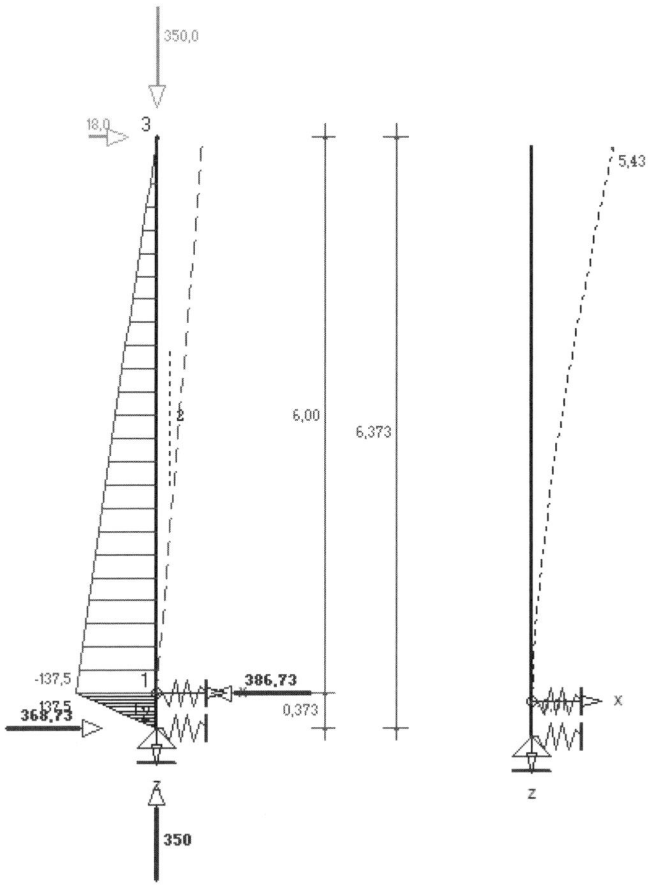

Abb. 6.20 Momentenfläche der elastisch eingespannten Stütze mit Federn und Fußriegel

Die Verformung ohne Schubverformung beträgt 4,63 cm.
Verdrehung am Punkt 1: $\phi_1 = -2{,}0308$ mrad

$$S_\mathrm{j} = \frac{M_\mathrm{Ed}}{\phi_1} = \frac{137{,}5}{2{,}0308 \cdot 10^{-3}} = 67\ 700\ \mathrm{kNm/rad} = 67{,}7\ \mathrm{MNm/rad}$$

$$S_\mathrm{j} = 67{,}7\ \mathrm{MNm/rad} < 30 \cdot \frac{E \cdot I_\mathrm{c}}{L_\mathrm{c}} = 30 \cdot \frac{21\ 000 \cdot 19\ 270}{600} = 202\ \mathrm{MNm/rad}$$

Es liegt ein verformbarer Stützenfußanschluss vor. Die Verformungen nehmen über 10 % zu.

$$\frac{5{,}43}{4{,}01} = 1{,}35$$

Elastischer Nachweis:
Dieser Nachweis berücksichtigt nicht die Spannungsspitzen im Einspannbereich.

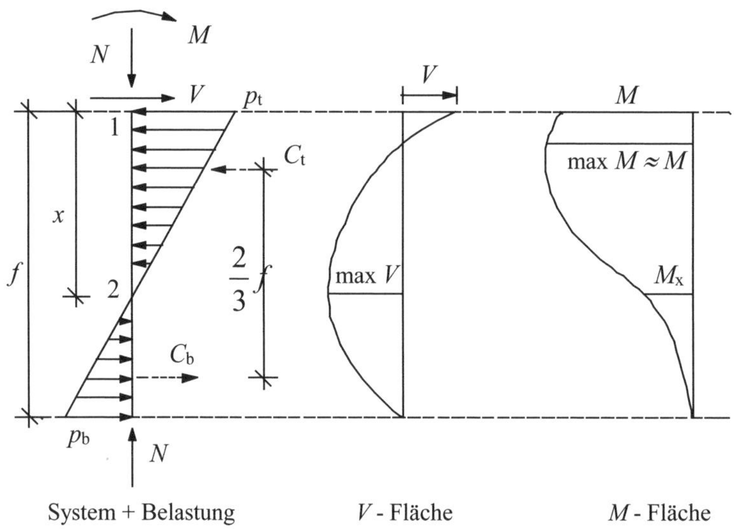

Abb. 6.21 Nachweisverfahren der eingespannten Stütze mit elastischer Bemessung

Die Pressung p_t verteilt sich nach [4] aufgrund der Dehnsteifigkeiten des Kammerbetons und des Druckkörpers zu circa 1/3 auf den hinteren und zu 2/3 auf den vorderen Flansch der Stütze. Sie erzeugt im Steg mit der Stegdicke t_w am hinteren Flansch Zugspannungen und am vorderen Flansch Druckspannungen in z-Richtung. Diese sind bei dem Nachweis der Vergleichsspannung zu berücksichtigen.

Annahme: $f_{jd} = f_{cd}$
Profil: HEB 280
Einwirkungen: $N_{Ed} = 350$ kN $\quad M_{Ed} = +\ 137$ kNm $\qquad V_{Ed} = 18$ kN
Gewählt: $\quad f = 56{,}0$ cm

$$1{,}5 \cdot h = 42 \text{ cm} \leq f = 45 \text{ cm} \leq 3{,}0 \cdot h = 84 \text{ cm}$$

$$x = \frac{M_{Ed} + \frac{2}{3} \cdot V_{Ed} \cdot f}{M_{Ed} + \frac{1}{2} \cdot V_{Ed} \cdot f} \cdot \frac{f}{2} = \frac{13\,700 + \frac{2}{3} \cdot 18{,}0 \cdot 56}{13\,700 + \frac{1}{2} \cdot 18{,}0 \cdot 56} \cdot \frac{56}{2} = 28{,}3 \text{ cm}$$

$$\max V = C_b = \frac{3}{2} \cdot \frac{M_{Ed}}{f} + \frac{1}{4} \cdot V_{Ed} = \frac{3}{2} \cdot \frac{13\,700}{56} + \frac{1}{4} \cdot 18 = 371 \text{ kN}$$

$$M_x = C_b \cdot \frac{2}{3} \cdot (f - x) = 371 \cdot \frac{2}{3} \cdot (56{,}0 - 28{,}3) = 6851 \text{ kNcm}$$

$$C_\mathrm{t} = C_\mathrm{b} + V_\mathrm{Ed} = 371 + 18{,}0 = 389\ \mathrm{kN}$$

$$p_\mathrm{t} = \frac{2 \cdot C_\mathrm{t}}{x} = \frac{2 \cdot 389}{28{,}3} = 27{,}5\ \mathrm{kN/m}$$

$$\sigma_\mathrm{c,t} = \frac{2}{3} \cdot \frac{p_\mathrm{t}}{b} = \frac{2}{3} \cdot \frac{27{,}5}{28{,}0} = 0{,}654\ \mathrm{kN/cm^2} \leq f_\mathrm{cd} = 1{,}13\ \mathrm{kN/cm^2}$$

$$\sigma_\mathrm{z,T} = +\frac{1}{3} \cdot \frac{p_\mathrm{t}}{t_\mathrm{w}} = +\frac{1}{3} \cdot \frac{27{,}5}{1{,}05} = +8{,}73\ \mathrm{kN/cm^2}$$

$$\sigma_\mathrm{z,C} = -\frac{2}{3} \cdot \frac{p_\mathrm{t}}{t_\mathrm{w}} = -\frac{2}{3} \cdot \frac{27{,}5}{1{,}05} = -17{,}5\ \mathrm{kN/cm^2} \leq \sigma_\mathrm{Rd} = 23{,}5\ \mathrm{kN/cm^2}$$

Die Schnittgrößen werden mit Vorzeichen bei dem Nachweisverfahren Elastisch-Elastisch berücksichtigt.

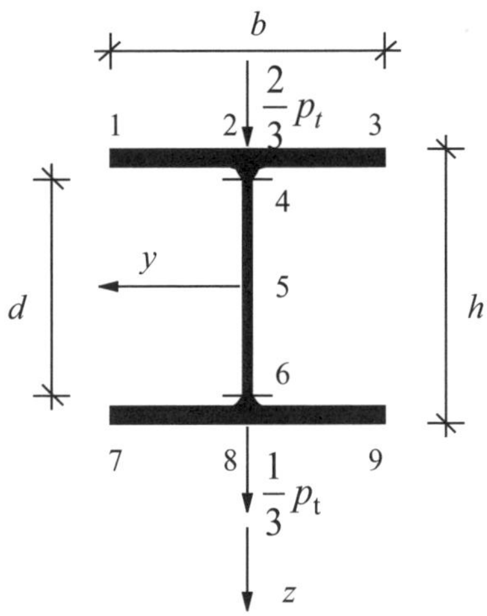

Abb. 6.22 Querschnittspunkte der eingespannten Stütze

Punkt 1 des statischen Systems

Beanspruchungen: $N_\mathrm{Ed} = -350$ kN $\quad M_\mathrm{y,Ed} = +\ 137$ kNm $\quad V_\mathrm{z,Ed} = +18{,}0$ kN

Querschnittspunkt 2:

$$\sigma_\mathrm{x,2} = \frac{N}{A} + \frac{M_\mathrm{y,Ed}}{I_\mathrm{y}} \cdot z_2$$

$$= \frac{-350}{131} + \frac{13\,700}{19\,270} \cdot (-14{,}0) = -12{,}6\ \mathrm{kN/cm^2} \leq \sigma_\mathrm{Rd} = 23{,}5\ \mathrm{kN/cm^2}$$

Querschnittspunkt 4:

$$\sigma_\mathrm{x,4} = \frac{N}{A} + \frac{M_\mathrm{y,Ed}}{I_\mathrm{y}} \cdot z_4 = \frac{-350}{131} + \frac{13\,700}{19\,270} \cdot (-9{,}8) = -9{,}64\ \mathrm{kN/cm^2}$$

$$\sigma_\mathrm{z,C} = -17{,}5\ \mathrm{kN/cm^2}$$

$$\tau_4 = \frac{V_{z,Ed}}{A_v} = \frac{18,0}{41,1} = 0,44 \text{ kN/cm}^2$$

$$\sigma_V = \sqrt{\sigma_x^2 + \sigma_z^2 - \sigma_x \cdot \sigma_z + 3 \cdot \tau^2}$$

$$\sigma_V = \sqrt{12,6^2 + 17,5^2 - 12,6 \cdot 17,5 + 3 \cdot 0,44^2} = 15,7 \text{ kN/cm}^2 \le \sigma_{Rd} = 23,5 \text{ kN/cm}^2$$

Querschnittspunkt 6:

$$\sigma_{x,6} = \frac{N}{A} + \frac{M_y}{I_y} \cdot z = \frac{-350}{131} + \frac{13\,700}{19\,270} \cdot 9,8 = +4,30 \text{ kN/cm}^2$$

$$\sigma_{z,T} = +8,73 \text{ kN/cm}^2$$

$$\tau_4 = \frac{V_z}{A_z} = \frac{18,0}{41,2} = 0,44 \text{ kN/cm}^2 \le \tau_{R,d} = 13,6 \text{ kN/cm}^2$$

$$\sigma_V = \sqrt{\sigma_x^2 + \sigma_z^2 - \sigma_x \cdot \sigma_z + 3 \cdot \tau^2}$$

$$\sigma_V = \sqrt{4,30^2 + 8,73^2 - 4,30 \cdot 8,73 + 3 \cdot 0,44^2} = 7,60 \text{ kN/cm}^2 \le \sigma_{Rd} = 23,5 \text{ kN/cm}^2$$

Der Systempunkt des maximalen Momentes ist nicht maßgebend, da die Querkraft gleich null ist und die Pressung kleiner ist.

Punkt 2 des statischen Systems
Beanspruchungen: $N_{Ed} = -350$ kN $M_{y,Ed} = +\ 68{,}5$ kNm $V_{z,Ed} = -371$ kN
Es wird der Schubfläche A_v nur die Querkraft und den Flanschflächen das Biegemoment und die Normalkraft zugeordnet.

$$\tau = \frac{V_{z,Ed}}{A_v} = \frac{371}{41,1} = 9,03 \text{ kN/cm}^2 \le \tau_{R,d} = 13,6 \text{ kN/cm}^2$$

$$\sigma = \frac{N}{A - A_v} + \frac{M_y}{W_{pl,f}} = \frac{-350}{131 - 41,1} - \frac{6850}{1187} = -9,66 \text{ kN/cm}^2 \le \sigma_{Rd} = 23,5 \text{ kN/cm}^2$$

Querschnittspunkt 6 ist hier nicht maßgebend.

6.5 Unverschiebliche Systeme

Die Berechnung der Rotationssteifigkeit S_j und die Klassifizierung des Stützenfußanschlusses bei unverschieblichen Systemen soll weiterhin an dem Fußriegel nach Abb. 6.3 und dem System nach Abb. 6.23 erläutert werden.

1. Starr eingespannte Stütze nach Theorie 1. Ordnung D3_1
Profil: HEB 280

Querschnittswerte: $A = 131\ \text{cm}^2$ $\quad I_y = 19270\ \text{cm}^4$ ohne Schubverformungen

Einwirkungen: $q_{Ed} = 31{,}4\ \text{kN/m}$

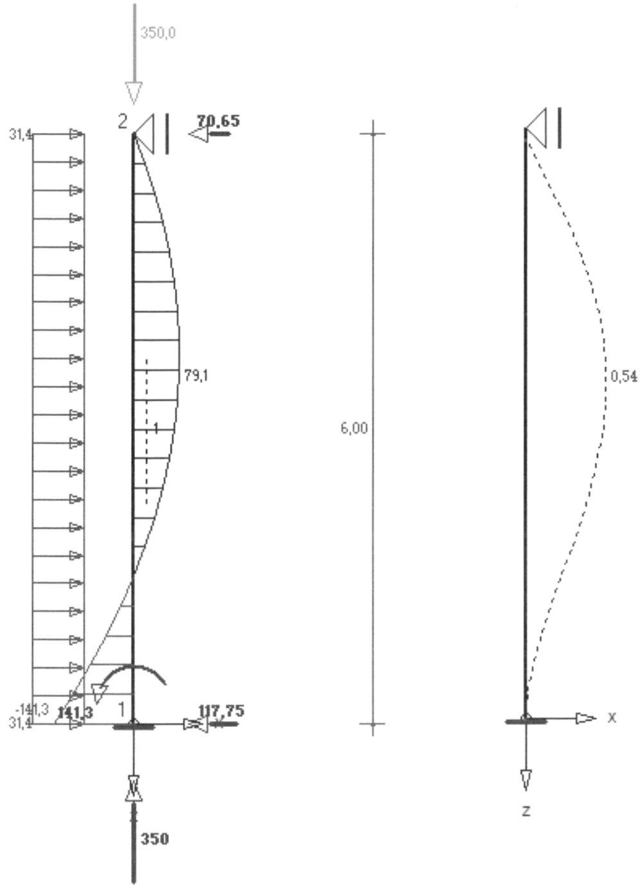

Abb. 6.23 Momentenfläche der starr eingespannten Stütze

Die Berechnung des Verzweigungslastfaktors ergibt: $\quad \alpha_{cr} = 64{,}9 \geq 10$

Die Berechnung erfolgt nach Theorie 1. Ordnung ohne Ersatzimperfektionen.

2. Elastisch eingespannte Stütze nach Theorie 1. Ordnung D3_2

Es soll der Einfluss der Rotationssteifigkeit S_j auf die Schnittgrößen und Verformungen dieses Systems untersucht werden.

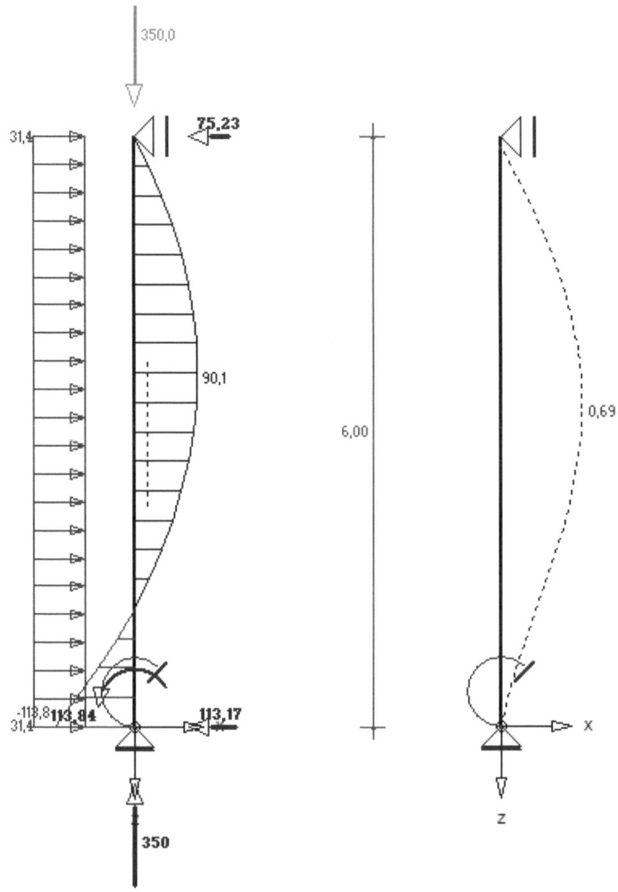

$S_j = 83{,}9$ kNm

Abb. 6.24 Momentenfläche der elastisch eingespannten Stütze

Das Beispiel wird mit steigender Rotationssteifigkeit berechnet, s. Tabelle 6.2. Dieses unverschiebliche System kann nach EC 3 als starr angenommen werden für:

$$N_{cr} = \frac{\pi^2 \cdot E \cdot I_c}{L_c^2} = \frac{\pi^2 \cdot 21000 \cdot 19270}{600^2} = 11094 \text{ kN}$$

$$\bar{\lambda}_0 = \sqrt{\frac{A_c \cdot f_{yc}}{N_{cr}}} = \sqrt{\frac{131 \cdot 23{,}5}{11094}} = 0{,}527$$

$$0{,}5 < \bar{\lambda}_0 < 3{,}93$$

$$S_j \geq 7 \cdot \left(2 \cdot \bar{\lambda}_0 - 1\right) \cdot \frac{E \cdot I_c}{L_c}$$

$$= 0{,}378 \cdot \frac{E \cdot I_c}{L_c} = 0{,}378 \cdot \frac{21000 \cdot 19270}{600} = 2{,}55 \text{ MNm/rad}$$

Tabelle 6.2 Verformungen und Schnittgrößen nach Theorie 1. Ordnung

	Berechnung nach Theorie 1. Ordnung			
	Durchbiegung	Tragfähigkeit		
S_j	f_v	Einspannmoment	Feldmoment	Verzweigungslast
MNm/rad	cm	kNm	kNm	kN
0	1,31	0	141,3	11100
10	1,05	46,7	118,9	13790
20	0,92	70,2	108,3	15578
30	0,84	84,4	101,9	16813
50	0,76	100,6	95,4	18367
83,9	0,69	113,8	90,1	18660
100	0,67	117,5	88,6	20133
400	0,58	134,5	81,8	21969
800	0,56	137,8	80,5	22328
∞	0,54	141,3	79,1	22703

Kommentar

Für die Beurteilung eines Tragwerkes mit verformbaren Anschlüssen sind das System und die Belastung zu beachten. Es handelt sich um ein unverschiebliches System.

1. Das Grenzkriterium nach EC 3 ist hier nicht anwendbar. Es sagt aus, dass schon bei einer kleinen Rotationssteifigkeit S_j eine starre Einspannung angenommen werden kann, was nicht zutrifft.
2. Die Einspannmomente und die Verformungen verändern sich in Abhängigkeit von S_j sehr stark.

3. Elastisch eingespannte Stütze nach Theorie 1. Ordnung mit Federn-D3_4

Die EDV-Programme ermöglichen es, dass die elastische Einspannung dieses Stützenfußes durch eine Zugfeder und eine Druckfeder wie in dem Beispiel angegeben dargestellt werden kann, s. Abb. 6.25.

Profil: HEB 280

Querschnittswerte: $A = 131 \text{ cm}^2 \quad I_y = 19270 \text{ cm}^4$

Druckfeder k_C:

$$k_C = 73800 \text{ kN/cm}$$

Zugfeder k_T:

$$k_T = 5914 \text{ kN/cm}$$

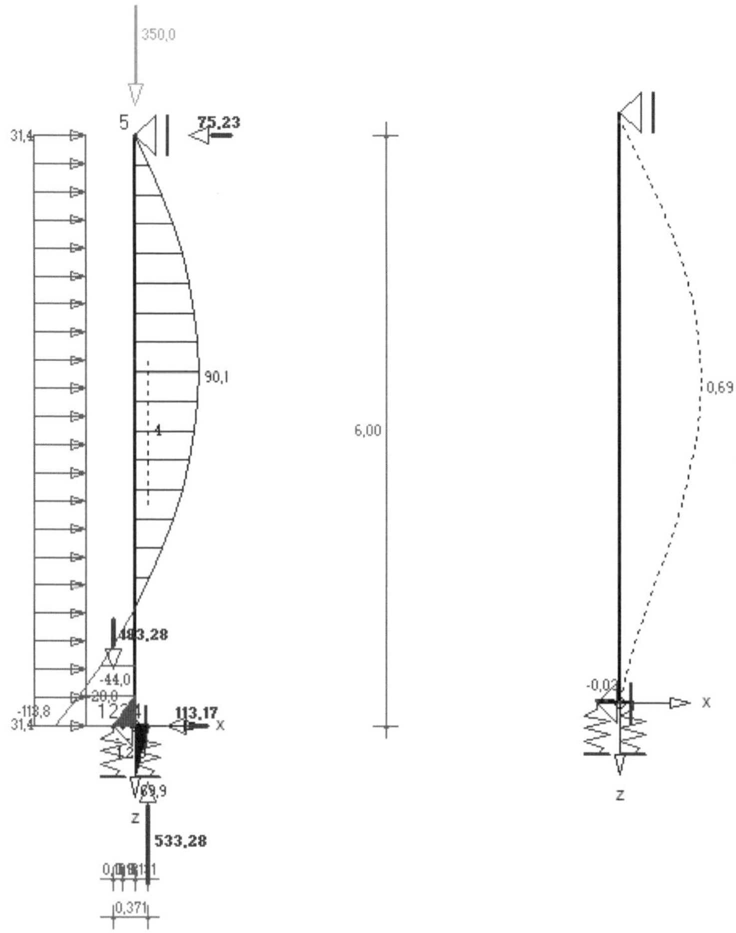

$S_j = 83{,}9$ kNm

Abb. 6.25 Momentenfläche der elastisch eingespannten Stütze

Trägheitsmoment der Platte: $I_p = 313 \text{ cm}^4$

Einwirkungen: $q_{Ed} = 34{,}1 \text{ kN/m}$

Die Berechnung des Verzweigungslastfaktors ergibt:

$$\alpha_{cr} = 53{,}3 > 10$$

Es ist eine Berechnung nach Theorie 1. Ordnung erlaubt.

Verdrehung am Punkt 3: $\phi_3 = -1{,}3560$ mrad

$$S_{\text{j}} = \frac{M_{\text{Ed}}}{\phi_3} = \frac{113{,}8}{1{,}3560 \cdot 10^{-3}} = 83\,923 \text{ kNm/rad} = 83{,}9 \text{ MNm/rad}$$

Die Berechnung stimmt mit der Berechnung nach Tabelle 6.2 für $S_{\text{j,ini}} = 83{,}9$ MNm/rad überein.

Es liegt ein verformbarer Stützenfußanschluss vor. Die Verformungen nehmen über 10 % zu.

$$\frac{0{,}69}{0{,}54} = 1{,}28$$

Dieses unverschiebliche System kann nach EC 3 als starr angenommen werden für:

$$S_{\text{j}} = 83{,}9 \text{ MNm/rad} \geq 2{,}55 \text{ MNm/rad}$$

Es liegt nach EC 3 ein starrer Stützenfußanschluss vor, was aber nicht zutreffend ist.

Kommentar

Für die Beurteilung eines Tragwerkes mit verformbaren Anschlüssen sind das System und die Belastung zu beachten. Es handelt sich um ein unverschiebliches System.

1. Das Grenzkriterium nach EC 3 ist hier nicht anwendbar. Es sagt aus, dass schon bei einer kleinen Rotationssteifigkeit S_{j} eine starre Einspannung angenommen werden kann, was nicht zutrifft. Die maßgebende Verformung nimmt um ca. 10 % zu.

2. Die Einspannmomente und die Verformungen verändern sich in Abhängigkeit von S_{j} sehr.

7 Stirnplattenstoß mit 4 Schrauben

7.1 Konstruktion

Bei den Stirnplattenstößen sind 4 unterschiedliche Konstruktionen zu unterscheiden:

Typ IH1 bündige Stirnplatte mit 2 Schrauben in einer Reihe
Typ IH2 bündige Stirnplatte mit 4 Schrauben in einer Reihe
Typ IH3 überstehende Stirnplatte mit 2 Schrauben in einer Reihe
Typ IH4 überstehende Stirnplatte mit 4 Schrauben in einer Reihe

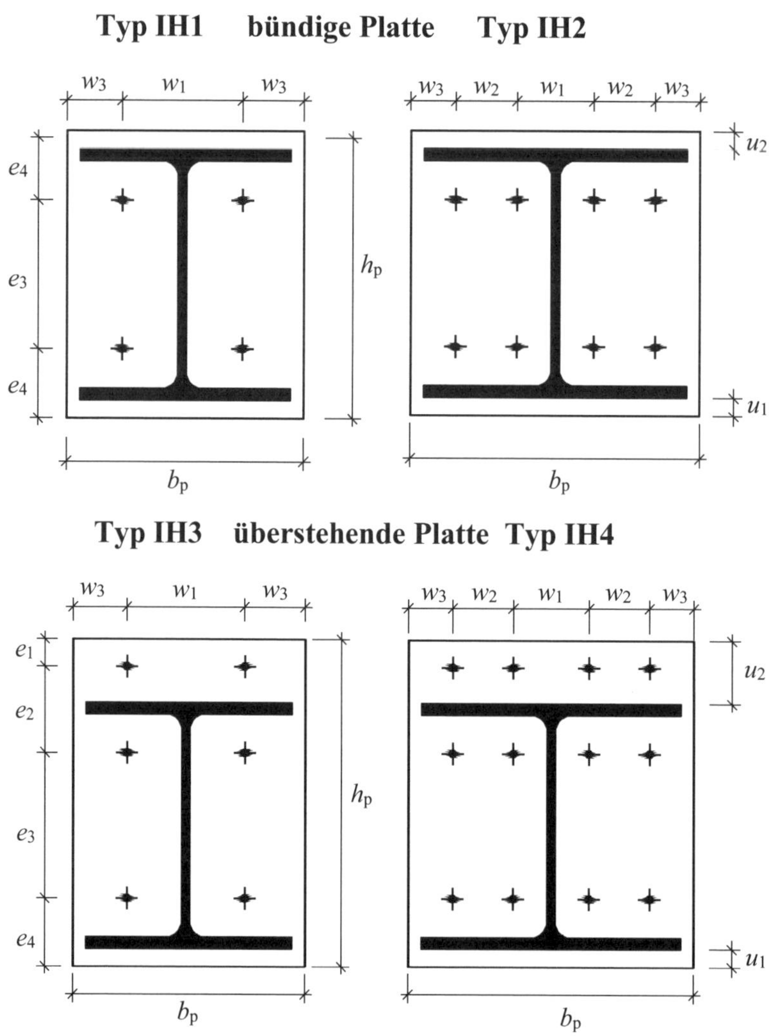

Abb. 7.1 Stirnplattenstöße mit Bezeichnungen

Diese Bezeichnungen der Typen sind in den unterschiedlichen Tabellenwerken gleich. Die Bezeichnungen der Abmessungen der Stirnplatten sind dagegen in den einzelnen Tabellenwerken unterschiedlich. In diesem Abschnitt werden die Bezeichnungen der Abmessungen nach [7] gewählt. Die unterschiedliche Bedeutung von e_1 und e_2 in Abb. 7.1 und 7.2 ist zu beachten.

Im EC 3 sind die Bemessungsregeln für Stirnplatten mit 2 Schrauben in einer Reihe angegeben. Dagegen sind keine Hinweise angegeben, wie Stirnplatten mit 4 Schrauben in einer Reihe, die in Deutschland auch üblich sind, zu berechnen sind.
In dem Forschungsvorhaben [21] sind die Stirnplatten mit 4 Schrauben in einer Reihe ausführlich untersucht worden. Es wurden theoretische und experimentelle Untersuchungen durchgeführt. Weiterhin wurde ein Bemessungsmodell für Stirnplattenanschlüsse mit vier Schrauben in einer Reihe entwickelt, das sich an dem Bemessungsmodell für Stirnplatten mit 2 Schrauben nach EC 3 orientiert. Zur Unterscheidung mit anderen Modellen wird dieses Bemessungsmodell als AiF-Modell bezeichnet. Für weitere Untersuchungen wurde ein FE-Modell aufgestellt und an den Versuchsergebnissen kalibriert. Mit diesem Programm wurden die Versuchsergebnisse nachgerechnet und Parameterstudien durchgeführt. Es wurden umfangreiche Vergleichsrechnungen für das AiF-Modell zu IH2-Anschlüssen und IH4-Anschlüssen durchgeführt.
Dieses AiF-Modell wird im Folgenden vorgestellt und kommentiert. Dabei wird die Bezeichnungsweise an das Kapitel 3 angepasst.

7.2 AiF-Modell mit 4 Schrauben pro Reihe

7.2.1 Effektive Längen für die äußere Schraubenreihe

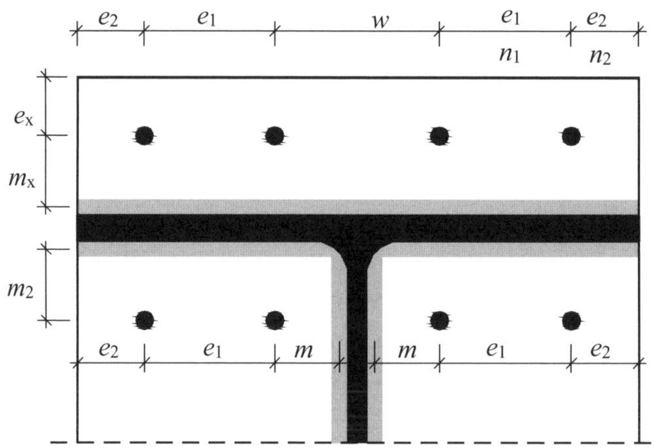

Abb. 7.2 Definition der Bezeichnungen für die effektiven Längen

Kreisförmige Fließmuster für die außen liegende Schraubenreihe

Bei der außen liegenden Schraubenreihe fehlt der mittlere Steg. Die beiden Schrauben werden, wie in Abb. 3.10 dargestellt, symmetrisch zum Zugflansch zu einem T-Stummel angeordnet. Die wirksame Länge l_{eff} kann nicht größer sein als die halbe Breite der Stirnplatte. Geänderte Bezeichnungen beachten.

Die Schrauben werden einzeln und als eine horizontale Schraubengruppe betrachtet. Es gelten die Fließmuster bis zur Mittellinie.

.

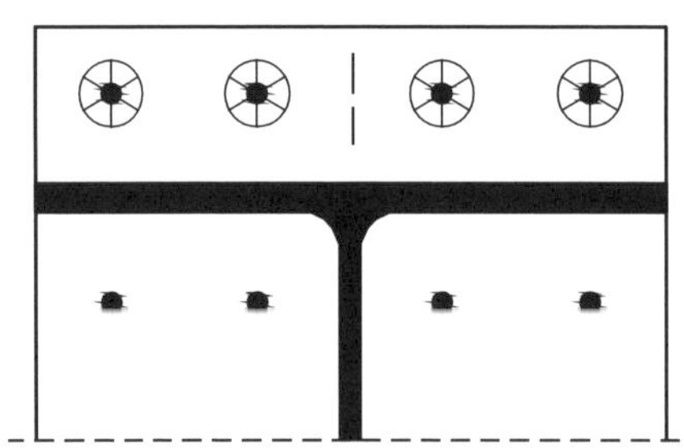

$$l_{1,cp} = 4 \cdot \pi \cdot m_x$$

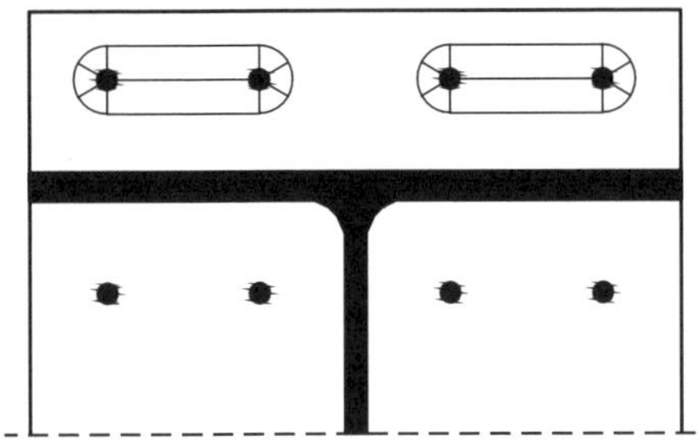

$$l_{2,cp} = 2 \cdot \pi \cdot m_x + 2 \cdot e_1$$

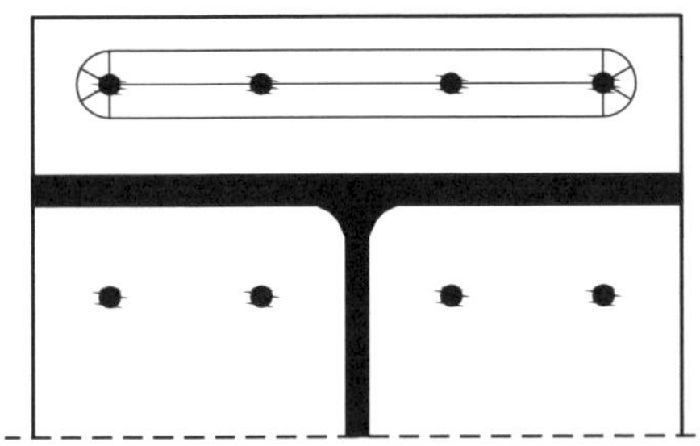

$$l_{3,cp} = \pi \cdot m_x + w + 2 \cdot e_1$$

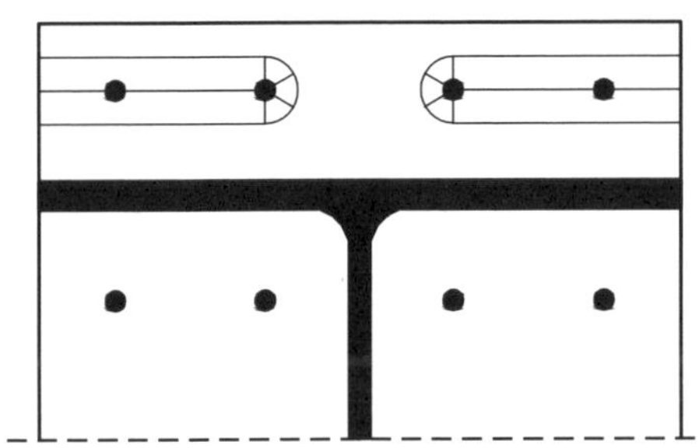

$$l_{4,cp} = \pi \cdot m_x + 2 \cdot e_1 + 2 \cdot e_2$$

Abb. 7.3 Kreisförmige Fließmuster für die außen liegende Schraubenreihe

Trapezförmige Fließmuster für die außen liegende Schraubenreihe
Die Schrauben werden einzeln und als eine horizontale Schraubengruppe betrachtet.

.

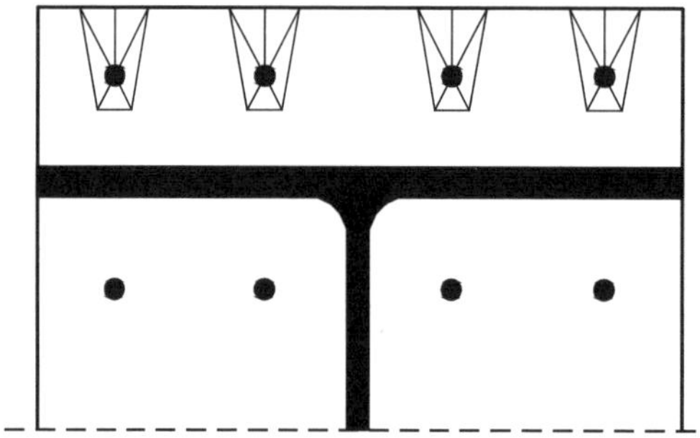

$$l_{1,nc} = 8 \cdot m_x + 2{,}5 \cdot e_x$$

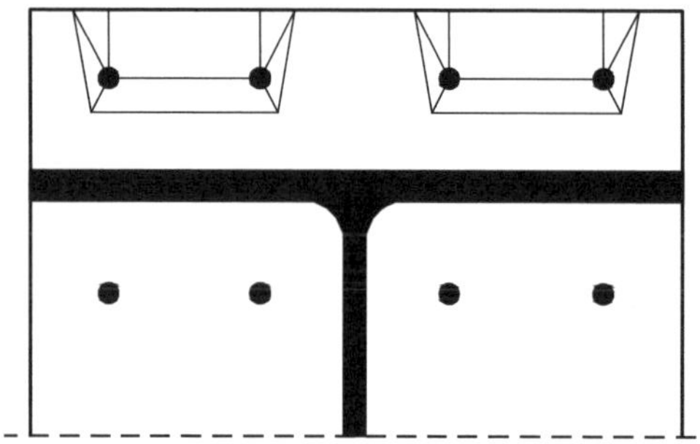

$$l_{2,nc} = 4 \cdot m_x + 1{,}25 \cdot e_x + e_1$$

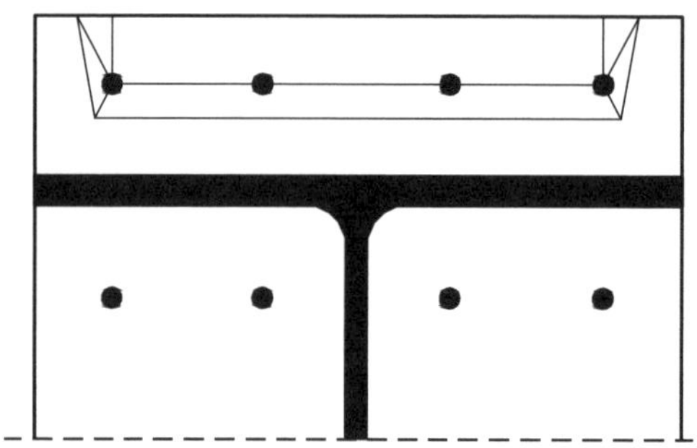

$$l_{3,nc} = 2 \cdot m_x + 0{,}625 \cdot e_x + e_1 + 0{,}5 \cdot w$$

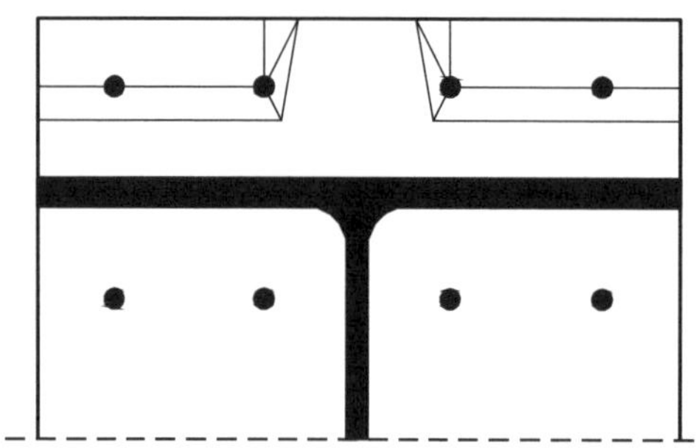

$$l_{4,nc} = 2 \cdot m_x + 0{,}625 \cdot e_x + e_1 + e_2$$

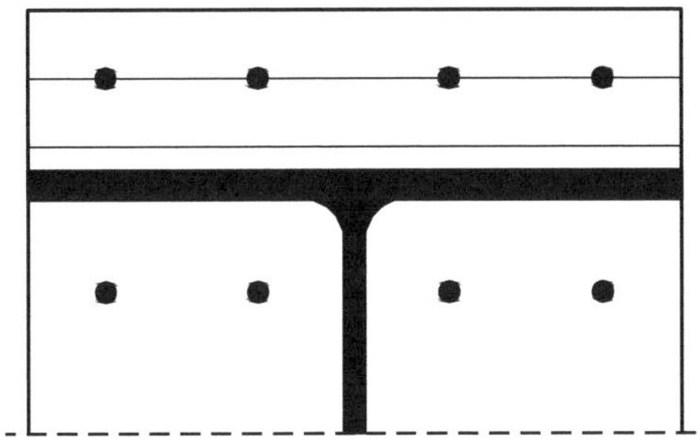

$$l_{5,\mathrm{nc}} = e_1 + e_2 + 0{,}5 \cdot w$$

Abb. 7.4 Trapezförmige Fließmuster für die außen liegende Schraubenreihe

7.2.2 T-Stummel für die äußere Schraubenreihe

Es gilt das T-Stummel-Modell des EC 3. Die entsprechenden Formeln werden hier nochmals zusammengestellt. Für Modus 1 wird vereinfacht das Verfahren 1 nach (1-8, Tabelle 6.2) gewählt.

$$e = e_1 + e_2 \tag{7.1}$$

Für die effektive Länge $l_{\mathrm{eff,cp}}$ ist der kleinste Wert maßgebend.

$$l_{1,\mathrm{cp}} = 4 \cdot \pi \cdot m_{\mathrm{x}} \tag{7.2}$$

$$l_{2,\mathrm{cp}} = 2 \cdot \pi \cdot m_{\mathrm{x}} + 2 \cdot e_1 \tag{7.3}$$

$$l_{3,\mathrm{cp}} = \pi \cdot m_{\mathrm{x}} + w + 2 \cdot e_1 \tag{7.4}$$

$$l_{4,\mathrm{cp}} = \pi \cdot m_{\mathrm{x}} + 2 \cdot e \tag{7.5}$$

Für die effektive Länge $l_{\mathrm{eff,nc}}$ ist der kleinste Wert maßgebend.

$$l_{1,\mathrm{nc}} = 8 \cdot m_{\mathrm{x}} + 2{,}5 \cdot e_{\mathrm{x}} \tag{7.6}$$

$$l_{2,\mathrm{nc}} = 4 \cdot m_{\mathrm{x}} + 1{,}25 \cdot e_{\mathrm{x}} + e_1 \tag{7.7}$$

$$l_{3,\mathrm{nc}} = 2 \cdot m_{\mathrm{x}} + 0{,}625 \cdot e_{\mathrm{x}} + e_1 + 0{,}5 \cdot w \tag{7.8}$$

$$l_{4,\mathrm{nc}} = 2 \cdot m_{\mathrm{x}} + 0{,}625 \cdot e_{\mathrm{x}} + e \tag{7.9}$$

$$l_{5,\mathrm{nc}} = e_1 + e_2 + 0{,}5 \cdot w \tag{7.10}$$

Modus 1: $l_{\mathrm{eff,1}} = l_{\mathrm{eff,nc}} \le l_{\mathrm{eff,cp}}$

Modus 2: $l_{\mathrm{eff,2}} = l_{\mathrm{eff,nc}}$

$$M_{\text{pl,1,Rd}} = \frac{1}{4} \cdot l_{\text{eff,1}} \cdot t_{\text{p}}^2 \cdot f_{\text{y}} / \gamma_{\text{M0}} \tag{7.11}$$

$$M_{\text{pl,2,Rd}} = \frac{1}{4} \cdot l_{\text{eff,2}} \cdot t_{\text{p}}^2 \cdot f_{\text{y}} / \gamma_{\text{M0}} \tag{7.12}$$

$$F_{\text{T,1,Rd}} = \frac{4 \cdot M_{\text{pl,1,Rd}}}{m} \tag{7.13}$$

$$F_{\text{T,2,Rd}} = \frac{2 \cdot M_{\text{pl,2,Rd}} + n \cdot 4 \cdot F_{\text{t,Rd}}}{m+n} \tag{7.14}$$

$$F_{\text{T,3,Rd}} = 4 \cdot F_{\text{t,Rd}} \tag{7.15}$$

$$F_{\text{T,4,Rd}} = \frac{2 \cdot M_{\text{pl,1,Rd}}}{m} \tag{7.16}$$

Ob Abstützkräfte auftreten, wird bei der Berechnung der Grenztragfähigkeiten berücksichtigt. Es sind die Grenztragfähigkeiten von Modus 1, 2 und 3 zu berechnen. Maßgebend ist der kleinste Wert.

7.2.3 Effektive Längen für die innere Schraubenreihe

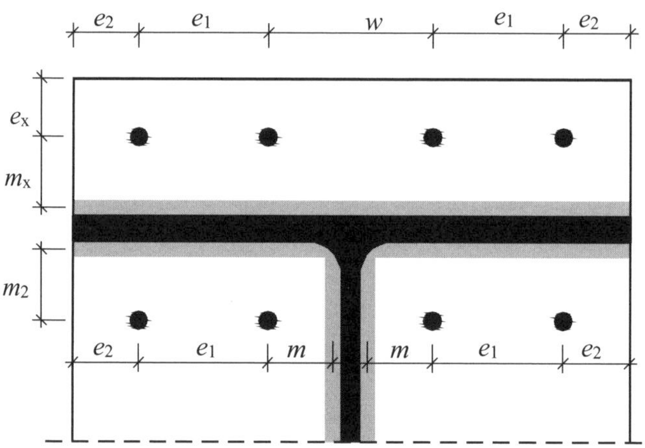

Abb. 7.5 Definition der Bezeichnungen für die effektiven Längen

Kreisförmige Fließmuster für die innen liegende Schraubenreihe
Die Schrauben werden einzeln betrachtet.

.

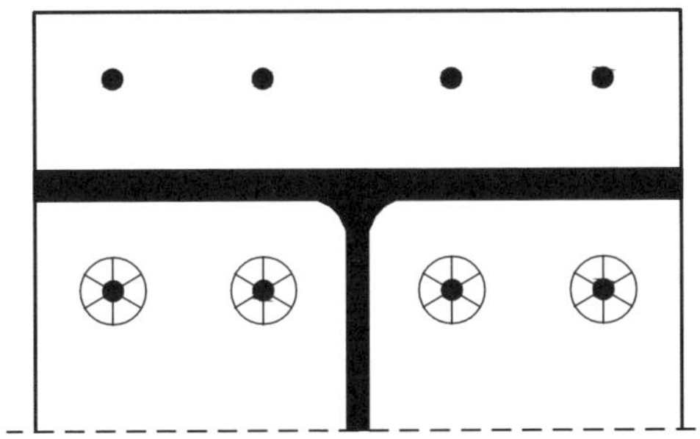

$$l_{1,cp} = 4 \cdot \pi \cdot m$$

Zusätzlich sind nach B. Schmidt [20], der in seiner Doktorarbeit die Fließmuster von geschraubten momententragfähigen Stirnplattenverbindungen mit 4 Schrauben in jeder Schraubenreihe angeben hat, die folgenden Fließmuster zu berücksichtigen:

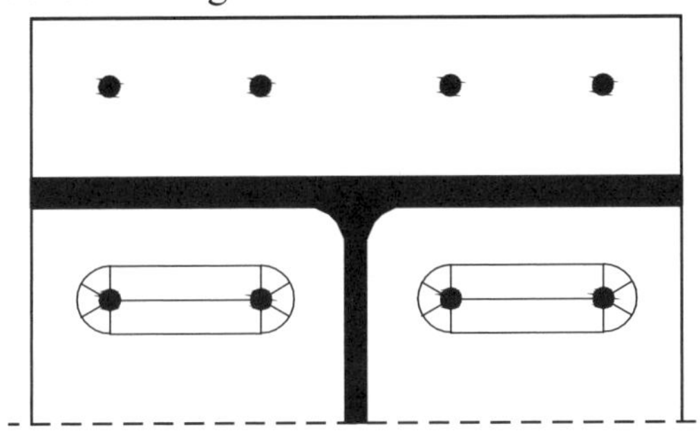

$$l_{2,cp} = 2 \cdot \pi \cdot m + 2 \cdot e_1$$

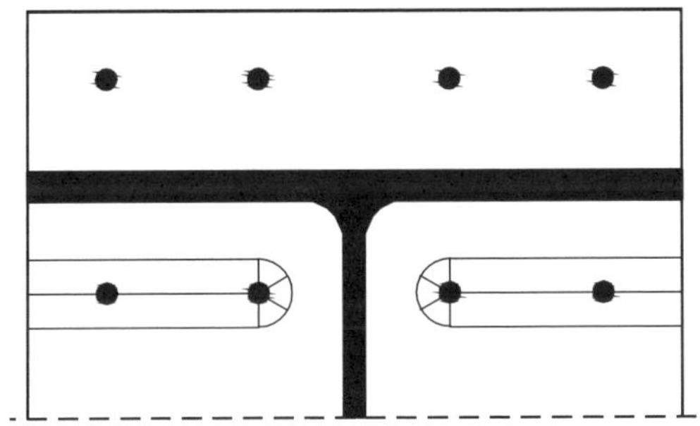

$$l_{3,cp} = \pi \cdot m + 2 \cdot e$$

Abb. 7.6 Kreisförmiges Fließmuster für die innen liegende Schraubenreihe

Für die effektive Länge $l_{eff,cp}$ ist der kleinste Wert von $l_{1,cp}$, $l_{2,cp}$ und $l_{3,cp}$ maßgebend.

Trapezförmige Fließmuster für die innen liegende Schraubenreihe
Die Schrauben werden als eine horizontale Schraubengruppe betrachtet.

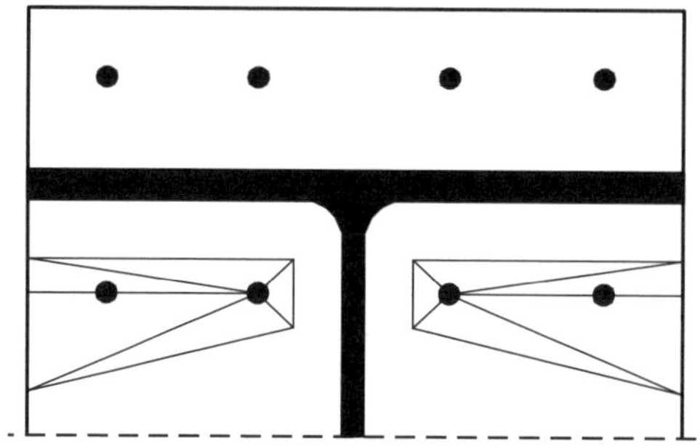

$$l_{\text{eff,nc}} = \alpha \cdot m$$

Abb. 7.7 Trapezförmiges Fließmuster für die innen liegende Schraubenreihe

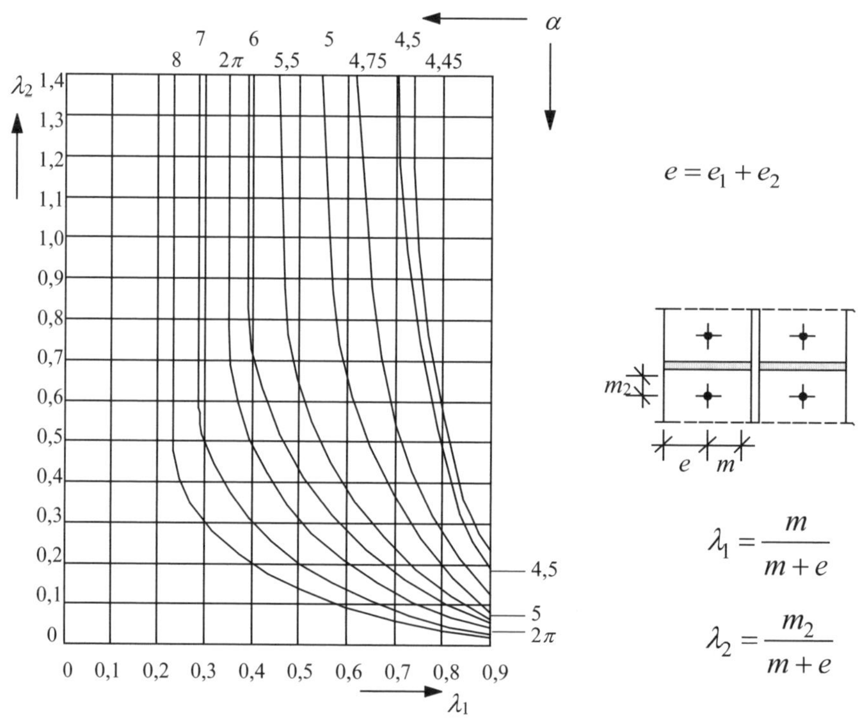

$$e = e_1 + e_2$$

$$\lambda_1 = \frac{m}{m+e}$$

$$\lambda_2 = \frac{m_2}{m+e}$$

Abb. 7.8 α-Werte für ausgesteifte T-Stummel

Für die effektive Länge $l_{\text{eff,cp}}$ ist der kleinste Wert maßgebend.

$$l_{1,\text{cp}} = 4 \cdot \pi \cdot m_{\text{x}} \tag{7.17}$$

$$l_{2,\text{cp}} = 2 \cdot \pi \cdot m_{\text{x}} + 2 \cdot e_1 \tag{7.18}$$

$$l_{3,\text{cp}} = \pi \cdot m_{\text{x}} + w + 2 \cdot e_1 \tag{7.19}$$

Für die effektive Länge $l_{\text{eff,nc}}$ ist der kleinste Wert maßgebend.

$$l_{\text{eff,nc}} = \alpha \cdot m \tag{7.20}$$

7.2.4 T-Stummel für die innere Schraubenreihe

Es gilt das **AiF-Modell** für den T-Stummel. Die entsprechenden Formeln werden hier zusammengestellt.

Modus 1: $l_{\text{eff,1}} = l_{\text{eff,nc}} \leq l_{\text{eff,cp}}$

Modus 2: $l_{\text{eff,2}} = l_{\text{eff,nc}}$

$$M_{\text{pl,1,Rd}} = \frac{1}{4} \cdot l_{\text{eff,1}} \cdot t_{\text{p}}^2 \cdot f_{\text{y}} / \gamma_{\text{M0}} \tag{7.21}$$

$$M_{\text{pl,2,Rd}} = \frac{1}{4} \cdot l_{\text{eff,2}} \cdot t_{\text{p}}^2 \cdot f_{\text{y}} / \gamma_{\text{M0}} \tag{7.22}$$

$$F_{\text{T,1,Rd}} = \frac{4 \cdot M_{\text{pl,1,Rd}}}{m} \tag{7.23}$$

$$F_{\text{T,2,Rd}} = \frac{2 \cdot M_{\text{pl,2,Rd}} + n \cdot 2 \cdot F_{\text{t,Rd}} \cdot \left(1 + \frac{n_2}{n} + \frac{n_1 \cdot n_2}{n^2}\right)}{m + n} \tag{7.24}$$

$$F_{\text{T,3,Rd}} = 3{,}6 \cdot F_{\text{t,Rd}} \tag{7.25}$$

$$F_{\text{T,4,Rd}} = \frac{2 \cdot M_{\text{pl,1,Rd}} + n \cdot 2 \cdot F_{\text{t,Rd}} \cdot n_1}{m + n_1} \tag{7.26}$$

Nach dem AiF-Modell ist der kleinste Wert maßgebend.

Ergänzung des Verfassers:

Nach dem AiF-Modell gilt die folgende Bedingung:

$$F_{\text{T,2,Rd}} \leq 2 \cdot F_{\text{t,Rd}} \cdot \left(1 + \frac{n_2}{n}\right) \tag{7.27}$$

Diese Ergänzung ergibt sich, da für den Modus 2 nur Druckkräfte als Abstützkräfte auftreten dürfen. Diese Bedingung geht nicht direkt in den Modus 3 über, was nicht dem T-Stummel nach EC 3 entspricht.

Deshalb soll hier das vom Verfasser geänderte **GW-Modell** für die innere Schraubenreihe mit 4 Schrauben vorgestellt werden.

$$F_{\text{T,1,Rd}} = \frac{4 \cdot M_{\text{pl,1,Rd}}}{m} \tag{7.28}$$

$$F_{\text{T,2,Rd}} = \frac{2 \cdot M_{\text{pl,2,Rd}} + n \cdot F_{\text{t,Rd}} \cdot \left(3{,}6 - 1{,}6 \cdot \frac{n_1}{n}\right)}{m + n} \tag{7.29}$$

$$F_{T,2,Rd} \leq 3{,}6 \cdot F_{t,Rd}$$

$$F_{T,3,Rd} = 3{,}6 \cdot F_{t,Rd} \quad (7.30)$$

$$F_{T,4,Rd} = \frac{3{,}6 \cdot M_{pl,1,Rd}}{1{,}8 \cdot m + 0{,}8 \cdot n_1} \quad (7.31)$$

Ob Abstützkräfte auftreten, wird bei der Berechnung der Grenztragfähigkeiten berücksichtigt. Es sind die Grenztragfähigkeiten von Modus 1, 2 und 3 zu berechnen. Maßgebend ist der kleinste Wert.

Herleitung der Gleichungen für das AiF-Modell
Modus 1: Vollständiges Fließen des Flansches

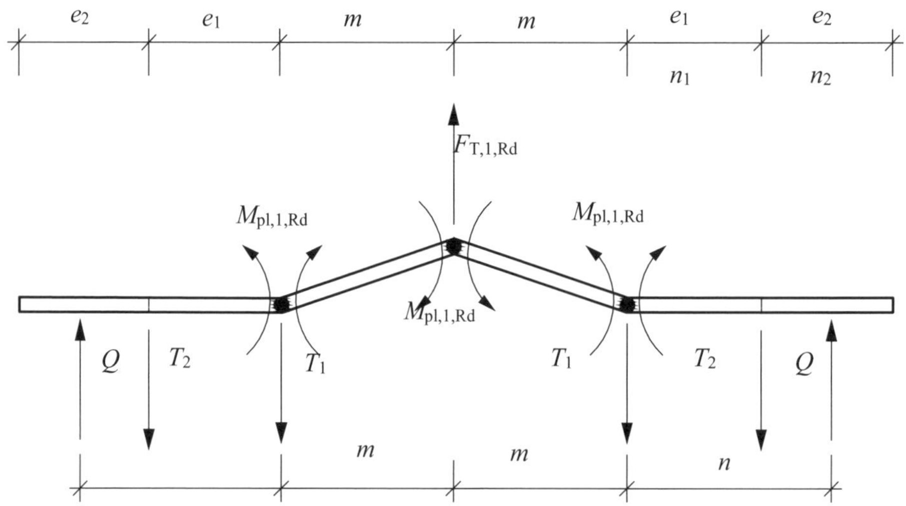

Abb. 7.9 Bezeichnungen für die Berechnung von Modus 1

Dieses Versagen tritt bei dünnen Platten auf. In der Mitte und an der ersten Schraube des Systems bildet sich ein Fließgelenk. Es treten Abstützkräfte auf. Die Summe der Momente am rechten Teil ergibt:

$$M_{pl,1,Rd} + M_{pl,1,Rd} - \frac{F_{T,1,Rd}}{2} \cdot m = 0 \quad (7.32)$$

$$F_{T,1,Rd} = \frac{4 \cdot M_{pl,1,Rd}}{m} \quad (7.33)$$

Modus 2: Versagen der Schrauben und ein Fließgelenk in der Mitte
Es treten Abstützkräfte auf.

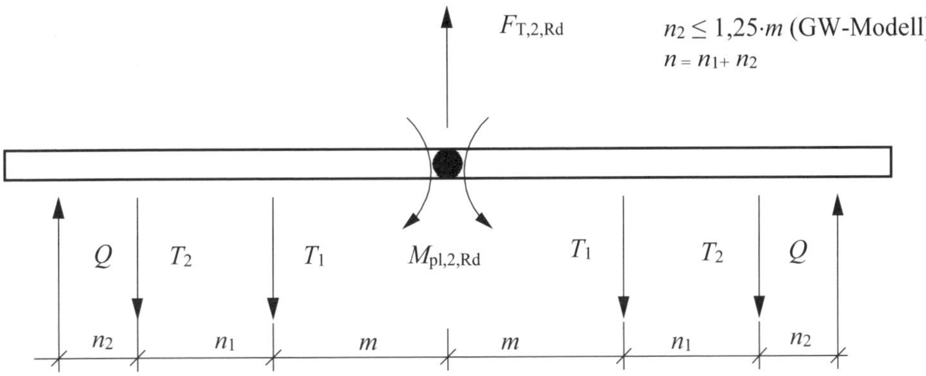

Abb. 7.10 Bezeichnungen für die Berechnung von Modus 2

Dieses Versagen tritt bei mitteldicken Platten auf. Für Schrauben der Festigkeitsklasse 10.9 liegt das Verhältnis der Plattendicke zu dem Schraubendurchmesser näherungsweise bei $0{,}75 < t/d < 1{,}25$. Die Summe der vertikalen Kräfte ergibt:

$$F_{T,2,Rd} + 2 \cdot Q - 2 \cdot T_1 - 2 \cdot T_2 = 0 \tag{7.34}$$

Die Summe der vertikalen Momente um das Fließgelenk ergibt:

$$M_{pl,2,Rd} + Q \cdot (m + n) - T_1 \cdot m - T_2 \cdot (m + n_1) = 0 \tag{7.35}$$

Im Grenzzustand erreicht die innere Schraube die Grenztragfähigkeit.

$$T_1 = F_{t,Rd} \tag{7.36}$$

Das Gleichungssystem kann nur gelöst werden, wenn auch über die äußere Schraube eine Annahme getroffen wird. In [20] wird die folgende lineare Abhängigkeit getroffen:

$$\frac{T_2}{T_1} = \frac{n_2}{n} \qquad T_2 = \frac{n_2}{n} \cdot F_{t,Rd} \tag{7.37}$$

Setzt man diese Werte in die Gleichung (7.34) ein, erhält man:

$$Q = F_{t,Rd} \cdot \left(1 + \frac{n_2}{n}\right) - \frac{F_{T,2,Rd}}{2} \tag{7.38}$$

Die Grenztragfähigkeit $F_{T,2,Rd}$ gilt nur, wenn die Abstützkraft Q eine Druckkraft ist. Dies führt zu der Bedingung:

$$F_{T,2,Rd} \le 2 \cdot F_{t,Rd} \cdot \left(1 + \frac{n_2}{n}\right) \tag{7.39}$$

Setzt man die Gleichungen (7.36), (7.37) und (7.38) in das Momentengleichgewicht (7.35) ein, erhält man:

$$M_{\text{pl,2,Rd}} + \left[F_{\text{t,Rd}} \cdot \left(1 + \frac{n_2}{n}\right) - \frac{F_{\text{T,2,Rd}}}{2} \right] \cdot (m+n) - F_{\text{t,Rd}} \cdot m - \frac{n_2}{n} \cdot F_{\text{t,Rd}} \cdot (m + n_1) = 0$$

Dies führt nach einigen Umformungen zu der Grenztragfähigkeit $F_{\text{T,2,Rd}}$:

$$F_{\text{T,2,Rd}} = \frac{2 \cdot M_{\text{pl,2,Rd}} + n \cdot 2 \cdot F_{\text{t,Rd}} \cdot \left(1 + \frac{n_2}{n} - \frac{n_1 \cdot n_2}{n^2}\right)}{m+n} \qquad (7.40)$$

Modus 3: Versagen der Schrauben

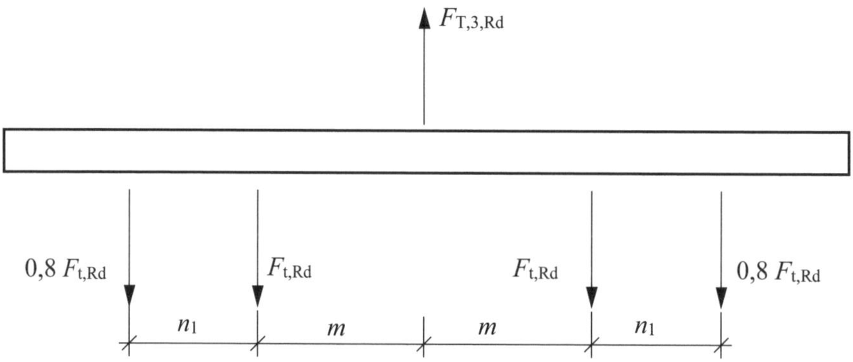

Abb. 7.11 Bezeichnungen für die Berechnung von Modus 3

Dieses Versagen tritt bei dicken Platten auf. Für Schrauben der Festigkeitsklasse 10.9 liegt das Verhältnis der Plattendicke zu dem Schraubendurchmesser näherungsweise bei $t/d > 1{,}25$. Es treten keine Abstützkräfte auf. Es wird die Annahme getroffen, dass die äußere Schraube den Wert $0{,}8 \cdot F_{\text{t,Rd}}$ erreicht, wenn die innere Schraube mit $F_{\text{t,Rd}}$ die Grenztragfähigkeit der Schraube erreicht.

$$F_{\text{T,3,Rd}} = 3{,}6 \cdot F_{\text{t,Rd}} \qquad (7.41)$$

Modus 4: Versagen der Platte – keine Abstützkräfte

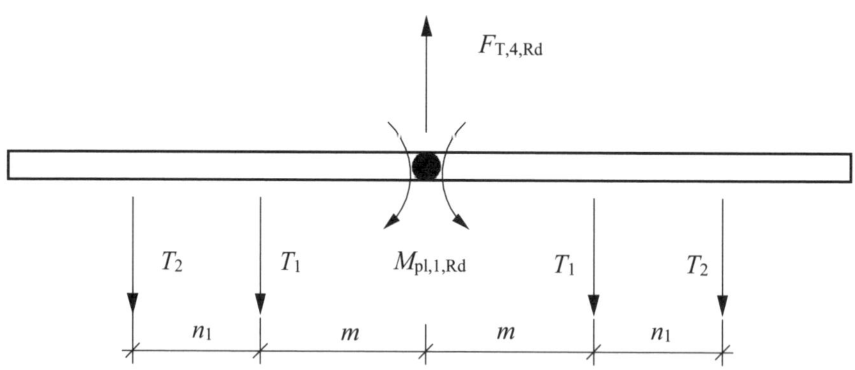

Abb. 7.12 Bezeichnungen für die Berechnung von Modus 4

Die Summe der vertikalen Kräfte ergibt:

$$F_{T,4,Rd} - 2 \cdot T_1 - 2 \cdot T_2 = 0 \tag{7.42}$$

Die Summe der vertikalen Momente um das Fließgelenk ergibt:

$$M_{pl,1,Rd} - T_1 \cdot m - T_2 \cdot (m + n_1) = 0 \tag{7.43}$$

Für die innere Schraube wird die folgende Annahme getroffen.

$$T_1 = F_{t,Rd} \tag{7.44}$$

Damit ist das Gleichungssystem lösbar. Man erhält:

$$F_{T,4,Rd} = \frac{2 \cdot M_{pl,1,Rd} + 2 \cdot F_{t,Rd} \cdot n_1}{m + n_1} \tag{7.45}$$

Herleitung der Gleichungen für das GW-Modell

Modus 1: Vollständiges Fließen des Flansches

Dieses Versagen tritt bei dünnen Platten auf. In der Mitte und an der ersten Schraube des Systems bildet sich ein Fließgelenk. Es treten Abstützkräfte auf. Die Summe der Momente am rechten Teil ergibt:

$$M_{pl,1,Rd} + M_{pl,1,Rd} - \frac{F_{T,1,Rd}}{2} \cdot m = 0 \tag{7.46}$$

$$F_{T,1,Rd} = \frac{4 \cdot M_{pl,1,Rd}}{m} \tag{7.47}$$

Modus 2: Versagen der Schrauben und ein Fließgelenk in der Mitte

Es treten Abstützkräfte auf.

Dieses Versagen tritt bei mitteldicken Platten auf. Für Schrauben der Festigkeitsklasse 10.9 liegt das Verhältnis der Plattendicke zu dem Schraubendurchmesser näherungsweise bei $0{,}75 < t/d < 1{,}25$.

Die Summe der vertikalen Kräfte ergibt:

$$F_{T,2,Rd} + 2 \cdot Q - 2 \cdot T_1 - 2 \cdot T_2 = 0 \tag{7.48}$$

Die Summe der vertikalen Momente um das Fließgelenk ergibt:

$$M_{pl,2,Rd} + Q \cdot (m + n) - T_1 \cdot m - T_2 \cdot (m + n_1) = 0 \tag{7.49}$$

Im Grenzzustand der Tragfähigkeit erreicht die innere Schraube die Grenztragfähigkeit.

$$T_1 = F_{t,Rd} \tag{7.50}$$

Das Gleichungssystem kann nur gelöst werden, wenn auch über die äußere Schraube eine Annahme getroffen wird. Es wird die folgende Annahme getroffen, die direkt in den Modus 3 übergeht:

$$T_2 = 0{,}8 \cdot T_1 \tag{7.51}$$

Setzt man diese Werte in die Gleichung (7.48) ein, erhält man:

$$Q = 1{,}8 \cdot F_{\mathrm{t,Rd}} - \frac{F_{\mathrm{T,2,Rd}}}{2} \tag{7.52}$$

Die Grenztragfähigkeit $F_{\mathrm{T,2,Rd}}$ gilt nur, wenn die Abstützkraft Q eine Druckkraft ist. Dies führt zu der Bedingung:

$$F_{\mathrm{T,2,Rd}} \le 3{,}6 \cdot F_{\mathrm{t,Rd}} \tag{7.53}$$

Setzt man die Gleichungen (7.50), (7.51) und (7.52) in das Momentengleichgewicht (7.49) ein, erhält man:

$$M_{\mathrm{pl,2,Rd}} + \left(1{,}8 \cdot F_{\mathrm{t,Rd}} - \frac{F_{\mathrm{T,2,Rd}}}{2}\right) \cdot (m+n) - F_{\mathrm{t,Rd}} \cdot m - 0{,}8 \cdot F_{\mathrm{t,Rd}} \cdot (m + n_1) = 0$$

Dies führt nach einigen Umformungen zu der Grenztragfähigkeit $F_{\mathrm{T,2,Rd}}$:

$$F_{\mathrm{T,2,Rd}} = \frac{2 \cdot M_{\mathrm{pl,2,Rd}} + n \cdot F_{\mathrm{t,Rd}} \cdot \left(3{,}6 - 1{,}6 \cdot \frac{n_1}{n}\right)}{m+n} \tag{7.54}$$

Modus 3: Versagen der Schrauben

Dieses Versagen tritt bei dicken Platten auf. Für Schrauben der Festigkeitsklasse 10.9 liegt das Verhältnis der Plattendicke zu dem Schraubendurchmesser näherungsweise bei $t/d > 1{,}25$.

Es treten keine Abstützkräfte auf. Es wird die Annahme getroffen, dass die äußere Schraube den Wert $0{,}8 \cdot F_{\mathrm{t,Rd}}$ erreicht, wenn die innere Schraube mit $F_{\mathrm{t,Rd}}$ die Grenztragfähigkeit der Schraube erreicht.

Die Summe der vertikalen Kräfte ergibt:

$$F_{\mathrm{T,3,Rd}} = 3{,}6 \cdot F_{\mathrm{t,Rd}} \tag{7.55}$$

Modus 4: Versagen der Platte – keine Abstützkräfte

Es kann dann die Platte schon versagen, wenn die Grenztragfähigkeit der Schraube noch nicht erreicht ist. In der Mitte bildet sich dann ein Momentenfließgelenk. Es treten keine Abstützkräfte auf. Dabei ist Folgendes zu beachten.

Durch die zusätzlichen plastischen Verformungen des Fließgelenkes tritt ein Klappeffekt auf, sodass sich die Platte an den Enden wieder abstützen kann. Dies ist nach EC 3 bei geschraubten Träger-Stützenanschlüssen oder Trägerstößen der Fall.

Die Summe der vertikalen Kräfte ergibt:

$$F_{\mathrm{T,4,Rd}} - 2 \cdot T_1 - 2 \cdot T_2 = 0 \tag{7.56}$$

Die Summe der vertikalen Momente um das Fließgelenk ergibt:

$$M_{\mathrm{pl,1,Rd}} - T_1 \cdot m - T_2 \cdot (m + n_1) = 0 \tag{7.57}$$

Das Gleichungssystem kann nur gelöst werden, wenn über die Schraubenkräfte eine Annahme getroffen wird. Es wird die folgende Annahme getroffen, die direkt in den Modus 3 übergeht:

$$T_2 = 0{,}8 \cdot T_1 \tag{7.58}$$

Damit ist das Gleichungssystem lösbar. Man erhält:

$$F_{\mathrm{T,4,Rd}} = \frac{3{,}6 \cdot M_{\mathrm{pl,1,Rd}}}{1{,}8 \cdot m + 0{,}8 \cdot n_1} \tag{7.59}$$

7.3 Trägerflansch

7.3.1 Trägerflansch auf Druck

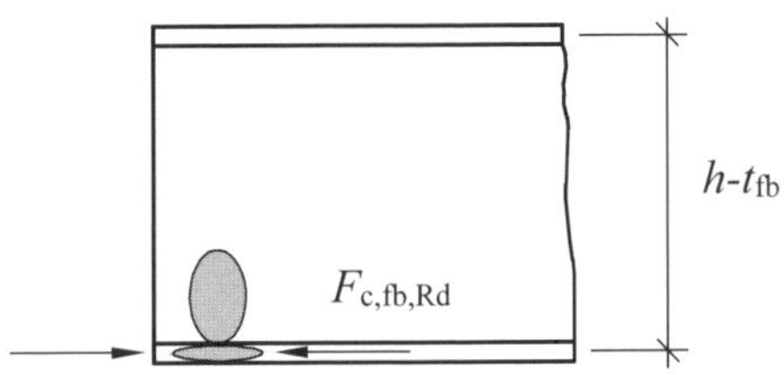

Für die Grenztragfähigkeit des Trägerflansches und der angrenzenden Druckzone im Trägersteg kann als Angriffspunkt die Mitte des gedrückten Flansches angenommen werden. Es gilt dann:

$$F_{\mathrm{c,fb,Rd}} = M_{\mathrm{c,Rd}} / \left(h - t_{\mathrm{fb}}\right) \tag{7.60}$$

h Höhe des angeschlossenen Trägers

$M_{\mathrm{c,Rd}}$ Momententragfähigkeit des Trägerquerschnittes mit Abminderung infolge Querkraft

t_{fb} Flanschdicke des angeschlossenen Trägers

7.3.2 Trägersteg auf Zug für 4 Schrauben in einer Reihe

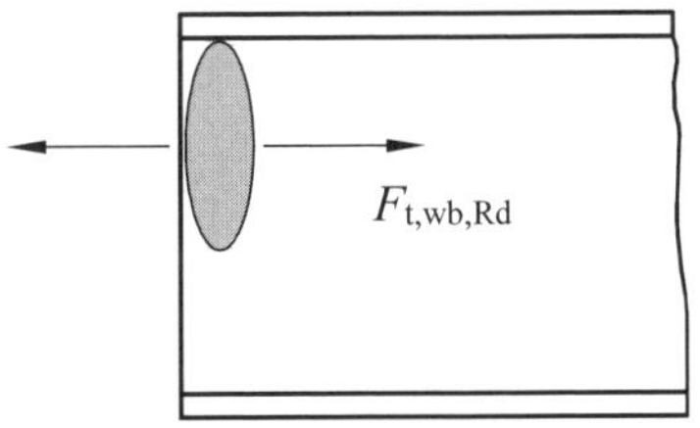

Die Zugtragfähigkeit des Trägerstegs wird folgendermaßen ermittelt:

$$F_{\mathrm{t,wb,Rd}} = b_{\mathrm{eff,t,wb}} \cdot t_{\mathrm{wb}} \cdot f_{\mathrm{y,wb}} / \gamma_{\mathrm{M0}} \geq F_{\mathrm{t2,Rd}} \tag{7.61}$$

Die effektive Breite $b_{eff,t,wb}$ des Trägerstegs auf Zug ist gleich der wirksamen Länge l_{eff} des äquivalenten T-Stummels für die Komponente Stirnplatte auf Biegung. Dabei ist der zugehörige Modus zu beachten. Die Zugtragfähigkeit der zugehörigen Schweißnaht ist entsprechend zu berechnen.

7.4 Momententragfähigkeit

Die Momententragfähigkeit $M_{j,Rd}$ eines Stirnplattenstoßes kann wie folgt nach Abb. 7.13 bestimmt werden:

$$M_{j,Rd} = \sum_{r} h_r \cdot F_{tr,Rd} \tag{7.62}$$

h_r Abstand der Schraubenreihe r vom Druckpunkt

$F_{tr,Rd}$ wirksame Grenzzugkraft der Schraubenreihe r auf Zug

r Nummer der Schraubenreihe

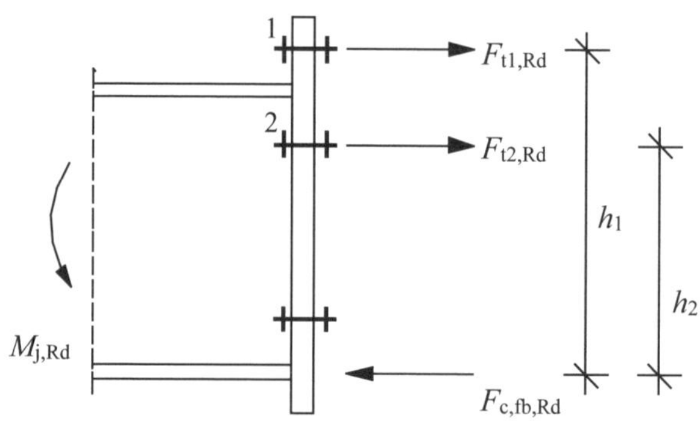

Abb. 7.13 Berechnung der Momententragfähigkeit

Für den Druckpunkt kann die Mitte des gedrückten Flansches angenommen werden. Die Nummerierung der Schraubenreihen beginnt mit der äußersten Schraubenreihe. Die wirksame Grenzzugkraft $F_{tr,Rd}$ der Schraubenreihe r ist die kleinste Grenzzugkraft der Komponenten für die einzelne Schraubenreihe, wenn keine Schraubengruppe vorhanden ist. Für den Trägerstoß mit überstehender Platte mit nur zwei Schraubenreihen auf Zug trifft dies zu. Sonst ist die Grenzkraft der Schraubengruppe als Ganzes zu berücksichtigen. Um eine ausreichende Verformbarkeit des Anschlusses für die Umlagerung der inneren Kräfte zu ermöglichen, ist für die Grenzzugkraft der Schraubenreihe (2 Schrauben) $r > 1$ die folgende Reduktion erforderlich, wenn $F_{t1,Rd} \geq 3{,}8 \cdot F_{t,Rd}$ ist.

$$F_{tr,Rd} \leq F_{t1,Rd} \cdot \frac{h_r}{h_1} \tag{7.63}$$

Ist dagegen nicht die erste, sondern die 2. Schraubenreihe mit $F_{2,Rd} \geq 3{,}8 \cdot F_{t,Rd}$ beansprucht, gilt für die darunterliegenden Schrauben entsprechend, usw.:

$$F_{\text{tr,Rd}} \leq F_{\text{t2,Rd}} \cdot \frac{h_{\text{r}}}{h_2} \quad (7.64)$$

Für die gesamte Tragfähigkeit ist noch folgende Bedingung, z. B. für 2 Schraubenreihen, einzuhalten:

$$F_{\text{t1,Rd}} + F_{\text{t2,Rd}} \leq F_{\text{c,fb,Rd}} \quad (7.65)$$

Ist diese Bedingung nicht eingehalten, ist die Tragfähigkeit der letzten Schraubenreihe zu reduzieren.

$$F_{\text{t2,Rd}} = F_{\text{c,fb,Rd}} - F_{\text{t1,Rd}} \quad (7.66)$$

Da $F_{\text{t2,Rd}}$ eine Zugkraft sein muss, gilt die zusätzliche Bedingung:

$$F_{\text{t2,Rd}} \geq 0 \quad (7.67)$$

7.5 Schweißnahtdicken für 4 Schrauben in einer Reihe

Die Schweißnähte am Träger sind für das Biegemoment und die Querkraft nachzuweisen. Die Querkraft wird i. Allg. den zusätzlichen nicht auf Zug beanspruchten Schrauben zugewiesen. Es ist der Nachweis für die Schraubenverbindung zu führen.
In allen Anschlüssen sollten die Schweißnahtdicken so gewählt werden, dass die Biegetragfähigkeit des Anschlusses $M_{\text{j,Rd}}$ nicht durch die Tragfähigkeit der Schweißnähte, sondern durch die Tragfähigkeit der Grundkomponenten begrenzt wird (1-8, 6.2.3(4)). *Deshalb wird hier zusätzlich der Nachweis der Kehlnähte am Steg und Flansch geführt.* Sind in der Anschlussebene nur Spannungen σ_{w} vorhanden, dann gelten für die Beanspruchbarkeit der Schweißnaht für das richtungsbezogene Verfahren:

$$\sigma_{\text{w,Ed}} \leq \sigma_{\text{w,Rd}} = \frac{f_{\text{u}}}{\sqrt{2} \cdot \beta_{\text{w}} \cdot \gamma_{\text{M2}}} \quad (7.68)$$

Für die Zugtragfähigkeit der Schweißnaht oberhalb des Zugflansches der überstehenden Platte gilt nach Abb. 7.13:

$$F_{\text{w,Rd}} = 0{,}5 \cdot b \cdot \Sigma a_{\text{f}} \cdot \sigma_{\text{w,Rd}} \geq F_{\text{t1,Rd}} \quad (7.69)$$

Für die Zugtragfähigkeit der Kehlnaht des Trägersteges der überstehenden Platte gilt:

$$F_{\text{w,Rd}} = b_{\text{eff,t,wb}} \cdot \Sigma a_{\text{w}} \cdot \sigma_{\text{w,Rd}} \geq F_{\text{t2,Rd}} \quad (7.70)$$

Für die bündige Platte existiert nur $F_{\text{t2,Rd}}$.

Für die Zugtragfähigkeit der Schweißnaht im Zugflansch der bündigen Platte gilt näherungsweise:

$$F_{\text{w,Rd}} = b \cdot \Sigma a_{\text{f}} \cdot \sigma_{\text{w,Rd}} \geq F_{\text{t2,Rd}} \quad (7.71)$$

Für die Zugtragfähigkeit der Kehlnaht des Trägersteges der bündigen Platte gilt:

$$F_{\text{w,Rd}} = b_{\text{eff,t,wb}} \cdot \Sigma a_{\text{w}} \cdot \sigma_{\text{w,Ed}} \geq F_{\text{t2,Rd}} \quad (7.72)$$

7.6 Allgemeine Beanspruchung

7.6.1 Normalkraft

Siehe Abschnitt 3.7.1 und 3.7.2.

7.6.2 GW-Modell für Biegung um die schwache Achse

Bei der Biegung um die schwache Achse kann das EC3-Modell direkt angewendet werden. Dies wird deutlich, wenn man den Anschluss um 90° dreht. Es gibt eine 1. und eine 2. Schraubenreihe. Weiterhin ist zu unterscheiden zwischen den Schrauben oberhalb des Flansches und neben einer Steife.

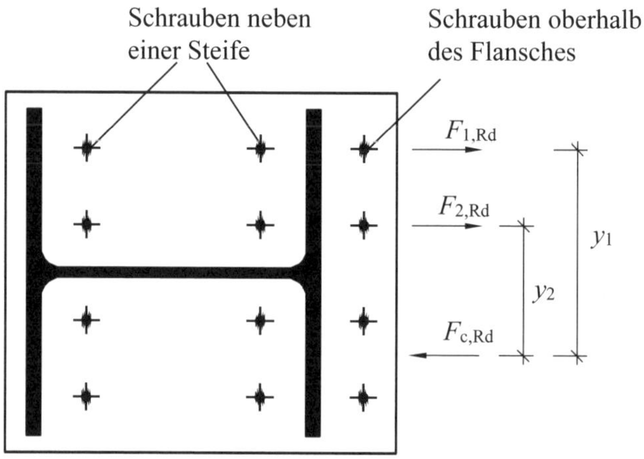

Abb. 7.14 Momententragfähigkeit um die schwache Achse bei der überstehenden Platte

Effektive Längen für die äußere Schraubenreihe

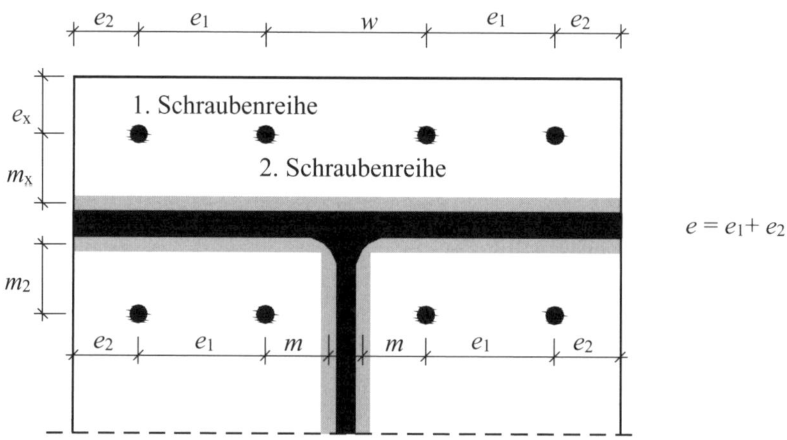

Abb. 7.15 Definition der Bezeichnungen für die effektiven Längen

Kreisförmige Fließmuster für die außen liegende Schraubenreihe

Die Schrauben werden einzeln und als eine horizontale Schraubengruppe betrachtet.

1. Schraubenreihe

Schraube einzeln betrachtet

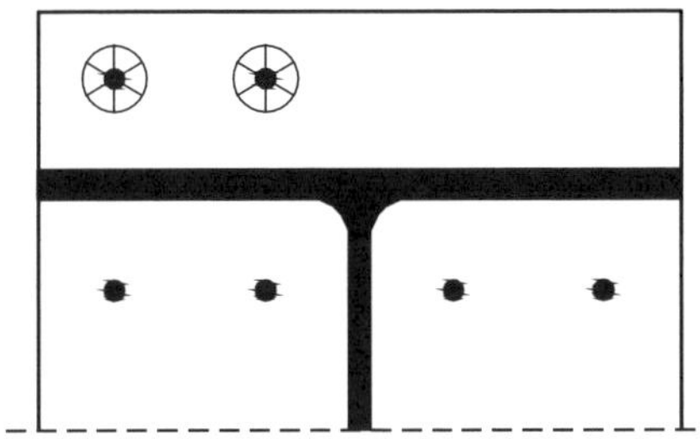

$$l_{1,cp} = 2 \cdot \pi \cdot m_x$$

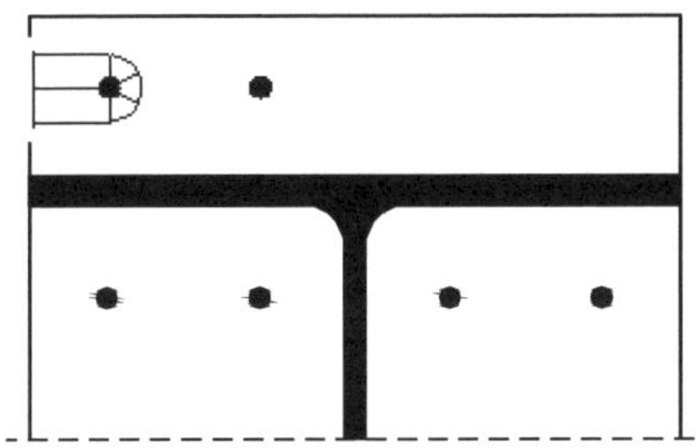

$$l_{2,cp} = \pi \cdot m_x + 2 \cdot e_2$$

2. Schraubenreihe

Schraube einzeln betrachtet

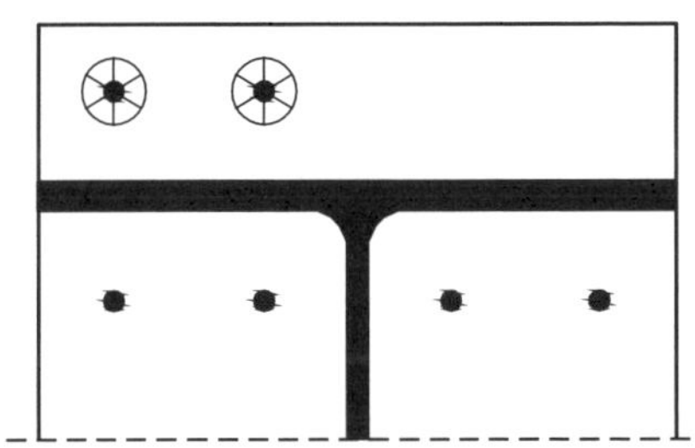

$$l_{3,cp} = 2 \cdot \pi \cdot m_x$$

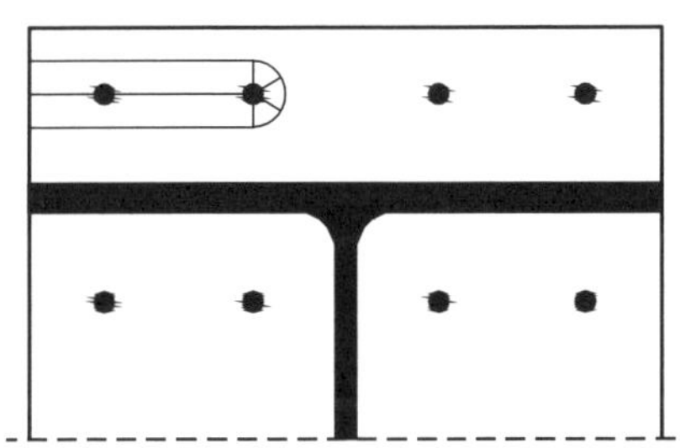

$$l_{4,cp} = \pi \cdot m_x + 2 \cdot e$$

1. und 2. Schraubenreihe als Gruppe betrachtet

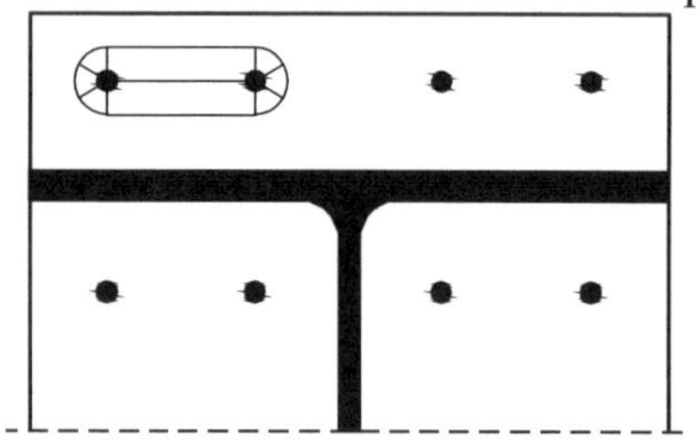

$$l_{5,cp} = 2 \cdot \pi \cdot m_x + 2 \cdot e_1$$

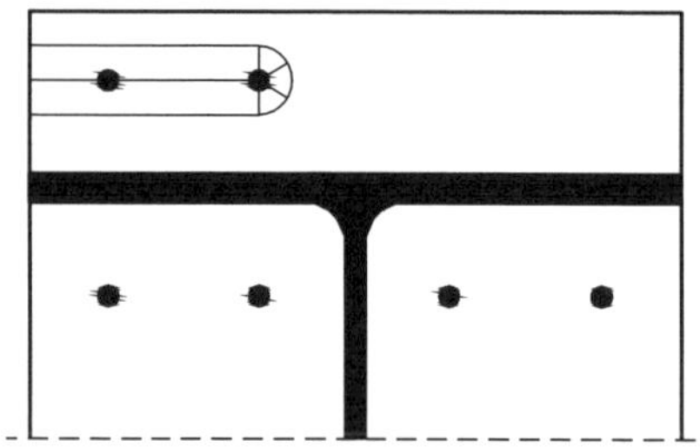

$$l_{6,cp} = \pi \cdot m_x + 2 \cdot e$$

Abb. 7.16 Kreisförmige Fließmuster für die außen liegende Schraubenreihe für M_z

Trapezförmige Fließmuster für die außen liegende Schraubenreihe
Die Schrauben werden einzeln und als eine horizontale Schraubengruppe betrachtet.
1. Schraubenreihe
Schraube einzeln betrachtet

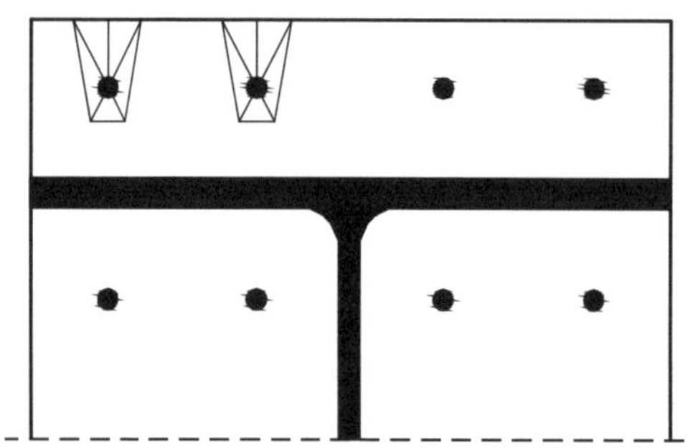

$$l_{1,nc} = 4 \cdot m_x + 1{,}25 \cdot e_x$$

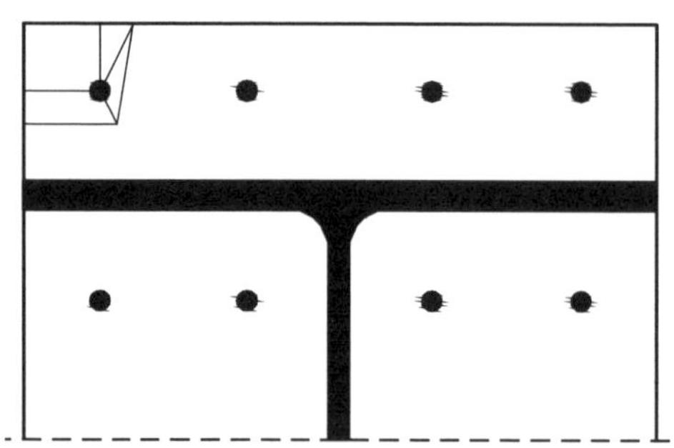

$$l_{2,nc} = 2 \cdot m_x + 0{,}625 \cdot e_x + e_2$$

2. Schraubenreihe
Schraube einzeln betrachtet

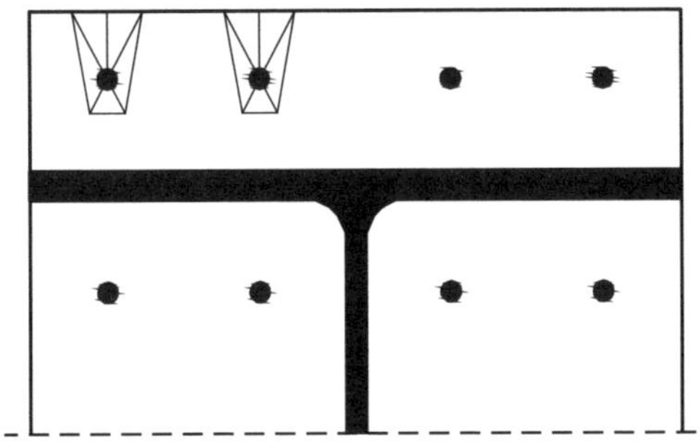

$$l_{3,\mathrm{nc}} = 4 \cdot m_x + 1{,}25 \cdot e_x$$

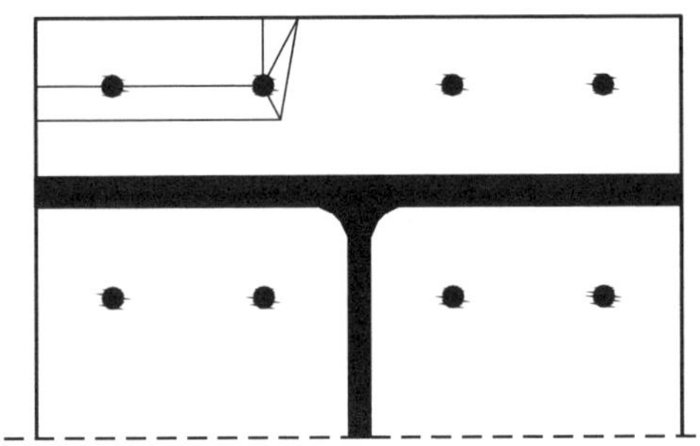

$$l_{4,\mathrm{nc}} = 2 \cdot m_x + 0{,}625 \cdot e_x + e$$

1. und 2. Schraubenreihe als Gruppe betrachtet

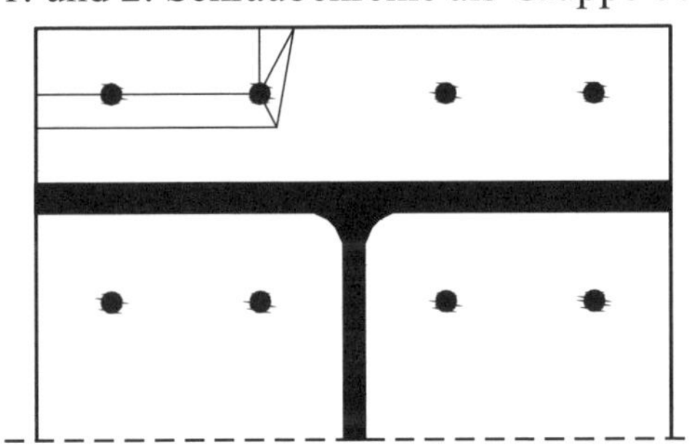

$$l_{5,\mathrm{nc}} = 2 \cdot m_x + 0{,}625 \cdot e_x + e$$

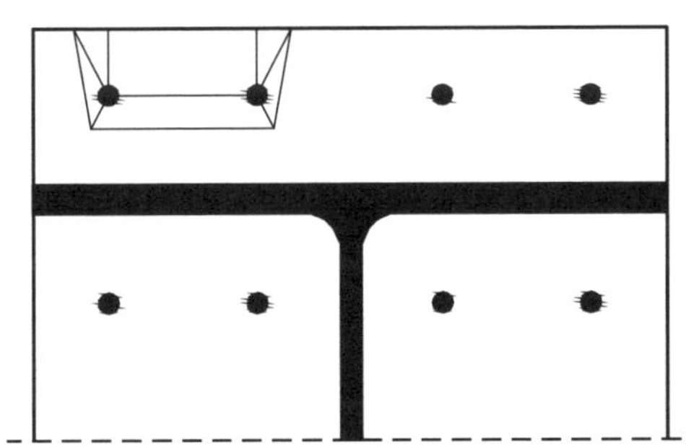

$$l_{6,\mathrm{nc}} = 4 \cdot m_x + 1{,}25 \cdot e_x + e_1$$

Abb. 7.17 Trapezförmige Fließmuster für die außen liegende Schraubenreihe für M_z

T-Stummel für die äußere Schraubenreihe

Es gilt das T-Stummel-Modell des EC 3. Die entsprechenden Formeln werden hier nochmals zusammengestellt. Für Modus 1 wird vereinfacht das Verfahren 1 nach (1-8, Tabelle 6.2) gewählt.

$$e = e_1 + e_2 \tag{7.73}$$

Für die effektive Länge $l_{\mathrm{eff,cp}}$ der Schraubenreihe einzeln gilt:

$$l_{1,\mathrm{cp}} = 2 \cdot \pi \cdot m_{\mathrm{x}} \tag{7.74}$$

$$l_{2,\mathrm{cp}} = \pi \cdot m_{\mathrm{x}} + 2 \cdot e_2 \tag{7.75}$$

$$l_{3,\mathrm{cp}} = 2 \cdot \pi \cdot m_{\mathrm{x}} \tag{7.76}$$

$$l_{4,\mathrm{cp}} = \pi \cdot m_{\mathrm{x}} + 2 \cdot e \tag{7.77}$$

Für die effektive Länge $l_{\mathrm{eff,cp}}$ der Schraubenreihe als Teil einer Gruppe gilt:

$$l_{5,\mathrm{cp}} = 2 \cdot \pi \cdot m_{\mathrm{x}} + 2 \cdot e_1 \tag{7.78}$$

$$l_{6,\mathrm{cp}} = \pi \cdot m_{\mathrm{x}} + 2 \cdot e \tag{7.79}$$

Für die effektive Länge $l_{\mathrm{eff,nc}}$ der Schraubenreihe einzeln gilt:

$$l_{1,\mathrm{nc}} = 4 \cdot m_{\mathrm{x}} + 1{,}25 \cdot e_{\mathrm{x}} \tag{7.80}$$

$$l_{2,\mathrm{nc}} = 2 \cdot m_{\mathrm{x}} + 0{,}625 \cdot e_{\mathrm{x}} + e_2 \tag{7.81}$$

$$l_{3,\mathrm{nc}} = l_{3,\mathrm{nc}} = 4 \cdot m_{\mathrm{x}} + 1{,}25 \cdot e_{\mathrm{x}} \tag{7.82}$$

$$l_{4,\mathrm{nc}} = 2 \cdot m_{\mathrm{x}} + 0{,}625 \cdot e_{\mathrm{x}} + e \tag{7.83}$$

Für die effektive Länge $l_{\mathrm{eff,nc}}$ der Schraubenreihe als Teil einer Gruppe gilt:

$$l_{5,\mathrm{nc}} = 2 \cdot m_{\mathrm{x}} + 0{,}625 \cdot e_{\mathrm{x}} + e \tag{7.84}$$

$$l_{6,\mathrm{nc}} = 4 \cdot m_{\mathrm{x}} + 1{,}25 \cdot e_{\mathrm{x}} + e_1 \tag{7.85}$$

Weiterhin gilt:

Modus 1: $l_{\mathrm{eff,1}} = l_{\mathrm{eff,nc}} \leq l_{\mathrm{eff,cp}}$

Modus 2: $l_{\mathrm{eff,2}} = l_{\mathrm{eff,nc}}$

$$M_{\mathrm{pl,1,Rd}} = \frac{1}{4} \cdot l_{\mathrm{eff,1}} \cdot t_{\mathrm{p}}^2 \cdot f_{\mathrm{y}} / \gamma_{\mathrm{M0}} \tag{7.86}$$

$$M_{\mathrm{pl,2,Rd}} = \frac{1}{4} \cdot l_{\mathrm{eff,2}} \cdot t_{\mathrm{p}}^2 \cdot f_{\mathrm{y}} / \gamma_{\mathrm{M0}} \tag{7.87}$$

$$F_{\mathrm{T,1,Rd}} = \frac{4 \cdot M_{\mathrm{pl,1,Rd}}}{m} \tag{7.88}$$

$$F_{\mathrm{T,2,Rd}} = \frac{2 \cdot M_{\mathrm{pl,2,Rd}} + n \cdot 2 \cdot F_{\mathrm{t,Rd}}}{m+n} \tag{7.89}$$

$$F_{\mathrm{T,3,Rd}} = 2 \cdot F_{\mathrm{t,Rd}} \tag{7.90}$$

$$F_{\mathrm{T,4,Rd}} = \frac{2 \cdot M_{\mathrm{pl,1,Rd}}}{m} \tag{7.91}$$

Ob Abstützkräfte auftreten, wird bei der Berechnung der Grenztragfähigkeiten berücksichtigt. Es sind die Grenztragfähigkeiten von Modus 1, 2 und 3 zu berechnen. Maßgebend ist der kleinste Wert.
Die Grenztragfähigkeit muss halbiert werden, da die Gegenseite fehlt.

Effektive Längen für die innere Schraubenreihe

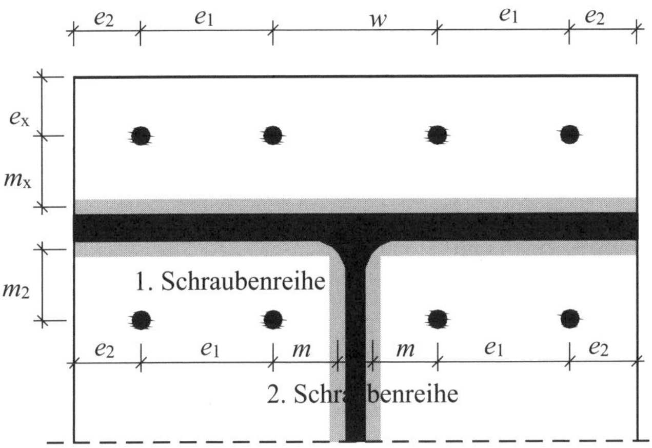

Abb. 7.18 Definition der Bezeichnungen für die effektiven Längen

Kreisförmige Fließmuster für die innen liegende Schraubenreihe

1. Schraubenreihe

Schraube einzeln betrachtet

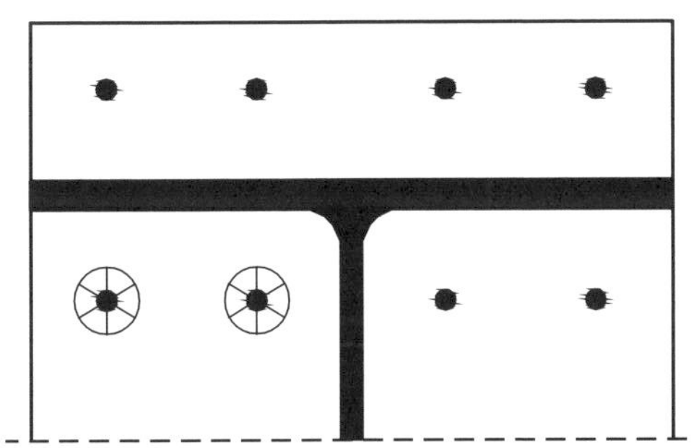

$$l_{1,cp} = 2 \cdot \pi \cdot m$$

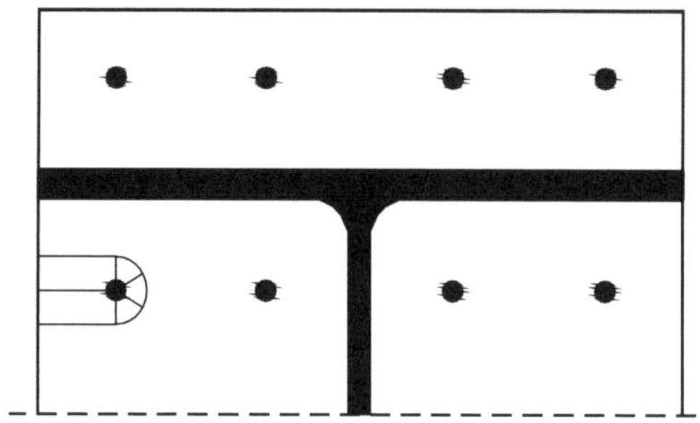

$$l_{2,\mathrm{cp}} = \pi \cdot m + 2 \cdot e_2$$

2. Schraubenreihe
Schraube einzeln betrachtet

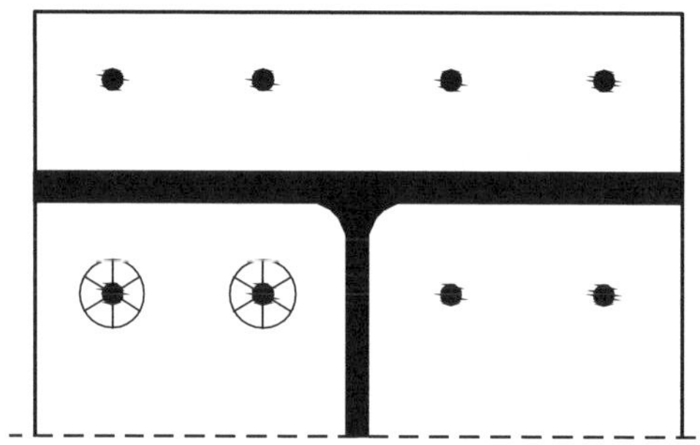

$$l_{3,\mathrm{cp}} = 2 \cdot \pi \cdot m$$

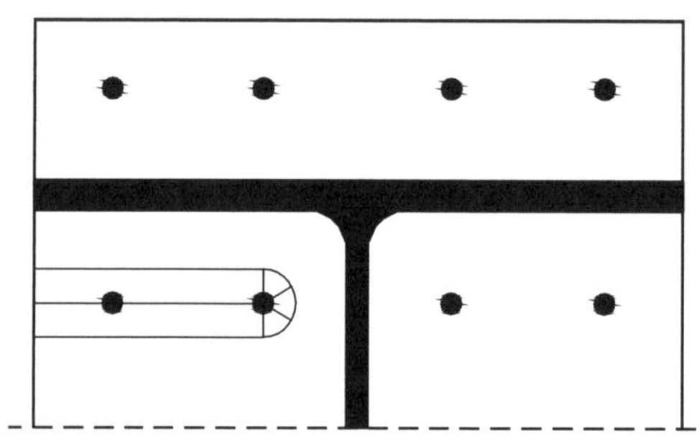

$$l_{4,\mathrm{cp}} = \pi \cdot m + 2 \cdot e$$

1. und 2. Schraubenreihe als Gruppe betrachtet

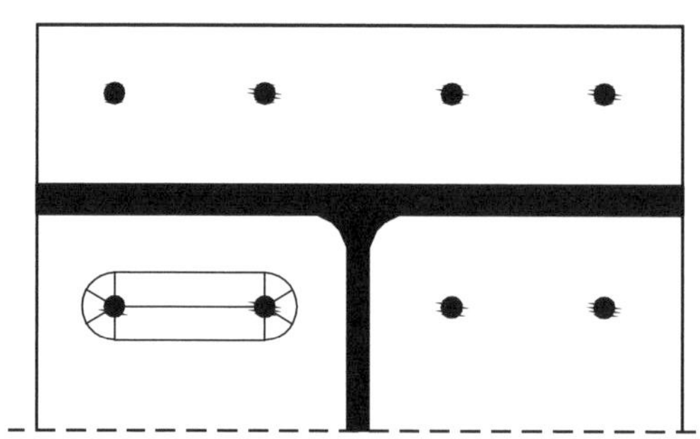

$$l_{5,\mathrm{cp}} = 2 \cdot \pi \cdot m + 2 \cdot e_1$$

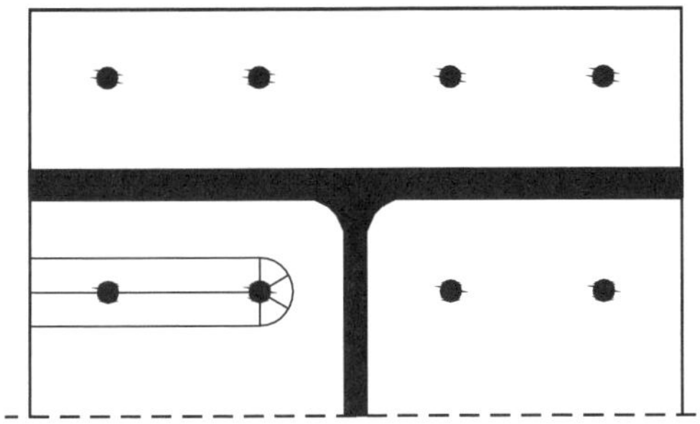

$l_{6,\text{cp}} = \pi \cdot m + 2 \cdot e$

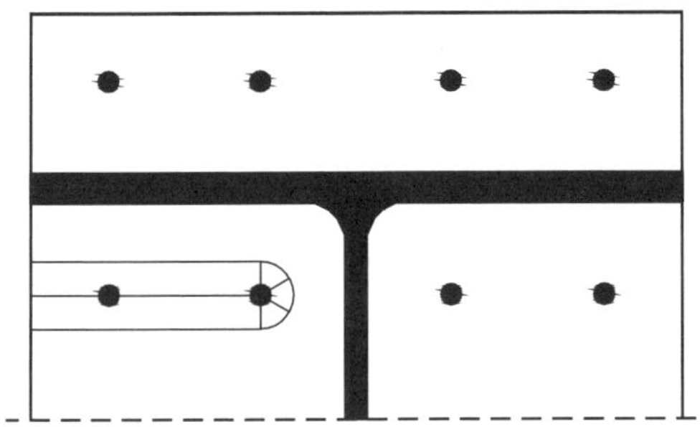

Teil einer Gruppe

$l_{7,\text{cp}} = \pi \cdot m + e_1 + p$

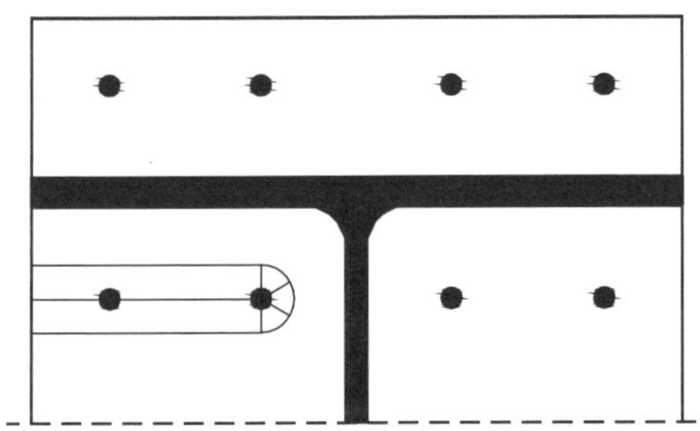

Teil einer Gruppe

$l_{8,\text{cp}} = 0{,}5 \cdot \pi \cdot m + e + 0{,}5 \cdot p$

Abb. 7.19 Kreisförmiges Fließmuster für die innen liegende Schraubenreihe für M_z

Trapezförmige Fließmuster für die innen liegende Schraubenreihe
Die Schrauben werden einzeln und als eine horizontale Schraubengruppe betrachtet.

1. Schraubenreihe
Schraube einzeln betrachtet

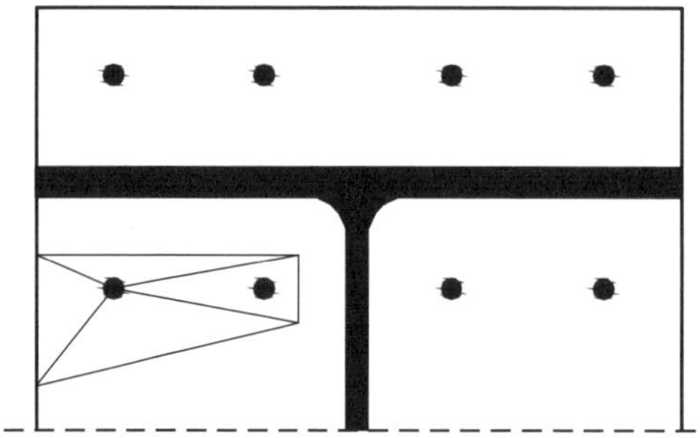

$$l_{1,\mathrm{nc}} = \alpha \cdot m$$

2. Schraubenreihe
Schraube einzeln betrachtet

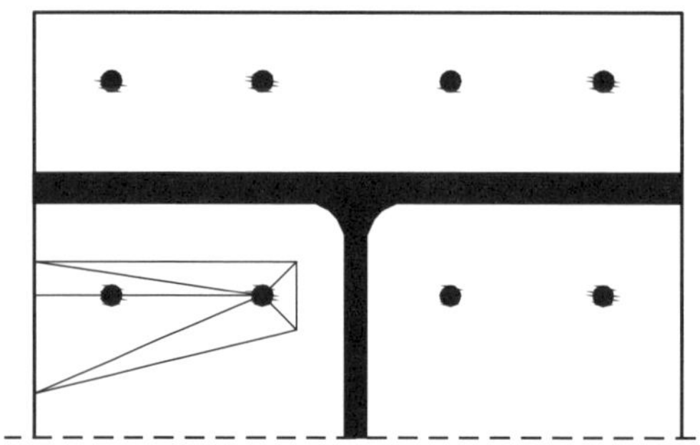

$$l_{1,\mathrm{nc}} = \alpha \cdot m$$

1. und 2. Schraubenreihe als Gruppe betrachtet

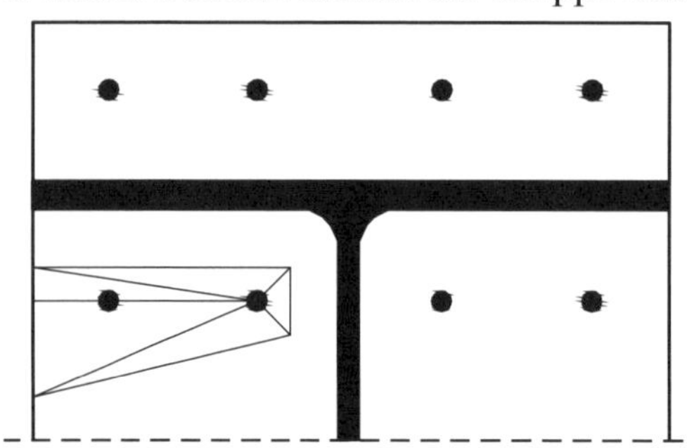

$$l_{1,\mathrm{nc}} = \alpha \cdot m$$

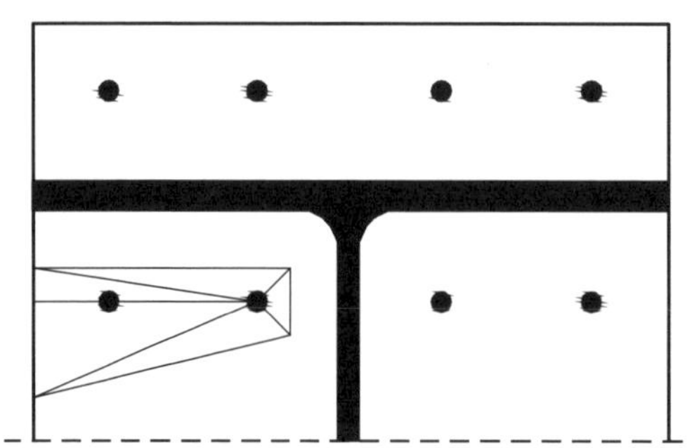

Teil einer Gruppe

$$l_{2,\mathrm{nc}} = \alpha \cdot m - (2 \cdot m + 0{,}625 \cdot e) + 0{,}5 \cdot p$$

Abb. 7.20 Trapezförmiges Fließmuster für die innen liegende Schraubenreihe für M_z

T-Stummel für die innere Schraubenreihe

Es gilt das T-Stummel-Modell des EC 3. Die entsprechenden Formeln werden hier nochmals zusammengestellt. Für Modus 1 wird vereinfacht das Verfahren 1 nach (1-8, Tabelle 6.2) gewählt.

$$e = e_1 + e_2 \tag{7.92}$$

Für die effektive Länge $l_{\text{eff,cp}}$ der Schraubenreihe einzeln gilt:

$$l_{1,\text{cp}} = 2 \cdot \pi \cdot m \tag{7.93}$$

$$l_{2,\text{cp}} = \pi \cdot m + 2 \cdot e_2 \tag{7.94}$$

$$l_{3,\text{cp}} = 2 \cdot \pi \cdot m \tag{7.95}$$

$$l_{4,\text{cp}} = \pi \cdot m + 2 \cdot e \tag{7.96}$$

Für die effektive Länge $l_{\text{eff,cp}}$ der Schraubenreihe als Teil einer Gruppe gilt:

$$l_{5,\text{cp}} = 2 \cdot \pi \cdot m + 2 \cdot e_1 \tag{7.97}$$

$$l_{6,\text{cp}} = \pi \cdot m + 2 \cdot e \tag{7.98}$$

$$l_{7,\text{cp}} = \pi \cdot m + e_1 + p \tag{7.99}$$

$$l_{8,\text{cp}} = 0{,}5 \cdot \pi \cdot m + e + 0{,}5 \cdot p \tag{7.100}$$

Für die effektive Länge $l_{\text{eff,nc}}$ gilt:

$$l_{1,\text{nc}} = \alpha \cdot m \tag{7.101}$$

$$l_{2,\text{nc}} = \alpha \cdot m - (2 \cdot m + 0{,}625 \cdot e) + 0{,}5 \cdot p \tag{7.102}$$

Modus 1: $l_{\text{eff,1}} = l_{\text{eff,nc}} \le l_{\text{eff,cp}}$

Modus 2: $l_{\text{eff,2}} = l_{\text{eff,nc}}$

$$M_{\text{pl,1,Rd}} = \frac{1}{4} \cdot l_{\text{eff,1}} \cdot t_{\text{p}}^2 \cdot f_{\text{y}} / \gamma_{\text{M0}} \tag{7.103}$$

$$M_{\text{pl,2,Rd}} = \frac{1}{4} \cdot l_{\text{eff,2}} \cdot t_{\text{p}}^2 \cdot f_{\text{y}} / \gamma_{\text{M0}} \tag{7.104}$$

$$F_{\text{T,1,Rd}} = \frac{4 \cdot M_{\text{pl,1,Rd}}}{m} \tag{7.105}$$

$$F_{\text{T,2,Rd}} = \frac{2 \cdot M_{\text{pl,2,Rd}} + n \cdot 2 \cdot F_{\text{t,Rd}}}{m + n} \tag{7.106}$$

$$F_{\text{T,3,Rd}} = 2 \cdot F_{\text{t,Rd}} \tag{7.107}$$

$$F_{\text{T,4,Rd}} = \frac{2 \cdot M_{\text{pl,1,Rd}}}{m} \tag{7.108}$$

Ob Abstützkräfte auftreten, wird bei der Berechnung der Grenztragfähigkeiten berücksichtigt. Es sind die Grenztragfähigkeiten von Modus 1, 2 und 3 zu berechnen. Maßgebend ist der kleinste Wert.

Die Grenztragfähigkeit muss halbiert werden, da die Gegenseite fehlt.

Momententragfähigkeit um die schwache Achse

Für die Momententragfähigkeit um die schwache Achse ist zu unterscheiden, ob es sich um eine bündige oder überstehende Platte handelt. Es soll zunächst die bündige Platte behandelt werden. Die Schrauben sind symmetrisch angeordnet. Für die Tragfähigkeit ist auch die Schraubengruppe für die innen liegenden Schrauben zu untersuchen. Die Tragfähigkeit gilt dann für beide Schraubenreihen zusammen. Werden die Flansche getrennt untersucht, ist die Tragfähigkeit zu halbieren.

bündige Platte Typ IH2

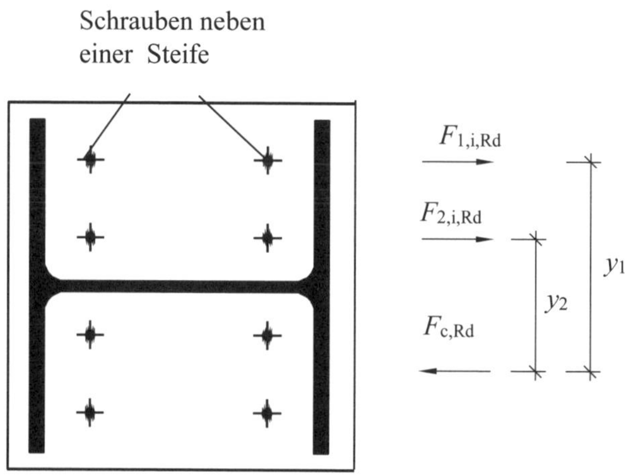

Abb. 7.21 Momententragfähigkeit um die schwache Achse bei der bündigen Platte

Als Druckpunkt wird die Mitte des Flansches angenommen. Die Hebelarme zum Druckpunkt für die Kräfte $F_{1,i,Rd}$ und $F_{2,i,Rd}$ sind dann:

$$y_1 = w_2 + \frac{w_1}{2} + \frac{b}{4} \qquad y_2 = \frac{w_1}{2} + \frac{b}{4} \tag{7.109}$$

Für die Momententragfähigkeit gilt damit

$$M_{j,z,Rd} = F_{1,i,Rd} \cdot y_1 + F_{2,i,Rd} \cdot y_2 \tag{7.110}$$

Für die überstehende Platte gilt:
Der überstehende Flansch und der bündige Flansch sind getrennt zu untersuchen.

Deshalb sind die zunächst berechneten einzelnen Tragfähigkeiten zu halbieren. Die Summe der Tragfähigkeiten der innen liegenden Schraubenreihe und der Schraubenreihe oberhalb des Flansches ergibt die Momententragfähigkeit des oberen Flansches.

Für die Momententragfähigkeit des überstehenden Flansches gilt:

$$\begin{aligned} &M_{\mathrm{f,Mz,j,Rd}} = \frac{1}{4} \cdot t_{\mathrm{f}} \cdot b^2 \cdot \sigma_{\mathrm{Rd}} \\ &M_{\mathrm{j,z,Rd}} = \frac{1}{2} \cdot \left(F_{\mathrm{1,i,Rd}} \cdot y_1 + F_{\mathrm{2,i,Rd}} \cdot y_2 \right) + \frac{1}{2} \cdot \left(F_{\mathrm{1,a,Rd}} \cdot y_1 + F_{\mathrm{2,a,Rd}} \cdot y_2 \right) \\ &M_{\mathrm{j,z,Rd}} \leq M_{\mathrm{f,Mz,j,Rd}} = \frac{1}{4} \cdot t_{\mathrm{f}} \cdot b^2 \cdot \sigma_{\mathrm{Rd}} \end{aligned} \tag{7.111}$$

Für die Momententragfähigkeit des bündigen Flansches gilt:

$$M_{\mathrm{j,z,Rd}} = \frac{1}{2} \cdot \left(F_{\mathrm{1,i,Rd}} \cdot y_1 + F_{\mathrm{2,i,Rd}} \cdot y_2 \right) \leq M_{\mathrm{f,Mz,j,Rd}} = \frac{1}{4} \cdot t_{\mathrm{f}} \cdot b^2 \cdot \sigma_{\mathrm{Rd}} \tag{7.112}$$

überstehende Platte Typ IH4

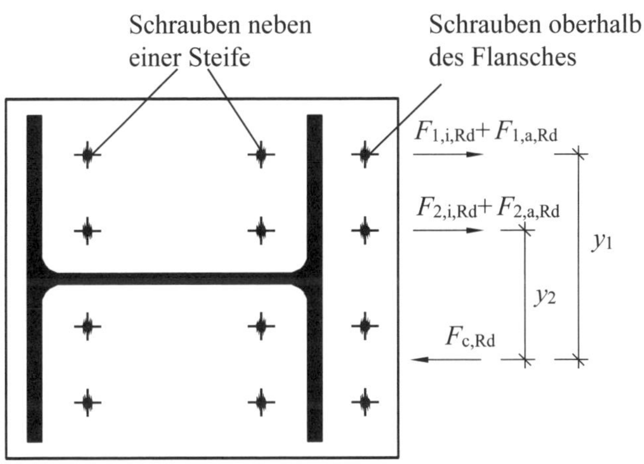

Abb. 7.22 Momententragfähigkeit um die schwache Achse bei der überstehenden Platte

Da meist auch Querkräfte vorhanden sind, ist zu überprüfen, ob die Tragfähigkeiten der Schrauben auf Zug infolge der Querkraft zu reduzieren sind, s. Abschnitt 2.3. Gegebenenfalls sind zusätzliche Schrauben anzuordnen. Die Wölbkrafttorsion kann über die Flanschbiegung berücksichtigt werden.
Die Schraubenkräfte für die Querkräfte und das Torsionsmoment M_x können nach Abschnitt 1.6.2 von Band 2 berechnet werden.
Die Momententragfähigkeit $M_{j,Rd}$ eines Stirnplattenstoßes kann allgemein wie folgt nach Abb. 7.23 bestimmt werden:

$$M_{j,Rd} = \sum_{r} y_r \cdot F_{r,Rd} \tag{7.113}$$

y_r Abstand der Schraubenreihe r vom Druckpunkt

$F_{tr,Rd}$ wirksame Grenzzugkraft der Schraubenreihe r auf Zug

r Nummer der Schraubenreihe

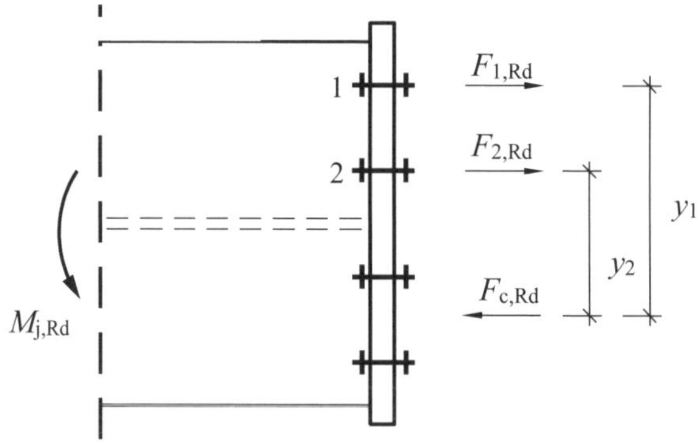

Abb. 7.23 Berechnung der Momententragfähigkeit

Die Nummerierung der Schraubenreihen beginnt mit der äußersten Schraubenreihe. Die wirksame Grenzzugkraft $F_{r,Rd}$ der Schraubenreihe r ist die kleinste Grenzzugkraft der Komponenten für die einzelne Schraubenreihe, wenn keine Schraubengruppe vorhanden ist.

Um eine ausreichende Verformbarkeit des Anschlusses für die Umlagerung der inneren Kräfte zu ermöglichen, ist für die Grenzzugkraft der Schraubenreihe (2 Schrauben) $r > 1$ die folgende Reduktion erforderlich, wenn $F_{1,Rd} \geq 1{,}9 \cdot F_{t,Rd}$ ist.

$$F_{r,Rd} \leq F_{1,Rd} \cdot \frac{y_r}{y_1} \tag{7.114}$$

Ist dagegen nicht die erste, sondern die 2. Schraubenreihe mit $F_{2,Rd} \geq 1{,}9 \cdot F_{t,Rd}$ beansprucht, gilt für die darunterliegenden Schrauben entsprechend, usw.:

$$F_{r,Rd} \leq F_{2,Rd} \cdot \frac{y_r}{y_2} \tag{7.115}$$

Für die gesamte Tragfähigkeit ist noch folgende Bedingung, z. B. für 2 Schraubenreihen, einzuhalten:

$$F_{1,Rd} + F_{2,Rd} \leq F_{c,Rd} \tag{7.116}$$

Ist diese Bedingung nicht eingehalten, ist die Tragfähigkeit der letzten Schraubenreihe zu reduzieren.

$$F_{2,Rd} = F_{c,Rd} - F_{1,Rd} \tag{7.117}$$

Da $F_{t2,Rd}$ eine Zugkraft sein muss, gilt die zusätzliche Bedingung:

$$F_{2,Rd} \geq 0 \tag{7.118}$$

7.6.3 Grenzspannungsmodell des Anschlusses

Nach Meinung des Verfassers sollten die Schrauben kontrolliert vorgespannt werden.

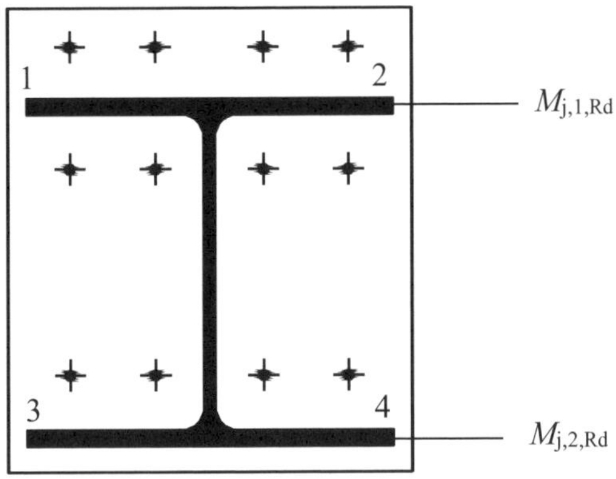

Abb. 7.24 Sandwichquerschnitt für Normalkraft und zweiachsige Biegung

7.7 Beispiele

7.7.1 Überstehende Platte mit Biegung um die starke Achse

IH4-HEA 360 mit t_p = 25 mm und M 20-10.9, Kategorie D

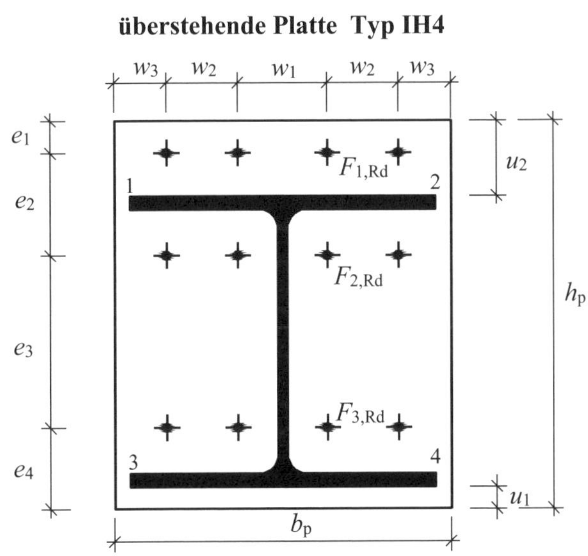

Abb. 7.25 Stirnplattenstoß für HEA 360 mit überstehender Platte

Stahlgüte der Stirnplatte: S 235 $f_y = 23,5$ kN/cm^2

Stahlgüte des Trägers: S 235 $f_y = 23,5$ kN/cm^2

Teilsicherheitsbeiwert: $\gamma_{M0} = 1,00$

Dicke der Stirnplatte: $t_p = 25$ mm

Schrauben: M20-10.9-D $d_0 = 22$ mm $F_{t,Rd} = 176$ kN $A_s = 2,45$ cm^2

Profil: HEA 360 $h = 350$ mm $t_f = 17,5$ mm $t_w = 10$ mm

$M_{pl,y,Rd} = W_{pl,y} \cdot \sigma_{Rd} = 2088 \cdot 23,5 / 100 = 491$ kNm

Beanspruchung des Profils: Biegung um die starke Achse

$M_{y,Ed} = 320$ kNm $V_{z,Ed} = 180$ kN

$$L_b = l_k + 2 \cdot h + 0,5 \cdot (k + m) = 2 \cdot 2,5 + 2 \cdot 0,4 + 0,5 \cdot (1,3 + 1,6) = 7,25 \text{ cm}$$

Beanspruchbarkeit der Schweißnaht nach dem richtungsbezogenen Verfahren:

$$\sigma_{1,w,Ed} = \sqrt{2 \cdot \sigma_w^2 + 3 \cdot \tau_{||}^2} \le f_{1,w,Rd} = \frac{f_u}{\beta_w \cdot \gamma_{M2}} = \frac{36}{0,8 \cdot 1,25} = 36,0 \text{ kN/cm}^2$$

$$\sigma_w \le \frac{f_u}{\sqrt{2} \cdot \beta_w \cdot \gamma_{M2}} = \frac{36}{\sqrt{2} \cdot 0,8 \cdot 1,25} = 25,5 \text{ kN/cm}^2$$

Berechnung der Momententragfähigkeit

Abmessungen der Stirnplatte

$t_p = 25$ mm $b_p = 300$ mm $p = e_3 = 230$ mm $e_2 = 100$ mm $e_1 = 30$ mm $u_1 = 20$ mm

$u_2 = 70$ mm $w_1 = 90$ mm $w_2 = 70$ mm $w_3 = 35$ mm $a_w = 4$ mm $a_f = 9$ mm

a) Tragfähigkeit in der Zugzone für M_y

1.1 Stirnblech mit Biegung

Schraubenreihe oberhalb des Zugflansches. Wirksame Länge des T-Stummels Nr. 6 nach Tabelle 3.1 und Abb. 7.1und 7.2:

$$h_1 = h + u_2 - e_1 - \frac{t_f}{2} = 350 + 70 - 30 - \frac{17,5}{2} = 381 \text{ mm}$$

$$m_x = u_2 - e_1 - 0,8 \cdot a_f \cdot \sqrt{2} = 70 - 30 - 0,8 \cdot 9 \cdot \sqrt{2} = 29,8 \text{ mm}$$

Effektive Längen nach Abb. 7.1 und 7.2:

$$e_x = e_1 = 30 \text{ mm}$$

$$e_1 = w_2 = 70 \text{ mm}$$

$$e_2 = w_3 = 35 \text{ mm}$$

$$w = w_1 = 90 \text{ mm}$$

$$l_{1,cp} = 4 \cdot \pi \cdot m_x = 4 \cdot \pi \cdot 29,8 = 374 \text{ mm}$$

$$l_{2,cp} = 2 \cdot \pi \cdot m_x + 2 \cdot e_1 = 2 \cdot \pi \cdot 29,8 + 2 \cdot 70 = 327 \text{ mm}$$

$$l_{3,cp} = \pi \cdot m_x + w + 2 \cdot e_1 = \pi \cdot 29,8 + 90 + 2 \cdot 70 = 324 \text{ mm}$$

$$l_{4,cp} = \pi \cdot m_x + 2 \cdot e_1 + 2 \cdot e_2 = \pi \cdot 29,8 + 2 \cdot 70 + 2 \cdot 35 = 304 \text{ mm}$$

Maßgebend: $l_{eff,cp} = l_{3,cp} = 304$ mm

$$l_{1,nc} = 8 \cdot m_x + 2,5 \cdot e_x = 8 \cdot 29,8 + 2,5 \cdot 30 = 313 \text{ mm}$$

$$l_{2,nc} = 4 \cdot m_x + 1,25 \cdot e_x + e_1 = 4 \cdot 29,8 + 1,25 \cdot 30 + 70 = 227 \text{ mm}$$

$$l_{3,\text{nc}} = 2 \cdot m_x + 0{,}625 \cdot e_x + e_1 + 0{,}5 \cdot w = 2 \cdot 29{,}8 + 0{,}625 \cdot 30 + 70 + 0{,}5 \cdot 90 = 193 \text{ mm}$$

$$l_{4,\text{nc}} = 2 \cdot m_x + 0{,}625 \cdot e_x + e_1 + e_2 = 2 \cdot 29{,}8 + 0{,}625 \cdot 30 + 70 + 35 = 183 \text{ mm}$$

$$l_{5,\text{nc}} = e_1 + e_2 + 0{,}5 \cdot w = 70 + 35 + 0{,}5 \cdot 90 = 150 \text{ mm}$$

Maßgebend: $l_{\text{eff,nc}} = l_{5,\text{nc}} = 150$ mm

Modus 1: $l_{\text{eff},1} = l_{\text{eff,nc}} \leq l_{\text{eff,cp}} = 150$ mm

Modus 2: $l_{\text{eff},2} = l_{\text{eff,nc}} = 150$ mm

Grenzzugkraft des T-Stummels:

$$m_x = 29{,}8 \text{ mm}$$

$$n_x = e_x = 30 \text{ mm} \leq 1{,}25 \cdot m_x = 1{,}25 \cdot 29{,}8 = 37{,}3 \text{ mm}$$

$$M_{\text{pl,1,Rd}} = \frac{1}{4} \cdot l_{\text{eff},1} \cdot t_p^2 \cdot f_y / \gamma_{M0} = \frac{1}{4} \cdot 15{,}0 \cdot 2{,}5^2 \cdot 23{,}5 / 1{,}0 = 551 \text{ kNcm}$$

$$M_{\text{pl,2,Rd}} = \frac{1}{4} \cdot l_{\text{eff},2} \cdot t_p^2 \cdot f_y / \gamma_{M0} = \frac{1}{4} \cdot 15{,}0 \cdot 2{,}5^2 \cdot 23{,}5 / 1{,}0 = 551 \text{ kNcm}$$

$$F_{\text{T,1,Rd}} = \frac{4 \cdot M_{\text{pl,1,Rd}}}{m_x} = \frac{4 \cdot 551}{2{,}98} = 740 \text{ kN}$$

$$F_{\text{T,2,Rd}} = \frac{2 \cdot M_{\text{pl,2,Rd}} + n_x \cdot \sum F_{\text{t,Rd}}}{m_x + n_x} = \frac{2 \cdot 551 + 3{,}0 \cdot 4 \cdot 176}{2{,}98 + 3{,}0} = 537 \text{ kN}$$

$$F_{\text{T,3,Rd}} = \Sigma F_{\text{t,Rd}} = 4 \cdot 176 = 704 \text{ kN}$$

Kleinste Tragfähigkeit des Stirnblechs auf Biegung:

$F_{\text{T,2,Rd}} = 537$ kN für M_y und N

1.2 Kleinste Tragfähigkeit der 1. Schraubenreihe

$F_{1,\text{Rd}} = 537$ kN

1.3 Abfrage der Tragfähigkeit der Schweißnaht am Flansch

$$F_{\text{w,Rd}} = 0{,}5 \cdot b \cdot \Sigma a_f \cdot 25{,}5 = 0{,}5 \cdot 30{,}0 \cdot 1{,}8 \cdot 25{,}5 = 689 \text{ kN} \geq F_{1,\text{Rd}} = 537 \text{ kN}$$

b) 2. Schraubenreihe in der Zugzone für M_y

2.1 Stirnblech mit Biegung

Schraubenreihe neben einer Steife. Wirksame Länge des T-Stummels Nr. 4 nach Tabelle 3.1 und Abb. 7.1 und 7.2:

$$h_2 = h + u_2 - e_2 - e_1 - \frac{t_f}{2} = 350 + 70 - 100 - 30 - \frac{17{,}5}{2} = 281 \text{ mm}$$

$$m = \frac{w_1}{2} - \frac{t_w}{2} - 0{,}8 \cdot a_w \cdot \sqrt{2} = \frac{90}{2} - \frac{10}{2} - 0{,}8 \cdot 4 \cdot \sqrt{2} = 35{,}5 \text{ mm}$$

$$m_2 = e_2 + e_1 - u_2 - t_f - 0{,}8 \cdot a_f \cdot \sqrt{2} = 100 + 30 - 70 - 17{,}5 - 0{,}8 \cdot 9 \cdot \sqrt{2} = 32{,}3 \text{ mm}$$

Effektive Längen nach Abb. 7.1 und 7.2:

$$e = w_2 + w_3 = 70 + 35 = 105 \text{ mm}$$

$$n_1 = w_2 = 70 \text{ mm}$$

$$n_2 = w_3 = 35 \text{ mm} \leq 1{,}25 \cdot \text{m}_p = 1{,}25 \cdot 32{,}3 = 40{,}4 \text{ mm}$$

$$n = n_1 + n_2 = 70 + 35 = 105 \text{ mm}$$

$$\lambda_1 = \frac{m}{m+e} = \frac{35,5}{35,5+105} = 0,25 \qquad \lambda_2 = \frac{m_2}{m+e} = \frac{32,3}{32,3+105} = 0,24$$

$\alpha = 8,0$ nach Gleichung (3.26)

$$l_{1,\text{cp}} = 4 \cdot \pi \cdot m = 4 \cdot \pi \cdot 35,5 = 446 \text{ mm}$$

$$l_{2,\text{cp}} = 2 \cdot \pi \cdot m + 2 \cdot e_1 = 2 \cdot \pi \cdot 35,5 + 2 \cdot 70 = 363 \text{ mm}$$

$$l_{3,\text{cp}} = \pi \cdot m + 2 \cdot e = \pi \cdot 35,5 + 2 \cdot 105 = 321 \text{ mm}$$

$$l_{\text{eff,cp}} = 321 \text{ mm}$$

$$l_{\text{eff,nc}} = \alpha \cdot m = 8,0 \cdot 35,5 = 284 \text{ mm}$$

Modus 1: $l_{\text{eff},1} = l_{\text{eff,nc}} \leq l_{\text{eff,cp}} = 284$ mm

Modus 2: $l_{\text{eff},2} = l_{\text{eff,nc}} = 284$ mm

Grenzzugkraft des T-Stummels:

$$M_{\text{pl,1,Rd}} = \frac{1}{4} \cdot l_{\text{eff},1} \cdot t_{\text{p}}^2 \cdot f_{\text{y}} / \gamma_{\text{M0}} = \frac{1}{4} \cdot 28,4 \cdot 2,5^2 \cdot 23,5 / 1,0 = 1043 \text{ kNcm}$$

$$M_{\text{pl,2,Rd}} = \frac{1}{4} \cdot l_{\text{eff},2} \cdot t_{\text{p}}^2 \cdot f_{\text{y}} / \gamma_{\text{M0}} = \frac{1}{4} \cdot 28,4 \cdot 2,5^2 \cdot 23,5 / 1,0 = 1043 \text{ kNcm}$$

GW-Modell

$$F_{\text{T,1,Rd}} = \frac{4 \cdot M_{\text{pl,1,Rd}}}{m} = \frac{4 \cdot 1043}{3,55} = 1175 \text{ kN}$$

$$F_{\text{T,2,Rd}} = \frac{2 \cdot M_{\text{pl,2,Rd}} + n \cdot F_{\text{t,Rd}} \cdot \left(3,6 - 1,6 \cdot \frac{n_1}{n}\right)}{m+n}$$

$$F_{\text{T,2,Rd}} = \frac{2 \cdot 1043 + 10,5 \cdot 176 \cdot \left(3,6 - 1,6 \cdot \frac{7,0}{10,5}\right)}{3,55 + 10,5} = 482 \text{ kN}$$

$$F_{\text{T,3,Rd}} = 3,6 \cdot F_{\text{t,Rd}} = 3,6 \cdot 176 = 634 \text{ kN}$$

2.2 Kleinste Tragfähigkeit des Stirnblechs auf Biegung

$$F_{\text{T,2,Rd}} = 482 \text{ kN}$$

3. Trägersteg auf Zug

$$b_{\text{eff,t,wb}} = l_{\text{eff},2} = 284 \text{ mm}$$

$$F_{\text{t,wb,Rd}} = b_{\text{eff,t,wb}} \cdot t_{\text{wb}} \cdot f_{\text{y,wb}} / \gamma_{\text{M0}} = 28,4 \cdot 1,0 \cdot 23,5 / 1,0 = 667 \text{ kN}$$

$$F_{\text{t,wb,Rd}} = 667 \text{ kN} \geq F_{2,\text{Rd}} = 482 \text{ kN}$$

4. Kleinste Tragfähigkeit der 2. Schraubenreihe

$$F_{2,\text{Rd}} = 482 \text{ kN}$$

5. Abfrage der Tragfähigkeit der Schweißnaht am Steg

$$F_{\text{w,Rd}} = b_{\text{eff,t,wb}} \cdot \Sigma a_{\text{w}} \cdot 25,5 = 28,4 \cdot 0,8 \cdot 25,5 = 579 \text{ kN}$$

$$F_{\text{w,Rd}} = 579 \text{ kN} \geq F_{2,\text{Rd}} = 482 \text{ kN}$$

Die weitere Berechnung erfolgt mit dem GW-Modell.

$$F_{1,\mathrm{Rd}} = 537 \text{ kN} \leq 3{,}8 \cdot F_{\mathrm{t,Rd}} = 3{,}8 \cdot 176 = 669 \text{ kN}$$

keine Abminderung.

Da keine Schraubengruppen für das Biegemoment M_y vorhanden sind, sind dies die endgültigen Werte.

2. Schraubenreihe in der Zugzone M_y

$$F_{2,\mathrm{Rd}} = 482 \text{ kN}$$

c) Tragfähigkeit in der Druckzone

Trägerflansch auf Druck:

$$F_{\mathrm{c,fb,Rd}} = M_{\mathrm{c,Rd}} / (h - t_{\mathrm{fb}}) = 49100 / (35{,}0 - 1{,}75) = 1477 \text{ kN}$$

$$F_{1,\mathrm{Rd}} + F_{2,\mathrm{Rd}} = 537 + 482 = 1019 \text{ kN} \leq F_{\mathrm{c,fb,Rd}} = 1477 \text{ kN}$$

keine Reduktion.

d) Momententragfähigkeit $M_{\mathrm{j,Rd}}$ um den Druckpunkt

$$M_{\mathrm{j,Rd}} = \sum_{\mathrm{r}} h_{\mathrm{r}} \cdot F_{\mathrm{tr,Rd}} = h_1 \cdot F_{1,\mathrm{Rd}} + h_2 \cdot F_{2,\mathrm{Rd}} = 38{,}1 \cdot 537 + 28{,}1 \cdot 482 = 34\ 004 \text{ kNcm}$$

$$M_{\mathrm{j,Rd}} = 340 \text{ kNm}$$

Nachweis des Stirnplattenanschlusses:

$$\frac{M_{\mathrm{y,Ed}}}{M_{\mathrm{j,Rd}}} = \frac{320}{340} = 0{,}93 \leq 1{,}0$$

e) Nachweis des Schweißnahtanschlusses

$$A_{\mathrm{z}} = 2 \cdot a_{\mathrm{w}} \cdot d = 2 \cdot 0{,}4 \cdot 26{,}1 = 20{,}9 \text{ cm}^2$$

$$I_{\mathrm{y}} = \frac{1}{2} \cdot a_{\mathrm{f}} \cdot b \cdot h^2 + \frac{1}{2} \cdot a_{\mathrm{f}} \cdot (b - 2 \cdot r - t_{\mathrm{w}}) \cdot (h - 2 \cdot t_{\mathrm{f}})^2 + \frac{1}{6} \cdot a_{\mathrm{w}} \cdot d^3$$

$$I_{\mathrm{y}} = \frac{1}{2} \cdot 0{,}9 \cdot 30 \cdot 35^2 + \frac{1}{2} \cdot 0{,}9 \cdot (30 - 2 \cdot 2{,}7 - 1{,}0) \cdot (35 - 2 \cdot 1{,}75)^2 + \frac{1}{6} \cdot 0{,}4 \cdot 26{,}1^3$$

$$I_{\mathrm{y}} = 28\ 260 \text{ cm}^4$$

Nachweis im Querschnittspunkt 2:

$$\sigma = \frac{M_{\mathrm{y}}}{I_{\mathrm{y}}} \cdot z = \frac{32\ 000}{28\ 260} \cdot \frac{35}{2} = 19{,}8 \text{ kN/cm}^2 \leq \sigma_{\mathrm{w,R,d}} = 20{,}8 \text{ kN/cm}^2$$

Nachweis im Querschnittspunkt 4:

$$\sigma_{\mathrm{w}} = \frac{M_{\mathrm{y}}}{I_{\mathrm{y}}} \cdot z = \frac{32\ 000}{28\ 260} \cdot \frac{26{,}1}{2} = 14{,}8 \text{ kN/cm}^2$$

$$\tau_{\parallel} = \frac{V_{\mathrm{z}}}{A_{\mathrm{z}}} = \frac{180}{20{,}9} = 8{,}61 \text{ kN/cm}^2$$

$$\sigma_{1,\mathrm{w,Ed}} = \sqrt{2 \cdot \sigma_{\mathrm{w}}^2 + 3 \cdot \tau_{\parallel}^2} = \sqrt{2 \cdot 14{,}8^2 + 3 \cdot 8{,}61^2} = 25{,}7 \text{ kN/cm}^2$$

$$\frac{\sigma_{1,\mathrm{w,Ed}}}{f_{1,\mathrm{w,Rd}}} = \frac{25{,}7}{36{,}0} = 0{,}71 \leq 1{,}0$$

Nachweis der Schraubenkräfte:

$$T = \frac{V_{\mathrm{z}}}{A} = \frac{180}{2} = 90 \text{ kN}$$

Nachweis des Abscherens:

$m \cdot F_{v,Rd} = 1 \cdot 151 = 151$ kN Band 2, Tabelle 12.1

$$\frac{T}{m \cdot F_{v,Rd}} = \frac{90}{151} = 0,60 \le 1$$

Nachweis der Lochleibung mit zugehörigen Grenzlochleibungskräften:

$t = 20$ mm

$F_{z,b,Rd} = 2,0 \cdot 144 = 288$ kN $p_1 = 100$ mm Band 2, Tabelle 12.4

$$\frac{T_z}{F_{z,b,Rd}} = \frac{90}{288} = 0,31 \le 1$$

f) Bündige Platte

Für das positive Moment $M_{j,Rd}$ wird der untere Flansch auf Zug beansprucht. Es liegt für diese Beanspruchung eine bündige Platte vor. Die Schraubenreihe 3 entspricht bei gleichen Abständen zum Trägerflansch der Schraubenreihe 2.

$F_{t2,Rd} = 482$ kN

$M_{j,Rd} = h_2 \cdot F_{2,Rd} = 28,1 \cdot 482 / 100 = 135$ kNm

Berechnung der Anfangsrotationssteifigkeit ohne Vorspannung

Die Berechnung der Anfangsrotationssteifigkeit erfolgt hier für positive Biegemomente. Steifigkeitskoeffizienten für Grundkomponenten (1-8, Tabelle 6.1).

1. Stirnplatte mit Biegebeanspruchung

Der Steifigkeitskoeffizient ist zu berücksichtigen, wenn in einer Verbindung eine Schraubenreihe mit Zug auftritt.

$$k_5 = \frac{0,9 \cdot l_{eff} \cdot t_p^3}{m^3}$$

1. Schraubenreihe $l_{1,eff} = l_{eff,1} = 150$ mm $m_x = 29,8$ mm

$$k_{5,1} = \frac{0,9 \cdot l_{1,eff} \cdot t_p^3}{m_x^3} = \frac{0,9 \cdot 15,0 \cdot 2,5^3}{2,98^3} = 7,97 \text{ cm}$$

2. Schraubenreihe $l_{2,eff} = l_{eff,1} = 284$ mm $m = 35,5$ mm

$$k_{5,2} = \frac{0,9 \cdot l_{2,eff} \cdot t_p^3}{m^3} = \frac{0,9 \cdot 28,4 \cdot 2,5^3}{3,55^3} = 8,93 \text{ cm}$$

2. Schraube mit Zugbeanspruchung

Der Steifigkeitskoeffizient ist zu berücksichtigen, wenn in einer Verbindung eine Schraubenreihe mit Zug auftritt.

$$k_{10} = 3,2 \cdot \frac{A_s}{L_b}$$

1. Schraubenreihe $L_b = 7,25$ cm $A_s = 2,45$ cm^2

$$k_{10,1} = 3,2 \cdot \frac{A_s}{L_b} = 3,2 \cdot \frac{2,45}{7,25} = 1,08 \text{ cm}$$

2. Schraubenreihe $L_b = 7,25$ cm $A_s = 2,45$ cm^2

$$k_{10,2} = 3,2 \cdot \frac{A_s}{L_b} = 3,2 \cdot \frac{2,45}{7,25} = 1,08 \text{ cm}$$

3. Effektiver Steifigkeitskoeffizient $k_{\text{eff,r}}$ der Schraubenreihen r (1-8, (6.30))

Bei den Steifigkeitskoeffizienten k_5 und k_{10} handelt es sich um hintereinander geschaltete Federn.

$$\frac{1}{k_{\text{eff,1}}} = \frac{1}{k_{5,1}} + \frac{1}{k_{5,1}} + \frac{1}{k_{10,1}}$$

$$\frac{1}{k_{\text{eff,1}}} = \frac{1}{7,97} + \frac{1}{7,97} + \frac{1}{1,08} \rightarrow k_{\text{eff,1}} = 0,850 \text{ cm}$$

$$\frac{1}{k_{\text{eff,2}}} = \frac{1}{k_{5,2}} + \frac{1}{k_{5,2}} + \frac{1}{k_{10,2}}$$

$$\frac{1}{k_{\text{eff,2}}} = \frac{1}{8,93} + \frac{1}{8,93} + \frac{1}{1,08} \rightarrow k_{\text{eff,2}} = 0,870 \text{ cm}$$

4. Äquivalenter Steifigkeitskoeffizient k_{eq} der Schraubenreihen r (1-8, (6.29) und (6.31))

Bei den Steifigkeitskoeffizienten $k_{\text{eff,1}}$ und $k_{\text{eff,2}}$ handelt es sich um parallel geschaltete Federn.

Der äquivalente Hebelarm z_{eq} für die Rotationssteifigkeit lautet:

$$z_{\text{eq}} = \frac{k_{\text{eff,1}} \cdot h_1^2 + k_{\text{eff,2}} \cdot h_2^2}{k_{\text{eff,1}} \cdot h_1 + k_{\text{eff,2}} \cdot h_2} = \frac{0,850 \cdot 38,1^2 + 0,870 \cdot 28,1^2}{0,850 \cdot 38,1 + 0,870 \cdot 28,1} = 33,8 \text{ cm}$$

$$k_{\text{eq}} = \frac{k_{\text{eff,1}} \cdot h_1 + k_{\text{eff,2}} \cdot h_2}{z_{\text{eq}}} = \frac{0,850 \cdot 38,1 + 0,870 \cdot 28,1}{33,8} = 1,68 \text{ cm}$$

5. Anfangsrotationssteifigkeit $S_{\text{j,ini}}$ (1-8, (6.27))

$$S_{\text{j,ini}} = \frac{E \cdot z_{\text{eq}}^2}{\frac{1}{k_{\text{eq}}}} = \frac{21000 \cdot 33,8^2 \cdot 10^{-2}}{\frac{1}{1,68}} = 403\,053 \text{ kNm/rad} = 403 \text{ MNm/rad}$$

Vereinfachte Berechnung:

$$S_{\text{j,ini}} = E \cdot \left(k_{\text{eff,1}} \cdot h_1^2 + k_{\text{eff,2}} \cdot h_2^2\right) = 21000 \cdot \left(0,850 \cdot 38,1^2 + 0,870 \cdot 28,1^2\right) \cdot 10^{-2}$$

$$S_{\text{j,ini}} = 403\,374 \text{ kNm/rad} = 403 \text{ MNm/rad}$$

7.7.2 Überstehende Platte mit allgemeiner Beanspruchung

IH4-HEA 360 mit t_p = 25 mm und M 20-10.9, Kategorie E

überstehende Platte Typ IH4

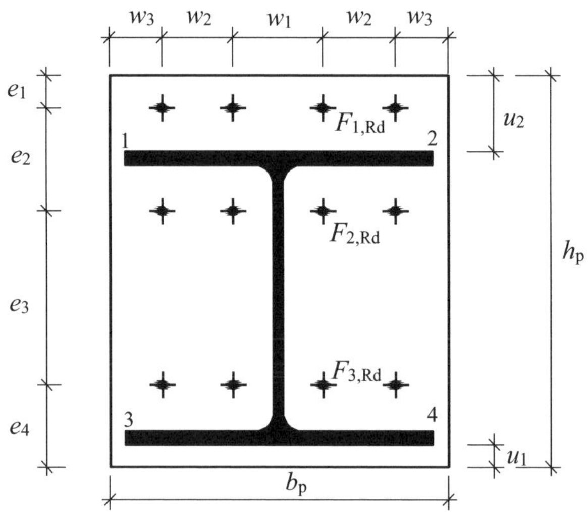

Abb. 7.26 Stirnplattenstoß für HEA 360 mit überstehender Platte für M_y

Stahlgüte der Stirnplatte: S 235 $f_y = 23{,}5\ \text{kN/cm}^2$

Stahlgüte des Trägers: S 235 $f_y = 23{,}5\ \text{kN/cm}^2$

Teilsicherheitsbeiwert: $\gamma_{M0} = 1{,}00$

Dicke der Stirnplatte: $t_p = 25$ mm

Schrauben: M20-10.9-D $d_0 = 22$ mm $F_{p,Cd} = 156$ kN $A_s = 2{,}45\ \text{cm}^2$

Profil: HEA 360 $h = 350$ mm $t_f = 17{,}5$ mm $t_w = 10$ mm

$M_{pl,y,Rd} = W_{pl,y} \cdot \sigma_{Rd} = 2088 \cdot 23{,}5 / 100 = 491\ \text{kNm}$

Beanspruchung des Profils: Normalkraft und zweiachsige Biegung

$$L_b = l_k + 2 \cdot h + 0{,}5 \cdot (k + m) = 2 \cdot 2{,}5 + 2 \cdot 0{,}4 + 0{,}5 \cdot (1{,}3 + 1{,}6) = 7{,}25\ \text{cm}$$

Beanspruchbarkeit der Schweißnaht nach dem richtungsbezogenen Verfahren:

$$\sigma_{1,w,Ed} = \sqrt{2 \cdot \sigma_w^2 + 3 \cdot \tau_{\parallel}^2} \le f_{1,w,Rd} = \frac{f_u}{\beta_w \cdot \gamma_{M2}} = \frac{36}{0{,}8 \cdot 1{,}25} = 36{,}0\ \text{kN/cm}^2$$

$$\sigma_w \le \frac{f_u}{\sqrt{2} \cdot \beta_w \cdot \gamma_{M2}} = \frac{36}{\sqrt{2} \cdot 0{,}8 \cdot 1{,}25} = 25{,}5\ \text{kN/cm}^2$$

Abmessungen der Stirnplatte

$t_p = 25$ mm $b_p = 300$ mm $p = e_3 = 230$ mm $e_2 = 100$ mm $e_1 = 30$ mm $u_1 = 20$ mm

$u_2 = 70$ mm $w_1 = 90$ mm $w_2 = 70$ mm $w_3 = 35$ mm $a_w = 4$ mm $a_f = 9$ mm

a) Tragfähigkeit in der Zugzone für M_y

1. Schraubenreihe in der Zugzone für M_y und N

1. Schraubenreihe in der Zugzone

1.1 Stirnblech mit Biegung

Schraubenreihe oberhalb des Zugflansches. Wirksame Länge des T-Stummels Nr. 6 nach Tabelle 3.1 und Abb. 7.1 und 7.2:

$$h_1 = h + u_2 - e_1 - \frac{t_f}{2} = 350 + 70 - 30 - \frac{17,5}{2} = 381 \text{ mm}$$

$$m_x = u_2 - e_1 - 0,8 \cdot a_f \cdot \sqrt{2} = 70 - 30 - 0,8 \cdot 9 \cdot \sqrt{2} = 29,8 \text{ mm}$$

Effektive Längen nach Abb. 7.1 und 7.2:

$$e_x = e_1 = 30 \text{ mm}$$

$$e_1 = w_2 = 70 \text{ mm}$$

$$e_2 = w_3 = 35 \text{ mm}$$

$$w = w_1 = 90 \text{ mm}$$

$$l_{1,cp} = 4 \cdot \pi \cdot m_x = 4 \cdot \pi \cdot 29,8 = 374 \text{ mm}$$

$$l_{2,cp} = 2 \cdot \pi \cdot m_x + 2 \cdot e_1 = 2 \cdot \pi \cdot 29,8 + 2 \cdot 70 = 327 \text{ mm}$$

$$l_{3,cp} = \pi \cdot m_x + w + 2 \cdot e_1 = \pi \cdot 29,8 + 90 + 2 \cdot 70 = 324 \text{ mm}$$

$$l_{4,cp} = \pi \cdot m_x + 2 \cdot e_1 + 2 \cdot e_2 = \pi \cdot 29,8 + 2 \cdot 70 + 2 \cdot 35 = 304 \text{ mm}$$

Maßgebend: $l_{eff,cp} = l_{3,cp} = 304$ mm

$$l_{1,nc} = 8 \cdot m_x + 2,5 \cdot e_x = 8 \cdot 29,8 + 2,5 \cdot 30 = 313 \text{ mm}$$

$$l_{2,nc} = 4 \cdot m_x + 1,25 \cdot e_x + e_1 = 4 \cdot 29,8 + 1,25 \cdot 30 + 70 = 227 \text{ mm}$$

$$l_{3,nc} = 2 \cdot m_x + 0,625 \cdot e_x + e_1 + 0,5 \cdot w = 2 \cdot 29,8 + 0,625 \cdot 30 + 70 + 0,5 \cdot 90 = 193 \text{ mm}$$

$$l_{4,nc} = 2 \cdot m_x + 0,625 \cdot e_x + e_1 + e_2 = 2 \cdot 29,8 + 0,625 \cdot 30 + 70 + 35 = 183 \text{ mm}$$

$$l_{5,nc} = e_1 + e_2 + 0,5 \cdot w = 70 + 35 + 0,5 \cdot 90 = 150 \text{ mm}$$

Maßgebend: $l_{eff,nc} = l_{5,nc} = 150$ mm

Modus 1: $l_{eff,1} = l_{eff,nc} \leq l_{eff,cp} = 150$ mm

Modus 2: $l_{eff,2} = l_{eff,nc} = 150$ mm

Grenzzugkraft des T-Stummels:

$$m_x = 29,8 \text{ mm}$$

$$n_x = e_x = 30 \text{ mm} \leq 1,25 \cdot m_x = 1,25 \cdot 29,8 = 37,3 \text{ mm}$$

$$M_{pl,1,Rd} = \frac{1}{4} \cdot l_{eff,1} \cdot t_p^2 \cdot f_y / \gamma_{M0} = \frac{1}{4} \cdot 15,0 \cdot 2,5^2 \cdot 23,5 / 1,0 = 551 \text{ kNcm}$$

$$M_{pl,2,Rd} = \frac{1}{4} \cdot l_{eff,2} \cdot t_p^2 \cdot f_y / \gamma_{M0} = \frac{1}{4} \cdot 15,0 \cdot 2,5^2 \cdot 23,5 / 1,0 = 551 \text{ kNcm}$$

$$F_{\mathrm{T,1,Rd}} = \frac{4 \cdot M_{\mathrm{pl,1,Rd}}}{m_{\mathrm{x}}} = \frac{4 \cdot 551}{2{,}98} = 740\ \mathrm{kN}$$

$$F_{\mathrm{T,2,Rd}} = \frac{2 \cdot M_{\mathrm{pl,2,Rd}} + n_{\mathrm{x}} \cdot \sum F_{\mathrm{p,Cd}}}{m_{\mathrm{x}} + n_{\mathrm{x}}} = \frac{2 \cdot 551 + 3{,}0 \cdot 4 \cdot 156}{2{,}98 + 3{,}0} = 497\ \mathrm{kN}$$

$$F_{\mathrm{T,3,Rd}} = \Sigma F_{\mathrm{p,Cd}} = 4 \cdot 156 = 624\ \mathrm{kN}$$

Kleinste Tragfähigkeit des Stirnblechs auf Biegung:

$$F_{\mathrm{T,2,Rd}} = 497\ \mathrm{kN}$$

1.2 Kleinste Tragfähigkeit der 1. Schraubenreihe

$$F_{\mathrm{1,Rd}} = 497\ \mathrm{kN}\ \text{ für } M_{\mathrm{y}} \text{ und } N$$

1.3 Abfrage der Tragfähigkeit der Schweißnaht am Flansch

$$F_{\mathrm{w,Rd}} = 0{,}5 \cdot b \cdot \Sigma a_{\mathrm{f}} \cdot 25{,}5 = 0{,}5 \cdot 30 \cdot 15{,}0 \cdot 1{,}8 \cdot 25{,}5 = 689\ \mathrm{kN} \geq F_{\mathrm{1,Rd}} = 497\ \mathrm{kN}$$

b) 2. Schraubenreihe in der Zugzone für M_{y}

2.1 Stirnblech mit Biegung

Schraubenreihe neben einer Steife. Wirksame Länge des T-Stummels Nr. 4 nach Tabelle 3.1 und Abb. 7.1 und 7.2:

$$h_2 = h + u_2 - e_2 - e_1 - \frac{t_{\mathrm{f}}}{2} = 350 + 70 - 100 - 30 - \frac{17{,}5}{2} = 281\ \mathrm{mm}$$

$$m = \frac{w_1}{2} - \frac{t_{\mathrm{w}}}{2} - 0{,}8 \cdot a_{\mathrm{w}} \cdot \sqrt{2} = \frac{90}{2} - \frac{10}{2} - 0{,}8 \cdot 4 \cdot \sqrt{2} = 35{,}5\ \mathrm{mm}$$

$$m_2 = e_2 + e_1 - u_2 - t_{\mathrm{f}} - 0{,}8 \cdot a_{\mathrm{f}} \cdot \sqrt{2} = 100 + 30 - 70 - 17{,}5 - 0{,}8 \cdot 9 \cdot \sqrt{2} = 32{,}3\ \mathrm{mm}$$

Effektive Längen nach Abb. 7.1 und 7.2:

$$e = w_2 + w_3 = 70 + 35 = 105\ \mathrm{mm}$$

$$n_1 = w_2 = 70\ \mathrm{mm}$$

$$n_2 = w_3 = 35\ \mathrm{mm} \leq 1{,}25 \cdot m_{\mathrm{p}} = 1{,}25 \cdot 32{,}3 = 40{,}4\ \mathrm{mm}$$

$$n = n_1 + n_2 = 70 + 35 = 105\ \mathrm{mm}$$

$$\lambda_1 = \frac{m}{m+e} = \frac{35{,}5}{35{,}5 + 105} = 0{,}25 \qquad \lambda_2 = \frac{m_2}{m+e} = \frac{32{,}3}{32{,}3 + 105} = 0{,}24$$

$$\alpha = 8{,}0 \qquad \text{nach Gleichung (3.26)}$$

$$l_{\mathrm{1,cp}} = 4 \cdot \pi \cdot m = 4 \cdot \pi \cdot 35{,}5 = 446\ \mathrm{mm}$$

$$l_{\mathrm{2,cp}} = 2 \cdot \pi \cdot m + 2 \cdot e_1 = 2 \cdot \pi \cdot 35{,}5 + 2 \cdot 70 = 363\ \mathrm{mm}$$

$$l_{\mathrm{3,cp}} = \pi \cdot m + 2 \cdot e = \pi \cdot 35{,}5 + 2 \cdot 105 = 321\ \mathrm{mm}$$

$$l_{\mathrm{eff,cp}} = 321\ \mathrm{mm}$$

$$l_{\mathrm{eff,nc}} = \alpha \cdot m = 8{,}0 \cdot 35{,}5 = 284\ \mathrm{mm}$$

Modus 1: $l_{\mathrm{eff,1}} = l_{\mathrm{eff,nc}} \leq l_{\mathrm{eff,cp}} = 284\ \mathrm{mm}$

Modus 2: $l_{\mathrm{eff,2}} = l_{\mathrm{eff,nc}} = 284\ \mathrm{mm}$

Grenzzugkraft des T-Stummels:

$$M_{\mathrm{pl,1,Rd}} = \frac{1}{4} \cdot l_{\mathrm{eff,1}} \cdot t_{\mathrm{p}}^2 \cdot f_{\mathrm{y}} / \gamma_{\mathrm{M0}} = \frac{1}{4} \cdot 28{,}4 \cdot 2{,}5^2 \cdot 23{,}5 / 1{,}0 = 1043\ \mathrm{kNcm}$$

$$M_{\text{pl,2,Rd}} = \frac{1}{4} \cdot l_{\text{eff,2}} \cdot t_p^2 \cdot f_y / \gamma_{M0} = \frac{1}{4} \cdot 28,4 \cdot 2,5^2 \cdot 23,5 / 1,0 = 1043 \text{ kNcm}$$

GW-Modell

$$F_{T,1,\text{Rd}} = \frac{4 \cdot M_{\text{pl,1,Rd}}}{m} = \frac{4 \cdot 1043}{3,55} = 1175 \text{ kN}$$

$$F_{T,2,\text{Rd}} = \frac{2 \cdot M_{\text{pl,2,Rd}} + n \cdot F_{p,\text{Cd}} \cdot \left(3,6 - 1,6 \cdot \frac{n_1}{n}\right)}{m + n}$$

$$F_{T,2,\text{Rd}} = \frac{2 \cdot 1043 + 10,5 \cdot 156 \cdot \left(3,6 - 1,6 \cdot \frac{7,0}{10,5}\right)}{3,55 + 10,5} = 444 \text{ kN}$$

$$F_{T,3,\text{Rd}} = 3,6 \cdot F_{p,\text{Cd}} = 3,6 \cdot 156 = 562 \text{ kN}$$

2.2 Kleinste Tragfähigkeit des Stirnblechs

$$F_{T,2,\text{Rd}} = 444 \text{ kN}$$

3. Trägersteg auf Zug

$$b_{\text{eff,t,wb}} = l_{\text{eff,2}} = 284 \text{ mm}$$

$$F_{\text{t,wb,Rd}} = b_{\text{eff,t,wb}} \cdot t_{\text{wb}} \cdot f_{\text{y,wb}} / \gamma_{M0} = 28,4 \cdot 1,0 \cdot 23,5 / 1,0 = 667 \text{ kN}$$

$$F_{\text{t,wb,Rd}} = 667 \text{ kN} \geq F_{2,\text{Rd}} = 444 \text{ kN}$$

4. Kleinste Tragfähigkeit der 2. Schraubenreihe

$$F_{2,\text{Rd}} = 444 \text{ kN}$$

5. Abfrage der Tragfähigkeit der Schweißnaht am Steg

$$F_{\text{w,Rd}} = b_{\text{eff,t,wb}} \cdot \Sigma a_w \cdot 25,5 = 28,4 \cdot 0,8 \cdot 25,5 = 579 \text{ kN}$$

$$F_{\text{w,Rd}} = 579 \text{ kN} \geq F_{2,\text{Rd}} = 444 \text{ kN}$$

Die weitere Berechnung erfolgt mit dem GW-Modell.

$$F_{1,\text{Rd}} = 497 \text{ kN} \leq 3,8 \cdot F_{p,\text{Cd}} = 3,8 \cdot 156 = 593 \text{ kN}$$

keine Abminderung.

Da keine Schraubengruppen für das Biegemoment M_y vorhanden sind, sind dies die endgültigen Werte.

2. Schraubenreihe in der Zugzone M_y

$$F_{2,\text{Rd}} = 444 \text{ kN}$$

c) 2. und 3. Schraubenreihe in der Zugzone für N als einzelne Schraubenreihe

$$F_{3,\text{Rd}} = 444 \text{ kN}$$

2. und 3. Schraubenreihe in der Zugzone als Schraubengruppe für N und M_z

Da die Anordnung der Schrauben der 2. und 3. Schraubenreihe symmetrisch ist, wird die Schraubengruppe nur bis zur Mitte betrachtet.

Effektive Längen:

$$l_{7,\text{cp}} = \pi \cdot m + e_1 + p = \pi \cdot 35,5 + 70 + 230 = 412 \text{ mm}$$

$$l_{8,\text{cp}} = 0,5 \cdot \pi \cdot m + e + 0,5 \cdot p = 0,5 \cdot \pi \cdot 35,5 + 105 + 0,5 \cdot 230 = 276 \text{ mm}$$

$$l_{\text{eff,cp}} = 276 \text{ mm}$$

$$l_{2,\mathrm{nc}} = \alpha \cdot m - (2 \cdot m + 0{,}625 \cdot e) + 0{,}5 \cdot p$$

$$l_{2,\mathrm{nc}} = 8 \cdot 35{,}5 - (2 \cdot 35{,}5 + 0{,}625 \cdot 105) + 0{,}5 \cdot 230 = 262 \text{ mm}$$

$$l_{\mathrm{eff,nc}} = 262 \text{ mm}$$

Modus 1: $l_{\mathrm{eff},1} = l_{\mathrm{eff,nc}} \le l_{\mathrm{eff,cp}} = 262$ mm

Modus 2: $l_{\mathrm{eff},2} = l_{\mathrm{eff,nc}} = 262$ mm

Grenzzugkraft des T-Stummels:

$$M_{\mathrm{pl,1,Rd}} = \frac{1}{4} \cdot l_{\mathrm{eff},1} \cdot t_{\mathrm{p}}^2 \cdot f_{\mathrm{y}} / \gamma_{\mathrm{M0}} = \frac{1}{4} \cdot 26{,}2 \cdot 2{,}5^2 \cdot 23{,}5 / 1{,}0 = 962 \text{ kNcm}$$

$$M_{\mathrm{pl,2,Rd}} = \frac{1}{4} \cdot l_{\mathrm{eff},2} \cdot t_{\mathrm{p}}^2 \cdot f_{\mathrm{y}} / \gamma_{\mathrm{M0}} = \frac{1}{4} \cdot 26{,}2 \cdot 2{,}5^2 \cdot 23{,}5 / 1{,}0 = 962 \text{ kNcm}$$

GW-Modell

$$F_{\mathrm{T,1,Rd}} = \frac{4 \cdot M_{\mathrm{pl,1,Rd}}}{m} = \frac{4 \cdot 962}{3{,}55} = 1084 \text{ kN}$$

$$F_{\mathrm{T,2,Rd}} = \frac{2 \cdot M_{\mathrm{pl,2,Rd}} + n \cdot F_{\mathrm{p,Cd}} \cdot \left(3{,}6 - 1{,}6 \cdot \frac{n_1}{n}\right)}{m + n}$$

$$F_{\mathrm{T,2,Rd}} = \frac{2 \cdot 962 + 10{,}5 \cdot 156 \cdot \left(3{,}6 - 1{,}6 \cdot \frac{7{,}0}{10{,}5}\right)}{3{,}55 + 10{,}5} = 432 \text{ kN}$$

$$F_{\mathrm{T,3,Rd}} = 3{,}6 \cdot F_{\mathrm{p,Cd}} = 3{,}6 \cdot 156 = 562 \text{ kN}$$

2.2 Kleinste Tragfähigkeit des Stirnblechs

$$F_{2+3,\mathrm{Rd}} = 432 \text{ kN}$$

5. Abfrage der Tragfähigkeit der Schweißnaht am Steg

$$b_{\mathrm{eff,t,wb}} = l_{\mathrm{eff},2} = 262 \text{ mm}$$

$$F_{\mathrm{w,Rd}} = b_{\mathrm{eff,t,wb}} \cdot \Sigma a_{\mathrm{w}} \cdot 25{,}5 = 26{,}2 \cdot 0{,}8 \cdot 25{,}5 = 534 \text{ kN}$$

$$F_{\mathrm{w,Rd}} = 534 \text{ kN} \ge F_{2,\mathrm{Rd}} = 432 \text{ kN}$$

d) Tragfähigkeit in der Druckzone

Trägerflansch auf Druck:

$$F_{\mathrm{c,fb,Rd}} = M_{\mathrm{c,Rd}} / (h - t_{\mathrm{fb}}) = 49100 / (35{,}0 - 1{,}75) = 1477 \text{ kN}$$

$$F_{1,\mathrm{Rd}} + F_{2,\mathrm{Rd}} = 497 + 444 = 941 \text{ kN} \le F_{\mathrm{c,fb,Rd}} = 1477 \text{ kN}$$

keine Reduktion.

e) Momententragfähigkeit $M_{\mathrm{y,j,Rd}}$ um den Druckpunkt

$$M_{\mathrm{y,j,Rd}} = \sum_{\mathrm{r}} h_{\mathrm{r}} \cdot F_{\mathrm{tr,Rd}} = h_1 \cdot F_{1,\mathrm{Rd}} + h_2 \cdot F_{2,\mathrm{Rd}} = 38{,}1 \cdot 497 + 28{,}1 \cdot 444 = 31\,412 \text{ kNcm}$$

$$M_{\mathrm{y,j,Rd}} = 314 \text{ kNm}$$

f) Bündige Platte

Für das positive Moment $M_{\mathrm{j,Rd}}$ wird der untere Flansch auf Zug beansprucht. Es liegt für diese Beanspruchung eine bündige Platte vor. Die Schraubenreihe 3 entspricht bei gleichen Abständen zum Trägerflansch der Schraubenreihe 2.

$F_{t2,Rd} = 444$ kN

$M_{y,j,Rd} = h_2 \cdot F_{2,Rd} = 28{,}1 \cdot 444 / 100 = 125$ kNm

Berechnung der Anfangsrotationssteifigkeit mit Vorspannung

Die Berechnung der Anfangsrotationssteifigkeit erfolgt hier für positive Biegemomente.
Steifigkeitskoeffizienten für Grundkomponenten (1-8, Tabelle 6.1).

1. Stirnplatte mit Biegebeanspruchung

Der Steifigkeitskoeffizient ist zu berücksichtigen, wenn in einer Verbindung eine Schraubenreihe mit Zug auftritt.

$$k_5 = \frac{0{,}9 \cdot l_{eff} \cdot t_p^3}{m^3}$$

1. Schraubenreihe $\quad l_{1,eff} = l_{eff,1} = 150$ mm $\quad m_x = 29{,}8$ mm

$$k_{5,1} = \frac{0{,}9 \cdot l_{1,eff} \cdot t_p^3}{m_x^3} = \frac{0{,}9 \cdot 15{,}0 \cdot 2{,}5^3}{2{,}98^3} = 7{,}97 \text{ cm}$$

2. Schraubenreihe $\quad l_{2,eff} = l_{eff,1} = 284$ mm $\quad m = 35{,}5$ mm

$$k_{5,2} = \frac{0{,}9 \cdot l_{2,eff} \cdot t_p^3}{m^3} = \frac{0{,}9 \cdot 28{,}4 \cdot 2{,}5^3}{3{,}55^3} = 8{,}93 \text{ cm}$$

2. Schraube mit Zugbeanspruchung

Der Steifigkeitskoeffizient ist zu berücksichtigen, wenn in einer Verbindung eine
Schraubenreihe mit Zug auftritt.

$$k_{10,p} = 20 \cdot \frac{A_s}{L_b}$$

1. Schraubenreihe $\quad L_b = 7{,}25$ cm $\quad A_s = 2{,}45$ cm^2

$$k_{10,1,p} = 20 \cdot \frac{A_s}{L_b} = 20 \cdot \frac{2{,}45}{7{,}25} = 6{,}76 \text{ cm}$$

2. Schraubenreihe $\quad L_b = 7{,}25$ cm $\quad A_s = 2{,}45$ cm^2

$$k_{10,2,p} = 20 \cdot \frac{A_s}{L_b} = 20 \cdot \frac{2{,}45}{7{,}25} = 6{,}76 \text{ cm}$$

3. Effektiver Steifigkeitskoeffizient $k_{eff,r}$ der Schraubenreihen r (1-8, (6.30))

Bei den Steifigkeitskoeffizienten k_5 und k_{10} handelt es sich um hintereinander geschaltete Federn.

$$\frac{1}{k_{eff,1}} = \frac{1}{k_{5,1}} + \frac{1}{k_{5,1}} + \frac{1}{k_{10,1,p}}$$

$$\frac{1}{k_{eff,1}} = \frac{1}{7{,}97} + \frac{1}{7{,}97} + \frac{1}{6{,}76} \rightarrow k_{eff,1} = 2{,}51 \text{ cm}$$

$$\frac{1}{k_{eff,2}} = \frac{1}{k_{5,2}} + \frac{1}{k_{5,2}} + \frac{1}{k_{10,2,p}}$$

$$\frac{1}{k_{eff,2}} = \frac{1}{8{,}93} + \frac{1}{8{,}93} + \frac{1}{6{,}76} \rightarrow k_{eff,2} = 2{,}69 \text{ cm}$$

4. Äquivalenter Steifigkeitskoeffizient k_{eq} der Schraubenreihen r (1-8, (6.29) und (6.31))
Bei den Steifigkeitskoeffizienten $k_{eff,1}$ und $k_{eff,2}$ handelt es sich um parallel geschaltete Federn. Der äquivalente Hebelarm z_{eq} für die Rotationssteifigkeit lautet:

$$z_{eq} = \frac{k_{eff,1} \cdot h_1^2 + k_{eff,2} \cdot h_2^2}{k_{eff,1} \cdot h_1 + k_{eff,2} \cdot h_2} = \frac{2,51 \cdot 38,1^2 + 2,69 \cdot 28,1^2}{2,51 \cdot 38,1 + 2,69 \cdot 28,1} = 33,7 \text{ cm}$$

$$k_{eq} = \frac{k_{eff,1} \cdot h_1 + k_{eff,2} \cdot h_2}{z_{eq}} = \frac{2,51 \cdot 38,1 + 2,69 \cdot 28,1}{33,7} = 5,08 \text{ cm}$$

5. Anfangsrotationssteifigkeit $S_{j,ini}$ (1-8, (6.27))

$$S_{j,ini} = \frac{E \cdot z_{eq}^2}{\frac{1}{k_{eq}}} = \frac{21000 \cdot 33,7^2 \cdot 10^{-2}}{\frac{1}{5,08}} = 1211\ 554 \text{ kNm/rad} = 1212 \text{ MNm/rad}$$

Vereinfachte Berechnung:

$$S_{j,ini} = E \cdot \left(k_{eff,1} \cdot h_1^2 + k_{eff,2} \cdot h_2^2\right) = 21000 \cdot \left(2,51 \cdot 38,1^2 + 2,69 \cdot 28,1^2\right) \cdot 10^{-2}$$

$$S_{j,ini} = 1211\ 194 \text{ kNm/rad} = 1211 \text{ MNm/rad}$$

Nachweis für Normalkraft und zweiachsige Biegung

überstehende Platte Typ IH4

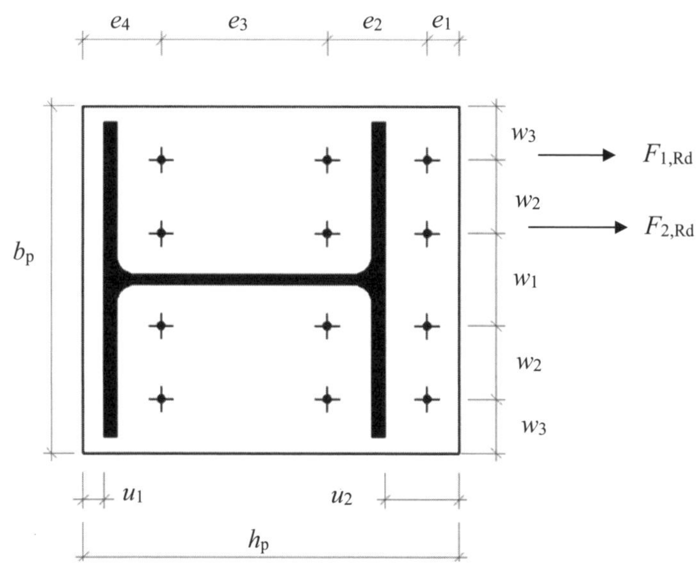

Abb. 7.27 Stirnplattenstoß für HEA 360 mit überstehender Platte für M_z

Schraubenreihe oberhalb des Zugflansches für M_z
1. Schraubenreihe in der Zugzone

$$m_x = u_2 - e_1 - 0,8 \cdot a_f \cdot \sqrt{2} = 70 - 30 - 0,8 \cdot 9 \cdot \sqrt{2} = 29,8 \text{ mm}$$

Effektive Längen nach Abb. 7.1 und 7.2:

$$e_x = e_1 = 30 \text{ mm}$$

$$e_1 = w_2 = 70 \text{ mm}$$

$$e_2 = w_3 = 35 \text{ mm}$$

$$w = w_1 = 90 \text{ mm}$$

$$l_{1,\text{cp}} = 2 \cdot \pi \cdot m_x = 2 \cdot \pi \cdot 29{,}8 = 187 \text{ mm}$$

$$l_{2,\text{cp}} = \pi \cdot m_x + 2 \cdot e_2 = \pi \cdot 29{,}8 + 2 \cdot 35 = 164 \text{ mm}$$

Maßgebend: $l_{\text{eff,cp}} = l_{3,\text{cp}} = 164 \text{ mm}$

$$l_{1,\text{nc}} = 4 \cdot m_x + 1{,}25 \cdot e_x = 4 \cdot 29{,}8 + 1{,}25 \cdot 30 = 157 \text{ mm}$$

$$l_{2,\text{nc}} = 2 \cdot m_x + 0{,}625 \cdot e_x + e_2 = 2 \cdot 29{,}8 + 0{,}625 \cdot 30 + 35 = 113 \text{ mm}$$

Maßgebend: $l_{\text{eff,nc}} = l_{2,\text{nc}} = 113 \text{ mm}$

Modus 1: $l_{\text{eff},1} = l_{\text{eff,nc}} \leq l_{\text{eff,cp}} = 113 \text{ mm}$

Modus 2: $l_{\text{eff},2} = l_{\text{eff,nc}} = 113 \text{ mm}$

Grenzzugkraft des T-Stummels:

$$m_x = 29{,}8 \text{ mm}$$

$$n_x = e_x = 30 \text{ mm} \leq 1{,}25 \cdot m_x = 1{,}25 \cdot 29{,}8 = 37{,}3 \text{ mm}$$

$$M_{\text{pl},1,\text{Rd}} = \frac{1}{4} \cdot l_{\text{eff},1} \cdot t_p^2 \cdot f_y / \gamma_{M0} = \frac{1}{4} \cdot 11{,}3 \cdot 2{,}5^2 \cdot 23{,}5 / 1{,}0 = 415 \text{ kNcm}$$

$$M_{\text{pl},2,\text{Rd}} = \frac{1}{4} \cdot l_{\text{eff},2} \cdot t_p^2 \cdot f_y / \gamma_{M0} = \frac{1}{4} \cdot 11{,}3 \cdot 2{,}5^2 \cdot 23{,}5 / 1{,}0 = 415 \text{ kNcm}$$

$$F_{T,1,\text{Rd}} = \frac{4 \cdot M_{\text{pl},1,\text{Rd}}}{m_x} = \frac{4 \cdot 415}{2{,}98} = 557 \text{ kN}$$

$$F_{T,2,\text{Rd}} = \frac{2 \cdot M_{\text{pl},2,\text{Rd}} + n_x \cdot 2 \cdot F_{p,\text{Cd}}}{m_x + n_x} = \frac{2 \cdot 415 + 3{,}0 \cdot 2 \cdot 156}{2{,}98 + 3{,}0} = 295 \text{ kN}$$

$$F_{T,3,\text{Rd}} = 2 \cdot F_{p,\text{Cd}} = 2 \cdot 156 = 312 \text{ kN}$$

Kleinste Tragfähigkeit der 1. Schraubenreihe:

$$F_{1,a,\text{Rd}} = 295 \text{ kN}$$

Abfrage der Tragfähigkeit der Schweißnaht oberhalb des Zugflansches:

$$F_{w,\text{Rd}} = 0{,}5 \cdot b \cdot \Sigma a_f \cdot 25{,}5 = 0{,}5 \cdot 30 \cdot 1{,}8 \cdot 25{,}5 = 689 \text{ kN} \geq 0{,}5 \cdot F_{1,a,\text{Rd}} = 0{,}5 \cdot 295 = 148 \text{ kN}$$

2. Schraubenreihe in der Zugzone

Effektive Längen:

$$l_{3,\text{cp}} = 2 \cdot \pi \cdot m_x = 2 \cdot \pi \cdot 29{,}8 = 187 \text{ mm}$$

$$l_{4,\text{cp}} = \pi \cdot m_x + 2 \cdot e = \pi \cdot 29{,}8 + 2 \cdot 105 = 304 \text{ mm}$$

Maßgebend: $l_{\text{eff,cp}} = l_{3,\text{cp}} = 187 \text{ mm}$

$$l_{3,\text{nc}} = 4 \cdot m_x + 1{,}25 \cdot e_x = 4 \cdot 29{,}8 + 1{,}25 \cdot 30 = 157 \text{ mm}$$

$$l_{4,\text{nc}} = 2 \cdot m_x + 0{,}625 \cdot e_x + e = 2 \cdot 29{,}8 + 0{,}625 \cdot 30 + 104 = 183 \text{ mm}$$

Maßgebend: $l_{\text{eff,nc}} = l_{3,\text{nc}} = 157 \text{ mm}$

Modus 1: $l_{eff,1} = l_{eff,nc} \leq l_{eff,cp} = 157$ mm

Modus 2: $l_{eff,2} = l_{eff,nc} = 157$ mm

Grenzzugkraft des T-Stummels:

$$m_x = 29,8 \text{ mm}$$

$$n_x = e_x = 30 \text{ mm} \leq 1,25 \cdot m_x = 1,25 \cdot 29,8 = 37,3 \text{ mm}$$

$$M_{pl,1,Rd} = \frac{1}{4} \cdot l_{eff,1} \cdot t_p^2 \cdot f_y / \gamma_{M0} = \frac{1}{4} \cdot 15,7 \cdot 2,5^2 \cdot 23,5 / 1,0 = 576 \text{ kNcm}$$

$$M_{pl,2,Rd} = \frac{1}{4} \cdot l_{eff,2} \cdot t_p^2 \cdot f_y / \gamma_{M0} = \frac{1}{4} \cdot 15,7 \cdot 2,5^2 \cdot 23,5 / 1,0 = 576 \text{ kNcm}$$

$$F_{T,1,Rd} = \frac{4 \cdot M_{pl,1,Rd}}{m_x} = \frac{4 \cdot 576}{2,98} = 773 \text{ kN}$$

$$F_{T,2,Rd} = \frac{2 \cdot M_{pl,2,Rd} + n_x \cdot 2 \cdot F_{p,Cd}}{m_x + n_x} = \frac{2 \cdot 576 + 3,0 \cdot 2 \cdot 156}{2,98 + 3,0} = 349 \text{ kN}$$

$$F_{T,3,Rd} = 2 \cdot F_{p,Cd} = 2 \cdot 156 = 312 \text{ kN}$$

Kleinste Tragfähigkeit der 2. Schraubenreihe:

$$F_{2,a,Rd} = 312 \text{ kN}$$

$$F_{1,a,Rd} = 295 \text{ kN} \leq 1,9 \cdot F_{p,Cd} = 1,9 \cdot 156 = 296 \text{ kN}$$

keine Abminderung.

Abfrage der Tragfähigkeit der Schweißnaht oberhalb des Zugflansches:

$$F_{w,Rd} = 0,5 \cdot b \cdot \Sigma a_f \cdot 25,5 = 0,5 \cdot 30 \cdot 1,8 \cdot 25,5 = 689 \text{ kN} \geq 0,5 \cdot F_{2,a,Rd} = 0,5 \cdot 312 = 156 \text{ kN}$$

1. + 2. Schraubenreihe in der Zugzone

Effektive Längen:

$$l_{5,cp} = 2 \cdot \pi \cdot m_x + 2 \cdot e_1 = 2 \cdot \pi \cdot 29,8 + 2 \cdot 70 = 327 \text{ mm}$$

$$l_{6,cp} = \pi \cdot m_x + 2 \cdot e = \pi \cdot 29,8 + 2 \cdot 105 = 304 \text{ mm}$$

Maßgebend: $l_{eff,cp} = l_{4,cp} = 304$ mm

$$l_{5,nc} = 2 \cdot m_x + 0,625 \cdot e_x + e = 2 \cdot 29,8 + 0,625 \cdot 30 + 104 = 183 \text{ mm}$$

$$l_{6,nc} = 4 \cdot m_x + 1,25 \cdot e_x + e_1 = 4 \cdot 29,8 + 1,25 \cdot 30 + 70 = 227 \text{ mm}$$

Maßgebend: $l_{eff,nc} = l_{3,nc} = 183$ mm

Modus 1: $l_{eff,1} = l_{eff,nc} \leq l_{eff,cp} = 183$ mm

Modus 2: $l_{eff,2} = l_{eff,nc} = 183$ mm

Grenzzugkraft des T-Stummels:

$$m_x = 29,8 \text{ mm}$$

$$n_x = e_x = 30 \text{ mm} \leq 1,25 \cdot m_x = 1,25 \cdot 29,8 = 37,3 \text{ mm}$$

$$M_{pl,1,Rd} = \frac{1}{4} \cdot l_{eff,1} \cdot t_p^2 \cdot f_y / \gamma_{M0} = \frac{1}{4} \cdot 18,3 \cdot 2,5^2 \cdot 23,5 / 1,0 = 672 \text{ kNcm}$$

$$M_{pl,2,Rd} = \frac{1}{4} \cdot l_{eff,2} \cdot t_p^2 \cdot f_y / \gamma_{M0} = \frac{1}{4} \cdot 18,3 \cdot 2,5^2 \cdot 23,5 / 1,0 = 672 \text{ kNcm}$$

$$F_{T,1,Rd} = \frac{4 \cdot M_{pl,1,Rd}}{m_x} = \frac{4 \cdot 672}{2,98} = 902 \text{ kN}$$

$$F_{T,2,Rd} = \frac{2 \cdot M_{pl,2,Rd} + n_x \cdot 4 \cdot F_{p,Cd}}{m_x + n_x} = \frac{2 \cdot 672 + 3,0 \cdot 4 \cdot 156}{2,98 + 3,0} = 538 \text{ kN}$$

$$F_{T,3,Rd} = 2 \cdot F_{p,Cd} = 4 \cdot 156 = 624 \text{ kN}$$

Kleinste Tragfähigkeit der 1+2. Schraubenreihe:

$$F_{1+2,a,Rd} = 538 \text{ kN}$$

Abfrage der Tragfähigkeit der Schweißnaht oberhalb des Zugflansches:

$$F_{w,Rd} = 0,5 \cdot b \cdot \Sigma a_f \cdot 25,5 = 0,5 \cdot 30 \cdot 1,8 \cdot 25,5 = 689 \text{ kN} \geq 0,5 \cdot F_{1+2,a,Rd} = 0,5 \cdot 538 = 269 \text{ kN}$$

Es gilt die Bedingung:

$$F_{1,a,Rd} + F_{2,a,Rd} \leq F_{1+2,a,Rd}$$

$$F_{2,a,Rd} \leq F_{1+2,a,Rd} - F_{1,a,Rd} = 538 - 295 = 243 \text{ kN}$$

Diese Bedingung ist maßgebend für die Zugkraft in der 2. Schraubenreihe.

$$F_{2,a,Rd} = 243 \text{ kN}$$

Kleinste Tragfähigkeit in der Druckzone

$$F_{c,min,Rd} = \frac{b}{2} \cdot t_f \cdot \sigma_{Rd} = \frac{30}{2} \cdot 1,75 \cdot 23,5 = 617 \text{ kN}$$

$$F_{1,a,Rd} + F_{2,a,Rd} \leq F_{c,min,Rd}$$

$$F_{2,a,Rd} = 243 \text{ kN} \leq F_{c,min,Rd} - F_{1,a,Rd} = 617 - 295 = 322 \text{ kN}$$

keine weitere Reduktion.

Schraubenreihe neben einer Steife für M_z

1. Schraubenreihe in der Zugzone

$$m_{p2} = e_2 + e_1 - u_2 - t_f - 0,8 \cdot a_f \cdot \sqrt{2} = 100 + 30 - 70 - 17,5 - 0,8 \cdot 9 \cdot \sqrt{2} = 32,3 \text{ mm}$$

Effektive Längen nach Abb. 7.1 und 7.2:

$$e_x = e_1 = 30 \text{ mm}$$

$$e_1 = w_2 = 70 \text{ mm}$$

$$e_2 = w_3 = 35 \text{ mm}$$

$$w = w_1 = 90 \text{ mm}$$

$$m = \frac{w_1}{2} + e_1 - \frac{t_w}{2} - 0,8 \cdot a_w \cdot \sqrt{2} = \frac{90}{2} + 70 - \frac{10}{2} - 0,8 \cdot 4 \cdot \sqrt{2} = 105 \text{ mm}$$

$$e = e_2 = 35 \text{ mm}$$

$$l_{1,cp} = 2 \cdot \pi \cdot m = 2 \cdot \pi \cdot 105 = 660 \text{ mm}$$

$$l_{2,cp} = \pi \cdot m + 2 \cdot e_2 = \pi \cdot 105 + 2 \cdot 35 = 400 \text{ mm}$$

Maßgebend: $l_{eff,cp} = l_{2,cp} = 400$ mm

$$\lambda_1 = \frac{m}{m+e} = \frac{105}{105+35} = 0,75 \qquad \lambda_2 = \frac{m_2}{m+e} = \frac{32,3}{105+35} = 0,231$$

$\alpha = 5,21$ nach Gleichung (3.25)

$$l_{1,nc} = \alpha \cdot m = 5,21 \cdot 105 = 547 \text{ mm}$$

Maßgebend: $l_{\text{eff,nc}} = l_{1,\text{nc}} = 547$ mm

Modus 1: $l_{\text{eff,1}} = l_{\text{eff,nc}} \le l_{\text{eff,cp}} = 400$ mm

Modus 2: $l_{\text{eff,2}} = l_{\text{eff,nc}} = 547$ mm

Grenzzugkraft des T-Stummels:

$m = 105$ mm

$n = e_2 = 35 \text{ mm} \le 1{,}25 \cdot m_p = 1{,}25 \cdot 105 = 131$ mm

$$M_{\text{pl,1,Rd}} = \frac{1}{4} \cdot l_{\text{eff,1}} \cdot t_p^2 \cdot f_y / \gamma_{M0} = \frac{1}{4} \cdot 40{,}0 \cdot 2{,}5^2 \cdot 23{,}5 / 1{,}0 = 1469 \text{ kNcm}$$

$$M_{\text{pl,2,Rd}} = \frac{1}{4} \cdot l_{\text{eff,2}} \cdot t_p^2 \cdot f_y / \gamma_{M0} = \frac{1}{4} \cdot 54{,}7 \cdot 2{,}5^2 \cdot 23{,}5 / 1{,}0 = 2009 \text{ kNcm}$$

$$F_{\text{T,1,Rd}} = \frac{4 \cdot M_{\text{pl,1,Rd}}}{m} = \frac{4 \cdot 1469}{10{,}5} = 560 \text{ kN}$$

$$F_{\text{T,2,Rd}} = \frac{2 \cdot M_{\text{pl,2,Rd}} + n \cdot 2 \cdot F_{\text{p,Cd}}}{m+n} = \frac{2 \cdot 2009 + 3{,}5 \cdot 2 \cdot 156}{10{,}5 + 3{,}5} = 365 \text{ kN}$$

$F_{\text{T,3,Rd}} = 2 \cdot F_{\text{p,Cd}} = 2 \cdot 156 = 312$ kN

Kleinste Tragfähigkeit der 1. Schraubenreihe:

$F_{\text{1,i,Rd}} = 312$ kN

Abfrage der Tragfähigkeit der Schweißnaht neben einer Steife:

$b_{\text{eff,t,wb}} = l_{\text{eff,2}} = 547$ mm

$F_{\text{w,Rd}} = b_{\text{eff,t,wb}} \cdot \Sigma a_w \cdot 25{,}5 = 54{,}7 \cdot 0{,}8 \cdot 25{,}5 = 1116 \ge 0{,}5 \cdot F_{\text{2,a,Rd}} = 0{,}5 \cdot 312 = 156$ kN

2. Schraubenreihe in der Zugzone

$m_2 = e_2 + e_1 - u_2 - t_f - 0{,}8 \cdot a_f \cdot \sqrt{2} = 100 + 30 - 70 - 17{,}5 - 0{,}8 \cdot 9 \cdot \sqrt{2} = 32{,}3$ mm

Effektive Längen nach Abb. 7.1 und 7.2:

$e_x = e_1 = 30$ mm

$e_1 = w_2 = 70$ mm

$w = w_1 = 90$ mm

$$m = \frac{w_1}{2} - \frac{t_w}{2} - 0{,}8 \cdot a_w \cdot \sqrt{2} = \frac{90}{2} - \frac{10}{2} - 0{,}8 \cdot 4 \cdot \sqrt{2} = 35{,}5 \text{ mm}$$

$e = e_1 + e_2 = 105$ mm

$l_{3,\text{cp}} = 2 \cdot \pi \cdot m = 2 \cdot \pi \cdot 35 = 220$ mm

$l_{4,\text{cp}} = \pi \cdot m + 2 \cdot e = \pi \cdot 35 + 2 \cdot 105 = 320$ mm

Maßgebend: $l_{\text{eff,cp}} = l_{3,\text{cp}} = 220$ mm

$$\lambda_1 = \frac{m}{m+e} = \frac{35}{35+105} = 0{,}25 \qquad \lambda_2 = \frac{m_2}{m+e} = \frac{32{,}3}{35+105} = 0{,}231$$

$\alpha = 8$ nach Gleichung (3.25)

$l_{1,\text{nc}} = \alpha \cdot m = 8 \cdot 35 = 280$ mm

Maßgebend: $l_{\text{eff,nc}} = l_{1,\text{nc}} = 280$ mm

Modus 1: $l_{\text{eff},1} = l_{\text{eff,nc}} \leq l_{\text{eff,cp}} = 220$ mm

Modus 2: $l_{\text{eff},2} = l_{\text{eff,nc}} = 280$ mm

Grenzzugkraft des T-Stummels:

$$m = 35{,}5 \text{ mm}$$

$$n = e = 105 \text{ mm} \leq 1{,}25 \cdot m = 1{,}25 \cdot 35{,}5 = 44{,}4 \text{ mm}$$

$$M_{\text{pl,1,Rd}} = \frac{1}{4} \cdot l_{\text{eff},1} \cdot t_{\text{p}}^2 \cdot f_{\text{y}} / \gamma_{\text{M0}} = \frac{1}{4} \cdot 22{,}0 \cdot 2{,}5^2 \cdot 23{,}5 / 1{,}0 = 808 \text{ kNcm}$$

$$M_{\text{pl,2,Rd}} = \frac{1}{4} \cdot l_{\text{eff},2} \cdot t_{\text{p}}^2 \cdot f_{\text{y}} / \gamma_{\text{M0}} = \frac{1}{4} \cdot 28{,}0 \cdot 2{,}5^2 \cdot 23{,}5 / 1{,}0 = 1028 \text{ kNcm}$$

$$F_{\text{T,1,Rd}} = \frac{4 \cdot M_{\text{pl,1,Rd}}}{m} = \frac{4 \cdot 808}{3{,}55} = 910 \text{ kN}$$

$$F_{\text{T,2,Rd}} = \frac{2 \cdot M_{\text{pl,2,Rd}} + n \cdot 2 \cdot F_{\text{p,Cd}}}{m + n} = \frac{2 \cdot 1028 + 4{,}44 \cdot 2 \cdot 156}{3{,}55 + 4{,}44} = 431 \text{ kN}$$

$$F_{\text{T,3,Rd}} = 2 \cdot F_{\text{p,Cd}} = 2 \cdot 156 = 312 \text{ kN}$$

Kleinste Tragfähigkeit der 2. Schraubenreihe:

$$F_{\text{2,i,Rd}} = 312 \text{ kN}$$

$$F_{\text{1,i,Rd}} = 312 \text{ kN} \leq 1{,}9 \cdot F_{\text{p,Cd}} = 1{,}9 \cdot 156 = 296 \text{ kN}$$

Abminderung:

$$F_{\text{2,i,Rd}} = F_{\text{1,i,Rd}} \cdot \frac{y_2}{y_1} = 312 \cdot \frac{0{,}12}{0{,}19} = 197 \text{ kN}$$

Kleinste Tragfähigkeit der 2. Schraubenreihe:

$$F_{\text{2,i,Rd}} = 197 \text{ kN}$$

Abfrage der Tragfähigkeit der Schweißnaht neben einer Steife:

$$b_{\text{eff,t,wb}} = l_{\text{eff},2} = 280 \text{ mm}$$

$$F_{\text{w,Rd}} = b_{\text{eff,t,wb}} \cdot \Sigma a_{\text{w}} \cdot 25{,}5 = 28{,}0 \cdot 0{,}8 \cdot 25{,}5 = 571 \text{ kN} \geq 0{,}5 \cdot F_{\text{2,i,Rd}} = 0{,}5 \cdot 197 = 98{,}5 \text{ kN}$$

1. + 2. Schraubenreihe in der Zugzone mit Druckflansch

$$m_2 = e_2 + e_1 - u_2 - t_{\text{f}} - 0{,}8 \cdot a_{\text{f}} \cdot \sqrt{2} = 100 + 30 - 70 - 17{,}5 - 0{,}8 \cdot 9 \cdot \sqrt{2} = 32{,}3 \text{ mm}$$

Effektive Längen nach Abb. 7.1 und 7.2:

$$e_{\text{x}} = e_1 = 30 \text{ mm}$$

$$e_1 = w_2 = 70 \text{ mm}$$

$$e_2 = w_3 = 35 \text{ mm}$$

$$w = w_1 = 90 \text{ mm}$$

$$m = \frac{w_1}{2} - \frac{t_{\text{w}}}{2} - 0{,}8 \cdot a_{\text{w}} \cdot \sqrt{2} = \frac{90}{2} - \frac{10}{2} - 0{,}8 \cdot 4 \cdot \sqrt{2} = 35 \text{ mm}$$

$$e = e_1 + e_2 = 105 \text{ mm}$$

$$l_{\text{5,cp}} = 2 \cdot \pi \cdot m + 2 \cdot e_1 = 2 \cdot \pi \cdot 35 + 2 \cdot 70 = 360 \text{ mm}$$

$$l_{\text{6,cp}} = \pi \cdot m + 2 \cdot e = \pi \cdot 35 + 2 \cdot 105 = 320 \text{ mm}$$

Maßgebend: $l_{\text{eff,cp}} = l_{\text{4,cp}} = 320$ mm

$\lambda_1 = \dfrac{m}{m+e} = \dfrac{35}{35+105} = 0{,}25 \qquad \lambda_2 = \dfrac{m_2}{m+e} = \dfrac{32{,}3}{35+105} = 0{,}231$

$\alpha = 8$ nach Gleichung (3.25)

$l_{1,\text{nc}} = \alpha \cdot m = 8 \cdot 35 = 280$ mm

Maßgebend: $l_{\text{eff,nc}} = l_{1,\text{nc}} = 280$ mm

Modus 1: $l_{\text{eff},1} = l_{\text{eff,nc}} \le l_{\text{eff,cp}} = 280$ mm

Modus 2: $l_{\text{eff},2} = l_{\text{eff,nc}} = 280$ mm

Grenzzugkraft des T-Stummels:

$m_{\text{p}} = 35{,}5$ mm

$n = e = 105 \text{ mm} \le 1{,}25 \cdot m_{\text{p}} = 1{,}25 \cdot 35{,}5 = 44{,}4$ mm

$$M_{\text{pl,1,Rd}} = \frac{1}{4} \cdot l_{\text{eff},1} \cdot t_{\text{p}}^2 \cdot f_{\text{y}} / \gamma_{\text{M0}} = \frac{1}{4} \cdot 28{,}0 \cdot 2{,}5^2 \cdot 23{,}5 / 1{,}0 = 1028 \text{ kNcm}$$

$$M_{\text{pl,2,Rd}} = \frac{1}{4} \cdot l_{\text{eff},2} \cdot t_{\text{p}}^2 \cdot f_{\text{y}} / \gamma_{\text{M0}} = \frac{1}{4} \cdot 28{,}0 \cdot 2{,}5^2 \cdot 23{,}5 / 1{,}0 = 1028 \text{ kNcm}$$

$$F_{\text{T,1,Rd}} = \frac{4 \cdot M_{\text{pl,1,Rd}}}{m} = \frac{4 \cdot 1028}{3{,}55} = 1158 \text{ kN}$$

$$F_{\text{T,2,Rd}} = \frac{2 \cdot M_{\text{pl,2,Rd}} + n \cdot 4 \cdot F_{\text{p,Cd}}}{m+n} = \frac{2 \cdot 1028 + 4{,}44 \cdot 4 \cdot 156}{3{,}55 + 4{,}44} = 604 \text{ kN}$$

$F_{\text{T,3,Rd}} = 4 \cdot F_{\text{p,Cd}} = 4 \cdot 156 = 624$ kN

Kleinste Tragfähigkeit der 1.+2. Schraubenreihe:

$F_{1+2,\text{i,Rd}} = 604$ kN

Abfrage der Tragfähigkeit der Schweißnaht neben einer Steife:

$b_{\text{eff,t,wb}} = l_{\text{eff},2} = 280$ mm

$F_{\text{w,Rd}} = b_{\text{eff,t,wb}} \cdot \Sigma a_{\text{w}} \cdot 25{,}5 = 28{,}0 \cdot 0{,}8 \cdot 25{,}5 = 571 \text{ kN} \ge 0{,}5 \cdot F_{1+2,\text{i,Rd}} = 0{,}5 \cdot 604 = 302$ kN

Es gilt die Bedingung:

$F_{1,\text{i,Rd}} + F_{2,\text{i,Rd}} \le F_{1+2,\text{i,Rd}}$

$F_{2,\text{i,Rd}} = 197 \text{ kN} \le F_{1+2,\text{i,Rd}} - F_{1,\text{i,Rd}} = 604 - 312 = 292$ kN

keine Abminderung.

Kleinste Tragfähigkeit der Druckzone:

$$F_{\text{c,min,Rd}} = \frac{b}{2} \cdot t_{\text{f}} \cdot \sigma_{\text{Rd}} = \frac{30}{2} \cdot 1{,}75 \cdot 23{,}5 = 617 \text{ kN}$$

$F_{1,\text{i,Rd}} + F_{2,\text{i,Rd}} \le F_{\text{c,min,Rd}}$

$F_{2,\text{i,Rd}} = 197 \text{ kN} \le F_{\text{c,min,Rd}} - F_{1,\text{i,Rd}} = 617 - 312 = 305$ kN

keine weitere Reduktion.

$F_{2,\text{i,Rd}} = 197$ kN

1. + 2. Schraubenreihe in der Zugzone ohne Druckflansch, z. B. nur M_z

$m_2 = e_2 + e_1 - u_2 - t_{\text{f}} - 0{,}8 \cdot a_{\text{f}} \cdot \sqrt{2} = 100 + 30 - 70 - 17{,}5 - 0{,}8 \cdot 9 \cdot \sqrt{2} = 32{,}3$ mm

Effektive Längen nach Abb. 7.1 und 7.2:

$e_{\text{x}} = e_1 = 30$ mm

$e_1 = w_2 = 70 \text{ mm} \qquad e = e_1 + e_2 = 105 \text{ mm}$

$e_2 = w_3 = 35 \text{ mm}$

$w = w_1 = 90 \text{ mm}$

$$m = \frac{w_1}{2} - \frac{t_w}{2} - 0{,}8 \cdot a_w \cdot \sqrt{2} = \frac{90}{2} - \frac{10}{2} - 0{,}8 \cdot 4 \cdot \sqrt{2} = 35 \text{ mm}$$

$l_{5,cp} = 2 \cdot \pi \cdot m + 2 \cdot e_1 = 2 \cdot \pi \cdot 35 + 2 \cdot 70 = 360 \text{ mm}$

$l_{6,cp} = \pi \cdot m + 2 \cdot e = \pi \cdot 35 + 2 \cdot 105 = 320 \text{ mm}$

$l_{7,cp} = \pi \cdot m + e_1 + p = \pi \cdot 35 + 70 + 230 = 410 \text{ mm}$

$l_{8,cp} = 0{,}5 \cdot \pi \cdot m + e + 0{,}5 \cdot p = 0{,}5 \cdot \pi \cdot 35 + 70 + 0{,}5 \cdot 230 = 240 \text{ mm}$

Maßgebend: $l_{eff,cp} = l_{8,cp} = 240 \text{ mm}$

$$\lambda_1 = \frac{m}{m+e} = \frac{35}{35+105} = 0{,}25 \qquad \lambda_2 = \frac{m_2}{m+e} = \frac{32{,}3}{35+105} = 0{,}231$$

$\alpha = 8$ nach Gleichung (3.25)

$l_{1,nc} = \alpha \cdot m = 8 \cdot 35 = 280 \text{ mm}$

$l_{2,nc} = \alpha \cdot m - (2 \cdot m + 0{,}625 \cdot e) + 0{,}5 \cdot p$

$l_{2,nc} = 8 \cdot 35{,}5 - (2 \cdot 35{,}5 + 0{,}625 \cdot 105) + 0{,}5 \cdot 230 = 262 \text{ mm}$

Maßgebend: $l_{eff,nc} = l_{2,nc} = 262 \text{ mm}$

Modus 1: $l_{eff,1} = l_{eff,nc} \leq l_{eff,cp} = 240 \text{ mm}$

Modus 2: $l_{eff,2} = l_{eff,nc} = 262 \text{ mm}$

Grenzzugkraft des T-Stummels:

$m_p = 35{,}5 \text{ mm}$

$n = e = 105 \text{ mm} \leq 1{,}25 \cdot m_p = 1{,}25 \cdot 35{,}5 = 44{,}4 \text{ mm}$

$$M_{pl,1,Rd} = \frac{1}{4} \cdot l_{eff,1} \cdot t_p^2 \cdot f_y / \gamma_{M0} = \frac{1}{4} \cdot 24{,}0 \cdot 2{,}5^2 \cdot 23{,}5 / 1{,}0 = 881 \text{ kNcm}$$

$$M_{pl,2,Rd} = \frac{1}{4} \cdot l_{eff,2} \cdot t_p^2 \cdot f_y / \gamma_{M0} = \frac{1}{4} \cdot 26{,}2 \cdot 2{,}5^2 \cdot 23{,}5 / 1{,}0 = 962 \text{ kNcm}$$

$$F_{T,1,Rd} = \frac{4 \cdot M_{pl,1,Rd}}{m} = \frac{4 \cdot 881}{3{,}55} = 993 \text{ kN}$$

$$F_{T,2,Rd} = \frac{2 \cdot M_{pl,2,Rd} + n \cdot 4 \cdot F_{p,Cd}}{m+n} = \frac{2 \cdot 962 + 4{,}44 \cdot 4 \cdot 156}{3{,}55 + 4{,}44} = 588 \text{ kN}$$

$F_{T,3,Rd} = 4 \cdot F_{p,Cd} = 4 \cdot 156 = 624 \text{ kN}$

Kleinste Tragfähigkeit der 1.+2. Schraubenreihe:

$F_{1+2,i,Rd} = 588 \text{ kN}$

Abfrage der Tragfähigkeit der Schweißnaht neben einer Steife:

$b_{eff,t,wb} = l_{eff,2} = 262 \text{ mm}$

$F_{w,Rd} = b_{eff,t,wb} \cdot \Sigma a_w \cdot 25{,}5 = 26{,}2 \cdot 0{,}8 \cdot 25{,}5 = 534 \text{ kN} \geq 0{,}5 \cdot F_{1+2,i,Rd} = 0{,}5 \cdot 588 = 294 \text{ kN}$

Es gilt die Bedingung:

$$F_{1,i,Rd} + F_{2,i,Rd} \le F_{1+2,i,Rd}$$

$$F_{2,i,Rd} = 197 \text{ kN} \le F_{1+2,i,Rd} - F_{1,i,Rd} = 588 - 312 = 276 \text{ kN}$$

keine Abminderung.

Kleinste Tragfähigkeit der Druckzone

$$F_{c,min,Rd} = \frac{b}{2} \cdot t_f \cdot \sigma_{Rd} = \frac{30}{2} \cdot 1,75 \cdot 23,5 = 617 \text{ kN}$$

$$F_{1,i,Rd} + F_{2,i,Rd} \le F_{c,min,Rd}$$

$$F_{2,i,Rd} = 197 \text{ kN} \le F_{c,min,Rd} - F_{1,i,Rd} = 617 - 312 = 305 \text{ kN}$$

keine weitere Reduktion.

$$F_{2,i,Rd} = 197 \text{ kN}$$

Berechnung der Anfangsrotationssteifigkeit ohne Vorspannung

Die Berechnung der Anfangsrotationssteifigkeit erfolgt hier für positive Biegemomente. Steifigkeitskoeffizienten für Grundkomponenten siehe (1-8, Tabelle 6.1). Es ist stets die kleinste effektive Länge $l_{eff,min}$ der Schraubenreihe maßgebend.

1. Stirnplatte mit Biegebeanspruchung

Der Steifigkeitskoeffizient ist zu berücksichtigen, wenn in einer Verbindung eine Schraubenreihe mit Zug auftritt.

$$k_5 = \frac{0,9 \cdot l_{eff} \cdot t_p^3}{m^3}$$

1. Schraubenreihe oberhalb des Zugflansches – hier Teil der Gruppe maßgebend:

$$l_{1,eff,a} = l_{eff,min} = e_2 + 0,5 \cdot e_1 = 35 + 0,5 \cdot 70 = 70 \text{ mm} \quad m = 29,8 \text{ mm}$$

$$k_{5,1,a} = \frac{0,9 \cdot l_{1,eff,a} \cdot t_p^3}{m^3} = \frac{0,9 \cdot 7,0 \cdot 2,5^3}{2,98^3} = 3,72 \text{ cm}$$

2. Schraubenreihe oberhalb des Zugflansches – hier Teil der Gruppe maßgebend:

$$l_{2,eff,a} = l_{eff,min} = l_{5,nc} - l_{1,eff,a} = 183 - 70 = 113 \text{ mm} \quad m = 29,8 \text{ mm}$$

$$k_{5,2,a} = \frac{0,9 \cdot l_{1,eff,a} \cdot t_p^3}{m^3} = \frac{0,9 \cdot 11,3 \cdot 2,5^3}{2,98^3} = 6,00 \text{ cm}$$

1. Schraubenreihe neben einer Steife – hier Teil der Gruppe maßgebend:

$$l_{1,eff,i} = l_{eff,min} = e_2 + 0,5 \cdot e_1 = 35 + 0,5 \cdot 70 = 70 \text{ mm} \quad m = 35,5 \text{ mm}$$

$$k_{5,1,i} = \frac{0,9 \cdot l_{1,eff,i} \cdot t_p^3}{m^3} = \frac{0,9 \cdot 7,0 \cdot 2,5^3}{3,55^3} = 2,20 \text{ cm}$$

2. Schraubenreihe neben einer Steife – hier Teil der Gruppe maßgebend:

$$l_{2,eff,i} = l_{eff,min} = l_{8,cp} - l_{1,eff,i} = 240 - 70 = 170 \text{ mm} \quad m = 35,5 \text{ mm}$$

$$k_{5,2,i} = \frac{0,9 \cdot l_{2,eff,i} \cdot t_p^3}{m^3} = \frac{0,9 \cdot 17,0 \cdot 2,5^3}{3,55^3} = 5,34 \text{ cm}$$

2. Schraube mit Zugbeanspruchung

Der Steifigkeitskoeffizient ist zu berücksichtigen, wenn in einer Verbindung eine Schraubenreihe mit Zug auftritt.

$$k_{10} = 3,2 \cdot \frac{A_s}{L_b}$$

1. Schraubenreihe $\quad L_b = 7,25\text{ cm} \quad\quad A_s = 2,45\text{ cm}^2$

$$k_{10,1} = 3,2 \cdot \frac{A_s}{L_b} = 3,2 \cdot \frac{2,45}{7,25} = 1,08\text{ cm}$$

2. Schraubenreihe $\quad L_b = 7,25\text{ cm} \quad\quad A_s = 2,45\text{ cm}^2$

$$k_{10,2} = 3,2 \cdot \frac{A_s}{L_b} = 3,2 \cdot \frac{2,45}{7,25} = 1,08\text{ cm}$$

3. Effektiver Steifigkeitskoeffizient $k_{\text{eff,r}}$ der Schraubenreihen r (1-8, (6.30))

Bei den Steifigkeitskoeffizienten k_5 und k_{10} handelt es sich um hintereinander geschaltete Federn.

$$\frac{1}{k_{\text{eff,1,a}}} = \frac{1}{k_{5,1,a}} + \frac{1}{k_{5,1,a}} + \frac{1}{k_{10,1}}$$

$$\frac{1}{k_{\text{eff,1,a}}} = \frac{1}{3,72} + \frac{1}{3,72} + \frac{1}{1,08} \rightarrow k_{\text{eff,1,a}} = 0,683\text{ cm}$$

$$\frac{1}{k_{\text{eff,1,i}}} = \frac{1}{k_{5,1,i}} + \frac{1}{k_{5,1,i}} + \frac{1}{k_{10,1}}$$

$$\frac{1}{k_{\text{eff,1,i}}} = \frac{1}{2,20} + \frac{1}{2,20} + \frac{1}{1,08} \rightarrow k_{\text{eff,1,i}} = 0,545\text{ cm}$$

Bei den Steifigkeitskoeffizienten $k_{\text{eff,1,a}}$ und $k_{\text{eff,1,i}}$ handelt es sich um parallel geschaltete Federn.

$$k_{\text{eff,1}} = 0,5 \cdot k_{\text{eff,1,a}} + k_{\text{eff,1,i}} = 0,5 \cdot 0,683 + 0,545 = 0,887$$

$$\frac{1}{k_{\text{eff,2,a}}} = \frac{1}{k_{5,2,a}} + \frac{1}{k_{5,2,a}} + \frac{1}{k_{10,2}}$$

$$\frac{1}{k_{\text{eff,2,a}}} = \frac{1}{6,00} + \frac{1}{6,00} + \frac{1}{1,08} \rightarrow k_{\text{eff,2,a}} = 0,794\text{ cm}$$

$$\frac{1}{k_{\text{eff,2,i}}} = \frac{1}{k_{5,2,i}} + \frac{1}{k_{5,2,i}} + \frac{1}{k_{10,2}}$$

$$\frac{1}{k_{\text{eff,2,i}}} = \frac{1}{5,34} + \frac{1}{5,34} + \frac{1}{1,08} \rightarrow k_{\text{eff,2,i}} = 0,769\text{ cm}$$

Bei den Steifigkeitskoeffizienten $k_{\text{eff,1,a}}$ und $k_{\text{eff,1,i}}$ handelt es sich um parallel geschaltete Federn.

$$k_{\text{eff,2}} = 0,5 \cdot k_{\text{eff,2,a}} + k_{\text{eff,2,i}} = 0,5 \cdot 0,794 + 0,769 = 1,17$$

4. Äquivalenter Steifigkeitskoeffizient k_{eq} der Schraubenreihen r (1-8, (6.29) und (6.31))

Bei den Steifigkeitskoeffizienten $k_{\text{eff,1}}$ und $k_{\text{eff,2}}$ handelt es sich um parallel geschaltete Federn. Der äquivalente Hebelarm y_{eq} für die Rotationssteifigkeit lautet:

$$y_{\text{eq}} = \frac{k_{\text{eff,1}} \cdot h_1^2 + k_{\text{eff,2}} \cdot h_2^2}{k_{\text{eff,1}} \cdot h_1 + k_{\text{eff,2}} \cdot h_2} = \frac{0,887 \cdot 19,0^2 + 1,17 \cdot 12,0^2}{0,887 \cdot 19,0 + 1,17 \cdot 12,0} = 15,8\text{ cm}$$

$$k_{eq} = \frac{k_{eff,1} \cdot h_1 + k_{eff,2} \cdot h_2}{z_{eq}} = \frac{0,887 \cdot 19,0 + 1,17 \cdot 12,0}{15,8} = 1,96 \text{ cm}$$

5. Anfangsrotationssteifigkeit $S_{j,ini}$ (1-8, (6.27))

$$S_{z,j,ini} = \frac{E \cdot y_{eq}^2}{\frac{1}{k_{eq}}} = \frac{21000 \cdot 15,8^2 \cdot 10^{-2}}{\frac{1}{1,96}} = 102\ 751 \text{ kNm/rad} = 103 \text{ MNm/rad}$$

Vereinfachte Berechnung:

$$S_{z,j,ini} = E \cdot \left(k_{eff,1} \cdot h_1^2 + k_{eff,2} \cdot h_2^2\right) = 21000 \cdot \left(0,887 \cdot 19,0^2 + 1,17 \cdot 12,0^2\right) \cdot 10^{-2}$$

$$S_{z,j,ini} = 102\ 624 \text{ kNm/rad} = 103 \text{ MNm/rad}$$

Nachweis für Normalkraft und zweiachsige Biegung

Wirksame Tragfähigkeit der Schraubenreihen auf Zug:

$F_{1,Rd} = 497$ kN		gilt für $M_{y,Ed}$
$F_{1,Rd} = 497$ kN		gilt für N_{Ed}
$F_{2,Rd} = 444$ kN		gilt für $M_{y,Ed}$
$F_{2,E,Rd} = 444$ kN	$F_{3,E,Rd} = 444$ kN	gilt für N_{Ed} mit Druckflansch
$F_{2,G,Rd} = 432$ kN	$F_{3,G,Rd} = 432$ kN	gilt für N_{Ed} ohne Druckflansch
$F_{1,a,Rd} = 295$ kN	$F_{2,a,Rd} = 243$ kN	gilt für $M_{z,Ed}$
$F_{1,i,Rd} = 312$ kN	$F_{2,i,Rd} = 197$ kN	gilt für $M_{z,Ed}$ mit Druckflansch
$F_{1,i,G,Rd} = 312$ kN	$F_{2,i,G,Rd} = 197$ kN	gilt für $M_{z,Ed}$ ohne Druckflansch

Die geringeren Werte als Schraubengruppe (Index G) werden nur wirksam, wenn sich unter den gegebenen Schnittgrößen auch eine Gruppe auf Zug ausbilden kann, z. B. eine reine Zugkraft. Es liegt auf der sicheren Seite, wenn mit den geringeren Tragfähigkeiten gerechnet wird.

Nachweis mit Teilschnittgrößen der Flansche
Berechnung der Tragfähigkeiten

Für $M_{y,Ed}$ gilt:

$$N_{f,pl,Rd} = A_f \cdot \sigma_{Rd} = 30,0 \cdot 1,75 \cdot 23,5 = 1234 \text{ kN} \qquad \text{Druckbereich}$$

$$N_{f,My,j,Rd} = \frac{M_{y,j,Rd}}{h_f} = \frac{31400}{33,25} = 944 \text{ kN}$$

$$N_{f,My,j,Rd} = 944 \text{ kN} \le N_{f,pl,Rd} = 1234 \text{ kN} \qquad \text{Zugbereich}$$

Für N_{Ed} gilt:

$$N_{f,pl,Rd} = A_f \cdot \sigma_{Rd} = 30,0 \cdot 1,75 \cdot 23,5 = 1234 \text{ kN} \qquad \text{für Druckbereich}$$

$$N_{f,1+2,N,j,Rd} = F_{1,Rd} + F_{2,Rd} = 497 + 444 =$$

$$N_{f,1+2,N,j,Rd} = 941 \text{ kN} \le N_{f,pl,Rd} = 1234 \text{ kN} \qquad \text{Zugbereich mit Druckflansch (E)}$$

$N_{\text{f,1+2,N,j,Rd}} = F_{1,\text{Rd}} + F_{2,\text{Rd}} = 497 + 432 = 929 \text{ kN}$

$N_{\text{f,1+2,N,j,Rd}} = 929 \text{ kN} \leq N_{\text{f,pl,Rd}} = 1234 \text{ kN}$ Zugbereich ohne Druckflansch (G)

$N_{\text{f,3,N,j,Rd}} = F_{3,\text{Rd}} = 444 \text{ kN} \leq N_{\text{f,pl,Rd}} = 1234 \text{ kN}$ Zugbereich mit Druckflansch (E)

$N_{\text{f,3,N,j,Rd}} = F_{3,\text{Rd}} = 432 \text{ kN} \leq N_{\text{f,pl,Rd}} = 1234 \text{ kN}$ Zugbereich ohne Druckflansch

Für $M_{\text{z,Ed}}$ gilt:

$M_{\text{f,Mz,j,Rd}} = \frac{1}{4} \cdot t_\text{f} \cdot b^2 \cdot \sigma_{\text{Rd}} = \frac{1}{4} \cdot 1,75 \cdot 30^2 \cdot 23,5/100 = 92,5 \text{ kNm}$ für Druckbereich

$y_1 = 190 \text{ mm}$

$y_2 = 120 \text{ mm}$

$$M_{\text{f,a,Mz,j,Rd}} = \frac{1}{2} \cdot \left(F_{1,\text{a,Rd}} \cdot y_1 + F_{2,\text{a,Rd}} \cdot y_2\right) = \frac{1}{2} \cdot \left(295 \cdot 0,19 + 243 \cdot 0,12\right) = 42,6 \text{ kNm}$$

Gilt hier für Zugbereich mit und ohne Druckflansch:

$$M_{\text{f,i,Mz,j,Rd}} = \frac{1}{2} \cdot \left(F_{1,\text{i,Rd}} \cdot y_1 + F_{2,\text{i,Rd}} \cdot y_2\right) = \frac{1}{2} \cdot \left(312 \cdot 0,19 + 197 \cdot 0,12\right) = 41,5 \text{ kNm}$$

$$M_{\text{f,a+i,Mzj,Rd}} = 42,6 + 41,5 = 84,1 \text{ kNm} \leq M_{\text{f,Mz,j,Rd}} = 92,5 \text{ kNm}$$

Fall 1: Biegung und Zugkraft:

$M_{\text{y,Ed}} = -200 \text{ kNm} \quad N_{\text{Ed}} = +190 \text{ kNm} \quad M_{\text{z,Ed}} = +32 \text{ kNm}$

Berechnung der Eckspannungen:

$$\sigma_{\text{j,Ed}} = \frac{N_{\text{Ed}}}{A} + \frac{M_{\text{y,Ed}}}{I_\text{y}} \cdot z - \frac{M_{\text{z,Ed}}}{1,5 \cdot I_\text{z}} \cdot y$$

$\sigma_{1,\text{Ed}} = +\frac{190}{143} + \frac{-20000}{33\,090} \cdot (-17,5) - \frac{3200}{1,5 \cdot 7890} \cdot (+15,0) = +2,12 \text{ kN/cm}^2$ Zugbereich

$\sigma_{2,\text{Ed}} = +\frac{190}{143} + \frac{-20000}{33\,090} \cdot (-17,5) - \frac{3200}{1,5 \cdot 7890} \cdot (-15,0) = +16,0 \text{ kN/cm}^2$ Zugbereich

$\sigma_{3,\text{Ed}} = +\frac{190}{143} + \frac{-20000}{33\,090} \cdot (+17,5) - \frac{3200}{1,5 \cdot 7890} \cdot (+15,0) = -13,3 \text{ kN/cm}^2$

$\sigma_{4,\text{Ed}} = +\frac{190}{143} + \frac{-20000}{33\,090} \cdot (+17,5) - \frac{3200}{1,5 \cdot 7890} \cdot (-15,0) = -5,19 \text{ kN/cm}^2$ Druckbereich

Druckflansch vorhanden. Es sind die Teilschnittgrößen für die Flansche zu bestimmen.

$$N_{\text{f,My,Ed}} = \pm \frac{M_{\text{y,Ed}}}{h_\text{f}} = \frac{20000}{33,25} = \pm 602 \text{ kN}$$

$$N_{\text{f,N,Ed}} = \frac{N_{\text{Ed}}}{2} = +\frac{190}{2} = +95 \text{ kN}$$

Die Querkraft muss im Allgemeinen nicht berücksichtigt werden.

$$M_{\text{f,Mz,Ed}} = \frac{M_{\text{z,Ed}}}{2} = \frac{32}{2} = \pm 16 \text{ kNm}$$

Maximale Zugbeanspruchung im Flansch der überstehenden Platte:

$$\frac{N_{\text{f,My,Ed}}}{N_{\text{f,My,j,Rd}}} + \frac{N_{\text{f,N,Ed}}}{N_{\text{f,1+2,N,j,Rd}}} + \frac{M_{\text{f,Mz,Ed}}}{M_{\text{f,a+i,Mz,j,Rd}}} = +\frac{602}{944} + \frac{95}{941} + \frac{16}{84,1} = +0,929 \leq 1$$

Maximale Druckbeanspruchung im Flansch der bündigen Platte:

$$\frac{N_{f,My,Ed}}{N_{f,pl,Rd}}+\frac{N_{f,N,Ed}}{N_{f,pl,Rd}}+\frac{M_{f,Mz,Ed}}{M_{f,Mz,j,Rd}}=-\frac{602}{1234}+\frac{95}{1234}-\frac{16}{92,5}=-0,584\leq 1$$

Nachweis des Schweißnahtanschlusses:

$$A_{w,f}=a_w\cdot\left(2\cdot b+2\cdot t_{w,f}-2\cdot r-t_w\right)=0,9\cdot\left(2\cdot 30+2\cdot 0-2\cdot 2,70-1,0\right)=48,2\ \text{cm}^2$$

$$A_{w,d}=2\cdot a_w\cdot d=2\cdot 0,4\cdot 26,1=20,9\ \text{cm}^2$$

$$A_w=2\cdot A_{w,f}+A_{w,d}=2\cdot 48,2+20,9=117,3\ \text{cm}^2$$

$$I_{w,y}=\frac{1}{2}\cdot a_f\cdot b\cdot h^2+\frac{1}{2}\cdot a_f\cdot\left(b-2\cdot r-t_w\right)\cdot\left(h-2\cdot t_f\right)^2+\frac{1}{6}\cdot a_w\cdot d^3$$

$$I_{w,y}=\frac{1}{2}\cdot 0,9\cdot 30\cdot 35^2+\frac{1}{2}\cdot 0,9\cdot\left(30-2\cdot 2,7-1,0\right)\cdot\left(35-2\cdot 1,75\right)^2+\frac{1}{6}\cdot 0,4\cdot 26,1^3$$

$$I_y=28\,260\ \text{cm}^4$$

$$I_{w,z}=\frac{1}{3}\cdot a_f\cdot b^3-\frac{1}{6}\cdot a_f\cdot\left(2\cdot r+t_w\right)^3+a_f\cdot t_f\cdot b^2$$

$$I_{w,z}=\frac{1}{3}\cdot 0,9\cdot 30^3-\frac{1}{6}\cdot 0,9\cdot\left(2\cdot 2,7+1,0\right)^3+0,9\cdot 1,75\cdot 30^2=9478\ \text{cm}^4$$

$$\sigma_{w,t,Ed}=\frac{N_{Ed}}{A_w}+\frac{M_{y,Ed}}{I_{w,y}}\cdot\frac{h_f}{2}+\frac{M_{z,Ed}}{I_{w,z}}\cdot\frac{b}{2}$$

$M_{y,Ed}=200\ \text{kNm}$ $\quad N_{Ed}=+190\ \text{kNm}$ $\quad M_{z,Ed}=32\ \text{kNm}$

$$\sigma_{w,t,Ed}=\frac{N_{Ed}}{A_w}+\frac{M_{y,Ed}}{I_{w,y}}\cdot\frac{h_f}{2}+\frac{M_{z,Ed}}{I_{w,z}}\cdot\frac{b}{2}$$

$$\sigma_{w,t,Ed}=\frac{190}{117,3}+\frac{20000}{28260}\cdot\frac{33,25}{2}+\frac{3200}{9478}\cdot\frac{30}{2}=18,4\ \frac{\text{kN}}{\text{cm}^2}$$

$$\sigma_{1,w,Ed}=\sqrt{2\cdot\sigma_w^2+3\cdot\tau_{||}^2}=\sqrt{2\cdot 18,4^2+3\cdot 0^2}=26,0\ \text{kN/cm}^2$$

$$\frac{\sigma_{1,w,Ed}}{f_{1,w,Rd}}=\frac{26,0}{36,0}=0,72\leq 1,0$$

$$\sigma_{w,c,Ed}=\frac{N_{Ed}}{A_w}-\frac{M_{y,Ed}}{I_{w,y}}\cdot\frac{h_f}{2}-\frac{M_{z,Ed}}{I_{w,z}}\cdot\frac{b}{2}$$

$$\sigma_{w,c,Ed}=+\frac{190}{117,3}-\frac{20000}{28260}\cdot\frac{33,25}{2}-\frac{3200}{9478}\cdot\frac{30}{2}=-15,2\ \frac{\text{kN}}{\text{cm}^2}$$

$$\sigma_{1,w,Ed}=\sqrt{2\cdot\sigma_w^2+3\cdot\tau_{||}^2}=\sqrt{2\cdot 15,2^2+3\cdot 0^2}=21,5\ \text{kN/cm}^2$$

$$\frac{\sigma_{1,w,Ed}}{f_{1,w,Rd}}=\frac{21,5}{36,0}=0,60\leq 1,0$$

Nachweis der Schraubenkräfte:

$$T=\frac{V_z}{A}=\frac{180}{2}=90\ \text{kN}$$

Nachweis des Abscherens:

$$m \cdot F_{\text{v,Rd}} = 1 \cdot 151 = 151 \text{ kN}$$ Band 2, Tabelle 12.1

$$\frac{T}{m \cdot F_{\text{v,Rd}}} = \frac{90}{151} = 0,60 \leq 1$$

Nachweis der Lochleibung mit zugehörigen Grenzlochleibungskräften:

$$t = 20 \text{ mm}$$

$$F_{\text{z,b,Rd}} = 2,0 \cdot 144 = 288 \text{ kN}$$ $p_1 = 100$ mm Band 2, Tabelle 12.4

$$\frac{T_z}{F_{\text{z,b,Rd}}} = \frac{90}{288} = 0,31 \leq 1$$

Fall 2: Biegung und Druckkraft:

$M_{\text{y,Ed}} = -200 \text{ kNm}$ $N_{\text{Ed}} = -190 \text{ kNm}$ $M_{\text{z,Ed}} = +32 \text{ kNm}$

Berechnung der Eckspannungen:

$$\sigma_{\text{j,Ed}} = \frac{N_{\text{Ed}}}{A} + \frac{M_{\text{y,Ed}}}{I_y} \cdot z - \frac{M_{\text{z,Ed}}}{1,5 \cdot I_z} \cdot y$$

$$\sigma_{1,\text{Ed}} = -\frac{190}{143} + \frac{-20000}{33\,090} \cdot (-17,5) - \frac{3200}{1,5 \cdot 7890} \cdot (+15,0) = +5,19 \text{ kN/cm}^2$$ Zugbereich

$$\sigma_{2,\text{Ed}} = -\frac{190}{143} + \frac{-20000}{33\,090} \cdot (-17,5) - \frac{3200}{1,5 \cdot 7890} \cdot (-15,0) = +13,3 \text{ kN/cm}^2$$ Zugbereich

$$\sigma_{3,\text{Ed}} = -\frac{190}{143} + \frac{-20000}{33\,090} \cdot (+17,5) - \frac{3200}{1,5 \cdot 7890} \cdot (+15,0) = -16,0 \text{ kN/cm}^2$$

Druckbereich

$$\sigma_{4,\text{Ed}} = -\frac{190}{143} + \frac{-20000}{33\,090} \cdot (+17,5) - \frac{3200}{1,5 \cdot 7890} \cdot (-15,0) = -7,85 \text{ kN/cm}^2$$

Druckflansch vorhanden. Es sind die Teilschnittgrößen für die Flansche zu bestimmen.

$$N_{\text{f,My,Ed}} = \pm \frac{M_{\text{y,Ed}}}{h_f} = \frac{20000}{33,25} = \pm 602 \text{ kN}$$

$$N_{\text{f,N,Ed}} = \frac{N_{\text{Ed}}}{2} = + \frac{190}{2} = -95 \text{ kN}$$

$$M_{\text{f,Mz,Ed}} = \frac{M_{\text{z,Ed}}}{2} = \frac{32}{2} = \pm 16 \text{ kNm}$$

Maximale Zugbeanspruchung im Flansch der überstehenden Platte:

$$\frac{N_{\text{f,My,Ed}}}{N_{\text{f,1+2,My,j,Rd}}} + \frac{N_{\text{f,N,Ed}}}{N_{\text{f,1+2,N,j,Rd}}} + \frac{M_{\text{f,Mz,Ed}}}{M_{\text{f,a+i,Mz,j,Rd}}} = + \frac{602}{944} - \frac{95}{941} + \frac{16}{84,1} = +0,727 \leq 1$$

Maximale Druckbeanspruchung im Flansch der bündigen Platte:

$$\frac{N_{\text{f,Mz,Ed}}}{N_{\text{f,pl,Rd}}} + \frac{N_{\text{f,N,Ed}}}{N_{\text{f,pl,Rd}}} + \frac{M_{\text{f,Mz,Ed}}}{M_{\text{f,Mz,j,Rd}}} = -\frac{602}{1234} - \frac{95}{1234} - \frac{16}{92,5} = -0,738 \leq 1$$

Nachweis des Schweißnahtanschlusses:

$M_{\text{y,Ed}} = 200 \text{ kNm}$ $N_{\text{Ed}} = -190 \text{ kNm}$ $M_{\text{z,Ed}} = 46 \text{ kNm}$

$$\sigma_{w,t,Ed} = \frac{N_{Ed}}{A_w} + \frac{M_{y,Ed}}{I_{w,y}} \cdot \frac{h_f}{2} + \frac{M_{z,Ed}}{I_{w,z}} \cdot \frac{b}{2}$$

$$\sigma_{w,t,Ed} = -\frac{190}{117,3} + \frac{20000}{28260} \cdot \frac{33,25}{2} + \frac{3200}{9478} \cdot \frac{30}{2} = 15,2\ \frac{kN}{cm^2}$$

$$\frac{\sigma_{w,t,Ed}}{\sigma_{w,Rd}} = \frac{15,2}{25,5} = 0,60$$

$$\sigma_{w,c,Ed} = \frac{N_{Ed}}{A_w} - \frac{M_{y,Ed}}{I_{w,y}} \cdot \frac{h_f}{2} - \frac{M_{z,Ed}}{I_{w,z}} \cdot \frac{b}{2}$$

$$\sigma_{w,c,Ed} = -\frac{190}{117,3} - \frac{20000}{28260} \cdot \frac{33,25}{2} - \frac{3200}{9478} \cdot \frac{30}{2} = -18,4\ \frac{kN}{cm^2}$$

$$\frac{\sigma_{w,c,Ed}}{\sigma_{w,Rd}} = \frac{18,4}{25,5} = 0,72$$

Grenzspannungsmodell

Momententragfähigkeit $M_{j,Rd}$

$$M_{j,1,Rd} = 314\ \text{kNm}$$

$$M_{j,2,Rd} = 125\ \text{kNm}$$

Grenzzugspannung des Anschlusses $\sigma_{j,1,Rd}$:

$$\sigma_{j,1,Rd} = \frac{M_{j,1,Rd}}{A_f \cdot (h - t_f)} = \frac{31400}{30,0 \cdot 1,75 \cdot (35,0 - 1,75)} = 18,0\ \text{kN/cm}^2 \le 23,5\ \text{kN/cm}^2$$

Grenzzugspannung des Anschlusses $\sigma_{j,2,Rd}$:

$$\sigma_{j,2,Rd} = \frac{M_{j,2,Rd}}{A_f \cdot (h - t_f)} = \frac{12500}{30,0 \cdot 1,75 \cdot (35,0 - 1,75)} = 7,16\ \text{kN/cm}^2 \le 23,5\ \text{kN/cm}^2$$

Querschnittswerte:

$$A = 2 \cdot A_f = 2 \cdot 30,0 \cdot 1,75 = 105\ \text{cm}^2$$

$$I_y = \frac{1}{2} \cdot A_f \cdot (h - t_f)^2 = \frac{1}{2} \cdot 30,0 \cdot 1,75 \cdot (35,0 - 1,75)^2 = 29020\ \text{cm}^4$$

$$I_z = \frac{1}{6} \cdot t_f \cdot b^3 = \frac{1}{6} \cdot 1,75 \cdot 30,0^3 = 7875\ \text{cm}^4$$

Fall 1: Biegung und Zugkraft:

$M_{y,Ed} = -200$ kNm $\quad N_{Ed} = +190$ kNm $\quad M_{z,Ed} = 32$ kNm

$$\sigma_{j,i,Ed} = \frac{N_{Ed}}{A} + \frac{M_{y,Ed}}{I_y} \cdot z - \frac{M_{z,Ed}}{I_z} \cdot y$$

Tabelle 7.1 Tragsicherheitsnachweis

Nr.	y_i cm	z_i cm	σ_N kN/cm²	σ_{My} kN/cm²	σ_{Mz} kN/cm²	$\sigma_{j,Ed}$ kN/cm²	$\sigma_{j,Rd}$ kN/cm²	$\frac{\sigma_{j,Ed}}{\sigma_{j,Rd}}$
1	+15,0	−16,6	+1,81	+11,4	-6,10	+7,11	+18,0	0,40
2	−15.0	−16,6	+1,81	+11,4	+6,10	+19,3	+18,0	1,07
3	+15,0	+16,6	+1,81	−11,4	-6,10	−15,7	−23,5	0,67
4	−15,0	+16,6	+1,81	−11,4	+6,10	−3,49	−23,5	0,15

Druckflansch vorhanden.

Fall 2: Biegung und Druckkraftkraft:

$M_{y,Ed} = -200 \text{ kNm} \quad N_{Ed} = -190 \text{ kNm} \qquad M_{z,Ed} = 46 \text{ kNm}$

$$\sigma_{j,i,Ed} = \frac{N_{Ed}}{A} + \frac{M_{y,Ed}}{I_y} \cdot z - \frac{M_{z,Ed}}{I_z} \cdot y$$

Tabelle 7.1 Tragsicherheitsnachweis

Nr.	y_i cm	z_i cm	σ_N kN/cm²	σ_{My} kN/cm²	σ_{Mz} kN/cm²	$\sigma_{j,Ed}$ kN/cm²	$\sigma_{j,Rd}$ kN/cm²	$\frac{\sigma_{j,Ed}}{\sigma_{j,Rd}}$
1	+15,0	−16,6	−1,81	+11,4	-6,10	+3,49	+18,0	0,19
2	−15.0	−16,6	−1,81	+11,4	+6,10	+15,7	+18,0	0,87
3	+15,0	+16,6	−1,81	−11,4	-6,10	−19,3	−23,5	0,82
4	−15,0	+16,6	−1,81	−11,4	+6,10	−7,11	−23,5	0,30

Druckflansch vorhanden.

8 Träger-Stützenanschluss mit 4 Schrauben

8.1 Allgemeines

Es wird ein Träger-Stützenanschluss mit folgender Schraubenanordnung betrachtet:

- 2 Schraubenreihen neben einer Steife
- 2 innen liegende Schraubenreihen
- 2 Schraubenreihen am Rand.

Beispielhaft werden hier die kreisförmigen und trapezförmigen Fließmuster angegeben, die für eine Berechnung eines Träger-Stützenanschlusses mit 4 Schrauben in einer Reihe erforderlich sind. Die Berechnung selbst erfolgt entsprechend der Abschnitte mit 2 Schrauben in einer Reihe.

8.2 Wirksame Längen der Stirnplatte

In diesem Abschnitt sollen die wirksamen Längen zeichnerisch erläutert werden. Es gelten die Fließmuster bis zur Mittellinie. Dabei ist zu beachten, dass für die Berechnung der Grenzzugkräfte bei Schraubengruppen die wirksame Länge der Schraubengruppe als Summe der Schraubenreihen als Teil einer Gruppe zu ermitteln sind. Wird die Anfangsrotationssteifigkeit berechnet, dann sind die Schraubenreihen einzeln und als Teil einer Gruppe zu betrachten, um die kleinste wirksame Länge zu berechnen.

Fließmuster für 2 innen liegende Schraubenreihen neben einer Steife

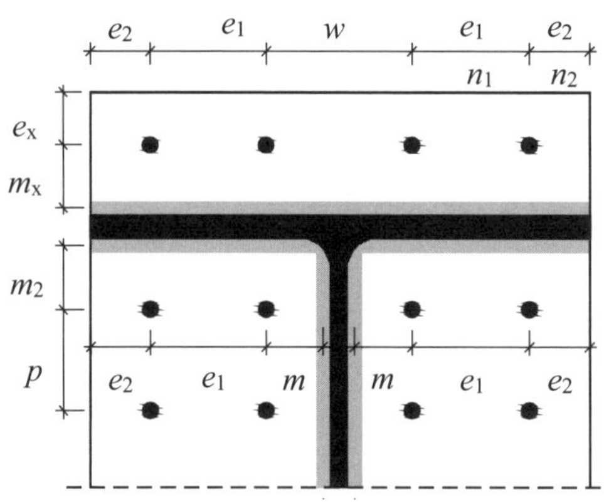

$e = e_1 + e_2$

Abb. 8.1 Definition der Bezeichnungen für die effektiven Längen

Kreisförmige Fließmuster für 2 innen liegende Schraubenreihen neben einer Steife

Die Schrauben werden als eine horizontale Schraubengruppe einzeln bis zur Mittellinie betrachtet.

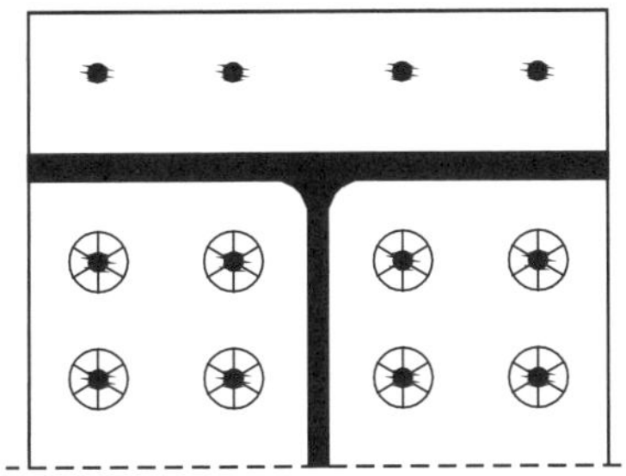

$$l_{1,cp} = 4 \cdot \pi \cdot m$$

$$l_{1,cp} = 4 \cdot \pi \cdot m$$

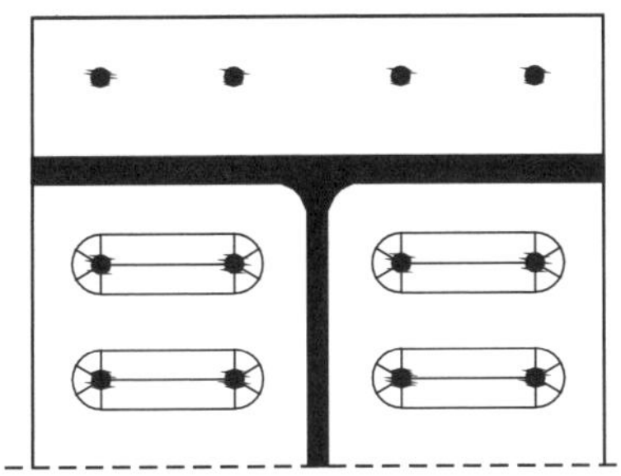

$$l_{2,cp} = 2 \cdot \pi \cdot m + 2 \cdot e_1$$

$$l_{2,cp} = 2 \cdot \pi \cdot m + 2 \cdot e_1$$

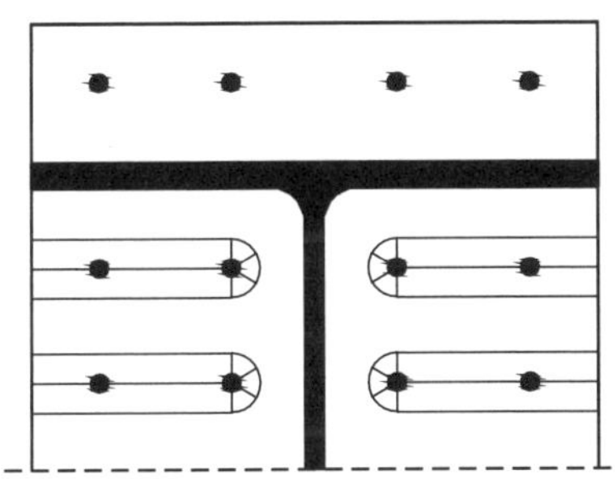

$$l_{3,cp} = \pi \cdot m + 2 \cdot e$$

$$l_{3,cp} = \pi \cdot m + 2 \cdot e$$

Abb. 8.2 Kreisförmige Fließmuster für 2 innen liegende Schraubenreihen neben einer Steife einzeln betrachtet

Schraubengruppe:

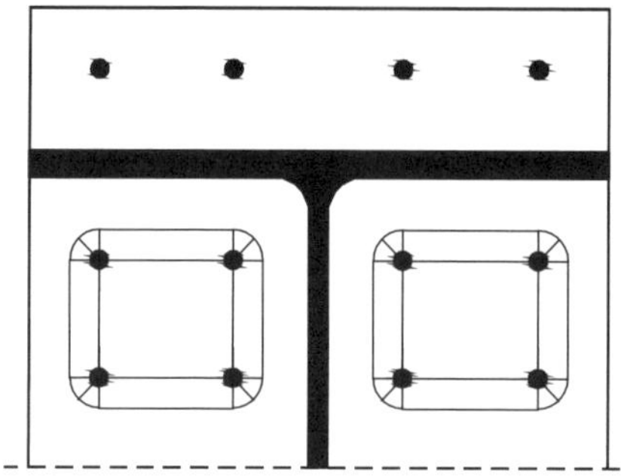

$$l_{1,1,cp} = \pi \cdot m + e_1 + p$$
$$l_{1,2,cp} = \pi \cdot m + e_1 + p$$
$$l_{1,1+2,cp} = 2 \cdot \pi \cdot m + 2 \cdot e_1 + 2 \cdot p$$

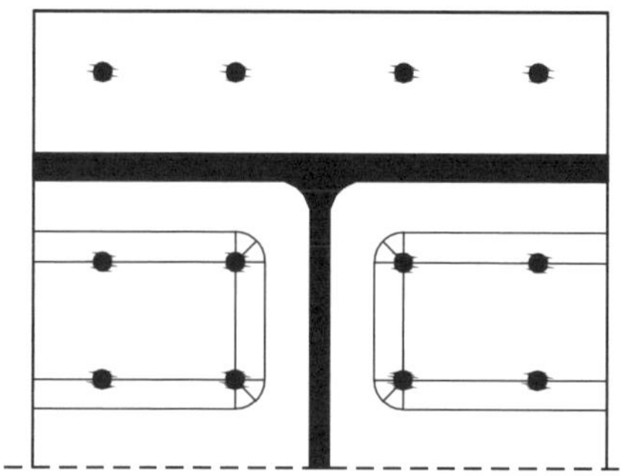

$$l_{2,1,cp} = 0,5 \cdot \pi \cdot m + e + 0,5 \cdot p$$
$$l_{2,2,cp} = 0,5 \cdot \pi \cdot m + e + 0,5 \cdot p$$
$$l_{2,1+2,cp} = \pi \cdot m + 2 \cdot e + p$$

Abb. 8.3 Kreisförmige Fließmuster für 2 innen liegende Schraubenreihen neben einer Steife als Gruppe betrachtet

Trapezförmige Fließmuster für 2 innen liegende Schraubenreihen neben einer Steife

Die Schrauben werden als eine horizontale Schraubengruppe bis zur Mittellinie betrachtet.

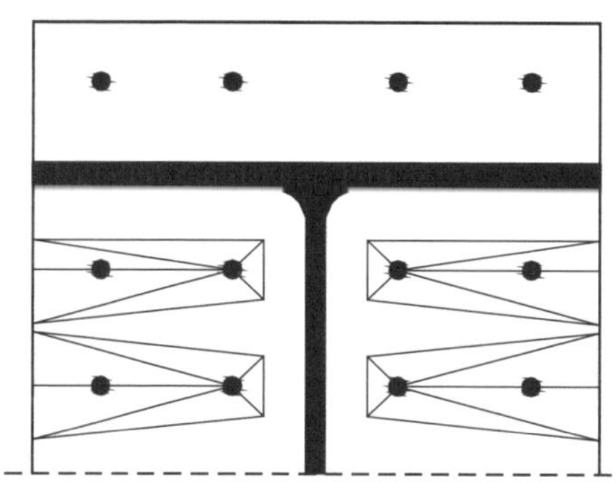

$$l_{1,nc} = \alpha \cdot m$$

$$l_{2,nc} = 4 \cdot m + 1,25 \cdot e$$

Abb. 8.4 Trapezförmiges Fließmuster für 2 innen liegende Schraubenreihen neben einer Steife einzeln betrachtet

Schraubengruppe:

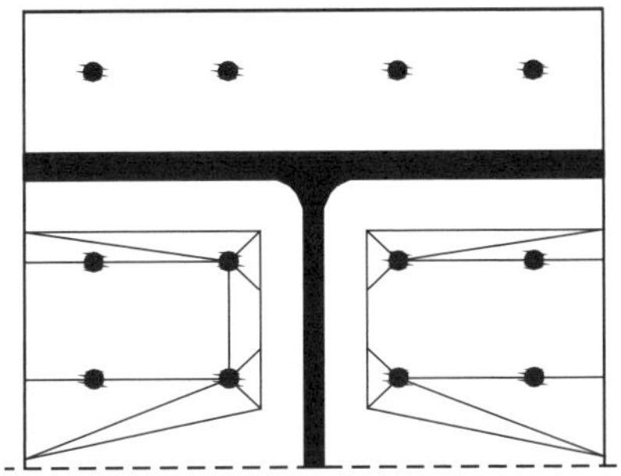

$$l_{1,1,\mathrm{nc}} = \alpha \cdot m - (2 \cdot m + 0{,}625 \cdot e) + 0{,}5 \cdot p$$
$$l_{1,2,\mathrm{nc}} = (2 \cdot m + 0{,}625 \cdot e) + 0{,}5 \cdot p$$
$$l_{1.1+2.\mathrm{nc}} = \alpha \cdot m + p$$

Abb. 8.5 Trapezförmiges Fließmuster für 2 innen liegende Schraubenreihen neben einer Steife als Gruppe betrachtet

Fließmuster für 2 innen liegende Schraubenreihen

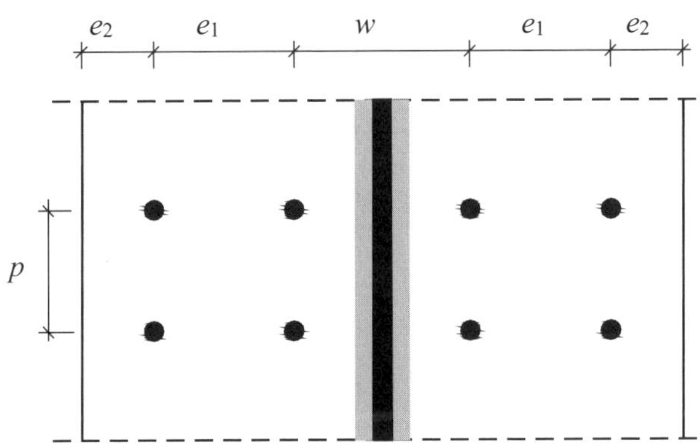

$e = e_1 + e_2$

Abb. 8.6 Definition der Bezeichnungen

Kreisförmige Fließmuster für 2 innen liegende Schraubenreihen

Die Schrauben werden als eine horizontale Schraubengruppe bis zur Mittellinie betrachtet.

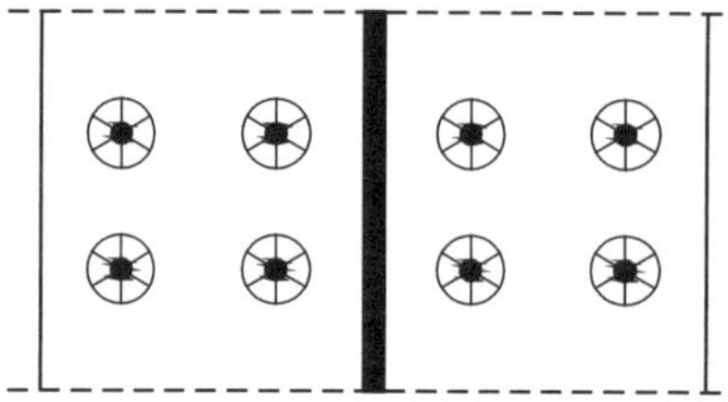

$$l_{1,\mathrm{cp}} = 4 \cdot \pi \cdot m$$

$$l_{1,\mathrm{cp}} = 4 \cdot \pi \cdot m$$

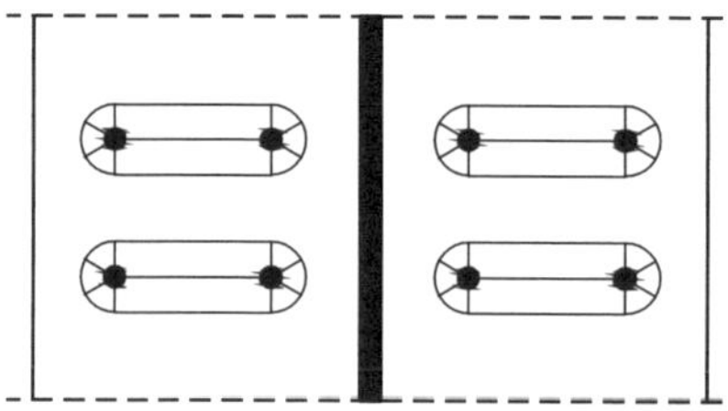

$$l_{2,\mathrm{cp}} = 2 \cdot \pi \cdot m + 2 \cdot e_1$$

$$l_{2,\mathrm{cp}} = 2 \cdot \pi \cdot m + 2 \cdot e_1$$

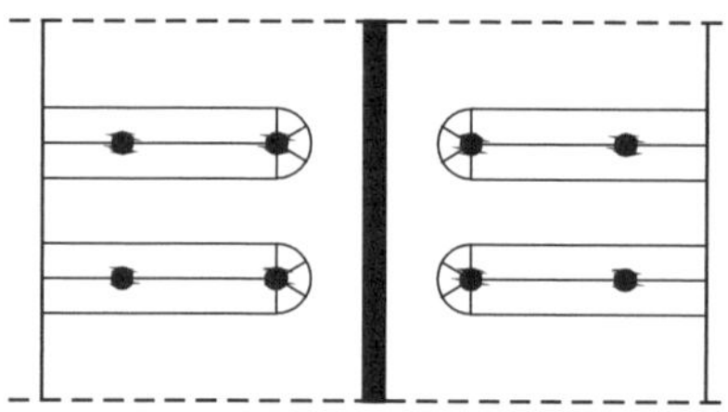

$$l_{3,\mathrm{cp}} = \pi \cdot m + 2 \cdot e$$

$$l_{3,\mathrm{cp}} = \pi \cdot m + 2 \cdot e$$

Schraubengruppe:

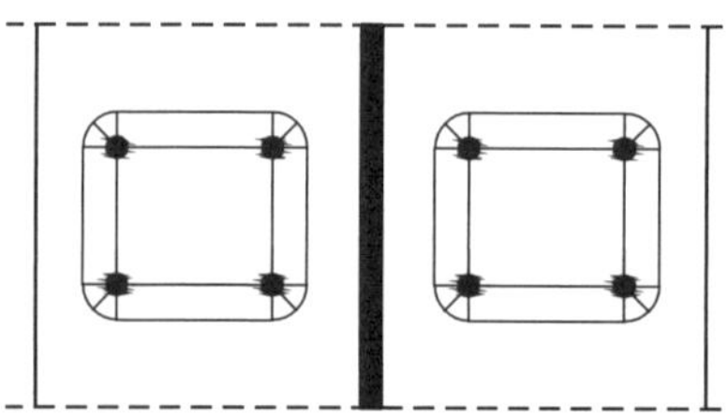

$$l_{1,1,\mathrm{cp}} = \pi \cdot m + e_1 + p$$
$$l_{1,2,\mathrm{cp}} = \pi \cdot m + e_1 + p$$
$$l_{1,1+2,\mathrm{cp}} = 2 \cdot \pi \cdot m + 2 \cdot e_1 + 2 \cdot p$$

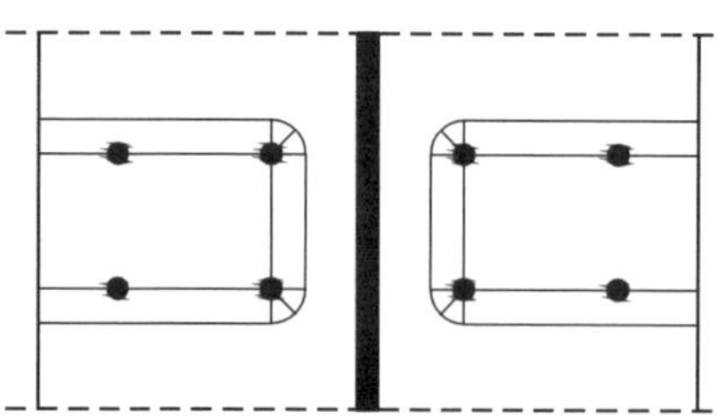

$$l_{2,1,\mathrm{cp}} = 0{,}5 \cdot \pi \cdot m + e + 0{,}5 \cdot p$$
$$l_{2,2,\mathrm{cp}} = 0{,}5 \cdot \pi \cdot m + e + 0{,}5 \cdot p$$
$$l_{2,1+2,\mathrm{cp}} = \pi \cdot m + 2 \cdot e + p$$

Abb. 8.7 Kreisförmige Fließmuster für 2 innen liegende Schraubenreihen

Trapezförmige Fließmuster für 2 innen liegende Schraubenreihen

Die Schrauben werden als eine horizontale Schraubengruppe bis zur Mittellinie betrachtet.

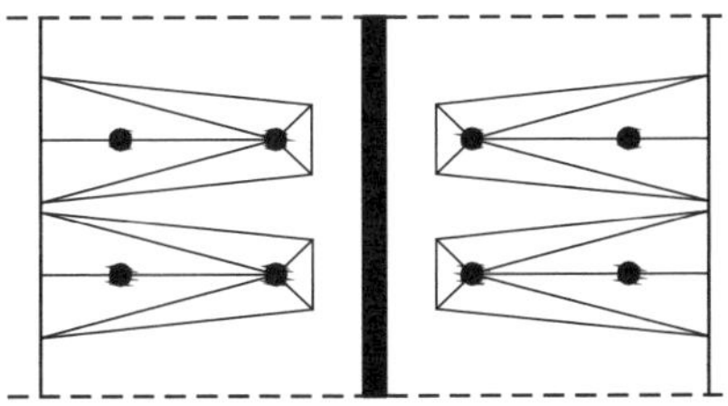

$$l_{\text{eff,nc}} = 4 \cdot m + 1,25 \cdot e$$

$$l_{\text{eff,nc}} = 4 \cdot m + 1,25 \cdot e$$

Schraubengruppe:

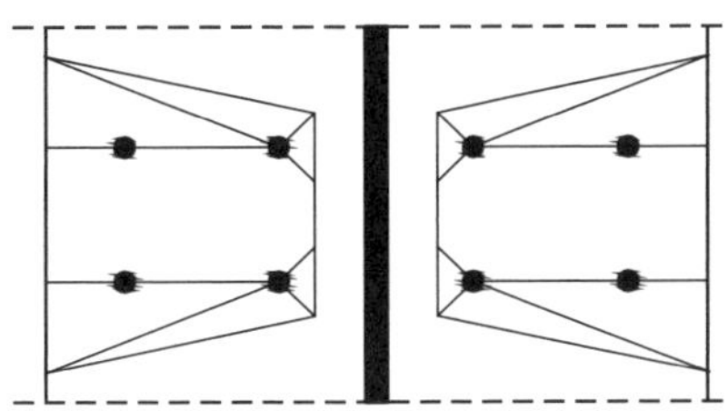

$$l_{2,1,\text{nc}} = 2 \cdot m + 0,625 \cdot e + 0,5 \cdot p$$
$$l_{2,2,\text{nc}} = 2 \cdot m + 0,625 \cdot e + 0,5 \cdot p$$
$$l_{2,1+2,\text{nc}} = 4 \cdot m + 1,25 \cdot e + p$$

Abb. 8.8 Trapezförmige Fließmuster für 2 innen liegende Schraubenreihen

Fließmuster für 2 Schraubenreihen am Rand

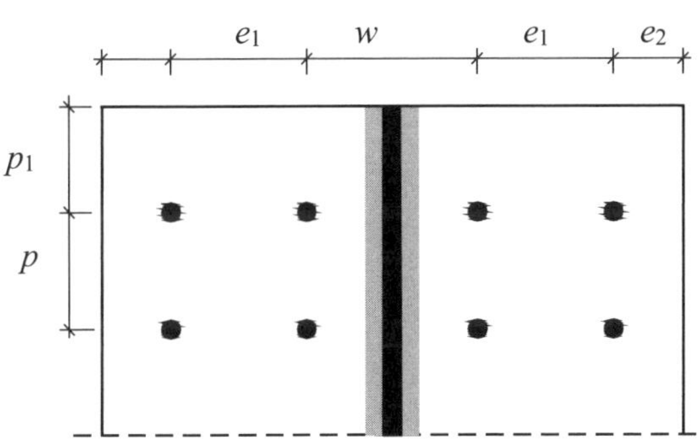

$$e = e_1 + e_2$$

Abb. 8.9 Definition der Bezeichnungen

Kreisförmige Fließmuster für 2 Schraubenreihen am Rand

Die Schrauben werden als eine horizontale Schraubengruppe bis zur Mittellinie betrachtet.

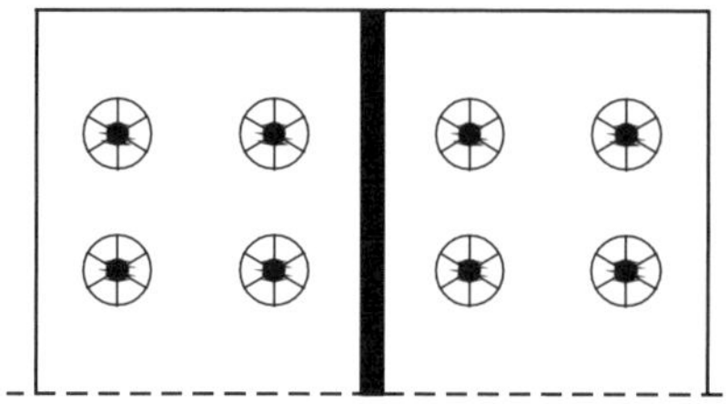

$$l_{1,\mathrm{cp}} = 4 \cdot \pi \cdot m$$

$$l_{1,\mathrm{cp}} = 4 \cdot \pi \cdot m$$

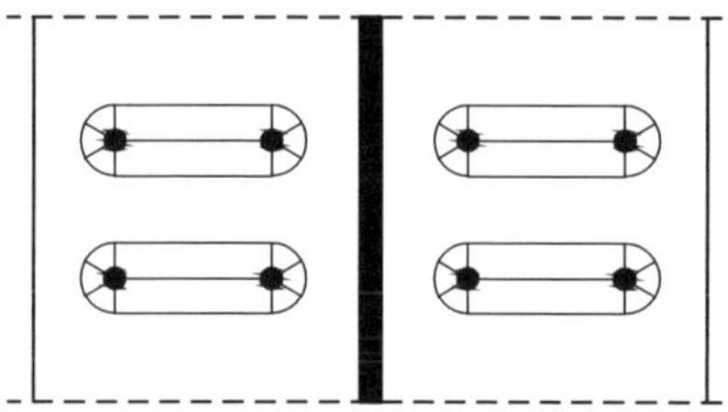

$$l_{2,\mathrm{cp}} = 2 \cdot \pi \cdot m + 2 \cdot e_1$$

$$l_{2,\mathrm{cp}} = 2 \cdot \pi \cdot m + 2 \cdot e_1$$

Schraubengruppe:

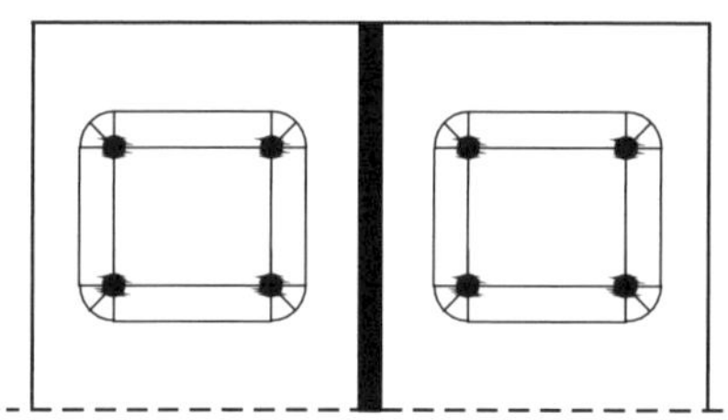

$$l_{1,1+2,\mathrm{cp}} = 2 \cdot \pi \cdot m + 2 \cdot e_1 + 2 \cdot p$$

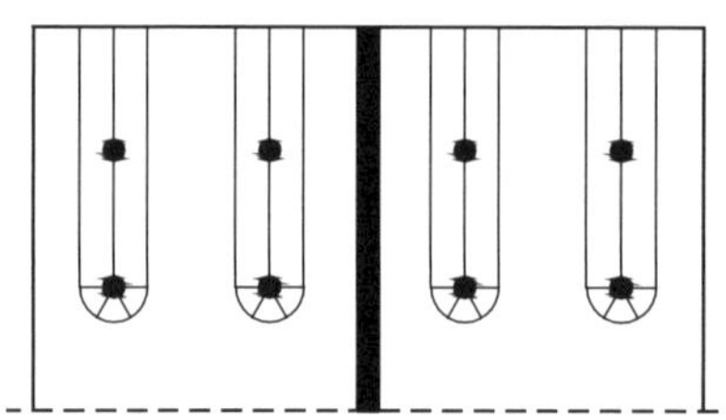

$$l_{3,1+2,\mathrm{cp}} = 2 \cdot \pi \cdot m + 4 \cdot p_1 + 4 \cdot p$$

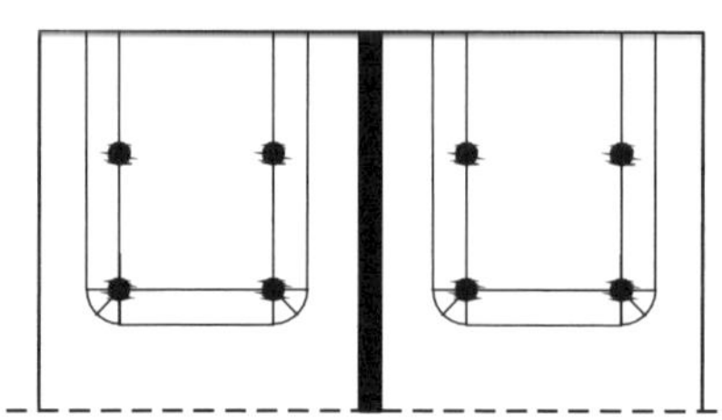

$$l_{4,1+2,\mathrm{cp}} = \pi \cdot m + 2 \cdot p_1 + 2 \cdot p + e_1$$

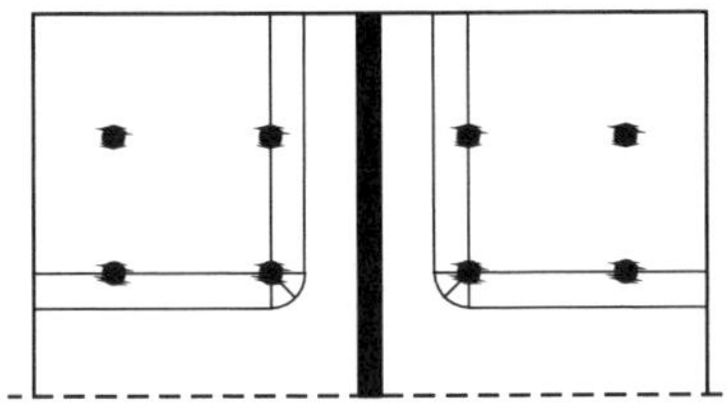

$$l_{4,1+2,\text{cp}} = 0,5 \cdot \pi \cdot m + p_1 + p + e$$

Abb. 8.10 Kreisförmige Fließmuster für 2 Schraubenreihen am Rand

Trapezförmige Fließmuster für 2 innen liegende Schraubenreihen
Die Schrauben werden als eine horizontale Schraubengruppe bis zur Mittellinie betrachtet.

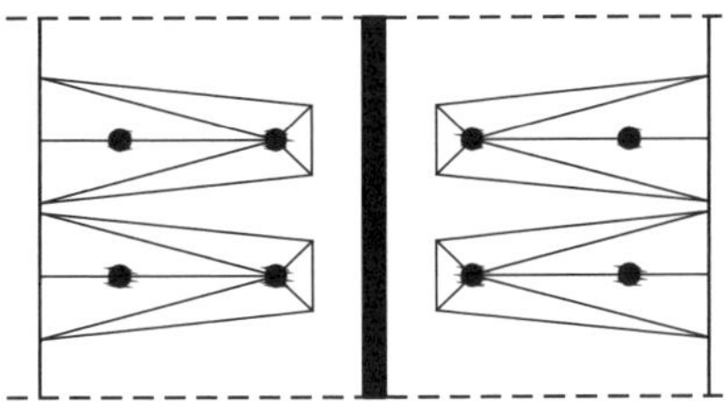

$$l_{\text{eff,nc}} = 4 \cdot m + 1,25 \cdot e$$

$$l_{\text{eff,nc}} = 4 \cdot m + 1,25 \cdot e$$

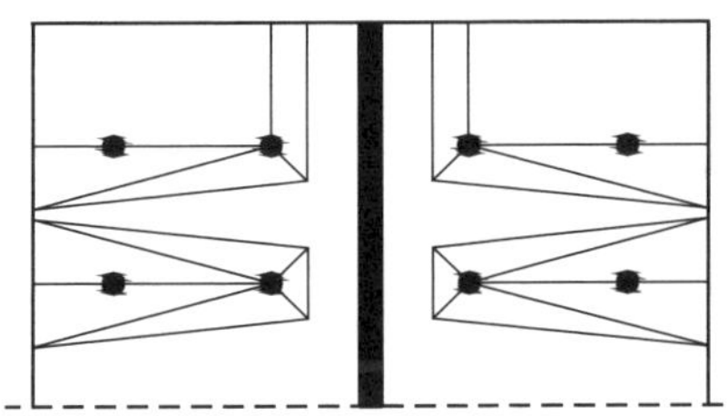

$$l_{\text{eff,nc}} = 2 \cdot m + 0,625 \cdot e + p_1$$

$$l_{\text{eff,nc}} = 4 \cdot m + 1,25 \cdot e$$

Schraubengruppe:

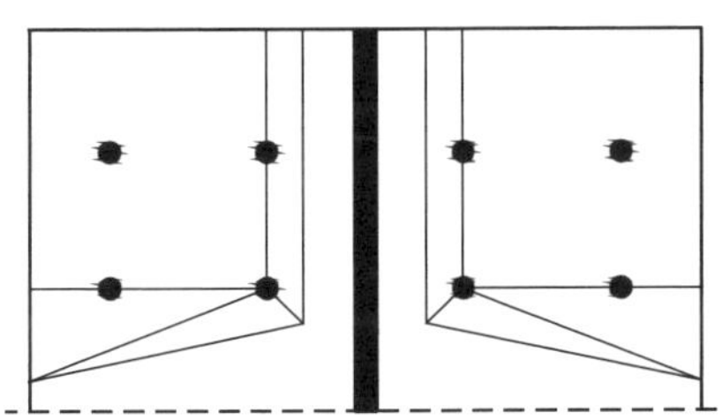

$$l_{\text{eff,nc}} = 2 \cdot m + 0,625 \cdot e + p + p_1$$

Abb. 8.11 Trapezförmige Fließmuster für 2 Schraubenreihen am Rand

Es wird empfohlen, die Fließmuster der Gruppen von Schraubenreihen zeichnerisch zu erfassen, um die richtigen Werte zuzuordnen.

8.3 Stirnplattenanschluss an Rahmenecke mit Voute

HEA 450 mit t_p = 25 mm und M 20-10.9, Kategorie E

Es wird angenommen, dass die Vorspannung nicht sicherheitsrelevant ist.

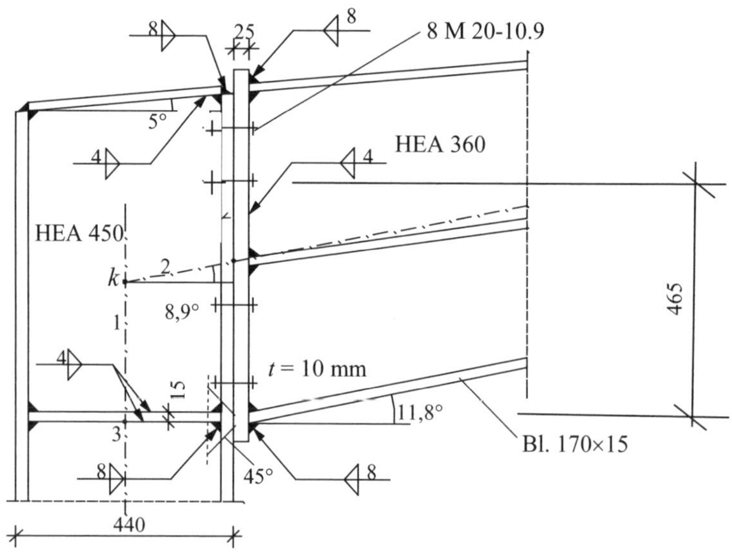

Der Riegel wird in diesem Fall bis an die Stütze geführt und durch eine geschweißte Konstruktion zur Voute ergänzt. Der untere Flansch des Trägers wird bei dem Nachweis der Voute nicht berücksichtigt. Der Anschluss wird mit dem Berechnungsmodell nach EC 3 konstruiert und nachgewiesen.

Stahlgüte der Stirnplatte: S 235	$f_y = 23{,}5$ kN/cm^2
Stahlgüte der Futterplatten: S 235	$f_y = 23{,}5$ kN/cm^2
Stahlgüte der Profile: S 235	$f_y = 23{,}5$ kN/cm^2
Teilsicherheitsbeiwert:	$\gamma_{M0} = 1{,}00$
Teilsicherheitsbeiwert:	$\gamma_{M1} = 1{,}10$
Dicke der Stirnplatte:	$t_p = 25$ mm
Dicke der Rippe:	$t = 15$ mm
Schrauben: M20-10.9-E	$d_0 = 22$ mm $F_{t,Rd} = 176$ kN $A_s = 2{,}45$ cm^2
Profil der Stütze: HEA 450	$t_f = 21$ mm $t_w = 11{,}5$ mm $r = 27$ mm
Profil des Riegels: HEA 360	$t_f = 17{,}5$ mm $t_w = 10$ mm

Beanspruchung des Profils:

$$L_b = l_k + 2 \cdot h + 0{,}5 \cdot (k + m) = (2{,}5 + 2{,}1) + 2 \cdot 0{,}4 + 0{,}5 \cdot (1{,}3 + 1{,}6) = 6{,}85 \text{ cm}$$

Beanspruchbarkeit der Schweißnaht nach dem richtungsbezogenen Verfahren:

$$\sigma_{1,\mathrm{w,Ed}} = \sqrt{2 \cdot \sigma_{\mathrm{w}}^2 + 3 \cdot \tau_{\|}^2} \leq f_{1,\mathrm{w,Rd}} = \frac{f_\mathrm{u}}{\beta_\mathrm{w} \cdot \gamma_{\mathrm{M2}}} = \frac{36}{0,8 \cdot 1,25} = 36,0 \text{ kN/cm}^2$$

$$\sigma_\mathrm{w} \leq \frac{f_\mathrm{u}}{\sqrt{2} \cdot \beta_\mathrm{w} \cdot \gamma_{\mathrm{M2}}} = \frac{36}{\sqrt{2} \cdot 0,8 \cdot 1,25} = 25,5 \text{ kN/cm}^2$$

Konstruktive Grenzwerte:

$a_\mathrm{f} = 8$ mm $\quad t \geq 4$ mm $\quad \min a = 3$ mm $\quad$ bzw. $\min a = \sqrt{\max t} - 0,5 = \sqrt{25} - 0,5 = 4,50$ mm

$a_\mathrm{w} = 4$ mm $\quad t \geq 4$ mm $\quad \min a = 3$ mm $\quad$ bzw. $\min a = \sqrt{\max t} - 0,5 = \sqrt{25} - 0,5 = 4,50$ mm

Die Anwendbarkeit der Grundkomponente Stützensteg mit Schubbeanspruchung gilt (1-8, 6.2.1(1)):

$$\frac{d}{t_\mathrm{w}} = \frac{344}{11,5} = 29,9 \leq 69 \cdot \varepsilon = 69$$

Die obere Steife wird wie bei dem Trägerstoß ausgebildet und nachgewiesen.

Berechnung der Momententragfähigkeit
1. Schraubenreihe neben einer Steife
Stirnplatte:

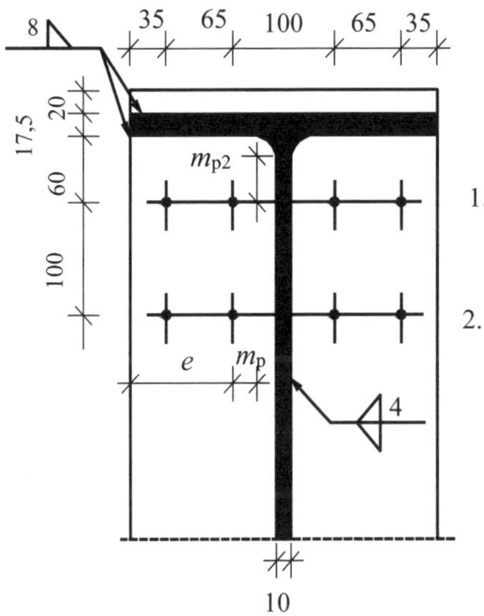

Abmessungen der Stirnplatte:

$t_\mathrm{p} = 25$ mm $\quad b_\mathrm{p} = 300$ mm $\quad p = 100$ mm $\quad w_1 = 100$ mm $\quad w_2 = 65$ mm $\quad w_3 = 35$ mm

$a_\mathrm{w} = 4$ mm $\quad a_\mathrm{f} = 9$ mm

Schraubenreihe neben einer Steife. Wirksame Länge des T-Stummels Nr. 4 nach Tabelle 3.1:

$$e_1 = w_2 = 65 \text{ mm}$$

$$e_2 = w_3 = 35 \text{ mm}$$

$$w = w_1 = 100 \text{ mm}$$

$$m_p = \frac{w_1}{2} - \frac{t_w}{2} - 0{,}8 \cdot a_w \cdot \sqrt{2} = \frac{100}{2} - \frac{10}{2} - 0{,}8 \cdot 4 \cdot \sqrt{2} = 40{,}5 \text{ mm}$$

$$e_p = e_1 + e_2 = 65 + 35 = 100 \text{ mm}$$

$$m_{p2} = 60 - 0{,}8 \cdot a_f \cdot \sqrt{2} = 60 - 0{,}8 \cdot 8 \cdot \sqrt{2} = 50{,}9 \text{ mm}$$

$$n_1 = w_2 = 65 \text{ mm}$$

$$n_2 = w_3 = 35 \text{ mm} \le 1{,}25 \cdot m_p = 1{,}25 \cdot 40{,}5 = 50{,}6 \text{ mm}$$

$$n_p = n_1 + n_2 = 65 + 35 = 100 \text{ mm}$$

$$\lambda_1 = \frac{m_p}{m_p + e_p} = \frac{40{,}5}{40{,}5 + 100} = 0{,}288 \qquad \lambda_2 = \frac{m_{p2}}{m_p + e_p} = \frac{50{,}9}{40{,}5 + 100} = 0{,}362$$

$\alpha = 8{,}0$ nach Gleichung (3.26)

$$l_{1,cp} = 4 \cdot \pi \cdot m_p = 4 \cdot \pi \cdot 40{,}5 = 509 \text{ mm}$$

$$l_{2,cp} = 2 \cdot \pi \cdot m_p + 2 \cdot e_1 = 2 \cdot \pi \cdot 40{,}5 + 2 \cdot 65 = 384 \text{ mm}$$

$$l_{3,cp} = \pi \cdot m_p + 2 \cdot e_p = \pi \cdot 40{,}5 + 2 \cdot 100 = 327 \text{ mm}$$

$$l_{eff,cp} = 327 \text{ mm}$$

$$l_{eff,nc} = \alpha \cdot m_p = 8{,}0 \cdot 40{,}5 = 324 \text{ mm}$$

Modus 1: $l_{eff,1} = l_{eff,nc} \le l_{eff,cp} = 324 \text{ mm}$

Modus 2: $l_{eff,2} = l_{eff,nc} = 324 \text{ mm}$

Grenzzugkraft des T-Stummels:

$$M_{pl,1,Rd} = \frac{1}{4} \cdot l_{eff,1} \cdot t_p^2 \cdot f_y / \gamma_{M0} = \frac{1}{4} \cdot 32{,}4 \cdot 2{,}5^2 \cdot 23{,}5 / 1{,}0 = 1190 \text{ kNcm}$$

$$M_{pl,2,Rd} = \frac{1}{4} \cdot l_{eff,2} \cdot t_p^2 \cdot f_y / \gamma_{M0} = \frac{1}{4} \cdot 32{,}4 \cdot 2{,}5^2 \cdot 23{,}5 / 1{,}0 = 1190 \text{ kNcm}$$

GW-Modell

$$F_{T,1,Rd} = \frac{4 \cdot M_{pl,1,Rd}}{m_p} = \frac{4 \cdot 1190}{4{,}05} = 1175 \text{ kN}$$

$$F_{T,2,Rd} = \frac{2 \cdot M_{pl,2,Rd} + n_p \cdot F_{t,Rd} \cdot \left(3{,}6 - 1{,}6 \cdot \frac{n_1}{n_p}\right)}{m_p + n_p}$$

$$F_{T,2,Rd} = \frac{2 \cdot 1190 + 10{,}0 \cdot 176 \cdot \left(3{,}6 - 1{,}6 \cdot \frac{6{,}5}{10{,}0}\right)}{4{,}05 + 10{,}0} = 490 \text{ kN}$$

$$F_{T,3,Rd} = 3{,}6 \cdot F_{t,Rd} = 3{,}6 \cdot 176 = 634 \text{ kN}$$

Kleinste Tragfähigkeit des Stirnblechs:

$$F_{T,2,Rd} = 490 \text{ kN}$$

Trägersteg auf Zug:

$$b_{eff,t,wb} = l_{eff,2} = 324 \text{ mm}$$

$$F_{t,wb,Rd} = b_{eff,t,wb} \cdot t_{wb} \cdot f_{y,wb} / \gamma_{M0} = 32{,}4 \cdot 1{,}0 \cdot 23{,}5 / 1{,}0 = 761 \text{ kN}$$

$$F_{\mathrm{w,Rd}} = b_{\mathrm{eff,t,wb}} \cdot \Sigma a \cdot \frac{f_{\mathrm{u}}}{\beta_{\mathrm{w}} \cdot \gamma_{\mathrm{M2}} \cdot \sqrt{2}} = 32,4 \cdot 0,8 \cdot \frac{36}{0,8 \cdot 1,25 \cdot \sqrt{2}} = 660 \text{ kN}$$

Kleinste Tragfähigkeit der 1. Schraubenreihe :

$$F_{1,\mathrm{Rd}} = 490 \text{ kN}$$

Stützenflansch:

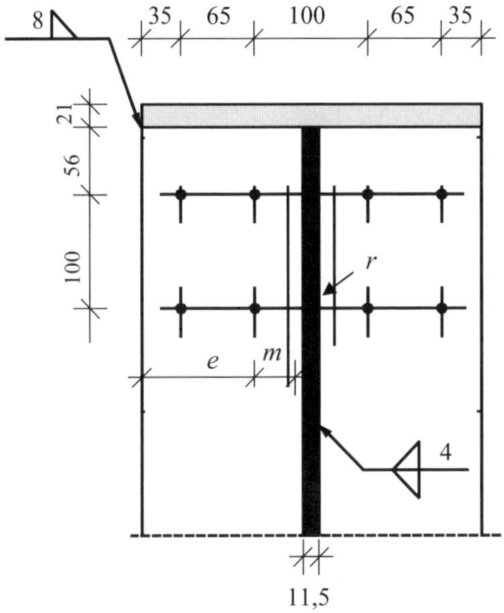

Wirksame Länge des T-Stummels Nr. 4 nach Tab. 3.1:

$$m = \frac{100}{2} - \frac{11,5}{2} - 0,8 \cdot 27 = 22,7 \text{ mm}$$

$$e = 100 \text{ mm}$$

$$m_2 = 56 - 0,8 \cdot 8 \cdot \sqrt{2} = 46,9 \text{ mm}$$

$$n_1 = w_2 = 65 \text{ mm}$$

$$n_2 = w_3 = 35 \text{ mm} \leq 1,25 \cdot m = 1,25 \cdot 22,7 = 28,4 \text{ mm}$$

$$n = n_1 + n_2 = 65 + 28,4 = 93,4 \text{ mm}$$

$$\lambda_1 = \frac{m}{m+e} = \frac{22,7}{22,7+100} = 0,185 \qquad \lambda_2 = \frac{m_2}{m+e} = \frac{46,9}{22,7+100} = 0,382$$

$\alpha = 8,0$ nach Gleichung (3.26)

$$l_{1,\mathrm{cp}} = 4 \cdot \pi \cdot m = 4 \cdot \pi \cdot 22,7 = 285 \text{ mm}$$

$$l_{2,\mathrm{cp}} = 2 \cdot \pi \cdot m + 2 \cdot e_1 = 2 \cdot \pi \cdot 22,7 + 2 \cdot 65 = 273 \text{ mm}$$

$$l_{3,\mathrm{cp}} = \pi \cdot m + 2 \cdot e = \pi \cdot 22,7 + 2 \cdot 100 = 271 \text{ mm}$$

$$l_{\mathrm{eff,cp}} = 271 \text{ mm}$$

$$l_{\mathrm{eff,nc}} = \alpha \cdot m = 8,0 \cdot 22,7 = 182 \text{ mm}$$

Modus 1: $l_{\mathrm{eff,1}} = l_{\mathrm{eff,nc}} \leq l_{\mathrm{eff,cp}} = 182$ mm

Modus 2: $l_{\text{eff,2}} = l_{\text{eff,nc}} = 182$ mm

Grenzzugkraft des T-Stummels:

$$M_{\text{pl,1,Rd}} = \frac{1}{4} \cdot l_{\text{eff,1}} \cdot t_f^2 \cdot f_y / \gamma_{M0} = \frac{1}{4} \cdot 18{,}2 \cdot 2{,}1^2 \cdot 23{,}5 / 1{,}0 = 472 \text{ kNcm}$$

$$M_{\text{pl,2,Rd}} = \frac{1}{4} \cdot l_{\text{eff,2}} \cdot t_f^2 \cdot f_y / \gamma_{M0} = \frac{1}{4} \cdot 18{,}2 \cdot 2{,}1^2 \cdot 23{,}5 / 1{,}0 = 472 \text{ kNcm}$$

$$F_{\text{T,1Rd}} = \frac{4 \cdot M_{\text{pl,1,Rd}}}{m} = \frac{4 \cdot 472}{2{,}27} = 832 \text{ kN}$$

$$F_{\text{T,2,Rd}} = \frac{2 \cdot M_{\text{pl,2,Rd}} + n \cdot F_{\text{t,Rd}} \cdot \left(3{,}6 - 1{,}6 \cdot \frac{n_1}{n}\right)}{m+n}$$

$$F_{\text{T,2,Rd}} = \frac{2 \cdot 472 + 9{,}34 \cdot 176 \cdot \left(3{,}6 - 1{,}6 \cdot \frac{6{,}5}{9{,}34}\right)}{2{,}27 + 9{,}34} = 433 \text{ kN}$$

$$F_{\text{T,3,Rd}} = 3{,}6 \cdot F_{\text{t,Rd}} = 3{,}6 \cdot 176 = 634 \text{ kN}$$

Kleinste Tragfähigkeit des Stirnblechs mit Biegung:

$$F_{\text{T,2,Rd}} = 433 \text{ kN}$$

Stützensteg auf Zug:

Im Gegensatz zu dem geschweißten Anschluss, wo die Zugkraft über die obere Randsteife in das Schubfeld eingeleitet wird, geht ein Teil der Zugkraft über den Stützensteg in das Schubfeld. Da die Schubspannungen im Schubfeld im Gegensatz zum Trägersteg sehr groß sind, ist eine Interaktion zwischen den Schubspannungen und den Zugspannungen erforderlich. Diese wird mit dem Abminderungsfaktor ω nach Tabelle 6.3 des EC 3 berücksichtigt und hängt von der resultierenden Schubkraft im Schubfeld ab. Bei einem geschraubten Anschluss wird die wirksame Breite $b_{\text{eff,t,wc}}$ mit der wirksamen Länge des äquivalenten T-Stummels für den Stützenflansch gleichgesetzt. In diesem Fall gilt Modus 2:

$$b_{\text{eff,t,wc}} = l_{\text{eff,2}} = 182 \text{ mm}$$

$$A_{\text{vc}} = A_{\text{v}} = 65{,}8 \text{ cm}^2$$

$$\omega = \omega_1 = \frac{1}{\sqrt{1 + 1{,}3 \cdot \left(b_{\text{eff,t,wc}} \cdot t_{\text{wc}} / A_{\text{vc}}\right)^2}} = \frac{1}{\sqrt{1 + 1{,}3 \cdot \left(18{,}2 \cdot 1{,}15 / 65{,}8\right)^2}} = 0{,}940 \leq 1{,}0$$

$$F_{\text{t,wc,Rd}} = \omega \cdot b_{\text{eff,t,wc}} \cdot t_{\text{wc}} \cdot f_{\text{y,wc}} / \gamma_{M0} = 0{,}940 \cdot 18{,}2 \cdot 1{,}15 \cdot 23{,}5 / 1{,}0 = 462 \text{ kN}$$

Kleinste Zugkraft der Schraubenreihe 1: $F_{\text{1,Rd}} = 433$ kN

2. Schraubenreihe am Ende

Stirnplatte:

Schraubenreihe am Ende. Wirksame Länge des T-Stummels Nr. 2 nach Tabelle 3.1:

$$e_1 = w_2 = 65 \text{ mm}$$

$$e_2 = w_3 = 35 \text{ mm}$$

$$w = w_1 = 100 \text{ mm}$$

$$m_p = \frac{w_1}{2} - \frac{t_w}{2} - 0{,}8 \cdot a_w \cdot \sqrt{2} = \frac{100}{2} - \frac{10}{2} - 0{,}8 \cdot 4 \cdot \sqrt{2} = 40{,}5 \text{ mm}$$

$$e_p = e_1 + e_2 = 65 + 35 = 100 \text{ mm}$$

$$n_1 = w_2 = 65 \text{ mm}$$

$$n_2 = w_3 = 35 \text{ mm} \le 1{,}25 \cdot m_p = 1{,}25 \cdot 40{,}5 = 50{,}6 \text{ mm}$$

$$n_p = n_1 + n_2 = 65 + 35 = 100 \text{ mm}$$

$$l_{1,cp} = 4 \cdot \pi \cdot m_p = 4 \cdot \pi \cdot 40{,}5 = 509 \text{ mm}$$

$$l_{2,cp} = 2 \cdot \pi \cdot m_p + 2 \cdot e_1 = 2 \cdot \pi \cdot 40{,}5 + 2 \cdot 65 = 384 \text{ mm}$$

$$l_{3,cp} = \pi \cdot m_p + 2 \cdot e_p = \pi \cdot 40{,}5 + 2 \cdot 100 = 327 \text{ mm}$$

$$l_{eff,cp} = 327 \text{ mm}$$

$$l_{eff,nc} = 4 \cdot m_p + 1{,}25 \cdot e_p = 4 \cdot 40{,}5 + 1{,}25 \cdot 100 = 287 \text{ mm}$$

Modus 1: $l_{eff,1} = l_{eff,nc} \le l_{eff,cp} = 287 \text{ mm}$

Modus 2: $l_{eff,2} = l_{eff,nc} = 287 \text{ mm}$

Grenzzugkraft des T-Stummels:

$$M_{pl,1,Rd} = \frac{1}{4} \cdot l_{eff,1} \cdot t_p^2 \cdot f_y / \gamma_{M0} = \frac{1}{4} \cdot 28{,}7 \cdot 2{,}5^2 \cdot 23{,}5 / 1{,}0 = 1054 \text{ kNcm}$$

$$M_{pl,2,Rd} = \frac{1}{4} \cdot l_{eff,2} \cdot t_p^2 \cdot f_y / \gamma_{M0} = \frac{1}{4} \cdot 28{,}7 \cdot 2{,}5^2 \cdot 23{,}5 / 1{,}0 = 1054 \text{ kNcm}$$

GW-Modell

$$F_{T,1,Rd} = \frac{4 \cdot M_{pl,1,Rd}}{m_p} = \frac{4 \cdot 1054}{4{,}05} = 1041 \text{ kN}$$

$$F_{T,2,Rd} = \frac{2 \cdot M_{pl,2,Rd} + n_p \cdot F_{t,Rd} \cdot \left(3{,}6 - 1{,}6 \cdot \dfrac{n_1}{n_p}\right)}{m_p + n_p}$$

$$F_{T,2,Rd} = \frac{2 \cdot 1054 + 10{,}0 \cdot 176 \cdot \left(3{,}6 - 1{,}6 \cdot \dfrac{6{,}5}{10{,}0}\right)}{4{,}05 + 10{,}0} = 471 \text{ kN}$$

$$F_{T,3,Rd} = 3{,}6 \cdot F_{t,Rd} = 3{,}6 \cdot 176 = 634 \text{ kN}$$

Kleinste Tragfähigkeit des Stirnblechs:

$$F_{T,2,Rd} = 471 \text{ kN}$$

Trägersteg auf Zug:

$$b_{eff,t,wb} = l_{eff,2} = 287 \text{ mm}$$

$$F_{t,wb,Rd} = b_{eff,t,wb} \cdot t_{wb} \cdot f_{y,wb} / \gamma_{M0} = 28{,}7 \cdot 1{,}0 \cdot 23{,}5 / 1{,}0 = 674 \text{ kN}$$

$$F_{w,Rd} = b_{eff,t,wb} \cdot \Sigma a \cdot \frac{f_u}{\beta_w \cdot \gamma_{M2} \cdot \sqrt{2}} = 28{,}7 \cdot 0{,}8 \cdot \frac{36}{0{,}8 \cdot 1{,}25 \cdot \sqrt{2}} = 584 \text{ kN}$$

Kleinste Tragfähigkeit der 2. Schraubenreihe:

$$F_{2,Rd} = 471 \text{ kN}$$

Stützenflansch:

Wirksame Länge des T-Stummels Nr. 2 nach Tab. 3.1:

$$m = \frac{100}{2} - \frac{11,5}{2} - 0,8 \cdot 27 = 22,7 \text{ mm}$$

$$e = 100 \text{ mm}$$

$$n_1 = w_2 = 65 \text{ mm}$$

$$n_2 = w_3 = 35 \text{ mm} \leq 1,25 \cdot m = 1,25 \cdot 22,7 = 28,4 \text{ mm}$$

$$n = n_1 + n_2 = 65 + 28,4 = 93,4 \text{ mm}$$

$$l_{1,\text{cp}} = 4 \cdot \pi \cdot m = 4 \cdot \pi \cdot 22,7 = 285 \text{ mm}$$

$$l_{2,\text{cp}} = 2 \cdot \pi \cdot m + 2 \cdot e_1 = 2 \cdot \pi \cdot 22,7 + 2 \cdot 65 = 273 \text{ mm}$$

$$l_{3,\text{cp}} = \pi \cdot m + 2 \cdot e = \pi \cdot 22,7 + 2 \cdot 100 = 271 \text{ mm}$$

$$l_{\text{eff,cp}} = 271 \text{ mm}$$

$$l_{\text{eff,nc}} = 4 \cdot m + 1,25 \cdot e = 4 \cdot 22,7 + 1,25 \cdot 100 = 216 \text{ mm}$$

Modus 1: $l_{\text{eff},1} = l_{\text{eff,nc}} \leq l_{\text{eff,cp}} = 216 \text{ mm}$

Modus 2: $l_{\text{eff},2} = l_{\text{eff,nc}} = 216 \text{ mm}$

Grenzzugkraft des T-Stummels:

$$M_{\text{pl,1,Rd}} = \frac{1}{4} \cdot l_{\text{eff},1} \cdot t_{\text{f}}^2 \cdot f_{\text{y}} / \gamma_{\text{M0}} = \frac{1}{4} \cdot 21,6 \cdot 2,1^2 \cdot 23,5 / 1,0 = 560 \text{ kNcm}$$

$$M_{\text{pl,2,Rd}} = \frac{1}{4} \cdot l_{\text{eff},2} \cdot t_{\text{f}}^2 \cdot f_{\text{y}} / \gamma_{\text{M0}} = \frac{1}{4} \cdot 21,6 \cdot 2,1^2 \cdot 23,5 / 1,0 = 560 \text{ kNcm}$$

$$F_{\text{T,1Rd}} = \frac{4 \cdot M_{\text{pl,1,Rd}}}{m} = \frac{4 \cdot 560}{2,27} = 987 \text{ kN}$$

$$F_{\text{T,2,Rd}} = \frac{2 \cdot M_{\text{pl,2,Rd}} + n \cdot F_{\text{t,Rd}} \cdot \left(3,6 - 1,6 \cdot \frac{n_1}{n}\right)}{m + n}$$

$$F_{\text{T,2,Rd}} = \frac{2 \cdot 560 + 9,34 \cdot 176 \cdot \left(3,6 - 1,6 \cdot \frac{6,5}{9,34}\right)}{2,27 + 9,34} = 449 \text{ kN}$$

$$F_{\text{T,3,Rd}} = 3,6 \cdot F_{\text{t,Rd}} = 3,6 \cdot 176 = 634 \text{ kN}$$

Kleinste Tragfähigkeit des Stirnblechs mit Biegung:

$$F_{\text{T,2,Rd}} = 449 \text{ kN}$$

Stützensteg auf Zug:

In diesem Fall gilt Modus 2:

$$b_{\text{eff,t,wc}} = l_{\text{eff},2} = 216 \text{ mm}$$

$$A_{\text{vc}} = A_{\text{v}} = 65,8 \text{ cm}^2$$

$$\omega = \omega_1 = \frac{1}{\sqrt{1 + 1,3 \cdot \left(b_{\text{eff,t,wc}} \cdot t_{\text{wc}} / A_{\text{vc}}\right)^2}} = \frac{1}{\sqrt{1 + 1,3 \cdot \left(21,6 \cdot 1,15 / 65,8\right)^2}} = 0,919 \leq 1,0$$

$$F_{\text{t,wc,Rd}} = \omega \cdot b_{\text{eff,t,wc}} \cdot t_{\text{wc}} \cdot f_{\text{y,wc}} / \gamma_{\text{M0}} = 0,919 \cdot 21,6 \cdot 1,15 \cdot 23,5 / 1,0 = 536 \text{ kN}$$

Kleinste Zugkraft der 2. Schraubenreihe: $F_{2,\text{Rd}} = 449 \text{ kN}$

$$F_{1,\text{Rd}} = 433 \text{ kN} \leq 3,8 \cdot F_{\text{t,Rd}} = 3,8 \cdot 176 = 669 \text{ kN}$$

Keine Abminderung.

Schraubengruppe 1+2

Die 1. und 2. Schraubenreihe bilden hier eine Schraubengruppe. Die Schraubengruppe hat ein eigenes Fließlinienmuster für das Versagen dieser Schraubengruppe. Deshalb ist zu überprüfen, dass die Summe der Zugkräfte der 1. und 2. Schraubenreihe nicht größer ist als die Zugkraft der Schraubengruppe.

Stirnplatte:

$$e_1 = w_2 = 65 \text{ mm}$$

$$e_2 = w_3 = 35 \text{ mm}$$

$$w = w_1 = 100 \text{ mm}$$

$$p = 100 \text{ mm}$$

$$m_\text{p} = \frac{w_1}{2} - \frac{t_\text{w}}{2} - 0,8 \cdot a_\text{w} \cdot \sqrt{2} = \frac{100}{2} - \frac{10}{2} - 0,8 \cdot 4 \cdot \sqrt{2} = 40,5 \text{ mm}$$

$$e_\text{p} = e_1 + e_2 = 65 + 35 = 100 \text{ mm}$$

$$n_1 = w_2 = 65 \text{ mm}$$

$$n_2 = w_3 = 35 \text{ mm} \leq 1,25 \cdot m_\text{p} = 1,25 \cdot 40,5 = 50,6 \text{ mm}$$

$$n_\text{p} = n_1 + n_2 = 65 + 35 = 100 \text{ mm}$$

Wirksame Länge der Schraubengruppe nach Abb. 8.3 und 8.4:

$$l_{1,1,\text{cp}} = \pi \cdot m_\text{p} + e_1 + p = \pi \cdot 40,5 + 65 + 100 = 292 \text{ mm}$$

$$l_{1,2,\text{cp}} = \pi \cdot m_\text{p} + e_1 + p = \pi \cdot 40,5 + 65 + 100 = 292 \text{ mm}$$

$$l_{1,1+2,\text{cp}} = 2 \cdot \pi \cdot m_\text{p} + 2 \cdot e_1 + 2 \cdot p = 2 \cdot \pi \cdot 40,5 + 2 \cdot 65 + 2 \cdot 100 = 584 \text{ mm}$$

$$l_{2,1,\text{cp}} = 0,5 \cdot \pi \cdot m_\text{p} + e_\text{p} + 0,5 \cdot p = 0,5 \cdot \pi \cdot 40,5 + 100 + 0,5 \cdot 100 = 214 \text{ mm}$$

$$l_{2,2,\text{cp}} = 0,5 \cdot \pi \cdot m_\text{p} + e_\text{p} + 0,5 \cdot p = 0,5 \cdot \pi \cdot 40,5 + 100 + 0,5 \cdot 100 = 214 \text{ mm}$$

$$l_{2,1+2,\text{cp}} = \pi \cdot m_\text{p} + 2 \cdot e_\text{p} + p = \pi \cdot 40,5 + 2 \cdot 100 + 100 = 427 \text{ mm}$$

$$l_{\text{eff,cp}} = 427 \text{ mm}$$

$$l_{1,1,\text{nc}} = \alpha \cdot m_\text{p} - (2 \cdot m_\text{p} + 0,625 \cdot e_\text{p}) + 0,5 \cdot p$$

$$= 8 \cdot 40,5 - (2 \cdot 40,5 + 0,625 \cdot 100) + 0,5 \cdot 100 = 231 \text{ mm}$$

$$l_{1,2,\text{nc}} = (2 \cdot m_\text{p} + 0,625 \cdot e_\text{p}) + 0,5 \cdot p$$

$$= (2 \cdot 40,5 + 0,625 \cdot 100) + 0,5 \cdot 100 = 194 \text{ mm}$$

$$l_{1,1+2,\text{nc}} = \alpha \cdot m_\text{p} + p = 8 \cdot 40,5 + 100 = 424 \text{ mm}$$

Modus 1: $l_{\text{eff},1} = l_{\text{eff,nc}} \leq l_{\text{eff,cp}} = 424 \text{ mm}$

Modus 2: $l_{\text{eff},2} = l_{\text{eff,nc}} = 424 \text{ mm}$

Grenzzugkraft des T-Stummels:

$$M_{\text{pl,1,Rd}} = \frac{1}{4} \cdot l_{\text{eff,1}} \cdot t_{\text{p}}^2 \cdot f_{\text{y}} / \gamma_{\text{M0}} = \frac{1}{4} \cdot 42{,}4 \cdot 2{,}5^2 \cdot 23{,}5 / 1{,}0 = 1557 \text{ kNcm}$$

$$M_{\text{pl,2,Rd}} = \frac{1}{4} \cdot l_{\text{eff,2}} \cdot t_{\text{p}}^2 \cdot f_{\text{y}} / \gamma_{\text{M0}} = \frac{1}{4} \cdot 42{,}4 \cdot 2{,}5^2 \cdot 23{,}5 / 1{,}0 = 1557 \text{ kNcm}$$

GW-Modell

$$F_{\text{T,1,Rd}} = \frac{4 \cdot M_{\text{pl,1,Rd}}}{m_{\text{p}}} = \frac{4 \cdot 1557}{4{,}05} = 1538 \text{ kN}$$

$$F_{\text{T,2,Rd}} = \frac{2 \cdot M_{\text{pl,2,Rd}} + n_{\text{p}} \cdot 2 \cdot F_{\text{t,Rd}} \cdot \left(3{,}6 - 1{,}6 \cdot \frac{n_1}{n_{\text{p}}}\right)}{m_{\text{p}} + n_{\text{p}}}$$

$$F_{\text{T,2,Rd}} = \frac{2 \cdot 1557 + 10{,}0 \cdot 2 \cdot 176 \cdot \left(3{,}6 - 1{,}6 \cdot \frac{6{,}5}{10{,}0}\right)}{4{,}05 + 10{,}0} = 863 \text{ kN}$$

$$F_{\text{T,3,Rd}} = 3{,}6 \cdot 2 \cdot F_{\text{t,Rd}} = 3{,}6 \cdot 2 \cdot 176 = 1267 \text{ kN}$$

Kleinste Tragfähigkeit des Stirnblechs:

$$F_{\text{T,2,Rd}} = 863 \text{ kN}$$

Trägersteg auf Zug:

$$b_{\text{eff,t,wb}} = l_{\text{eff,2}} = 424 \text{ mm}$$

$$F_{\text{t,wb,Rd}} = b_{\text{eff,t,wb}} \cdot t_{\text{wb}} \cdot f_{\text{y,wb}} / \gamma_{\text{M0}} = 42{,}4 \cdot 1{,}0 \cdot 23{,}5 / 1{,}0 = 996 \text{ kN}$$

$$F_{\text{w,Rd}} = b_{\text{eff,t,wb}} \cdot \Sigma a \cdot \frac{f_{\text{u}}}{\beta_{\text{w}} \cdot \gamma_{\text{M2}} \cdot \sqrt{2}} = 42{,}4 \cdot 0{,}8 \cdot \frac{36}{0{,}8 \cdot 1{,}25 \cdot \sqrt{2}} = 863 \text{ kN}$$

Kleinste Tragfähigkeit der Schraubengruppe der Stirnplatte:

$$F_{\text{1+2,Rd}} = 863 \text{ kN}$$

Stützenflansch:

Wirksame Länge des T-Stummels Nr. 2 nach Tab. 3.1:

$$e_1 = w_2 = 65 \text{ mm}$$

$$e_2 = w_3 = 35 \text{ mm}$$

$$w = w_1 = 100 \text{ mm}$$

$$p = 100 \text{ mm}$$

$$m = \frac{100}{2} - \frac{11{,}5}{2} - 0{,}8 \cdot 27 = 22{,}7 \text{ mm}$$

$$e = 100 \text{ mm}$$

$$n_1 = w_2 = 65 \text{ mm}$$

$$n_2 = w_3 = 35 \text{ mm} \le 1{,}25 \cdot m = 1{,}25 \cdot 22{,}7 = 28{,}4 \text{ mm}$$

$$n = n_1 + n_2 = 65 + 28{,}4 = 93{,}4 \text{ mm}$$

Wirksame Länge der Schraubengruppe nach Abb. 8.3 und 8.4:

$$l_{\text{1,1,cp}} = \pi \cdot m + e_1 + p = \pi \cdot 22{,}7 + 65 + 100 = 236 \text{ mm}$$

$$l_{\text{1,2,cp}} = \pi \cdot m + e_1 + p = \pi \cdot 22{,}7 + 65 + 100 = 236 \text{ mm}$$

$$l_{\text{1,1+2,cp}} = 2 \cdot \pi \cdot m + 2 \cdot e_1 + 2 \cdot p = 2 \cdot \pi \cdot 22{,}7 + 2 \cdot 65 + 2 \cdot 100 = 473 \text{ mm}$$

$$l_{2,1,\mathrm{cp}} = 0,5 \cdot \pi \cdot m + e + 0,5 \cdot p = 0,5 \cdot \pi \cdot 22,7 + 100 + 0,5 \cdot 100 = 186 \text{ mm}$$

$$l_{2,2,\mathrm{cp}} = 0,5 \cdot \pi \cdot m + e + 0,5 \cdot p = 0,5 \cdot \pi \cdot 22,7 + 100 + 0,5 \cdot 100 = 186 \text{ mm}$$

$$l_{2,1+2,\mathrm{cp}} = \pi \cdot m + 2 \cdot e + p = \pi \cdot 22,7 + 2 \cdot 100 + 100 = 371 \text{ mm}$$

$$l_{\mathrm{eff,cp}} = 371 \text{ mm}$$

$$l_{1,1,\mathrm{nc}} = \alpha \cdot m - (2 \cdot m + 0,625 \cdot e) + 0,5 \cdot p$$

$$= 8 \cdot 22,7 - (2 \cdot 22,7 + 0,625 \cdot 100) + 0,5 \cdot 100 = 124 \text{ mm}$$

$$l_{1,2,\mathrm{nc}} = (2 \cdot m + 0,625 \cdot e) + 0,5 \cdot p$$

$$= (2 \cdot 22,7 + 0,625 \cdot 100) + 0,5 \cdot 100 = 158 \text{ mm}$$

$$l_{1,1+2,\mathrm{nc}} = \alpha \cdot m + p = 8 \cdot 22,7 + 100 = 282 \text{ mm}$$

Modus 1: $l_{\mathrm{eff},1} = l_{\mathrm{eff,nc}} \leq l_{\mathrm{eff,cp}} = 282 \text{ mm}$

Modus 2: $l_{\mathrm{eff},2} = l_{\mathrm{eff,nc}} = 282 \text{ mm}$

Grenzzugkraft des T-Stummels:

$$M_{\mathrm{pl,1,Rd}} = \frac{1}{4} \cdot l_{\mathrm{eff},1} \cdot t_{\mathrm{f}}^2 \cdot f_{\mathrm{y}} / \gamma_{\mathrm{M0}} = \frac{1}{4} \cdot 28,2 \cdot 2,1^2 \cdot 23,5 / 1,0 = 731 \text{ kNcm}$$

$$M_{\mathrm{pl,2,Rd}} = \frac{1}{4} \cdot l_{\mathrm{eff},2} \cdot t_{\mathrm{f}}^2 \cdot f_{\mathrm{y}} / \gamma_{\mathrm{M0}} = \frac{1}{4} \cdot 28,2 \cdot 2,1^2 \cdot 23,5 / 1,0 = 731 \text{ kNcm}$$

$$F_{\mathrm{T,1Rd}} = \frac{4 \cdot M_{\mathrm{pl,1,Rd}}}{m} = \frac{4 \cdot 731}{2,27} = 1288 \text{ kN}$$

$$F_{\mathrm{T,2,Rd}} = \frac{2 \cdot M_{\mathrm{pl,2,Rd}} + n \cdot 2 \cdot F_{\mathrm{t,Rd}} \cdot \left(3,6 - 1,6 \cdot \frac{n_1}{n}\right)}{m + n}$$

$$F_{\mathrm{T,2,Rd}} = \frac{2 \cdot 731 + 9,34 \cdot 2 \cdot 176 \cdot \left(3,6 - 1,6 \cdot \frac{6,5}{9,34}\right)}{2,27 + 9,34} = 830 \text{ kN}$$

$$F_{\mathrm{T,3,Rd}} = 3,6 \cdot 2 \cdot F_{\mathrm{t,Rd}} = 3,6 \cdot 2 \cdot 176 = 1267 \text{ kN}$$

Kleinste Tragfähigkeit des Stirnblechs mit Biegung:

$$F_{\mathrm{T,2,Rd}} = 830 \text{ kN}$$

Stützensteg auf Zug:

In diesem Fall gilt Modus 2:

$$b_{\mathrm{eff,t,wc}} = l_{\mathrm{eff},2} = 282 \text{ mm}$$

$$A_{\mathrm{vc}} = A_{\mathrm{v}} = 65,8 \text{ cm}^2$$

$$\omega = \omega_1 = \frac{1}{\sqrt{1 + 1,3 \cdot \left(b_{\mathrm{eff,t,wc}} \cdot t_{\mathrm{wc}} / A_{\mathrm{vc}}\right)^2}} = \frac{1}{\sqrt{1 + 1,3 \cdot \left(28,2 \cdot 1,15 / 65,8\right)^2}} = 0,872 \leq 1,0$$

$$F_{\mathrm{t,wc,Rd}} = \omega \cdot b_{\mathrm{eff,t,wc}} \cdot t_{\mathrm{wc}} \cdot f_{\mathrm{y,wc}} / \gamma_{\mathrm{M0}} = 0,872 \cdot 28,2 \cdot 1,15 \cdot 23,5 / 1,0 = 665 \text{ kN}$$

Kleinste Tragfähigkeit der Schraubengruppe des Stützenflansches:

$$F_{1+2,\mathrm{Rd}} = 665 \text{ kN}$$

Kleinste Zugkraft der Schraubengruppe 1+2 des Anschlusses: $F_{1+2,\text{Rd}} = 665$ kN

Es gilt die Bedingung:

$$F_{1,\text{Rd}} + F_{2,\text{Rd}} \le F_{1+2,\text{Rd}}$$

$$F_{2,\text{Rd}} \le F_{1+2,\text{Rd}} - F_{1,\text{Rd}} = 665 - 433 = 232 \text{ kN}$$

Diese Bedingung ist maßgebend für die Zugkraft in der 2. Schraubenreihe.

Das Schubversagen des Stützensteges ist ebenfalls zu berücksichtigen mit $V_{\text{wp,Rd}}$ nach Gleichung (1-8,(6.7)):

$$V_{\text{wp,Rd}} = 0,9 \cdot A_{\text{vc}} \cdot \frac{f_{\text{y}}}{\sqrt{3} \cdot \gamma_{\text{M0}}} = 0,9 \cdot 65,8 \cdot 13,6 = 805 \text{ kN}$$

$$F_{1,\text{Rd}} + F_{2,\text{Rd}} \le V_{\text{wp,Rd}}$$

$$F_{2,\text{Rd}} = 232 \text{ kN} \le V_{\text{wp,Rd}} - F_{1,\text{Rd}} = 805 - 433 = 372 \text{ kN}$$

Momententragfähigkeit $M_{\text{j,Rd}}$ um den Druckpunkt:

$$M_{\text{j,Rd}} = \sum_{\text{r}} h_{\text{r}} \cdot F_{\text{tr,Rd}} = h_1 \cdot F_{1,\text{Rd}} + h_2 \cdot F_{2,\text{Rd}} = 0,565 \cdot 433 + 0,465 \cdot 232 = 353 \text{ kNm}$$

Berechnung der Anfangsrotationssteifigkeit ohne Vorspannung

Die Berechnung der Anfangsrotationssteifigkeit erfolgt hier für negative Biegemomente in der Rahmenecke. Sind positive (öffnende) Biegemomente vorhanden, ist eine entsprechende Berechnung erforderlich.

Steifigkeitskoeffizienten für Grundkomponenten (1-8, Tabelle 6.11)

1. Stützenstegfeld mit Schubfeldbeanspruchung

$$k_1 = \frac{0,38 \cdot A_{\text{vc}}}{z_{\text{eq}}} = \frac{0,38 \cdot 65,8}{51,8} = 0,483 \text{ cm}$$

$z = z_{\text{eq}}$ nach (1-8, Bild 6.15), s. Abb. 4.15

2. Stützensteg mit Querdruckbeanspruchung

Da der Stützensteg durch eine Steife (Rippe) im Druckbereich ausgesteift ist, ist der Steifigkeitskoeffizient $k_2 = \infty$.

3. Stützensteg mit Querzugbeanspruchung

Der Steifigkeitskoeffizient ist zu berücksichtigen, wenn in einer Verbindung eine Schraubenreihe mit Zug auftritt.

$$k_3 = \frac{0,7 \cdot b_{\text{eff,t,wc}} \cdot t_{\text{wc}}}{d_{\text{c}}}$$

1. Schraubenreihe $\quad b_{1,\text{eff,t,wc}} = l_{1,\text{min}} = 124$ mm

$$k_{3,1} = \frac{0,7 \cdot b_{1,\text{eff,t,wc}} \cdot t_{\text{wc}}}{d_{\text{c}}} = \frac{0,7 \cdot 12,4 \cdot 1,15}{34,4} = 0,290 \text{ cm}$$

2. Schraubenreihe $\quad b_{2,\text{eff,t,wc}} = l_{2,\text{min}} = 158$ mm

$$k_{3,2} = \frac{0,7 \cdot b_{2,\text{eff,t,wc}} \cdot t_{\text{wc}}}{d_{\text{c}}} = \frac{0,7 \cdot 15,8 \cdot 1,15}{34,4} = 0,370 \text{ cm}$$

4. Stützenflansch mit Biegebeanspruchung
Der Steifigkeitskoeffizient ist zu berücksichtigen, wenn in einer Verbindung eine Schraubenreihe mit Zug auftritt.

$$k_4 = \frac{0,9 \cdot l_{\text{eff}} \cdot t_{\text{fc}}^3}{m^3}$$

1. Schraubenreihe $\quad l_{1,\text{eff}} = l_{1,\min} = 124 \text{ mm} \qquad m_{1,\text{c}} = 22,7 \text{ mm}$

$$k_{4,1} = \frac{0,9 \cdot l_{1,\text{eff}} \cdot t_{\text{fc}}^3}{m_{1,\text{c}}^3} = \frac{0,9 \cdot 12,4 \cdot 2,1^3}{2,27^3} = 8,84 \text{ cm}$$

2. Schraubenreihe $\quad l_{2,\text{eff}} = l_{2,\min} = 158 \text{ mm} \qquad m_{2,\text{c}} = 22,7 \text{ mm}$

$$k_{4,2} = \frac{0,9 \cdot l_{2,\text{eff}} \cdot t_{\text{fc}}^3}{m_{2,\text{c}}^3} = \frac{0,9 \cdot 15,8 \cdot 2,1^3}{2,27^3} = 11,26 \text{ cm}$$

5. Stirnplatte mit Biegebeanspruchung
Der Steifigkeitskoeffizient ist zu berücksichtigen, wenn in einer Verbindung eine Schraubenreihe mit Zug auftritt.

$$k_5 = \frac{0,9 \cdot l_{\text{eff}} \cdot t_{\text{p}}^3}{m^3}$$

1. Schraubenreihe $\quad l_{1,\text{eff}} = l_{\text{eff},1} = 214 \text{ mm} \qquad m_{1,\text{b}} = 40,5 \text{ mm}$

$$k_{5,1} = \frac{0,9 \cdot l_{1,\text{eff}} \cdot t_{\text{p}}^3}{m_{1,\text{b}}^3} = \frac{0,9 \cdot 21,4 \cdot 2,5^3}{4,05^3} = 4,53 \text{ cm}$$

2. Schraubenreihe $\quad l_{2,\text{eff}} = 194 \text{ mm} \qquad m_{2,\text{b}} = 40,5 \text{ mm}$

$$k_{5,2} = \frac{0,9 \cdot l_{2,\text{eff}} \cdot t_{\text{p}}^3}{m_{2,\text{b}}^3} = \frac{0,9 \cdot 19,4 \cdot 2,5^3}{4,05^3} = 4,11 \text{ cm}$$

6. Schraube mit Zugbeanspruchung
Der Steifigkeitskoeffizient ist zu berücksichtigen, wenn in einer Verbindung eine Schraubenreihe mit Zug auftritt.

$$k_{10} = 3,2 \cdot \frac{A_{\text{s}}}{L_{\text{b}}}$$

1. Schraubenreihe $\quad L_{\text{b}} = 6,85 \text{ cm} \qquad A_{\text{s}} = 2,45 \text{ cm}^2$

$$k_{10,1} = 3,2 \cdot \frac{A_{\text{s}}}{L_{\text{b}}} = 3,2 \cdot \frac{2,45}{6,85} = 1,14 \text{ cm}$$

2. Schraubenreihe $\quad L_{\text{b}} = 8,85 \text{ cm} \qquad A_{\text{s}} = 2,45 \text{ cm}^2$

$$k_{10,2} = 3,2 \cdot \frac{A_{\text{s}}}{L_{\text{b}}} = 3,2 \cdot \frac{2,45}{6,85} = 1,14 \text{ cm}$$

7. Effektiver Steifigkeitskoeffizient $k_{\text{eff,r}}$ der Schraubenreihen r (1-8, (6.30))
Bei den Steifigkeitskoeffizienten k_3, k_4, k_5 und k_{10} handelt es sich um hintereinander geschaltete Federn.

$$\frac{1}{k_{\text{eff},1}} = \frac{1}{k_{3,1}} + \frac{1}{k_{4,1}} + \frac{1}{k_{5,1}} + \frac{1}{k_{10,1}}$$

$$\frac{1}{k_{\text{eff},1}} = \frac{1}{0,290} + \frac{1}{8,84} + \frac{1}{4,53} + \frac{1}{1,14} \rightarrow k_{\text{eff},1} = 0,215 \text{ cm}$$

$$\frac{1}{k_{\text{eff},2}} = \frac{1}{k_{3,2}} + \frac{1}{k_{4,2}} + \frac{1}{k_{5,2}} + \frac{1}{k_{10,2}}$$

$$\frac{1}{k_{\text{eff},2}} = \frac{1}{0,370} + \frac{1}{11,26} + \frac{1}{4,11} + \frac{1}{1,14} \rightarrow k_{\text{eff},2} = 0,256 \text{ cm}$$

8. Äquivalenter Steifigkeitskoeffizient k_{eq} der Schraubenreihen r (1-8, (6.29) und (6.31))
Bei den Steifigkeitskoeffizienten $k_{\text{eff},1}$ und $k_{\text{eff},2}$ handelt es sich um parallel geschaltete Federn. Der äquivalente Hebelarm z_{eq} für die Rotationssteifigkeit lautet:

$$z_{\text{eq}} = \frac{k_{\text{eff},1} \cdot h_1^2 + k_{\text{eff},2} \cdot h_2^2}{k_{\text{eff},1} \cdot h_1 + k_{\text{eff},2} \cdot h_2} = \frac{0,215 \cdot 56,5^2 + 0,256 \cdot 46,5^2}{0,215 \cdot 56,5 + 0,256 \cdot 46,5} = 51,6 \text{ cm}$$

$$k_{\text{eq}} = \frac{k_{\text{eff},1} \cdot h_1 + k_{\text{eff},2} \cdot h_2}{z_{\text{eq}}} = \frac{0,215 \cdot 56,5 + 0,256 \cdot 46,5}{51,6} = 0,466 \text{ cm}$$

9. Anfangsrotationssteifigkeitskoeffizient $S_{\text{j,ini}}$ (1-8,(6.27))

$$S_{\text{j,ini}} = \frac{E \cdot z_{\text{eq}}^2}{\frac{1}{k_1} + \frac{1}{k_{\text{eq}}}} = \frac{21000 \cdot 51,6^2 \cdot 10^{-2}}{\frac{1}{0,483} + \frac{1}{0,466}} = 132\ 600 \text{ kNm/rad}$$

Berechnung der Anfangsrotationssteifigkeit mit Vorspannung

6. Schraube mit Zugbeanspruchung mit Vorspannung

1. Schraubenreihe $\quad L_{\text{b}} = 8,85 \text{ cm} \qquad A_{\text{s}} = 2,45 \text{ cm}^2$

$$k_{10,\text{p}} = 20 \cdot \frac{A_{\text{s}}}{L_{\text{b}}} = 20 \cdot \frac{A_{\text{s}}}{L_{\text{b}}} = 20 \cdot \frac{2,45}{6,85} = 7,15 \text{ cm}$$

7. Effektiver Steifigkeitskoeffizient $k_{\text{eff,r}}$ der Schraubenreihen r (1-8, (6.30))
Bei den Steifigkeitskoeffizienten k_3, k_4, k_5 und k_{10} handelt es sich um hintereinander geschaltete Federn.

$$\frac{1}{k_{\text{eff},1}} = \frac{1}{k_{3,1}} + \frac{1}{k_{4,1}} + \frac{1}{k_{5,1}} + \frac{1}{k_{10,\text{p},1}}$$

$$\frac{1}{k_{\text{eff},1}} = \frac{1}{0,290} + \frac{1}{8,84} + \frac{1}{4,53} + \frac{1}{7,15} \rightarrow k_{\text{eff},1} = 0,255 \text{ cm}$$

$$\frac{1}{k_{\text{eff},2}} = \frac{1}{k_{3,2}} + \frac{1}{k_{4,2}} + \frac{1}{k_{5,2}} + \frac{1}{k_{10,\text{p},2}}$$

$$\frac{1}{k_{\text{eff},2}} = \frac{1}{0,370} + \frac{1}{11,26} + \frac{1}{4,11} + \frac{1}{7,15} \rightarrow k_{\text{eff},2} = 0,315 \text{ cm}$$

8. Äquivalenter Steifigkeitskoeffizient k_{eq} der Schraubenreihen r (1-8, (6.29) und (6.31))
Bei den Steifigkeitskoeffizienten $k_{\text{eff},1}$ und $k_{\text{eff},2}$ handelt es sich um parallel geschaltete Federn. Der äquivalente Hebelarm z_{eq} für die Rotationssteifigkeit lautet:

$$z_{\text{eq}} = \frac{k_{\text{eff},1} \cdot h_1^2 + k_{\text{eff},2} \cdot h_2^2}{k_{\text{eff},1} \cdot h_1 + k_{\text{eff},2} \cdot h_2} = \frac{0,255 \cdot 56,5^2 + 0,315 \cdot 46,5^2}{0,255 \cdot 56,5 + 0,315 \cdot 46,5} = 51,5 \text{ cm}$$

$$k_{\text{eq}} = \frac{k_{\text{eff},1} \cdot h_1 + k_{\text{eff},2} \cdot h_2}{z_{\text{eq}}} = \frac{0,255 \cdot 56,5 + 0,315 \cdot 46,5}{51,5} = 0,564 \text{ cm}$$

9. Anfangsrotationssteifigkeitskoeffizient $S_{j,ini}$ (1-8,(6.27))

$$S_{j,ini} = \frac{E \cdot z_{eq}^2}{\frac{1}{k_1} + \frac{1}{k_{eq}}} = \frac{21000 \cdot 51{,}5^2 \cdot 10^{-2}}{\frac{1}{0{,}483} + \frac{1}{0{,}564}} = 144\ 900 \text{ kNm/rad}$$

Kommentar

Die Anfangsrotationssteifigkeit $S_{j,ini}$ wird bei diesen Anschlüssen vor allem durch die Höhe des Schubfeldes bestimmt. Der äquivalente Hebelarm z_{eq} geht quadratisch in die Berechnung der Anfangsrotationssteifigkeit $S_{j,ini}$ ein und bestimmt die Größe der Steifigkeit des Stützenstegfeldes. Die Steifigkeit der Schraube ist in diesem Fall von untergeordneter Bedeutung.

8.4 Geschraubter Anschluss mit 4 Schrauben ohne Steifen

Träger: HEA 360 mit t_p = 25 mm und M 20-10.9, Kategorie D
Stütze: HEA 450

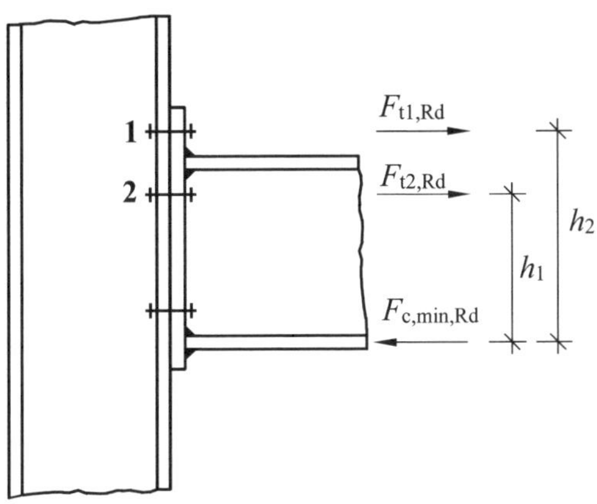

Stahlgüte der Stirnplatte: S 235	$f_y = 23{,}5 \text{ kN/cm}^2$		
Stahlgüte der Futterplatten: S 235	$f_y = 23{,}5 \text{ kN/cm}^2$		
Stahlgüte der Profile: S 235	$f_y = 23{,}5 \text{ kN/cm}^2$		
Teilsicherheitsbeiwert:	$\gamma_{M0} = 1{,}00$		
Dicke der Stirnplatte:	Alternativ	$t_p = 25$ mm	
Schrauben: M20-10.9-E	$d_0 = 22$ mm	$A_s = 2{,}45 \text{ cm}^2$	
Profil der Stütze: HEA 450	$t_f = 21$ mm	$t_w = 11{,}5$ mm	$r = 27$ mm
Profil: HEA 360	$h = 350$ mm	$t_f = 17{,}5$ mm	$t_w = 10$ mm

Beanspruchung des Profils:

$$L_b = l_k + 2 \cdot h + 0{,}5 \cdot (k + m) = (2{,}5 + 2{,}1) + 2 \cdot 0{,}4 + 0{,}5 \cdot (1{,}3 + 1{,}6) = 6{,}85 \text{ cm}$$

Beanspruchbarkeit der Schweißnaht nach dem richtungsbezogenen Verfahren:

$$\sigma_{1,w,Ed} = \sqrt{2 \cdot \sigma_w^2 + 3 \cdot \tau_{||}^2} \le f_{1,w,Rd} = \frac{f_u}{\beta_w \cdot \gamma_{M2}} = \frac{36}{0{,}8 \cdot 1{,}25} = 36{,}0 \text{ kN/cm}^2$$

$$\sigma_w \le \frac{f_u}{\sqrt{2} \cdot \beta_w \cdot \gamma_{M2}} = \frac{36}{\sqrt{2} \cdot 0{,}8 \cdot 1{,}25} = 25{,}5 \text{ kN/cm}^2 \quad F_{t,Rd} = 176 \text{ kN}$$

Ausbildung des Stoßes:

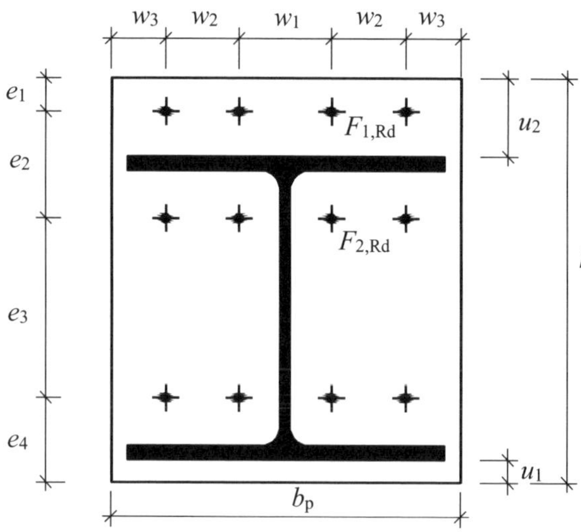

Abmessungen der Stirnplatte

$t_p = 25$ mm $\quad b_p = 300$ mm $\quad e_2 = 100$ mm $\quad e_1 = 30$ mm $\quad u_1 = 20$ mm $\quad u_2 = 70$ mm

$w_1 = 90$ mm $\quad w_2 = 70$ mm $\quad w_3 = 35$ mm $\quad a_w = 4$ mm $\quad a_f = 9$ mm

Konstruktive Grenzwerte:

$a_f = 8$ mm $\quad t \ge 4$ mm $\quad \min a = 3$ mm $\quad$ bzw. $\min a = \sqrt{\max t} - 0{,}5 = \sqrt{25} - 0{,}5 = 4{,}50$ mm

$a_w = 4$ mm $\quad t \ge 4$ mm $\quad \min a = 3$ mm $\quad$ bzw. $\min a = \sqrt{\max t} - 0{,}5 = \sqrt{25} - 0{,}5 = 4{,}50$ mm

Für die Anwendbarkeit der Grundkomponente Stützensteg mit Schubbeanspruchung gilt (1-8, 6.2.1(1)):

$$\frac{d}{t_w} = \frac{344}{11{,}5} = 29{,}9 \le 69 \cdot \varepsilon = 69$$

a) Tragfähigkeit in der Zugzone für M_y

1. Schraubenreihe in der Zugzone

1.1 Stirnblech mit Biegung

Schraubenreihe oberhalb des Zugflansches. Wirksame Länge des T-Stummels Nr. 6 nach Abb. 3.8:

$$h_1 = h + u_2 - e_4 - \frac{t_f}{2} = 350 + 70 - 30 - \frac{17{,}5}{2} = 381 \text{ mm}$$

$$m_x = u_2 - e_1 - 0{,}8 \cdot a_f \cdot \sqrt{2} = 70 - 30 - 0{,}8 \cdot 9 \cdot \sqrt{2} = 29{,}8 \text{ mm}$$

Effektive Längen:

$$e_x = e_1 = 30 \text{ mm}$$

$$e_1 = w_2 = 70 \text{ mm}$$
$$e_2 = w_3 = 35 \text{ mm}$$
$$w = w_1 = 90 \text{ mm}$$
$$l_{1,\text{cp}} = 4 \cdot \pi \cdot m_x = 4 \cdot \pi \cdot 29{,}8 = 374 \text{ mm}$$
$$l_{2,\text{cp}} = 2 \cdot \pi \cdot m_x + 2 \cdot e_1 = 2 \cdot \pi \cdot 29{,}8 + 2 \cdot 70 = 327 \text{ mm}$$
$$l_{3,\text{cp}} = \pi \cdot m_x + w + 2 \cdot e_1 = \pi \cdot 29{,}8 + 90 + 2 \cdot 70 = 324 \text{ mm}$$
$$l_{4,\text{cp}} = \pi \cdot m_x + 2 \cdot e_1 + 2 \cdot e_2 = \pi \cdot 29{,}8 + 2 \cdot 70 + 2 \cdot 35 = 304 \text{ mm}$$

Maßgebend: $l_{\text{eff,cp}} = l_{3,\text{cp}} = 304$ mm

$$l_{1,\text{nc}} = 8 \cdot m_x + 2{,}5 \cdot e_x = 8 \cdot 29{,}8 + 2{,}5 \cdot 30 = 313 \text{ mm}$$
$$l_{2,\text{nc}} = 4 \cdot m_x + 1{,}25 \cdot e_x + e_1 = 4 \cdot 29{,}8 + 1{,}25 \cdot 30 + 70 = 227 \text{ mm}$$
$$l_{3,\text{nc}} = 2 \cdot m_x + 0{,}625 \cdot e_x + e_1 + 0{,}5 \cdot w = 2 \cdot 29{,}8 + 0{,}625 \cdot 30 + 70 + 0{,}5 \cdot 90 = 193 \text{ mm}$$
$$l_{4,\text{nc}} = 2 \cdot m_x + 0{,}625 \cdot e_x + e_1 + e_2 = 2 \cdot 29{,}8 + 0{,}625 \cdot 30 + 70 + 35 = 183 \text{ mm}$$
$$l_{5,\text{nc}} = e_1 + e_2 + 0{,}5 \cdot w = 70 + 35 + 0{,}5 \cdot 90 = 150 \text{ mm}$$

Maßgebend: $l_{\text{eff,nc}} = l_{5,\text{nc}} = 150$ mm

Modus 1: $l_{\text{eff},1} = l_{\text{eff,nc}} \le l_{\text{eff,cp}} = 150$ mm

Modus 2: $l_{\text{eff},2} = l_{\text{eff,nc}} = 150$ mm

Grenzzugkraft des T-Stummels:

$$m_x = 29{,}8 \text{ mm}$$
$$n_x = e_x = 30 \text{ mm} \le 1{,}25 \cdot m_x = 1{,}25 \cdot 29{,}8 = 37{,}3 \text{ mm}$$
$$M_{\text{pl},1,\text{Rd}} = \frac{1}{4} \cdot l_{\text{eff},1} \cdot t_p^2 \cdot f_y / \gamma_{M0} = \frac{1}{4} \cdot 15{,}0 \cdot 2{,}5^2 \cdot 23{,}5 / 1{,}0 = 551 \text{ kNcm}$$
$$M_{\text{pl},2,\text{Rd}} = \frac{1}{4} \cdot l_{\text{eff},2} \cdot t_p^2 \cdot f_y / \gamma_{M0} = \frac{1}{4} \cdot 15{,}0 \cdot 2{,}5^2 \cdot 23{,}5 / 1{,}0 = 551 \text{ kNcm}$$
$$F_{T,1,\text{Rd}} = \frac{4 \cdot M_{\text{pl},1,\text{Rd}}}{m_x} = \frac{4 \cdot 551}{2{,}98} = 740 \text{ kN}$$
$$F_{T,2,\text{Rd}} = \frac{2 \cdot M_{\text{pl},2,\text{Rd}} + n_x \cdot \sum F_{t,\text{Rd}}}{m_x + n_x} = \frac{2 \cdot 551 + 3{,}0 \cdot 4 \cdot 176}{2{,}98 + 3{,}0} = 537 \text{ kN}$$
$$F_{T,3,\text{Rd}} = \sum F_{t,\text{Rd}} = 4 \cdot 176 = 704 \text{ kN}$$

Die wirksame Tragfähigkeit des Stirnblechs mit Biegung ist der kleinste Wert von 1, 2, 3:

$$F_{T,3,\text{Rd}} = 537 \text{ kN}$$

1.2 Tragfähigkeit der Schweißnaht

$$F_{w,\text{Rd}} = 0{,}5 \cdot b \cdot \Sigma a \cdot 25{,}5 = 0{,}5 \cdot 30{,}0 \cdot 1{,}8 \cdot 25{,}5 = 689 \text{ kN}$$

1.3 Kleinste Tragfähigkeit der 1. Schraubenreihe

$$F_{1,\text{Rd}} = 537 \text{ kN}$$

Stützenflansch:

Wirksame Länge des T-Stummels Nr. 2 nach Abb. 3.8:

$$m = \frac{90}{2} - \frac{11{,}5}{2} - 0{,}8 \cdot 27 = 17{,}7 \text{ mm}$$

$$e = 105 \text{ mm}$$
$$n_1 = w_2 = 70 \text{ mm}$$
$$n_2 = w_3 = 35 \text{ mm} \leq 1{,}25 \cdot m = 1{,}25 \cdot 22{,}7 = 28{,}4 \text{ mm}$$
$$n = n_1 + n_2 = 70 + 28{,}4 = 98{,}4 \text{ mm}$$
$$l_{1,\text{cp}} = 4 \cdot \pi \cdot m = 4 \cdot \pi \cdot 17{,}7 = 222 \text{ mm}$$
$$l_{2,\text{cp}} = 2 \cdot \pi \cdot m + 2 \cdot e_1 = 2 \cdot \pi \cdot 17{,}7 + 2 \cdot 70 = 251 \text{ mm}$$
$$l_{3,\text{cp}} = \pi \cdot m + 2 \cdot e = \pi \cdot 17{,}7 + 2 \cdot 105 = 266 \text{ mm}$$
$$l_{\text{eff,cp}} = 222 \text{ mm}$$
$$l_{\text{eff,nc}} = 4 \cdot m + 1{,}25 \cdot e = 4 \cdot 17{,}7 + 1{,}25 \cdot 105 = 202 \text{ mm}$$

Modus 1: $l_{\text{eff},1} = l_{\text{eff,nc}} \leq l_{\text{eff,cp}} = 202 \text{ mm}$

Modus 2: $l_{\text{eff},2} = l_{\text{eff,nc}} = 202 \text{ mm}$

Grenzzugkraft des T-Stummels:

$$M_{\text{pl,1,Rd}} = \frac{1}{4} \cdot l_{\text{eff},1} \cdot t_\text{f}^2 \cdot f_\text{y} / \gamma_{\text{M0}} = \frac{1}{4} \cdot 20{,}2 \cdot 2{,}1^2 \cdot 23{,}5 / 1{,}0 = 523 \text{ kNcm}$$
$$M_{\text{pl,2,Rd}} = \frac{1}{4} \cdot l_{\text{eff},2} \cdot t_\text{f}^2 \cdot f_\text{y} / \gamma_{\text{M0}} = \frac{1}{4} \cdot 20{,}2 \cdot 2{,}1^2 \cdot 23{,}5 / 1{,}0 = 523 \text{ kNcm}$$
$$F_{\text{T,1Rd}} = \frac{4 \cdot M_{\text{pl,1,Rd}}}{m} = \frac{4 \cdot 523}{1{,}77} = 1182 \text{ kN}$$
$$F_{\text{T,2,Rd}} = \frac{2 \cdot M_{\text{pl,2,Rd}} + n \cdot F_{\text{t,Rd}} \cdot \left(3{,}6 - 1{,}6 \cdot \frac{n_1}{n}\right)}{m + n}$$
$$F_{\text{T,2,Rd}} = \frac{2 \cdot 523 + 9{,}84 \cdot 176 \cdot \left(3{,}6 - 1{,}6 \cdot \frac{7{,}0}{9{,}84}\right)}{1{,}77 + 9{,}84} = 457 \text{ kN}$$
$$F_{\text{T,3,Rd}} = 3{,}6 \cdot F_{\text{t,Rd}} = 3{,}6 \cdot 176 = 634 \text{ kN}$$

Wirksame Tragfähigkeit des Stirnblechs mit Biegung:

$$F_{\text{T,2,Rd}} = 457 \text{ kN}$$

Stützensteg auf Zug:

Im Gegensatz zu dem geschweißten Anschluss, wo die Zugkraft über die obere Randsteife in das Schubfeld eingeleitet wird, geht ein Teil der Zugkraft über den Stützensteg in das Schubfeld. Da die Schubspannungen im Schubfeld im Gegensatz zum Trägersteg sehr groß sind, ist eine Interaktion zwischen den Schubspannungen und den Zugspannungen erforderlich. Diese wird mit dem Abminderungsfaktor ω nach Tabelle 6.3 des EC 3 berücksichtigt und hängt von der resultierenden Schubkraft im Schubfeld ab. Bei einem geschraubten Anschluss wird die wirksame Breite $b_{\text{eff,t,wc}}$ mit der wirksamen Länge des äquivalenten T-Stummels für den Stützenflansch gleichgesetzt. Dabei ist der Modus zu berücksichtigen. In diesem Fall gilt Modus 2:

$$b_{\text{eff,t,wc}} = l_{\text{eff},2} = 202 \text{ mm}$$
$$A_{\text{vc}} = A_\text{v} = 65{,}8 \text{ cm}^2$$

$$\omega = \omega_1 = \frac{1}{\sqrt{1+1,3\cdot\left(b_{\text{eff,t,wc}}\cdot t_{\text{wc}} / A_{\text{vc}}\right)^2}} = \frac{1}{\sqrt{1+1,3\cdot\left(20,2\cdot 1,15/65,8\right)^2}} = 0,928 \le 1,0$$

$$F_{\text{t,wc,Rd}} = \omega\cdot b_{\text{eff,t,wc}}\cdot t_{\text{wc}}\cdot f_{\text{y,wc}} / \gamma_{\text{M0}} = 0,928\cdot 20,2\cdot 1,15\cdot 23,5/1,0 = 507 \text{ kN}$$

Kleinste Zugkraft der 1. Schraubenreihe: $F_{1,\text{Rd}} = 457$ kN

$$F_{1,\text{Rd}} = 457 \text{ kN} \le 3,8\cdot F_{\text{t,Rd}} = 3,8\cdot 176 = 669 \text{ kN}$$

Keine Abminderung.

b) 2. Schraubenreihe in der Zugzone für M_y

2.1 Stirnblech mit Biegung

Schraubenreihe neben einer Steife. Wirksame Länge des T-Stummels Nr. 4 nach Abb. 3.8:

$$h_2 = h + u_2 - e_2 - e_1 - \frac{t_f}{2} = 350 + 70 - 100 - 30 - \frac{17,5}{2} = 281 \text{ mm}$$

$$m_p = \frac{w_1}{2} - \frac{t_w}{2} - 0,8\cdot a_w\cdot\sqrt{2} = \frac{90}{2} - \frac{10}{2} - 0,8\cdot 4\cdot\sqrt{2} = 35,5 \text{ mm}$$

$$m_{p2} = e_2 + e_1 - u_2 - t_f - 0,8\cdot a_f\cdot\sqrt{2} = 100 + 30 - 70 - 17,5 - 0,8\cdot 9\cdot\sqrt{2} = 32,3 \text{ mm}$$

$$n_1 = w_2 = 70 \text{ mm}$$

$$n_2 = w_3 = 35 \text{ mm} \le 1,25\cdot m_p = 1,25\cdot 32,3 = 40,4 \text{ mm}$$

$$n_p = n_1 + n_2 = 70 + 35 = 105 \text{ mm}$$

$$\lambda_1 = \frac{m_p}{m_p + e_p} = \frac{35,5}{35,5+105} = 0,25 \qquad \lambda_2 = \frac{m_{p2}}{m_p + e_p} = \frac{32,3}{32,3+105} = 0,24$$

$\alpha = 8,0$ nach Gleichung (3.26)

$$l_{1,\text{cp}} = 4\cdot\pi\cdot m_p = 4\cdot\pi\cdot 35,5 = 446 \text{ mm}$$

$$l_{2,\text{cp}} = 2\cdot\pi\cdot m_p + 2\cdot e_1 = 2\cdot\pi\cdot 35,5 + 2\cdot 70 = 363 \text{ mm}$$

$$l_{3,\text{cp}} = \pi\cdot m_p + 2\cdot e_p = \pi\cdot 35,5 + 2\cdot 105 = 321 \text{ mm}$$

$$l_{\text{eff,cp}} = 321 \text{ mm}$$

$$l_{\text{eff,nc}} = \alpha\cdot m_p = 8,0\cdot 35,5 = 284 \text{ mm}$$

Modus 1: $l_{\text{eff,1}} = l_{\text{eff,nc}} \le l_{\text{eff,cp}} = 284$ mm

Modus 2: $l_{\text{eff,2}} = l_{\text{eff,nc}} = 284$ mm

Grenzzugkraft des T-Stummels:

$$M_{\text{pl,1,Rd}} = \frac{1}{4}\cdot l_{\text{eff,1}}\cdot t_p^2\cdot f_y / \gamma_{\text{M0}} = \frac{1}{4}\cdot 28,4\cdot 2,5^2\cdot 23,5/1,0 = 1043 \text{ kNcm}$$

$$M_{\text{pl,2,Rd}} = \frac{1}{4}\cdot l_{\text{eff,2}}\cdot t_p^2\cdot f_y / \gamma_{\text{M0}} = \frac{1}{4}\cdot 28,4\cdot 2,5^2\cdot 23,5/1,0 = 1043 \text{ kNcm}$$

GW-Modell

$$F_{\text{T,1,Rd}} = \frac{4\cdot M_{\text{pl,1,Rd}}}{m_p} = \frac{4\cdot 1043}{3,55} = 1175 \text{ kN}$$

$$F_{T,2,Rd} = \frac{2 \cdot M_{pl,2,Rd} + n_p \cdot F_{t,Rd} \cdot \left(3,6 - 1,6 \cdot \frac{n_1}{n_p}\right)}{m_p + n_p}$$

$$F_{T,2,Rd} = \frac{2 \cdot 1043 + 10,5 \cdot 176 \cdot \left(3,6 - 1,6 \cdot \frac{7,0}{10,5}\right)}{3,55 + 10,5} = 482 \text{ kN}$$

$$F_{T,3,Rd} = 3,6 \cdot F_{t,Rd} = 3,6 \cdot 176 = 634 \text{ kN}$$

Die wirksame Tragfähigkeit des Stirnblechs mit Biegung ist der kleinste Wert von 1, 2, 3:
Kleinste Tragfähigkeit des Stirnblechs:

$$F_{T,2,Rd} = 482 \text{ kN}$$

Trägersteg auf Zug:

$$b_{eff,t,wb} = l_{eff,2} = 284 \text{ mm}$$

$$F_{t,wb,Rd} = b_{eff,t,wb} \cdot t_{wb} \cdot f_{y,wb} / \gamma_{M0} = 28,4 \cdot 1,0 \cdot 23,5 / 1,0 = 667 \text{ kN}$$

$$F_{w,Rd} = b_{eff,t,wb} \cdot \Sigma a \cdot \frac{f_u}{\beta_w \cdot \gamma_{M2} \cdot \sqrt{2}} = 28,4 \cdot 0,8 \cdot \frac{36}{0,8 \cdot 1,25 \cdot \sqrt{2}} = 579 \text{ kN}$$

Kleinste Tragfähigkeit der 2. Schraubenreihe:

$$F_{2,Rd} = 482 \text{ kN}$$

Stützenflansch:

Wirksame Länge des T-Stummels Nr. 2 nach Abb. 3.8:

$$m = \frac{90}{2} - \frac{11,5}{2} - 0,8 \cdot 27 = 17,7 \text{ mm}$$

$$n_1 = w_2 = 70 \text{ mm}$$

$$n_2 = w_3 = 35 \text{ mm} \le 1,25 \cdot m = 1,25 \cdot 22,7 = 28,4 \text{ mm}$$

$$n = n_1 + n_2 = 70 + 28,4 = 98,4 \text{ mm}$$

$$l_{1,cp} = 4 \cdot \pi \cdot m = 4 \cdot \pi \cdot 17,7 = 222 \text{ mm}$$

$$l_{2,cp} = 2 \cdot \pi \cdot m + 2 \cdot e_1 = 2 \cdot \pi \cdot 17,7 + 2 \cdot 70 = 251 \text{ mm}$$

$$l_{3,cp} = \pi \cdot m + 2 \cdot e = \pi \cdot 17,7 + 2 \cdot 105 = 266 \text{ mm}$$

$$l_{eff,cp} = 222 \text{ mm}$$

$$l_{eff,nc} = 4 \cdot m + 1,25 \cdot e = 4 \cdot 17,7 + 1,25 \cdot 105 = 202 \text{ mm}$$

Modus 1: $l_{eff,1} = l_{eff,nc} \le l_{eff,cp} = 202$ mm

Modus 2: $l_{eff,2} = l_{eff,nc} = 202$ mm

Grenzzugkraft des T-Stummels:

$$M_{pl,1,Rd} = \frac{1}{4} \cdot l_{eff,1} \cdot t_f^2 \cdot f_y / \gamma_{M0} = \frac{1}{4} \cdot 20,2 \cdot 2,1^2 \cdot 23,5 / 1,0 = 523 \text{ kNcm}$$

$$M_{pl,2,Rd} = \frac{1}{4} \cdot l_{eff,2} \cdot t_f^2 \cdot f_y / \gamma_{M0} = \frac{1}{4} \cdot 20,2 \cdot 2,1^2 \cdot 23,5 / 1,0 = 523 \text{ kNcm}$$

$$F_{T,1Rd} = \frac{4 \cdot M_{pl,1,Rd}}{m} = \frac{4 \cdot 523}{1,77} = 1182 \text{ kN}$$

$$F_{T,2,Rd} = \frac{2 \cdot M_{pl,2,Rd} + n \cdot F_{t,Rd} \cdot \left(3,6 - 1,6 \cdot \frac{n_1}{n}\right)}{m+n}$$

$$F_{T,2,Rd} = \frac{2 \cdot 523 + 9,84 \cdot 176 \cdot \left(3,6 - 1,6 \cdot \frac{7,0}{9,84}\right)}{1,77 + 9,84} = 457 \text{ kN}$$

$$F_{T,3,Rd} = 3,6 \cdot F_{t,Rd} = 3,6 \cdot 176 = 634 \text{ kN}$$

Kleinste Tragfähigkeit des Stirnblechs mit Biegung:

$$F_{T,2,Rd} = 457 \text{ kN}$$

Stützensteg auf Zug:

In diesem Fall gilt Modus 2:

$$b_{eff,t,wc} = l_{eff,2} = 202 \text{ mm}$$

$$A_{vc} = A_v = 65,8 \text{ cm}^2$$

$$\omega = \omega_1 = \frac{1}{\sqrt{1 + 1,3 \cdot \left(b_{eff,t,wc} \cdot t_{wc} / A_{vc}\right)^2}} = \frac{1}{\sqrt{1 + 1,3 \cdot (20,2 \cdot 1,15 / 65,8)^2}} = 0,928 \leq 1,0$$

$$F_{t,wc,Rd} = \omega \cdot b_{eff,t,wc} \cdot t_{wc} \cdot f_{y,wc} / \gamma_{M0} = 0,928 \cdot 20,2 \cdot 1,15 \cdot 23,5 / 1,0 = 507 \text{ kN}$$

Kleinste Zugkraft der 2. Schraubenreihe: $F_{2,Rd} = 457$ kN

Schraubengruppe 1+2

Die 1. und 2. Schraubenreihe bilden hier eine Schraubengruppe. Die Schraubengruppe hat ein eigenes Fließlinienmuster für das Versagen dieser Schraubengruppe. Deshalb ist zu überprüfen, dass die Summe der Zugkräfte der 1. und 2. Schraubenreihe nicht größer ist als die Zugkraft der Schraubengruppe. Hier ist dies nur der Stützenflansch.

Stützenflansch:

Wirksame Länge des T-Stummels Nr. 2 nach Tab. 3.1:

$$e_1 = w_2 = 70 \text{ mm}$$

$$e_2 = w_3 = 35 \text{ mm}$$

$$w = w_1 = 90 \text{ mm}$$

$p = e_2 = 100$ mm der Abmessungen

$$m = \frac{90}{2} - \frac{11,5}{2} - 0,8 \cdot 27 = 17,7 \text{ mm}$$

$$e = 105 \text{ mm}$$

$$n_1 = w_2 = 70 \text{ mm}$$

$$n_2 = w_3 = 35 \text{ mm} \leq 1,25 \cdot m = 1,25 \cdot 22,7 = 28,4 \text{ mm}$$

$$n = n_1 + n_2 = 70 + 28,4 = 98,4 \text{ mm}$$

Wirksame Länge der Schraubengruppe nach Abb. 8.4 und 8.5:

$$l_{1,1,cp} = \pi \cdot m + e_1 + p = \pi \cdot 17,7 + 70 + 100 = 226 \text{ mm}$$

$$l_{1,2,cp} = \pi \cdot m + e_1 + p = \pi \cdot 17,7 + 70 + 100 = 226 \text{ mm}$$

$$l_{1,1+2,cp} = 2 \cdot \pi \cdot m + 2 \cdot e_1 + 2 \cdot p = 2 \cdot \pi \cdot 17,7 + 2 \cdot 70 + 2 \cdot 100 = 451 \text{ mm}$$

$$l_{2,1,\text{cp}} = 0,5 \cdot \pi \cdot m + e + 0,5 \cdot p = 0,5 \cdot \pi \cdot 17,7 + 105 + 0,5 \cdot 100 = 183 \text{ mm}$$

$$l_{2,2,\text{cp}} = 0,5 \cdot \pi \cdot m + e + 0,5 \cdot p = 0,5 \cdot \pi \cdot 17,7 + 105 + 0,5 \cdot 100 = 183 \text{ mm}$$

$$l_{2,1+2,\text{cp}} = \pi \cdot m + 2 \cdot e + p = \pi \cdot 17,7 + 2 \cdot 105 + 100 = 366 \text{ mm}$$

$$l_{\text{eff,cp}} = 366 \text{ mm}$$

$$l_{2,1,\text{nc}} = 2 \cdot m + 0,625 \cdot e + 0,5 \cdot p = 2 \cdot 17,7 + 0,625 \cdot 105 + 0,5 \cdot 100 = 151 \text{ mm}$$

$$l_{2,2,\text{nc}} = 2 \cdot m + 0,625 \cdot e + 0,5 \cdot p = 2 \cdot 17,7 + 0,625 \cdot 105 + 0,5 \cdot 100 = 151 \text{ mm}$$

$$l_{2,1+2,\text{nc}} = 4 \cdot m + 1,25 \cdot e + p = 4 \cdot 17,7 + 1,25 \cdot 105 + 100 = 302 \text{ mm}$$

Modus 1: $l_{\text{eff},1} = l_{\text{eff,nc}} \le l_{\text{eff,cp}} = 302 \text{ mm}$

Modus 2: $l_{\text{eff},2} = l_{\text{eff,nc}} = 302 \text{ mm}$

Grenzzugkraft des T-Stummels:

$$M_{\text{pl,1,Rd}} = \frac{1}{4} \cdot l_{\text{eff},1} \cdot t_\text{f}^2 \cdot f_\text{y} / \gamma_{\text{M0}} = \frac{1}{4} \cdot 30,2 \cdot 2,1^2 \cdot 23,5 / 1,0 = 782 \text{ kNcm}$$

$$M_{\text{pl,2,Rd}} = \frac{1}{4} \cdot l_{\text{eff},2} \cdot t_\text{f}^2 \cdot f_\text{y} / \gamma_{\text{M0}} = \frac{1}{4} \cdot 30,2 \cdot 2,1^2 \cdot 23,5 / 1,0 = 782 \text{ kNcm}$$

$$F_{\text{T,1Rd}} = \frac{4 \cdot M_{\text{pl,1,Rd}}}{m} = \frac{4 \cdot 782}{1,77} = 1767 \text{ kN}$$

$$F_{\text{T,2,Rd}} = \frac{2 \cdot M_{\text{pl,2,Rd}} + n \cdot 2 \cdot F_{\text{t,Rd}} \cdot \left(3,6 - 1,6 \cdot \dfrac{n_1}{n}\right)}{m + n}$$

$$F_{\text{T,2,Rd}} = \frac{2 \cdot 782 + 9,84 \cdot 2 \cdot 176 \cdot \left(3,6 - 1,6 \cdot \dfrac{7,0}{9,84}\right)}{1,77 + 9,84} = 869 \text{ kN}$$

$$F_{\text{T,3,Rd}} = 3,6 \cdot 2 \cdot F_{\text{t,Rd}} = 3,6 \cdot 2 \cdot 176 = 1267 \text{ kN}$$

Kleinste Tragfähigkeit des Stirnblechs mit Biegung:

$$F_{\text{T,2,Rd}} = 869 \text{ kN}$$

Stützensteg auf Zug:

In diesem Fall gilt Modus 2:

$$b_{\text{eff,t,wc}} = l_{\text{eff},2} = 302 \text{ mm}$$

$$A_{\text{vc}} = A_\text{v} = 65,8 \text{ cm}^2$$

$$\omega = \omega_1 = \frac{1}{\sqrt{1 + 1,3 \cdot \left(b_{\text{eff,t,wc}} \cdot t_{\text{wc}} / A_{\text{vc}}\right)^2}} = \frac{1}{\sqrt{1 + 1,3 \cdot \left(30,2 \cdot 1,15 / 65,8\right)^2}} = 0,857 \le 1,0$$

$$F_{\text{t,wc,Rd}} = \omega \cdot b_{\text{eff,t,wc}} \cdot t_{\text{wc}} \cdot f_{\text{y,wc}} / \gamma_{\text{M0}} = 0,857 \cdot 30,2 \cdot 1,15 \cdot 23,5 / 1,0 = 699 \text{ kN}$$

Kleinste Tragfähigkeit der Schraubengruppe des Stützenflansches:

$$F_{1+2,\text{Rd}} = 699 \text{ kN}$$

Kleinste Zugkraft der Schraubengruppe 1+2 des Anschlusses: $F_{1+2,\text{Rd}} = 699 \text{ kN}$

Es gilt die Bedingung:

$$F_{1,\text{Rd}} + F_{2,\text{Rd}} \le F_{1+2,\text{Rd}}$$

$$F_{2,\mathrm{Rd}} \leq F_{1+2,\mathrm{Rd}} - F_{1,\mathrm{Rd}} = 699 - 457 = 242 \text{ kN}$$

Diese Bedingung ist nicht maßgebend für die Zugkraft in der 2. Schraubenreihe.

c) Tragfähigkeit in der Druckzone

1. Stützensteg mit Schubbeanspruchung

$$\frac{d_{\mathrm{wc}}}{t_{\mathrm{wc}}} = \frac{196}{8} = 24,5 \leq 69 \cdot \varepsilon = 69$$

$$V_{\mathrm{wp,Rd}} = 0,9 \cdot A_{\mathrm{vc}} \cdot \frac{f_{\mathrm{y}}}{\sqrt{3} \cdot \gamma_{\mathrm{M0}}} = 0,9 \cdot 65,8 \cdot 13,6 = 805 \text{ kN}$$

2. Stützensteg mit Querdruck

$$b_{\mathrm{eff,c,wc}} = t_{\mathrm{fb}} + 2 \cdot \sqrt{2} \cdot a_{\mathrm{p}} + s_{\mathrm{p}} + 5 \cdot (t_{\mathrm{fc}} + r_{\mathrm{c}})$$

$$b_{\mathrm{eff,c,wc}} = 17,5 + 2 \cdot \sqrt{2} \cdot 9 + 7 + 25 + 5 \cdot (21 + 27) = 315 \text{ mm}$$

$$\beta = 1 \qquad \omega = \omega_1$$

$$\omega_1 = \frac{1}{\sqrt{1 + 1,3 \cdot (b_{\mathrm{eff,c,wc}} \cdot t_{\mathrm{wc}} / A_{\mathrm{vc}})^2}} = \frac{1}{\sqrt{1 + 1,3 \cdot (31,5 \cdot 1,15 / 65,8)^2}} = 0,847$$

$$k_{\mathrm{wc}} = 1$$

Es gilt:

$$\bar{\lambda}_{\mathrm{p}} = 0,932 \cdot \sqrt{\frac{b_{\mathrm{eff,c,wc}} \cdot d_{\mathrm{wc}} \cdot f_{\mathrm{y,wc}}}{E \cdot t_{\mathrm{wc}}^2}} = 0,932 \cdot \sqrt{\frac{31,5 \cdot 34,4 \cdot 23,5}{21000 \cdot 1,15^2}} = 0,892$$

Kein Plattenbeulen:

$$\bar{\lambda}_{\mathrm{p}} \leq 0,72 \qquad \rho = 1,0$$

$$F_{\mathrm{c,wc,Rd}} = \frac{\omega \cdot k_{\mathrm{wc}} \cdot b_{\mathrm{eff,c,wc}} \cdot t_{\mathrm{wc}} \cdot f_{\mathrm{y,wc}}}{\gamma_{\mathrm{M0}}}$$

Plattenbeulen:

$$\bar{\lambda}_{\mathrm{p}} > 0,72 \qquad \rho = \frac{\bar{\lambda}_{\mathrm{p}} - 0,2}{\bar{\lambda}_{\mathrm{p}}^2} = \frac{0,892 - 0,2}{0,892^2} = 0,870$$

$$F_{\mathrm{c,wc,Rd}} = \frac{\omega \cdot k_{\mathrm{wc}} \cdot \rho \cdot b_{\mathrm{eff,c,wc}} \cdot t_{\mathrm{wc}} \cdot f_{\mathrm{y,wc}}}{\gamma_{\mathrm{M1}}} = \frac{0,847 \cdot 1,0 \cdot 0,870 \cdot 31,5 \cdot 1,15 \cdot 23,5}{1,1} = 570 \text{ kN}$$

3. Trägerflansch auf Druck

$$F_{\mathrm{c,fb,Rd}} = M_{\mathrm{c,Rd}} / (h - t_{\mathrm{fb}}) = 49068 / (35,0 - 1,75) = 1476 \text{ kN}$$

4. Reduktion bei Druck

$$F_{\mathrm{c,min,Rd}} = 570 \text{ kN}$$

$$F_{1,\mathrm{Rd}} + F_{2,\mathrm{Rd}} \leq F_{\mathrm{c,min,Rd}}$$

$$F_{2,\mathrm{Rd}} = 242 \text{ kN} \leq F_{\mathrm{c,min,Rd}} - F_{1,\mathrm{Rd}} = 570 - 457 = 113 \text{ kN}$$

Diese Bedingung ist maßgebend für die Zugkraft in der 2. Schraubenreihe.

$$F_{2,\mathrm{Rd}} = 113 \text{ kN}$$

d) Momententragfähigkeit $M_{j,Rd}$ um den Druckpunkt:

$$M_{\mathrm{j,Rd}} = \sum_{\mathrm{r}} h_{\mathrm{r}} \cdot F_{\mathrm{tr,Rd}} = h_1 \cdot F_{1,\mathrm{Rd}} + h_2 \cdot F_{2,\mathrm{Rd}} = 0,381 \cdot 457 + 0,281 \cdot 113 = 206 \text{ kNm}$$

Berechnung der Anfangsrotationssteifigkeit ohne Vorspannung
Die Berechnung der Anfangsrotationssteifigkeit erfolgt hier für negative Biegemomente in der Rahmenecke. Sind positive (öffnende) Biegemomente vorhanden, ist eine entsprechende Berechnung erforderlich.

Steifigkeitskoeffizienten für Grundkomponenten (1-8, Tabelle 6.11)
1. Stützenstegfeld mit Schubfeldbeanspruchung

$$k_1 = \frac{0,38 \cdot A_{vc}}{z_{eq}} = \frac{0,38 \cdot 65,8}{33,8} = 0,740 \text{ cm}$$

$z = z_{eq}$ nach (1-8, Bild 6.15), s. Abb. 4.15

2. Stützensteg mit Querdruckbeanspruchung

$$k_2 = \frac{0,7 \cdot b_{eff,c,wc} \cdot t_{wc}}{d_c} = \frac{0,7 \cdot 31,5 \cdot 1,15}{34,4} = 0,737 \text{ cm}$$

3. Stützensteg mit Querzugbeanspruchung
Der Steifigkeitskoeffizient ist zu berücksichtigen, wenn in einer Verbindung eine Schraubenreihe mit Zug auftritt.

$$k_3 = \frac{0,7 \cdot b_{eff,t,wc} \cdot t_{wc}}{d_c}$$

1. Schraubenreihe $\quad b_{1,eff,t,wc} = l_{1,min} = 151 \text{ mm}$

$$k_{3,1} = \frac{0,7 \cdot b_{1,eff,t,wc} \cdot t_{wc}}{d_c} = \frac{0,7 \cdot 15,1 \cdot 1,15}{34,4} = 0,353 \text{ cm}$$

2. Schraubenreihe $\quad b_{2,eff,t,wc} = l_{2,min} = 151 \text{ mm}$

$$k_{3,2} = \frac{0,7 \cdot b_{2,eff,t,wc} \cdot t_{wc}}{d_c} = \frac{0,7 \cdot 15,1 \cdot 1,15}{34,4} = 0,353 \text{ cm}$$

4. Stützenflansch mit Biegebeanspruchung
Der Steifigkeitskoeffizient ist zu berücksichtigen, wenn in einer Verbindung eine Schraubenreihe mit Zug auftritt.

$$k_4 = \frac{0,9 \cdot l_{eff} \cdot t_{fc}^3}{m^3}$$

1. Schraubenreihe $\quad l_{1,eff} = l_{1,min} = 151 \text{ mm} \qquad m_{1,c} = 17,7 \text{ mm}$

$$k_{4,1} = \frac{0,9 \cdot l_{1,eff} \cdot t_{fc}^3}{m_{1,c}^3} = \frac{0,9 \cdot 15,1 \cdot 2,1^3}{1,77^3} = 22,69 \text{ cm}$$

2. Schraubenreihe $\quad l_{2,eff} = l_{2,min} = 151 \text{ mm} \qquad m_{2,c} = 17,7 \text{ mm}$

$$k_{4,2} = \frac{0,9 \cdot l_{2,eff} \cdot t_{fc}^3}{m_{2,c}^3} = \frac{0,9 \cdot 15,1 \cdot 2,1^3}{1,77^3} = 22,69 \text{ cm}$$

5. Stirnplatte mit Biegebeanspruchung
Der Steifigkeitskoeffizient ist zu berücksichtigen, wenn in einer Verbindung eine Schraubenreihe mit Zug auftritt.

$$k_5 = \frac{0,9 \cdot l_{eff} \cdot t_p^3}{m^3}$$

1. Schraubenreihe $l_{1,\text{eff}} = l_{\text{eff},1} = 150$ mm $m_{1,\text{b}} = 29,8$ mm

$$k_{5,1} = \frac{0,9 \cdot l_{1,\text{eff}} \cdot t_\text{p}^3}{m_{1,\text{b}}^3} = \frac{0,9 \cdot 15,0 \cdot 2,5^3}{2,98^3} = 7,97 \text{ cm}$$

2. Schraubenreihe $l_{2,\text{eff}} = l_{\text{eff},1} = 284$ mm $m_{2,\text{b}} = 35,5$ mm

$$k_{5,2} = \frac{0,9 \cdot l_{2,\text{eff}} \cdot t_\text{p}^3}{m_{2,\text{b}}^3} = \frac{0,9 \cdot 28,4 \cdot 2,5^3}{3,55^3} = 8,93 \text{ cm}$$

6. Schraube mit Zugbeanspruchung

Der Steifigkeitskoeffizient ist zu berücksichtigen, wenn in einer Verbindung eine Schraubenreihe mit Zug auftritt.

$$k_{10} = 2 \cdot 1,6 \cdot \frac{A_\text{s}}{L_\text{b}}$$

1. Schraubenreihe $L_\text{b} = 6,85$ cm $A_\text{s} = 2,45 \text{ cm}^2$

$$k_{10,1} = 2 \cdot 1,6 \cdot \frac{A_\text{s}}{L_\text{b}} = 2 \cdot 1,6 \cdot \frac{2,45}{6,85} = 1,14 \text{ cm}$$

2. Schraubenreihe $L_\text{b} = 6,85$ cm $A_\text{s} = 2,45 \text{ cm}^2$

$$k_{10,2} = 2 \cdot 1,6 \cdot \frac{A_\text{s}}{L_\text{b}} = 2 \cdot 1,6 \cdot \frac{2,45}{6,85} = 1,14 \text{ cm}$$

7. Effektiver Steifigkeitskoeffizient $k_{\text{eff,r}}$ der Schraubenreihen r (1-8, (6.30))

Bei den Steifigkeitskoeffizienten k_3, k_4, k_5 und k_{10} handelt es sich um hintereinander geschaltete Federn.

$$\frac{1}{k_{\text{eff},1}} = \frac{1}{k_{3,1}} + \frac{1}{k_{4,1}} + \frac{1}{k_{5,1}} + \frac{1}{k_{10,1}}$$

$$\frac{1}{k_{\text{eff},1}} = \frac{1}{0,353} + \frac{1}{22,69} + \frac{1}{7,97} + \frac{1}{1,14} \rightarrow k_{\text{eff},1} = 0,258 \text{ cm}$$

$$\frac{1}{k_{\text{eff},2}} = \frac{1}{k_{3,2}} + \frac{1}{k_{4,2}} + \frac{1}{k_{5,2}} + \frac{1}{k_{10,2}}$$

$$\frac{1}{k_{\text{eff},2}} = \frac{1}{0,353} + \frac{1}{22,69} + \frac{1}{8,93} + \frac{1}{1,14} \rightarrow k_{\text{eff},2} = 0,259 \text{ cm}$$

8. Äquivalenter Steifigkeitskoeffizient k_eq der Schraubenreihen r (1-8, (6.29) und (6.31))

Bei den Steifigkeitskoeffizienten $k_{\text{eff},1}$ und $k_{\text{eff},2}$ handelt es sich um parallel geschaltete Federn.

Der äquivalente Hebelarm z_eq für die Rotationssteifigkeit lautet:

$$z_\text{eq} = \frac{k_{\text{eff},1} \cdot h_1^2 + k_{\text{eff},2} \cdot h_2^2}{k_{\text{eff},1} \cdot h_1 + k_{\text{eff},2} \cdot h_2} = \frac{0,258 \cdot 38,1^2 + 0,259 \cdot 28,1^2}{0,258 \cdot 38,1 + 0,259 \cdot 28,1} = 33,8 \text{ cm}$$

$$k_\text{eq} = \frac{k_{\text{eff},1} \cdot h_1 + k_{\text{eff},2} \cdot h_2}{z_\text{eq}} = \frac{0,258 \cdot 38,1 + 0,259 \cdot 28,1}{33,8} = 0,506 \text{ cm}$$

9. Anfangsrotationssteifigkeitskoeffizient $S_{j,ini}$ (1-8,(6.27))

$$S_{j,ini} = \frac{E \cdot z_{eq}^2}{\frac{1}{k_1} + \frac{1}{k_2} + \frac{1}{k_{eq}}} = \frac{21000 \cdot 33,8^2 \cdot 10^{-2}}{\frac{1}{0,740} + \frac{1}{0,737} + \frac{1}{0,506}} = 51\,200 \text{ kNm/rad}$$

Berechnung der Anfangsrotationssteifigkeit mit Vorspannung

6. Schraube mit Zugbeanspruchung mit Vorspannung

1. Schraubenreihe $L_b = 8,85$ cm $A_s = 2,45 \text{ cm}^2$

$$k_{10,p} = 2 \cdot 10 \cdot \frac{A_s}{L_b} = 2 \cdot 10 \cdot \frac{A_s}{L_b} = 2 \cdot 10 \cdot \frac{2,45}{6,85} = 7,15 \text{ cm}$$

7. Effektiver Steifigkeitskoeffizient $k_{eff,r}$ der Schraubenreihen r (1-8, (6.30))
Bei den Steifigkeitskoeffizienten k_3, k_4, k_5 und k_{10} handelt es sich um hintereinander geschaltete Federn.

$$\frac{1}{k_{eff,1}} = \frac{1}{k_{3,1}} + \frac{1}{k_{4,1}} + \frac{1}{k_{5,1}} + \frac{1}{k_{10,p,1}}$$

$$\frac{1}{k_{eff,1}} = \frac{1}{0,353} + \frac{1}{22,69} + \frac{1}{7,97} + \frac{1}{7,15} \rightarrow k_{eff,1} = 0,318 \text{ cm}$$

$$\frac{1}{k_{eff,2}} = \frac{1}{k_{3,2}} + \frac{1}{k_{4,2}} + \frac{1}{k_{5,2}} + \frac{1}{k_{10,p,2}}$$

$$\frac{1}{k_{eff,2}} = \frac{1}{0,353} + \frac{1}{22,69} + \frac{1}{8,93} + \frac{1}{7,15} \rightarrow k_{eff,2} = 0,320 \text{ cm}$$

8. Äquivalenter Steifigkeitskoeffizient k_{eq} der Schraubenreihen r (1-8, (6.29) und (6.31))
Bei den Steifigkeitskoeffizienten $k_{eff,1}$ und $k_{eff,2}$ handelt es sich um parallel geschaltete Federn.
Der äquivalente Hebelarm z_{eq} für die Rotationssteifigkeit lautet:

$$z_{eq} = \frac{k_{eff,1} \cdot h_1^2 + k_{eff,2} \cdot h_2^2}{k_{eff,1} \cdot h_1 + k_{eff,2} \cdot h_2} = \frac{0,318 \cdot 38,1^2 + 0,320 \cdot 28,1^2}{0,318 \cdot 38,1 + 0,320 \cdot 28,1} = 33,8 \text{ cm}$$

$$k_{eq} = \frac{k_{eff,1} \cdot h_1 + k_{eff,2} \cdot h_2}{z_{eq}} = \frac{0,318 \cdot 38,1 + 0,320 \cdot 28,1}{33,8} = 0,624 \text{ cm}$$

9. Anfangsrotationssteifigkeitskoeffizient $S_{j,ini}$ (1-8,(6.27))

$$S_{j,ini} = \frac{E \cdot z_{eq}^2}{\frac{1}{k_1} + \frac{1}{k_2} + \frac{1}{k_{eq}}} = \frac{21000 \cdot 33,8^2 \cdot 10^{-2}}{\frac{1}{0,740} + \frac{1}{0,737} + \frac{1}{0,624}} = 55\,700 \text{ kNm/rad}$$

Kommentar

Die Anfangsrotationssteifigkeit $S_{j,ini}$ wird bei diesen Anschlüssen vor allem durch die Höhe des Schubfeldes bestimmt. Der äquivalente Hebelarm z_{eq} geht quadratisch in die Berechnung der Anfangsrotationssteifigkeit $S_{j,ini}$ ein und bestimmt die Größe der Steifigkeit des Stützenstegfeldes. Die Vorspannung der Schraube ist in diesem Fall von untergeordneter Bedeutung.

9 Quasi gelenkige Anschlüsse

9.1 Empfehlungen für gelenkige Anschlüsse

In der Veröffentlichung [24] sind Empfehlungen für die Konstruktion von einfachen quasi gelenkigen Anschlüssen im Stahlbau angegeben, die in [25] übernommen und ergänzt wurden. Diese Empfehlungen sind auch in dem Tabellenwerk für typisierte Verbindungen [23] nach Eurocode 3 berücksichtigt. Auch im Kommentar zur DIN EN 1993-1-8 [26] wird auf die Veröffentlichung [24] hingewiesen und es sind ausführliche Beispiele enthalten.

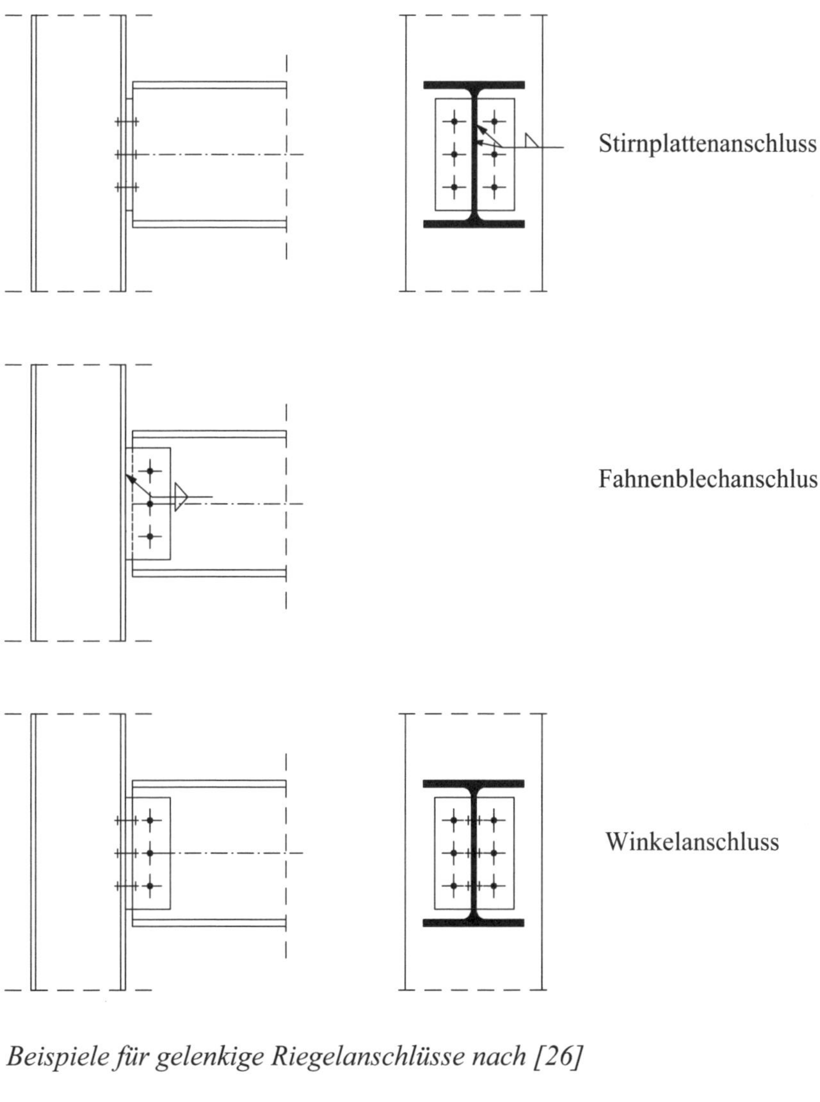

Abb. 9.1 Beispiele für gelenkige Riegelanschlüsse nach [26]

Dies betrifft insbesondere die Stirnplattenanschlüsse, die Fahnenblechanschlüsse und die Doppelwinkelanschlüsse, wie sie in Abb. 9.1 angegeben sind. Diese Anschlüsse sind nach den Grenzkriterien des EC 3-1-8 als verformbare Anschlüsse zu betrachten. In der Praxis werden diese Anschlüsse vereinfacht als gelenkige Anschlüsse berechnet. Dafür sind in [24] und [25] konstruktive Randbedingungen zu berücksichtigen. Diese werden hier angegeben und gegebenenfalls erweitert.

9.1.1 Stirnplattenanschluss

Nachweis der Stirnplattenhöhe

In dem Stirnplattenanschluss nach Abb. 9.2 treten unvermeidbar auch Biegemomente auf. Diese Biegemomente wachsen an, wenn infolge der Verformungen des Trägers Kontakt zwischen der Unterkante des Trägers und dem lastaufnehmenden Bauteil entsteht. Dieser Kontakt wird vermieden, wenn die folgende Bedingung eingehalten wird:

$$h_p \leq d \tag{9.1}$$

h_p – Stirnplattenhöhe
d – die Höhe des geraden Trägersteges

Nachweis der Rotationskapazität

Die Größe der Rotation ϕ, die sich bis zum Kontakt einstellt, hängt von den Abmessungen des Trägers und der Stirnplatte ab, aber auch von den Verformungen der einzelnen Komponenten des Anschlusses. Vereinfacht wird angenommen, dass das lastaufnehmende Bauteil sich nicht verformt und der Drehpunkt für den Träger an der Unterkante der Stirnplatte liegt, s. Abb. 9.2.

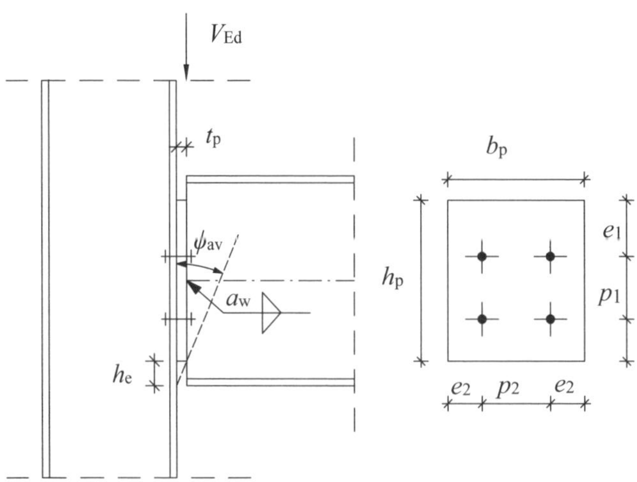

Abb. 9.2 Bezeichnungen des Stirnplattenanschlusses mit Drehpunkt

Damit kein Kontakt auftritt, gilt die Bedingung, dass die vorhandene Rotation ϕ_{av} größer als die erforderliche Rotation ϕ_{req} ist. Die erforderliche Rotation ϕ_{req} ist der Endtangentenwinkel des Trägers auf 2 Stützen, der sich unter der gegebenen Bemessungslast einstellt.

$$\phi_{av} = \frac{t_p}{h_e} > \phi_{req} \tag{9.2}$$

t_p – Stirnplattendicke
h_e – Abstand zwischen der Unterkante der Platte und der Unterkante des Trägers
ϕ_{req} – Endtangentenwinkel des Trägers auf 2 Stützen unter der gegebenen Bemessungslast

Für die Gleichstreckenlast gilt:

$$\phi_{req} = \frac{p_{Ed} \cdot l^3}{24 \cdot E \cdot I_y} \tag{9.3}$$

Für andere Belastungen können die Werte den Bautabellenbüchern entnommen werden. Der Endtangentenwinkel kann auch mit einem Stabwerksprogramm berechnet werden.

Vorzeitiges Schraubenversagen

Da in dem Anschluss auch ohne Kontakt Biegemomente aufgrund der elastischen Lagerung und der exzentrischen Krafteinleitung auftreten, werden die oberen Schrauben nicht nur auf Abscheren, sondern auch auf Zug beansprucht. Es darf kein vorzeitiges Versagen der Schrauben nach [24] auftreten. Dafür ist eine ausreichende Rotationskapazität des geschraubten Anschlusses erforderlich, die sich einstellt, wenn das Versagen des Anschlusses durch plastische Biegeverformungen der Stirnplatte oder des lastabnehmenden Bauteils erfolgt. In (1-8, (6.32)) ist dafür die folgende Bedingung, hier anders aufgelöst, angegeben:

$$\frac{d}{t} \geq 2{,}8 \cdot \sqrt{\frac{f_y}{f_{ub}}} \tag{9.4}$$

t – Wanddicke der Stirnplatte oder des lastabnehmenden Bauteils
d – Schraubendurchmesser
f_{ub} – Zugfestigkeit der Schraube
f_y – Streckgrenze der Stirnplatte oder des lastabnehmenden Bauteils

Die Gleichung (9.4) folgt aus der Bedingung, dass für die Tragfähigkeit des Modus 1, vollständiges Fließen der Stirnplatte oder des Flansches, maßgebend wird, d. h. kleiner/gleich der Tragfähigkeit des Modus 2 ist, s. Abschnitt 3.2.2.

In [24] wird angenommen, dass infolge der Biegemomente die Schraubenkraft im Zugbereich bis zu 50 % der Grenzzugkraft betragen kann. Die Interaktion zwischen Zug und Abscheren lautet:

$$\frac{F_{\text{v,Ed}}}{F_{\text{v,Rd}}} + \frac{F_{\text{t,Ed}}}{1{,}4 \cdot F_{\text{t,Rd}}} \leq 1$$

Mit der Annahme $F_{\text{t,Ed}} = 0{,}5 \cdot F_{\text{t,Rd}}$ erhält man:

$$\frac{F_{\text{v,Ed}}}{F_{\text{v,Rd}}} + \frac{0{,}5}{1{,}4} \leq 1$$

$$F_{\text{v,Ed}} \leq 0{,}64 \cdot F_{\text{v,Rd}}$$

Dieser Wert gilt für die obere Hälfte der Schrauben. Für die untere Hälfte gilt:

$$F_{\text{v,Ed}} \leq 1{,}0 \cdot F_{\text{v,Rd}}$$

Für alle Schrauben kann damit vereinfacht mit dem Mittelwert gerechnet werden.

$$F_{\text{v,Ed}} \leq 0{,}8 \cdot F_{\text{v,Rd}} \tag{9.5}$$

Vorzeitiges Schweißnahtversagen

Auch ein vorzeitiges Versagen der Schweißnaht sollte nach [24] vermieden werden. Dies ist dann der Fall, wenn die Tragfähigkeit der Schweißnaht größer ist als die Tragfähigkeit der angrenzenden Stirnplatte. Der ungünstigste Fall ist die Zugbeanspruchung der Naht und der Platte und nicht die Schubbeanspruchung.

Für das richtungsbezogene Verfahren gilt, s. Abschnitt 2.4.2 von Band 2:

$$\sqrt{2 \cdot \sigma_{\text{w}}^2 + 3 \cdot \tau_{||}^2} \leq \frac{f_{\text{u}}}{\beta_{\text{w}} \cdot \gamma_{\text{M2}}}$$

Ist $\tau_{||} = 0$ gilt:

$$\sigma_{\text{w}} = \frac{f_{\text{u}}}{\sqrt{2} \cdot \beta_{\text{w}} \cdot \gamma_{\text{M2}}}$$

Für eine Doppelkehlnaht $2 \cdot a$ und der Plattendicke t mit der Länge von 1 cm erhält man die folgende Beziehung:

$$2 \cdot a \cdot 1 \cdot \sigma_{\text{w}} \geq t \cdot 1 \cdot f_{\text{y}} / \gamma_{\text{M0}}$$

$$a \geq \frac{\beta_{\text{w}} \cdot f_{\text{y}}}{\sqrt{2} \cdot f_{\text{u}}} \cdot \frac{\gamma_{\text{M2}}}{\gamma_{\text{M0}}} \cdot t \tag{9.6}$$

t – Wanddicke des Trägersteges
a – Schweißnahtdicke
β_{w} – Korrelationsfaktor
f_{y} – Streckgrenze des Trägersteges
f_{u} – Zugfestigkeit des Trägersteges

Zusammenfassung

Wenn diese konstruktiven Randbedingungen erfüllt sind, kann im Allgemeinen davon ausgegangen werden, dass die Tragfähigkeiten der einzelnen Komponenten eingehalten sind. Wichtig ist es, den Endtangentenwinkel unter der gegebenen Bemessungslast zu berechnen. Die Ausnutzung des Stirnplattenanschlusses mit der zugehörigen Querkraft V_{Ed} ist im Allgemeinen kleiner als 0,5.

9.1.2 Fahnenblechanschluss

Nachweis der Höhe des Fahnenblechs

In dem Fahnenblechanschluss treten Biegemomente im Fahnenblech und auch im Schraubenanschluss auf. Diese Biegemomente wachsen an, wenn infolge der Verformungen des Trägers Kontakt zwischen der Unterkante des Trägers und dem lastaufnehmenden Bauteil entsteht. Dieser Kontakt wird vermieden, wenn die folgende Bedingung eingehalten wird:

$$h_p \leq d \tag{9.7}$$

h_p – Stirnplattenhöhe

d – die Höhe des geraden Trägersteges

Nachweis der Rotationskapazität

Die Größe der Rotation ϕ, die sich bis zum Kontakt einstellt, ist von den Abmessungen des Trägers und des Fahnenblechs abhängig, aber auch von den Verformungen der einzelnen Komponenten des Anschlusses. Vereinfacht wird angenommen, dass das lastaufnehmende Bauteil sich nicht verformt und der Drehpunkt D für den Träger im Schwerpunkt der Schraubenverbindung liegt, s. Abb. 9.3.

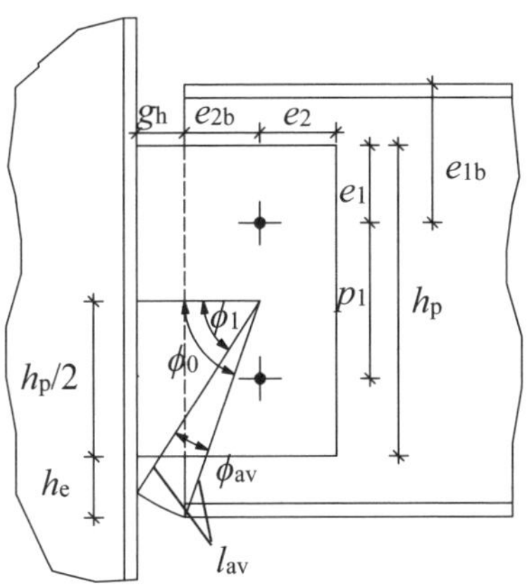

Abb. 9.3 Abmessungen des Fahnenblechanschlusses mit Drehpunkt

Damit kein Kontakt auftritt, gilt die Bedingung, dass die vorhandene Rotation ϕ_{av} größer als die erforderliche Rotation ϕ_{req} ist. Die erforderliche Rotation ϕ_{req} ist der Endtangentenwinkel des Trägers auf 2 Stützen, der sich unter der gegebenen Bemessungslast einstellt. Die vorhandene Rotation ϕ_{av} folgt aus der Geometrie des Anschlusses, s. Abb. 9.3.

Die Länge l_{av} vom Drehpunkt D des Anschlusses bis zur unteren Ecke des Trägers beträgt:

$$l_{av} = \sqrt{(z - g_h)^2 + \left(\frac{h_p}{2} + h_e\right)^2} \tag{9.8}$$

Es gelten die folgenden Winkelfunktionen:

$$\cos\phi_0 = \frac{z - g_h}{l_{av}} \qquad \phi_0 = \arccos\left(\frac{z - g_h}{l_{av}}\right)$$

$$\cos\phi_1 = \frac{z}{l_{av}} \qquad \phi_1 = \arccos\left(\frac{z}{l_{av}}\right)$$

Die vorhandene Rotation ϕ_{av} ist die Differenz dieser beiden Winkel.

$$\phi_{av} = \phi_0 - \phi_1$$

$$\phi_{av} = \arccos\left(\frac{z - g_h}{l_{av}}\right) - \arccos\left(\frac{z}{l_{av}}\right) \tag{9.9}$$

Diese Gleichung ist in [24] und [25] in der folgenden Formulierung angegeben, die den gleichen Werte ergibt.

$$\phi_{av} = \arcsin\left(\frac{z}{l_{av}}\right) - \arctan\left(\frac{z - g_h}{\frac{h_p}{2} + h_e}\right)$$

ϕ_{req} – Endtangentenwinkel des Trägers auf 2 Stützen unter der gegebenen Bemessungslast

Für die Gleichstreckenlast gilt:

$$\phi_{req} = \frac{p_{Ed} \cdot l^3}{24 \cdot E \cdot I_y} \tag{9.10}$$

Für andere Belastungen können die Werte den Bautabellenbüchern entnommen werden. Der Endtangentenwinkel kann auch mit Stabwerksprogrammen berechnet werden.

Es tritt kein Kontakt auf, wenn folgende geometrische Bedingung erfüllt ist.

$$z > l_{av} = \sqrt{(z - g_h)^2 + \left(\frac{h_p}{2} + h_e\right)^2} \tag{9.11}$$

Da die vorhandene Rotation ϕ_{av} bei kurzen Fahnenblechanschlüssen im Allgemeinen ein kleiner Winkel ist, kann hier eine einfachere Formulierung hergeleitet werden, die auf der sicheren Seite liegt. Für kleine Winkel gilt nach Abb. 9.3:

$$l_{av} \cdot \phi_{av} = \frac{g_h}{\sin \phi_0} = \frac{g_h}{\frac{\frac{h_p}{2} + h_e}{l_{av}}}$$

$$\phi_{av} = \frac{g_h}{\frac{h_p}{2} + h_e}$$

Der Nachweis lautet dann:

$$\phi_{av} = \frac{g_h}{\frac{h_p}{2} + h_e} > \phi_{req} \qquad (9.12)$$

Die Gleichung (9.12) kann in eine Bemessungsgleichung für den Spalt g_h umgewandelt werden.

$$g_h \geq \phi_{req} \cdot \left(\frac{h_p}{2} + h_e \right) \qquad (9.13)$$

Die günstig wirkende Rotation infolge des Lochspiels $\phi_{av,0}$ der Schrauben wird in [24] nicht berücksichtigt. In vielen Fällen ist das Lochspiel ausreichend und es entsteht kein Kontakt. Wenn das Lochspiel berücksichtigt wird, führt dies zu einer geringeren Beanspruchung des Anschlusses.

$$\phi_{av,0} = \frac{d_0 - d_b}{(n_1 - 1) \cdot p_1} \qquad (9.14)$$

n_1 – Anzahl der Schraubenreihen
d_b – Schraubendurchmesser
d_0 – Lochspiel

Leider kann man aber nicht angeben, wie sich das Lochspiel in der realen Konstruktion einstellt.

Vorzeitiges Schraubenversagen

Es darf in dem Anschluss nach [24] kein vorzeitiges Versagen der Schrauben auftreten. Dafür ist eine ausreichende Rotationskapazität des geschraubten Anschlusses erforderlich, die sich einstellt, wenn das Versagen durch plastische Verformungen des Schraubenanschlusses erfolgt. Dies ist dann der Fall, wenn das Schraubenversagen nicht durch Abscheren, sondern durch Lochleibung in dem Fahnenblech oder dem Trägersteg erfolgt.

Vorzeitiges Schweißnahtversagen

Auch ein vorzeitiges Versagen der Schweißnaht sollte nach [24] vermieden werden. Deshalb sollte die Tragfähigkeit der Schweißnaht größer als die Tragfähigkeit des angrenzenden Fahnenblechs sein.

$$a \geq \frac{\beta_w \cdot f_y}{\sqrt{2} \cdot f_u} \cdot \frac{\gamma_{M2}}{\gamma_{M0}} \cdot t \tag{9.15}$$

t – Wanddicke des Fahnenblechs
a – Schweißnahtdicke
β_w – Korrelationsfaktor
f_y – Streckgrenze des Fahnenblechs
f_u – Zugfestigkeit des Fahnenblechs

Vorzeitiges Beulversagen des Fahnenblechs

Der Nachweis des vorzeitigen Beulens des Fahnenblechs basiert nach [25] auf den Angaben in BS 5950-1. Dabei ist z_p der Abstand der ersten vertikalen Schraubenreihe bis zum lastaufnehmenden Bauteil, in Abb. 9.3 bis zum Flansch der Stütze. Es gelten folgende Unterscheidungen:

$$t_p > z_p \cdot 0{,}15 \tag{9.16}$$

In diesem Fall tritt kein Beulen auf und die Tragfähigkeit kann mit der Biegetragfähigkeit des Fahnenblechs gleichgesetzt werden. Dieser Nachweis ist konservativ. Es ist ein Beulnachweis des Fahnenblechs zu führen, wenn gilt:

$$t_p \leq z_p \cdot 0{,}15$$

Die zugehörige Beultragfähigkeit lautet nach [25]:

$$V_{Rd,7} = \frac{W_{el}}{z_p} \cdot \frac{f_{pLT}}{0{,}6 \cdot \gamma_{M1}} \leq \frac{W_{el}}{z_p} \cdot \frac{f_{yp}}{\gamma_{M0}} \tag{9.17}$$

f_{pLT} – Tragspannung gegen seitliches Ausweichen des Fahnenblechs

Die Tragspannung f_{pLT} (BS 5950-1, Table 17) wird mit der folgenden Schlankheit berechnet:

$$\lambda_{LT} = 2{,}8 \cdot \sqrt{\frac{z_p \cdot h_p}{1{,}5 \cdot t_p^2}} \tag{9.18}$$

Mit den Gleichungen (9.17) und (9.18) kann **hier** eine weitere Grenze für die Wanddicke t_p ermittelt werden. Aus der Gleichung (9.17) erhält man die Tragspannung f_{pLT} und die zugehörige Wanddicke t_p, für welche noch **kein Beulnachweis** erforderlich ist.

$$f_{pLT} \geq 0{,}6 \cdot \frac{\gamma_{M1}}{\gamma_{M0}} \cdot f_{yp} = 0{,}66 \cdot f_{yp} \tag{9.19}$$

Für S 235 erhält man für f_{pLT} und die zugehörige Schlankheit λ_{LT} nach (BS 5950-1, Table 17):

S 235 $\quad f_{pLT} = 155\ \text{N/mm}^2 \qquad \lambda_{LT} = 62{,}9 = 2{,}8 \cdot \sqrt{\frac{z_p \cdot h_p}{1{,}5 \cdot t_p^2}}$

Für die Wanddicke t_p gilt:

$$t_{\mathrm{p}} \geq \sqrt{\frac{z_{\mathrm{p}} \cdot h_{\mathrm{p}}}{757}} \tag{9.20}$$

Für S 355 erhält man entsprechend:

S 355 $\quad f_{\mathrm{pLT}} = 234\ \mathrm{N/mm^2} \qquad \lambda_{\mathrm{LT}} = 54{,}5 = 2{,}8 \cdot \sqrt{\frac{z_{\mathrm{p}} \cdot h_{\mathrm{p}}}{1{,}5 \cdot t_{\mathrm{p}}^2}}$

$$t_{\mathrm{p}} \geq \sqrt{\frac{z_{\mathrm{p}} \cdot h_{\mathrm{p}}}{568}} \tag{9.21}$$

z_{p} – Hebelarm bis zur ersten vertikalen Schraubenreihe
t_{p} – Wanddicke des Fahnenblechs

9.1.3 Doppelwinkelanschluss

Nachweis der Rotationskapazität

Der Doppelwinkelanschluss stellt nach [24] eine Kombination zwischen dem Stirnplattenanschluss und dem Fahnenblechanschluss dar, wobei aber einige besondere Regeln zu beachten sind. Die Winkelschenkel am lastabnehmenden Bauteil stellen die Stirnplatte dar, die Winkelschenkel am Träger das Fahnenblech.

Die Größe der Rotation ϕ, die sich bis zum Kontakt einstellt, ist von den Abmessungen des Trägers und des Winkels abhängig, aber auch von den Verformungen der einzelnen Komponenten des Anschlusses. Vereinfacht wird angenommen, dass das lastaufnehmende Bauteil sich nicht verformt. In der zitierten Literatur [24] und [25] sind keine Angaben über die vorhandene Rotation ϕ_{av} des Doppelwinkelanschlusses angegeben. In den Tabellen der typisierten Verbindungen ist das vorzeitige Schraubenversagen berücksichtigt. Auf der sicheren Seite liegt die Annahme der vorhandenen Rotation ϕ_{av} wie beim Fahnenblech.

Vorzeitiges Schraubenversagen

Da in dem Anschluss am lastabnehmenden Bauteil auch Biegemomente aufgrund der exzentrischen Krafteinleitung auftreten, werden die oberen Schrauben nicht nur auf Abscheren, sondern auch auf Zug beansprucht. Es darf kein vorzeitiges Versagen der Schrauben auftreten. Dafür ist eine ausreichende Rotationskapazität des geschraubten Anschlusses erforderlich, die sich einstellt, wenn das Versagen des Anschlusses durch plastische Biegeverformungen der Winkel oder des lastabnehmenden Bauteil erfolgt.

$$\frac{d}{t} \geq 2{,}8 \cdot \sqrt{\frac{f_{\mathrm{y}}}{f_{\mathrm{ub}}}} \tag{9.22}$$

t – Wanddicke der Winkel oder des lastabnehmenden Bauteils

d – Schraubendurchmesser
f_{ub} – Zugfestigkeit der Schraube
f_y – Streckgrenze der Winkel oder des lastabnehmenden Bauteils

Bei einem zweiseitigen Doppelwinkelanschluss ist eine ausreichende Rotationskapazität nur gegeben, wenn der Nachweis für die Winkel erfüllt ist.

Da das Biegemoment in dem Anschluss am lastabnehmenden Bauteil nicht bekannt ist, wird wie bei der Stirnplatte angenommen, dass die Schrauben im Zugbereich bis zu 50 % der Grenzzugkraft betragen kann. Es gilt:

$$F_{v,Ed} \leq 0,8 \cdot F_{v,Rd} \tag{9.23}$$

9.2 Beispiele

9.2.1 Anschluss eines Trägers an eine Stütze mit Fahnenblech

Die folgende Berechnung gilt für einen Anschluss mit einer vertikalen Schraubenreihe. Für mehrere vertikale Reihen im Fahnenblechanschluss siehe [25].

Der Träger ist ein Einfeldträger, wobei eine gelenkige Lagerung angenommen wird. Der gelenkige Anschluss soll mit einem Fahnenblech erfolgen, wobei die Duktilität und die Rotationssteifigkeit zu beachten sind. Der Träger ist nicht biegedrillknickgefährdet. Die Stirnplatte ist zwischen den Ausrundungen angeordnet. Gegenüber der bisher üblichen Bemessung nach Band 2, Beispiel 5.8.4, sind nach [25] hochfeste Schrauben erforderlich.

Länge des Trägers: $l = 5$ m

Beanspruchung des Deckenträgers: $p_{\mathrm{Ed}} = 30$ kN/m

Die konstruktiven Bedingungen für die Schrauben- und die Schweißverbindung sind eingehalten.

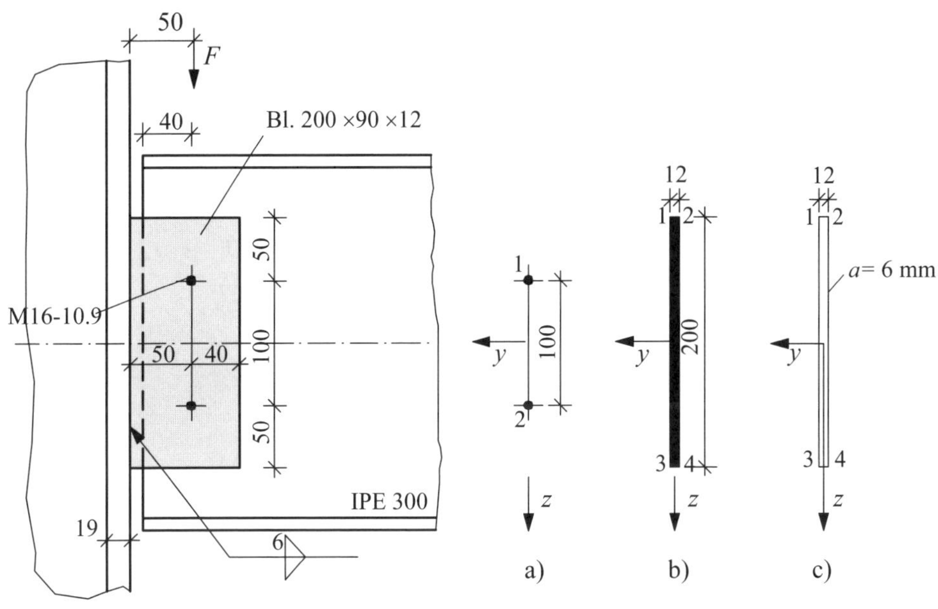

Werkstoff: S 235

Beanspruchung: Auflagerkraft: $F_{\mathrm{Ed}} = 75$ kN

Profil des Trägers: IPE 300

Ausführung: Anschluss mit Fahnenblech

Fahnenblech: Bl. 200×90×12

Schrauben: M16-10.9; $d_0 = 18$ mm

Schweißnahtdicke: $a = 6$ mm

Beanspruchbarkeit des Fahnenblechs: $\sigma_{\mathrm{Rd}} = 23{,}5$ kN/cm^2

Beanspruchbarkeit der Schweißnaht auf Schub: $\tau_{\mathrm{w,Rd}} = 20{,}8$ kN/cm^2

Beanspruchbarkeit der Schweißnaht: $\sigma_{\mathrm{V,w,Rd}} = 36,0\ \mathrm{kN/cm^2}$

1 Nachweis des Trägers

$$M_{\mathrm{y,Ed}} = \frac{p_{\mathrm{Ed}} \cdot l^2}{8} = \frac{30 \cdot 5^2}{8} = 93,75\ \mathrm{kNm}$$

$$M_{\mathrm{pl,y,Rd}} = W_{\mathrm{pl,y,Rd}} \cdot \sigma_{\mathrm{Rd}} = 628 \cdot 21,4 = 134\ \mathrm{kNm}$$

$$\frac{M_{\mathrm{y,Ed}}}{M_{\mathrm{pl,y,Rd}}} = \frac{93,75}{134} = 0,70 \leq 1,0$$

$$V_{\mathrm{Ed}} = \frac{p_{\mathrm{Ed}} \cdot l}{2} = \frac{30 \cdot 5}{2} = 75\ \mathrm{kN}$$

Ist das Biegedrillknicken maßgebend, gilt:

$$\frac{M_{\mathrm{y,Ed}}}{M_{\mathrm{b,Rd}}} \leq 1,0$$

2 Konstruktion

2.1 Konstruktion der Schweißverbindung

Konstruktive Grenzwerte

$$a = 6\ \mathrm{mm}$$

$$t \geq 3\ \mathrm{mm}$$

$$\min a = 3\ \mathrm{mm\ bzw.}$$

$$\min a = \sqrt{\max t} - 0,5 = \sqrt{10} - 0,5 = 2,66\ \mathrm{mm}$$

$$l_{\mathrm{eff}} = 200\ \mathrm{mm} \leq 150 \cdot a = 150 \cdot 6 = 900\ \mathrm{mm} \qquad (1\text{-}8,\ 4.11)$$

$$l_{\mathrm{eff}} = 200\ \mathrm{mm} \geq 6 \cdot a = 6 \cdot 6 = 24\ \mathrm{mm\ bzw.} \geq 36\ \mathrm{mm} \qquad (1\text{-}8,\ 4.5.1)$$

Die Grenzwerte sind eingehalten.

2.2 Konstruktion der Schraubenverbindung

Konstruktive Voraussetzungen:

$$p_1 = 100\ \mathrm{mm} \geq 2,2 \cdot d_0 = 2,2 \cdot 18 = 39,6\ \mathrm{mm}$$

$$p_1 = 100\ \mathrm{mm} \approx 14 \cdot t = 14 \cdot 7,1 = 99,4\ \mathrm{mm}$$

$$p_1 = 100\ \mathrm{mm} \leq 200\ \mathrm{mm}$$

$$e_1 = 40\ \mathrm{mm} \geq 1,2 \cdot d_0 = 1,2 \cdot 18 = 21,6\ \mathrm{mm}$$

$$e_1 = 40\ \mathrm{mm} \leq 4 \cdot t + 40 = 4 \cdot 7,1 + 40 = 68,4\ \mathrm{mm}$$

Die konstruktiven Bedingungen für die Schraubenverbindung sind eingehalten.

$$t_1 = 12\ \mathrm{mm}\ ;\ t_2 = 7,1\ \mathrm{mm}$$

2.3 Nachweis der Stirnplattenhöhe

$$h_{\mathrm{p}} = 230\ \mathrm{mm} \leq d = 245\ \mathrm{mm}$$

h_{p} – Stirnplattenhöhe

d – die Höhe des geraden Trägersteges

2.4 Nachweis der Rotationskapazität

$$\phi_{av} = \frac{g_h}{\frac{h_p}{2} + h_e} \geq \phi_{req} \quad \text{oder} \quad g_h > \phi_{req} \cdot \left(\frac{h_p}{2} + h_e \right)$$

n_1 – Anzahl der Schraubenreihen
d – Schraubendurchmesser
g_h – Abstand zwischen Träger und Stütze
h_e – Abstand zwischen der Unterkante der Platte und der Unterkante des Trägers
ϕ_{req} – Endtangentenwinkel des Trägers auf 2 Stützen unter der gegebenen Bemessungslast

Für die Gleichstreckenlast gilt:

$$\phi_{req} = \frac{p_{Ed} \cdot l^3}{24 \cdot E \cdot I_y} = \frac{0,3 \cdot 500^3}{24 \cdot 21000 \cdot 8360} = 0,0089$$

$$\phi_{av} = \frac{g_h}{\frac{h_p}{2} + h_e} = \frac{10}{\frac{200}{2} + 50} = 0,067 \geq \phi_{req} = 0,0089$$

oder

$$g_h = 10 \text{ mm} > 0,0089 \cdot \left(\frac{200}{2} + 50 \right) = 1,3 \text{ mm}$$

Es entsteht kein Kontakt.
Für das Lochspiel erhält man zum Vergleich:

$$\phi_{av,0} = \frac{d_0 - d_b}{(n_1 - 1) \cdot p_1} = \frac{18 - 16}{(2 - 1) \cdot 100} = 0,02 \geq \phi_{req} = 0,0089$$

2.5 Vorzeitiges Schraubenversagen

Es muss sichergestellt werden, dass Schraubenversagen auf Abscheren nicht maßgebend wird. Dieser Nachweis ist erst am Ende der Berechnung möglich.

2.6 Vorzeitiges Schweißnahtversagen

$$a = 6 \text{ mm} \geq \frac{\beta_w \cdot f_{yp}}{\sqrt{2} \cdot f_{up}} \cdot \frac{\gamma_{M2}}{\gamma_{M0}} \cdot t_p = \frac{0,8 \cdot 235}{\sqrt{2} \cdot 360} \cdot \frac{1,25}{1,0} \cdot 12 = 5,54 \text{ mm}$$

a – Schweißnahtdicke
β_w – Korrelationsfaktor
f_{yp} – Streckgrenze des Fahnenblechs
f_{up} – Zugfestigkeit des Fahnenblechs

2.7 Vorzeitiges Beulversagen des Fahnenblechs

$$z_p = z = 50 \text{ mm}$$

$$t_p = 12 \text{ mm} \geq z_p \cdot 0,15 = 50 \cdot 0,15 = 7,5 \text{ mm}$$

oder

$$t_p = 12 \text{ mm} \geq \sqrt{\frac{z_p \cdot h_p}{760}} = \sqrt{\frac{50 \cdot 200}{760}} = 3,6 \text{ mm}$$

z – Hebelarm der Kraft
t_p – Wanddicke des Fahnenblechs

Wenn diese konstruktiven Randbedingungen erfüllt sind, kann im Allgemeinen davon ausgegangen werden, dass die Tragfähigkeiten der einzelnen Komponenten eingehalten sind.

3 Tragfähigkeiten der Komponenten

3.1 Schrauben auf Abscheren

$$\alpha_{\mathrm{v}} = 0,6$$

$$A = \frac{\pi \cdot d^2}{4} = \frac{\pi \cdot 1,6^2}{4} = 2,01\ \mathrm{cm}^2$$

$$F_{\mathrm{v,Rd}} = \frac{\alpha_{\mathrm{v}} \cdot A \cdot f_{\mathrm{ub}}}{\gamma_{\mathrm{M2}}} = \frac{0,6 \cdot 2,01 \cdot 100}{1,25} = 96,5\ \mathrm{kN}$$

$$n = 2$$

$$V_{\mathrm{Rd,1}} = \frac{n \cdot F_{\mathrm{v,Rd}}}{\sqrt{1 + \left[\frac{6 \cdot z}{(n+1) \cdot p_1}\right]^2}} = \frac{2 \cdot 96,5}{\sqrt{1 + \left[\frac{6 \cdot 5,0}{(2+1) \cdot 10,0}\right]^2}} = 136,5\ \mathrm{kN}$$

A – Querschnittsfläche des Schaftes

n – Anzahl der Schrauben

3.2 Fahnenblech auf Lochleibung

Vertikale Tragfähigkeit

$$\alpha_{\mathrm{b}} = \min\left(\frac{e_1}{3 \cdot d_0};\ \frac{p_1}{3 \cdot d_0} - \frac{1}{4};\ \frac{f_{\mathrm{ub}}}{f_{\mathrm{up}}};\ 1\right) = \left(\frac{50}{3 \cdot 18};\ \frac{100}{3 \cdot 18} - \frac{1}{4};\ \frac{1000}{360};\ 1\right)$$

$$\alpha_{\mathrm{b}} = (0,926;\ 1,85;\ 2,78;\ 1) = 0,926$$

$$k_1 = \min\left(2,8 \cdot \frac{e_2}{d_0} - 1,7;\ 2,5\right) = \left(2,8 \cdot \frac{40}{18} - 1,7;\ 2,5\right)$$

$$k_1 = (4,52;\ 2,5) = 2,5$$

$$F_{\mathrm{b,z,p,Rd}} = \frac{\alpha_{\mathrm{b}} \cdot k_1 \cdot f_{\mathrm{up}} \cdot d \cdot t_{\mathrm{p}}}{\gamma_{\mathrm{M2}}} = \frac{0,926 \cdot 2,5 \cdot 36,0 \cdot 1,6 \cdot 1,2}{1,25} = 128\ \mathrm{kN}$$

Horizontale Tragfähigkeit

$$\alpha_{\mathrm{b}} = \min\left(\frac{e_2}{3 \cdot d_0};\ \frac{f_{\mathrm{ub}}}{f_{\mathrm{up}}};\ 1\right) = \left(\frac{40}{3 \cdot 18};\ \frac{1000}{360};\ 1\right)$$

$$\alpha_{\mathrm{b}} = (0,741;\ 2,78;\ 1) = 0,741$$

$$k_1 = \min\left(2,8 \cdot \frac{e_1}{d_0} - 1,7;\ 1,4 \cdot \frac{p_1}{d_0} - 1,7;\ 2,5\right) = \left(2,8 \cdot \frac{40}{18} - 1,7;\ 1,4 \cdot \frac{100}{18} - 1,7;\ 2,5\right)$$

$$k_1 = (4,52;\ 6,08;\ 2,5) = 2,5$$

$$F_{\mathrm{b,y,p,Rd}} = \frac{\alpha_{\mathrm{b}} \cdot k_1 \cdot f_{\mathrm{up}} \cdot d \cdot t_{\mathrm{p}}}{\gamma_{\mathrm{M2}}} = \frac{0,741 \cdot 2,5 \cdot 36,0 \cdot 1,6 \cdot 1,2}{1,25} = 102\ \mathrm{kN}$$

Resultierende Kraft

$$\beta = \frac{6 \cdot z}{p_1 \cdot n \cdot (n+1)} = \frac{6 \cdot 50}{100 \cdot 2 \cdot (2+1)} = 0{,}5$$

$$V_{\text{Rd,2}} = \frac{1}{\sqrt{\left(\frac{\frac{1}{n}}{F_{\text{b,z,p,Rd}}}\right)^2 + \left(\frac{\beta}{F_{\text{b,y,p,Rd}}}\right)^2}} = \frac{1}{\sqrt{\left(\frac{\frac{1}{2}}{128}\right)^2 + \left(\frac{0{,}5}{102}\right)^2}} = 160 \text{ kN}$$

3.3 Schub im Fahnenblech für den Bruttoquerschnitt

$$V_{\text{Rd,3}} = \frac{h_{\text{p}} \cdot t_{\text{p}} \cdot f_{\text{yp}}}{1{,}27 \cdot \sqrt{3} \cdot \gamma_{\text{M0}}} = \frac{20{,}0 \cdot 1{,}2 \cdot 23{,}5}{1{,}27 \cdot \sqrt{3} \cdot 1{,}0} = 256 \text{ kN}$$

3.4 Schub im Fahnenblech für den Nettoquerschnitt

$$A_{\text{v,net}} = t_{\text{p}} \cdot \left(h_{\text{p}} - n_1 \cdot d_0\right) = 1{,}2 \cdot (20{,}0 - 2 \cdot 1{,}8) = 19{,}7 \text{ cm}^2$$

$$V_{\text{Rd,4}} = \frac{A_{\text{v,net}} \cdot f_{\text{up}}}{\sqrt{3} \cdot \gamma_{\text{M2}}} = \frac{19{,}7 \cdot 36{,}0}{\sqrt{3} \cdot 1{,}25} = 328 \text{ kN}$$

n_1 – Anzahl der Schraubenreihen

3.5 Blockversagen des Fahnenblechs

$$A_{\text{nt}} = t_{\text{p}} \cdot \left(e_2 - \frac{d_0}{2}\right) = 1{,}2 \cdot \left(4 - \frac{1{,}8}{2}\right) = 3{,}72 \text{ cm}^2$$

$$A_{\text{nv}} = t_{\text{p}} \cdot \left(h_{\text{p}} - e_1 - (n_1 - 0{,}5) \cdot d_0\right) = 1{,}2 \cdot \left(20{,}0 - 5{,}0 - (2 - 0{,}5) \cdot 1{,}8\right) = 14{,}8 \text{ cm}^2$$

$$V_{\text{eff,1,Rd}} = \frac{0{,}5 \cdot f_{\text{up}} \cdot A_{\text{nt}}}{\gamma_{\text{M2}}} + \frac{f_{\text{yp}} \cdot A_{\text{nv}}}{\sqrt{3} \cdot \gamma_{\text{M0}}} = \frac{0{,}5 \cdot 36{,}0 \cdot 3{,}72}{1{,}25} + \frac{23{,}5 \cdot 14{,}8}{\sqrt{3} \cdot 1{,}0} = 254 \text{ kN}$$

$$V_{\text{Rd,5}} = V_{\text{eff,1,Rd}} = 254 \text{ kN}$$

n_1 – Anzahl der Schraubenreihen

3.6 Fahnenblech auf Biegung

$$W_{\text{el}} = \frac{1}{6} \cdot t_{\text{p}} \cdot h_{\text{p}}^2 = \frac{1}{6} \cdot 1{,}2 \cdot 20{,}0^2 = 80 \text{ cm}^3$$

$$V_{\text{Rd,6}} = \frac{W_{\text{el}} \cdot f_{\text{yp}}}{z \cdot \gamma_{\text{M0}}} = \frac{80 \cdot 23{,}5}{5{,}0 \cdot 1{,}0} = 376 \text{ kN}$$

3.7 Beulen des Fahnenblechs

$$t_{\text{p}} = 12 \text{ mm} \geq \sqrt{\frac{z_{\text{p}} \cdot h_{\text{p}}}{760}} = \sqrt{\frac{50 \cdot 200}{760}} = 3{,}62 \text{ mm}$$

$$V_{\text{Rd,7}} = V_{\text{Rd,6}} = 376 \text{ kN}$$

3.8 Trägersteg auf Lochleibung

Vertikale Tragfähigkeit

$$\alpha_b = \min\left(\frac{p_1}{3 \cdot d_0} - \frac{1}{4};\ \frac{f_{ub}}{f_{up}}, 1\right) = \left(\frac{100}{3 \cdot 18} - \frac{1}{4};\ \frac{1000}{360};\ 1\right)$$

$$\alpha_b = (1{,}85;\ 2{,}78;\ 1) = 1$$

$$k_1 = \min\left(2{,}8 \cdot \frac{e_{2b}}{d_0} - 1{,}7;\ 2{,}5\right) = \left(2{,}8 \cdot \frac{40}{18} - 1{,}7;\ 2{,}5\right)$$

$$k_1 = (4{,}52;\ 2{,}5) = 2{,}5$$

$$F_{b,z,w,Rd} = \frac{\alpha_b \cdot k_1 \cdot f_{up} \cdot d \cdot t_w}{\gamma_{M2}} = \frac{1{,}0 \cdot 2{,}5 \cdot 36{,}0 \cdot 1{,}6 \cdot 0{,}71}{1{,}25} = 81{,}8 \text{ kN}$$

Horizontale Tragfähigkeit

$$\alpha_b = \min\left(\frac{e_{2b}}{3 \cdot d_0};\ \frac{f_{ub}}{f_{up}};\ 1\right) = \left(\frac{40}{3 \cdot 18};\ \frac{1000}{360};\ 1\right)$$

$$\alpha_b = (0{,}741;\ 2{,}78;\ 1) = 0{,}741$$

$$k_1 = \min\left(1{,}4 \cdot \frac{p_1}{d_0} - 1{,}7;\ 2{,}5\right) = \left(1{,}4 \cdot \frac{100}{18} - 1{,}7;\ 2{,}5\right)$$

$$k_1 = (6{,}08;\ 2{,}5) = 2{,}5$$

$$F_{b,y,w,Rd} = \frac{\alpha_b \cdot k_1 \cdot f_{uw} \cdot d \cdot t_w}{\gamma_{M2}} = \frac{0{,}741 \cdot 2{,}5 \cdot 36{,}0 \cdot 1{,}6 \cdot 0{,}71}{1{,}25} = 60{,}6 \text{ kN}$$

Resultierende Kraft

$$\beta = \frac{6 \cdot z}{p_1 \cdot n \cdot (n+1)} = \frac{6 \cdot 50}{100 \cdot 2 \cdot (2+1)} = 0{,}5$$

$$V_{Rd,8} = \frac{1}{\sqrt{\left(\frac{\frac{1}{n}}{F_{b,z,w,Rd}}\right)^2 + \left(\frac{\beta}{F_{b,y,w,Rd}}\right)^2}} = \frac{1}{\sqrt{\left(\frac{\frac{1}{2}}{81{,}8}\right)^2 + \left(\frac{0{,}5}{60{,}6}\right)^2}} = 97{,}4 \text{ kN}$$

3.9 Trägersteg auf Schub

$$V_{Rd,9} = \frac{A_{v.z} \cdot f_{yw}}{\sqrt{3} \cdot \gamma_{M0}} = \frac{25{,}7 \cdot 23{,}5}{\sqrt{3} \cdot 1{,}0} = 349 \text{ kN}$$

3.10 Trägersteg auf Schub (Nettoquerschnitt)

$$A_{v,net} = A_{v.z} - n_1 \cdot d_0 \cdot t_w = 25{,}7 - 2 \cdot 1{,}8 \cdot 0{,}71 = 23{,}1 \text{ cm}^2$$

$$V_{Rd,10} = \frac{2 \cdot A_{v,net} \cdot f_{uw}}{\sqrt{3} \cdot \gamma_{M2}} = \frac{23{,}1 \cdot 36{,}0}{\sqrt{3} \cdot 1{,}25} = 384 \text{ kN}$$

3.11 Blockversagen des Trägersteges

$$A_{\text{nt}} = t_{\text{w}} \cdot \left(e_{2\text{b}} - \frac{d_0}{2} \right) = 0,71 \cdot \left(4 - \frac{1,8}{2} \right) = 2,20 \text{ cm}^2$$

$$A_{\text{nv}} = t_{\text{w}} \cdot \left[e_{1\text{b}} + (n_1 - 1) \cdot p_1 - (n_1 - 0,5) \cdot d_0 \right]$$

$$A_{\text{nv}} = 0,71 \cdot \left[10,0 + (2-1) \cdot 10,0 - (2 - 0,5) \cdot 1,8 \right] = 12,3 \text{ cm}^2$$

$$V_{\text{eff,1,Rd}} = \frac{0,5 f_{\text{uw}} \cdot A_{\text{nt}}}{\gamma_{\text{M2}}} + \frac{f_{\text{yw}} \cdot A_{\text{nv}}}{\sqrt{3} \cdot \gamma_{\text{M0}}} = \frac{0,5 \cdot 36,0 \cdot 2,2}{1,25} + \frac{23,5 \cdot 12,3}{\sqrt{3} \cdot 1,0} = 199 \text{ kN}$$

$$V_{\text{Rd,11}} = V_{\text{eff,1,Rd}} = 199 \text{ kN}$$

4 Zusammenfassung und Nachweis

3.1 Schrauben auf Abscheren	$V_{\text{Rd,1}} = 112$ kN
3.2 Fahnenblech auf Lochleibung	$V_{\text{Rd,2}} = 160$ kN
3.3 Schub im Fahnenblech für den Bruttoquerschnitt	$V_{\text{Rd,3}} = 256$ kN
3.4 Schub im Fahnenblech für den Nettoquerschnitt	$V_{\text{Rd,4}} = 328$ kN
3.5 Blockversagen des Fahnenblechs	$V_{\text{Rd,5}} = 254$ kN
3.6 Fahnenblech auf Biegung	$V_{\text{Rd,6}} = 376$ kN
3.7 Beulen des Fahnenblechs	$V_{\text{Rd,7}} = 376$ kN
3.8 Trägersteg auf Lochleibung	$V_{\text{Rd,8}} = 97,4$ kN
3.9 Schub im Trägersteg für den Bruttoquerschnitt	$V_{\text{Rd,9}} = 349$ kN
3.10 Schub im Trägersteg für den Nettoquerschnitt	$V_{\text{Rd,10}} = 384$ kN
3.11 Blockversagen des Trägersteges	$V_{\text{Rd,11}} = 199$ kN
3.12 Nachweis der Schweißnaht s. Abschnitt 5	

Die kleinste Tragfähigkeit ist maßgebend. Maßgebend ist hier der Trägersteg auf Lochleibung.

$$V_{\text{j,Rd}} = 97,4 \text{ kN}$$

Nachweis:

$$\frac{V_{\text{Ed}}}{V_{\text{j,Rd}}} = \frac{75}{97,4} = 0,77 \leq 1,0$$

2.5 Vorzeitiges Schraubenversagen

1. Bedingung:
Die Tragfähigkeit des Stirnplattenanschlusses muss kleiner sein als die Tragfähigkeit der Schraubenverbindung auf Abscheren und Beulen.

$$V_{j,Rd} = 97,4 \text{ kN} \leq \min(V_{Rd,1}, V_{Rd,7}) = 112 \text{ kN}$$

2. Bedingung:
Die Tragfähigkeit auf Lochleibung der maximal beanspruchten Schraube aus einem Biegemoment muss kleiner sein als die Abscherkraft der Schraube. Dies gilt auch für das Biegemoment mit der Scherkraft für das Beulen. Es ist ausreichend, wenn dies nur für den Trägersteg oder das Fahnenblech erfüllt ist.

$$F_{v,Rd} = 96,5 \text{ kN} \qquad V_{Rd,7} \cdot \beta = 376 \cdot 0,5 = 188 \text{ kN}$$

$$F_{b,y,w,Rd} = 60,6 \text{ kN} \leq \min(F_{v,Rd},\ V_{Rd,7} \cdot \beta) = 96,5 \text{ kN}$$

oder

$$F_{b,y,p,Rd} = 102 \text{ kN} \leq \min(F_{v,Rd},\ V_{Rd,7} \cdot \beta) = 96,5 \text{ kN}$$

5 Nachweis der Komponenten für die vorhandene Querkraft

5.1 Nachweis der Schraubenverbindung am Träger

$$t_1 = 12 \text{ mm};\ t_2 = 7,1 \text{ mm}$$

Es werden hier die Nachweise für die vorhandene Querkraft $V_{Ed} = 75$ kN geführt.

Für die Schraubenverbindung wird in [24] angenommen, dass der Momentennullpunkt am Flansch der Stütze liegt. Der Nachweis der Schraubenverbindung des Fahnenblechs ist hier nicht maßgebend.

Querschnittswerte:

<u>Schraube 2 ist maßgebend</u>

Grenzabscherkraft

$$m \cdot F_{v,Rd} = 1 \cdot 96,5 = 96,5 \text{ kN} \qquad \text{Tabelle 10.1}$$

Die Grenzlochleibungskräfte müssen vorzeichengerecht berechnet werden.

$$+F_{y,b,Rd} = +0,71 \cdot 85,3 = +60,6 \text{ kN} \qquad e_1 = 40 \text{ mm} \qquad \text{Tabelle 10.4}$$

$$-F_{y,b,Rd} = -0,71 \cdot 115 = -81,7 \text{ kN} \qquad p_1 \geq 3,75 \cdot d_0 \qquad \text{Tabelle 10.4}$$

$$+F_{z,b,Rd} = +0,71 \cdot 115 = -81,7 \text{ kN} \qquad p_1 \geq 3,75 \cdot d_0 \qquad \text{Tabelle 10.4}$$

$$-F_{z,b,Rd} = -0,71 \cdot 115 = -81,7 \text{ kN} \qquad p_1 \geq 3,75 \cdot d_0 \qquad \text{Tabelle 10.4}$$

$$A = 2 \qquad I_p = \sum z_i^2 = 5,00^2 + 5,00^2 = 50 \text{ cm}^2$$

Beanspruchungen des Punktequerschnittes:

$$V_z = -F_{1,d} = -75 \text{ kN} \qquad M_x = -F_{1,d} \cdot z = -75 \cdot 5,0 = -375 \text{ kNcm}$$

Nachweis der Schraube 2

$$T_y = -\frac{M_x}{I_p} \cdot z = -\frac{-375}{50} \cdot (+5,00) = +37,5 \text{ kN}$$

$$T_z = \frac{V_z}{A} = \frac{-75}{2} = -37,5 \text{ kN}$$

$$T = \sqrt{T_y^2 + T_z^2} = \sqrt{37,5^2 + 37,5^2} = 53,0 \text{ kN}$$

$$\frac{T}{m \cdot F_{\text{v,Rd}}} = \frac{53,0}{96,5} = 0,55 \le 1 \qquad \frac{T_{\text{y}}}{F_{\text{y,b,Rd}}} = \frac{37,5}{60,6} = 0,62 \le 1 \qquad \frac{T_z}{F_{\text{z,b,Rd}}} = \frac{37,5}{81,7} = 0,46 \le 1$$

In den Empfehlungen [24] wird der folgende ungünstigere Nachweis geführt.

$$\left(\frac{T_{\text{y}}}{F_{\text{y,b,Rd}}}\right)^2 + \left(\frac{T_{\text{z}}}{F_{\text{z,b,Rd}}}\right)^2 \le 1 \qquad \left(\frac{37,5}{60,6}\right)^2 + \left(\frac{37,5}{81,7}\right)^2 = 0,59 \le 1$$

5.2 Nachweis des Fahnenbleches

Das Fahnenblech wird direkt neben der Schweißnaht nachgewiesen.

Querschnittswerte:

$$b = t = 1,20 \text{ cm}; \; h = 20,0 \text{ cm}$$

$$A_{\text{z}} = b \cdot h = 1,20 \cdot 20 = 24 \text{ cm}^2$$

$$W_{\text{y}} = b \cdot \frac{h^2}{6} = 1,20 \cdot \frac{20^2}{6} = 80 \text{ cm}^3$$

$$W_{\text{t}} = \frac{1}{3} \cdot h \cdot t^2 = \frac{1}{3} \cdot 20 \cdot 1,20^2 = 9,60 \text{ cm}^3$$

Da die Auflagerkraft F_{Ed} in der Stegmitte des Trägers wirkt, ergeben sich betragsmäßig folgende Schnittgrößen.

$$V_{\text{z}} = F_{\text{Ed}} = 75 \text{ kN} \qquad M_{\text{y}} = F_{\text{Ed}} \cdot z = 75 \cdot 5 = 375 \text{ kNcm}$$

$$M_{\text{x}} = F_{\text{Ed}} \cdot \left(\frac{t_{\text{w}}}{2} + \frac{t}{2}\right) = 75 \cdot \left(\frac{0,71}{2} + \frac{1,20}{2}\right) = 71,6 \text{ kNcm}$$

Maximale Spannung:

$$\sigma = \frac{M_{\text{y}}}{W_{\text{y}}} = \frac{375}{80} = 4,68 \text{ kN/cm}^2$$

$$\tau = \frac{V_{\text{z}}}{A_{\text{z}}} + \frac{M_{\text{x}}}{W_{\text{t}}} = \frac{75}{24} + \frac{71,6}{9,6} = 10,6 \text{ kN/cm}^2 \le \tau_{\text{R,d}} = 12,6 \text{ kN/cm}^2$$

$$\sigma_{\text{V}} = \sqrt{\sigma^2 + 3 \cdot \tau^2} = \sqrt{4,68^2 + 3 \cdot 10,6^2} = 18,9 \text{ kN/cm}^2$$

$$\frac{\sigma_{\text{V}}}{\sigma_{\text{R,d}}} = \frac{18,9}{23,5} = 0,80 \le 1$$

5.3 Nachweis der Schweißverbindung

Nachweis des Linienquerschnittes nach Beispiel 3 im Abschnitt Schweißverbindung:

$$a = 0,6 \text{ cm}; \; b = 1,20 \text{ cm}; \; h = 20,0 \text{ cm}$$

$$A = 2 \cdot a \cdot h + 2 \cdot a \cdot b = 2 \cdot 0,6 \cdot 20,0 + 2 \cdot 0,6 \cdot 1,20 = 25,4 \text{ cm}^2$$

$$A_{\text{z}} = A = 25,4 \text{ cm}^2$$

$$I_{\text{y}} = \frac{1}{6} \cdot a \cdot h^3 + \frac{1}{2} \cdot a \cdot b \cdot h^2 = \frac{1}{6} \cdot 0,6 \cdot 20,0^3 + \frac{1}{2} \cdot 0,6 \cdot 1,2 \cdot 20,0^2 = 944 \text{ cm}^4$$

$$W_{\text{y}} = \frac{I_{\text{y}}}{h} \cdot 2 = \frac{944}{20} \cdot 2 = 94,4 \text{ cm}^3$$

$$W_{\text{t}} = 2 \cdot A_{\text{m}} \cdot a = 2 \cdot b \cdot h \cdot a = 2 \cdot 1,20 \cdot 20,0 \cdot 0,6 = 28,8 \text{ cm}^3 \text{ (Band 1-(8.17))}$$

Das polare Trägheitsmoment I_{p} darf wegen der geringen Plattensteifigkeit des Fahnenbleches nicht angesetzt werden. Die Schnittgrößen sind gleich den Schnittgrößen für das Fahnenblech.

$$V_z = 75 \text{ kN} \qquad M_y = 375 \text{ kNcm} \qquad M_x = 71{,}6 \text{ kNcm}$$

Maximale Spannung:

$$\sigma_w = \frac{M_y}{W_y} = \frac{375}{94{,}4} = 3{,}97 \text{ kN/cm}^2$$

$$\tau_{z,w} = \frac{V_z}{A_z} + \frac{M_x}{W_t} = \frac{75}{25{,}4} + \frac{71{,}6}{28{,}8} = 5{,}43 \text{ kN/cm}^2$$

$$\sigma_{V,w,Ed} = \sqrt{2 \cdot \sigma_w^2 + 3 \cdot \tau_{z,w}^2} = \sqrt{2 \cdot 3{,}97^2 + 3 \cdot 5{,}43^2} = 11{,}0 \text{ kN/cm}^2$$

$$\frac{\sigma_{V,w,Ed}}{\sigma_{V,w,Rd}} = \frac{11{,}0}{36{,}0} = 0{,}31 \le 1{,}0$$

9.2.2 Anschluss eines Trägers an eine Stütze mit Stirnplatte

Die folgende Berechnung gilt für einen Anschluss mit zwei vertikalen Schraubenreihe. Für mehrere vertikale Reihen siehe [25].
Der Träger ist ein Einfeldträger, wobei eine gelenkige Lagerung angenommen wird. Der gelenkige Anschluss soll mit einer Stirnplatte erfolgen, wobei die Duktilität und die Rotationssteifigkeit zu beachten sind. Der Träger ist nicht biegedrillknickgefährdet. Die Stirnplatte ist zwischen den Ausrundungen angeordnet. Gegenüber der bisher üblichen Bemessung nach Band 2 sind nach [25] hochfeste Schrauben erforderlich.
Länge des Trägers: $l = 5$ m
Beanspruchung des Deckenträgers: $p_{Ed} = 40$ kN/m
Werkstoff: S 235
Nachweisverfahren: Elastisch-Plastisch
Profil des Trägers: IPE 300; $t_w = 7{,}1$ mm
Profil der Stütze: HEA 200; $t_f = 10$ mm
Stirnplatte: Bl. 230×200×10
Schrauben: M16-10.9; $d_0 = 18$ mm
Schweißnahtdicke: $a_w = 4$ mm
Beanspruchbarkeit der Stirnplatte: $\sigma_{Rd} = 23{,}5$ kN/cm²
Beanspruchbarkeit der Schweißnaht auf Schub: $\tau_{w,Rd} = 20{,}8$ kN/cm²
Beanspruchbarkeit der Schweißnaht: $\sigma_{V,w,Rd} = 36{,}0$ kN/cm²

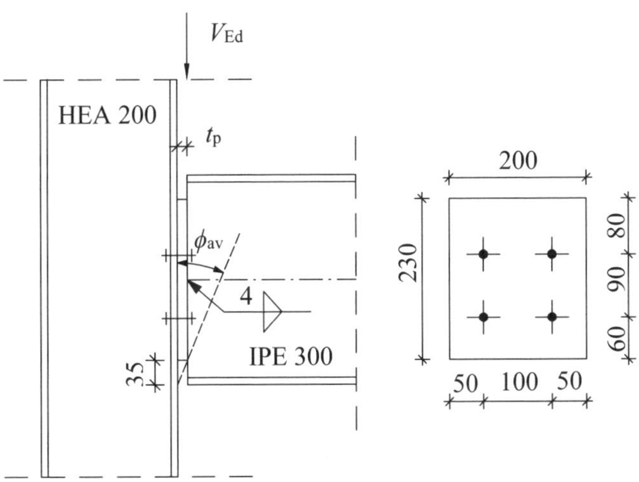

1 Nachweis des Trägers

$$M_{y,Ed} = \frac{p_{Ed} \cdot l^2}{8} = \frac{40 \cdot 5^2}{8} = 125 \text{ kNm}$$

$$M_{pl,y,Rd} = W_{pl,y,Rd} \cdot \sigma_{Rd} = 628 \cdot 21{,}4 = 134 \text{ kNm}$$

$$\frac{M_{\text{y,Ed}}}{M_{\text{pl,y,Rd}}} = \frac{125}{134} = 0{,}93 \leq 1{,}0$$

$$V_{\text{Ed}} = \frac{p_{\text{Ed}} \cdot l}{2} = \frac{40 \cdot 5}{2} = 100 \text{ kN}$$

Ist das Biegedrillknicken maßgebend, gilt:

$$\frac{M_{\text{y,Ed}}}{M_{\text{b,Rd}}} \leq 1{,}0$$

2 Konstruktion

2.1 Konstruktion der Schweißverbindung

Konstruktive Grenzwerte

$$a = 4 \text{ mm}$$

$$t \geq 3 \text{ mm}$$

$$\min a = 3 \text{ mm bzw.}$$

$$\min a = \sqrt{\max t} - 0{,}5 = \sqrt{10} - 0{,}5 = 2{,}66 \text{ mm}$$

$$l_{\text{eff}} = 230 \text{ mm} \leq 150 \cdot a = 150 \cdot 4 = 600 \text{ mm} \qquad (1\text{-}8, 4.11)$$

$$l_{\text{eff}} = 230 \text{ mm} \geq 6 \cdot a = 6 \cdot 4 = 24 \text{ mm bzw.} \geq 30 \text{ mm} \qquad (1\text{-}8, 4.5.1)$$

Die Grenzwerte sind eingehalten.

2.2 Konstruktion der Schraubenverbindung

$$p_1 = 90 \text{ mm} \geq 2{,}2 \cdot d_0 = 2{,}2 \cdot 18 = 39{,}6 \text{ mm}$$

$$p_1 = 90 \text{ mm} \leq 9 \cdot t \cdot \varepsilon = 9 \cdot 10 \cdot \sqrt{\frac{235}{235}} = 90 \text{ mm}$$

$$p_1 = 90 \text{ mm} \leq 200 \text{ mm}$$

$$e_1 = 80 \text{ mm} \geq 1{,}2 \cdot d_0 = 1{,}2 \cdot 18 = 21{,}6 \text{ mm}$$

$$e_1 = 80 \text{ mm} \leq 4 \cdot t + 40 = 4 \cdot 10 + 40 = 80 \text{ mm}$$

$$p_2 = 100 \text{ mm} \geq 2{,}4 \cdot d_0 = 2{,}4 \cdot 18 = 43{,}2 \text{ mm}$$

$$p_2 = 100 \text{ mm} \leq 14 \cdot t = 14 \cdot 10 = 140 \text{ mm}$$

$$p_2 = 100 \text{ mm} \leq 200 \text{ mm}$$

Die konstruktiven Bedingungen für die Schraubenverbindung sind eingehalten.

2.3 Nachweis der Stirnplattenhöhe

$$h_{\text{p}} = 230 \text{ mm} \leq d = 245 \text{ mm}$$

h_{p} – Stirnplattenhöhe
d – die Höhe des geraden Trägersteges

2.4 Nachweis der Rotationskapazität

$$\phi_{\text{av}} = \frac{t_{\text{p}}}{h_{\text{e}}} > \phi_{\text{req}}$$

t_{p} – Stirnplattendicke
h_{e} – Abstand zwischen der Unterkante der Platte und der Unterkante des Trägers

ϕ_{req} – Endtangentenwinkel des Trägers auf 2 Stützen unter der gegebenen Bemessungslast

Für die Gleichstreckenlast gilt:

$$\phi_{\mathrm{req}} = \frac{p_{\mathrm{Ed}} \cdot l^3}{24 \cdot E \cdot I_{\mathrm{y}}} = \frac{0,4 \cdot 500^3}{24 \cdot 21000 \cdot 8360} = 0,0119$$

$$\phi_{\mathrm{av}} = \frac{t_{\mathrm{p}}}{h_{\mathrm{e}}} = \frac{10}{35} = 0,286 > \phi_{\mathrm{req}} = 0,0119$$

2.5 Vorzeitiges Schraubenversagen

$$\frac{d}{t_{\mathrm{p}}} = \frac{16}{10} = 1,6 \geq 2,8 \cdot \sqrt{\frac{f_{\mathrm{y}}}{f_{\mathrm{ub}}}} = 2,8 \cdot \sqrt{\frac{235}{1000}} = 1,36 \qquad \text{erfüllt}$$

oder

$$\frac{d}{t_{\mathrm{f}}} = \frac{16}{10} = 1,6 \geq 2,8 \cdot \sqrt{\frac{f_{\mathrm{y}}}{f_{\mathrm{ub}}}} = 2,8 \cdot \sqrt{\frac{235}{1000}} = 1,36 \qquad \text{erfüllt}$$

2.6 Vorzeitiges Schweißnahtversagen

$$a = 4\ \mathrm{mm} \geq \frac{\beta_{\mathrm{w}} \cdot f_{\mathrm{yw}}}{\sqrt{2} \cdot f_{\mathrm{uw}}} \cdot \frac{\gamma_{\mathrm{M2}}}{\gamma_{\mathrm{M0}}} \cdot t_{\mathrm{w}} = \frac{0,8 \cdot 235}{\sqrt{2} \cdot 360} \cdot \frac{1,25}{1,0} \cdot 7,1 = 3,28\ \mathrm{mm}$$

a – Schweißnahtdicke

β_{w} – Korrelationsfaktor

f_{yw} – Streckgrenze des Trägersteges

f_{uw} – Zugfestigkeit des Trägersteges

Wenn diese konstruktiven Randbedingungen erfüllt sind, kann im Allgemeinen davon ausgegangen werden, dass die Tragfähigkeiten der einzelnen Komponenten eingehalten sind.

3 Tragfähigkeiten der Komponenten

3.1 Schrauben auf Abscheren

$$\alpha_{\mathrm{v}} = 0,6$$

$$A = \frac{\pi \cdot d^2}{4} = \frac{\pi \cdot 1,6^2}{4} = 2,01\ \mathrm{cm}^2$$

$$F_{\mathrm{v,Rd}} = \frac{\alpha_{\mathrm{v}} \cdot A \cdot f_{\mathrm{ub}}}{\gamma_{\mathrm{M2}}} = \frac{0,6 \cdot 2,01 \cdot 100}{1,25} = 96,5\ \mathrm{kN}$$

$$n = 4$$

$$V_{\mathrm{Rd,1}} = 0,8 \cdot n \cdot F_{\mathrm{v,Rd}} = 0,8 \cdot 4 \cdot 96,5 = 309\ \mathrm{kN}$$

A – Querschnittsfläche des Schaftes

n – Anzahl der Schrauben

3.2 Stirnplatte auf Lochleibung

$$\alpha_{\mathrm{b}} = \min\left(\frac{e_1}{3 \cdot d_0};\ \frac{p_1}{3 \cdot d_0} - \frac{1}{4};\ \frac{f_{\mathrm{ub}}}{f_{\mathrm{up}}};\ 1\right) = \left(\frac{80}{3 \cdot 18};\ \frac{90}{3 \cdot 18} - \frac{1}{4};\ \frac{1000}{360};\ 1\right)$$

$$\alpha_{\mathrm{b}} = (1,48;\ 1,42;\ 2,78;\ 1) = 1$$

$$k_1 = \min\left(2{,}8 \cdot \frac{e_2}{d_0} - 1{,}7;\ 1{,}4 \cdot \frac{p_2}{d_0} - 1{,}7;\ 2{,}5\right) = \left(2{,}8 \cdot \frac{50}{18} - 1{,}7;\ 1{,}4 \cdot \frac{100}{18} - 1{,}7;\ 2{,}5\right)$$

$$k_1 = (6{,}08;\ 6{,}08;\ 2{,}5) = 2{,}5$$

$$F_{\mathrm{b,Rd}} = \frac{\alpha_\mathrm{b} \cdot k_1 \cdot f_\mathrm{up} \cdot d \cdot t_\mathrm{p}}{\gamma_\mathrm{M2}} = \frac{1 \cdot 2{,}5 \cdot 36{,}0 \cdot 1{,}6 \cdot 1{,}0}{1{,}25} = 115\ \mathrm{kN}$$

$$n = 4$$

$$V_{\mathrm{Rd,2}} = n \cdot F_{\mathrm{b,Rd}} = 4 \cdot 115 = 460\ \mathrm{kN}$$

3.3 Stützenflansch auf Lochleibung

$$\alpha_\mathrm{b} = \min\left(\frac{p_1}{3 \cdot d_0} - \frac{1}{4};\ \frac{f_\mathrm{ub}}{f_\mathrm{up}}, 1\right) = \left(\frac{90}{3 \cdot 18} - \frac{1}{4};\ \frac{1000}{360};\ 1\right)$$

$$\alpha_\mathrm{b} = (1{,}42;\ 2{,}78;\ 1) = 1$$

$$k_1 = \min\left(1{,}4 \cdot \frac{p_2}{d_0} - 1{,}7;\ 2{,}5\right) = \left(1{,}4 \cdot \frac{100}{18} - 1{,}7;\ 2{,}5\right)$$

$$k_1 = (6{,}08;\ 2{,}5) = 2{,}5$$

$$F_{\mathrm{b,Rd}} = \frac{\alpha_\mathrm{b} \cdot k_1 \cdot f_\mathrm{ucf} \cdot d \cdot t_\mathrm{f}}{\gamma_\mathrm{M2}} = \frac{1 \cdot 2{,}5 \cdot 36{,}0 \cdot 1{,}6 \cdot 1{,}0}{1{,}25} = 115\ \mathrm{kN}$$

$$n = 4$$

$$V_{\mathrm{Rd,3}} = n \cdot F_{\mathrm{b,Rd}} = 4 \cdot 115 = 460\ \mathrm{kN}$$

3.4 Schub in der Stirnplatte für den Bruttoquerschnitt

$$V_{\mathrm{Rd,4}} = \frac{2 \cdot h_\mathrm{p} \cdot t_\mathrm{p} \cdot f_\mathrm{yp}}{1{,}27 \cdot \sqrt{3} \cdot \gamma_\mathrm{M0}} = \frac{2 \cdot 23{,}0 \cdot 1{,}0 \cdot 23{,}5}{1{,}27 \cdot \sqrt{3} \cdot 1{,}0} = 491\ \mathrm{kN}$$

3.5 Schub in der Stirnplatte für den Nettoquerschnitt

$$A_{\mathrm{v,net}} = t_\mathrm{p} \cdot (h_\mathrm{p} - n_1 \cdot d_0) = 1{,}0 \cdot (23{,}0 - 2 \cdot 1{,}8) = 19{,}4\ \mathrm{cm}^2$$

$$V_{\mathrm{Rd,5}} = \frac{2 \cdot A_{\mathrm{v,net}} \cdot f_\mathrm{up}}{\sqrt{3} \cdot \gamma_\mathrm{M2}} = \frac{2 \cdot 19{,}4 \cdot 36{,}0}{\sqrt{3} \cdot 1{,}25} = 645\ \mathrm{kN}$$

n_1 – Anzahl der Schraubenreihen

3.6 Blockversagen der Stirnplatte

$$A_\mathrm{nt} = 2 \cdot t_\mathrm{p} \cdot \left(e_2 - \frac{d_0}{2}\right) = 2 \cdot 1{,}0 \cdot \left(5 - \frac{1{,}8}{2}\right) = 8{,}2\ \mathrm{cm}^2$$

$$A_\mathrm{nv} = 2 \cdot t_\mathrm{p} \cdot \left(h_\mathrm{p} - e_{1\mathrm{u}} - (n_1 - 0{,}5) \cdot d_0\right) = 2 \cdot 1{,}0 \cdot \left(23{,}0 - 6{,}0 - (2 - 0{,}5) \cdot 1{,}8\right) = 28{,}6\ \mathrm{cm}^2$$

$$V_{\mathrm{eff,1,Rd}} = \frac{f_\mathrm{up} \cdot A_\mathrm{nt}}{\gamma_\mathrm{M2}} + \frac{f_\mathrm{yp} \cdot A_\mathrm{nv}}{\sqrt{3} \cdot \gamma_\mathrm{M0}} = \frac{36{,}0 \cdot 8{,}2}{1{,}25} + \frac{23{,}5 \cdot 28{,}6}{\sqrt{3} \cdot 1{,}0} = 624\ \mathrm{kN}$$

$$V_{\mathrm{Rd,6}} = V_{\mathrm{eff,1,Rd}} = 624\ \mathrm{kN}$$

n_1 – Anzahl der Schraubenreihen

3.7 Stirnplatte auf Biegung

$$W_{el} = \frac{1}{6} \cdot t_p \cdot h_p^2 = \frac{1}{6} \cdot 1{,}0 \cdot 23{,}0^2 = 88{,}2 \text{ cm}^3$$

$$V_{Rd,7} = \frac{4 \cdot W_{el} \cdot f_{yp}}{(p_2 - t_w) \cdot \gamma_{M0}} = \frac{4 \cdot 88{,}2 \cdot 23{,}5}{(10{,}0 - 0{,}71) \cdot 1{,}0} = 892 \text{ kN}$$

3.8 Nachweis des Trägersteges neben der Naht

$$A_{vp} = h_p \cdot t_w = 23{,}0 \cdot 0{,}71 = 16{,}3 \text{ cm}^2$$

$$V_{Rd,8} = \frac{f_{yp} \cdot A_{vp}}{\sqrt{3} \cdot \gamma_{M0}} = \frac{23{,}5 \cdot 16{,}3}{\sqrt{3} \cdot 1{,}0} = 221 \text{ kN}$$

3.9 Nachweis der Schweißnaht

$$V_{Rd,9} = h_p \cdot 2 \cdot a_w \cdot \tau_{w,Rd} = 23{,}0 \cdot 2 \cdot 0{,}4 \cdot 20{,}8 = 383 \text{ kN}$$

4 Zusammenfassung und Nachweis

3.1 Schrauben auf Abscheren	$V_{Rd,1} = 309$ kN
3.2 Stirnplatte auf Lochleibung	$V_{Rd,2} = 460$ kN
3.3 Stützenflansch auf Lochleibung	$V_{Rd,3} = 460$ kN
3.4 Schub in der Stirnplatte für den Bruttoquerschnitt	$V_{Rd,4} = 491$ kN
3.5 Schub in der Stirnplatte für den Nettoquerschnitt	$V_{Rd,5} = 645$ kN
3.6 Blockversagen der Stirnplatte	$V_{Rd,6} = 624$ kN
3.7 Stirnplatte auf Biegung	$V_{Rd,7} = 892$ kN
3.8 Nachweis des Trägersteges neben der Naht	$V_{Rd,8} = 221$ kN
3.9 Nachweis der Schweißnaht	$V_{Rd,9} = 383$ kN

Die kleinste Tragfähigkeit ist maßgebend. Hier ist der Nachweis des Trägersteges neben der Naht maßgebend.

$$V_{j,Rd} = 221 \text{ kN}$$

Nachweis:

$$\frac{V_{Ed}}{V_{j,Rd}} = \frac{100}{221} = 0{,}45 \le 1{,}0$$

9.2.3 Anschluss eines Deckenträgers an einen Unterzug mit Doppelwinkel

Dieses Beispiel ist identisch mit dem Beispiel 5.8.1 in Band 2. Es werden hier noch die konstruktiven Randbedingungen nach [25] berücksichtigt.
Werkstoff: S 235
Nachweisverfahren: Elastisch-Elastisch und Elastisch-Plastisch
Beanspruchung: Auflagerkraft $F_{Ed} = 75$ kN
Profil des Deckenträgers: IPE 300; $t_w = 7,1$ mm
Profil des Unterzuges: IPE 400; $t_{w,u} = 8,6$ mm
Ausführung: Anschluss mit Doppelwinkel, „Oberkante bündig" mit Ausklinkung

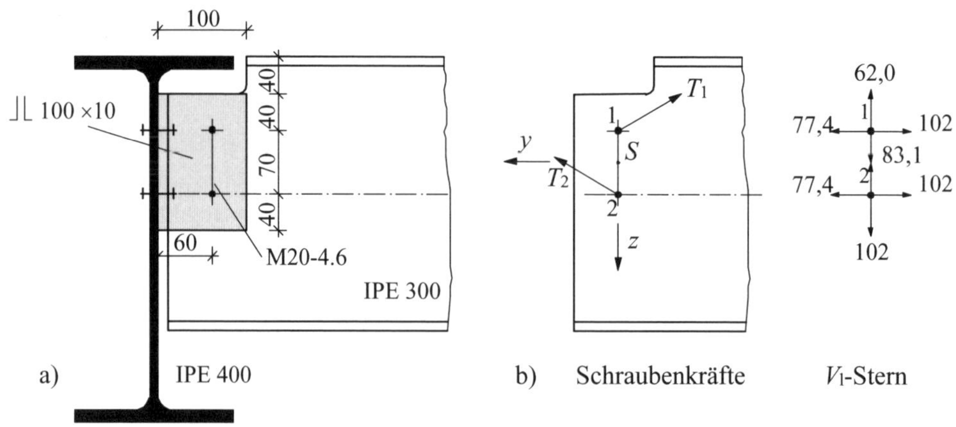

Nachweis des Trägers

$$M_{y,Ed} = \frac{p_{Ed} \cdot l^2}{8} = \frac{30 \cdot 5^2}{8} = 93,75 \text{ kNm}$$

$$M_{pl,y,Rd} = W_{pl,y,Rd} \cdot \sigma_{Rd} = 628 \cdot 21,4 = 134 \text{ kNm}$$

$$\frac{M_{y,Ed}}{M_{pl,y,Rd}} = \frac{93,75}{134} = 0,70 \leq 1,0$$

$$V_{Ed} = \frac{p_{Ed} \cdot l}{2} = \frac{30 \cdot 5}{2} = 75 \text{ kN}$$

Ist das Biegedrillknicken maßgebend, gilt:

$$\frac{M_{y,Ed}}{M_{b,Rd}} \leq 1,0$$

Der gelenkige Anschluss soll mit einem Doppelwinkel nach den typisierten Verbindungen im Stahlbau erfolgen. Aus Wirtschaftlichkeitsgründen wählt man gleichschenklige Winkel mit einer einreihigen Schraubenverbindung und Schrauben der Festigkeitsklasse 4.6. Nach Tabelle 10.10 sind folgende Ausführungen konstruktiv möglich:

2 oder 3 Schrauben M16-4.6 und ⌋⌊ 90×10
2 oder 3 Schrauben M20-4.6 und ⌋⌊ 100×10
2 Schrauben M24-4.6 und ⌋⌊ 120×12

Da ein Anschluss mit 2 Schrauben M16 nicht ausreicht, wird der folgende Anschluss mit 2 Schrauben M20 gewählt.
Anschlusswinkel: ⅃L 100×10 ; $t = 10$ mm; $r = 12$ mm; $l = 150$ mm

Schrauben: M20-4.6; $d_0 = 22$ mm

Konstruktive Voraussetzungen:

$$p_1 = 70 \text{ mm} \geq 2,2 \cdot d_0 = 2,2 \cdot 22 = 48,8 \text{ mm}$$

$$p_1 = 70 \text{ mm} \leq 14 \cdot t = 14 \cdot 7,1 = 99,4 \text{ mm}$$

$$p_1 = 70 \text{ mm} \leq 200 \text{ mm}$$

$$e_1 = 40 \text{ mm} \geq 1,2 \cdot d_0 = 1,2 \cdot 22 = 26,4 \text{ mm}$$

$$e_1 = 40 \text{ mm} \leq 4 \cdot t + 40 = 4 \cdot 7,1 + 40 = 68,4 \text{ mm}$$

Die konstruktiven Bedingungen für die Schraubenverbindung sind eingehalten.

Nachweis der Stirnplattenhöhe

$$h_p = 150 \text{ mm} \leq d = 245 \text{ mm}$$

h_p – Stirnplattenhöhe
d – die Höhe des geraden Trägersteges

Nachweis der Rotationskapazität (sichere Seite)

$$\phi_{av} = \frac{g_h}{\frac{h_p}{2} + h_e} \geq \phi_{req}$$

d – Schraubendurchmesser
g_h – Abstand zwischen Träger und Stütze
h_e – Abstand zwischen der Unterkante der Platte und der Unterkante des Trägers
ϕ_{req} – Endtangentenwinkel des Trägers auf 2 Stützen unter der gegebenen Bemessungslast

Für die Gleichstreckenlast gilt:

$$\phi_{req} = \frac{p_{Ed} \cdot l^3}{24 \cdot E \cdot I_y} = \frac{0,3 \cdot 500^3}{24 \cdot 21000 \cdot 8360} = 0,0089$$

$$\phi_{av} = \frac{g_h}{\frac{h_p}{2} + h_e} = \frac{10}{\frac{150}{2} + 110} = 0,054 \geq \phi_{req} = 0,0089$$

Vorzeitiges Schraubenversagen

$$\frac{d}{t} = \frac{20}{10} = 2,0 \geq 2,8 \cdot \sqrt{\frac{f_y}{f_{ub}}} = 2,8 \cdot \sqrt{\frac{235}{400}} = 2,15 \qquad \text{nicht erfüllt}$$

oder

$$\frac{d}{t_{w,u}} = \frac{20}{8,6} = 2,33 \geq 2,8 \cdot \sqrt{\frac{f_y}{f_{ub}}} = 2,8 \cdot \sqrt{\frac{235}{400}} = 2,15 \quad \textbf{erfüllt}$$

Für einen einseitigen Doppelwinkelanschluss ist der Nachweis erfüllt. Bei einem zweiseitigen Doppelwinkelanschluss ist eine ausreichende Rotationskapazität nur gegeben, wenn der Nachweis für die Winkel erfüllt ist.

Nachweis der Schraubenverbindung am Deckenträger

Querschnittswerte:

<u>Schraube 1</u>

Grenzabscherkraft

$$m \cdot F_{\mathrm{v,Rd}} = 2 \cdot 60{,}3 = 121 \text{ kN} \qquad \text{Tabelle 10.1}$$

Grenzlochleibungskräfte der Schraube 1

Die Grenzlochleibungskräfte müssen vorzeichengerecht berechnet werden.

$$+F_{\mathrm{y,b,Rd}} = +0{,}71 \cdot 109 = +77{,}4 \text{ kN} \qquad e_1 = 50 \text{ mm} \quad \text{Tabelle 10.4}$$

$$-F_{\mathrm{y,b,Rd}} = -0{,}71 \cdot 144 = -102 \text{ kN} \qquad p_1 \geq 3{,}75 \cdot d_0 \quad \text{Tabelle 10.4}$$

$$+F_{\mathrm{z,b,Rd}} = +0{,}71 \cdot 117 = +83{,}1 \text{ kN} \qquad p_1 = 70 \text{ mm} \quad \text{Tabelle 10.4}$$

$$-F_{\mathrm{z,b,Rd}} = -0{,}71 \cdot 87{,}3 = -62{,}0 \text{ kN} \qquad e_1 = 40 \text{ mm} \quad \text{Tabelle 10.4}$$

Die Grenzlochleibungskräfte der Schraube 2 werden entsprechend berechnet. Sie sind für alle Schrauben in allen Richtungen im „V_1-Stern" eingetragen.

$$A = 2$$

$$I_\mathrm{p} = \sum z_\mathrm{i}^2 = 3{,}5^2 + 3{,}5^2 = 24{,}5 \text{ cm}^2$$

Beanspruchungen des Punktequerschnittes:

$$V_\mathrm{z} = -F_\mathrm{Ed} = -75 \text{ kN} \quad M_\mathrm{x} = -F_\mathrm{Ed} \cdot e_\mathrm{T} = -75 \cdot 6 = -450 \text{ kNcm}$$

Nachweis der Schraube 1

$$T_\mathrm{y} = -\frac{M_\mathrm{x}}{I_\mathrm{p}} \cdot z = -\frac{-450}{24{,}5} \cdot (-3{,}5) = -64{,}3 \text{ kN}$$

$$T_\mathrm{z} = \frac{V_\mathrm{z}}{A} = \frac{-75}{2} = -37{,}5 \text{ kN}$$

$$T = \sqrt{T_\mathrm{y}^2 + T_\mathrm{z}^2} = \sqrt{64{,}3^2 + 37{,}5^2} = 74{,}4 \text{ kN}$$

$$\frac{T}{m \cdot F_{\mathrm{v,Rd}}} = \frac{74{,}4}{121} = 0{,}61 \leq 1 \quad \frac{T_\mathrm{y}}{F_{\mathrm{y,b,Rd}}} = \frac{64{,}3}{102} = 0{,}63 \leq 1 \quad \frac{T_\mathrm{z}}{F_{\mathrm{z,b,Rd}}} = \frac{37{,}5}{62{,}0} = 0{,}60 \leq 1$$

Nachweis der Schraube 2

$$T_\mathrm{y} = -\frac{M_\mathrm{x}}{I_\mathrm{p}} \cdot z = -\frac{-450}{24{,}5} \cdot (+3{,}5) = +64{,}3 \text{ kN}$$

$$T_\mathrm{z} = \frac{V_\mathrm{z}}{A} = \frac{-75}{2} = -37{,}5 \text{ kN}$$

$$T = \sqrt{T_\mathrm{y}^2 + T_\mathrm{z}^2} = \sqrt{64{,}3^2 + 37{,}5^2} = 74{,}4 \text{ kN}$$

$$\frac{T}{m \cdot F_{\mathrm{v,Rd}}} = \frac{74{,}4}{121} = 0{,}61 \leq 1 \quad \frac{T_\mathrm{y}}{F_{\mathrm{y,b,Rd}}} = \frac{64{,}3}{77{,}4} = 0{,}83 \leq 1 \quad \frac{T_\mathrm{z}}{F_{\mathrm{z,b,Rd}}} = \frac{37{,}5}{83{,}1} = 0{,}45 \leq 1$$

In den Empfehlungen [24] und den typisierten Verbindungen [23] wird der folgende ungünstigere Nachweis geführt.

$$\left(\frac{T_\mathrm{y}}{F_{\mathrm{y,b,Rd}}}\right)^2 + \left(\frac{T_\mathrm{z}}{F_{\mathrm{z,b,Rd}}}\right)^2 \leq 1$$

$$\left(\frac{64{,}3}{77{,}4}\right)^2 + \left(\frac{37{,}5}{83{,}1}\right)^2 = 0{,}89 \leq 1$$

Nachweis am Anschlussteil

Einreihiger Punktequerschnitt mit Kontakt.

Querschnittswerte:

$$A = 2$$

$$b_D = 1{,}58 \cdot s + 0{,}423 \cdot r - \Delta l = 1{,}58 \cdot 1{,}0 + 0{,}423 \cdot 1{,}2 - 1{,}0 = 1{,}09 \text{ cm}$$

$$h_D = 2 \text{ cm} \qquad \text{geschätzt}$$

$$A_D = b_D \cdot h_D = 1{,}09 \cdot 2{,}00 = 2{,}18 \text{ cm}^2$$

$$I_p = \sum z_i^2 = 3^2 + 10^2 = 109 \text{ cm}^2;\ h = 10 \text{ cm}$$

Die Koordinate z bezieht sich auf den geschätzten Druckpunkt.

<u>Schraube 2</u>

Grenzabscherkraft

$$m \cdot F_{v,Rd} = 1 \cdot 60{,}3 = 60{,}3 \text{ kN} \qquad \text{Tabelle 10.1}$$

Die Grenzlochleibungskräfte müssen vorzeichengerecht berechnet werden.

$$+F_{y,b,Rd} = +0{,}86 \cdot 144 = +124 \text{ kN} \qquad p_1 \geq 3{,}75 \cdot d_0 \quad \text{Tabelle 10.4}$$

$$-F_{y,b,Rd} = -0{,}86 \cdot 144 = -124 \text{ kN} \qquad p_1 \geq 3{,}75 \cdot d_0 \quad \text{Tabelle 10.4}$$

$$+F_{z,b,Rd} = +0{,}86 \cdot 144 = +124 \text{ kN} \qquad p_1 \geq 3{,}75 \cdot d_0 \quad \text{Tabelle 10.4}$$

$$-F_{z,b,Rd} = -0{,}86 \cdot 117 = -101 \text{ kN} \qquad p_1 = 70 \text{ mm} \quad \text{Tabelle 10.4}$$

Schnittgrößen:

$$V_z = \frac{F_d}{2} = \frac{75}{2} = 37{,}5 \text{ kN} \qquad M_x = \frac{F_d}{2} \cdot e_A = \frac{75}{2} \cdot 6 = 225 \text{ kNcm}$$

$$T_y = -\frac{M_x}{I_p} \cdot h = -\frac{225}{109} \cdot 10 = -20{,}6 \text{ kN} \qquad T_z = \frac{V_z}{A} = \frac{37{,}5}{2} = 18{,}8 \text{ kN}$$

$$T = \sqrt{T_y^2 + T_z^2} = \sqrt{20{,}6^2 + 18{,}8^2} = 27{,}9 \text{ kN}$$

Nachweis der Schraube 2

$$\frac{T}{m \cdot 0{,}8 \cdot F_{v,Rd}} = \frac{27{,}9}{0{,}8 \cdot 60{,}3} = 0{,}58 \leq 1 \qquad \frac{T_y}{F_{y,b,Rd}} = \frac{20{,}6}{124} = 0{,}17 \leq 1 \qquad \frac{T_z}{F_{z,b,Rd}} = \frac{18{,}8}{124} = 0{,}15 \leq 1$$

In den Empfehlungen [24] und den typisierten Verbindungen [23] wird der folgende ungünstigere Nachweis geführt.

$$\left(\frac{T_y}{F_{y,b,Rd}}\right)^2 + \left(\frac{T_z}{F_{z,b,Rd}}\right)^2 \leq 1$$

$$\left(\frac{20{,}6}{124}\right)^2 + \left(\frac{18{,}8}{124}\right)^2 = 0{,}05 \leq 1$$

Der Nachweis am Anschlussteil ist i. Allg. nicht maßgebend.

Druckkraft in der Kontaktfläche am Winkel:

$$D = \frac{M_x}{I_p} \cdot \sum z_i = \frac{225}{109} \cdot (3 + 10) = 26{,}8 \text{ kN}$$

$$\sigma_{Ed} = \frac{D}{A_D} = \frac{26{,}8}{2{,}18} = 12{,}3 \text{ kN/cm}^2$$

$$\frac{\sigma_{Ed}}{\sigma_{Rd}} = \frac{12{,}3}{23{,}5} = 0{,}52 \leq 1$$

Nachweis des Anschlusswinkels

Der Nachweis der **Schraubenverbindung am Träger** ist i. Allg. nicht maßgebend. Es soll hier der Nachweis für die Schraube 2 angegeben werden.

Querschnittswerte:

Grenzabscherkraft

$m \cdot F_{v,Rd} = 2 \cdot 60,3 = 121 \text{ kN}$ Tabelle 10.1

Grenzlochleibungskräfte der Schraube 2

$+F_{y,b,Rd} = +2,00 \cdot 144 = +288 \text{ kN}$	$p_1 \geq 3,75 \cdot d_0$	Tabelle 10.4
$-F_{y,b,Rd} = -2,00 \cdot 87,3 = -175 \text{ kN}$	$e_1 = 40 \text{ mm}$	Tabelle 10.4
$+F_{z,b,Rd} = +2,00 \cdot 87,3 = +175 \text{ kN}$	$e_1 = 40 \text{ mm}$	Tabelle 10.4
$-F_{z,b,Rd} = -2,00 \cdot 117 = +234 \text{ kN}$	$p_1 = 70 \text{ mm}$	Tabelle 10.4

$A = 2$

$I_p = \sum z_i^2 = 3,5^2 + 3,5^2 = 24,5 \text{ cm}^2$

Beanspruchungen des Punktequerschnittes:

$V_z = +F_{Ed} = +75 \text{ kN} \quad M_x = +F_{Ed} \cdot e_T = +75 \cdot 6 = +450 \text{ kNcm}$

Nachweis der Schraube 2

$$T_y = -\frac{M_x}{I_p} \cdot z = -\frac{450}{24,5} \cdot (+3,5) = -64,3 \text{ kN}$$

$$T_z = \frac{V_z}{A} = \frac{75}{2} = +37,5 \text{ kN}$$

$$T = \sqrt{T_y^2 + T_z^2} = \sqrt{64,3^2 + 37,5^2} = 74,4 \text{ kN}$$

$$\frac{T}{m \cdot F_{v,Rd}} = \frac{74,4}{121} = 0,61 \leq 1 \quad \frac{T_y}{F_{y,b,Rd}} = \frac{64,3}{174} = 0,37 \leq 1 \quad \frac{T_z}{F_{z,b,Rd}} = \frac{37,5}{175} = 0,21 \leq 1$$

In den Empfehlungen [24] und den typisierten Verbindungen [23] wird der folgende ungünstigere Nachweis geführt.

$$\left(\frac{T_y}{F_{y,b,Rd}}\right)^2 + \left(\frac{T_z}{F_{z,b,Rd}}\right)^2 \leq 1$$

$$\left(\frac{64,3}{174}\right)^2 + \left(\frac{37,5}{175}\right)^2 = 0,18 \leq 1$$

Die Anschlusswinkel werden durch **einachsige Biegung und Querkraft** beansprucht. Für einen Winkel gilt:

$\gamma_{M0} = 1,00 \qquad \gamma_{M2} = 1,25$

Schnittgrößen:

$$V_z = \frac{F_{Ed}}{2} = \frac{75}{2} = 37,5 \text{ kN} \qquad M_y = \frac{F_{Ed}}{2} \cdot \left(e_T - \frac{b}{2}\right) = \frac{75}{2} \cdot (6 - 0) = 225 \text{ kNcm}$$

Querschnittswerte:

$t = 1,0 \text{ cm}; \; h = 15 \text{ cm}$

$A = t \cdot h = 1 \cdot 15 = 15 \text{ cm}^2$

Der Lochabzug in der Biegezugzone ist zu berücksichtigen. Im Druckbereich und bei Schub darf der Lochabzug entfallen. Die Löcher dürfen in der zugbeanspruchten Fläche vernachlässigt werden, wenn dafür folgende Bedingung eingehalten ist:

$$\frac{A_{\text{f,net}}\cdot 0{,}9\cdot f_{\text{u}}}{\gamma_{\text{M2}}}=\frac{(1{,}0\cdot 7{,}5-1{,}0\cdot 2{,}2)\cdot 0{,}9\cdot 36}{1{,}25}=137\text{ kN}\geq\frac{A_{\text{f}}\cdot f_{\text{y}}}{\gamma_{\text{M0}}}=\frac{1{,}0\cdot 7{,}5\cdot 23{,}5}{1{,}00}=176\text{ kN}$$

Der Lochabzug ist zu berücksichtigen.

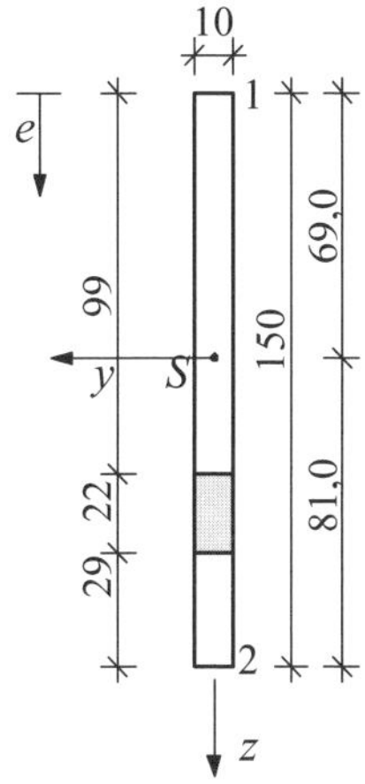

Nachweisverfahren Elastisch-Elastisch

Berechnung der Querschnittswerte des gelochten Querschnittes:
Die Koordinate e beginnt am Druckrand.

$$A=t\cdot h-\sum t\cdot d_0=1{,}00\cdot 15{,}0-1{,}0\cdot 2{,}20=15{,}0-2{,}2=12{,}8\text{ cm}^2$$

$$e_{\text{S}}=\frac{t\cdot h^2/2-\sum t\cdot d_0\cdot e_{\text{i}}}{\text{A}}=\frac{1{,}0\cdot 15^2/2-1{,}0\cdot 2{,}2\cdot 11}{12{,}8}=6{,}90\text{ cm}$$

$$z_1=-e_{\text{S}}=-6{,}9\text{ cm}$$

$$z_2=h-e_{\text{S}}=15{,}0-6{,}90=+8{,}10\text{ cm}$$

$$I_{\text{y}}=\frac{1}{12}\cdot t\cdot h^3-\sum\frac{1}{12}\cdot t\cdot d_0^3+t\cdot h\left(\frac{h}{2}\right)^2-\sum t\cdot d_0\cdot e_{\text{i}}^2-A\cdot e_{\text{S}}^2$$

$$I_{\text{y}}=\frac{1}{12}\cdot 1{,}0\cdot 15{,}0^3-\frac{1}{12}\cdot 1{,}0\cdot 2{,}20^3+1{,}0\cdot 15{,}0\cdot\left(\frac{15{,}0}{2}\right)^2-1{,}0\cdot 2{,}2\cdot 11{,}0^2-12{,}8\cdot 6{,}90^2=249\text{ cm}^4$$

Nachweis:

$$\sigma_2=\frac{M_{\text{y}}}{I_{\text{y}}}\cdot z_2=\frac{225}{249}\cdot 8{,}10=7{,}32\text{ kN/cm}^2$$

$$\tau=\frac{V_{\text{z}}}{A_{\text{z}}}=\frac{3}{2}\cdot\frac{37{,}5}{1\cdot 15}=3{,}75\text{ kN/cm}^2$$

$$\sigma_{\text{V}}=\sqrt{\sigma^2+3\cdot\tau^2}=\sqrt{7{,}32^2+3\cdot 3{,}75^2}=9{,}79\text{ kN/cm}^2$$

$$\frac{\sigma_{\text{V}}}{\sigma_{\text{Rd}}}=\frac{9{,}79}{23{,}5}=0{,}42\leq 1$$

Nachweisverfahren Elastisch-Plastisch

Es soll auch das Nachweisverfahren Elastisch-Plastisch angegeben werden. Der Nachweis erfolgt mit der Spannungsblockmethode (Band 1-2.4.3).

$$V_{\text{z}}=37{,}5\text{ kN}$$

$$V_{\text{pl,z,Rd}}=t\cdot h\cdot\tau_{\text{Rd}}=1{,}0\cdot 15{,}0\cdot 13{,}6=204\text{ kN}$$

$$t^*=t\cdot\sqrt{1-\left(\frac{V_{\text{z}}}{V_{\text{pl,z,Rd}}}\right)^2}=1{,}0\cdot\sqrt{1-\left(\frac{37{,}5}{204}\right)^2}=0{,}98\text{ cm}$$

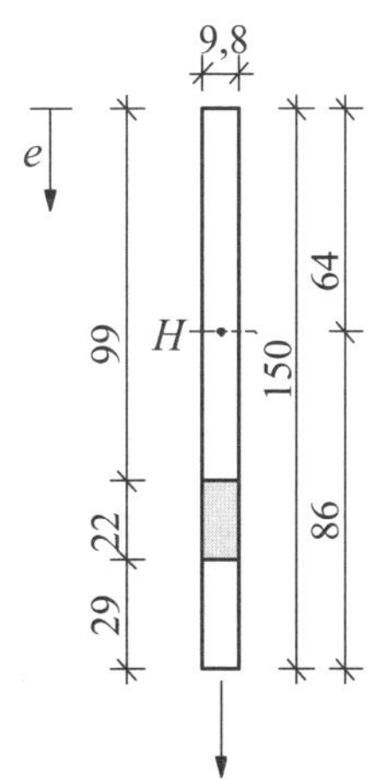

Berechnung der Flächenhalbierenden:
Die Koordinate e beginnt am Druckrand.

$$e_{\text{H}}=\frac{t^*\cdot h-\Sigma t^*\cdot d_{\text{L}}}{2\cdot t^*}=\frac{h-\Sigma d_0}{2}=\frac{15{,}0-2{,}2}{2}=6{,}4\text{ cm}$$

$$z_{\text{o}}=-e_{\text{H}}=-6{,}4\text{ cm}$$

$$z_{\text{u}}=h-e_{\text{H}}=15{,}0-6{,}4=+8{,}6\text{ cm}$$

$$S_o = t^* \cdot \frac{z_o^2}{2} = 0{,}98 \cdot \frac{6{,}4^2}{2} = 20{,}1 \text{ cm}^3$$

$$S_u = t^* \cdot \frac{z_o^2}{2} - \Sigma t^* \cdot d_0 \cdot z_i = 0{,}98 \cdot \frac{8{,}6^2}{2} - 0{,}98 \cdot 2{,}2 \cdot 4{,}6 = 26{,}3 \text{ cm}^3$$

$$M_{\text{pl,y,Rd}} = \left(S_o + S_u\right) \cdot \sigma_{\text{Rd}} = \left(20{,}1 + 26{,}3\right) \cdot 23{,}5 = 1090 \text{ kNcm}$$

$$\frac{M_y}{M_{\text{pl,y,Rd}}} = \frac{225}{1022} = 0{,}21 \leq 1$$

Nachweis der Ausklinkung

Querschnittswerte:

$$h_a = 26{,}0 \text{ cm};\; t_w = 0{,}71 \text{ cm};\; b = 15{,}0 \text{ cm};\; t_f = 1{,}07 \text{ cm}$$

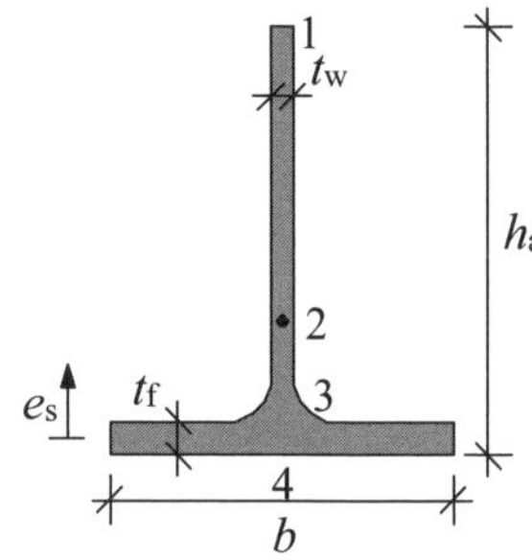

$$A_1 = \left(h_a - t_f\right) \cdot t_w = \left(26{,}0 - 1{,}07\right) \cdot 0{,}71 = 17{,}7 \text{ cm}^2$$

$$A_2 = b \cdot t_f = 15{,}0 \cdot 1{,}07 = 16{,}1 \text{ cm}^2$$

$$A = A_1 + A_2 = 17{,}7 + 16{,}1 = 33{,}8 \text{ cm}^2$$

$$e_S = \frac{A_1 \cdot 0{,}5 \cdot h_a}{A} = \frac{17{,}7 \cdot 0{,}5 \cdot 26{,}0}{33{,}8} = 6{,}81 \text{ cm}$$

$$I_y = t_w \cdot \frac{\left(h_a - t_f\right)^3}{12} + b \cdot \frac{t_f^3}{12} + A_1 \cdot 0{,}25 \cdot h_a^2 - A \cdot e_S^2$$

$$I_y = 0{,}71 \cdot \frac{\left(26{,}0 - 1{,}07\right)^3}{12} + 15{,}0 \cdot \frac{1{,}07^3}{12} + 17{,}7 \cdot 0{,}25 \cdot 26{,}0^2 - 33{,}8 \cdot 6{,}81^2 = 2342 \text{ cm}^4$$

Koordinaten:

$$z_1 = e_S + \frac{t_f}{2} - h_a = 6{,}81 + \frac{1{,}07}{2} - 26{,}0 = -18{,}7 \text{ cm}$$

$$z_2 = 0$$

$$z_3 = e_S - \frac{t_f}{2} = 6{,}81 - \frac{1{,}07}{2} = 6{,}28 \text{ cm}$$

$$z_4 = e_S + \frac{t_f}{2} = 6{,}81 + \frac{1{,}07}{2} = 7{,}35 \text{ cm}$$

Flächenmomente 1. Grades:

$$S_2 = 0{,}5 \cdot t_w \cdot z_1^2 = 0{,}5 \cdot 0{,}71 \cdot 18{,}7^2 = 124 \text{ cm}^3$$

$$S_3 = A_2 \cdot e_S = 16{,}1 \cdot 6{,}81 = 110 \text{ cm}^3$$

Schnittgrößen:

$$V_z = F_{\text{Ed}} = 75 \text{ kN} \qquad M_y = F_{\text{Ed}} \cdot l_a = 75 \cdot 10 = 750 \text{ kNcm}$$

Nachweis:

$$\sigma_1 = \frac{M_y}{I_y} \cdot z_1 = -\frac{750}{2342}\left(-18{,}7\right) = 5{,}99 \text{ kN/cm}^2$$

$$\frac{\sigma_{\text{ed}}}{\sigma_{\text{Rd}}} = \frac{5{,}99}{23{,}5} = 0{,}25 \leq 1$$

$$\tau_2 = \frac{V_z \cdot S_2}{I_y \cdot t_w} = \frac{75 \cdot 124}{2342 \cdot 0,71} = 5,59 \text{ kN/cm}^2$$

$$\frac{\tau_{Ed}}{\tau_{Rd}} = \frac{5,59}{13,6} = 0,41 \leq 1$$

Vergleichsspannung im Punkt 3

$$\sigma_3 = \frac{M_y}{I_y} \cdot z_3 = \frac{750}{2342} \cdot 6,28 = 2,01 \text{ kN/cm}^2$$

$$\tau_3 = \frac{V_z \cdot S_3}{I_y \cdot t_w} = \frac{75 \cdot 110}{2342 \cdot 0,71} = 4,96 \text{ kN/cm}^2$$

$$\sigma_V = \sqrt{\sigma^2 + 3 \cdot \tau^2} = \sqrt{2,01^2 + 3 \cdot 4,96^2} = 8,82 \text{ kN/cm}^2$$

$$\frac{\sigma_V}{\sigma_{R,d}} = \frac{8,82}{23,5} = 0,37 \leq 1$$

Versagen durch flächiges Ausreißen des Trägersteges

Risslinie I-I: eine Schraubenreihe

$$a_1 = 40 + 70 = 110 \text{ mm}; \; a_2 = 50 \text{ mm}$$

$$A_{nt} = 0,71 \cdot (5,0 - 0,5 \cdot 2,2) = 2,77 \text{ cm}^2$$

$$A_{nv} = 0,71 \cdot (11,0 - 1,5 \cdot 2,2) = 5,47 \text{ cm}^2$$

$$V_{eff,2,Rd} = 0,5 \cdot A_{nt} \cdot \frac{f_u}{\gamma_{M2}} + A_{nv} \cdot \frac{f_y}{\sqrt{3} \cdot \gamma_{M0}} = 0,5 \cdot 2,77 \cdot \frac{36}{1,25} + 5,47 \cdot \frac{23,5}{\sqrt{3} \cdot 1,0} = 114 \text{ kN}$$

$$\frac{V_z}{V_{eff,2,Rd}} = \frac{75}{114} = 0,66 \leq 1$$

9.2.4 Anschluss von 2 Deckenträgern an einen Unterzug mit Doppelwinkel

Dieses Beispiel ist identisch mit dem Beispiel 5.8.2 in Band 2. Es werden hier noch die konstruktiven Randbedingungen nach [25] berücksichtigt. Gegenüber der bisher üblichen Bemessung nach Band 2 sind nach [25] hochfeste Schrauben erforderlich.

Werkstoff: S 235

Nachweisverfahren: Elastisch-Elastisch und Elastisch-Plastisch

Beanspruchung: Auflagerkraft $F_{1,\mathrm{Ed}} = 55$ kN; $F_{2,\mathrm{Ed}} = 55$ kN

Profil des Deckenträgers: IPE 300; $t_w = 7{,}1$ mm

Profil des Unterzuges: IPE 400; $s = 8{,}6$ mm

Ausführung: Anschluss mit Doppelwinkel, „Oberkante bündig“ ohne Ausklinkung

Anschlusswinkel: ⅃L $200 \times 100 \times 12$; $t = 12$ mm; $r = 15$ mm; $l = 225$ mm

Schrauben: M20-10.9; $d_0 = 22$ mm

Jeder Deckenträger ist durch zwei kräftige Winkel mit dem Steg des Unterzuges verbunden, wo der Momentennullpunkt angenommen wird.

Konstruktive Voraussetzungen:

$$p_1 = 125 \text{ mm} \geq 2{,}2 \cdot d_0 = 2{,}2 \cdot 22 = 48{,}8 \text{ mm}$$

$$p_1 = 125 \text{ mm} \leq 14 \cdot t = 14 \cdot 7{,}1 = 99{,}4 \text{ mm}$$

$$p_1 = 125 \text{ mm} \leq 200 \text{ mm}$$

$$e_1 = 50 \text{ mm} \geq 1{,}2 \cdot d_0 = 1{,}2 \cdot 22 = 26{,}4 \text{ mm}$$

$$e_1 = 50 \text{ mm} \leq 4 \cdot t + 40 = 4 \cdot 7{,}1 + 40 = 68{,}4 \text{ mm}$$

Die konstruktiven Bedingungen für die Schraubenverbindung sind eingehalten.

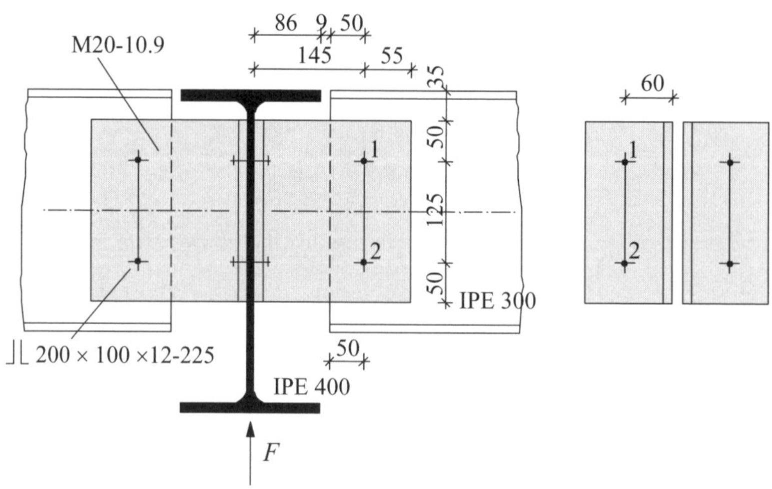

Vorzeitiges Schraubenversagen

Bei einem zweiseitigen Doppelwinkelanschluss ist eine ausreichende Rotationskapazität nur gegeben, wenn der Nachweis für die Winkel erfüllt ist.

Schrauben: M20-4.6; $d_0 = 22$ mm

$$\frac{d}{t} = \frac{20}{12} = 1,67 \geq 2,8 \cdot \sqrt{\frac{f_y}{f_{ub}}} = 2,8 \cdot \sqrt{\frac{235}{400}} = 2,15 \qquad \text{nicht erfüllt}$$

Schrauben: **M20-10.9**; $d_0 = 22$ mm

$$\frac{d}{t} = \frac{20}{12} = 1,67 \geq 2,8 \cdot \sqrt{\frac{f_y}{f_{ub}}} = 2,8 \cdot \sqrt{\frac{235}{1000}} = 1,36 \qquad \textbf{erfüllt}$$

Nachweis der Schraubenverbindung am Deckenträger
Querschnittswerte:
Schraube 2
Grenzabscherkraft

$m \cdot F_{v,Rd} = 2 \cdot 151 = 302$ kN Tabelle 10.1

Die Grenzlochleibungskräfte müssen vorzeichengerecht berechnet werden.

$+F_{y,b,Rd} = +0,71 \cdot 109 = +77,4$ kN $e_1 = 50$ mm Tabelle 10.4

$-F_{y,b,Rd} = -0,71 \cdot 144 = -102$ kN $p_1 \geq 3,75 \cdot d_0$ Tabelle 10.4

$+F_{z,b,Rd} = +0,71 \cdot 144 = +102$ kN $p_1 \geq 3,75 \cdot d_0$ Tabelle 10.4

$-F_{z,b,Rd} = -0,71 \cdot 144 = -102$ kN $p_1 \geq 3,75 \cdot d_0$ Tabelle 10.4

$A = 2$

$I_p = \sum z_i^2 = 6,25^2 + 6,25^2 = 78,1 \text{ cm}^2$

Beanspruchungen des Punktequerschnittes:

$V_z = -F_{1,d} = -55$ kN $\quad M_x = -F_{1,d} \cdot e_T = -55 \cdot 14,5 = -798$ kNcm

Nachweis der Schraube 2

$$T_y = -\frac{M_x}{I_p} \cdot z = -\frac{-798}{78,1} \cdot (+6,25) = +63,9 \text{ kN}$$

$$T_z = \frac{V_z}{A} = \frac{-55}{2} = -27,5 \text{ kN}$$

$$T = \sqrt{T_y^2 + T_z^2} = \sqrt{63,9^2 + 27,5^2} = 69,6 \text{ kN}$$

$$\frac{T}{m \cdot F_{v,Rd}} = \frac{69,6}{302} = 0,23 \leq 1 \quad \frac{T_y}{F_{y,b,Rd}} = \frac{63,9}{77,4} = 0,83 \leq 1 \quad \frac{T_z}{F_{z,b,Rd}} = \frac{27,5}{102} = 0,27 \leq 1$$

In den Empfehlungen [24] und den typisierten Verbindungen [23] wird der folgende ungünstigere Nachweis geführt.

$$\left(\frac{T_y}{F_{y,b,Rd}}\right)^2 + \left(\frac{T_z}{F_{z,b,Rd}}\right)^2 \leq 1$$

$$\left(\frac{63,9}{77,4}\right)^2 + \left(\frac{27,5}{102}\right)^2 = 0,75 \leq 1$$

Nachweis am Anschlussteil
Einreihiger Punktequerschnitt ohne Kontakt
Querschnittswerte:
Schraube 2

Grenzabscherkraft für einen Anschluss

$$m \cdot F_{v,Rd} = 1 \cdot 151 = 151 \text{ kN} \qquad \text{Tabelle 10.1}$$

Die Grenzlochleibungskräfte müssen vorzeichengerecht berechnet werden.

$$+F_{y,b,Rd} = +0,86 \cdot 144 = +124 \text{ kN} \qquad p_1 \geq 3,75 \cdot d_0 \quad \text{Tabelle 10.4}$$

$$-F_{y,b,Rd} = -0,86 \cdot 144 = -124 \text{ kN} \qquad p_1 \geq 3,75 \cdot d_0 \quad \text{Tabelle 10.4}$$

$$+F_{z,b,Rd} = +0,86 \cdot 144 = +124 \text{ kN} \qquad p_1 \geq 3,75 \cdot d_0 \quad \text{Tabelle 10.4}$$

$$-F_{z,b,Rd} = -0,86 \cdot 144 = -124 \text{ kN} \qquad p_1 \geq 3,75 \cdot d_0 \quad \text{Tabelle 10.4}$$

$$A = 2$$

$$I_p = \sum z_i^2 = 6,25^2 + 6,25^2 = 78,1 \text{ cm}^2$$

Beanspruchungen des Punktequerschnittes:

$$V_z = \frac{F_{1,Ed}}{2} = \frac{55}{2} = 27,5 \text{ kN} \qquad M_x = \frac{F_{1,Ed}}{2} \cdot e_A = \frac{55}{2} \cdot 6 = 165 \text{ kNcm}$$

Nachweis der Schraube 2:

$$T_y = -\frac{M_x}{I_p} \cdot z = -\frac{165}{78,1} \cdot (+6,25) = -13,2 \text{ kN}$$

$$T_z = \frac{V_z}{A} = \frac{27,5}{2} = 13,8 \text{ kN}$$

$$T = \sqrt{T_y^2 + T_z^2} = \sqrt{13,2^2 + 13,8^2} = 19,1 \text{ kN}$$

Nachweis auf Abscheren:

$$\frac{T}{m \cdot 0,8 \cdot F_{v,Rd}} = \frac{19,1}{0,8 \cdot 151} = 0,16 \leq 1$$

Nachweis auf Lochleibung:

Es ist zu beachten, dass sich die Lochleibungskräfte von links und rechts addieren. In diesem Fall sind sie gleich.

$$T_y = -2 \cdot 13,2 = -26,4 \text{ kN}$$

$$T_z = 2 \cdot 13,8 = 27,6 \text{ kN}$$

$$\frac{T_y}{F_{y,b,Rd}} = \frac{26,4}{124} = 0,21 \leq 1 \qquad \frac{T_z}{F_{z,b,Rd}} = \frac{26,4}{124} = 0,21 \leq 1$$

In den Empfehlungen [24] und den typisierten Verbindungen [23] wird der folgende ungünstigere Nachweis geführt.

$$\left(\frac{T_y}{F_{y,b,Rd}}\right)^2 + \left(\frac{T_z}{F_{z,b,Rd}}\right)^2 \leq 1$$

$$\left(\frac{26,4}{124}\right)^2 + \left(\frac{26,4}{124}\right)^2 = 0,09 \leq 1$$

Nachweis des Anschlusswinkels

Die Anschlusswinkel werden durch **einachsige Biegung und Querkraft** beansprucht. Für einen Winkel gilt:

$$\gamma_{M0} = 1,00 \qquad \gamma_{M2} = 1,25$$

Schnittgrößen:

$$V_z = \frac{F_{Ed}}{2} = \frac{55}{2} = 27,5 \text{ kN} \qquad M_y = \frac{F_{Ed}}{2} \cdot \left(e_T - \frac{b}{2}\right) = \frac{55}{2} \cdot (14,5 - 0) = 399 \text{ kNcm}$$

Querschnittswerte:

$$t = 1,2 \text{ cm}; \; h = 22,5 \text{ cm}$$

$$A = t \cdot h = 1,2 \cdot 22,5 = 27 \text{ cm}^2$$

Der Lochabzug in der Biegezugzone ist zu berücksichtigen. Im Druckbereich und bei Schub darf der Lochabzug entfallen. Die Löcher dürfen in der zugbeanspruchten Fläche vernachlässigt werden, wenn dafür folgende Bedingung eingehalten ist:

$$\frac{A_{f,net} \cdot 0,9 \cdot f_u}{\gamma_{M2}} = \frac{(1,2 \cdot 11,3 - 1,0 \cdot 2,2) \cdot 0,9 \cdot 36}{1,25} = 295 \text{ kN} \geq \frac{A_f \cdot f_y}{\gamma_{M0}} = \frac{1,2 \cdot 11,3 \cdot 23,5}{1,00} = 319 \text{ kN}$$

Der Lochabzug ist zu berücksichtigen.

$$I_y = 1,2 \cdot \frac{22,5^3}{12} - \frac{1}{2} \cdot 1,2 \cdot 2,2 \cdot 12,5^2 = 933 \text{ cm}^4$$

$$W_y = \frac{933}{11,3} = 82,6 \text{ cm}^3$$

Nachweisverfahren Elastisch-Elastisch

$$\sigma = \frac{M_y}{W_y} = \frac{399}{82,6} = 4,83 \text{ kN/cm}^2$$

$$\tau = \frac{V_z}{A_z} = \frac{3}{2} \cdot \frac{27,5}{1,2 \cdot 22,5} = 1,53 \text{ kN/cm}^2$$

$$\sigma_V = \sqrt{\sigma^2 + 3 \cdot \tau^2} = \sqrt{4,83^2 + 3 \cdot 1,53^2} = 5,51 \text{ kN/cm}^2$$

$$\frac{\sigma_V}{\sigma_{R,d}} = \frac{5,51}{23,5} = 0,23 \leq 1$$

Versagen durch flächiges Ausreißen ist nicht maßgebend.

9.2.5 Anschluss eines Deckenträgers an einen Unterzug mit Stirnplatte

Dieses Beispiel ist identisch mit dem Beispiel 5.8.3 in Band 2. Es werden hier noch die konstruktiven Randbedingungen nach [25] berücksichtigt. Gegenüber der bisher üblichen Bemessung nach Band 2 sind nach [25] hochfeste Schrauben erforderlich.
Die folgende Berechnung gilt für einen Anschluss mit einer vertikalen Schraubenreihe.
Werkstoff: S 235
Nachweisverfahren: Elastisch-Elastisch
Beanspruchung: Auflagerkraft $F_{\mathrm{Ed}} = 75$ kN
Profil des Deckenträgers: IPE 300;
Profil des Unterzuges: IPE 400; $t_{\mathrm{w}} = 8{,}6$ mm
Ausführung: Anschluss mit Stirnplatte, „Oberkante bündig" mit Ausklinkung
Stirnplatte: Bl. 200×140×10
Schrauben: M16-10.9; $d_0 = 18$ mm
Schweißnahtdicke: $a = 4$ mm $\qquad t_{\mathrm{w}} = 7{,}1$ mm
Beanspruchbarkeit der Stirnplatte: $\sigma_{\mathrm{Rd}} = 23{,}5$ kN/cm^2
Beanspruchbarkeit der Schweißnaht auf Schub: $\tau_{\mathrm{w,Rd}} = 20{,}8$ kN/cm^2
Beanspruchbarkeit der Schweißnaht: $\sigma_{\mathrm{V,w,Rd}} = 36{,}0$ kN/cm^2

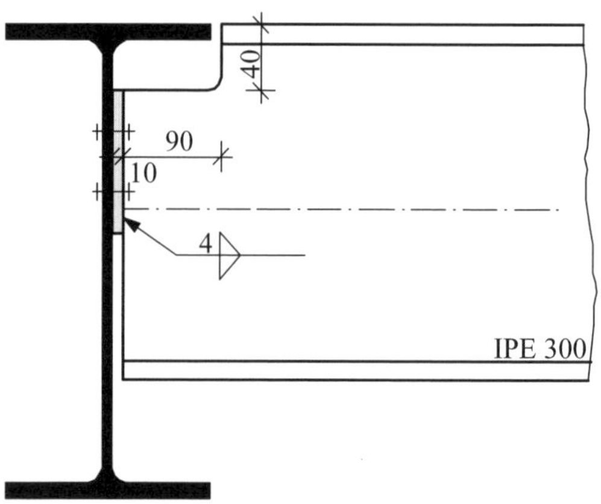

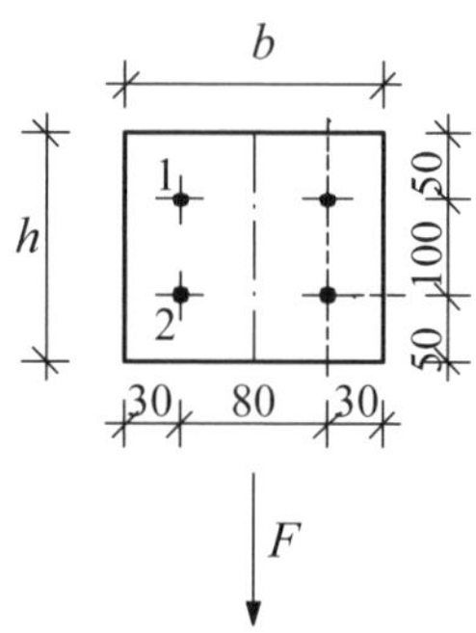

Nachweis des Trägers

$$M_{\mathrm{y,Ed}} = \frac{p_{\mathrm{Ed}} \cdot l^2}{8} = \frac{30 \cdot 5^2}{8} = 93{,}75 \text{ kNm}$$

$$M_{\mathrm{pl,y,Rd}} = W_{\mathrm{pl,y,Rd}} \cdot \sigma_{\mathrm{Rd}} = 628 \cdot 21{,}4 = 134 \text{ kNm}$$

$$\frac{M_{\mathrm{y,Ed}}}{M_{\mathrm{pl,y,Rd}}} = \frac{93{,}75}{134} = 0{,}70 \le 1{,}0$$

$$V_{\mathrm{Ed}} = \frac{p_{\mathrm{Ed}} \cdot l}{2} = \frac{30 \cdot 5}{2} = 75 \text{ kN}$$

Ist das Biegedrillknicken maßgebend, gilt:

$$\frac{M_{y,Ed}}{M_{b,Rd}} \leq 1,0$$

2.3 Nachweis der Stirnplattenhöhe

$$h_p = 200 \text{ mm} \leq d = 245 \text{ mm}$$

h_p – Stirnplattenhöhe
d – die Höhe des geraden Trägersteges

2.4 Nachweis der Rotationskapazität

$$\phi_{av} = \frac{t_p}{h_e} > \phi_{req}$$

t_p – Stirnplattendicke
h_e – Abstand zwischen der Unterkante der Platte und der Unterkante des Trägers
ϕ_{req} – Endtangentenwinkel des Trägers auf 2 Stützen unter der gegebenen Bemessungslast

Für die Gleichstreckenlast gilt:

$$\phi_{req} = \frac{p_{Ed} \cdot l^3}{24 \cdot E \cdot I_y} = \frac{0,3 \cdot 500^3}{24 \cdot 21000 \cdot 8360} = 0,0089$$

$$\phi_{av} = \frac{t_p}{h_e} = \frac{10}{60} = 0,167 > \phi_{req} = 0,0089$$

2.5 Vorzeitiges Schraubenversagen

$$\frac{d}{t_{w,u}} = \frac{16}{8,6} = 1,86 \geq 2,8 \cdot \sqrt{\frac{f_y}{f_{ub}}} = 2,8 \cdot \sqrt{\frac{235}{1000}} = 1,36 \quad \textbf{erfüllt}$$

oder

$$\frac{d}{t_p} = \frac{16}{10} = 1,6 \geq 2,8 \cdot \sqrt{\frac{f_y}{f_{ub}}} = 2,8 \cdot \sqrt{\frac{235}{1000}} = 1,36 \quad \textbf{erfüllt}$$

2.6 Vorzeitiges Schweißnahtversagen

$$a = 4 \text{ mm} \geq \frac{\beta_w \cdot f_{yw}}{\sqrt{2} \cdot f_{uw}} \cdot \frac{\gamma_{M2}}{\gamma_{M0}} \cdot t_w = \frac{0,8 \cdot 235}{\sqrt{2} \cdot 360} \cdot \frac{1,25}{1,0} \cdot 7,1 = 3,28 \text{ mm}$$

a – Schweißnahtdicke
β_w – Korrelationsfaktor
f_{yw} – Streckgrenze des Trägersteges
f_{uw} – Zugfestigkeit des Trägersteges

Nachweis des Deckenträgers

Es ist der Nachweis der Schubspannung neben der Naht zu führen.

$$\tau_{Ed} = \frac{F_{Ed}}{t_w \cdot h} = \frac{75}{0,71 \cdot 20,0} = 5,28 \text{ kN/cm}^2$$

$$\frac{\tau_{Ed}}{\tau_{Rd}} = \frac{5,28}{13,6} = 0,39 \leq 1,0$$

Nachweis der Schweißverbindung

Konstruktive Grenzwerte

$$a = 4 \text{ mm}$$

$$t \geq 3 \text{ mm}$$

$$\min a = 4 \text{ mm} \qquad \text{bzw.}$$

$$\min a = \sqrt{\max t} - 0{,}5 = \sqrt{10} - 0{,}5 = 2{,}66 \text{ mm}$$

$$l_{\text{eff}} = 200 \text{ mm} \leq 150 \cdot a = 150 \cdot 4 = 600 \text{ mm} \qquad (1\text{-}8, 4.11)$$

$$l_{\text{eff}} = 200 \text{ mm} \geq 6 \cdot a = 6 \cdot 4 = 24 \text{ mm bzw.} \geq 30 \text{ mm} \quad (1\text{-}8, 4.5.1)$$

Die Grenzwerte sind eingehalten.

$$\tau_{\|} = \frac{F_{\text{Ed}}}{2 \cdot a \cdot l_{\text{eff}}} = \frac{75}{2 \cdot 0{,}4 \cdot 20{,}0} = 4{,}69 \text{ kN/cm}^2$$

$$\frac{\tau_{\|}}{\tau_{\text{w,Rd}}} = \frac{4{,}69}{20{,}8} = 0{,}22 \leq 1{,}0$$

Nachweis der Schraubenverbindung

Es handelt sich hier um einen mittig beanspruchten Anschluss. Für jede Schraube wird die maßgebende Grenzkraft $F_{\text{v,Rd}}$ berechnet.

Konstruktive Voraussetzungen:

$$p_1 = 100 \text{ mm} \geq 2{,}2 \cdot d_0 = 2{,}2 \cdot 18 = 39{,}6 \text{ mm}$$

$$p_1 = 100 \text{ mm} \leq 14 \cdot t = 14 \cdot 10 = 140 \text{ mm}$$

$$p_1 = 100 \text{ mm} \leq 200 \text{ mm}$$

$$e_1 = 50 \text{ mm} \geq 1{,}2 \cdot d_0 = 1{,}2 \cdot 18 = 21{,}6 \text{ mm}$$

$$e_1 = 750 \text{ mm} \leq 4 \cdot t + 40 = 4 \cdot 10 + 40 = 80 \text{ mm}$$

$$p_2 = 80 \text{ mm} \geq 2{,}4 \cdot d_0 = 2{,}4 \cdot 18 = 43{,}2 \text{ mm}$$

$$p_2 = 80 \text{ mm} \leq 14 \cdot t = 14 \cdot 10 = 140 \text{ mm}$$

$$p_2 = 80 \text{ mm} \leq 200 \text{ mm}$$

Die konstruktiven Bedingungen für die Schraubenverbindung sind eingehalten.

$$t_1 = 10 \text{ mm}\,; \; t_2 = 8{,}6 \text{ mm}$$

1. Schraubenreihe

$$m \cdot F_{\text{v,Rd}} = 1 \cdot 96{,}5 = 96{,}5 \text{ kN} \qquad \text{Tabelle 10.1}$$

$$F_{1,\text{b,Rd}} = 1{,}0 \cdot 107 = 107 \text{ kN} \qquad e_1 = 50 \text{ mm} \quad \text{Tabelle 10.4}$$

$$F_{2,\text{b,Rd}} = 0{,}86 \cdot 115 = 98{,}9 \text{ kN} \qquad p_1 = 100 \text{ mm} \quad \text{Tabelle 10.4}$$

$$F_{\text{Rd}} = 96{,}5 \text{ kN}$$

2. Schraubenreihe

$$m \cdot F_{\text{v,Rd}} = 1 \cdot 96{,}5 = 96{,}5 \text{ kN} \qquad \text{Tabelle 10.1}$$

$$F_{1,\text{b,Rd}} = 1{,}0 \cdot 115 = 115 \text{ kN} \qquad p_1 = 100 \text{ mm} \quad \text{Tabelle 10.4}$$

$$F_{2,\text{b,Rd}} = 0{,}86 \cdot 115 = 98{,}9 \text{ kN} \qquad p_1 \geq 3{,}75 \cdot d_0 \quad \text{Tabelle 10.4}$$

$$F_{\text{Rd}} = 96{,}5 \text{ kN}$$

Elastische Berechnung der Schraubenverbindung
Die kleinste Grenzkraft F_{Rd} aller Schrauben ist

$$F_{\text{Rd}} = 96,5 \text{ kN}$$

Der Nachweis lautet damit:

$$T = \frac{F_{\text{Ed}}}{n} = \frac{75}{4} = 18,8 \text{ kN}$$

$$\frac{T}{F_{\text{Rd}}} = \frac{18,8}{96,5} = 0,19 \leq 1$$

Nachweis der Stirnplatte
Die Stirnplatte wird durch **einachsige Biegung und Querkraft** beansprucht.
Schnittgrößen:

$$V_{\text{z}} = \frac{F_{\text{Ed}}}{2} = \frac{75}{2} = 37,5 \text{ kN} \qquad M_{\text{y}} = \frac{F_{\text{Ed}}}{4} \cdot (w - t_{\text{w}}) = \frac{75}{4} \cdot (8,00 - 0,71) = 137 \text{ kNcm}$$

Querschnittswerte:

$$t_{\text{p}} = 1,0 \text{ cm}; \; h = 20,0 \text{ cm}$$

$$W_{\text{y}} = t_{\text{p}} \cdot \frac{h^2}{6} = 1,0 \cdot \frac{20,0^2}{6} = 66,7 \text{ cm}^3$$

Nachweisverfahren Elastisch-Elastisch

$$\sigma = \frac{M_{\text{y}}}{W_{\text{y}}} = \frac{137}{66,7} = 2,05 \text{ kN/cm}^2$$

$$\tau = \frac{V_{\text{z}}}{A_{\text{z}}} = \frac{3}{2} \cdot \frac{37,5}{1,0 \cdot 20,0} = 2,81 \text{ kN/cm}^2$$

$$\sigma_{\text{V}} = \sqrt{\sigma^2 + 3 \cdot \tau^2} = \sqrt{2,05^2 + 3 \cdot 2,81^2} = 5,28 \text{ kN/cm}^2$$

$$\frac{\sigma_{\text{V}}}{\sigma_{\text{R,d}}} = \frac{5,28}{23,5} = 0,22 \leq 1$$

Nachweis der Ausklinkung
Siehe Beispiel 9.2.3.

Versagen durch flächiges Ausreißen

$$a_1 = 150 \text{ mm}; \; a_2 = 60 \text{ mm}$$

$$A_{\text{nt}} = 1,00 \cdot (6,0 - 1,0 \cdot 1,8) = 4,20 \text{ cm}^2$$

$$A_{\text{nv}} = 2 \cdot 1,00 \cdot (15 - 1,5 \cdot 1,8) = 24,6 \text{ cm}^2$$

$$V_{\text{eff,1,Rd}} = A_{\text{nt}} \cdot \frac{f_{\text{u}}}{\gamma_{\text{M2}}} + A_{\text{nv}} \cdot \frac{f_{\text{y}}}{\sqrt{3} \cdot \gamma_{\text{M0}}} = 4,20 \cdot \frac{36}{1,25} + 24,6 \cdot \frac{23,5}{\sqrt{3} \cdot 1,0} = 454 \text{ kN}$$

$$\frac{V_{\text{z}}}{V_{\text{eff,1,Rd}}} = \frac{75}{510} = 0,15 \leq 1$$

9.3 Stirnplattenanschluss mit Kontakt

9.3.1 Stirnplattenanschluss an eine Stütze

Der Stirnplattenanschluss nach Abb. 9.4 a) kann als gelenkiger Anschluss gerechnet werden, wenn im Druckbereich kein Kontakt auftritt, s. Abschnitt 9.1.1. Wenn die Stirnplatte nach Abb. 9.4 b) dagegen am unteren Flansch des Trägers angeschweißt ist, tritt im Druckbereich Kontakt auf. Dieser Anschluss ist dann als verformbarer Anschluss nachzuweisen. Es soll nun gezeigt werden, dass bei dünnen Stirnplatten ebenfalls eine vereinfachte Berechnung für quasi gelenkige Anschlüsse möglich ist. Dabei sind gegenüber dem Stirnplattenanschluss ohne Kontakt nach Kapitel 9.1.1 andere Anwendungsgrenzen zu berücksichtigen.

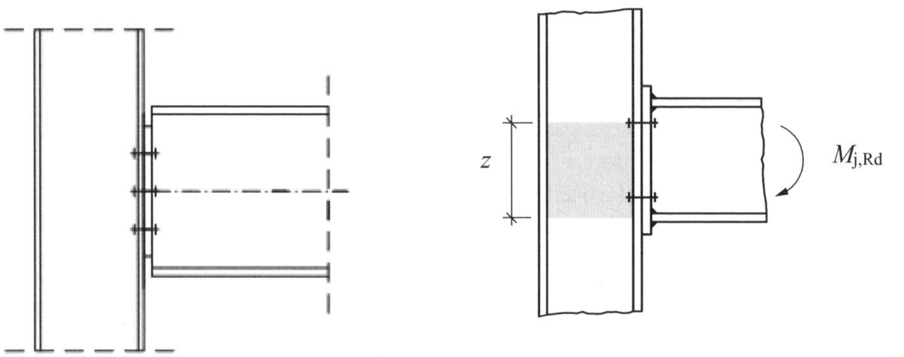

Abb. 9.4 Stirnplattenanschluss

In seiner Dissertation hat Rölle [28] und [29] sich mit diesem Anschluss beschäftigt und ein vereinfachtes Bemessungsverfahren für teiltragfähige Stahlknoten angegeben. Dieses Bemessungsverfahren basiert auf der Fließgelenktheorie und berücksichtigt, dass bei Trägern mit Stirnplattenanschlüssen mit dünnen Stirnplatten sich zunächst ein Fließgelenk im Anschluss bildet. Der Träger versagt aber erst dann, wenn auch der Träger selbst durchplastiziert ist und ein weiteres Fließgelenk entsteht. Die Abb. 9.6 zeigt exemplarisch den Biegemomentenverlauf eines unverschieblichen Rahmens. Die Stütze ist ein HEA 280 und der Träger ein IPE 360. Der Anschluss entspricht dem Beispiel 4.6.1 mit einer Plattendicke von t_p = 10 mm und Schrauben M 16-10.9, Kategorie D. Die Abmessungen der Stirnplatte sind in Abb. 9.5 angegeben. Die Berechnung der maßgebenden Kennwerte nach Beispiel 4.6.1 sind:

Momententragfähigkeit des Trägers	$M_{pl,y,Rd} = 239$ kNm
Momententragfähigkeit des Anschlusses	$M_{j,Rd} = 35{,}5$ kNm
Anfangsrotationssteifigkeit für einseitigen Anschluss	$S_{j,ini} = 13700$ kNm/rad
Anfangsrotationssteifigkeit für beidseitigen Anschluss	$S_{j,ini} = 16900$ kNm/rad

Da sich ein Fließgelenk im Anschluss ausbildet, gilt $\mu = 3$.

Belastung $q_{\mathrm{Ed}} = 53{,}0$ kN/m

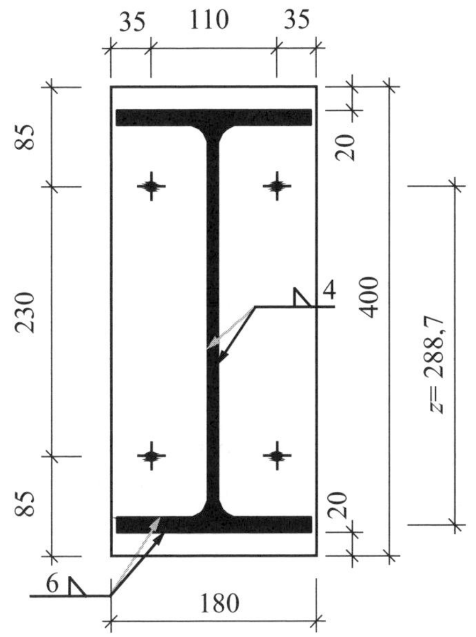

Abb. 9.5 Abmessungen der Stirnplatte

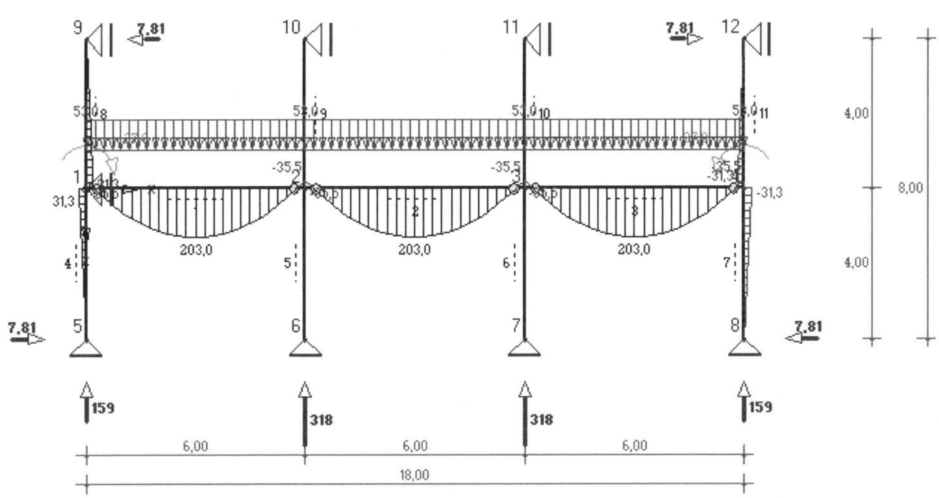

Abb. 9.6 Fließgelenktheorie eines Rahmens mit teiltragfähigen Stirnplattenanschlüssen

Die Belastung von $q_{\mathrm{Ed}} = 53,0$ kN/m entspricht der maximalen Tragfähigkeit für den Einfeldträger mit gelenkiger Lagerung. Das erste Fließgelenk bildet sich bei dieser Belastung im Anschluss. Der Anschluss ist exzentrisch. Deshalb ist für die Stütze das Moment aus der Querkraft und dem Hebelarm der halben Stützenhöhe zu berücksichtigen. Dieses Moment tritt bei diesem System nur in den Randstützen auf.

$$M_{\mathrm{Ed}} = 159 \cdot 0{,}17 = 27{,}0 \text{ kNm}$$

Diese Belastung kann noch um 13,5 % gesteigert werden, bis sich im Feld noch ein weiteres Fließgelenk bildet und eine kinematische Kette entsteht.

9.3.2 Anwendungsgrenzen und Randbedingungen

Vollständiges Fließen der Stirnplatte

Um ein vollständiges Fließen der Stirnplatte sicherzustellen, ist eine ausreichende Rotationskapazität des geschraubten Anschlusses erforderlich. Diese stellt sich ein, wenn das Versagen des Anschlusses durch plastische Biegeverformungen der Stirnplatte erfolgt. In (1-8, (6.32)) ist dafür die folgende Bedingung, hier anders aufgelöst, angegeben:

$$\frac{d}{t_{\mathrm{p}}} \geq 2{,}8 \cdot \sqrt{\frac{f_{\mathrm{yp}}}{f_{\mathrm{ub}}}} \tag{9.24}$$

Die Gleichung (9.24) folgt aus der Bedingung, dass für die Tragfähigkeit der Modus 1, vollständiges Fließen der Stirnplatte, maßgebend wird, d. h. kleiner/gleich der Tragfähigkeit des Modus 2., s. Abschnitt 3.2.2. Diese Gleichung wurde abgeleitet für das kreisförmige Fließmuster und gilt damit näherungsweise. Für die Schraubenreihe neben einer Steife gilt nach Tabelle 3.1 aber meist das nicht kreisförmige Muster mit dem Wert α. Dies soll hier berücksichtigt werden.

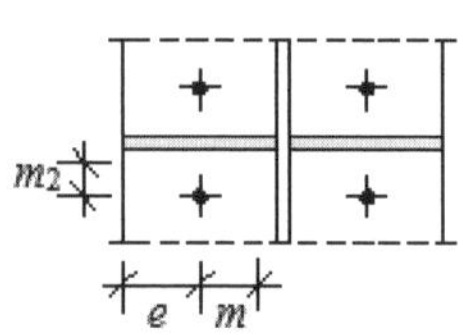

Der Wert α ist abhängig von der Lage der Schraube neben der Steife. Je größer m und m_2 wird, umso kleiner werden der Wert α und damit die Momententragfähigkeit des Anschlusses.

Um den Modus 1 zu erreichen, sind damit folgende Größen zu beachten:

Wanddicke t_{p}:	8 mm, 10 mm, 12 mm
Schraubendurchmesser d:	16 mm, 20 mm, 24 mm
Zugfestigkeit der Schraube f_{ub}:	8.8, 10.9
Streckgrenze der Stirnplatte f_{yp}:	S235, S355
Lage der Schraube:	m, m_2

Weiterhin ist nachzuweisen, dass die Komponenten der Stütze nicht maßgebend werden. Dies erfolgt hier durch eine Berechnung nach der Komponentenmethode nach EC3. Deshalb gilt für die Wanddicke des Stützenflansches, s. auch [29]:

$$\frac{t_{\mathrm{p}}}{t_{\mathrm{fc}}} \leq 0{,}9 \qquad (9.25)$$

t_{fc} – Wanddicke des Stützenflansches

Anwendungsgrenzen

Das hier angegebene Berechnungsverfahren gilt nur für eine bündige Platte mit einer Schraubenreihe mit 2 Schrauben. Das Tragsystem ist unverschieblich.

Tragfähigkeit der Stirnplatte auf Abscheren

Im Allgemeinen kann man davon ausgehen, dass bei Stirnplatten mit Kontakt im Modus 1 die Schrauben nahezu die Grenzzugkraft erreichen. Deshalb wird auf der sicheren Seite angenommen, dass infolge der Biegemomente die Schraubenkraft im Zugbereich bis zu 100 % der Grenzzugkraft beträgt.

Bei einer Stirnplattenverbindung werden die Schrauben im Druckbereich für die Abtragung der Querkraft herangezogen. Ist dies nicht ausreichend, kann für jede zugbeanspruchte Schraube noch eine Querkraftbeanspruchbarkeit von $0{,}286 \cdot F_{\mathrm{v,Rd}}$ berücksichtigt werden.

Für eine Stirnplatte mit 4 Schrauben gilt damit:

$$V_{\mathrm{Rd,1}} = 2 \cdot 0{,}286 \cdot F_{\mathrm{v,Rd}} + 2 \cdot F_{\mathrm{v,Rd}} = 2{,}57 \cdot F_{\mathrm{v,Rd}} \qquad (9.26)$$

Diese Tragfähigkeit ist sehr groß, da Schrauben der Festigkeitsklasse 8.8 bzw. 10.9 erforderlich sind.

Tragfähigkeit der Stirnplatte auf Lochleibung

Es ist zu beachten, dass die Tragfähigkeit der beiden Schrauben im Zugbereich auf $0{,}57 \cdot F_{\mathrm{v,Rd}}$ begrenzt ist. Daher gilt der kleinere Wert von:

$$V_{\mathrm{Rd,2}} = \min(0{,}57 \cdot F_{\mathrm{v,Rd}} + 2 \cdot F_{\mathrm{b,Rd}};\ 4 \cdot F_{\mathrm{b,Rd}})$$

Die Lochleibung im Stützenflansch wird nicht maßgebend, da $t_{\mathrm{p}} \leq 0{,}9 \cdot t_{\mathrm{fc}}$ ist.

Vorzeitiges Schweißnahtversagen

Auch ein vorzeitiges Versagen der Schweißnaht sollte wie nach [24] vermieden werden.

$$a \geq \frac{\beta_{\mathrm{w}} \cdot f_{\mathrm{y}}}{\sqrt{2} \cdot f_{\mathrm{u}}} \cdot \frac{\gamma_{\mathrm{M2}}}{\gamma_{\mathrm{M0}}} \cdot t \qquad (9.27)$$

Nachweis der Durchstanzkraft

$$\frac{F_{t,Rd}}{B_{p,Rd}} \leq 1$$

$B_{p,Rd}$ Grenzdurchstanzkraft, s. Band 2, Abschnitt 1.5.5

Nach [29] kann dieser Nachweis näherungsweise mit der folgenden Gleichung (9.33) geführt werden.

$$t_p \geq 0{,}186 \cdot d \cdot \frac{f_{ub}}{f_{up}} \tag{9.28}$$

Vereinfachter Nachweis als quasi gelenkiger Anschluss

Ein Anschluss darf als gelenkig angesehen werden, wenn seine Momententragfähigkeit $M_{j,Rd}$ nicht größer als 1/4 der Momententragfähigkeit des volltragfähigen Anschlusses ist und ausreichende Rotationskapazität besteht (1-8, 5.2.3.2(3)). Es ist damit zusätzlich einzuhalten:

$$\frac{M_{j,Rd}}{M_{pl,y,Rd}} \leq 0{,}25 \tag{9.29}$$

$M_{pl,y,Rd}$ – Momententragfähigkeit des Trägers

Der Träger wird als Einfeldträger mit gelenkiger Lagerung berechnet. Eine Berechnung des Systems mit verformbaren Anschlüssen ist nicht erforderlich. Dagegen ist das Moment $M_{j,Rd}$ und die Exzentrizität im Anschluss für den Nachweis der Stütze zu berücksichtigen, s. Abb. 1.12.

9.3.3 Beispiel: Anschluss an eine Stütze

Der Träger ist ein Einfeldträger, wobei eine gelenkige Lagerung angenommen wird. Der Träger ist wie in Abb. 9.6 einseitig oder beidseitig an eine nicht ausgesteifte Stütze angeschlossen. Der Träger ist nicht biegedrillknickgefährdet.

Länge des Trägers: $l = 6$ m

Beanspruchung des Deckenträgers: $p_{Ed} = 53$ kN/m

Stahlgüte des Trägers: S 235 $f_{yb} = 23{,}5$ kN/cm^2

Stahlgüte der Stütze: S 235 $f_{yc} = 23{,}5$ kN/cm^2

Stahlgüte der Stirnplatte: S 235 $f_{yp} = 23{,}5$ kN/cm^2

Teilsicherheitsbeiwert: $\gamma_{M0} = 1{,}00$

Dicke der Stirnplatte: $t_p = 10$ mm

Schrauben: M 16-10.9-D $d_0 = 18$ mm $A_s = 1{,}57$ cm^2 $F_{t,Rd} = 113$ kN

Profil: IPE 360 $h_b = 360$ mm $t_{fb} = 12{,}7$ mm $d_{wb} = 299$ mm $t_{wb} = 8$ mm

$M_{pl,y,Rd} = W_{pl,y} \cdot \sigma_{Rd} = 1019 \cdot 23{,}5 / 100 = 239$ kNm

Profil: HEA 280 $t_{fc} = 13{,}0$ mm $t_{wc} = 8$ mm $d_{wc} = 196$ mm

$h_c = 270$ mm $r_c = 24$ mm $A_{vc} = 31{,}7$ cm^2

Stirnplatte: Bl. 400×180×10

Schweißnahtdicke: $a_w = 4$ mm $a_f = 6$ mm

Beanspruchbarkeit der Stirnplatte: $\sigma_{Rd} = 23{,}5$ kN/cm^2

Beanspruchbarkeit der Schweißnaht auf Schub: $\tau_{w,Rd} = 20{,}8$ kN/cm^2

Beanspruchbarkeit der Schweißnaht: $\sigma_{V,w,Rd} = 36{,}0$ kN/cm^2

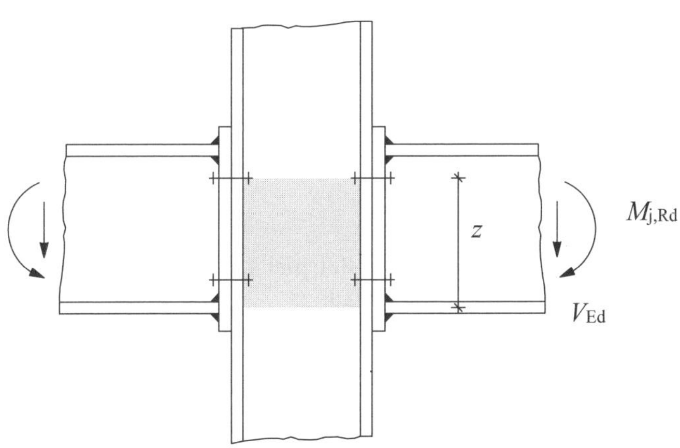

Ausbildung des Stoßes:

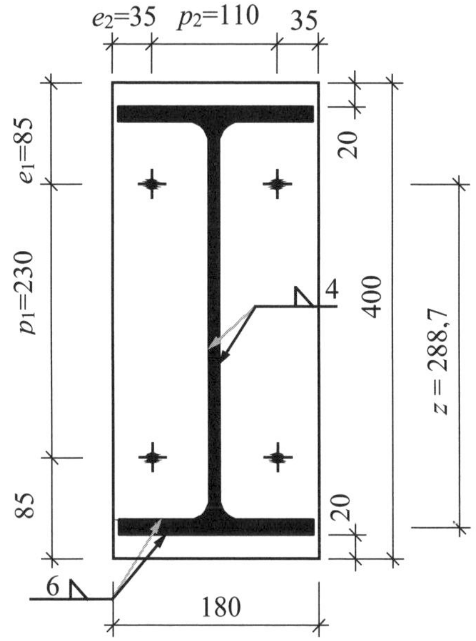

1 Vereinfachter Nachweis des Trägers

$$M_{y,Ed} = \frac{p_{Ed} \cdot l^2}{8} = \frac{53 \cdot 6^2}{8} = 239 \text{ kNm}$$

$$\frac{M_{y,Ed}}{M_{pl,y,Rd}} = \frac{239}{239} = 1,0 \leq 1,0$$

$$V_{Ed} = \frac{p_{Ed} \cdot l}{2} = \frac{53 \cdot 6}{2} = 159 \text{ kN}$$

Ist das Biegedrillknicken maßgebend, gilt:

$$\frac{M_{y,Ed}}{M_{b,Rd}} \leq 1,0$$

2 Randbedingungen

2.1 Vollständiges Fließen der Stirnplatte, s. Beispiel 4.6.1

Wirksame Tragfähigkeit der Stirnplatte auf Biegung:

$$F_{t1,Rd} = 123 \text{ kN}$$

$$M_{j,Rd} = 35,5 \text{ kNm}$$

$$\frac{M_{j,Rd}}{M_{pl,y,Rd}} = \frac{35,5}{239} = 0,15 \leq 0,25$$

2.2 Gültigkeitsbereich des Stützenprofils

Wanddicke des Stützenflansches:

$$\frac{t_p}{t_{fc}} = \frac{10}{13} = 0,77 \leq 0,9$$

Wirksame Tragfähigkeit des Stützenflansches auf Biegung:

$$F_{t,1,Rd} = 188 \text{ kN} \geq 123 \text{ kN}$$

Stützensteg mit Querdruck:

$$F_{c,wc,Rd} = 303 \text{ kN} \geq 123 \text{ kN}$$

Stützensteg auf Zug:

$$F_{t,wc,Rd} = 364 \text{ kN} \geq 123 \text{ kN}$$

Stützensteg mit Schubbeanspruchung:

$$V_{wp,Rd} = 387 \text{ kN} \geq 123 \text{ kN}$$

2.3 Vorzeitiges Schweißnahtversagen

$$a_w = 4 \text{ mm} \geq \frac{\beta_w \cdot f_{yw}}{\sqrt{2} \cdot f_{uw}} \cdot \frac{\gamma_{M2}}{\gamma_{M0}} \cdot t_{wb} = \frac{0,8 \cdot 235}{\sqrt{2} \cdot 360} \cdot \frac{1,25}{1,0} \cdot 8,0 = 3,69 \text{ mm}$$

$$a_f = 6 \text{ mm} \geq \frac{\beta_w \cdot f_{yw}}{\sqrt{2} \cdot f_{uw}} \cdot \frac{\gamma_{M2}}{\gamma_{M0}} \cdot t_{fb} = \frac{0,8 \cdot 235}{\sqrt{2} \cdot 360} \cdot \frac{1,25}{1,0} \cdot 12,7 = 5,86 \text{ mm}$$

2.4 Nachweis der Durchstanzkraft

$$t_p = 10 \text{ mm} \geq 0,186 \cdot d \cdot \frac{f_{ub}}{f_{up}} = 0,186 \cdot 16 \cdot \frac{1000}{360} = 8,26 \text{ mm}$$

3 Tragfähigkeiten der Komponenten

3.1 Schrauben auf Abscheren

$$\alpha_v = 0,6$$

$$A = \frac{\pi \cdot d^2}{4} = \frac{\pi \cdot 1,6^2}{4} = 2,01 \text{ cm}^2$$

$$F_{v,Rd} = \frac{\alpha_v \cdot A \cdot f_{ub}}{\gamma_{M2}} = \frac{0,6 \cdot 2,01 \cdot 80}{1,25} = 77,2 \text{ kN}$$

$$V_{Rd,1} = 2,57 \cdot F_{v,Rd} = 2,57 \cdot 77,2 = 198,4 \text{ kN}$$

3.2 Stirnplatte auf Lochleibung

$$\alpha_b = \min\left(\frac{e_1}{3 \cdot d_0};\ \frac{p_1}{3 \cdot d_0} - \frac{1}{4};\ \frac{f_{ub}}{f_{up}};\ 1\right) = \left(\frac{85}{3 \cdot 18};\ \frac{230}{3 \cdot 18} - \frac{1}{4};\ \frac{800}{360};\ 1\right)$$

$$\alpha_b = (1,57;\ 4,01;\ 2,22;\ 1) = 1$$

$$k_1 = \min\left(2,8 \cdot \frac{e_2}{d_0} - 1,7;\ 1,4 \cdot \frac{p_2}{d_0} - 1,7;\ 2,5\right) = \left(2,8 \cdot \frac{35}{18} - 1,7;\ 1,4 \cdot \frac{110}{18} - 1,7;\ 2,5\right)$$

$$k_1 = (4,06;\ 6,85;\ 2,5) = 2,5$$

$$F_{b,Rd} = \frac{\alpha_b \cdot k_1 \cdot f_{up} \cdot d \cdot t_p}{\gamma_{M2}} = \frac{1 \cdot 2,5 \cdot 36,0 \cdot 1,6 \cdot 1,0}{1,25} = 115 \text{ kN}$$

$$V_{\text{Rd},2} = \min(0{,}57 \cdot F_{\text{v,Rd}} + 2 \cdot F_{\text{b,Rd}}, 4 \cdot F_{\text{b,Rd}}) = \min(0{,}57 \cdot 77{,}2 + 2 \cdot 115, 4 \cdot 115)$$

$$V_{\text{Rd},2} = \min(274, 460) = 274 \text{ kN}$$

3.3 Stützenflansch auf Lochleibung

Nicht maßgebend, da $t_{\text{p}} \leq 0{,}9 \cdot t_{\text{fc}}$.

3.4 Schub in der Stirnplatte für den Bruttoquerschnitt

$$V_{\text{Rd},4} = \frac{2 \cdot h_{\text{p}} \cdot t_{\text{p}} \cdot f_{\text{yp}}}{1{,}27 \cdot \sqrt{3} \cdot \gamma_{\text{M0}}} = \frac{2 \cdot 40{,}0 \cdot 1{,}0 \cdot 23{,}5}{1{,}27 \cdot \sqrt{3} \cdot 1{,}0} = 855 \text{ kN}$$

3.5 Schub in der Stirnplatte für den Nettoquerschnitt

$$A_{\text{v,net}} = t_{\text{p}} \cdot \left(h_{\text{p}} - 2 \cdot d_0\right) = 1{,}0 \cdot \left(40{,}0 - 2 \cdot 1{,}8\right) = 36{,}4 \text{ cm}^2$$

$$V_{\text{Rd},5} = \frac{2 \cdot A_{\text{v,net}} \cdot f_{\text{up}}}{\sqrt{3} \cdot \gamma_{\text{M2}}} = \frac{2 \cdot 36{,}4 \cdot 36{,}0}{\sqrt{3} \cdot 1{,}25} = 1210 \text{ kN}$$

3.6 Blockversagen der Stirnplatte

$$A_{\text{nt}} = 2 \cdot t_{\text{p}} \cdot \left(e_2 - \frac{d_0}{2}\right) = 2 \cdot 1{,}0 \cdot \left(3{,}5 - \frac{1{,}8}{2}\right) = 5{,}2 \text{ cm}^2$$

$$A_{\text{nv}} = 2 \cdot t_{\text{p}} \cdot \left(h_{\text{p}} - e_{1\text{u}} - 1{,}5 \cdot d_0\right) = 2 \cdot 1{,}0 \cdot \left(40{,}0 - 8{,}5 - 1{,}5 \cdot 1{,}8\right) = 57{,}6 \text{ cm}^2$$

$$V_{\text{eff,1,Rd}} = \frac{f_{\text{up}} \cdot A_{\text{nt}}}{\gamma_{\text{M2}}} + \frac{f_{\text{yp}} \cdot A_{\text{nv}}}{\sqrt{3} \cdot \gamma_{\text{M0}}} = \frac{36{,}0 \cdot 5{,}2}{1{,}25} + \frac{23{,}5 \cdot 57{,}6}{\sqrt{3} \cdot 1{,}0} = 931 \text{ kN}$$

$$V_{\text{Rd},6} = V_{\text{eff,1,Rd}} = 931 \text{ kN}$$

3.7 Stirnplatte auf Biegung

$$W_{\text{el}} = \frac{1}{6} \cdot t_{\text{p}} \cdot h_{\text{p}}^2 = \frac{1}{6} \cdot 1{,}0 \cdot 40{,}0^2 = 267 \text{ cm}^3$$

$$V_{\text{Rd},7} = \frac{4 \cdot W_{\text{el}} \cdot f_{\text{yp}}}{\left(p_2 - t_{\text{w}}\right) \cdot \gamma_{\text{M0}}} = \frac{4 \cdot 267 \cdot 23{,}5}{\left(11{,}0 - 0{,}8\right) \cdot 1{,}0} = 2461 \text{ kN}$$

3.8 Nachweis des Trägersteges neben der Naht

$$V_{\text{Rd},8} = \frac{d \cdot t_{\text{w}} \cdot f_{\text{yp}}}{\sqrt{3} \cdot \gamma_{\text{M0}}} = \frac{29{,}9 \cdot 0{,}8 \cdot 23{,}5}{\sqrt{3} \; 1{,}0} = 325 \text{ kN}$$

3.9 Nachweis der Schweißnaht

$$V_{\text{Rd},9} = d \cdot 2 \cdot a_{\text{w}} \cdot \tau_{\text{w,Rd}} = 29{,}9 \cdot 2 \cdot 0{,}4 \cdot 20{,}8 = 498 \text{ kN}$$

4 Zusammenfassung und Nachweis

3.1 Schrauben auf Abscheren	$V_{Rd,1} = 198$ kN
3.2 Stirnplatte auf Lochleibung	$V_{Rd,2} = 274$ kN
3.3 Stützenflansch auf Lochleibung	nicht maßgebend
3.4 Schub in der Stirnplatte für den Bruttoquerschnitt	$V_{Rd,4} = 855$ kN
3.5 Schub in der Stirnplatte für den Nettoquerschnitt	$V_{Rd,5} = 1210$ kN
3.6 Blockversagen der Stirnplatte	$V_{Rd,6} = 931$ kN
3.7 Stirnplatte auf Biegung	$V_{Rd,7} = 2461$ kN
3.8 Nachweis des Trägersteges neben der Naht	$V_{Rd,8} = 325$ kN
3.9 Nachweis der Schweißnaht	$V_{Rd,9} = 498$ kN

Die kleinste Tragfähigkeit ist maßgebend. Hier ist der Nachweis der Schrauben auf Abscheren maßgebend.

$$V_{j,Rd} = 198 \text{ kN}$$

Nachweis:

$$\frac{V_{Ed}}{V_{j,Rd}} = \frac{159}{198} = 0,80 \leq 1,0$$

Man kann gut erkennen, auf welche Nachweise bei der Vorbemessung besonders geachtet werden muss. Da das Anschlussmoment $M_{j,Rd}$ relativ klein ist, ist im Allgemeinen ein Nachweis der Interaktion zwischen Biegung und Querkraft für der Träger nicht erforderlich.

9.3.4 Beispiel: Stirnplattenanschluss an einen Unterzug

Anschluss eines Deckenträgers an einen Unterzug mit Stirnplatte mit Kontakt
Der Nachweis wird an einem Zweifeldträger mit konstanter Stützweite erläutert, s. Abb. 9.7. Der Unterzug ist ein IPE 400 und der Träger ein IPE 300. Dieses Beispiel ist identisch mit dem Beispiel 9.2.5 aber mit einer dünnen Stirnplatte mit Kontakt. Die Bezeichnungen der Abmessungen der Stirnplatte sind in Abb. 9.8 angegeben. Die Berechnung der maßgebenden Kennwerte ergibt:

Momententragfähigkeit des Trägers $M_{\text{pl,y,Rd}} = 148$ kNm

Momententragfähigkeit des Anschlusses $M_{\text{j,Rd}} = 18{,}6$ kNm

Anfangsrotationssteifigkeit für den Anschluss $S_{\text{j,ini}} = 9000$ kNm/rad

Da sich ein Fließgelenk im Anschluss ausbildet, gilt $\mu = 3$.

Belastung $q_{\text{Ed}} = 47{,}3$ kN/m

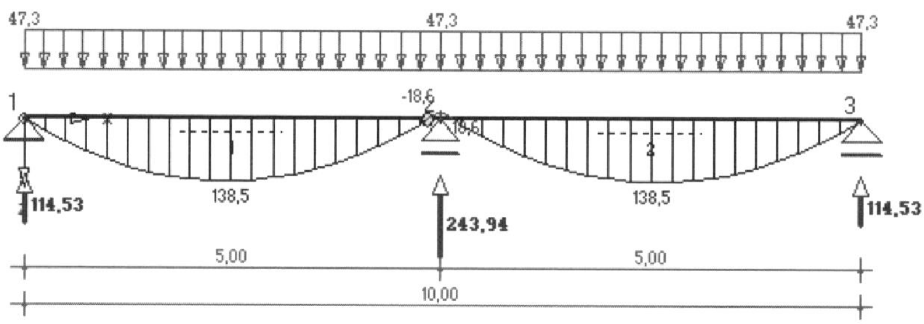

Abb. 9.7 Fließgelenktheorie eines Zweifeldträgers mit teiltragfähigen Stirnplattenanschlüssen

Es bildet sich hier ein Fließgelenk über dem mittleren Auflager. Der Träger versagt aber erst dann, wenn auch der Träger selbst durchplastiziert ist und ein weiteres Fließgelenk entsteht. Das Stützmoment wird nicht berücksichtigt, was einer zusätzlichen Tragreserve entspricht. Die geringe Erhöhung der Querkraft durch die Momententragfähigkeit des Anschlusses kann vernachlässigt werden, wenn die Bedingung (9.29) eingehalten ist.
Der Träger wird als Einfeldträger berechnet. Der Träger sei nicht biegedrillknickgefährdet.

Werkstoff: S 235

Profil des Deckenträgers: IPE 300; $t_{\text{wb}} = 7{,}1$ mm $t_{\text{fb}} = 10{,}7$ mm

Profil des Unterzuges: IPE 400; $t_{\text{wc}} = 8{,}6$ mm

Ausführung: Anschluss mit Stirnplatte, „Oberkante bündig“ mit Ausklinkung
Stirnplatte: Bl. 280×150×10

Schrauben: M16-8.8; $d_0 = 18$ mm $F_{\text{t,Rd}} = 90{,}4$ kN

Schweißnahtdicke: $a_{\text{w}} = 4$ mm $a_{\text{f}} = 5$ mm

Beanspruchbarkeit der Stirnplatte: $\sigma_{\text{Rd}} = 23{,}5$ kN/cm^2

Beanspruchbarkeit der Schweißnaht auf Schub: $\tau_{\text{w,Rd}} = 20{,}8$ kN/cm^2

Beanspruchbarkeit der Schweißnaht: $\sigma_{\text{V,w,Rd}} = 36{,}0$ kN/cm^2

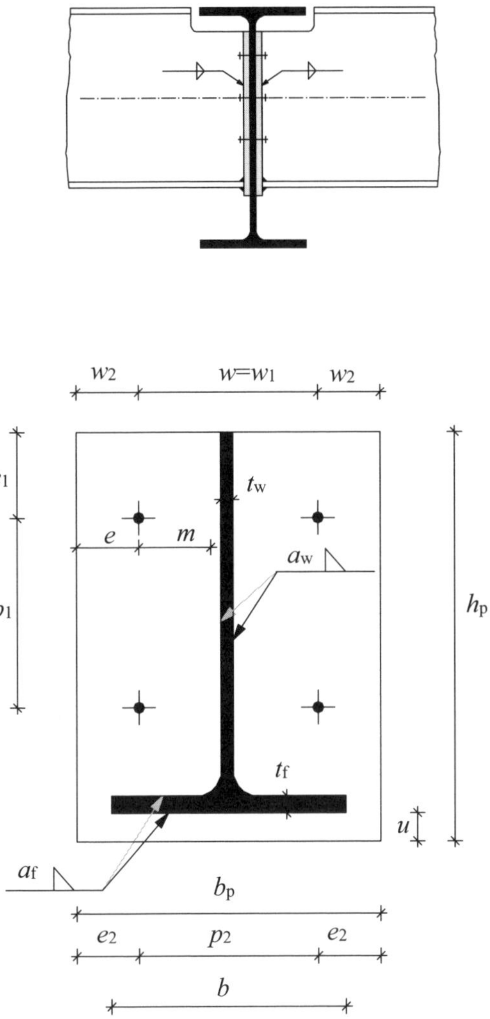

Abb. 9.8 Bezeichnungen der Abmessungen der Stirnplatte

Es sei darauf hingewiesen, dass in den angegebenen Formeln unterschiedliche Bezeichnungen für die Abmessungen gewählt werden.

$e_1 = 50$ mm $\quad p_1 = 150$ mm $\quad e_2 = e = w_2 = 30$ mm $\quad p_2 = w = 90$ mm

$h_p = 280$ mm $\quad b_p = 150$ mm $\quad r_b = 15$ mm $\quad u = 20$ mm

Vereinfachter Nachweis des Trägers

$$M_{y,Ed} = \frac{p_{Ed} \cdot l^2}{8} = \frac{47,3 \cdot 5^2}{8} = 148 \text{ kNm}$$

$$M_{pl,y,Rd} = W_{pl,y,Rd} \cdot \sigma_{Rd} = 628 \cdot 23,5 = 148 \text{ kNm}$$

$$\frac{M_{y,Ed}}{M_{pl,y,Rd}} = \frac{148}{148} = 1,0 \leq 1,0$$

$$V_{Ed} = \frac{p_{Ed} \cdot l}{2} = \frac{47,3 \cdot 5}{2} = 118 \text{ kN}$$

Ist das Biegedrillknicken maßgebend, gilt:

$$\frac{M_{y,Ed}}{M_{b,Rd}} \leq 1,0$$

2 Randbedingungen

2.1 Vollständiges Fließen der Stirnplatte

Es wird mit der Komponentenmethode nach EC3 nachgewiesen, dass der Modus 1 maßgebend ist.

$$z = h_p - u - e_1 - 0,5 \cdot t_{fb} = 280 - 20 - 50 - 0,5 \cdot 10,7 = 205 \text{ mm}$$

$$m = 0,5 \cdot (w - t_{wb}) - 0,8 \cdot \sqrt{2} \cdot a_w = 0,5 \cdot (90 - 7,1) - 1,13 \cdot 4 = 36,9 \text{ mm}$$

$$n = e = 30 \text{ mm} \leq 1,25 \cdot m = 1,25 \cdot 36,9 = 561 \text{ mm}$$

$$l_{eff,cp} = \min(2 \cdot \pi \cdot m;\ \pi \cdot m + 2 \cdot e_1) = \min(232;\ 216) = 216 \text{ mm}$$

$$l_{eff,nc} = \min(4 \cdot m + 1,25 \cdot e;\ 2 \cdot m + 0,625 \cdot e + e_1) = \min(185,5;\ 142,6) = 142,6 \text{ mm}$$

$$\text{Modus 1: } l_{eff,1} = l_{eff,nc} \leq l_{eff,cp} = 142,6 \text{ mm}$$

$$\text{Modus 2: } l_{eff,2} = l_{eff,nc} = 142,6 \text{ mm}$$

$$M_{pl,1,Rd} = \frac{1}{4} \cdot l_{eff} \cdot t_p^2 \cdot f_{y,p} / \gamma_{M0} = \frac{1}{4} \cdot 14,26 \cdot 1,0^2 \cdot 23,5 / 1,0 = 83,78 \text{ kNcm}$$

$$M_{pl,2,Rd} = \frac{1}{4} \cdot l_{eff} \cdot t_p^2 \cdot f_{y,p} / \gamma_{M0} = \frac{1}{4} \cdot 14,26 \cdot 1,0^2 \cdot 23,5 / 1,0 = 83,78 \text{ kNcm}$$

$$F_{T,1,Rd} = \frac{4 \cdot M_{pl,1,Rd}}{m} = \frac{4 \cdot 83,78}{3,69} = 90,8 \text{ kN}$$

$$F_{T,2,Rd} = \frac{2 \cdot M_{pl,2,Rd} + n \cdot \Sigma F_{t,Rd}}{m + n} = \frac{2 \cdot 83,78 + 3,00 \cdot 2 \cdot 90,4}{3,69 + 3,00} = 106 \text{ kN}$$

$$F_{T,1,Rd} = 2 \cdot F_{t,Rd} = 2 \cdot 90,4 = 181 \text{ kN}$$

Trägersteg auf Zug:

$$F_{t,wb,Rd} = l_{eff} \cdot t_{wb} \cdot \sigma_{Rd} = 14,26 \cdot 0,71 \cdot 23,5 / 1,0 = 238 \text{ kN} \geq 90,8 \text{ kN}$$

Tragfähigkeit der Schweißnaht am Steg:

$$F_{w,Rd} = b_{eff,t,wb} \cdot \Sigma a_w \cdot 25,5 = 14,26 \cdot 0,8 \cdot 25,5 = 291 \text{ kN} \geq 90,8 \text{ kN}$$

Trägerflansch auf Druck:

$$F_{c,fb,Rd} = b \cdot t_{fb} \cdot \sigma_{Rd} = 15,0 \cdot 1,07 \cdot 23,5 = 377 \text{ kN} \geq 90,8 \text{ kN}$$

Momententragfähigkeit des Anschlusses:

$$M_{j,Rd} = F_{T,1,Rd} \cdot z = 90,8 \cdot 20,45 = 1857 \text{ kNcm} = 18,6 \text{ kNm}$$

$$\frac{M_{j,Rd}}{M_{pl,y,Rd}} = \frac{18,6}{148} = 0,13 \leq 0,25$$

2.2 Vorzeitiges Schweißnahtversagen

$$a_\mathrm{w} = 4\ \mathrm{mm} \geq \frac{\beta_\mathrm{w} \cdot f_\mathrm{y}}{\sqrt{2} \cdot f_\mathrm{u}} \cdot \frac{\gamma_\mathrm{M2}}{\gamma_\mathrm{M0}} \cdot t_\mathrm{wb} = \frac{0,8 \cdot 235}{\sqrt{2} \cdot 360} \cdot \frac{1,25}{1,0} \cdot 7,1 = 3,28\ \mathrm{mm}$$

$$a_\mathrm{f} = 5\ \mathrm{mm} \geq \frac{\beta_\mathrm{w} \cdot f_\mathrm{y}}{\sqrt{2} \cdot f_\mathrm{u}} \cdot \frac{\gamma_\mathrm{M2}}{\gamma_\mathrm{M0}} \cdot t_\mathrm{fb} = \frac{0,8 \cdot 235}{\sqrt{2} \cdot 360} \cdot \frac{1,25}{1,0} \cdot 10,7 = 4,94\ \mathrm{mm}$$

2.3 Nachweis der Durchstanzkraft

$$t_\mathrm{p} = 10\ \mathrm{mm} \geq 0,186 \cdot d \cdot \frac{f_\mathrm{ub}}{f_\mathrm{up}} = 0,186 \cdot 16 \cdot \frac{800}{360} = 6,6\ \mathrm{mm}$$

2.4 Anwendungsgrenzen

Das hier angegebene Berechnungsverfahren gilt nur für eine bündige Platte mit einer Schraubenreihe mit 2 Schrauben. Das Tragsystem ist unverschieblich.

$$\frac{M_\mathrm{j,Rd}}{M_\mathrm{pl,y,Rd}} = \frac{18,6}{148} = 0,13 \leq 0,25$$

3 Tragfähigkeiten der Komponenten

3.1 Schrauben auf Abscheren

$$\alpha_\mathrm{v} = 0,6$$

$$A = \frac{\pi \cdot d^2}{4} = \frac{\pi \cdot 1,6^2}{4} = 2,01\ \mathrm{cm}^2$$

$$F_\mathrm{v,Rd} = \frac{\alpha_\mathrm{v} \cdot A \cdot f_\mathrm{ub}}{\gamma_\mathrm{M2}} = \frac{0,6 \cdot 2,01 \cdot 80}{1,25} = 77,2\ \mathrm{kN}$$

$$V_\mathrm{Rd,1} = 2,57 \cdot F_\mathrm{v,Rd} = 2,57 \cdot 77,2 = 198,4\ \mathrm{kN}$$

3.2 Stirnplatte auf Lochleibung

$$\alpha_\mathrm{b} = \min\left(\frac{e_1}{3 \cdot d_0};\ \frac{p_1}{3 \cdot d_0} - \frac{1}{4};\ \frac{f_\mathrm{ub}}{f_\mathrm{up}};\ 1\right) = \left(\frac{50}{3 \cdot 18};\ \frac{150}{3 \cdot 18} - \frac{1}{4};\ \frac{800}{360};\ 1\right)$$

$$\alpha_\mathrm{b} = (0,926;\ 2,53;\ 2,22;\ 1) = 0,926$$

$$k_1 = \min\left(2,8 \cdot \frac{e_2}{d_0} - 1,7;\ 1,4 \cdot \frac{p_2}{d_0} - 1,7;\ 2,5\right) = \left(2,8 \cdot \frac{30}{18} - 1,7;\ 1,4 \cdot \frac{90}{18} - 1,7;\ 2,5\right)$$

$$k_1 = (3,24;\ 5,30;\ 2,5) = 2,5$$

$$F_\mathrm{b,Rd} = \frac{\alpha_\mathrm{b} \cdot k_1 \cdot f_\mathrm{up} \cdot d \cdot t_\mathrm{p}}{\gamma_\mathrm{M2}} = \frac{0,926 \cdot 2,5 \cdot 36,0 \cdot 1,6 \cdot 1,0}{1,25} = 107\ \mathrm{kN}$$

$$V_\mathrm{Rd,2} = \min(0,57 \cdot F_\mathrm{v,Rd} + 2 \cdot F_\mathrm{b,Rd}, 4 \cdot F_\mathrm{b,Rd}) = \min(0,57 \cdot 77,2 + 2 \cdot 115, 4 \cdot 115)$$

$$V_\mathrm{Rd,2} = \min(274, 460) = 274\ \mathrm{kN}$$

3.3 Unterzug auf Lochleibung

$$\alpha_b = \min\left(\frac{p_1}{3\cdot d_0}-\frac{1}{4};\ \frac{f_{ub}}{f_{up}},1\right)=\left(\frac{150}{3\cdot 18}-\frac{1}{4};\ \frac{800}{360};\ 1\right)$$

$$\alpha_b = (2{,}53;\ 2{,}22;\ 1) = 1$$

$$k_1 = \min\left(1{,}4\cdot\frac{p_2}{d_0}-1{,}7;\ 2{,}5\right)=\left(1{,}4\cdot\frac{90}{18}-1{,}7;\ 2{,}5\right)$$

$$k_1 = (5{,}30;\ 2{,}5) = 2{,}5$$

$$F_{b,Rd} = \frac{\alpha_b\cdot k_1\cdot f_{ucf}\cdot d\cdot t_{wc}}{\gamma_{M2}} = \frac{1\cdot 2{,}5\cdot 36{,}0\cdot 1{,}6\cdot 0{,}86}{1{,}25} = 99{,}1\ \text{kN}$$

$$V_{Rd,3} = \min(0{,}57\cdot F_{v,Rd}+2\cdot F_{b,Rd};4\cdot F_{b,Rd}) = \min(0{,}57\cdot 77{,}2+2\cdot 99;1{,}4\cdot 99{,}1)$$

$$V_{Rd,3} = \min(237;296) = 237\ \text{kN}$$

Hier ist zu beachten, dass der Steg des Unterzuges die Auflagerkraft aufnehmen muss. Bei symmetrischen Systemen ist die Tragfähigkeit zu halbieren.

$$V_{Rd,3} = 0{,}5\cdot 237 = 119\ \text{kN}$$

3.4 Schub in der Stirnplatte für den Bruttoquerschnitt

$$V_{Rd,4} = \frac{2\cdot h_p\cdot t_p\cdot f_{yp}}{1{,}27\cdot\sqrt{3}\cdot\gamma_{M0}} = \frac{2\cdot 28{,}0\cdot 1{,}0\cdot 23{,}5}{1{,}27\cdot\sqrt{3}\cdot 1{,}0} = 598\ \text{kN}$$

3.5 Schub in der Stirnplatte für den Nettoquerschnitt

$$A_{v,net} = t_p\cdot(h_p-2\cdot d_0) = 1{,}0\cdot(28{,}0-2\cdot 1{,}8) = 24{,}4\ \text{cm}^2$$

$$V_{Rd,5} = \frac{2\cdot A_{v,net}\cdot f_{up}}{\sqrt{3}\cdot\gamma_{M2}} = \frac{2\cdot 24{,}4\cdot 36{,}0}{\sqrt{3}\cdot 1{,}25} = 811\ \text{kN}$$

3.6 Blockversagen der Stirnplatte

$$A_{nt} = 2\cdot t_p\cdot\left(e_2-\frac{d_0}{2}\right) = 2\cdot 1{,}0\cdot\left(3{,}0-\frac{1{,}8}{2}\right) = 4{,}2\ \text{cm}^2$$

$$A_{nv} = 2\cdot t_p\cdot(h_p-e_{1u}-1{,}5\cdot d_0) = 2\cdot 1{,}0\cdot(28{,}0-8{,}0-1{,}5\cdot 1{,}8) = 34{,}6\ \text{cm}^2$$

$$V_{Rd,6} = \frac{f_{up}\cdot A_{nt}}{\gamma_{M2}}+\frac{f_{yp}\cdot A_{nv}}{\sqrt{3}\cdot\gamma_{M0}} = \frac{36{,}0\cdot 4{,}2}{1{,}25}+\frac{23{,}5\cdot 34{,}6}{\sqrt{3}\cdot 1{,}0} = 590\ \text{kN}$$

3.7 Stirnplatte auf Biegung

$$W_{el} = \frac{1}{6}\cdot t_p\cdot h_p^2 = \frac{1}{6}\cdot 1{,}0\cdot 28{,}0^2 = 131\ \text{cm}^3$$

$$V_{Rd,7} = \frac{4\cdot W_{el}\cdot f_{yp}}{(p_2-t_{wb})\cdot\gamma_{M0}} = \frac{4\cdot 131\cdot 23{,}5}{(9{,}0-0{,}71)\cdot 1{,}0} = 1485\ \text{kN}$$

3.8 Nachweis des Trägersteges neben der Naht

$$l_w = h_p-u-t_{fb}-r_b = 280-20-10{,}7-15 = 234\ \text{mm}$$

$$V_{Rd,8} = \frac{l_w\cdot t_{wb}\cdot f_{yp}}{\sqrt{3}\cdot\gamma_{M0}} = \frac{23{,}4\cdot 0{,}71\cdot 23{,}5}{\sqrt{3}\cdot 1{,}0} = 225\ \text{kN}$$

3.9 Nachweis der Schweißnaht

$$V_{Rd,9} = l_w \cdot 2 \cdot a_w \cdot \tau_{w,Rd} = 23,4 \cdot 2 \cdot 0,4 \cdot 20,8 = 389 \text{ kN}$$

3.10 Nachweis der Ausklinkung

Die Grenztragfähigkeit für die Ausklinkung kann nur iterativ berechnet werden und ist erreicht, wenn die maximale Vergleichsspannung ausgenutzt ist. Man kann auch für die vorhandene Querkraft den Spannungsnachweis führen, s. Beispiel 9.2.3.

$$V_{Rd,10} = 200 \text{ kN}$$

4 Zusammenfassung und Nachweis

3.1 Schrauben auf Abscheren	$V_{Rd,1} = 198$ kN
3.2 Stirnplatte auf Lochleibung	$V_{Rd,2} = 274$ kN
3.3 Unterzug auf Lochleibung	$V_{Rd,3} = 119$ kN
3.4 Schub in der Stirnplatte für den Bruttoquerschnitt	$V_{Rd,4} = 598$ kN
3.5 Schub in der Stirnplatte für den Nettoquerschnitt	$V_{Rd,5} = 811$ kN
3.6 Blockversagen der Stirnplatte	$V_{Rd,6} = 590$ kN
3.7 Stirnplatte auf Biegung	$V_{Rd,7} = 1485$ kN
3.8 Nachweis des Trägersteges neben der Naht	$V_{Rd,8} = 225$ kN
3.9 Nachweis der Schweißnaht	$V_{Rd,9} = 389$ kN
3.10 Nachweis der Ausklinkung	$V_{Rd,10} = 200$ kN

Hier ist der Nachweis des Unterzuges auf Lochleibung maßgebend.

$$V_{j,Rd} = 119 \text{ kN}$$

Nachweis:

$$\frac{V_{Ed}}{V_{j,Rd}} = \frac{118}{119} = 1,0 \leq 1,0$$

Man kann gut erkennen, auf welche Nachweise bei der Vorbemessung besonders geachtet werden muss.

Ist der Träger nicht ausgeklinkt, so ist der Nachweis für das vollständiges Fließen der Stirnplatte und die Stirnplatte selbst entsprechend dem Beispiel 9.3.3 zu führen. Es entfällt der Gültigkeitsbereich für das Stützenprofil.

10 Tabellen für Schraubenkräfte

Tabelle 10.1 Grenzabscherkräfte $F_{v,Rd}$ je Schraube und Scherfuge in kN

Lage der Scherfuge	Festigkeitsklasse	Schraubengröße							
		M12	**M16**	**M20**	**M22**	**M24**	**M27**	**M30**	**M36**
rohe Schrauben–Scherfuge im Schaft	4.6	21,7	38,6	60,3	73,0	86,8	110	136	195
	5.6	27,1	48,2	75,4	91	108	138	170	244
	8.8	43,4	77,2	121	146	174	220	271	391
	10.9	54,2	96,5	151	182	217	275	339	489
rohe Schrauben und Passschrauben–Scherfuge im Gewinde	4.6	16,2	30,1	47,0	58,2	67,8	88	108	157
	5.6	20,2	37,7	58,8	72,7	84,7	110	135	196
	8.8	32,4	60,3	94	116	136	176	215	314
	10.9	33,7	62,8	98,0	121	141	184	224	327
Passschrauben–Scherfuge im Schaft	4.6	25,5	43,6	66,4	79,7	94	118	145	206
	5.6	31,9	54,5	83,0	100	118	148	181	258
	8.8	51,0	87,2	133	159	189	237	290	413
	10.9	63,7	109	166	199	236	296	362	516

Tabelle 10.2 Grenzzugkräfte $F_{t,Rd}$ je Schraube in kN

Schraubenart	Festigkeitsklasse	Schraubengröße							
		M12	**M16**	**M20**	**M22**	**M24**	**M27**	**M30**	**M36**
Senkschrauben	4.6	17,0	31,7	49,4	61,1	71,2	92,5	113	165
	5.6	21,2	39,6	61,7	76,4	89,0	116	141	206
	8.8	34,0	63,3	98,8	122	142	185	226	329
	10.9	42,5	79,1	124	153	178	231	283	412
alle Schrauben (außer Senkschrauben)	4.6	24,3	45,2	70,6	87,3	102	132	162	235
	5.6	30,3	56,5	88,2	109	127	165	202	294
	8.8	48,6	90,4	141	175	203	264	323	471
	10.9	60,7	113	176	218	254	331	404	588

Tabelle 10.3 Grenzdurchstanzkräfte $B_{p,Rd}$ je Schraube in kN bezogen auf die Blechdicke $t = 10$ mm

Schraubenart	Stahlgüte	Schraubengröße							
		M12	**M16**	**M20**	**M22**	**M24**	**M27**	**M30**	**M36**
Sechskantschrauben nach DIN 7990 und DIN 7968	S 235	103	136	171	194	205	234	263	314
	S 275	123	163	204	231	245	280	314	375
	S 355	140	185	233	263	279	319	358	428
HV-Schrauben nach DIN EN 14399-4 und DIN EN 14399-8	S 235	125	154	182	205	234	263	286	343
	S 275	149	183	217	245	280	314	342	410
	S 355	170	209	248	279	319	358	389	467

Tabelle 10.4
Grenzlochleibungskräfte für Scher-Lochleibungsverbindungen in kN mit normalem Lochspiel bezogen auf die Blechdicke t = 10 mm, 3 mm ≤ t ≤ 40 mm, Werkstoff S 235, Voraussetzung: $e_2 \geq 1{,}5 \cdot d_0$ und $p_2 \geq 3 \cdot d_0$ gültig ab Festigkeitsklasse 4.6; Werkstoff S 355 gültig ab Festigkeitsklasse 5.6: Tafelwerte mal 1,36

Δ*d*	p_1 mm	Schraubengröße							
		M12	**M16**	**M20**	**M22**	**M24**	**M27**	**M30**	**M36**
	30	44,9							
	35	55,9				↓ bei größeren Abständen gleicher Wert			
	40	67,0	56,5						
	45	78,1	67,2						
	50	86,4	77,9	73,1					
	55	↓	88,5	84,0	81,4				
	60		99,2	94,9	92,4	89,7			
	65		110	106	103	101			
	70		115	117	114	112	103		
Loch-abstand p_1	75		↓	128	125	123	113	110	
	80			139	136	134	124	121	
	85			144	147	145	135	132	
	90			↓	158	156	146	142	135
	95				↓	167	157	153	146
	100					173	167	164	157
	105					↓	178	175	168
	110						189	186	179
	115						194	197	190
	120						↓	208	201
	125							216	212
	130							↓	223
	135								234
Δ*d*	e_1 mm	Schraubengröße							
		M12	**M16**	**M20**	**M22**	**M24**	**M27**	**M30**	**M36**
	20	44,3							
	25	55,4	53,3						
	30	66,5	64,0	65,5	66,0				
	35	77,5	74,7	76,4	77,0	77,5			
	40	86,4	85,3	87,3	88,0	88,6	86.4	87,3	
	45	↓	96,0	98,2	99,0	99,7	97,2	98,2	
	50		107	109	110	111	108	109	111
	55		115	120	121	122	119	120	122
Rand-abstand e_1	60		↓	131	132	133	130	131	133
	65			142	143	144	140	142	144
	70			144	154	155	151	153	155
	75			↓	158	166	162	164	166
	80				↓	173	173	175	177
	85					↓	184	186	188
	90						194	196	199
	95						↓	207	211
	100							216	222
	105							↓	233
	110								244

Tabelle 10.5 Grenzlochleibungskräfte für Verbindungen mit Passschrauben in kN bezogen auf die Blechdicke t = 10 mm, 3 mm $\leq t \leq$ 40 mm, Werkstoff S 235 Voraussetzung: $e_2 \geq 1{,}5 \cdot d_0$ und $p_2 \geq 3 \cdot d_0$; gültig ab Festigkeitsklasse 4.6; Werkstoff S 355 gültig ab Festigkeitsklasse 5.6: Tafelwerte mal 1,36

Δd = 0 mm	p_1 mm	Schraubengröße							
		M12	**M16**	**M20**	**M22**	**M24**	**M27**	**M30**	**M36**
	30	48,6							
	35	60,6				↓ bei größeren Abständen gleicher Wert			
	40	72,6	65,4						
	45	84,6	77,4						
	50	93,6	89,4	82,2					
	55	↓	101	94,2	90,6	87,0			
	60		113	106	103	99,0			
	65		122	118	115	111	106		
	70		↓	130	127	123	118	112	
Loch-	75			142	139	135	130	124	
abstand	80			151	151	147	142	136	
p_1	85			↓	163	159	154	148	137
	90				166	171	166	160	149
	95				↓	180	178	172	161
	100					↓	190	184	173
	105						202	196	185
	110						↓	208	197
	115							220	209
	120							223	221
	125							↓	233
	130								245
	135								257

Δd = 0 mm	e_1 mm	Schraubengröße							
		M12	**M16**	**M20**	**M22**	**M24**	**M27**	**M30**	**M36**
	20	48,0							
	25	60,0	60,0						
	30	72,0	72,0	72,0	72,0	72,0			
	35	84,0	84,0	84,0	84,0	84,0	84,0		
	40	93,6	96,0	96,0	96,0	96,0	96,0	96,0	
	45	↓	108	108	108	108	108	108	108
	50		120	120	120	120	120	120	120
	55		122	132	132	132	132	132	132
Rand-	60		↓	144	144	144	144	144	144
abstand	65			151	156	156	156	156	156
e_1	70			↓	166	168	168	168	168
	75				↓	180	180	180	180
	80					↓	192	192	192
	85						202	204	204
	90						↓	216	216
	95							223	228
	100							↓	240
	105								252
	110								264

11 Literaturverzeichnis

11.1 Normen

[C1] DIN EN 1993-1-1: 2010-12, Eurocode 3: Bemessung und Konstruktion von Stahlbauten – Teil 1-1: Allgemeine Bemessungsregeln und Regeln für den Hochbau

[C2] DIN EN 1993-1-1/NA: 2010-12, Nationaler Anhang – National festgelegte Parameter – Eurocode 3: Bemessung und Konstruktion von Stahlbauten – Teil 1-1: Allgemeine Bemessungsregeln und Regeln für den Hochbau

[C3] DIN EN 1993-1-8: 2010-12, Eurocode 3: Bemessung und Konstruktion von Stahlbauten – Teil 1-8: Bemessung von Anschlüssen

[C4] DIN EN 1993-1-8/NA: 2010-12, Nationaler Anhang – National festgelegte Parameter – Eurocode 3: Bemessung und Konstruktion von Stahlbauten – Teil 1-8: Bemessung von Anschlüssen

11.2 Literatur

[1] Wagenknecht, G.: Stahlbau-Praxis nach Eurocode 3, Band 1, Tragwerksplanung Grundlagen, 5. Auflage, Beuth/Bauwerk Verlag, Berlin 2014

[2] Wagenknecht, G.: Stahlbau-Praxis nach Eurocode 3, Band 2, Verbindungen und Konstruktionen, 4. Auflage, Beuth/Bauwerk Verlag, Berlin 2014

[3] Roik, K. (1983): Vorlesungen über Stahlbau, 2. Auflage, Berlin, Verlag Ernst & Sohn

[4] Petersen, Ch. (1993): Stahlbau, 3. Auflage, Braunschweig/Wiesbaden, Verlag Vieweg & Sohn

[5] DSTV-Ringbuch (1978): DASt, Typisierte Verbindungen im Stahlhochbau, 1. Ergänzung 1984, Köln, Stahlbau-Verlagsgesellschaft

[6] Oberegge, O./Hockelmann, H.-P./Dorsch, L. (1997): Bemessungshilfen für profilorientiertes Konstruieren, 3. Auflage, Köln, Stahlbau-Verlagsgesellschaft

[7] Oberegge, O.: in Schneider Bautabellen für Ingenieure, 17. Auflage, S. 8.78, Werner Verlag, 2006

[8] Tschemmernegg, F./Huber, G./Huter M./Rubin, D. (1997): Komponentenmethode und Komponentenversuche zur Entwicklung von Baukonstruktionen in Mischbauweise, Stahlbau 66, S. 624–638

[9] Weynand, K./Feldmann, M./Sedlacek G. (1997): Nachgiebige Anschlüsse im Stahlbau: Modell nach Eurocode 3, Sicherheits- und Wirtschaftlichkeitsuntersuchungen, Stahlbau 66, S. 770–781

[10] Sedlacek, G./Weynand, K./Oerder, S. (2000): Typisierte Anschlüsse im Stahlhochbau, 1. Auflage, Köln, Stahlbau-Verlagsgesellschaft

[11] Sedlacek, G./Weynand, K./Kinkhammer, R. (2002): Typisierte Anschlüsse im Stahlhochbau, Band 2, 2. Auflage, Köln, Stahlbau-Verlagsgesellschaft

[12] Ungermann, D./Weynand, K./Jaspart, J.P./Schmidt, Björn (2005): Momententragfähige Anschlüsse mit und ohne Steifen. In: Kuhlmann, U. (Hrsg.): Stahlbau-Kalender 2005, S. 599–670, Berlin, Verlag Ernst & Sohn

[13] Wagenknecht. G. (2007): Tragwerke mit verformbaren Verbindungen – Einfluss der Vorspannung von planmäßig vorgespannten Stirnplattenverbindungen. In: Matthias Kraus (Hrsg.): Festschrift Rolf Kindmann. S. 1–30, Aachen, Shaker Verlag

[14] Wagenknecht, G. (2008): Influence of preloaded bolts on constructions with semi-rigid connections. In: EUROSTEEL 2008, 5th European Conference on Steel and Composite Structures, ECCS European Convention for Constructional Steelwork, S. 519–524

[15] Gröger, G. (1995): Entwicklung eines FE-Statikprogrammes zur Berechnung von ebenen Balkenelementen mit sich stetig ändernden Querschnittsabmessungen nach Theorie 1. und 2. Ordnung unter Berücksichtigung nachgiebiger Verbindungen in Knotenpunkten, Grenzschnittgrößen und elastischer Bettung, Diplomarbeit Fachhochschule Gießen-Friedberg

[16] Wagenknecht, G./Gröger, G. (2000): Numerische Integration – ein elegantes Verfahren zur Berechnung der Übertragungsmatrix und der Elementsteifigkeitsmatrix mit veränderlichen Größen. In: Theorie und Praxis im Konstruktiven Ingenieurbau, Stuttgart, ibidem-Verlag

[17] Ungermann, D./Schneider, S. (2012): Stahlbaunormen Kommentar zu DIN EN 1993-1-8: Bemessung. In: Kuhlmann, U. (Hrsg.): Stahlbau-Kalender 2012, S. 205–253, Berlin, Verlag Ernst & Sohn

[18] CESTRUCO project (2003): CD-Rom „Structural Connections according to Eurocode 3 – Frequently Asked Questions, Czech Technical University in Prague, www.fsv.cvut.cz/cestruco

[19] Mang, F./Koch, E./Stiglat, K./Seiler, J. (2002): In Betonfundamente eingespannte Stahlstützen aus I-Profilen, Stahlbau 71, S. 653–660

[20] Schmidt, B (2008): Zum Tragverhalten von geschraubten momententragfähigen Stirnplattenverbindungen mit 4 Schrauben in jeder Schraubenreihe, Technische Universität Dortmund, Schriftenreihe Stahlbau Heft 3, Herausgeber Prof. Dr.-Ing. D. Ungermann

[21] Forschungsbericht 3/2009: Entwicklung eines Bemessungsmodells für geschraubte, momententragfähige Kopfplattenverbindungen mit 4 Schrauben in einer Schraubenreihe auf Grundlage der prEN 1993-1-8:

2003, Universität Dortmund, Lehrstuhl für Stahlbau, RWTH Aachen, Lehrstuhl für Stahlbau und Leichtmetallbau, Fachhochschule Köln, Institut für konstruktiven Ingenieurbau, Düsseldorf, Stahlbau Verlags- und Service GmbH

[22] Merkblatt 322: Geschraubte Verbindungen im Stahlbau, Ausgabe 2012, Stahl-Informations-Zentrum, Düsseldorf

[23] Weynand, K./Oerder, R. (2013): Typisierte Anschlüsse im Stahlhochbau, nach DIN EN 1993-1-8, Gesamtausgabe 2013, Stahlbau Verlags- und Service GmbH, Düsseldorf, 20131

[24] Jaspart. J.-P./Demonceau,J.-F./Renkin, S./Guillaume, M.L. (2009): European Recommodations for The Design of Simple Joints in Steel Structures – Eurocode 3: Design of Simple Joints in Steel Structures, Part 1-8, ECCS Technical Committee 10 – Structural Connections, ECCS Publication No 126

[25] Jaspart. J.-P./Weynand, K. (2016): Design of Joints in Steel and Composite Structures, Eurocode 3 – Design of steel structures , Part 1-8 – Design of joints, Eurocode 4 – Design of composite steel and concrete structures, Part 1-1 – General rules und rules for buildings, ECCS Eurocode Design Manual of Joints, Berlin, Verlag Wilhelm Ernst & Sohn

[26] Ungermann, D./Puthli R./Ummenhofer Th./Weynand K. (2015): Eurocode 3, Bemessung und Konstruktion von Stahlbauten Band 2: Anschlüsse, DIN EN 1993-1-8 mit Nationalem Anhang, Kommentar und Beispiele, Beuth Verlag GmbH, Berlin

[27] http://www.ec3-stoss.de/

[28] Rölle, L. (2013): Das Trag- und Verformungsverhalten geschraubter Stahl- und Verbundknoten bei vollplastischer Bemessung und in außergewöhnlichen Bemessungssituationen. Dissertation, Universität Stuttgart, Mitteilung des Instituts für Konstruktion und Entwurf Nr. 2013-1

[29] Rölle, L./Kuhlmann, U. (2015): Vereinfachtes Bemessungsverfahren geschraubter teiltragfähiger Stahl- und Verbundknoten, Stahlbau 83, Heft 9, S. 614–625

12 Stichwörterverzeichnis